"十二五"普通高等教育本科国家级规划教材

全国优秀教材
二等奖

自然地理学

（第四版）

伍光和　王乃昂　胡双熙　田连恕　张建明　编著

高等教育出版社·北京

内容提要

本书在简要介绍地球和地壳基本知识的基础上，分别论述了气候、水文、地貌、土壤和生物的特征，分析这些要素在自然地理环境中的地位和相互作用，引导学生确立自然地理环境整体性理念。本次修订仍保持了一、二、三版的基本框架，但对具体内容进行了更新，反映学科新面貌。本书特点是以综合视角观察和认识自然，进而实现人与自然的和谐。本书除适合高校地球科学各专业作为基础课程教材使用外，还可供环境、生态等有关科研、教学人员阅读。

图书在版编目（CIP）数据

自然地理学/伍光和等编著．—4版．—北京：高等教育出版社，2008.4（2024.12重印）
ISBN 978-7-04-022876-2

Ⅰ．①自…　Ⅱ．伍…　Ⅲ．自然地理学-高等教育-教材　Ⅳ．P9

中国版本图书馆CIP数据核字(2007)第182499号

策划编辑　杨俊杰　南　峰　　责任编辑　杨俊杰　　封面设计　张　楠
责任绘图　尹　莉　　版式设计　陆瑞红　　责任校对　杨雪莲
责任印制　赵义民

出版发行	高等教育出版社	网　　址	http://www.hep.edu.cn
社　　址	北京市西城区德外大街4号		http://www.hep.com.cn
邮政编码	100120	网上订购	http://www.landraco.com
印　　刷	北京市白帆印务有限公司		http://www.landraco.com.cn
开　　本	787 mm×960 mm　1/16		
印　　张	32.25	版　　次	1978年12月第1版
字　　数	610千字		2008年4月第4版
购书热线	010-58581118	印　　次	2024年12月第31次印刷
咨询电话	400-810-0598	定　　价	52.80元

物 料 号　22876-A0

前　言

本书的主要读者对象是地理学各专业学生。在教学计划中，自然地理学课程起着先行课、基础课的作用。它既担负着向学生介绍自然地理学在地理科学体系中的地位和作用的任务，也担负着阐述自然地理学的特征，并且适当介绍地貌学、气候学、水文地理学、植物地理学、土壤地理学等分支学科的基础理论和基础知识的任务。同时还必须帮助学生从表面上看起来杂乱无章的知识堆砌中跳出来，认识自然地理环境的整体性，认识一个自然要素的变化可能使其他要素甚至整个自然地理环境也随之发生相应变化，从而建立人与自然协调发展，以及社会经济持续发展的观念。

本书第一、二、三版被许多院校地理系及相关专业广泛选作本科生教材，并被指定为硕士、博士生入学考试必读参考书。由于需求量大，第二版重印11次，并于1994年获得首届全国优秀地理著作二等奖。第三版共印刷19次，并于2005年作为参评内容之一获国家级教学成果一等奖。

按照教学大纲要求，本书仍保持了一、二、三版的基本框架，但对具体内容进行了更新。例如：

一、改变以往孤立地介绍天文知识的做法，立足于论述地球的天文背景或宇宙背景，着重阐述对地理环境有显著影响的宇宙－行星因素，如近年广受关注的行星、小行星、彗星、月球对地理环境的可能影响等。

二、强化部门自然地理章节间的联系，适当压缩有关内容。部门自然地理内容之间缺乏有机联系，是同类教材最常见的弊病。修订中适当压缩了地壳、水圈等章节内容。某些综合性强且涉及范围广的问题，如厄尔尼诺、全球变化与海平面升降等，则做了比较详细的介绍。

三、生动阐述学科要义、激发学生兴趣。枯燥乏味是一部分理科教材的通病。本书力图以优美、生动、活泼的语言，科学而准确地阐述自然地理学的要义，激发学生浓厚的学习兴趣。

四、更新内容、反映学科新面貌。近年来自然地理学及其分支学科在理论、研究手段和应用方面都有较大的发展，修订中更新了数据、采用了新观点，力图反映现代自然地理学的学科水平。

对自然地理学和相关专业学生而言，部门自然地理知识与理论是不可或缺的基础。缺乏足够全面的部门自然地理学素养根本不可能形成对自然地理环境的整体观念即系统观念。因此在教学中这部分内容少不得，浅不得。而课时有限和学科分工决定，这部分内容又多不得，深不得。在少不得，多不得，浅不得，深不得的限制条件下，自然地理学教材除了应恰当地把握部门自然地理内容的分量外，更重要的是时时不忘综合。综合是自然地理学的生命力和固有特征，是课程设置的初衷，也是我们努力实现的目标。

本书第一版共有10余位编写人，第二版有7位编写人，由于数位前辈先后辞世，另一些作者退休，第三版除伍光和、田连恕外，增加了胡双熙、王乃昂两位作者。此次修订考虑到伍光和、田连恕、胡双熙三人均已年逾古稀，又增加了张建明博士。本书绪论和第一、二、五、八章由伍光和，第三章由王乃昂，第四章由伍光和、张建明，第六章由胡双熙执笔修订。田连恕撰写的第七章由伍光和修订。最后全书由伍光和统稿，定稿。

高等教育出版社徐丽萍、南峰同志在书稿审查、编辑加工上做了大量工作，付出艰辛劳动，谨此一并致谢。

本书不可避免存在一些缺点甚至错误，我们真诚地欢迎批评、指正。

编　者

2007年6月10日

目　录

绪　论

一、自然地理学的研究对象和分科

（一）地理学

地球表面是人类赖以生存的环境。其范围是随着科学技术和社会生产的发展而不断扩大的。在古代，海洋并未包括在人类环境范围内，随着航海事业的发展，海洋才成为人类活动的环境。现在，由于航天事业的发展，人类环境已超出地球表层，进入了高空和宇宙空间，从而出现了“空间环境”的概念。然而，地理环境和人类环境是两个不尽相同的概念。

地理学是研究地理环境的科学，即只研究地球表层这一部分的人类环境。所谓地球表层，实际上是指海陆表面上下具有一定厚度范围，而不包括地球高空和内部的地球表层。地球表层内存在着人类社会及各种地理要素，具有独特地理结构和形式。

地理环境可分为自然环境、经济环境和社会文化环境三类。自然环境由地球表层中无机和有机的、静态和动态的自然界各种物质和能量组成，具有地理结构特征并受自然规律控制。自然环境根据其受人类社会干扰的程度不同，又可分为两部分：一为天然环境或原生自然环境，即那些只受人类间接或轻微影响，而原有自然面貌未发生明显变化的自然地理环境。如极地、高山、大荒漠、大沼泽、热带雨林、某些自然保护区、人类活动较少的海域等。二是人为环境或次生自然环境，即那些经受人类直接影响和长期作用之后，自然面貌发生重大变化的地区，如农村、工矿、城镇等地区。放牧草场和采育林地虽然仍保留草原和森林外貌，但其原有条件和状态已发生较大变化，也应属于人为环境之列。人为环境的成因及其形式的多样性，决定于人类干扰的方式和强度，而其本身的演变和作用过程仍然受制于自然规律。因此，无论是人为环境还是天然环境都属于自然地理环境。

经济环境是指自然条件和自然资源经人类利用改造后形成的生产力地域综合体，包括工业、农业、交通、城镇居民点等各种生产力实体的地域配置条件和结构状态。生产力实体具有二重性，从自然属性来评价，这种地域特征属于人为环境；从技术经济角度考察，这种地域则属于经济环境或经济地理环境。

社会文化环境包括人口、社会、国家、民族、民俗、语言、文化等地域分布特征和组成结构，还涉及各种人群对周围事物的心理感应和相应的社会行为。社会文化环境是人类社会本身构成的一种地理环境。

上述三种地理环境分别以某种特定实体为中心，由具有一定地域关系的各种事物的条件和状态构成。三种地理环境在地域上和结构上相互重叠、相互联系，从而构成统一整体的地理环境。

系统论认为，现实世界是由规模大小不同、复杂程度各异、等级高低有别、彼此交错重叠并互相转化的系统组成的一个有序网络系统。人们可以从不同角度，根据系统的组成和结构把客体分为一系列层次，每个层次就是一个等级的系统。此级别系统是由比它低一级的子系统组成；而其本身又是更高级系统的一部分。因此，系统和子系统的关系是整体与部分之间的关系，而且整体的功能大于部分的总和。这是由于各子系统之间存在着相互作用构成的网络关系，这个网络结构完成一定的整体功能，形成集体效应，并起着协同作用。在系统层序中，有些层次间关系较密切，有些层次间则可能出现质变。根据其层序组合的质变可以把各级层次分为不同的组织水平。

依据上述观点讨论地理学的研究对象和分科，可将地理学分为三个主要组织水平和相应学科：①研究整个地理环境综合特征的，称为综合地理学；②分别研究自然地理环境、经济环境和社会文化环境的为综合自然地理学、综合经济地理学和综合人文地理学；③分别研究上述三种环境中各要素的学科统称部门地理学，例如部门自然地理学、部门经济地理学和部门人文地理学。

上述划分被陈传康称为地理学的“三分法”（自然地理学、经济地理学、人文地理学）和“三层次”（统一地理学、综合地理学、部门地理学）。此外，在地理学分科中还应考虑“三重性”的观点，即首先是理论地理学研究，即对基本的原理和方法论进行重点阐述；其次是应用地理学研究；第三是区域地理学研究，即对特定区域进行具体描述。三者的内容和重点虽不同，却同样重要，而且是相互关联的。

（二）自然地理学的研究对象

前面已经指出，自然地理学研究地球表层的自然地理环境。这个“表层”是具有独特的物质结构状态和一定厚度的圈层，在地理文献中称为“地理圈”、“地理壳”、“景观壳”或“地球表层”。

地球构造具有分层性，即整个地球是由一系列具有不同物理化学性质的物质圈层所构成。例如，地球外部覆罩的大气圈，还可再分为对流层、平流层、电离层、逸散层等；大气圈之下是由海洋和陆地水构成的水圈以及疏松的土被层；地球固体部分的外壳称为地壳，地壳以下又分地幔和地核。此外，地球上还存在生命物质，生物的总体及其分布范围称为生物圈。这些圈层的组合分布具有两种特点：一是高空和地球内部的圈层呈独立的环状分布；二是地球表面附近各圈层相互渗透。地球表层或地理圈正是由大气圈、岩石圈的一部分、水圈、生物圈和土壤层组成，并使它具有一系列不同于地球其他部分的结构特性。这里的岩石、气候、水体、生物、土壤等组成成分之间存在着密切的相互联系和相互作用，通过水循环、大气循环、生物循环、地质循环等进行着复杂的能量转化和物质交换。在物质能量转化和交换过程中，还伴随着信息传输，从而形成一个完整、有序的自然地理系统。该系统还从地球内部和外层空间输入一定的能量和物质，以维持其各组分和各区域间的有序结构，并保持其平衡状态。

人类是干扰和控制自然地理系统的一个重要因素。在人类作用下，现代自然环境已经发生不同程度的变化，许多地区在天然环境背景下变为人为环境。历史经验表明，人类活动如果遵循自然界的客观规律，人类就受益于自然界，人与自然环境的关系就比较协调或和谐，一些自然资源就可得到不断更新；相反，资源就会受到破坏，环境质量下降，生态失调，人类必将受到自然界的惩罚。

总之，自然地理学的研究对象包括天然的和人为的自然地理环境，它具有一定组分和结构，分布于地球表层并构成一个地理圈。

（三）自然地理学的分科

按照上述“层次性”观点，自然地理学的分科主要涉及两个层次：即研究自然地理环境整体特征的称为综合自然地理学；研究自然地理环境各组成要素的称为部门自然地理学。它们包括该系统两级组织水平的研究。

部门自然地理学包括气候学、地貌学、水文地理学、土壤地理学、植物地理学、动物地理学等。它们以组成自然环境的某一要素为具体研究对象，着重研究这个要素的组成、结构、时空动态、分布特征和规律。虽然部门自然地理学各有分工，但是每一个研究对象的存在和发展变化，都是以整体的自然地理环境为背景，而且不同程度地以其他组成要素为因素或条件的。各部门自然地理学中的分支是更低一级的层次。

综合自然地理学以各部门自然地理学为基础，综合研究自然地理环境的整体性特征及整体各部分的相互联系和相互作用，阐明这个环境整体的结构特点，形成机制、地域差异和发展规律。

根据“三重性”观点，无论部门自然地理学或综合自然地理学都需要对其基本原理与方法、实际应用及具体区域等方面进行研究。

二、自然地理学的任务

自然地理学的任务包括：①研究各自然地理要素（气候、地貌、水文、土壤、植被和动物界等）的特征、形成机制和发展规律；②研究各自然地理要素之间的相互关系，彼此之间物质循环和能量转化的动态过程，从整体上阐明其变化发展规律；③研究自然地理环境的空间分异规律，进行自然地理分区和土地类型划分，阐明各级自然区和各种土地类型的特征和开发利用方向；④参与自然条件和自然资源评价；⑤研究人为环境（受人类干扰、控制的自然地理环境）的变化特点、发展动向和存在问题，寻求合理利用和改造的途径及整治方法。

三、自然地理学与其他学科的关系

作为地理学分科的自然地理学与地理学的其他分科有密切关系。区域经济地理研究必须与区域自然地理研究结合进行。自然地理研究如果能考虑区域经济开发的要求，则可更好地为生产实践服务。

自然地理学与其他地学学科和生物科学也有密切关系。部门自然地理学便是自然地理学与相邻科学之间的边缘学科。例如，地貌学是自然地理学与地质学的边缘学科，气候学是自然地理学与气象学的边缘学科，植物地理学是自然地理学与植物学的边缘学科等。自然地理学正是通过部门自然地理学与其他地学学科或生物科学处于紧密联系之中。

当代环境污染的严重性以及人们保护和改善环境的迫切性，导致一门新的综合性学科即环境科学的形成。它汇集了自然科学、技术科学及社会科学，共同对这个新领域进行综合研究。自然地理学也责无旁贷参与其中。环境科学具有涉及面广、综合性强、学科交叉与渗透较多等特点，并曾一度侧重于污染物在环境中的运动规律、环境质量变化、污染物的生物效应对人体健康的影响及其控制和改善方法等研究。现已进而研究与人类活动有关的环境破坏问题，诸如水土流失、土壤盐碱化、风沙危害、大自然保护、环境规划和管理等问题。其中许多问题与地理学有关，于是出现环境地学——环境科学与地学的边缘科学。自然地理学既可运用自己的原理和方法研究环境问题，也可以从中得到促进和提高，使本门学科更具有生命力。

四、本书的内容和结构

本书的任务是较全面地介绍各部门自然地理学和综合自然地理学两方面的基本知识、概念和原理。书名为《自然地理学》而不采用《普通自然地理学》名称，是因为既可把它理解为学习自然地理学的入门基础课，也可理解为专门研究地理圈本身一般规律的学科。

本书内容一方面包括阐述地球表层各自然地理要素的形成过程、基本特征、类型和分布，并注意说明该要素与其他要素的相互关系；另一方面还专门分出一章论述综合自然地理学的基本概念和基本理论，力求使读者对整个自然地理学有全面的了解。此外，对自然资源、环境问题、生态系统等方面也做了必要的介绍。

本书共八章。第一章对整个地球的形态、动态特征、内层和外层构造作简单介绍，旨在说明它作为自然环境形成发展重要背景的地理意义。第二、三两章论述地壳和大气两大圈层的特性和运动形式。地壳与大气圈作为构成景观的基本成分，既是地球内部与外部物质能量输入的主要表现者，也是支配景观形成发展和分异的两大基本因素。第四章介绍水圈的各组成部分，尤其突出了海洋的地位和作用。水圈与上述两个圈层，在地理圈中形成了固、液、气三相的多种界面，进行着复杂的无机过程。它们之间的相互作用在地貌上表现最为鲜明。因此，第五章接着介绍地貌成因类型、特点及发育规律。在此基础上，第六章描述了介于无机与有机成分之间的土壤，它是反映陆地景观属性的典型。第七章叙述生物群落和生态系统，重点说明生物与环境间的相互联系与相互作用。通过生态系统的形式把有机界与无机界组合成一个整体来描述。最后一章系统论述自然地理环境的整体性、地域分异规律、自然区划、土地类型等方面的基本概念和基本原理。

总之，本书的内容结构是从自然地理环境的整体性出发，通过从“部门”至“综合”的叙述方式，从地表的无机界到有机界乃至自然生态系统，从地理圈的上下边层至核心层，逐步揭示各要素间的相互联系，达到对其整体性和地域间的联系与差异性的认识。我们认为，采用这种方式便于初学者循序渐进地学好这类入门性的基础课程。自然地理学的内容既包括“部门”也包括“综合”，掌握部门自然地理知识与理论是实现综合的基础，两者同等重要，不可偏废。

思考题

1. 地理学是一门什么样的学科?
2. 自然地理学的研究对象是什么?
3. 自然地理学与相关学科有哪些关系?

主要参考书

[1] 中国地理学会. 地理学发展方略和理论建设[M]. 北京：商务印书馆，2004.

[2]《黄秉维文集》编辑组. 地理学综合研究——黄秉维文集[M]. 北京：商务印书馆，2003.

[3] 陈传康. 综合探究的理性与激情——陈传康地理学文集[M]. 北京：商务印书馆，2005.

[4] 阿尔夫雷德·赫特纳. 地理学：它的历史、性质和方法[M]. 王兰生，译. 北京：商务印书馆，1983.

[5] 理查德·哈特向. 地理学的性质——当前地理学思想述评[M]. 叶光庭，译. 北京：商务印书馆，1996.

[6] 威廉·邦奇. 理论地理学[M]. 石高玉，石高俊. 译. 北京：商务印书馆，1991.

[7] 大卫·哈维. 地理学中的解释[M]. 高泳源，刘立华，蔡运龙，译. 北京：商务印书馆，1996.

[8] 美国国家研究院地学、环境与资源委员会地球科学与资源局重新发现地理学委员会编. 重新发现地理学——与科学和社会的新关联[M]. 黄润华，译. 北京：学苑出版社，2002.

[9] 格雷戈里 K J. 变化中的自然地理学性质[M]. 蔡运龙，等，译. 北京：商务印书馆，2006.

第一章 地 球

第一节　地球在宇宙中的位置

一、宇宙和天体

宇宙是一个巨大无比的物质世界，其中包含着无数的天体和极其广阔的空间。战国时代魏国人尸佼(约公元前 390—公元前 330 年)曾定义“上下四方曰宇，古往今来曰宙”。汉代张衡(公元 78—139 年)则以“宇之表无极，宙之端无穷”表述宇宙在空间上无边无际，在时间上无始无终的特点。

但是，现代人类理解的宇宙，则是大约发生于 100 亿年前的大爆炸所形成的，范围相当于 130 亿光年的巨大空间。很显然，这里所指的应是人类已知的宇宙，即恩格斯所说的“我们的宇宙”。随着人类科学技术水平的提高，已知宇宙范围必将逐渐扩大。

宇宙中存在着无数的天体。根据它们各自的特点可归纳为恒星、行星、卫星、流星、彗星、星云等类。恒星质量很大且能发光。凭肉眼能看到的天体，99% 以上都是恒星。从地球上看，恒星的相对位置似乎是固定不变的，但实际上，一切恒星都在不停地运动。行星自己不发光，质量也远较恒星小，并且绕恒星运动。地球便是绕着太阳运动的行星之一。卫星质量比行星更小，绕行星运动，并随着行星绕恒星运动。流星的质量更小，也不发光。流星在行星际空间运行，当接近地球，受到引力作用时，可以改变轨道甚至陨落。当它进入地球大气层后，因与大气摩擦，迅速增温至白热化，发生燃烧。绝大部分流星在到达地面以前就已完全烧毁，少数落到地面上即成为陨石。彗星是一种很小的，但具有特殊外表和轨道的天体。星云是一种云雾状的天体。离地球非常遥远的河外星云，是一些恒星系统，而作为银河系组成部分的银河星云，则是极端稀薄和高度电离的氢和氮的混合物。

鉴于用普通的长度单位，甚至用地球和太阳的平均距离($14\ 960\times10^4$ km)即天文单位，都难以表示宇宙空间的距离，人们把光在一年中传播的距离($94\ 605\times10^8$ km)，即一个光年，作为量度天体距离的单位。

现有的仪器已经能够观察到远离地球 130 亿光年的空间。在可以观察到的这部分宇宙中，约有 1×10^{22} 个恒星。数十亿到上千亿个恒星的集合体是一个星系。例如，银河系就是一个包括 1 000 多亿个恒星的星系。银河系是一个旋转着的扁平体，绝大多数星体都密集在它的中心平面附近。其直径约为 1×10^5 光年，中心厚度约 10 000 光年，其余部分厚度约 1 000 光年。到目前为止，已经发现了10亿多个类似银河系这样的星系。星系表现为成对或成群的聚集状态，组成星系群。例如，银河系和包括比邻星系及大、小麦哲伦云在内的近20个星系，组成本星系群。本星系群直径约 300×10^4 光年。比星系群更大，包括几百个到几千个星系的集团，称为星系团。例如，室女座星系团，包含2 700个星系，直径可达 850×10^4 光年。已知宇宙的总体称为总星系。

二、太阳和太阳系

银河系直径约有 1×10^5 光年，包含 $1\ 500\times10^8$ 颗恒星，太阳只是其中之一。太阳位于距银河系中心（银心）约27 000光年、距边缘23 000光年的地方，并以250 km/s的速度绕银心运动，大约 2.5×10^8 年绕行一周。地球气候及整体自然界也因此发生 2.5×10^8 年的周期性变化。

太阳是一个炽热的发光球，它的内部不断进行着巨大的热核反应。太阳表面温度高达6 000 K①，中心温度更高达 $1\ 500\times10^4$ K。在已知宇宙中，太阳是一个中等大小的恒星，直径约为 140×10^4 km，相当于地球直径的109倍；表面积约为地球的12 000倍；体积约为地球的 130×10^4 倍；质量约 1.989×10^{27} t，相当于地球的 3.3×10^4 倍；并且占整个太阳系质量的99.86%。其外层可见部分的密度约为水密度的1/1 000 000，中心部分的密度比水的密度大85倍，而平均密度则为1.4 g/cm^3，约相当于地球密度的1/4。质量很大的太阳，以其巨大的引力维持着一个天体系统绕着它运动。这个天体系统就是太阳系，而太阳位于太阳系的中心。

太阳系包括8个行星，67个卫星和至少50万个小行星，还有少数彗星（图1－1）。8个行星中，距太阳最远的海王星，约为30个天文单位。如果以海

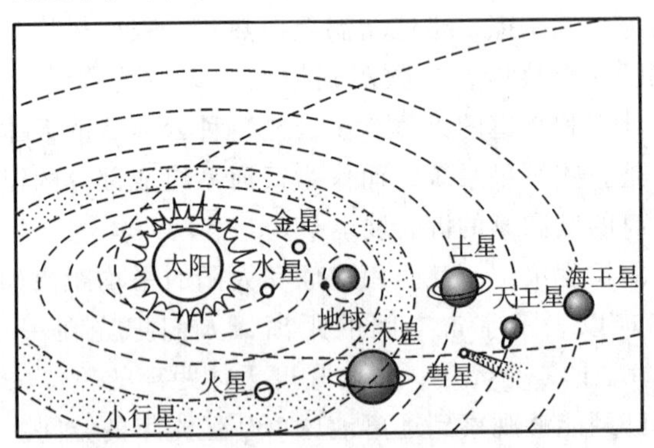

图1－1 太阳系示意图

① $\frac{T}{K}=\frac{t}{℃}+273.15$。

王星轨道作为太阳系的边界，则太阳系直径为60个天文单位，即约90×10^{8} km。如果把彗星轨道计算在内，则太阳系直径将达到$6\times10^{4}\sim8\times10^{4}$个天文单位，即$9\times10^{12}\sim12\times10^{12}$ km。8个行星按其物理性质可以分为两组：水星、金星、地球和火星，体积小而平均密度大，自转速度慢，卫星数少，称为类地行星(terrestrial planets)；木星、土星、天王星和海王星，体积大，平均密度小，自转速度快，卫星数多，叫做类木行星(jovian planets)。其物理性质见表1-1。

表1-1 太阳系行星物理性质比较

行星	赤道半径 /km	扁率	质量 地球=1	密度 /(g·cm^{-3})	恒星日长	赤道对轨道倾斜	卫星数
类地行星							
水星 Mercury	2 440	0.0	0.05	5.43	58.6 d	<10°	0
金星 Venus	6 073	0.0	0.815	5.24	243 d	6°	0
地球 Earth	6 378	0.003 4	1.00	5.52	23 h 56 min	23°27′	1
火星 Mars	3 397.2	0.005 2	0.11	3.94	24 h 37 min	24°55′	2
类木行星							
木星 Jupiter	71 492	0.062	317.94	1.33	9 h 50 min	3°4′	16
土星 Saturn	60 000	0.108	95.18	0.70	10 h 14 min	26°45′	23
天王星 Uranus	25 559	0.01	14.63	1.24	15 h 30 min	97°53′	17
海王星 Neptune	24 750	0.026	17.22	1.66	约22 h	28°48′	8

太阳系中行星及其卫星绕太阳的运动，具有以下几个共同特征：①所有行星的轨道偏心率都很小，几乎都接近圆形。②各行星轨道面都近似地位于一个平面上，对地球轨道面即黄道面的倾斜也都不大。③所有行星都自西向东绕太阳公转；除金星和天王星外，其余行星自转方向也自西向东，即与公转方向相同。④除天王星外，其余行星的赤道面对轨道面的倾斜都比较小。⑤绝大多数卫星的轨道都近似圆形，其轨道面与母星赤道面也较接近。⑥绝大多数卫星，包括土星环在内，公转方向均与母星公转方向相同。有关行星轨道运动的数据见表1-2。

表1-2 行星轨道运动资料

行星	轨道半长轴 天文单位	公转周期	平均轨道速度 /(km·s^{-1})	偏心率	对黄道面倾斜
水星	0.387 1	87.7 d	47.89	0.205 6	7°0′
金星	0.723 3	225 d	35.03	0.006 8	3°23′
地球	1.000 0	365.25 d	29.79	0.001 7	
火星	1.523 7	686.98 d	24.13	0.093 3	1°51′
木星	5.203	11.862 a	13.06	0.048 3	1°18′
土星	9.539	29.457 72 a	9.64	0.055 89	2°29′
天王星	19.218	84.013 a	6.81	0.047 2	0°46′
海王星	30.057 9	164.79 a	5.43	0.008 5	1°46′

关于太阳系中的天体，有必要分别介绍行星、太阳系小天体和卫星。

（一）行星

行星是绕太阳系运动、自身不发光却能反射阳光的天体。自1930年以来，人们已经习惯了太阳系共有9大行星的说法。2006年8月在布拉格举行的国际天文学联合会第26届大会改变了这一情况。大会认为太阳系的行星必须符合三个条件：第一，在绕太阳运动的前提下，能清除其轨道附近的其他天体而成为其所在空间的最大天体；第二，具有足够大的质量，能依靠自身的引力使形状呈近似球形；第三，内部不发生核聚变反应。大会据此确认，太阳系只有8个行星，即水星、金星、地球、火星、木星、土星、天王星和海王星。下面按离太阳由近而远的顺序介绍。

1. 水星(Mercury)

水星赤道半径2 440 km，密度5.43 g/cm^3，质量仅为地球的5.53%，轨道半长轴5 791 $\times 10^4$ km，相当于0.38个天文单位，因而成为太阳系中距太阳最近的行星，平均公转速度约为48 km/s，是公转速度最快的行星，公转周期约为88 d。水星有一个半径1 800～1 900 km、部分处于熔融状态的铁核；表面则有500～600 km厚、由硅酸盐组成的地幔与地壳。表面布满陨石坑和环形山，也有直径达1 300 km的盆地。空气极稀薄，主要由氦(42%)、钠(42%)和氧(15%)组成。昼夜温差极大，白昼可达427 ℃，而夜晚可降至－173 ℃，是太阳系中温差最大的行星。在表面温度179 ℃的情况下，绝不可能存在生命。

2. 金星(Venus)

金星赤道半径6 073 km，为地球赤道半径的95%；而质量约为地球的81.5%；轨道半长轴10 820.9 $\times 10^4$ km，相当于0.72个天文单位；金星是太阳系内唯一的自转方向与公转方向相反的行星。公转周期仅224.701 d，而自转周期长达243.02 d，即"一天"比"一年"更长。金星表面70%为平原，20%为洼地，10%左右为高地，但最高峰可达11 270 m，85%的表面为熔岩(玄武岩)覆盖。至少已发现10万个以上火山。表面大气以 CO_2 占绝对优势(约占97%)，大气密度为地球大气密度的100倍，气压约为地球表面的90倍或相当于地球海洋1 000 m深处的压力。浓密的大气层之外还有厚达20～30 km浓硫酸云层。金星内部有一直径3 000 km的铁核，表面则有厚而坚硬的外壳。金星没有磁场，没有卫星，表面不存在液态水，当然也不可能有生命。关于这个被称为"太阳系的地狱"的行星从前是否有过生命乃至高级生物，一直存在争论，短时间内恐难达成共识。

3. 地球(the earth)

本书其他章节将详细介绍，此处从略。

4. 火星(Mars)

火星与地球有许多相似之处，但比地球小得多，赤道半径只有3 397.2 km；质量仅为地球的11%；公转轨道半长轴1.523 7天文单位。公转周期即“一年”为686.98 d，恒星日长24 h 37 min。火星内部亦有地壳、地幔和地核之分；而表面有沙漠，干河床，长达4 000 km、深约8 km的巨大山谷和高达27 000 m的超大型火山。大气密度仅及地球大气密度的1%，这使得火星经常处于低温状态，其地表平均温度仅为-63 ℃，而最低温度则达-123 ℃。

有证据表明火星上曾有过河流甚至海洋。来自火星的陨石也表明曾有过生命，但目前这个行星完全是一个死寂的世界。

5. 木星(Jupiter)

木星是太阳系最大的行星，其赤道半径为71 492 km，是地球的11.2倍，体积和质量分别是地球的1 316倍和318倍。极半径比赤道半径少5 000 km，星体明显呈扁球形。木星可能有一个铁、硅质内核，其温度高达30 000 ℃，但表面是气态，主要由80%的氢、18%的氦和微量甲烷、氨、碳、氧等组成，因此，常被称为气态行星，也有人认为其表面为液态氢组成的海洋。表面温度很低，只有-148 ℃。轨道半长轴为5.2天文单位，绕日公转一周需11.86年，但自转速度非常快，恒星日长仅为9 h 50 min。木星还有许多特点引人注意：在太阳系各行星中亮度仅次于金星；磁场极强，强度为地球磁场的10倍；表面呈斑状结构，其中的一个椭圆形大红斑长30 000 km、宽12 000 km，足以容纳几个地球；有厚约30 km、宽达6 500 km、由直径数十至数百米的碎石组成的光环；拥有16颗卫星；内部有热核反应，被认为正向恒星发展。

6. 土星(Saturn)

土星赤道半径为60 000 km，是地球半径的9.5倍，体积则是地球的745倍。由于密度很小(0.7 g/cm^3)因此质量仅为地球的95.18倍。极半径比赤道半径短5 280 km，这表明土星是一个扁球体。轨道半长轴为9.539天文单位，恒星日长10 h 14 min，公转周期为29.458年。内部有直径2 000 km的岩石核，由这个核向外，依次为5 000 km厚的冰壳和8 000 km厚的氢的金属化合物和分子氢，因此它和木星一样，被认为是一个液态行星。表面温度约为-140 ℃，因为距太阳遥远，即使夏季也很寒冷，但大气比较平静。

土星拥有23颗卫星，是太阳系卫星最多的行星，外部还有由无数小卫星或冰块构成的7个环，其中A、B、C环为主环，D、E环为暗环，F环和G环1979年才发现。由于环的存在，人们把土星视为最美丽的行星。

7. 天王星(Uranus)

天王星赤道半径25 559 km，是地球的4倍，体积则是地球的65倍；因为密度只有1.24 g/cm^3，故质量仅为地球的14.63倍；轨道半长轴为19.218天文单位，公转周期超过 84 年；轨道面对黄道面的倾角只有 0°46′，自转轴线也近似平行于黄道面，而赤道对轨道的倾角达 97°53′。所有这些在太阳系行星中都是绝无仅有的：恒星日长约 16 h 48 min，但只有南北纬 8°之间的地区才有因自转而形成的昼夜变化；纬度 8°以上地区均以 21 年为周期分别处于长昼或长夜状态。

天王星基本上由岩石和冰块组成。大气中氢占 83%、氦占 15%、甲烷占 2%。天王星有 20 个光环，但不十分明亮；磁场很奇特，不在星体中心而是偏离 60°；已发现 17 颗卫星，但其中有 2 颗尚未命名。

8. 海王星(Neptune)

海王星是一个典型的气态行星，虽然拥有一个质量与地球相近的石质内核，但主要部分由冰壳和气体组成。赤道半径 24 766 km，接近地球赤道半径的 4 倍，体积为地球的 57 倍，质量为地球的 17.22 倍。轨道半长轴 30.057 9 天文单位，因此成为离太阳最远的行星。轨道面与黄道面的夹角也很小，不足 2°。大气主要由氢与氦组成，也有少量甲烷。大气层变化频繁，多旋风和大风暴，最大风暴时速可达 2 000 km。有 5 条光环，但均较暗淡。磁场偏离星体中心，由于距离太阳太远，单位面积日照强度仅为地球的 1/900，因此表面温度常在 -200 ℃以下。迄今为止，共发现 8 颗卫星。

（二）矮行星(dwarf planet)

矮行星是指围绕太阳运动，自身引力足以克服其固体应力而使自己呈圆球状，但不能清除其轨道附近其他物体的天体。冥王星(Pluto)是矮行星的典型代表，赤道半径 1 160 km，密度 1.5 g/cm^3，质量只及地球的 0.24%，恒星日长 6 d 9 h 21 min 36 s；轨道半长轴 39.5 天文单位，公转周期 247.9 年，公转方向与自转方向相反。初发现时，人们曾误以为冥王星体积数倍于地球，而实际上，其体积甚至比月球、木卫一至木卫四、土卫六和海卫一等卫星还小。

冥王星轨道反常，有时比海王星离太阳更近。赤道面与轨道面几乎成直角，星体可能由岩石(70%)和冰(30%)组成，大气极稀薄，以氮为主要成分，并含少量一氧化碳和甲烷，而且很可能只有在近日点时才呈气体。其卫星卡戎，直径 1 200 km。

齐娜(Xena)即 2003UB313，直径 2 400 km，比冥王星大，轨道半长轴 150×10^8 km。公转周期 560 年，曾被认为是太阳系第十大行星。其行星地位最终未被确认也是导致冥王星降级的因素之一。

谷神星，赤道半径 450 km，轨道半长轴 4.2×10^8 km，平均距太阳 2.77 天文单位，公转周期 4.2 年，本属小行星之列。

（三）太阳系小天体

1. 彗星(Comet)

彗星是在万有引力作用下绕太阳运动的一类质量很小的天体，是太阳系的成员之一。肉眼可看到的彗星大多由彗核、彗发、彗云和彗尾组成。彗核近似球形，是彗星头部密集而明亮的部分，由冰、甲烷、氨和尘埃组成。彗发分布于彗核四周，呈球形云雾状，半径可达数十万千米，由气体和尘埃组成。彗云包围在彗发外面，直径约 $100\times10^4\sim1\ 000\times10^4$ km，主要由氢原子组成。彗核、彗发和彗云合称彗头。彗尾是彗核背向太阳一侧长达 $1\times10^8\sim2\times10^8$ km 的尾巴，由彗核在太阳风作用下抛出的尘埃和气体组成。

依据彗星远日点的距离，可将彗星分为四个族，即木星族、土星族、天王星族和海王星族。木星族彗星回归周期为 3～10 年，已知有 61 颗；土星族周期为 10～20 年，已知有 8 颗；天王星族周期为 20～40 年，已知有 3 颗；海王星族周期为 40～100 年，已知有 9 颗。目前共发现 1 600 余颗彗星，其中 600 余颗被准确计算出运行轨道，但这只是彗星的极小部分。据计算，在海王星轨道以内，至少应有 170×10^4 颗彗星，而回归周期为 4×10^4 年的彗星，则至少应有 $1\ 000\times10^8$ 颗。

人们对于彗星存在不少误识，以致长期把彗星当做某种灾难的象征。近代则有人担忧彗星可能碰撞地球，造成地极移动，改变地球运动速度，引起巨大潮汐和全球洪水泛滥，甚至认为彗尾的"毒气"可能污染大气等。实际上彗核碰撞地球的概率仅为 1 000 万年一次，且即使碰撞也不可能造成大灾难。至于彗尾扫过地球，则已发生过无数次，其含氰基和一氧化碳对地球高层大气的污染微不足道，远远不及工厂废气和汽车尾气对城市的污染，根本不可能对人类造成危害。

值得特别注意的是，近年来有的科学家认为地球上的水可能来自彗星。果然如此，地球水圈的形成在一定程度上依赖于彗星物质(冰)，彗星就非但不是所谓灾星，而是地球的福星了。

2. 小行星(Asteroid)

这是位于火星与木星轨道之间绕太阳运动的众多小天体的总称。1766 年德国天文学者提丢斯首先提出，1772 年波得进一步完善了关于行星和太阳距离的经验公式

$$R_n=a+b\times2^n$$

式中：$a=0.4$；$b=0.3$；$n=1, 2, 3, \cdots$。

这个公式称为提丢斯－波得定则。按照这一定则，在火星与木星轨道之间，距太阳约 2.8 天文单位处应该有一个大行星。经过长期搜索，始终没有发现这颗未知大行星，却发现了一个小行星带，1801 年，谷神星被发现，1802 年智神星被发现，直到 1854 年 7 月共发现 30 颗小行星。1868 年，小行星数目突破 100 颗，1879 年突破 200 颗，1890 年突破 300 颗。至今已编号的小行星

达 2 600 余颗。据计算，冲日亮度超过 19 等的小行星约有 4.4 万颗。如果算到 21.2 等，小行星总数将达到 50 万颗。

有关小行星起源的最初假说是爆炸说。爆炸说认为，在提丢斯－波得定则规定的火星和木星间区域，原来确有一个大行星。该行星后来突然发生爆炸，其大部分碎裂成为小行星，小部分碎片成为流星。假说的提出者没有阐述爆炸的原因，小行星的形态和运动轨迹也不符合爆炸理论，因此这一假说已被摒弃。

许多学者认为，小行星的早期形成过程与其他行星并没有本质区别，只是其“行星胎”后期未能顺利发育成为大行星。我国天文学家戴文赛指出，行星形成之前，太阳系只是一个星云盘，其物质可分为三类：氢、氦之类的气体物质占 90% 以上；冰物质如水、氨、甲烷等，土物质如高熔点金属氧化物及硅酸盐之类，约占 1%。在行星凝聚阶段，木星区内的小星子掠夺了小行星区域 99.9% 的物质，因而这个区域不可能形成大行星，而只能形成为数众多的“半成品”。这就是著名的“半成品说”。

人类关注小行星，是因为小行星与地球的地理环境和人类本身都有密切关系。具体地说，就是小行星曾经多次并可能再次撞击地球。

1978 年，诺贝尔物理学奖获得者路易斯·阿尔瓦雷斯提出，$6\ 600 \times 10^4$ 年前一颗直径为 8～10 km 的阿波罗型小行星撞击地球引起大爆炸，其能量相当于 100×10^{12} t TNT 炸药。尘埃弥漫空中致使大量植物枯死，恐龙灭绝。后来美国学者推测该小行星直径为 11 km，撞击点在太平洋。这次撞击造成淡水生物的 19%、海洋生物的一半和陆地上体重超过 30 kg 的动物死亡。

1976 年 3 月 8 日发生在我国吉林的陨石雨，后来也被证明是一个直径 220 km 的小行星的一部分。近年还有人指出，我国华北沉降带的形成也可能与小行星撞击有关，撞击中心在山东低山丘陵区。

尽管国内外均有大量小行星撞击地球的报道或预测，但人类完全不必要为此担忧。科学家们的计算表明，5×10^4 t 级的陨石撞击地球的概率为 10×10^4 年一次；直径 10 km、质量 1×10^{12} t 的小行星撞击地球的概率则为 1×10^8 年一次。在现代科学技术条件下，人类完全有能力准确预测并事先消除撞击危险。

（四）卫星与月球

1. 卫星(Satellite)

卫星本指围绕行星和矮行星公转的天体，近 30 年也用以称呼围绕行星和卫星(如月球)运动的人造天体。太阳系除水星和金星外，其他行星都有卫星，其中土星的卫星多达 23 个，天王星和木星的卫星分别为 17 个和 16 个。卫星形态多种多样，大小差别悬殊，大的如土卫六、木卫三和木卫四直径都超过 5 200 km。土卫六还是太阳系唯一有大气的卫星，大气密度甚至远大于地球大气圈。木卫一被 SO_2 及钠云包围，表面火山活动频繁而强烈，被称为“拥有最多活火山的天体”。木卫三体积比水星还大，并可能与地球一样存在板块活动。有的卫星(如天卫五)体积不大而地形复杂，有高达 24 km 的山峰。太阳系 8 个行星目前已知共有 67 颗卫星。矮行星冥王星也有卫星。

2. 月球(Moon)

月球是地球唯一的天然卫星，赤道半径为 1 738.2 km，相当于地球半径的 27.28%；极半径比赤道半径短 4 km；质量为 7.35×10^{22} t，相当于地球质量的 1.23%，即 1/81；平均密度为 3.24 g/cm^3，只及地球密度的 0.6。

月球外部没有大气层，这一特点至少造成了三种直接后果：一是月空永远黑暗，没有风云雷雨等天气现象；二是月面温度变幅巨大，在阳光照射下最高温度可达 127 ℃，而夜间温度可降至 -183 ℃；三是在缺乏大气层保护的情况下月面经常遭受陨石撞击。月球上也没有水，因而既无生物，也不可能形成土壤。裸露的岩石与疏松的尘土共同构成荒凉死寂的外貌，与神话传说中的美景迥然相异。月球表面也有山脉、丘陵、平原和低地，由火山作用和陨石冲击形成的环形山尤其分布广泛。人类比较了解的“月海”，实际上是由玄武岩构成的平原。

月球沿着一个椭圆形轨道围绕地球自西向东运动。轨道远地点为 405 500 km，近地点为 363 300 km，目前月地平均距离为 384 401 km，并正以每年 3.8 cm 的距离远离地球。其轨道平面(白道面)与黄道面的交角约变化于 4°58′~5°20′之间，平均为 5°9′。绕地运动的周期为一个月，但是这里的“月”有三种含义：月心连续两次通过地心与日心连线的时间称为朔望月，时间是 29 d 12 h 44 min 3 s；月心连续两次到达同一恒星方向为 27 d 7 h 43 min 11.4 s，叫做恒星月；月心连续两次通过黄道与白道两交点之一需时 27 d 5 h 0 min 35.8 s，则称交点月。

在绕地球运动的同时，月球还以一个恒星月为周期绕月轴自转。由于月球自转与公转“同步”，月球总是以同一面对着地球。

月球既有公转和自转，同时又跟随地球绕太阳运动，因而，月球既可位于日地之间，也可位于日地距离外侧。由此，其明亮部分在人类看来就有周期性盈亏圆缺之别，即有不同的月相。此外，当月球阻挡阳光照射地球时，就发生日食；当地球阻挡阳光照射月球时，则发生月食。但是，月球对地理环境最重要的影响仍在于使地球形成潮汐，尤其是海洋潮汐。

科学家们或认为月球与地球具有相同的起源，或认为是地球的引力俘获了月球使之进入现在的轨道，或主张月球曾是地球的一部分，后来被撕裂出去而成为地球的卫星。这些假说目前都没有得到公认。但有一点可以肯定，月球绝非某些伪科学著作所宣扬的，是外星人的所谓中空的人造天体，并且仅仅在 3 000 多年前才被放置于地球附近。

三、地球在天体中的位置

曾经有一个很长的时期，人们认为地球是宇宙的中心，一切天体都绕地球运行。直到1543年，哥白尼的《天体运行论》发表，“日心学说”创立，这个错误观念才逐渐被抛弃。但是，无限广大的宇宙根本不存在中心。太阳只是太阳系的中心。而太阳在银河系中，也只不过是旋涡臂上的一个小点，一颗普通的恒星罢了。地球则只是太阳系中一颗普通的行星。

地球沿着椭圆形轨道绕太阳运行，太阳处在椭圆的焦点之一上。每年1月初地球和太阳最接近，距离约为 $14\ 710\times10^4$ km，地球的这个位置称为近日点。7月初离太阳最远，距离约为 $15\ 210\times10^4$ km，这个位置则称远日点。日地平均距离为 $14\ 960\times10^4$ km，此数字被确定为一个天文单位。

地球并不是孤立地存在于宇宙中的，它与其他天体或宇宙空间之间通过能量和物质交换保持着密切的联系并相互影响。例如，地球的向阳半球面每秒钟接受太阳辐射物质2 kg，相当于燃烧 $4\ 000\times10^4$ t煤所产生的能量。正是太阳辐射能作为最主要的能量来源和基本动力，推动了地球表层的几乎全部自然地理过程，使地理环境得以形成和有序发展。太阳紫外辐射使大约高出地面20～25 km的大气中的氧分子分解为氧原子，两者经碰撞成为臭氧。正是这个臭氧层作为“遮光板”，阻挡了99%的紫外光达到地面，从而维护了地球生物圈的安全。同样是太阳辐射在大气中形成了电离层，才使世界的现代通信成为可能。人类社会最重要的能源水能、风能、煤和石油，或由太阳能直接转化而成，或经过有机体长期积累和化石化过程转化而成。太阳光还把各种带电粒子传送到地球上。具有极高能量的宇宙射线，从宇宙空间侵入地球大气上层，对地球磁暴、极光及大气分子的离子化等都产生影响。每年约有 $1\ 000\times10^4$ t陨石和宇宙尘降落到地球表面，成为地球质量缓慢然而不断增加的主要原因。而地球大气外层则不断有气体质点和热量逸散到宇宙空间。由于太阳活动水平、地磁变化和太阳宇宙线事件，地球周围空间3～4个地球半径范围内，大量高能带电粒子聚集而成为地球辐射带。所有这些都表明地球与其他天体间存在着能量和物质交换。至于月球与太阳的引力使地球表面出现潮汐，就更为人们所熟悉了。

第二节 地球的形状和大小

地球形状问题是人类最古老的世界观的基本内容，即人类对宇宙认识的一个组成部分。相互交往及测算土地面积的客观需要，很早就促使人们去认识地球的形状和大小。但人类认识地球形状和大小的历史过程却相当复杂，并且始终充满了唯物论和唯心论的斗争。

古代人类活动的范围极有限，且又缺乏精确可靠的观测手段，因此产生过许许多多关于地球形状的误识。例如，古巴比伦人认为宇宙是一个闭合的箱子，大地是这个箱子的底板；古希伯来人认为大地是一块平板；古印度人认为大地是四只大象背负的半球；古希腊人认为大地是由一条大洋河(River of Ocean)环绕的圆盾；古俄罗斯人认为大地是由三条鲸驮着的圆盾等。我国古代则有“天圆地方”的说法，并且认为这个方形大地是从西北向东南倾斜的。

随着生产力、科学技术和航海交通的发展，人类的活动范围逐渐扩大，视野日益开阔，大地的球形观念也随之形成。在西方，毕达哥拉斯学派最早明确指出大地为球形，但大地球形说的真正奠基者乃是古希腊学者亚里士多德。在我国，早在公元前2 000年就出现过大地球形的传说，而第一个明确主张大地球形的则是东汉时期的张衡(公元78—139年)。他在《浑天仪图注》中说：“浑天如鸡子。天体圆如弹丸，地如鸡中黄……天之包地，如壳之裹黄。”

但是，只是在经历了15世纪末和16世纪初的地理大发现之后，尤其是环球航行成功之后，大地球形观念才最终得到证明，并从此深入人心。恩格斯高度评价地理大发现的丰功伟绩，认为这才是真正发现了地球。

从“非球”到“球形”，是人类认识地球形状的一大飞跃。但是，球形观念只是地球形状的第一个近似观念。19世纪以来，人们进一步知道了地球是一个赤道突出、两极扁平的椭球体；20世纪末叶，有些人认为地球实际上是一个“梨状体”，似乎又从球形观念倒退了。

一、地球的形状及其地理意义

大地测量中所谓的地球形状，是指一种以平均海平面表示的平滑封闭曲面，即大地水准面。所以，通常所说的地球形状就是大地水准面的形状。

人类早就掌握了大地球形的简单证据。例如，一个人沿南北方向旅行时，发现熟悉的星星在地平线上的高度不断变化，一些星出现了，而另一些星不复可见；驶离海岸的船只，总是船身首先从岸上观察者的视野中消失；月食时，出现在月球表面的地影总呈圆形；日出前和日落后天空中出现曙暮光等。后来，科学的发展提供了更丰富的证据，人们的认识也随之不断深化。

精密测量结果告诉我们，通过赤道的地球直径比通过两极的直径长42.5 km。这就证实了地球不是正球体，而是一个两极比较扁平、赤道部分相对突出的椭球体；通过两极的地球断面是椭圆形而不是正圆形；椭球体的最大圆周在赤道上，而不在通过两极的椭圆上（图 1-2）。由于地球两极扁平，那里的地面曲率就比赤道地面曲率小。从图 1-2 中可以看出，两极附近 5°弧的弧长大于赤道上 5°弧的弧长；相应于前者的圆半径，比相应于后者的圆半径大。

地球两极扁平的程度称为地球的扁率 α，可用下式计算

$$\alpha = \frac{a-b}{a}$$

式中：a 为地球赤道半径，即椭球体半长轴；b 为地球两极半径，即半短轴。

地球半长轴与半短轴的关系如图 1-3 所示。

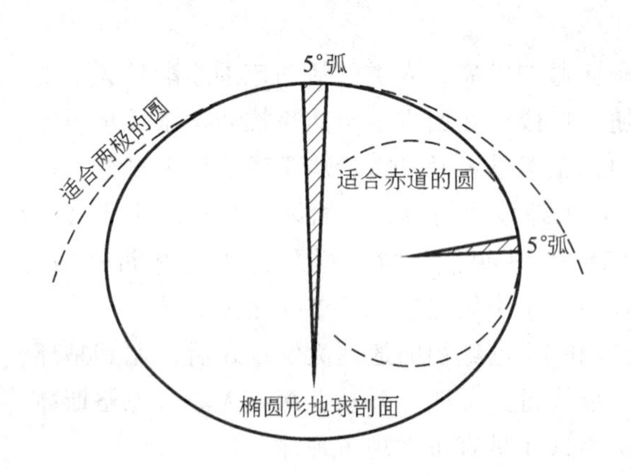

图 1-2 地球椭球体

（据 Strahler）

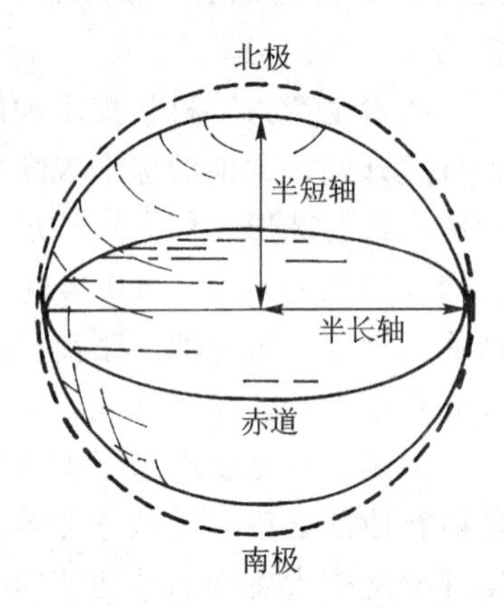

图 1-3 地球的半长轴与半短轴

（据 Strahler）

测定地球扁率的工作早在 18 世纪就已开始。19 世纪以来，不同国家分别采用了许多种扁率。1924 年，国际大地测量和地球物理协会决议采用海福特椭球体。我国在 1952 年以前也曾采用过。1940 年克拉索夫斯基提出了新的数据，并先后为部分欧洲国家所采用。我国自 1953 年开始采用。人造地球卫星出现后，扁率测量的精度大大提高。1971 年，第 15 届国际大地测量和地球物理联合会决议采用人造地球卫星提供的最新数据。椭球体的有关数据如表 1-3 所示。

表 1-3 椭球体的有关数据

	半长轴/m	半短轴/m	扁 率
海福特（1924）	6 378 388	6 356 912	1/297.0
克拉索夫斯基（1940）	6 378 245	6 356 863	1/298.3
第 15 届国际大地测量和地球物理联合会（1971）	6 378 160	6 356 755	1/298.25

在太阳系的 8 个行星中，地球的扁率是相当小的。火星、木星、土星、天

王星和海王星的扁率都比地球扁率大，但水星、金星近似球形。

虽然椭球体一词比较接近真实地反映了地球的形状，但是椭球体曲面与大地水准面仍然有一些微小的差异。大地水准面以海平面为基准，在大陆部分，它因重力减小而上升，在海洋部分又因重力增大而下降。所以，大地水准面实际上是一个不规则的起伏表面。在南北两半球，椭球体不同程度地偏离大地水准面，且以两极的偏离幅度最大(图1-4)。

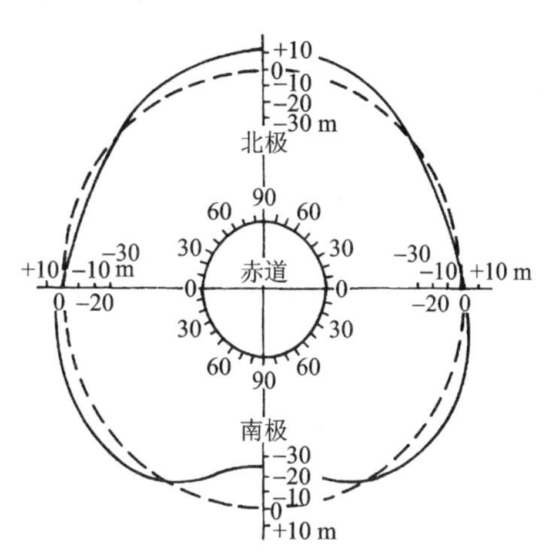

图1-4 地球的形状

(据 Jocoby)

虚线代表椭球体，实线表示地球实际形状

人造卫星提供的信息使人们获得了对大地水准面的崭新认识。长期以来，人们把大洋表面看做一个平缓的、稳定的旋转椭球面。其实地球洋面上至少各有三个较大的隆起区和拗陷区。前者如澳大利亚东北洋面、大西洋南伊斯兰附近洋面和非洲东南洋面，分别隆起76 m、68 m和48 m；后者如印度半岛以南海面、加勒比海区和加利福尼亚以西海面，分别凹进112.64 m和56 m。这些拗陷区直径都在3 000~5 000 km间。隆起区和拗陷区的存在使大洋面发生倾斜，因而成为一个复杂的面。人造卫星测到的地球的沿赤道断面，也不是正圆形而是卵圆形，其长轴方向的赤道直径比其他方向要长427 m。

整个地球的形状，从通过两极、垂直于赤道平面的断面来看，呈现“梨形”。如图1-4所示。这个“梨形体”和标准椭球体相比较，南极凹进24 m，北极高出14 m，从赤道至60° s之间高出基准面，而自赤道至45° N之间又低于基准面。考虑到所有这些起伏相对于地球的巨大直径而言，毕竟太微小，因此，我们仍主张把地球形状视作旋转椭球体。

地球的形状具有非常重要的地理意义。我们知道，太阳辐射是地球表面最主要的能量来源，而太阳同地球的平均距离长达14 960 × 10^4 km。这样，就可把投射到地球表面的太阳光线视为平行光线。当平行光线照射到地球表面时，不同纬度地区的正午太阳高度角将各不相同。地球赤道面与黄道面的交角，决定了太阳正午高度角有规律地从南北纬23°27′之间向两极减小(图1-5)。太阳辐射使地表增暖的程度也按同样的方向降低，从而造成地球上热量的带状分布和所有与地表热状况相关的自然现象(如气候、植被、土壤等)的地带性分布。

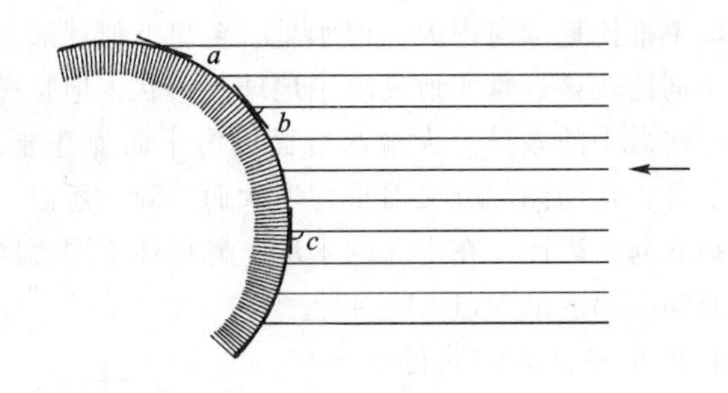

图 1－5 不同纬度的太阳高度角

角 c > 角 b > 角 a

二、地球的大小及其地理意义

在人类尚未掌握先进的测量技术和方法以前，“地球究竟有多大”这个难题是无从解答的。从大地方形观念出发，我国古代文献中，曾有过“东西五亿有九万七千里，南北亦五亿有九万七千里”（《吕氏春秋》）；“东极至于西极，二亿三万三千五百里七十步”，“北极至于南极，二亿三万三千五百里七十步”（《淮南子》）和“南北二亿三万一千五百里，东西二亿三万三千里”（《河图括地象》）等臆说，过分夸大了地球的规模。《五藏山经》说：“天地之东西二万八千里，南北二万六千里”，又显然偏小，且也是没有根据的。

亚里士多德（公元前 384—公元前 322 年）在其著作中曾引用一位数学家的计算数据，指出地球圆周长为 40 万斯台地亚（stadia）。斯台地亚为古希腊长度单位，约相当于 0.16 km，据此换算，则地球圆周长 64 000 km，也与事实相去甚远。

只有通过测量才能够获得地球大小的准确数据。首次进行这种测量的埃拉托色尼（公元前 284—公元前 192 年）测出亚历山大和塞恩（Syene，今埃及阿斯旺附近）夏至日正午太阳高度角相差 7.2°，认为这一角度正是两地间的弧距。他根据两地的距离计算出地球圆周长非常接近 40 000 km。但是，亚历山大和塞恩之间有 2°30′经度差。作为测量依据的两地距离系根据商队路线估计，也不准确。所以，埃拉托色尼的计算结果与现代观测结果的近似只是一种巧合。然而他的方法无疑是一项创举。

公元 723 年，我国唐朝的僧一行（张遂）、南宫说等人分别在 13 个地方测量当地的地理纬度，测出经线 1°弧长约相当于现在的 132.3 km。这一结果显然偏大。

现在，人类对地球大小的测量已经相当准确。1975 年 9 月，国际大地测量和地球物理联合会第 18 届全会推荐了一批有关地球大小的数据，其中，地

球赤道半径 a 为(6 378 140 ± 5)m，极半径 c 为(6 356 755 ± 5)m，总面积 5.1×10^8 km^2，总体积 $10\ 820\times10^8$ km^3，总质量 5.98×10^{27} g。近年又报道了总体积 $10\ 833\times10^8$ km^3，总质量 6.588×10^{27} g。在实际运用中，常常把与地球体积相等的正球体半径作为地球的平均半径，即 6 371 110 m。地球的经线周长为 40 008 548 m，赤道周长为 40 076 604 m。

地球的巨大质量，使它能够吸着周围的气体，保持一个具有一定质量和厚度的大气圈。地球上的物体至少需有 11.2 km/s 的速度才能脱离地球，而大气中气体微粒的运动速度最快也只及上述数字的 1/7。这就保证了地球的大气不致逸散。而如果地球没有现在这样大的体积和质量，就不可能有现在这样的大气圈；因而也没有海洋和河湖，没有风，也没有生物；地表平均温度将比现在低得多，温度较差将大得多，紫外线辐射将强得多……总之，我们的地球将呈现完全异样的景象。

第三节　地球的运动

人类不能感觉地球的运动，却能看到日月星辰绕地球旋转，因此，很容易产生地球静止不动居于宇宙中心的误解，于是地心说应运而生。亚里士多德最早提出的地心说，经过托勒密(公元 90—168 年)在 2 世纪中叶加以系统化之后，曾风靡世界达 1 500 年之久。

天文学家哥白尼(1473—1543 年)在其六卷巨著《天体运行论》中首先明确提出“地球是动的”，“行星旋转的中心不是地球而是太阳”，“地球不是宇宙的中心”，而“是围绕太阳旋转的一颗普通的行星”等新观点，从而建立了日心说。哥白尼认为，地球绕轴自转发生昼夜的交替，同时绕太阳公转，导致季节的变化。

通过布鲁诺(1546—1600 年)、开普勒(1571—1630 年)、伽利略(1564—1642 年)和牛顿(1642—1727 年)等许多杰出科学家的努力，日心说逐步取代了地心说。而 1781 年天王星的发现，1846 和 1930 年海王星和冥王星的发现，则使日心说在对地心说的斗争中最终取得彻底胜利。

一、地球的自转

太阳系是一个比较稳定的旋转系统。地球在太阳系形成过程中获得的一定的角动量主要分布在地球的自转、公转和地 - 月转动系统中。地球的椭球体形状与离心力的作用有关，而离心力又只在物体旋转时才可能产生，可见地球是旋转的。科学实验也证明了地球旋转的事实。

1851 年，傅科在实验中发现，钟摆平面在 49°N 的巴黎，每小时右偏 11°多，每 32 h 偏转一周(360°)。后来的研究表明，在极地摆动平面每小时偏转 15°，每 24 h 偏转一周。但在赤道上却不发生偏转。摆动平面是固定不变的，这种偏转就只能是视偏转，它说明不同纬度上的经线方向在不断变化，即地球自西向东旋转。在赤道上，经线的切线平行于地轴，因此它的方向不因地球旋转而变化。在两极，经线的切线与地轴相互垂直，因此它们的方向每天变化 360°，每小时变化 15°，与地球旋转角速度相同。摆动平面的视偏转与地球旋转方向相反，即在北半球向右或顺时针，在南半球向左或逆时针。

不同纬度上，摆动平面每小时偏转的角度 α 等于地球每小时自转的速度与所在纬度正弦的乘积，其公式为

$$\alpha = 15 \times \sin \varphi$$

地球绕地轴旋转称为地球自转。自转一周的时间即自转周期，叫做一日。但由于观测周期采用的参考点不同，一日的定义也略有差别。如果取春分点为标准，则春分点连续两次通过同一子午面的时间，叫做一恒星日。如果取太阳为标准，则地球上同一地点连续两次通过地心与日心连线所需的时间，叫做一个太阳日。但是地球不但自转，还绕太阳公转，公转轨道又呈椭圆形，所以一年中的太阳日并不等长。一个平均太阳日为 24 h。这是地球平均自转 360°59′的时间，其中 59′是地球公转造成的。所以，它比一个恒星日长 3 分 55.909 秒。

地球自转速度包括线速度和角速度两种。赤道上线速度最大，为 464 m/s，到 60°N 和 60°S 处几乎减少一半，到两极则为零。不同纬度的线速度 L 可用下式表示

$$L = 464 \times \cos \varphi$$

自转角速度除两极点外，各地均为每日 360°，每小时 15°。

地球自转速度并不是永远固定不变的。据推测，在地球形成之初，自转周期仅有 4 h。而现在已经计算出，距今 5 亿年前的寒武纪晚期，自转周期为 20.8 h，至泥盆纪增至 21.6 h，石炭纪 21.8 h，三叠纪 22.7 h，白垩纪 23.5 h，始新世 23.7 h，目前为 24 h。我们知道，活的珊瑚每天分泌碳酸钙，形成躯壳上的细小日纹。现代珊瑚每年有 365 条日纹，而 5 亿—6 亿年前的珊瑚化石每年却有四百多条日纹。这就说明当时地球自转速度比现在快得多，即当时的一天比现在短。

地球自转速度并不是一直变慢，也有以变快为主的阶段，但减慢是主要趋势，而减慢的原因则是多种多样的。康德指出，月球和太阳引潮力造成的潮汐从东向西冲击地壳，而地球自转方向为自西向东，潮汐与地壳摩擦产生阻滞地

球自转的力，将减慢地球自转速度。也有人认为地球自转速度减慢是太阳活动的影响和地球不断膨胀的结果。但是，地球自转速度变化的根本原因仍然在地球内部。地球上密度大的物质在重力作用下不断向地心集中，据估计每秒钟有 5×10^4 t 铁从地幔进入地核，这种运动将使地球自转加快；而火山爆发、岩浆活动等过程使地幔物质流向地表，当然也会引起自转速度的变化。

除长期变化外，地球自转还有季节变化。每年 3—4 月自转速度最慢，8 月最快。但季节性日长变化不超过 0.5 ~0.6 ms。自转的季节性变化可能与纬向风速、洋流和冰雪分布的季节变化有密切关系。它们影响地球质量分布与自转轴间的距离，从而影响转动惯量。当转动惯量增大时，转速将减慢；反之，转速将加快。

地球绕轴自转这一事实是确定地理坐标的基础。如果没有两个极点，就几乎不可能建立统一的地理坐标。地球自转的地理意义还表现在以下几方面：

1）地球自转决定昼夜更替，并使地表各种过程具有昼夜节奏。地球不透明，任何时候太阳都只能照射地球的一半，使地表产生昼和夜的区别。如果地球只有公转而没有自转，那么昼夜更替周期将不是一日而是一年。在这种情况下，与地表热量平衡相联系的一切过程都将发生和现在全然不同的变化。例如，巨大的昼夜温差将会引起十分强烈的风暴，过度的炎热和严寒将会造成生物的死亡等。但由于地球有自转，而且既不像金星那样慢，也不像木星那样快，昼夜更替适中，地表增温和冷却不超过一定限度，生物才得以生存，其他许多过程才不朝极端方向发展。

2）地球自转使所有在北半球作水平运动的物体都发生向右偏转，在南半球则向左偏。假设北半球任一点的地平面上有南北线 *NS* 和东西线 *WE*，有四个物体从这两条线的交点 *C* 分别向 *CN*，*CW*，*CS* 和 *CE* 四个方向运动。由于地球自转的缘故，地平面按反时针方向旋转。因此，经过一定时间以后，南北线和东西线分别落到 N_1S_1，和 W_1E_1 的位置（图 1 -6），而四个物体按惯性规律力图保持其原来的运动速度和方向，从而向右偏离了地面的基线。

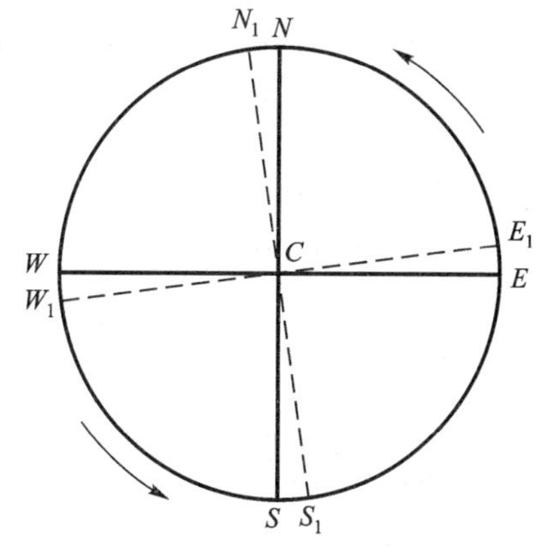

图 1 -6　运动物体的偏转

这一现象可以用地球自转的线速度来解释。物体自 *C* 点向北运动，是从线速度较大的纬度转移到线速度较小的纬度，由于惯性作用，它必然超越其出发点 *C* 的经线；向南运动时，情况正相反，它自线速度较小的纬度转移到线速度较大的纬度，落后于其出发点的经线，结果仍然是向右偏转。物体沿东西方向运动实际上是沿纬线的切线方向运动，即仍由高纬向低纬运动，故方向仍将发生偏转。

科里奥利首先发现地球自转情况下运动物体的偏转力，因此称为科里奥利力。科里奥利力 D 可用下式表示

$$D = 2v\omega \sin \varphi$$

式中：v 为运动物体的速度；ω 为地球自转角速度；φ 为运动物体所在纬度。

地表某一点的角速度和纬度正弦值的乘积，只影响运动物体的方向，而不影响其速率；而运动物体的速度却决定着偏转力的大小。当物体静止不动，即 v 等于零时，偏转力也等于零。科里奥利力对气团、洋流、流水的运动方向和其他许多自然现象有着明显的影响，例如北半球河流多有冲刷右岸的倾向，高纬地区河流上浮运的木材也多向右岸集中。

3）地球自转造成同一时刻、不同经线上具有不同的地方时间。一个地方的正午时候，距其180°经度处却正当午夜。这说明地球表面每隔15°经线，时间即相差1 h。人们据此划定了地球的时区。全部经度360°，分为24个时区。以本初经线为中心，包括东西经各7°30′的范围为中时区。东西另外各15°经度为东1区、西1区；如此类推，至东西12区，即以180°经线为中心的时区。这样，如中时区为正午，东1区为下午1时，而西1区则为上午11时，东西12区正在午夜。午夜是前1日与后1日的分界。在同一时刻，180°经线以东是前1日的结束，以西却是次1日的开始。经过国际协议，180°经线被定为国际日期变更线（日界线），但局部地段有所调整。例如，在楚科奇海和白令海峡，日期变更线向东弯曲，使俄罗斯的弗兰格尔岛和楚科奇半岛与西伯利亚位于该线同一侧。在阿留申群岛，日期变更线又向西弯曲，使这个群岛之西部各岛与其他岛屿一起位于该线东侧。国际日期变更线在南太平洋也有局部东移，使得西萨摩亚、汤加、克马德克群岛、查塔姆群岛等180°经线以东的地区位于日界线以西。自西向东越过这条线，即从东半球进入西半球，应把日期减去1日；自东向西越过这条线，即从西半球进入东半球，则应把日期加上1日（图1-7）。

4）月球和太阳的引力使地球体发生弹性变形，在洋面上则表现为潮汐。而地球自转又使潮汐变为方向与之相反的潮汐波，并反过来对它起阻碍作用。潮汐摩擦阻力虽然要40 000年才能使地球的1昼夜延长1秒，但对地球的长期发展却具有不可忽视的意义。

5）地球的整体自转运动同它的局部运动如地壳运动、海水运动、大气运动等，都有密切的关系。大陆漂移、地震、潮汐摩擦、洋流等现象都在不同程度上受到地球自转的影响。

此外，当地球自转加快时，离心力把海水抛向赤道，可以造成赤道和低纬

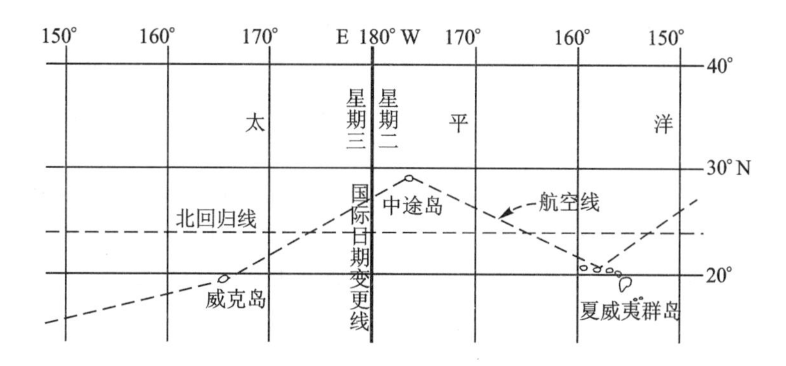

图 1－7 国际日期变更线

（据 Finch 等）

区的海面上升，而中高纬度区海面则相应下降。

二、地球的公转

地球按照一定的轨道绕太阳运动，称为公转，其周期为一年。“年”的时间也因参考点不同而有差别。地球连续两次通过太阳和另一恒星连线与地球轨道的交点所需的时间为 365 d 6 h9 min 9. 5 s，称为一个恒星年。而连续两次通过春分点的平均时间为 365 d 5 h 48 min 46 s，则称为一个回归年。

地球公转也是自西向东。从地球北极高空看来，地球公转和自转都如图 1－8 所示，呈反时针方向。实际上，围绕太阳旋转的绝大多数行星和几乎所有卫星都按同样方向运动。

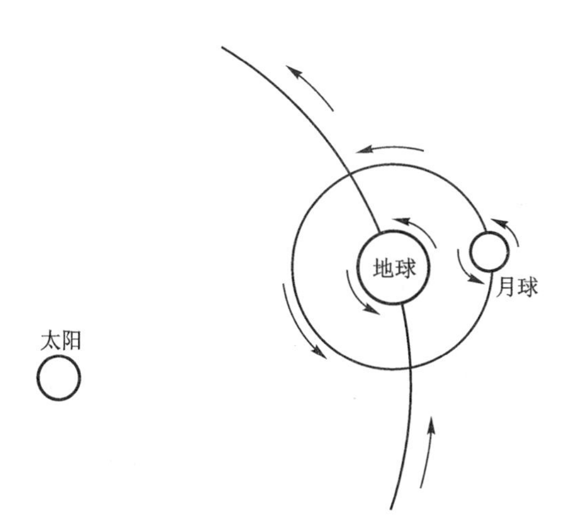

图 1－8 地球、月球的自转和公转方向

（据 Strahler）

地球轨道是一个椭圆，太阳位于椭圆的两焦点之一。椭圆的最长直径叫长轴，最短直径叫短轴。长短轴之差即为焦点距。1/2 焦点距与半长轴之比，称为椭圆偏心率。偏心率愈接近于零，椭圆即愈接近圆形。地球轨道偏心率约为 0.017 或 1/60。

图 1－9 表示地球公转轨道。大致 1 月 3 日，地球最接近太阳，此位置称为近日点：大致 7 月 4 日，地球最远离太阳，此位置则称远日点。根据开普勒定律，在单位时间内，日地连线在地球轨道面上扫过的面积相等。所以，地球公转速度在近日点最大，在远日点最小。

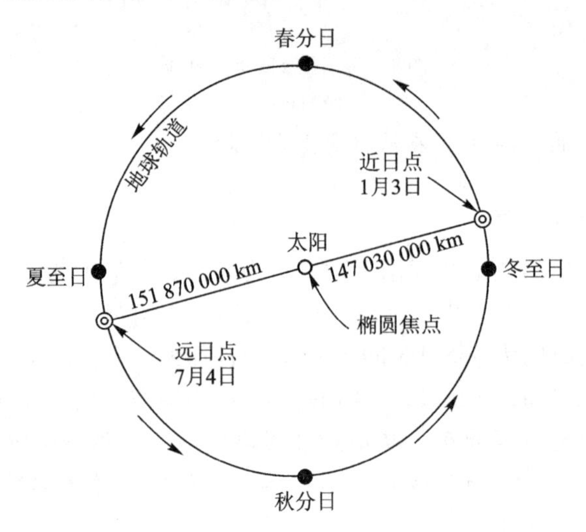

图 1－9　地球公转轨道

（据 Strahler）

地球轨道面是在地球轨道上并通过地球中心的一个平面。地轴并不垂直于这个轨道面，而是与之成 66°33′交角。这就是说，对地球轨道面而言，地轴是倾斜的（图 1－10）。太阳位于地球轨道面上，从地球上看来，太阳好像终年在这个平面上运动，这就是太阳的视运动。太阳视运动的路线叫做黄道，黄道所在的黄道面和地球轨道面是重合的。地轴与地球轨道面约成 66°33′交角，因而赤道面与黄道面的交角即黄赤交角为 23°27′。赤道和黄道面相交的两个点称为春分点和秋分点。地轴的倾斜方向固定不变，因此，太阳光只能直射地球上 23°27′S 和 23°27′N 之间的地方。地球绕太阳公转的结果，使太阳光线直射的范围在 23°27′N 和 23°27′S 之间作周期性变动，从而形成了四季的更替。

在任何地点，太阳在天空的位置都以当地正午时为最高。太阳光线与地平面间的夹角称为太阳高度角。当太阳位于春分点和秋分点时，光线与地轴垂

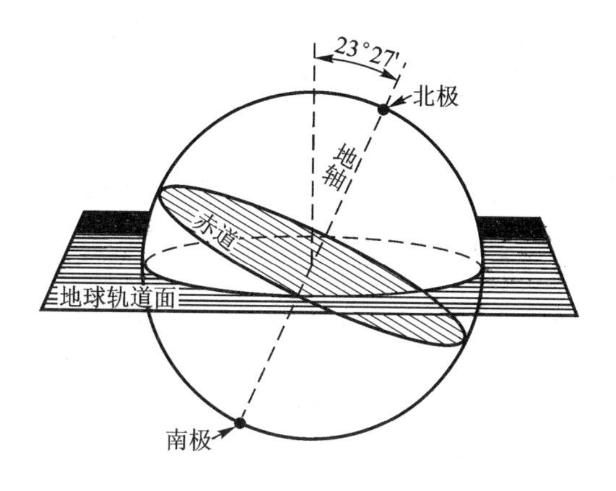

图 1－10　地轴的倾斜

直。如图 1－11 所示，赤道上任一地点 B 的正午太阳高度角都是 90°。因为 X 角等于 X'角，所以赤道以北 A 点的太阳高度角 50°等于 90°－X，即是太阳光线与地平面南向的夹角。赤道以南 C 点的太阳高度角 34°，则是太阳光线与地平面北向的夹角。

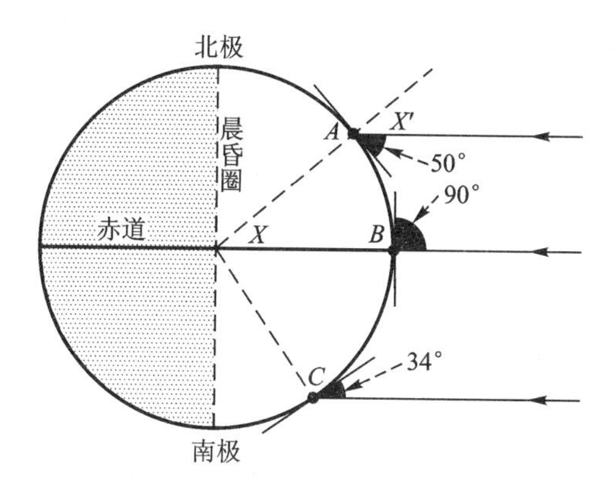

图 1－11　阳光与地轴

春分日(3 月 20 日或 21 日)和秋分日(9 月 22 日或 23 日)，太阳位于春分点和秋分点。由于阳光直射赤道，阳光照射圈即昼夜分界的晨昏圈，正好切过两极，而且所有纬线圈都被晨昏圈等分为二，因此，南北半球各纬度上的白昼和夜晚长度都是 12 h。

冬至日(12 月 22 日或 23 日)和夏至日(6 月 21 日或 22 日)的情况却有所不同。图 1－12 中的箭头示太阳光线，A 角为 53°N 的正午太阳高度角。冬至日，太阳直射 23°27′S 即南回归线，切过南极圈(66°33′S)，南极圈内整日处于晨昏圈的向阳一侧，而北极圈内却处于晨昏圈的背太阳一侧，因而北半球夜晚比白昼长，南半球相反。愈向两极，昼夜长度相差愈悬殊。在赤道两侧的相应纬度上，昼夜相对长度恰好相反。北极圈内夜长 24 h，南极圈内昼长 24 h。而在南极，太阳整日位于地面以上 23°27′。

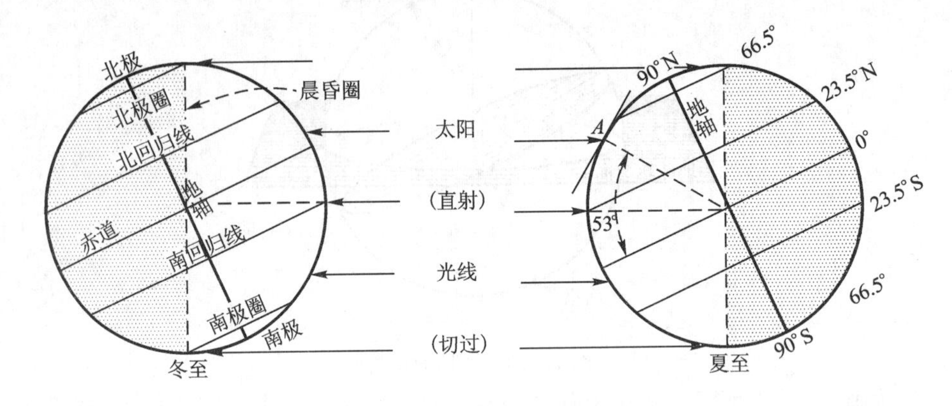

图 1－12　冬至与夏至

夏至日情况恰与冬至日相反，太阳直射 23°27′N 即北回归线，切过北极圈（66°33′N）。北极圈内整日都在晨昏线向阳一侧，昼长达 24 h；南极圈内却在背太阳一侧，夜长 24 h；南半球夜晚比白昼长，北半球相反。赤道两侧的相应纬度上，昼夜相对长度也恰好相反。

黄道圈分为 360°，以春分点为起点计算，二分点与二至点与相邻点的角距都是 90°。西方国家的天文学以春分到夏至为春季，夏至到秋分为夏季，秋分到冬至为秋季，冬至到春分为冬季。我国则将黄道圈按 15°划分，得到 24 个间距，称为二十四节气。

三、岁差、章动和极移

月球和太阳对地球引力产生的力矩使地球赤道面向黄道面趋近。由于地球不断自转，按照陀螺运动原理，自转轴必然绕黄道轴旋进，而黄赤交角保持不变。当地球自转轴旋进时，春分点西移，故地球自转不到一周即可两次经过春分点。这就是岁差。春分点每年西移 50.256 4″。由此可知，地球自转轴旋进周期约为 25 700 年，也就是说，它每 25 700 年描绘出一个圆锥形（图 1－13）。

月球则每月两次通过地球赤道面，这就在地轴旋进的平均位置上附加了一个短周期摆动，使地球自转轴在空间扫过的轨迹成为荷叶边形的锥面，而不是一般的圆锥面。附加在圆上的这种短周期摆动叫做章动。摆动的最大振幅只有 9.206″，其主要部分的周期为 18.6 年。

地球的形状轴（对称轴）和自转轴并不重合，而形状轴和地面的交点才是真正的地极。自转轴以 425～440 d 为周期绕形状轴旋转，产生振幅约 0.1″～0.2″的摇摆运动。从真正的地极来看，地球自转轴大约在 3 m 距离处，每 14

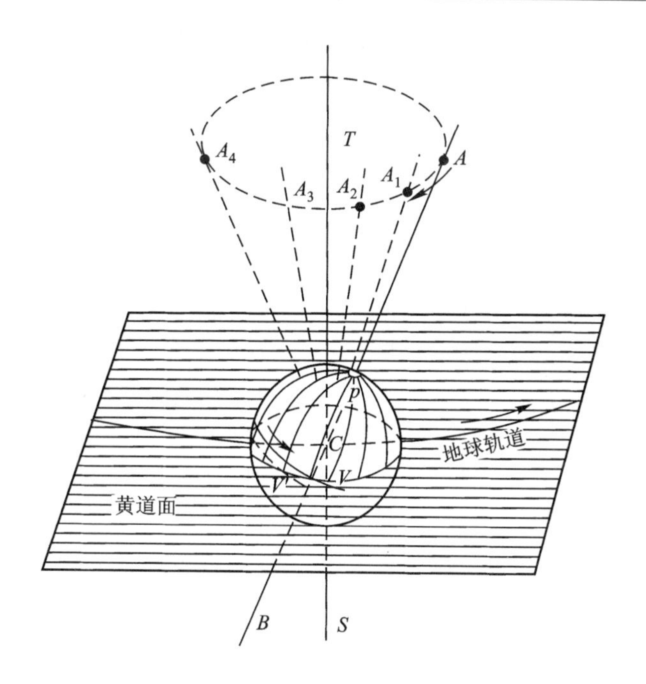

图 1－13　地轴的旋进

个月绕这个点旋转一周。而由于地球质量分布不均匀，真正的极点位置常常发生变化，因此自转轴又将围绕新极点旋转。这种现象就是极移，实际上也就是地球的自由章动，或按发现者的名字称为钱德勒章动。据研究，大地震与极移轨道的突然转折在时间上相关。所以，地震很可能是造成这种摆动的重要因素，大气扰动也可能有一定影响。

第四节　地理坐标

一、纬线与纬度

地球南北极的连线是地球自转的轴线，即地轴。地轴的中点叫地心。通过地心并和地轴垂直的平面与地表相交而成的圆是赤道。赤道把地球分为北半球和南半球。所有与地轴垂直的面，都和地表相交而成圆，就是纬线，所有纬线都相互平行。赤道是最大的纬圈，由此向北或向南，纬圈半径都有规律地减小。按下列公式很容易求出不同纬度上经度 1°的弧长 L

$$L = 111.2 \times \cos \varphi (\mathrm{km})$$

不同纬度上经纬线各1°的长度和面积见表1－4。

表1－4 经纬线每1°的长度和面积

纬度/(°)	纬度1°长/m	经度1°长/m	经纬1°面积/km^2
90	111 700.0	0.0	54.44
80	111 665.8	9 934.5	2 165.68
70	111 657.5	38 118.5	4 260.54
60	111 417.1	55 802.8	6 217.30
50	111 233.0	71 699.2	7 795.21
40	111 037.8	85 397.7	9 482.20
30	110 854.8	96 490.4	10 696.29
20	110 706.0	104 651.4	11 585.39
10	110 609.0	109 634.7	12 127.43
0	110 575.4	111 323.9	12 309.54

一地的纬度就是该地铅垂线对赤道面的夹角。赤道纬度为零度，由赤道向两极，各分为90°，北半球的称北纬，南半球的称南纬。但位于地心的夹角不可能直接测量，必须利用仪器进行间接测量。

为此，首先应了解关于天球的概念。从地球看来，那些极其遥远的天体似乎是嵌在一个很大的球体上，这个假想球体叫做天球。延长地轴线与天球相交的两点，就是天极。因为天球与地球的距离无穷大，所以，地球上的所有平行线都将在天球上相交。也就是说，地球表面任何一点与天极的连线都和地轴平行，而这条线与地平面的夹角，就等于该地铅垂线对赤道面的夹角，即该地的纬度。例如，天北极位于地球北极正上空，地球北极的纬度为90°。赤道上与地轴平行的直线在天北极与地轴相交，但此线和地平面的夹角为零度，故赤道上的纬度为零度。实际测量时，在北半球通常以北极星的平均位置作为天北极，其高度角就是各地的地理纬度。

二、经线与经度

所有通过地轴的平面，都和地球表面相交而成为圆，这就是经线圈。每个经线圈都包含两条相差180°的经线，一条经线则只是一个半圆弧。所有经线都在两极交会，所以经线都呈南北方向，长度也彼此相等。由经线和纬线构成的经纬网(图1－14)，是地理坐标的基础。

经线的起始线最初并不统一。1884年经过国际协议，确定以穿过当时的伦敦格林尼治天文台的经线为本初经线，或称本初子午线，即经度的零度线。

由此向东和向西，各分180°，称为东经和西经。东经和西经180°线是重合的，通常就把它叫做180°经线。由此可知，某一地点的经度，就是该地所在经线与本初经线之间的角距，即这两个经线平面在地轴上的夹角。

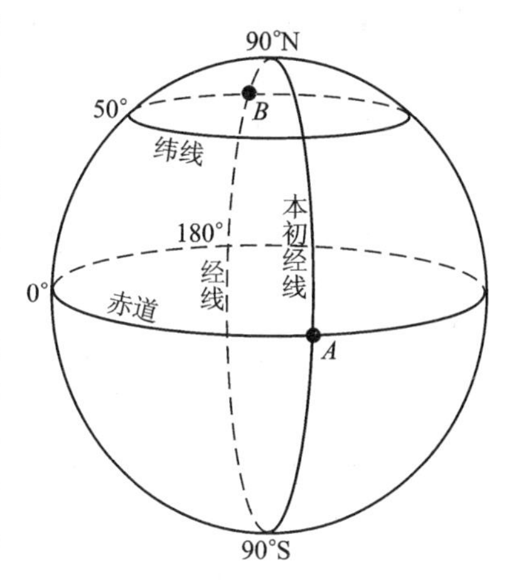

图1－14　经纬线

人们曾经长期凭借无线电信号来确定某个地方的经度。世界上许多电台每天多次报告格林尼治时间或电台所在时区的时间。根据测点的地方时间与格林尼治时间或另一已知位置的地方时间的差值，即可求出两者的经度差和该地点本身的经度。

但是现在情况已大大不同于过去。只要携带一套卫星地面定位仪，无论置身何地都可以既快捷又准确地测定当地的经度、纬度和海拔。

第五节　地球的圈层构造

一、地球的圈层分化

数十亿年前，刚从太阳星云中分化出来的原始地球是一个接近均质的物体。主要由碳、氧、镁、硅、铁、镍等元素组成的各种物质没有明显的分层现象。地球圈层的分化过程同整个地球的温度变化过程密切相关。放射性元素的辐射能量在地球内部的积累，使那里的温度逐渐升高，因而物质具有可塑性，加上重力的作用，物质便发生分异，逐渐形成性质不同的圈层。

原始地球的铁元素因为温度超过其熔点而以液态出现。液态铁由于密度大而流入地心，首先形成地核。重物质向地心集中的同时发生压缩。压缩功转变为能量又使地球局部增温和熔化。而物质的对流还伴随着大规模的化学分离。最后，地球内部就分化为地核、地幔和地壳三个圈层。在上述分化过程中，地球内部的气体经过“脱气”形成了大气圈。地球原始大气主要由二氧化碳、一氧化碳、甲烷和氨组成。微生物出现后，即开始破坏岩石中的含氮化合物，并将氮释放到大气中。待到绿色植物出现，植物在光合作用中放出的游离氧对原始大气发生缓慢的氧化作用，使一氧化碳变为二氧化碳，甲烷变为水汽和二氧化碳，氨变为水汽和氮。光合作用持续进行，氧气又从二氧化碳中逐渐分离出来，最终形成了以氮和氧为主要成分的现代大气。

地球上的水主要是从大气中分化出来的。早期大气含有大量水汽。由于温度逐渐降低以及大气中含有大量尘埃微粒，一部分水汽便凝结成液态水降落到地面，然后汇聚在洼地中，形成原始水圈。彗星的冰物质陨落在地球表面，也成为水的来源之一。后来，由于水量增加和地表形态变化，原始水圈逐渐演变成为由海洋、河流、湖泊、沼泽与冰川组成的水圈。

在原始地壳、大气圈和水圈中，早就存在着碳氢化合物。后来，原始生物出现并逐渐扩展到海洋、陆地和低层大气中，形成了生物圈。

地球物理学、地球化学和其他地球科学已经获得了大量有关地球构造的知识。地球从外部边缘到地心的圈层构造，如表 1－5 所示。

表 1－5 地球的圈层

层次	厚度/km	体积/10^{27} cm^3	平均密度/($g\cdot cm^{-3}$)	质量/10^{27} g	质量/%
大气圈				0.000 005	0.000 09
水圈	3.80	0.001 37	1.03	0.001 41	0.024
生物圈					
地壳	35	0.015	2.8	0.043	0.7
地幔	2 865	0.892	4.5	4.054	67.8
地核	3 471	0.175	10.7	1.876	31.5
全部地球	6 371	1.083	5.52	5.976	100.0

注：生物圈质量很小，并渗透于水圈、大气圈等圈层中。

二、地球的内部构造

根据地震波在地下不同深度传播速度的差异和变化，地球固体地表以内的构造可以分为三层，即地壳、地幔和地核。

（一）地壳

地壳是指地表至莫霍洛维奇面之间厚度极不一致的岩石圈的一部分。地壳下部，地震波的传播速度发生突变，说明那里存在着一个界面。1909 年奥地利地震学家莫霍洛维奇首先发现这个不连续分界面，所以现在通称莫霍洛维奇面（莫霍面或 M 界面）。大陆地壳平均厚度为 35 km，但各地差异很大。我国青藏高原的地壳厚度达 65 km 以上。大陆地壳最表层为风化壳，其余则自上而下分为沉积岩层、硅铝层和硅镁层。沉积岩层是不连续的，其厚度一般约 4 ~ 5 km，少数地方可达 10 km。硅铝层化学成分主要是硅和铝，岩石组成主要为花岗岩和花岗闪长岩。硅镁层化学成分主要是硅和镁，由玄武岩质的岩石构成。海洋地壳厚度约 5 ~ 8 km，上部为疏松沉积物，中部为固结沉积物和玄武岩，下部为硅镁层。地壳体积仅占地球体积的 1%，质量只占 0.7%。

（二）地幔

莫霍面以下，深度为 35 ~ 2 900 km 的圈层称为地幔。个别缺乏地壳处，如大西洋中部，地幔也可形成地球硬表面。地幔体积占地球的 82.36%，质量占 67.8%，平均密度 3.8 ~ 5.6 g/cm^3。地幔分上下两层，上地幔深 35 ~ 1 000 km，主要由橄榄岩质的超基性岩石构成，除硅与氧外，铁、镁含量比地壳显著增加，铝则大大减少。上地幔上部大致在 60 ~ 250 km 深度间，放射性元素大量集中，温度超过物质熔点，物质因处于熔融状态而成为岩浆源地，并有软流圈之称。岩浆侵入、火山喷发、地震、板块构造等一系列深刻影响地球表层地理环境的过程都由此发生。下地幔深 1 000 ~ 2 900 km，其下界为以美国地球物理学家姓氏命名的古登堡面。其组成物质除硅酸盐、金属氧化物及硫化物外，显著特点是铁、镍物质大量增加。地幔的压力和温度都大大高于地壳，上地幔约有 212.8×10^8 Pa，温度为 400 ~ 3 000 ℃；下地幔则有 $1\,519.9 \times 10^8$ Pa，1 850 ~ 4 400 ℃。

（三）地核

2 900 km 深度以下至地心为地核，主要由铁、镍等致密物质构成，密度 9.513 g/cm^3，体积与质量分别占地球的 16.16% 和 31.5%。温度高达3 700 ~ 6 000 ℃，2 900 ~ 4 980 km 为外地核，4 980 ~ 5 120 km 间有一个厚度为 140 km 的过渡层，5 120 km 以下则为内地核。一般认为外地核呈熔融态，而内地核却可能呈固态（图 1 – 15）。

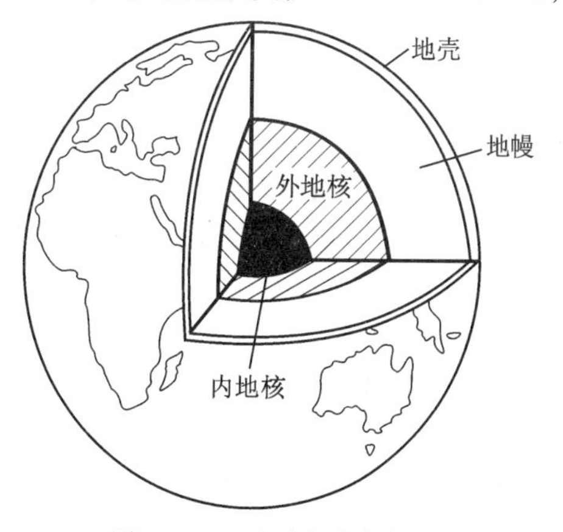

图 1 – 15　地球的内部构造

三、地球的外部构造

地球的外部构造包括大气圈，水圈和生物圈三个圈层。

（一）大气圈

地球大气的主要成分为氮（78%）和氧（21%），其次为氩（0.93%）、二氧化碳（0.03%）和水蒸气等。此外还有微量的氖、氦、氪、氙、臭氧、氡、氨和氢。地球大气富含氮、氧，它们都是生命活动的结果，而其对于生命的进一步发展又有重要意义。太阳系其他行星的大气与地球大气成分有很大差别。水星大气相当稀薄，表面大气压小于 2×10^{-7} Pa，主要成分为氦、氢、氧、碳、氩、氖、氙等。金星大气非常稠密，密度为地球大气的 100 倍，其中 97% 为二氧化碳，氮不超过2%，水蒸气为1%，氧小于0.1%。火星大气比较洁净，主要为二氧化碳，并含有3%的氮、1.5%的氩，密度则只有地球大气密度的1/100。相比之下，地球大气组成和密度的优越性显而易见，它无疑更适合生物包括人类的生存与发展。

（二）水圈

水圈的主体是世界大洋，其面积占全球面积的约71%。陆地上的湖泊、河流、沼泽、冰川、地下水，甚至矿物中的水都是水圈的组成部分。可见，水是地球表面分布最广泛的物质。同时，水也是地表最重要的物质和参与地理环境物质能量转化的重要因素。水分和能量的不同组合使地球表面形成了不同的自然带、地带和自然景观类型，水溶解岩石中的营养物质，为满足生物需要创造了前提。水分循环不仅调节气候、净化大气，而且几乎伴随一切自然地理过程促进地理环境的发展与演化。

（三）生物圈

生物圈是指地球生物及其分布范围所构成的一个极其特殊、又极其重要的圈层。在地理环境中，生物圈并不单独占有任何空间，而是分别渗透于水圈、大气圈下层和地壳即岩石圈表层。生物圈的质量仅相当于大气圈的1/300，水圈的1/7 000，或上部岩石圈的$1/10^6$。但由于生物在促进太阳能转化，改变大气和水圈的组成，参与风化作用和成土过程，改造地表形态，建造岩石等许多方面扮演着重要角色，并且被视为各类自然景观的标志，其成为重要地理圈层之一的地位是无可置疑的。

上述地球构造中的同心圈层，在分布上有一个显著的特点：在高空和地球内部，它们基本上是上下平行分布的；但在地球表面附近，各圈层却是互相渗透互相重叠的。这一特点赋予地球表面一系列独特的性质。地球表面这个特殊的圈称为地理圈或地理壳，是自然地理学的研究对象。

第六节　地球表面的基本形态和特征

一、海陆分布

地球表面明显地分为海洋和陆地两大部分。连续的广阔水体称为世界大洋，是海洋的主体。被海洋所环绕，并突出于海洋面以上的部分则称为陆地。大陆是陆地的主体，岛屿是陆地的组成部分。

在$5.1\times10^8\ km^2$的地球表面积中，海洋面积$3.61\times10^8\ km^2$，约占71 %；

陆地面积 1.49×10^8 km^2，约占 29%。海洋与陆地的面积比约为 2.42∶1，海洋占有明显的优势。这种情况至少在太阳系是独一无二的，故有的学者曾严肃地称地球为“水球”。

地表的海陆分布不均匀。以新西兰东南为中心，包括太平洋在内的半球，海洋占 90.5%，而陆地面积极小，因而有水半球之称。另外的半球，以法国南特附近为中心，虽然名为陆半球，但陆地面积仅占 47.3%，仍然比水域小。从传统的南北两半球来看，陆地的 2/3 集中于北半球，占该半球面积的 39.3%，其中只有 20°～70°N 间陆地面积(约 6.02×10^7 km^2)略超过海洋面积(5.22×10^7 km^2)。在南半球，陆地只占总面积的 19.1%。其中的 30°～70°S，陆地只有 7.30×10^6 km^2，而海洋面积达 1.048×10^8 km^2；尤其是 50°～60°S 陆地只有 2×10^5 km^2，而海洋面积达 2.51×10^6 km^2，成为按纬度划分陆地面积最少的区域(图 1－16)。

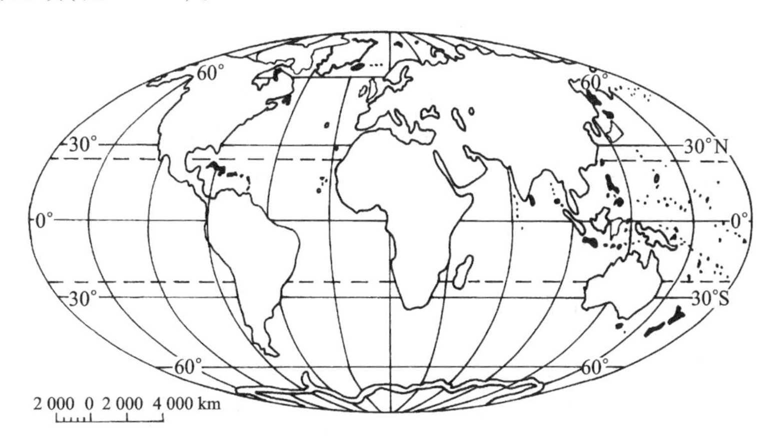

图 1－16 海陆分布

有的学者很早就注意到了海陆分布的对蹠现象(antipodal)。如以四个古老陆地加拿大、西伯利亚、南极和欧洲做顶角作出一个四面体，则它们所对应的面分别为印度洋、大西洋、北冰洋和太平洋。实际上，大陆上任一点的对蹠点，95% 以上可能是海洋。海陆对蹠分布是随机性的表现。

全球共有七个大陆，即亚洲、欧洲、非洲、北美洲、南美洲、澳大利亚和南极洲。亚洲大陆和欧洲大陆虽以乌拉尔山脉、乌拉尔河、里海、大高加索山脉、博斯普鲁斯海峡、达达尼尔海峡为分界，但实际上它们是连在一起的整体，合称亚欧大陆。所以也可以说全球共有六个大陆。亚洲大陆与非洲大陆的分界线是苏伊士运河。北美洲与南美洲以巴拿马运河为界。澳大利亚和南极大陆各以自己的海岸线为界。各大陆面积及其占全球陆地面积和全球面积的比例见表 1－6。

表 1-6 各大陆的面积

大陆名称	面积/10^4 km^2	占全球陆地面积/%	占全球面积/%
亚洲大陆	4 480	29.8	8.7
非洲大陆	3 060	20.5	6
北美洲大陆	2 200	14.8	4.3
南美洲大陆	1 790	12	3.5
南极大陆	1 397	9.3	2.9
欧洲大陆	1 040	7	2.1
澳大利亚大陆	780	5.2	1.5

除南极洲外，所有的大陆都是成对的。例如，北美洲和南美洲，欧洲和非洲，亚洲和澳洲。每对大陆分别组成一个大陆瓣。这些大陆瓣在北极汇合，形成大陆星（图 1-17）。在星形投影图上，这一特点表现得尤其明显。每对大陆的南北两部分都被地壳断裂带所分开。这种断裂所在的海区深度比较大，岛屿众多，并常有强烈地震和火山活动。

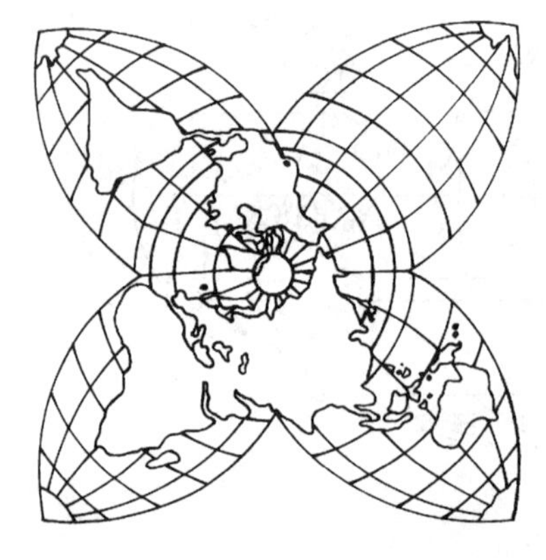

图 1-17 大陆星

每个大陆的轮廓都是北部比较宽广，向南逐渐变窄，像一个底边位于北方的三角形。甚至南极大陆也可以称为三角形，其狭窄部分对着南美洲。

还应该指出，南半球各大陆西边都向里凹进，而东边则向外突出。非洲西海岸和南美洲东海岸在形态上具有明显的相似性。在 1 km 深的大陆坡上把这两个大陆拼接起来，平均误差只有 88 km。用同样方法将南美洲、非洲、北美洲和格陵兰都拼接在一起，如将西班牙做一些转动，平均误差也不超过 130 km。拼接的结果给人一种强烈的印象：某些大陆似乎原来是连在一起，以后才分开的。板块学说的崛起和大陆漂移学说的复苏，已为这一问题提供了肯定的答案。

地球上的海陆分布形式对南北两半球的气候有很大的影响。南半球由于水面广阔，气候比较温和，普遍具有海洋性特征，温度变化幅度比北半球小 8 ℃左右。

二、海陆起伏曲线

地球上各大陆的平均海拔和各大洋底部的平均深度差别悬殊。南极洲平均海拔 2 263 m，历来被视为世界上最高的大陆。实际上这是由于地表覆有巨厚的冰盖所致。以裸露地表而论，亚洲大陆平均海拔最高(950 m)，以下依次为北美洲(700 m)、非洲(650 m)、南美洲(600 m)、欧洲(300 m)等。显然，大陆面积愈大，其平均海拔愈高，面积和高度拟合曲线的相关系数可达 0.9。这是泛对称现象作为一种普遍规律在海陆分布上的表现。太平洋平均深度达 4 300 m，是世界最深的海洋，其次为印度洋(3 897 m)、大西洋(3 626 m)，而北冰洋最浅(1 205 m)，同样表现出泛对称性。地球上最高的山峰出现在最大的大陆上，最深的海沟分布于最大的大洋中，除表明地表具有复杂的起伏外，也表明了泛对称现象的普遍性。

为了形象地表示地球上各种高度和深度的对比关系，可以根据陆地等高线和海洋等深线图，计算各高度陆地和各深度海洋所占的面积或占全球总面积的百分比，绘出曲线，如图 1-18。这就是海陆起伏曲线。从图上可以一目了然地看出陆地面积小，且大部分在海拔 1 000 m 以下，平均海拔为 875 m；海洋面积大，大部分海区深度在 3 000～6 000 m，平均深度约 3 800 m。如用绝对数值表示图中的横轴线，就能很快读出每一高度或深度所占的面积。以百分比表示横轴，则可迅速读出不同高度或深度地区占全球面积的百分数。海陆起伏曲线还形象地表现了地球表面的地域分异。

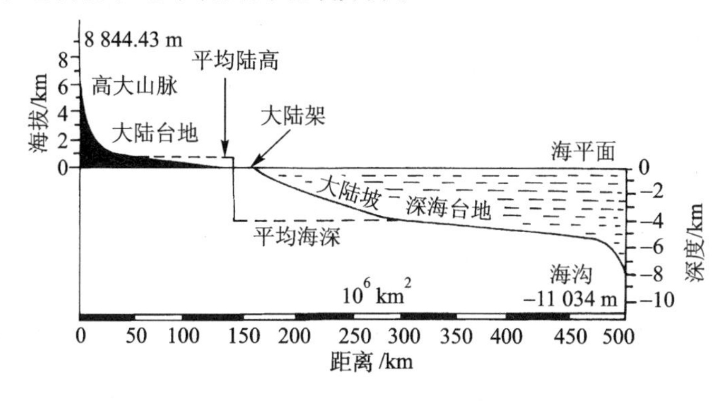

图 1-18　海陆起伏曲线

三、岛屿

同样被海洋所环绕，但面积远比大陆小的小块陆地，称为岛屿。实际上，不仅海洋中有岛屿，河流、湖泊，甚至水库中都有岛屿。海洋中的岛屿可以分为大陆岛和海洋岛两类。

（一）大陆岛

位于大陆附近并在地质构造上与相邻大陆有密切联系。大陆岛本来是陆地的一部分，由于大陆的某些部分发生破裂或沉陷而被海水所淹没，使之与大陆分离，形成了岛屿。但其基础仍固定在大陆架或大陆坡上。例如，马达加斯加岛、斯里兰卡岛、科西嘉岛、新地岛、格陵兰岛、我国的台湾岛和海南岛。许多大陆岛常成列分布在大陆外围，形成弧形列岛，亚洲大陆东岸的弧形列岛是最典型的例子。

（二）海洋岛

面积比大陆岛小，与大陆在地质构造上没有直接联系，也不是大陆的一部分。海洋岛又可按成因分为火山岛和珊瑚岛两类。

1. 火山岛

火山岛由海底火山喷发形成。火山喷发首先形成海底火山，多次喷发使海底火山逐渐增高，最终露出海面成为火山岛。火山岛面积不大但地势高峻，主要分布在太平洋西南部、印度洋西部和大西洋中部。夏威夷岛是最著名的火山岛，它的基础位于深达 4 600 m 的海底，而最高处又高出海平面 4 166 m。1973 年 1 月火山爆发形成的、位于冰岛以南大西洋中的一座火山岛，是世界上最年轻的岛屿。

2. 珊瑚岛

珊瑚岛是由珊瑚礁构成的岩岛。其分布与气候条件关系密切。热带、亚热带浅海暖水中生长的珊瑚死亡后，残骸堆积下来，新珊瑚又在其上繁殖。这种珊瑚残体，以 35 ~ 335 年 1 m 的速度增高，最后露出海面，即成为珊瑚礁。珊瑚礁可以分为岸礁、堡礁和环礁三种。岸礁紧连大陆或岛屿的海岸；堡礁与陆地之间隔开一条水带；环礁呈近似圆环状，但通常有缺口与海洋相通，环礁中间是平静的礁湖。

澳大利亚东岸的大堡礁是世界上规模最大也最著名的珊瑚礁，沿海岸分布，南北长达 1 900 km，东西宽约 2 ~ 150 km；落潮时露出水面，涨潮时大半被淹没。

我国南海诸岛如东沙群岛、中沙群岛、西沙群岛和南沙群岛都是珊瑚岛。

四、地球表面的基本特征

地球各圈层在地球表面附近相互渗透和相互重叠这一特点，赋予地球表面一系列独特的性质，这些基本特征可以概括为以下六个方面：

（1）太阳辐射集中分布于地表，太阳能的转化亦主要在地表进行。高空大气只能吸收小部分太阳辐射，而大部分太阳辐射到达地球表面后，只能穿透很小的厚度。因此太阳辐射主要在地表发生转化，并对地表的几乎所有自然过程起作用。地球表层是一个远离平衡状态的有序开放系统。正是太阳辐射的输入和输出平衡对于维持这个系统的有序性起着主要作用。

（2）固态、液态、气态物质同时并存于地表，使海洋表面成为液 - 气界面，海底成为液 - 固界面，陆地表面成为气 - 固界面，而海岸带成为三相界面。各界面上的物质相互渗透，三相物质相互转化，形成多种多样的胶体物质和溶液系统。

(3) 地球表面具有其特有的、由其本身发展形成的物质和现象，如生物、风化壳、土壤层、黏土矿物、沉积岩、各种地貌形态等。这些表成物质乃是地球表层这一有序系统的负熵增长表现。

(4) 相互渗透的地表各圈层之间，进行着复杂的物质、能量交换和循环，如水循环、地质循环、化学物质循环等，并且在交换和循环中伴随着信息的传输。地表物质、能量转化过程的发展强度及速度都远比地球其他各处大，表现形式也更复杂多样。

(5) 地球表面存在着复杂的内部分异。诚然，分异过程在高空和地球内部也都存在，但分异程度远不及地表强烈。地球表面的地域分异在水平和垂直方向上都有表现。分异的结果是形成不同等级的自然综合体即自然区域。

(6) 地球表面是人类社会发生、发展的环境，尽管随着科学技术的发展，人类已有可能潜入深海或上升至宇宙空间，但地表仍然是人类活动的基本场所。

很明显，这里所说的地球表面，具有一定的厚度，更确切的名称应为地球表层。而现代的地球表层乃是地球历史发展的产物。地球历史发展具有不断增加其有序性的趋势，其“记忆”痕迹是在外界输入发生变化的情况下，系统本身的不可逆变化留下的记录。地球表层的记忆痕迹是多种多样的，包括矿物和岩石、地层、地质构造、地貌、土壤形态剖面、生物形态和解剖特征、化石和残余生物种、古地磁、同位素组成比例等。可以根据这些记忆痕迹的排列组合关系重建系统的发展史和阐明其空间结构的演变过程。

思考题

1. 在太阳系八大行星中，地球与其他行星最显著的区别是什么？日地距离、地球的形状、大小、运动和海陆分布对地理环境特征的形成有哪些影响？

2. 什么是地理坐标？地球表面的经度和纬度是怎样划分的？

3. 简述地球的圈层分化并着重介绍地球的外部构造。

4. 地球表面有哪些基本特征？

主要参考书

[1] STRAHLER A N. Physical geography[M]. 4th ed. London: John Wiley & Sons, 1975.

[2] BRADSHAUL M, WEAVER R. Physical geography[M]. St. Louis: Mosby, 1993.
[3] SCOTT R C. Physical geography[M], St. Pawl: West Publishing Company, 1995.
[4] CHRISTOPHERSON R W. Geosystem and introduction to physical geography[M]. 3rd ed. [S.l.]: Prentice Hall, 1997.
[5] CARL K, SEYFERT, LESLIE A S. Earth history and plate tectonics[M]. [S.l.]Harper & Row, 1973.
[6] C. B. 卡列斯尼克. 普通地理学原理[M]. 北京：地质出版社，1957.
[7] J. H. 塔奇. 地球的构造圈[M]. 北京：地质出版社，1984.
[8] 弗兰克·普内斯，等. 地球[M]. 重庆：重庆出版社，1990.

第二章　地　　壳

地壳是地球硬表面以下到莫霍面之间由各类岩石构成的壳层，在大陆上平均厚度为35 km，在大洋下平均厚5 km。青藏高原尤其是其南部边缘山系喜马拉雅山是全球地壳最厚的地区(65 ~ 70 km)。喀尔巴阡山系、科佩特山脉和地中海造山带也是地壳很厚的地区。

地壳由沉积壳、花岗质壳层与玄武质壳层组成。沉积壳体积为9.4×10^{8} km^{3}，约占地壳体积的10%或地球体积的0.1%。平均厚度1.8 km，大部分位于大陆(5.0×10^{8} km^{3})及大陆边缘(1.9×10^{8} km^{3})，只有小部分位于大洋区(2.5×10^{8} km^{3})，后者约占沉积壳体积的28%。

只有很小一部分地壳作为物质基础参与自然地理环境的组成。但整个地壳甚至地壳－地幔物质构成的“地球构造圈”(J. H. 塔奇)的活动对自然地理环境的形成与发展都具有重大的影响。而大约占地球硬表面10%的大洋中脊、火山活动区、岩浆活动带等所谓没有地壳的地幔暴露区，更不能被排除于自然地理环境之外。

第一节 地壳的组成物质

一、化学成分与矿物

(一) 化学成分

在108种已知化学元素中，自然界存在92种，并有300余种同位素。1924年，F. W. 克拉克与华盛顿依据来自世界各地的5 159个岩石样品首次测定了16 km厚度内地壳中的63种化学元素的平均质量百分比即元素的丰度，所获数值后来被命名为克拉克值(表2－1)。其后半个世纪中，一些学者对克拉克值进行了修正，但除碳的排序后移外，其余主要元素丰度并没有大的变化。克拉克值表明氧与硅两元素共占地壳总质量的74%左右，铝、铁、钙、钠、钾、镁6元素共占24%上下，即八大元素的丰度共占98%，其他所有元素不超过2%，许多元素的丰度仅在$n\times10^{-6}$、$n\times10^{-7}$，甚至$n\times10^{-11}$以下，例如，金和铂均在$n\times10^{-9}$量级，银则在$n\times10^{-8}$量级。高丰度元素的地球化学行为对地壳的矿物组成将发生积极影响。而地壳中尤其是地表某一局部环境中某些元素的相对富集则将造成环境污染，危害人类和其他生物。

表 2-1 地壳中主要元素的克拉克值

元素		O	Si	Al	Fe	Ca	Na	K	Mg	Ti	H	P	C	Mn	S	Ba
质量/%	1	46.71	27.69	8.07	5.05	3.65	2.75	2.58	2.08	0.62	0.14	0.13	0.094	0.09	0.052	0.05
	2	46.60	27.72	8.13	5.00	3.63	2.83	2.59	2.09	0.44	0.14	0.12	0.03	0.10	0.05	
	3	46.30	28.15	8.23	5.63	4.15	2.36	2.09	2.33	0.57	0.15					
	4	49.13	26.00	7.45	4.20	3.25	2.40	2.35	2.25	0.61	1.00	0.12	0.35	0.10		
	5	47.00	29.00	8.05	4.65	2.96	2.50	2.50	1.87	0.45	—	0.09	0.02	0.10		
	6	46.40	28.15	8.23	4.63	4.15	2.36	2.09	2.33	0.57	—	0.11	0.02	0.10		

注：1. 克拉克与华盛顿；2. 据 B. 马逊；3. 据刘英俊；4. 据费尔斯曼；5. 据维诺格垃多夫；6. 据泰勒。

（二）矿物

矿物是单个元素或若干元素在一定地质条件下形成的具有特定物理化学性质的单质或化合物，是构成岩石的基本单元。自然界中单质矿物为数极少，而化合物构成的矿物则占绝大多数。大部分矿物为晶质固体，亦有少数呈液态和气态，如自然汞、石油与天然气。晶质矿物因化学成分不同，结晶构造及几何形态也不相同，但成分相同的物质因形成环境有别也可有不同的结晶构造与外形，如金刚石与石墨。矿物只能在与其形成环境相近的条件下保持其稳定性，从形成环境转移到地表环境时将发生变化，形成相应的次生矿物。

气体凝华、液体或熔融体直接结晶、胶体凝固及固体再结晶作用是自然界矿物形成的四种主要方式。

矿物的形态、光学性质与力学性质，既是矿物的特征，也是鉴别矿物的依据。矿物单体形态有一向的柱状或针状，两向延伸的板状和片状，三向等长的立方体、八面体等；集合体形态有纤维状和毛发状，鳞片状，粒状和块状。坚实集合体称为致密块状，疏松的则称土状。放射状、簇状、鲕状和豆状、钟乳状、葡萄状、肾状和结核状等，都是特殊形态的集合体。

矿物光学性质包括透明度、光泽、颜色及条痕。透明度分透明与不透明两类。光泽分金属光泽、半金属光泽与非金属光泽三类，后者又分金刚光泽、玻璃光泽、油脂光泽与松脂光泽、丝绢光泽、珍珠光泽、土状光泽等。颜色由矿物化学成分与内部结构决定，如黄铜矿、孔雀石、辉钼矿分别呈铜黄、翠绿和铅灰色。条痕是锐器割划矿物后其粉末的颜色。

矿物的力学性质包括硬度、解理、断口、弹性等。通常采用摩氏硬度计，分 10 级测定矿物的相对硬度，而以滑石、石膏、方解石、萤石、磷灰石、正长石、石英、黄玉、刚玉与金刚石分别作为硬度 1～10 的代表矿物。解理是指矿物受外力作用沿一定结晶方向分裂为解理面的能力，分为极完全解理、完全解理、中等解理、不完全解理和极不完全解理五级。断口是矿物受打击后形成的断裂面，主要有贝壳状、参差状、锯齿状、平坦状四类。此外，一些矿物如云母薄片和石棉纤维具弹性，绿泥石与滑石具有弯曲后恢复原状的挠性，自然铜、金、银等具有金属键的矿物还具有延展性，可被锤击成薄片或拉长成细丝。

（三）主要造岩矿物与常见矿物

在已知的3 000余种天然矿物中，硅酸盐类与其他含氧盐类各占1/3，而质量分别占75%和17%，可见上述两类矿物是地壳的主要造岩矿物。其他氧化物、氢氧化物、硫化物及硫酸盐、卤化物与自然元素共占矿物种类的1/3和地壳质量的8%。

主要造岩矿物包括石英、钾长石、斜长石、云母、角闪石、辉石和橄榄石。

（1）石英（SiO_2）。发育单晶并形成晶簇，或为致密块状、粒状集合体，无解理，晶面具玻璃光泽，贝壳状断口为油脂光泽，硬度7，相对密度2.65。质纯者称为水晶，无色透明；含杂质者分别呈不同颜色。各类岩石中都较常见。

（2）长石。包括钾长石$K[AlSiO_3O_8]$、钠长石$Na[AlSiO_3O_8]$和钙长石$Ca[Al_2SiO_2O_8]$三个基本类型及总称斜长石的、由钠长石与钙长石按不同比例混合形成的多种过渡性产物，如更长石、中长石、拉长石、培长石等。其共同特征是单晶体呈板状，白色或灰白色，玻璃光泽，硬度6.0～6.5，相对密度2.61～2.65，有两组近似正交的完全解理。钾长石单晶多呈柱状，肉红色，玻璃光泽，硬度6，相对密度2.54～2.57，两组完全解理相互垂直。各类岩石中均常见。

（3）云母。白云母$KAl_2[AlSi_3O_{10}](OH,F)_2$单晶体为短柱状或板状，集合体为鳞片状，具平行片状极完全解理，薄片无色透明，珍珠光泽，硬度2.5～3.0。黑云母$K(Mg,Fe)_3[AlSi_3O_{10}](OH,F)_2$特点与白云母相近，惟颜色随含铁量增加而变暗，多呈棕褐色或黑色。是酸性岩浆岩、砂岩和变质岩的组成矿物。

（4）普通角闪石$(Ca,Na)_{2\sim3}(Mg,Fe,Al)_5(Si,Al)_2O_{22}(OH,F)_2$。单晶体为长柱状或针状，暗绿色至黑色，玻璃光泽，硬度5～6，具两组平行柱状中等至完全解理，性脆，常见于中酸性岩浆岩和某些变质岩中。

（5）普通辉石$(Ca,Na)(Mg,Fe,Al)_2[(Si,Al)_2O_6]$。成分与角闪石相似，但多Fe、Mg，而无OH，单晶体为短柱状，集合体为粒状，绿黑色或黑色，玻璃光泽，硬度5.5～6.0，解理与角闪石相近但交角更大，常见于基性、超基性岩浆岩中。

(6) 橄榄石$(Mg,Fe)_2[SiO_4]$。粒状集合体，浅黄绿至橄榄绿色，颜色随铁含量增加而加深，玻璃光泽，硬度6~7，性脆，不完全解理，为基性、超基性岩浆岩的重要组成矿物。

此外，常见矿物还有石墨C、黄铁矿FeS_2、黄铜矿$CuFeS_2$、方铅矿PbS、闪锌矿ZnS、赤铁矿Fe_2O_3、磁铁矿Fe_3O_4、褐铁矿$Fe_2O_3 \cdot nH_2O$、萤石CaF_2、方解石$CaCO_3$、白云石$CaMg[CO_3]_2$、孔雀石$Cu_2[CO_3](OH)_2$、硬石膏$Ca[SO_4]$、石膏$Ca[SO_4] \cdot 2H_2O$、磷灰石$Ca_5[PO_4]_3(Fe,Cl)$，以及大量硅酸盐矿物、各种黏土矿物。

二、岩浆岩

造岩矿物按一定的结构集合而成的地质体称为岩石，依据其成因可分为岩浆岩、沉积岩和变质岩三大类。岩浆是来自上地幔的高温熔融状物质，温度一般为800~1 200 ℃，具较强黏性，主要成分为硅酸盐、金属硫化物、氧化物和部分挥发物。当其沿岩石圈破裂带上升侵入地壳时，冷凝结晶形成侵入岩；喷出地面则迅速冷却凝固形成火山岩或喷出岩。

(一) 岩浆岩的矿物组成

依据矿物组成的差别，岩浆岩可分为四类：

(1) 超基性岩。二氧化硅含量小于45%，多铁、镁而少钾、钠，主要矿物为橄榄石和辉石，代表岩石为橄榄岩。

(2) 基性岩。二氧化硅含量为45%~52%，主要矿物为辉石、钙斜长石，亦有少量橄榄石和角闪石，代表性岩石为辉长岩、玄武岩。

(3) 中性岩。二氧化硅含量52%~65%，主要矿物为角闪石与长石，兼有少量石英、辉石、黑云母等，代表性岩石为闪长岩、安山岩、正长岩与粗面岩。

(4) 酸性岩。二氧化硅含量65%以上，多钾、钠而少铁、镁，主要矿物为长石、石英和云母，代表性岩石为花岗岩与流纹岩。

(二) 岩浆岩的产状、结构与构造

地壳中的岩浆岩体有不同形状和规模，与围岩的接触关系、形成时的深度与构造都有差别，因而产状各异。岩浆喷出地表形成喷出岩，在地壳深处冷凝形成深成侵入岩，在浅层冷凝则形成浅成侵入岩。依据岩体形状及与上覆岩层的关系，可分为整合侵入体(如岩盆、岩盖、岩床、岩鞍)与不整合侵入体(如岩株、岩榴、岩脉)两类(图2-1)。

岩浆岩中矿物的结晶程度、集合体形状与组合方式也因形成条件与产状不同而各异。上述侵入岩特征充分反映在岩石的结构与构造上。常见的岩浆岩结

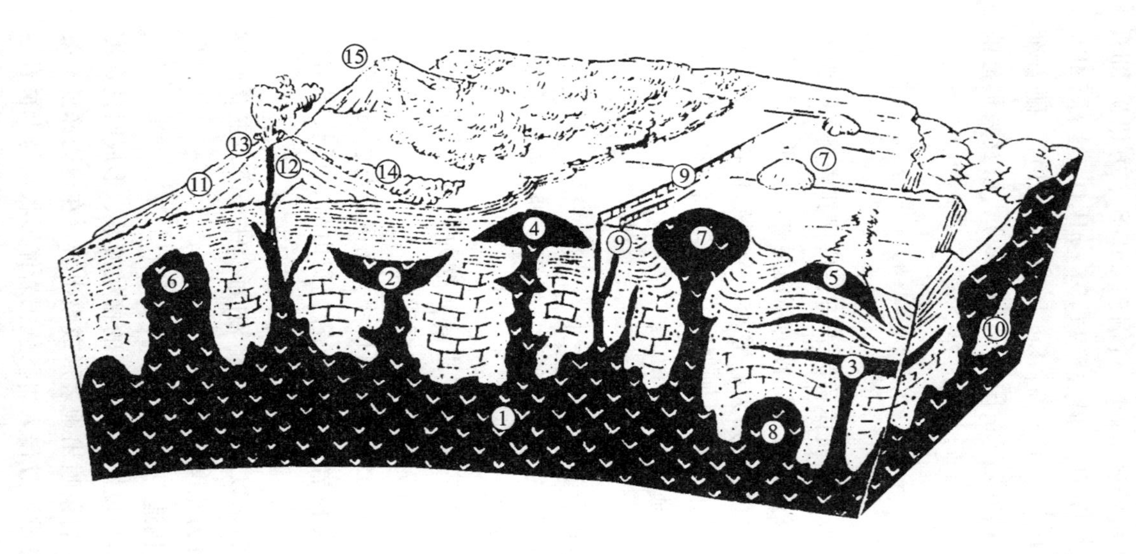

图 2-1　侵入岩体与喷出岩体产状示意图

侵入岩

①岩基：一种形体庞大的岩体，表面常达 100 km^2 左右。延长方向常与上覆岩层褶皱轴走向一致。花岗岩体常呈岩基产出。②岩盆：盆状侵入体，整合侵入。层状辉长岩常呈岩盆产出。③岩床：层状侵入体，整合侵入。基性岩常呈岩床产出。④岩盖：中心较厚、底部平整的盖状侵入体，整合侵入。⑤岩鞍：位于背斜或向斜鞍部的侵入体，整合侵入，规模较小。⑥岩株：树干状侵入体，不整合侵入，出露面积不大。⑦岩浆底辟：岩体近球状，穿透上覆岩层，不整合侵入。⑧岩瘤：瘤状侵入体，大小与岩株相近。⑨岩脉：又名岩墙，直立或倾斜的板状侵入体，不整合侵入。⑩捕虏体：岩浆侵入时捕获的围岩碎块，形状大小不一，多残留于岩体边缘。

喷出岩

⑪火山锥：火山熔岩和火山碎屑在火山口周围堆积的锥状体，大小不一。为中心式喷发建造。⑫火山颈：火山喷发时，岩浆的通道，为熔岩和火山碎屑充填后形成柱体。⑬火山口：火山喷发岩浆冲出地表时的出口，其下为火山颈。多为一漏斗状凹地，深浅大小不一，深度可数百米，直径可以从几百米至 1 000 m 左右。⑭熔岩流：从火山口或火山裂隙流出的岩浆流，冷却后形态多样。⑮熔岩被：岩浆向四方流布，大面积覆盖地面后冷凝而成，多为基性岩浆形成。

构包括喷出熔岩因快速冷却不及结晶而形成的玻璃质结构；熔岩较慢冷却形成的隐晶质结构；岩浆在地下缓慢冷却充分结晶而形成的显晶质结构，又分细粒、中粒、粗粒和伟晶结构；冷却速度先慢后快，先形成粗大晶体即斑晶，后形成细粒或微粒晶体即基质从而形成的斑状结构。

岩浆岩的构造主要有：①因矿物排列无定向而形成的块状构造；②矿物成分、结构、颜色、粒度杂乱排列或分布不均匀而形成的斑杂构造；③保留熔岩流动形迹，矿物与气孔定向排列而致的流纹构造；④气体逸出后残留的气孔构造；⑤喷出岩气孔被次生矿物充填而形成的杏仁状构造等。

（三）岩浆岩的主要类型

前已述及，依据化学成分与矿物组成，岩浆岩可分为酸性、中性、基性和超基性岩四类；依据其结构、构造与产状又可分为深成岩、浅成岩和喷出岩三类。综合两种分类即得出综合的分类(表 2－2)。例如，花岗岩是由显晶等粒的长石、石英和少量云母组成，具块状结构的深成酸性岩类；流纹岩则为与其组分相同，但结构构造有别的喷出岩。

表 2－2　岩浆岩分类简表

<table>
<tr><td colspan="3" rowspan="4">岩类与 SiO_2 含量
主要矿物成分
典型结构
产状、构造</td><td>酸性岩：
SiO_2 含量 >65%</td><td colspan="2">中性岩：
SiO_2 含量
65%～52%</td><td>基性岩：
SiO_2 含量
62%～45%</td><td>超基性岩：
SiO_2 含量
<45%</td></tr>
<tr><td>含石英</td><td colspan="3">很少或不含石英</td><td>无石英</td></tr>
<tr><td colspan="2">正长石为主</td><td colspan="2">斜长石为主</td><td>无或很少长石</td></tr>
<tr><td>暗色矿物以黑云母为主，约占10%</td><td colspan="2">暗色矿物以角闪石为主，约占20%～45%</td><td>以辉石为主，约占50%</td><td>橄榄石、辉石含量达95%</td></tr>
<tr><td rowspan="2">喷出岩</td><td rowspan="2">渣块状
气孔状
杏仁状
流纹状</td><td>玻璃</td><td colspan="5">火山玻璃：黑曜岩、浮石等</td></tr>
<tr><td>隐晶
斑状</td><td>流纹岩</td><td>粗面岩</td><td>安山岩</td><td>玄武岩</td><td>—</td></tr>
<tr><td rowspan="2">浅成岩</td><td rowspan="2">斑杂状
块状</td><td>伟晶
结晶</td><td colspan="5">脉岩：伟晶岩、细晶岩、煌斑岩</td></tr>
<tr><td>斑状</td><td>花岗斑岩</td><td>正长斑岩</td><td>闪长斑岩</td><td>辉绿玢岩</td><td>—</td></tr>
<tr><td>深成岩</td><td>块状</td><td>显晶
等粒</td><td>花岗岩</td><td>正长岩</td><td>闪长岩</td><td>辉长岩</td><td>橄榄岩
辉岩</td></tr>
<tr><td colspan="3">岩石颜色</td><td colspan="5">浅色(带红)　中色(带灰)　暗色(带绿黑)</td></tr>
<tr><td colspan="3">岩石相对密度</td><td colspan="5">2.5～2.7　2.7～2.8　2.9～3.1　3.1～3.5</td></tr>
</table>

三、沉积岩

沉积岩是由成层堆积于陆地或海洋中的碎屑、胶体和有机物质等疏松沉积物固结而成的岩石。其成岩过程大致如下：原有沉积物不断被后续沉积物覆盖而与上层水体隔离，有机质在厌氧环境中分解产生各种还原性气体，碳酸基矿物溶解为重碳酸盐，某些金属元素的高价氧化物还原为低价硫化物，软泥中水的矿化度增加，介质由酸性氧化环境变为碱性还原环境，沉积物重新组合形成新的次生矿物，胶体脱水陈化为固体，碎屑物经压缩、胶结作用固结为岩石。若埋藏很深，还可产生压熔、交代与重结晶作用，使晶体变粗和岩体进一步压固(图 2－2)。

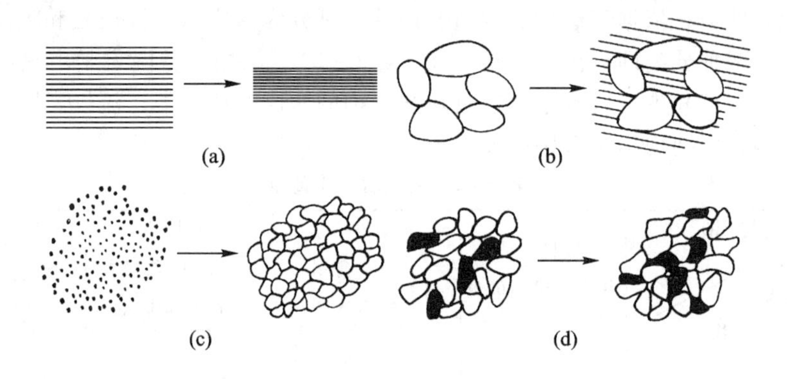

图 2－2 固结成岩作用的几种途径

(据夏邦栋等,1992)

(a) 压缩作用；(b) 胶结作用；(c) 重结晶作用；(d) 新矿物生长

先成岩石风化产物、火山喷发沉降物、生物成因的各种有机物，甚至宇宙尘，都可成为沉积物的物质来源。故沉积物依据其成因与性质可分为以下三类：①碎屑沉积物如砾、砂、粉砂和黏土；②化学沉积物如氧化物、硅酸盐、碳酸盐、硫酸盐、卤化物等；③有机沉积物如泥炭、珊瑚礁等。

(一) 沉积岩的基本特征

沉积岩具有层理，富含次生矿物、有机质，并有生物化石。层理是指岩石的颜色、矿物成分、粒度、结构等表现的成层性。层纹相互平行者为水平层理，表明其形成于较平静的水域；层纹相互交错，局部倾斜或呈弧形者为交错层理，可能形成于河流、三角洲或滨海环境。层的界面即是层面。相邻两界面间岩层厚度大于 1 m 的称为块层，1～0.5 m 为厚层，0.5～0.1 m 为中厚层，0.1～0.01 m 为薄层，<0.01 m 则是微层。

沉积岩具有碎屑结构与非碎屑结构之分。通常情况下沉积岩由岩石碎屑、矿物碎屑、火山碎屑及生物碎屑等构成，其中包括砾(粒径 >2 mm)、砂(2～

0.05 mm)、粉砂(0.05~0.005 mm)和泥(<0.005 mm)等不同粒级的物质。各粒级沉积物使沉积岩具有砾状结构、砂状结构、粉砂状结构或泥状结构。碎屑颗粒分布的均匀与否表现为分选性强弱，磨损程度不同表现为圆度差异(圆、次圆、次棱、棱状)，都是碎屑结构的特征。化学沉积物与生物化学沉积物不具有碎屑结构而分别有类似岩浆岩的晶质结构及生物构架结构。

沉积岩层面呈波状起伏，或残留波痕、雨痕、干裂、槽模、沟模等印模，或层内出现锯齿状缝合线或结核，均属沉积岩的原生构造特征。

(二) 沉积岩的主要类型

1. 碎屑岩类

主要指母岩风化碎屑经搬运再堆积后胶结而成的岩石，包括：①砾岩与角砾岩，具砾状结构。前者经长途搬运砾石圆度为圆形或次圆形；后者未经搬运或运距很短，砾石圆度为次菱形或菱形(图2-3)。②砂岩。具砂状结构，颜色多样，按砂粒粒径可分为粗砂岩(2~0.5 mm)、中粒砂岩(0.5~0.25 mm)、细砂岩(0.25~0.05 mm)。依砂粒矿物成分可分为石英砂岩、长石砂岩、杂砂岩等。据胶结物还可分为钙质胶结的、硅质胶结的、铁质胶结的等，命名时可采用胶结物+粒径+矿物成分的方式，如钙质胶结中粒石英砂岩、钙质粗粒长石石英砂岩等。③粉砂岩。具粉砂状结构，颗粒细小、断面粗糙，矿物以石英为主，兼有少量长石与白云母，多钙质、硅质与铁质胶结。

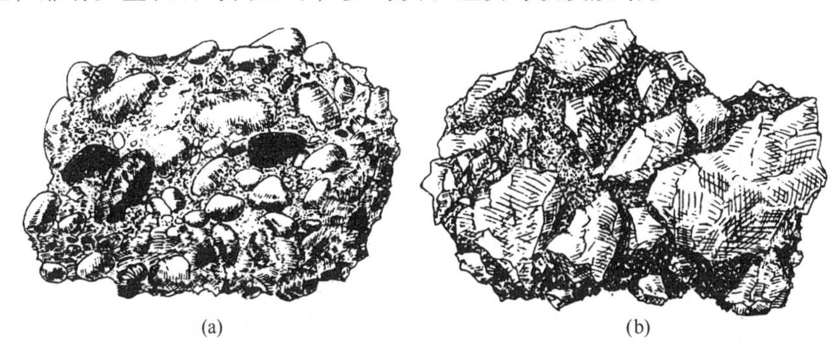

图2-3 砾岩(a)与角砾岩(b)

2. 黏土岩类

具泥状结构，由黏土矿物及其他细粒物质组成，硬度低。固结好而无层理的为泥岩，固结较好并有良好层理的为页岩，固结差的则为黏土。页岩依据胶结物或附加成分又可分为钙质页岩、铁质页岩、碳质页岩和油页岩等。

3. 生物化学岩类

多由化学和生物化学形成物组成并主要见于海相或湖相沉积物，具显晶或隐晶结构、鲕状或豆状结构、生物结构，成分单一而种类繁多，且常为单矿岩，如铝质岩、铁质岩、锰质岩、硅质岩、岩盐等。应特别提及的是硅质岩、石灰岩与白云岩。

（1）硅质岩。其矿物主要为 SiO_2，质坚性脆，常含有机质，色灰黑，大部具非碎屑结构。主要物质来源一是由硅质生物骨骼堆积而成，如硅藻土与放射虫硅质岩，二是由海底火山或热泉分泌 SiO_2 凝聚而成。含 Fe_2O_3 者为碧玉，具同心圆构造者为玛瑙，质轻多孔者为硅华。

（2）石灰岩。色灰、灰白或灰黑，由方解石组成，性脆，遇稀盐酸有泡沫反应。具碎屑结构者，其碎屑来自海底碳酸钙沉积、动物贝壳、骨骼或海水中的 $CaCO_3$ 凝聚质点；具非碎屑结构者，其方解石微粒多由生物化学作用、化学作用、$CaCO_3$ 重结晶作用或生物骨架作用形成。石灰岩极易被溶蚀形成喀斯特地貌。

（3）白云岩。其组成物质为白云石，由化学沉积或 $CaCO_3$ 被白云石交代而成，前者具细粒或微粒晶质结构，后者保持石灰岩结构特征。色浅灰或灰白，少数为深灰。粒状断口，遇稀盐酸无泡沫反应。白云岩与石灰岩间存在两种过渡性岩石，即以白云石为主含方解石的钙质白云岩和以方解石为主含白云石的白云质石灰岩。

四、变质岩

（一）变质作用与变质岩

固态原岩因温度、压力及化学活动性流体的作用而导致矿物成分、化学结构与构造的变化，统称变质作用，其形成的岩石即为变质岩。变质作用基本上是在固态岩石中进行的，因而本质上有别于岩浆作用。变质岩既继承了原岩的某些特点，也具有自己的特点，如含有变质矿物，具有变成构造与变余构造等。

温度、压力与化学活动性流体是控制变质作用的三个主要因素。当地热、岩浆侵入时传向围岩的热以及岩石断裂、错动与挤压产生的热使岩石温度上升到 180 ℃以上，甚至接近一般岩石的熔融温度即 800～900 ℃时，岩石矿物和元素活动性增强，从非晶质变为晶质，或由一种矿物变为另一种新矿物。压力（包括静压力、流体压力和定向压力）导致岩石体积压缩，形成密度大的新矿物或控制化学反应过程，从而对岩石变质发生影响。化学活动性流体是以 H_2O 和 CO_2 为主并包括一些易挥发与易流动的物质，来源于岩石孔隙水、矿物结构水、岩浆分泌与地壳深部分泌的热液，可促进某些元素的溶滤、扩散、迁移与岩石变质（图 2－4）。

（二）变质作用类型与常见变质岩

（1）动力变质作用。构造运动引起的定向压力使原岩碎裂、变形及一定

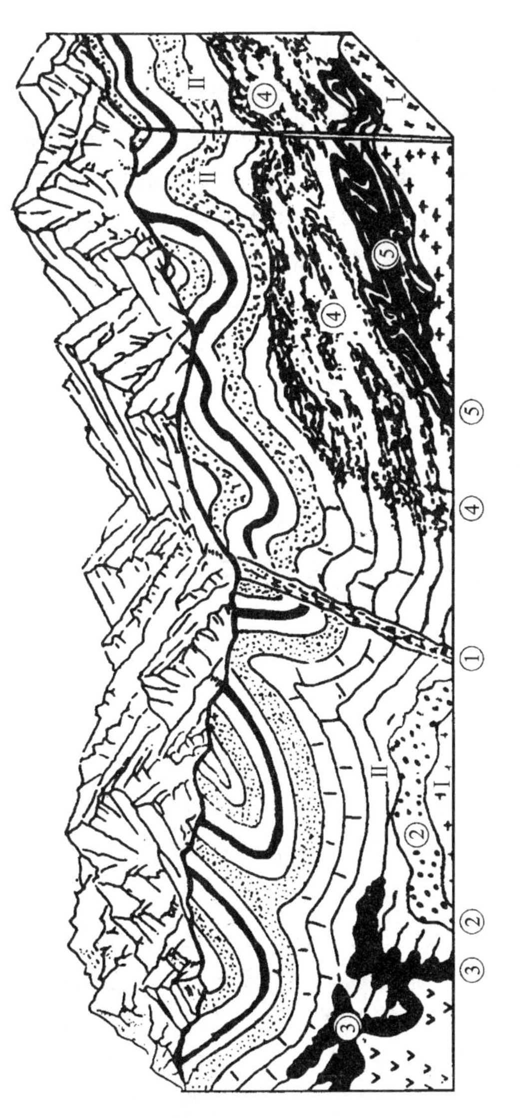

图2－4　变质作用和变质岩的类型示意图

①动力变质作用带；②接触变质作用带；③交代变质作用带；
④区域变质作用带；⑤超变质作用（混合岩化）带

Ⅰ．岩浆岩；Ⅱ．沉积岩

程度的重结晶，称为动力变质，主要发生于断裂带。相应的变质岩有构造角砾岩、碎裂岩、糜棱岩等。

(2) 接触热变质作用。发生于侵入体与围岩接触带，围岩受热后矿物发生重结晶、脱水、脱碳，形成变晶结构与新矿物。代表性岩石为斑点板岩、角岩、大理岩、石英岩等。

(3) 接触交代变质作用。也发生在侵入体与围岩的接触带，其实质是高温下岩浆分泌的挥发性物质与热液通过与围岩的交代作用使后者化学成分发生变化，形成新矿物。代表岩石为碳酸盐与中、酸性岩浆交代形成的矽卡岩。

(4) 区域变质作用。区域性构造运动导致的深广范围的变质作用，最深可达 20 km，最广可至 $n\times10^4$ km²，广泛见于古老结晶基底及褶皱带，代表岩石有板岩、千枚岩、片岩、片麻岩、变粒岩、麻粒岩等。

(5) 混合岩化作用或超变质作用。它是区域变质与岩浆作用间的一种过渡性地质作用。一方面是高温使岩石发生部分熔融形成酸性熔体，另一方面是自深部分泌出富含钾、钠、硅的热液。熔体和热液与变质岩发生化学反应形成各种混合岩，如混合花岗岩。

第二节 构造运动与地质构造

一、构造运动的特点与基本方式

(一) 构造运动的一般特点

构造运动主要是地球内动力引起的地壳机械运动，但经常涉及更深的构造圈。构造运动使地壳发生变位与变形，形成各种地质构造，促进岩浆活动与变质作用。

构造运动具有普遍性、永恒性、方向性、非均速性、幅度与规模差异性等特点。任何区域和任何时间，构造运动都在不断进行。快速构造运动如地震常常造成灾难性后果，缓慢构造运动很难凭感官觉察。但先进的测量手段已使东非大裂谷的扩张、印度板块的向北推进、日本列岛的漂移和喜马拉雅山的不断隆升等事实变得毋庸置疑，许多地层与古生物化石的发现也证实了目前相距遥远的大陆，过去曾有紧密的联系。

即使非常缓慢的构造运动也不是均速进行的。3×10^8年前喜马拉雅山还是浩瀚的古地中海的一部分，4 000 $\times10^4$ 年前开始隆升时年平均速度不过 0.05 cm/a，而 1862—1932 年间，上升速度增为 1.82 cm/a。20 世纪的最后 30 年，其上升速度又增到 5 cm/a 以上。以至世界最高峰珠穆朗玛峰海拔 8 844.43 m 很快成为历史纪录。

构造运动规模与幅度的差异性很容易理解。洋脊几乎涉及整个海洋，单个的转换断层通常只波及 100 km 级范围。青藏高原的整体隆升发生在 2×10^6 km^2级广大区域内，而柴达木盆地的相对下沉区不过占其 1/20。同样，自古近纪（老第三纪）以来喜马拉雅山的隆升幅度已超过 10 000 m，而黄土高原不超过 2 000 m。

（二）构造运动的基本方式

1. 水平运动

水平运动是地壳或岩石圈块体沿大地水准面切线方向的运动。相邻块体因水平运动而相互分离、分裂，或相向汇聚，或侧向错位，年速度通常只有数毫米至数厘米。

2. 垂直运动

垂直运动即块体的升降运动。地壳因上升运动而隆起形成山地与高原，因下降运动而拗陷形成盆地与平原。陆地上的海相沉积，高山上的海洋生物化石，山地与高原上的多级古夷平面、分水岭上的古山谷冰川遗迹，山坡上的阶地与河流冲积物，不同地层间的古剥蚀面，海底的陆相地层及相应矿产，冲积平原上的埋藏古土壤与埋藏阶地等都是地壳升降运动的证据。

二、构造运动与岩相、建造和地层接触关系

从地层的岩性、岩相、厚度与接触关系上，都可发现构造运动的痕迹。沉积岩的组分、结构、构造与化石特点也能综合反映地层的岩相古地理情况。沉积厚度也可大致反映地壳沉降的幅度。

（一）岩相

沉积岩的岩相通常分为海相、陆相和过渡相三大类。它们又可再细分，如海相之分为深海相、浅海相，陆相之分为河流相、湖泊相、沼泽相、滨海相等。地壳上升时岩相从海相向陆相转变，沉积物粒级增大，厚度变小，形成海退层序。反之，地壳下沉则形成海侵层序。升降频繁，沉积物类型复杂多变；构造运动相对稳定时，沉积物类型也相应简单化。浅海相地层厚度极大，说明地壳大幅度下沉，深海相地层很薄甚至缺失，则表明该地区曾经历大幅度上升直到成为陆地。

（二）沉积建造

彼此有共生关系的地层或岩相的组合，或岩性大致相同的沉积物组合，就是沉积建造。一个建造相当于大地构造旋回的一定阶段。基本建造类型有三：

（1）地槽型建造。主要由海相地层组成，厚度很大，无沉积间断或仅有

极短间断，是产生于强烈构造下降区的建造。岩浆岩与火山碎屑岩也分布较广。

(2) 地台型建造。以陆相碎屑沉积为主，厚度不大，未受强烈构造变动，地壳升降幅度较小的地台上的建造。岩浆岩分布也较少。

(3) 过渡型建造。兼有地槽型与地台型建造的特征但以碎屑岩占优势，陆相沉积与潟湖相沉积分布广泛，海相沉积只见于剖面下部。

(三) 地层的接触关系

主要分为整合、假整合与不整合三类，可以清楚反映构造运动的某些特点。

(1) 整合。指相邻新老地层产状一致且相互平行，时代连续，没有沉积间断，表明两种地层是在构造运动持续下降或上升而未中断沉积的情况下形成的。

(2) 假整合。又称平行不整合，指两相邻地层产状平行但时代不连续。表明曾发生上升运动致使沉积作用一度中断，而后下沉堆积了上覆新地层。

(3) 不整合。又称角度不整合，指上下两地层产状既不一致，时代也不连续，其间有地层缺失。表明老地层沉积后曾发生褶皱与隆升，沉积一度中断而后再下沉接受新沉积。

上述三种接触关系均系沉积岩间的关系。侵入岩体与围岩间，后期沉积岩与前期侵入体间也存在一定的接触关系，即：

(4) 侵入接触。指侵入体与围岩的接触关系。侵入体边缘有捕虏体，接触带界面不规则，围岩有变质现象，表明围岩形成在先，岩浆活动或构造运动在后，即围岩老而侵入体新。

(5) 侵入体的沉积接触。指后期沉积岩覆于前期侵入体所形成的剥蚀面之上的接触关系。表明侵入体形成后曾因构造上升而遭受剥蚀，而后下沉堆积了上覆新地层，上覆地层年轻而侵入体老。

三、地质构造

岩层或岩体经构造运动而发生的变形与变位称为地质构造。地质构造是构造运动的形迹。引起地质构造的力主要有压应力、张应力和扭应力三类。分别形成压性、张性与扭性构造。层状岩石受地应力作用后，构造变动表现最明显，主要有水平构造、倾斜构造、褶皱构造和断裂构造四种类型。

(一) 水平构造

水平岩层虽经垂直运动而未发生褶皱，仍保持水平或近似水平产状者，称为水平构造。在未受切割情况下，同一岩层形成高原面或平原面，受到切割而顶部岩层较坚硬时，则形成桌状台地、平顶山或方山。软硬岩层相间时形成层状山丘或构造阶地。我国中新生界红色砂砾岩产状平缓，遭受侵蚀后常形成顶平、坡陡、麓缓形状奇特而多样化的丹霞地貌。不仅东部地区，中西部也同样发育此类地貌(图2－5)。

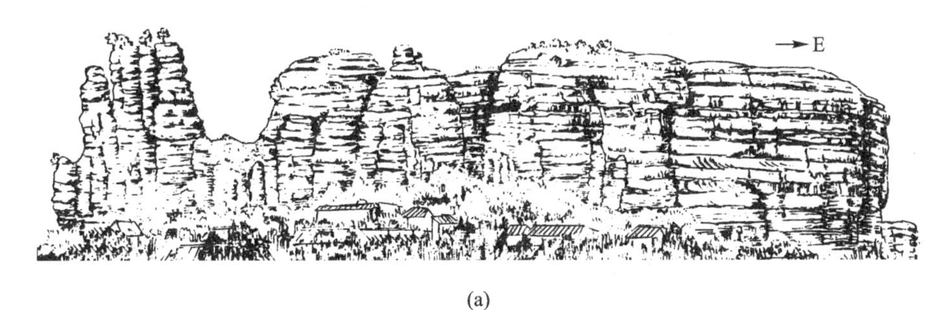

(a)

(b)

图2－5 丹霞地貌(示水平构造)

(a) 广东坪石；(b) 甘肃东乡

(二) 倾斜构造

岩层经构造变动后层面与水平面形成夹角时，即为倾斜构造。褶皱、断层或不均匀升降运动都可造成岩层的倾斜。其产状以走向、倾向和倾角三要素确定(图2－6)。倾斜构造上部岩层比较坚硬时，经过剥蚀作用常形成单面山与

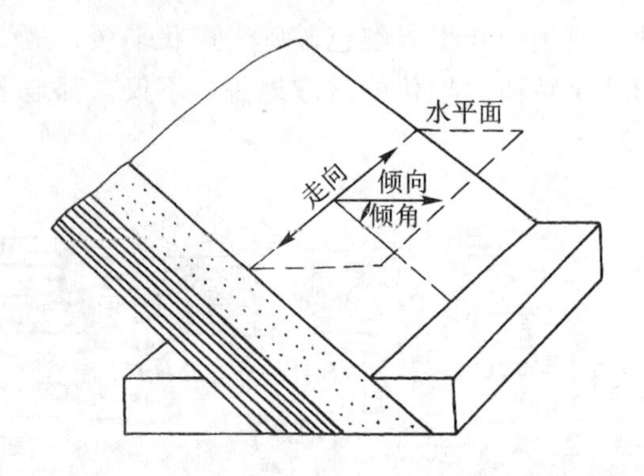

图 2-6 倾斜岩层的产状要素

猪背岭等典型地貌。单面山山脊走向与岩层走向一致，两坡明显不对称，与岩层倾向相同的山坡即顺向坡坡面平整、坡度较缓且坡体较稳定，与倾向相反的山坡即逆向坡坡面不平整，坡度较陡且坡体不稳定（图 2-7）。猪背岭因岩层倾角一般大于 40°，因而脊峰更突出，但两坡较对称。

图 2-7 单面山（表示倾斜构造）（青海湟源）

（三）褶皱构造

岩层在侧向压应力作用下发生弯曲的现象称为褶皱，褶皱能直观地反映构造运动的性质和特征。褶皱包括若干形态要素或几何要素，例如，褶皱岩层的两坡称为翼，使两翼呈近似对称状态的假想面称为轴面，褶皱岩层的中心称为核，轴面与岩层层面的交线称为枢纽，其倾斜则称倾伏（图 2-8）。褶皱有两种基本类型，即上凸的背斜和下凹的向斜，两者并存且共用一个翼。按轴面产状，褶皱可分为四类：轴面直立，两翼岩层倾向相反而倾角相近者称为直立褶皱（图 2-9）。轴面倾斜、两翼岩层倾向相反、倾角不等者为倾斜褶皱（图 2-10）。轴面倾斜，两翼倾向相同者为倒转褶皱。此时其一翼地层层序正常，另一翼地层层序颠倒（图 2-11）。轴面产状近于水平，两翼上下重叠且一翼地层层序倒置，核部张裂发育者为平卧褶曲（图 2-12）。依据枢纽的产状，褶皱可分为水平褶皱与倾伏褶皱两种类型（图 2-13）。依据横剖面形态，又可分为尖菱形、扇形、圆弧形、箱形等多种形态类

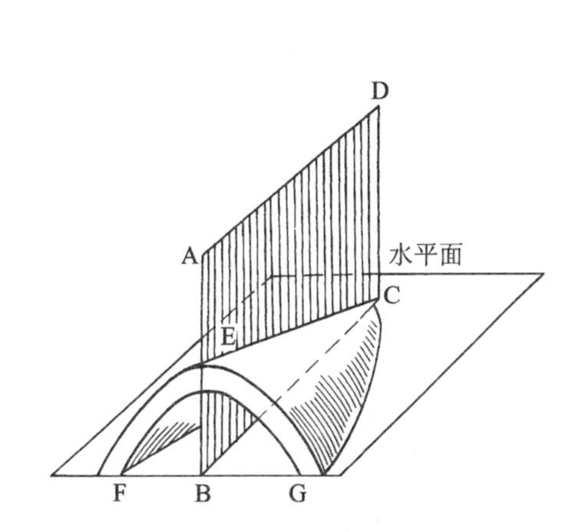

图 2-8　褶皱形态要素示意

核. B；两翼. EF 与 EG；轴面. ABCD；
轴. BC；枢纽. EC；倾伏端. C

图 2-9　直立褶皱(贵州都匀)

图 2-10　倾斜褶皱(四川开江)

型。此外，按照褶皱的长宽比也可进行分类，当长度为宽度的 10 倍以上时称为线状褶皱；长度为宽度的 3~10 倍时称为短轴褶皱；不足 3 倍则上凸者为穹形褶皱，下凹者为盆状褶皱。各种形态的褶皱在受到剥蚀后形成不同的构造地貌，如短轴褶皱易形成之字形山脊，穹状构造发育为穹状山丘等。

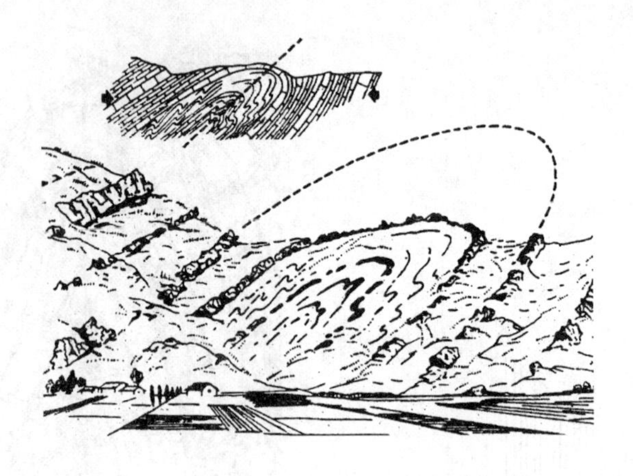

图 2-11 倒转褶皱(广西桂林)

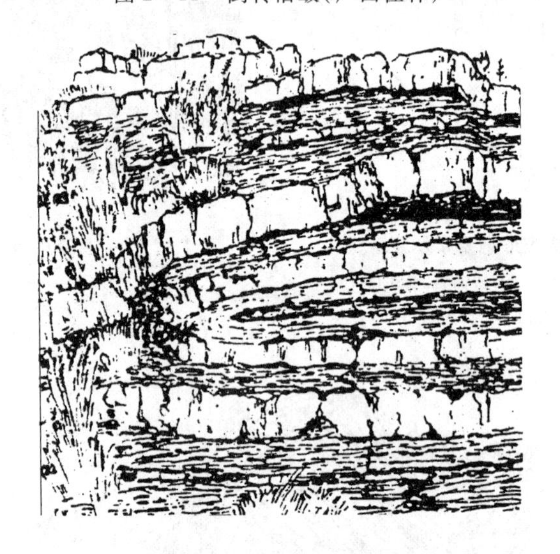

图 2-12 平卧褶皱(四川龙门山)

(四) 断裂构造

岩石因所受应力强度超过自身强度而发生破裂，使岩层连续性遭到破坏的现象称为断裂，虽有破裂而破裂面两侧岩块未发生明显滑动者叫做节理，破裂而又发生明显位移的则称断层。节理面可光滑平直，亦可粗糙弯曲，有张开的也有闭合的。在重力和风化作用下，节理可逐渐扩大。风景名胜区的所谓“试剑石”、“一线天”等，绝大多数即是张开的节理面。

断层由断层面、断层线、断层盘和断距等要素组成。断层面是岩层和岩体发生断裂时的破裂面，断层线是断层面与地面的交线。断层面两侧的岩块称为断层盘，其中位于倾斜断面之上者为上盘，位于倾斜断面之下的为下盘。两盘相对位移的距离则是断距。

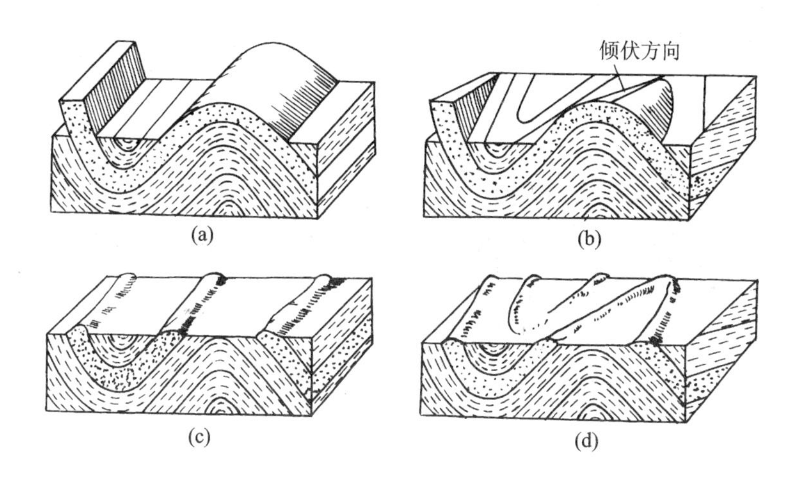

图 2－13 按枢纽产状分类的褶皱类型

（据夏邦栋等）

（a）、（c）水平褶皱；（b）、（d）倾伏褶皱；（a）、（b）未受侵蚀时；

（c）、（d）夷平后的情况

按照两盘相对位移的特点进行分类。上盘相对下降的断层是正断层。上盘相对上升的是逆断层。其中断面倾角大于40°为冲断层，小于25°为逆掩断层。沿断层走向即在水平方向上发生位移的是平移断层。两盘沿断面某一点发生旋转的是捩转断层或枢纽断层。断层面直立的是垂直断层(图 2－14)。

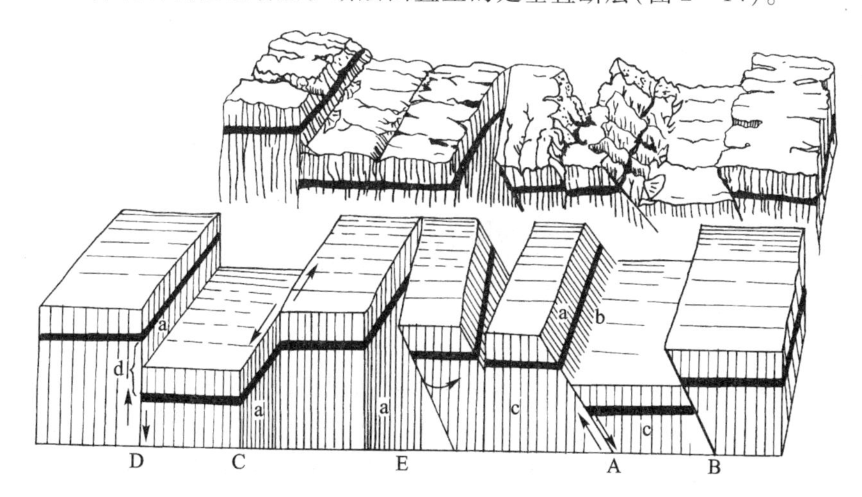

图 2－14 断层要素与断层主要类型

a. 断层面；b. 断层线；c. 断盘；d. 断距

A. 正断层；B. 逆断层；C. 平移断层；D. 垂直断层；E. 捩转断层

若干断层常常构成巨大的断裂带，其中断层的组合形式非常复杂。例如，数条产状相同的平行正断层组合为阶状断层(图 2－15)，正断层与逆断层相间分布时上升盘形成地垒，下降盘形成地堑(图 2－16)，平移断层形成一系列错动带(图 2－17)等。

图 2－15　阶状断层(广东仁化)

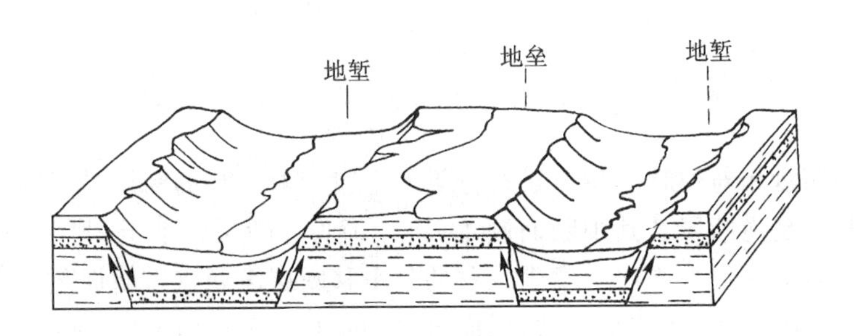

图 2－16　地垒与地堑(引自夏邦栋等)

图 2－17　平移断层造成的岩层错动(广东阳春)

断裂构造与地震、褶皱、岩浆活动等常有成因上的联系，其分布也常与地震带、褶皱带、岩浆活动带相接近。在野外工作中主要依据断层摩擦光滑面即镜面、断层擦痕，与擦痕方向垂直的陡缓坡连续过渡的小陡坎即阶步、拖曳褶皱、构造线不连续、断层角砾岩与磨砾岩、断层泥、密集节理、地层的重复与缺失等地质现象，断层崖、断层三角面、断层悬谷、错断山脊等地貌现象及泉水带分布、地下水矿化度等水文地质现象对断层进行判别。

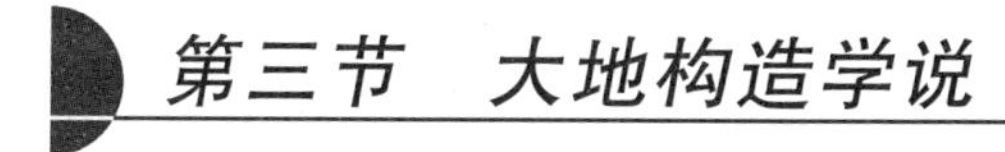

第三节 大地构造学说

一、板块构造学说

（一）大陆漂移说

板块构造学说是在大陆漂移说和海底扩张学说基础上发展起来的。因此讨论板块构造问题须从大陆漂移学说开始。

1915 年，魏格纳(A. Wegener)根据大西洋两岸陆地轮廓具有相似性，某些动物种属相同，非洲与南美洲发现同一种古生物化石，非洲南部与南美洲布宜诺斯艾利斯出现同样的二叠系地层，挪威—苏格兰间的一条加里东褶皱带没入大西洋后重现于北美洲的加拿大与美国，印度、澳大利亚、非洲、南美洲与南极等现代气候差异极大的地区均发现石炭纪、二叠纪冰川遗迹等理由提出，中生代地球表面存在一个统一大陆即联合古陆。侏罗纪后联合古陆开始分裂并各自漂移，逐渐形成现今的海陆分布格局。

由于当时对洋底地壳认识的局限性，魏格纳虽然指出了地球自转离心力与日月引潮力对古陆分离的可能影响及花岗岩壳在玄武岩壳上漂移的假设，毕竟没有也不可能对大陆漂移的原因及驱动力等问题作出令人满意的解释。因此学说提出后即遭到不少人反对并被淡忘。直至 20 世纪 50 年代以后，海洋地质与地球物理研究迅速发展，尤其是古地磁方面的发现才使大陆漂移说再现生机。

各大陆岩石现代磁纬度、地磁极同古磁纬、古磁极的巨大差异，表明大陆发生了显著的位移。古磁极移动轨道既是复原古大陆的证据，也是大陆漂移的证据，迪茨(R. S. Dietz)与霍登(J. C. Holden)据此绘制了新的大陆漂移图(图 2-18)，而布拉德(E. C. Bullard)等应用电子计算机技术成功进行了大西洋两侧陆块的拼接(图 2-19)，这些有力地证明大陆漂移的确毋庸置疑。

（二）海底扩张说

20 世纪 30 年代末，尤其是第二次世界大战结束以来，海底考察发现，海洋虽然历史悠久，海底却很年轻，几乎根本不存在时代早于侏罗纪的地层，海底沉积物很薄，火山也较少。这表明海底年龄仅有数亿年。迪茨(1961)和赫斯(H. H. Hess,1962)据此各自提出了海底扩张假说。据傅承义(1974)概括，其要点为：

① 年速度为 1 cm 至数厘米的地幔物质对流是地壳运动的最主要动力。

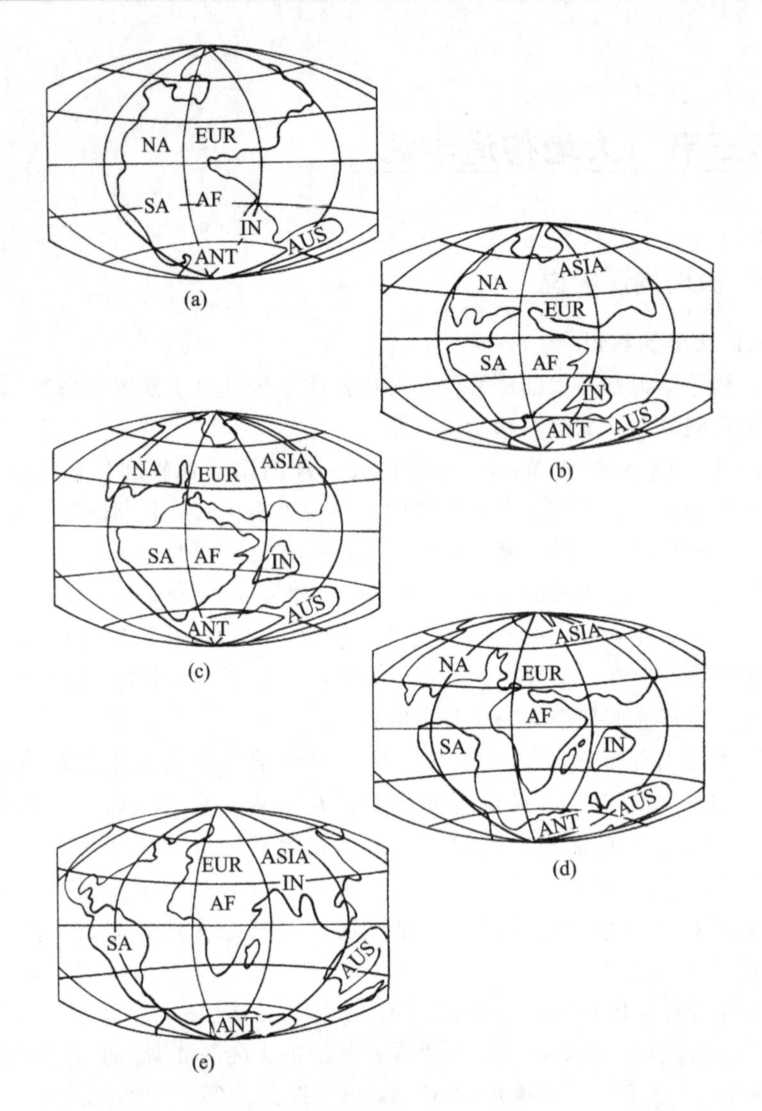

图 2－18 大陆漂移简图

（据 Dietz 等，1970）

（a）二叠纪（2.25×10^{8} 年前）；（b）三叠纪（2×10^{8} 年前）；（c）侏罗纪（1.35×10^{8} 年前）；（d）白垩纪（$6\,500\times10^{4}$ 年前）；（e）新生代（目前）

ASIA. 亚洲；EUR. 欧洲；AF 非洲；NA 北美洲；SA. 南美洲；IN. 印度半岛；AUS 大洋洲；ANT 南极洲

② 对流发生在岩石圈下厚达数百千米、强度很小的软流圈内，对流产生的拽力并不作用于地壳底部，而是作用于 70～100 km 深的岩石层底部。

③ 海底为对流循环顶端。对流由发散区向外扩张，并在数千千米外汇聚流入地下。海岭热流较高，为对流上升区，海沟为下降区。海岭两侧地形崎

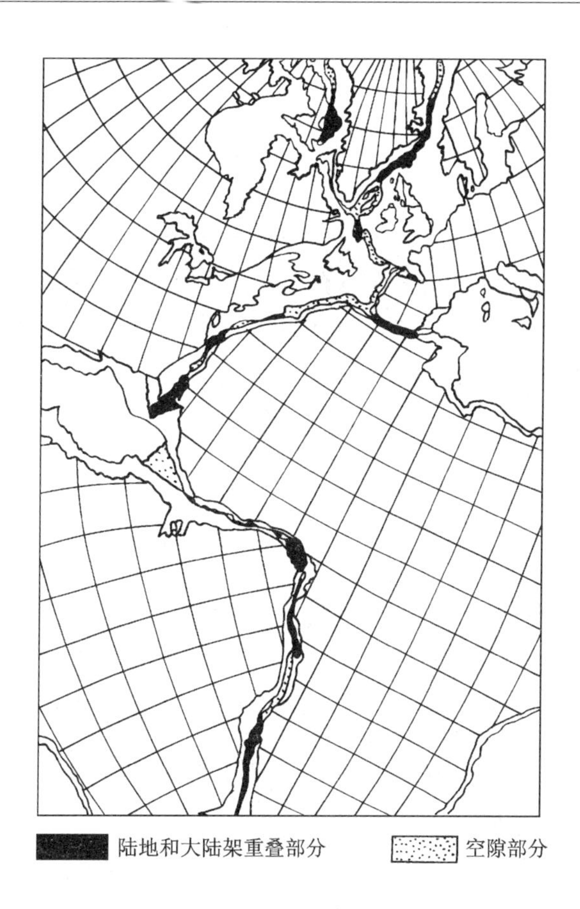

图 2-19　大西洋两岸从大陆架边缘沿球面的拼合

（据 E. C. Bulard, 1968）

岖，死火山与平顶山离海岭愈远而年龄愈老均系海底扩张的结果。

④ 对流形态决定于地球内部结构而与大陆的位置无关。大陆处于压应力作用下因而形成褶皱、逆掩断层等挤压型构造，海洋盆地则处于张应力形态之下。大陆只是随硅镁层漂移。

⑤ 海底及其沉积物在对流汇聚区下沉，一部分受挤压变质而与大陆熔接，另一部分则沉入软流层。

⑥ 海底年龄仅有 2×10^{8} ~ 3×10^{8} 年，整个海底 3×10^{8} ~ 4×10^{8} 年即可更新一次。

⑦ 地球体积基本恒定，海洋盆地面积也基本上不变。

愈来愈多的证据证实海底确实在扩张。例如，古地磁测定结果表明洋底地磁正反向磁极异常带在大洋中脊两侧呈对称分布，同位素定年法测定的地层倒转年代表明其年代也是从大洋中脊向两侧呈对称变化的（图 2-20）。

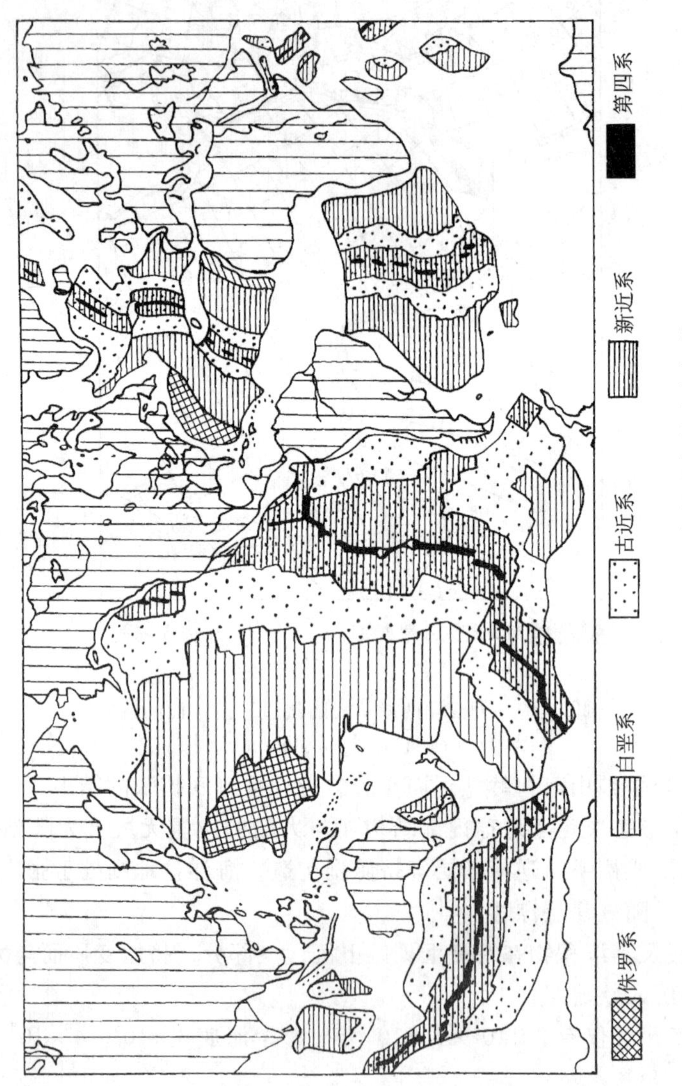

图 2-20 根据古地磁资料测定的海底年龄

（据 W. C. Pitman 等,1974）

（三）板块构造说

产生于20世纪60年代后期的板块构造学说，把海底扩张、大陆漂移、地震与火山活动等地质现象纳入一个统一的理论体系之中，用统一的动力学模式解释全球构造运动过程及其相互关系，是海底扩张假说的具体引申。

板块学说的立论依据在于，地表岩石圈并非浑然一体，而是由被大洋中脊、岛弧、海沟、深大断裂等构造活动带所割裂的几个不连续的独立单元即板块构成的。几大板块的相互作用是大地构造活动的基本原因。由于板块的强度很大，主要的变形只能发生在其边缘部分。换言之，即板块内部比较稳定，各板块间的接合部则是活动带。因此，大陆边缘并不是板块的边界，海岭、岛弧和大断裂才是板块边界所在。

对流带动板块由大洋中脊或海岭向两侧扩张，在岛弧地区或活动的大陆边缘沉入地下，通过软流层完成对流的循环(图2－21)。

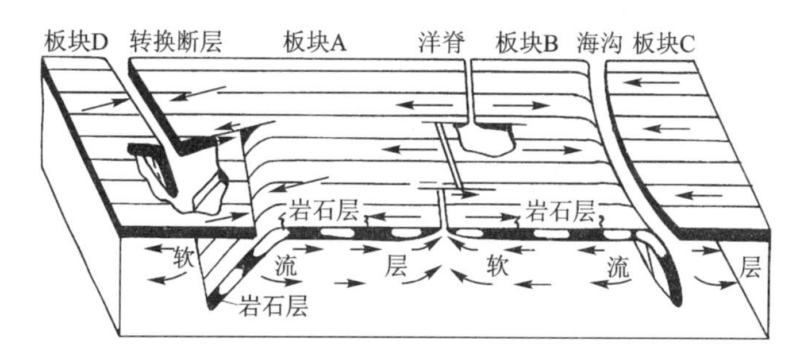

图2－21 表示板块模式的立体图

（据B. Isack、J. Oliver和L. R. Sykes，1968）

板块的边界有三种类型：

（1）扩张(或增生)型边界。它是新地壳增生的地方，喷出物多为玄武岩；以张应力产生的正断层和节理为主；地震震源较浅，烈度也不大。如美洲板块与非洲板块之间的边界等。

（2）俯冲(或汇聚)型边界。见于两个板块汇聚、消减的地方。又可分为两种：①岛弧海沟型边界，即质量较重的大洋地壳俯冲到较轻的大陆地壳之下重返地幔；俯冲一侧皆为深长海沟，被挤压抬升的一边则形成岛弧和海岸山脉；多火山、地震、超深断裂及叠瓦式逆掩构造。如太平洋板块与亚欧板块之间的边界。②地缝合线型边界，当两个大陆板块汇聚时，在原弧沟系中发生碰撞，于是产生大规模的水平挤压，褶皱成巨大的山系。多强烈地震，分布亦广；板块拼缩的速度每年多在5 cm以内。如印度洋板块与亚欧板块之间的边界——喜马拉雅山系。

（3）转换断层(或次生)型边界。这类边界是由前两类边界的活动导致板块间的其他部分作剪切向水平错动而形成，仅见于大洋地壳中，以浅震为主，亦有少量玄武岩喷出。

三个板块相邻接的地点，称为板块的三联接合点。这个点可随板块的运动而位移。其中一个大的活动的板块及其边界条件与应力场不相适应时，将导致板块边界的全球性大调整。

勒比雄(X. Le Pichon)曾将全球岩石层分为六大板块，即欧亚板块、美洲板块、非洲板块、太平洋板块、澳大利亚板块和南极板块。这一初步方案后来被不断补充和完善，例如，南、北美洲被分为两个板块，澳大利亚与印度也分为两个板块，太平洋板块也被一分为二(图 2－22)。另一方面，板块划分还出现了多级化趋势，即大板块分为若干与之有从属关系的次级板块的趋势。例如，西伯利亚板块、中国板块均系欧亚板块的组成部分。

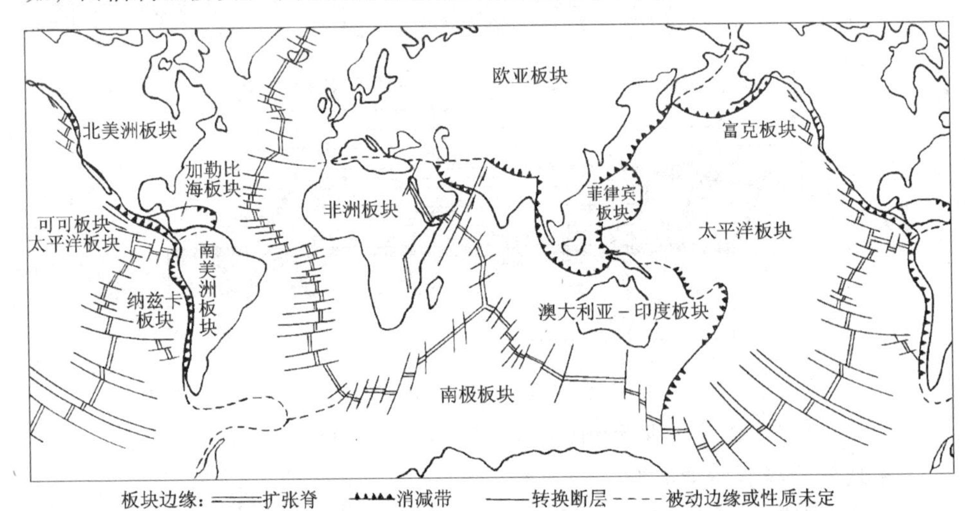

图 2－22 全球板块的划分

(据 A. N. Strahler, 1977)

二、槽台说与地洼说

地槽－地台说简称槽台说，其基本论点是：地壳运动主要受垂直运动控制，地壳此升彼降造成振荡运动，而水平运动则是派生的或次要的。驱动力主要是地球物质的重力分异作用。物质上升造成隆起，下降则造成拗陷。主要的构造单元有地槽和地台两类，地台是由地槽演化而来的。

地槽区是地壳活动强烈的地带，在地表呈长条状分布，升降速度快，幅度大，接受巨厚的沉积并有复杂的岩相变化，褶皱强烈，岩浆活动频繁。地槽发展初期以不匀速的下沉为主，接受巨厚沉积，并有基性岩浆活动，沉积物以陆源碎屑为主。随着下沉的幅度增大，沉积物由粗变细，乃至出现碳酸盐类沉积。后期受强烈挤压抬升，沉积物由细变粗，产生强烈褶皱和断裂，同时出现中、酸性岩浆活动和变质作用，最后形成突起的褶皱带。地槽经过强烈隆升运动后，活动性减弱，长期剥蚀夷平后逐渐转化为地台。

地台区是地壳较稳定的区域，升降速度和幅度较小，构造变动和岩浆活动也较弱。由于其前身系由地槽转化而来，故下部为紧密褶皱和变质基底；上部沉积了较薄的盖层，常形成宽阔的褶皱，构造形态较地槽区简单。沉积盖层被剥蚀而露出古老的褶皱基底时则称为地盾。地台与地槽之间具有过渡性质的地区，常分出另一种构造单元，称为山前拗陷或边缘拗陷带。

构造运动具有强弱交替的周期性和阶段性。稳定期构造运动较和缓，主要表现为缓慢升降运动。活动期构造运动和岩浆活动都较频繁，主要表现为强烈褶皱和隆起，形成巨大的山系，故有人称为造山运动。构造运动的周期性决定地壳发展具有阶段性。地球上发生的比较强烈和影响范围较广的构造运动称为构造运动期或造山运动幂。如加里东运动期、华力西运动期、燕山运动期、喜马拉雅运动期等。

槽台学说极少涉及现代海洋的构造和演变，具有一定局限性。地槽转化为地台一说也不够全面。地台并不是固定不变而只是一种相对稳定的构造单元。因此，地台和地槽都不是地壳发展的最后形式，彼此可以转化。据此，陈国达(1956)认为，地壳构造除地槽与地台外，还存在一个新的构造单元——地洼区(原称活化区)。这一观点现已发展为地洼说。

地洼说认为，在地壳发展过程中，活动区和稳定区可以相互转化，不仅地槽区可以转化为地台区，地台区也可以转化为地洼区，这种转化绝不是简单的重复，而是由简单到复杂、由低级到高级的螺旋式发展。地洼本身也不是地壳发展的最后形式和阶段，也可能转化为更新的构造单元。地洼说的出现使传统大地构造理论增加了新的内容。

三、地质力学学说

这是地质学家李四光创立的一种学说，其基本观点是，全球地质构造的展布并非杂乱无章，而是具有一定的方向和方位。在地壳运动的一定动力方式的作用下，必将形成相应形式的构造应力场与构造体系。按照李四光的解释，构造体系是指“许多不同形态、不同性质、不同等级和不同次序，但具有成生联系的各项结构要素所组成的构造带以及它们之间所夹的岩块或地块组合而成的总体”。该学说确立的构造体系有三种，即纬向构造体系、经向构造体系和扭动构造体系，并认为地球自转及其角速度的变化所引起的地壳水平运动是推动地壳构造变动的主导因素。

第四节 火山与地震

火山与地震都是快速构造运动，不仅发生在地壳中，还涉及更深的构造圈。火山与地震是人们可以直接观察和感知的自然现象，对自然环境与人类生活都有不利影响。

一、火山

岩浆喷出地表是地球内部物质与能量的一种快速猛烈的释放形式，称为火山喷发。火山喷出物既有气体、液体，也有固体。气体以水蒸气为主，并有氢、氯化氢、硫化氢、一氧化碳、二氧化碳、氟化氢等。液体即熔岩，固体则指熔岩与围岩的碎屑，如火山灰、火山渣、火山豆、火山弹、火山块等。

火山喷发类型有两类。一是裂隙式喷发，多见于大洋中脊的裂谷中，是海底扩张的原因之一。陆上则仅见于冰岛拉基火山等个别地方。二是中心式或管状喷发，又可分为：①夏威夷型或宁静式，只喷发熔岩而没有火山碎屑；②培雷型或爆炸式，喷发时产生猛烈爆炸现象。岩浆酸度愈高、气体含量愈多，其爆炸性也愈强；③中间型，喷发特点介于前两者之间，依喷发力递增顺序又可分为斯特朗博利型、武尔卡型、维苏威型等。

火山几乎无一例外地分布于大小板块边界上。大洋中脊裂谷中的任何一地都可能喷出熔岩，据估计每年喷出的火山固、液体物质达 4 km^3，而陆地上不足 1 km^3。汇聚型板块边界上火山活动尤其强烈而频繁，但火山并不分布于海沟附近，而是在与之有一定距离的岛弧一侧。据认为这是由于较冷的大洋板块自海沟潜入岛弧一侧，需要一定时间摩擦加热导致地壳物质熔融才能引起火山喷发。

环太平洋弧－沟系统火山密集，全球 500 多座活火山中，有 370 多座分布于此，故有“太平洋火环”之称。欧亚板块南界火山也较多，称为地中海－印度尼西亚火山带。地中海区著名的火山有维苏威、埃特纳、斯特朗博利等。埃特纳火山在 20~21 世纪之交特别活跃。印度尼西亚一带火山 19、20 两个世纪都很活跃，仅 1966—1970 年间就有 22 座火山爆发，20 世纪末的火山喷发还曾引起森林大火。

我国的火山以台湾一带最为活跃，自钓鱼岛至小兰屿就有 20 余座火山。云南腾冲、新疆于田以南昆仑山中也有小型火山。

二、地震

地震是构造运动的一种特殊形式，即大地的快速震动。当地球聚集的应力超过岩层或岩体所能承受的限度时，地壳发生断裂、错动，急剧地释放积聚的能量，并以弹性波的形式向四周传播，引起地表的震动。轻微地震至少也要放出 $1\times10^{3}\sim1\times10^{8}$ J 的能量，足以使 1×10^{4} t 重的物质升高 1 m。一个 8.5 级的大震，其能量约为 3.6×10^{17} J，比一颗氢弹爆炸释放的能量还大，相当于一个 1×10^{6} kW 发电站连续十年所发出的电能总和。

地震只发生于地球表面至 700 km 深度以内的脆性圈层中。地震时，地下岩石最先开始破裂的部位叫做震源。按其深度可分为浅源地震(深约 70 km 以内)、中源地震(70～300 km)和深源地震(300～700 km)。震源在地面上的垂直投影位置叫震中。从震源发出的地震波在地球内部传播的称为体波；体波又可分为横波和纵波。地震时，纵波较快传播到地面。沿地面传播的称为面波，实际上是一种特殊横波，对地表建筑物破坏性最大。

地震释放能量的大小用震级表示，通常采用美国里克特(C. F. Richter)提出的标准来划分。目前已知最大地震不超过 8.9 里氏级。地震对地面的影响和破坏程度称为地震烈度，通常分为 12 级。烈度的大小与震源、震中、震级、构造和地面建筑物等综合特性有关。震源愈浅，或距震中愈近，或震级愈大，烈度也愈大。但一次地震在影响范围内的不同地区却可以有不同烈度。

地震除直接给人类带来灾害外，还往往伴生火灾、水灾与海啸。为减少地震造成的损失，许多国家正采取各种抗震措施，同时致力于提高地震预报水平。

世界地震区呈带状分布并与板块边界非常一致。但扩张型边界上地震带较窄即最集中，汇聚型边界上地震带较宽，大陆碰撞型边界上地震带尤其分散。全球地震能量的95%都是通过板块边界释放的，其中很大部分又来自汇聚型边界。在汇聚型边界上震源深度与洋壳俯冲深度有关，即从海沟附近至岛弧内震源深度逐渐增加。可见板块间的相互作用是引起地震的主要因素。

主要地震带包括：①环太平洋地震活动带或称环太平洋震环。全世界地震释放总能量的80%来自这个带，大约80%的浅源地震、90%的中源地震以及几乎全部深源地震都集中在这里。它与环太平洋火山带密切相关，但“火环”与“震环”并不重合。地震多分布于靠大洋一侧的海沟中，火山则多分布于靠陆一侧的岛弧上。仅1900年至今这个带即发生里氏 7 级以上地震 2 000 次，平均每年 19.4 次。②地中海－喜马拉雅带。大致沿地中海经高加索、喜马拉雅山系至印度尼西亚与环太平洋带相接。这个带以浅源地震为主，多位于大陆部分，分布范围较宽。③大洋中脊带。地震活动性较弱，释放的能量很小，均为浅源地震。因板块厚度小，形成年代新，热流值高，故多为小震，较大的地震分布于转换断层处。④东非裂谷带。地震活动性较强，均为浅源地震(图2－23)。

我国地处环太平洋带和地中海－喜马拉雅带之间，是地震较多的国家之一。台湾省位于环太平洋带上，为我国地震最多的地方。东部其他地区的地震

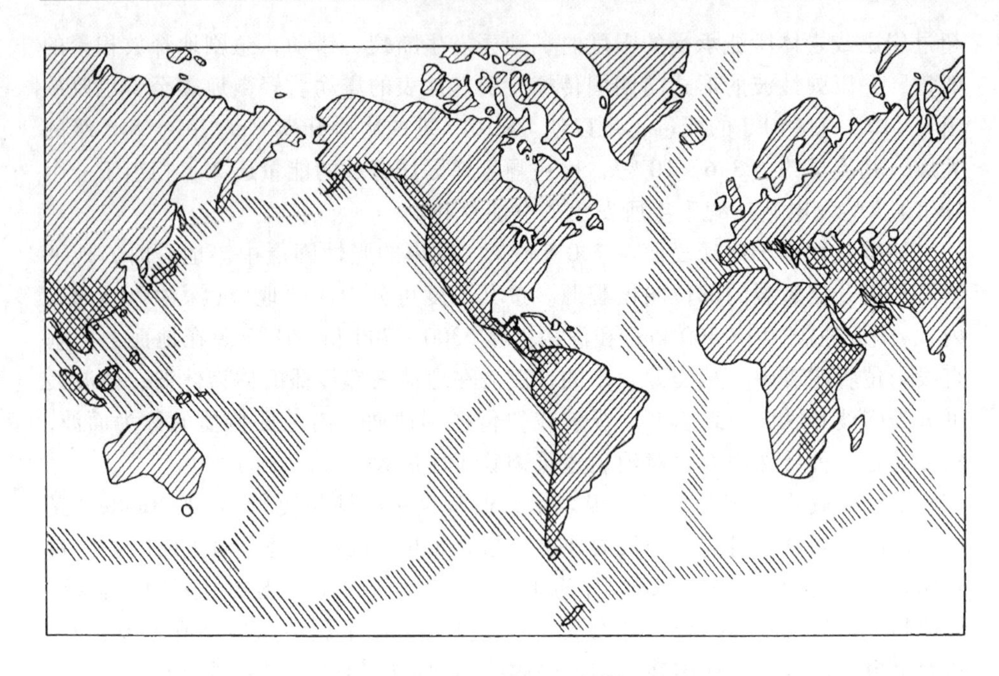

图 2-23 世界地震带分布图

主要发生于河北平原，汾渭地堑，郯城-庐江大断裂(北起沈阳、营口,南经渤海至山东郯城、安徽庐江,直达湖北黄梅)等地。我国西部属于或接近地中海-喜马拉雅地震带，地震活动性较东部强烈，主要分布于青藏高原四周、横断山脉、天山南北、祁连山地及银川-昆明构造线一带。深源地震仅见于黑龙江、吉林一带；中源地震只有台湾东部、雅鲁藏布江以南和新疆西南部；其余地方均为浅源地震。

第五节 地壳的演变

一、地质年代

在内外动力作用下，地壳的组成、结构、构造及外部形态不免经常发生变化。一系列变化构成的连续事件可以清晰地反映地壳演化的历史。通常以地质年代表示这种演化的时间与顺序，而地质年代有相对年代与绝对年代之分。

(一) 相对年代法或古生物地层法

依据地层下老上新的沉积顺序，地层剖面中的整合与不整合关系，标准古生物化石与生物群体进行对比，确定某个地层或事件的相对年代的方法，称为相对年代法或古生物地层法。这个方法把地质历史分为显生宙、元古宙、太古宙和冥古宙四个阶段。宙(Eon)以下依次分为代(Ear)、纪(Period)、世(Epoch)、期(Stage)等国际统一的时代划分单位(表2－3)。每个时代单位相应的地层单位称为宇(Eonthem)、界(Erathem)、系(System)、统(Series)、阶(Stage)等。

表2－3 地质年代及地壳发展历史简表（2021）

宙	代		纪	起始年距今年龄/10^6a	主要事件		
					构造运动	植物界	动物界
显生宙	新生代		第四纪	2.58	喜马拉雅运动阶段	被子植物时代	人类出现
			新近纪	23.03			哺乳动物时代
			古近纪	66.0			
	中生代		白垩纪	145	燕山运动阶段		
			侏罗纪	201		裸子植物时代	爬行动物时代
			三叠纪	252	印支运动阶段		
	古生代	晚古生代	二叠纪	299	海西运动阶段		两栖动物时代
			石炭纪	359		蕨类植物时代	
			泥盆纪	419		裸蕨植物时代	鱼类时代
		早古生代	志留纪	444	加里东运动阶段		海生无脊椎动物时代
			奥陶纪	485		藻类及菌类植物时代	
			寒武纪	541			硬壳动物出现
元古宙	新元古代			1 000	各古陆形成成壳运动复杂频繁		
	中元古代			1 600			
	古元古代			2 500			
太古宙				4 000	若干古陆核形成地壳形成	原始生命出现	
冥古宙				4 600	地球形成	无生命阶段	

（二）绝对年代法

相对年代法虽能分清地质事件的先后，却不能确定其具体时间。后来随着科学技术的发展而兴起的同位素年龄测定方法很好地弥补了这一缺陷。这一方法的特点是通过矿物或岩石的放射性同位素的测定，依据放射性元素蜕变规律计算其绝对年龄，即距今天的年数。目前常用的同位素测年法有 U－Th－Pb

法、K－Ar法、Rb－Sr法、Sm－Nb法、^{14}C法等，其中有些适用于较长年代的测定，有的则适用于较短年代的测定。

（三）与地球演变有关的几种地质年龄

现在地壳中最古老的岩石为格陵兰西南部的阿尔曹库正片麻岩，年龄为$(3\ 980\pm170)\times10^6$年（Rb－Sr法）或$(3\ 620\pm100)\times10^6$年（Pb法）。这表明，在30×10^8—40×10^8年之前地球就已经有了质轻的花岗岩地壳。通过铅、锶等同位素蜕变规律推算，有人认为地壳的年龄约为45.6×10^8年。根据陨石、月岩（壤）和地壳古老岩石测定的数据估算也发现，其年龄均在46×10^8年左右。

由此可见，原始地球形成的时间比地壳年龄早，大致为50×10^8—70×10^8年。因为由冷的星际固体物质积聚而成的原始地球，需经长期变热和重力分异才能形成地壳、地幔和地核。地球上发现的最早的生物化石是南非和澳大利亚的似蓝藻化石和杆状细菌微化石，其年龄分别为32×10^8—33×10^8年和30×10^8—31×10^8年，由此可见，在30×10^8年前地球上便出现了早期的生命形式——原核生物。

综上所述，与地壳早期演化有关的几种年龄如下：地球物质，尤其是重化学元素形成的年龄早于地球的年龄；地球形成的年龄约为50×10^8—70×10^8年；地壳形成的年龄约为46×10^8年；现有最古老的岩石年龄为30×10^8—40×10^8年；已知最早的生物化石的年龄超过30×10^8年。

二、地壳演化简史

前古生代、前寒武纪、隐生宙或冥古宙，均指地球演化从天文时期到地质阶段初期，通常又分为太古宙和元古宙两个时代。

1. 太古宙

距今40×10^8至25×10^8年，持续时间15×10^8年。2021年公布的《国际地层表》将太古宙进一步划分为始太古代、古太古代、中太古代和新太古代四个代。太古宙是地球地质史上最古老且历时较长的一个时代，是地球原始地壳、原始大气圈、水圈和生物形成和发展的最初阶段。

由于重力分异过程远不充分，地球内部结构虽然已有地壳、地幔、地核的分化，但地壳很薄，其组成成分更接近上地幔物质。构造运动、岩浆活动和火山喷发频繁而强烈。岩石普遍发生变质作用和混合岩化，至中、晚期开始形成稳定的小型花岗质陆核。这些陆块作为后来稳定陆块的核心，现在散布于各大陆中。原始大气圈以水汽、二氧化碳、硫化氢、氨、甲烷、氯化氢为主，明显缺乏氧气而二氧化碳含量远比现代高。海洋面积广阔，在地表占绝对优势，海水为酸性矿化水、但含盐量远低于现代海洋。零星的陆地灼热而荒芜，某些浅海开始出现蛋白质与核酸，后期并发展为原核细胞，构成形态简单的细菌与蓝绿藻，虽然生物圈尚未形成，但生物的出现无疑是太古宙地球发展史中最重要的事件。

2. 元古宙

距今 25×10^8—5.41×10^8 年，持续时间 19.59×10^8 年，分为古元古代(距今 25×10^8—16×10^8 年)、中元古代(距今 16×10^8—10×10^8 年)和新元古代(距今 10×10^8—5.41×10^8 年)三个代。新元古代的后期即距今 6.35×10^8—5.41×10^8 年，称为埃迪卡拉纪，在我国通常称为震旦纪。

元古宙曾发生多次构造运动，如我国的五台运动、吕梁运动、澄江运动、蓟县运动，北美洲的克诺勒运动、哈德逊运动、格伦维尔运动、贝尔特运动等。构造运动使太古宙陆核进一步扩大，逐渐拼接为规模较大且较稳定的原地台，并于其上形成了沉积盖层。陆壳增厚变广，最后形成了大面积的古地台。大气 CO_2 浓度降低，游离氧增加到目前的 1/1 000，即达到游离点，表明大气圈已转化为氧化环境，至少可以说已不再是一个缺氧大气圈。而氧的增多，既促进了岩石风化及沉积作用，更为生物发展奠定了物质基础。

元古宙生物进化最重要的特征是原核生物进化为真核生物，单细胞生物向多细胞生物转化，嫌气生物向好氧生物转化，物种数增多，植物得到第一次大发展，绿藻、轮藻、褐藻、红藻等能进行光合作用的原始低等植物大量出现。晚期并开始出现原始动物。大洋洲伊迪卡拉动物群中已有叠层石、腔肠动物、蠕虫动物与节肢动物；北美洲则有海绵。

元古宙晚期即震旦纪，由多种变质岩构成其基底的古地台已经形成，其中一部分还发育了稳定的沉积盖层，另一部分因未接受沉积而成为地盾。主要的古地台如巴西地台、非洲地台、印度地台和澳大利亚地台，构成了一个联合古陆，即冈瓦纳古陆(Gondwana Land)或称南方古陆(South Great Land)，直到中生代才发生分裂。另一些古地台则包括中国地台、西伯利亚地台、俄罗斯地台、加拿大地台等。

3. 早古生代

距今 5.41×10^8—4.19×10^8 年，持续时间 1.24×10^8 多年。早古生代包括寒武纪、奥陶纪和志留纪三个纪。早古生代初期的大地构造轮廓与震旦纪非常相似，但加里东运动改变了一切，板块碰撞使海陆形势发生了巨大变化，从总体上说仍以海洋占优势，例如，北美洲与俄罗斯古陆间有古太平洋，俄罗斯与西伯利亚古陆间有古乌拉尔海，西伯利亚与华北古陆、塔里木古陆间有古北亚海，华北古陆与华南古陆间有秦岭海，北美洲古陆与澳大利亚古陆外侧为古太平洋，而且最重要的是北方各古陆与南方的冈瓦纳古陆间有古地中海。志留纪末的加里东运动使北美洲板块与欧洲板块对接形成劳亚古陆(Laurasia)，古大西洋关闭，古北亚海之组成部分的祁连海消失，古地中海亦受影响，全球出现海退，陆表浅海缩小，陆地面积扩大。

寒武纪及奥陶纪早、中期气候较温暖、干燥，奥陶纪晚期气候转寒并出现震旦纪之后又一次大冰期，并导致全球海洋面下降。志留纪初，除高纬区外，其余各地大都为干热气候，故当时碳酸盐、生物礁、海相红层分布广泛。

由于海生无脊椎动物空前繁盛，地质学家称早古生代为海生无脊椎动物时代，而寒武纪又以三叶虫时代著称。作为脊椎动物的原始鱼类在奥陶纪就已出现，海生藻类在寒武纪、奥陶纪还占主要地位，到志留纪则出现了半陆生裸蕨植物。但真正引人注目的是从寒武纪开始因生物猛烈增长而形成所谓生命大爆发，科学家公认这是地球生命发展史上的重大事件，具体表现为生物数量剧增，密度变大，分布范围大大扩展，动物界出现了硬躯体物种等。

4. 晚古生代

距今 4.19×10^{8}—2.52×10^{8} 年，持续时间 1.67×10^{8} 年，晚古生代包括泥盆纪、石炭纪和二叠纪(国外通常称作彼尔姆纪 Permian)。从泥盆纪开始，浅海明显向大陆转化。华力西(海西)运动使许多地槽发生强烈褶皱，同时发生岩浆侵入和火山喷发。由于乌拉尔地槽发生褶皱，欧美古陆与西伯利亚古陆合并形成了劳亚古陆，并形成了与南方的冈瓦纳古陆既互相连接又隔着古地中海南北对峙的格局。一个新的联合古陆或泛大陆出现在地球表面(图 2－24 和图2－25)。

地层资料揭示，泥盆纪亚欧大陆大部、北美洲大陆大部、格陵兰、非洲北部和澳大利亚广泛发育红层和蒸发岩，表明上述地区当时正处于热带、亚热带，且气候比较干燥，而西非、南美东部及南部或发育山岳冰川，或形成大陆冰盖，则显然处于高纬环境。因此可以认为泥盆纪时，地球气候及整体自然界已表现出地域分异现象，大气中的氧含量较之早古生代亦有所增加。

晚古生代的另一重要特征是植物及脊椎动物大发展，且生物受气候影响而表现出更明显的地带性分异。泥盆纪因有以裸蕨为代表的繁盛的陆生孢子植物而被称为裸蕨时代。石炭纪、二叠纪石松类、节蕨类、种子蕨类等较高级植物取代裸蕨并形成茂密的森林，因而被称为蕨类时代。晚二叠纪裸子植物如松柏、苏铁等渐次出现。动物方面，鱼类在泥盆纪已很繁盛，仅中国就有 52 属，所以泥盆纪又称鱼类时代，石炭纪时鱼类的一部分适应地壳运动和海退的形势，演化为两栖类，其中的一部分更在石炭纪中晚期演化成为爬行类。

晚古生代也发生了多次灾难性事件，如晚泥盆世因造礁生物消失而导致的生物量下降，二叠纪末羊齿植物、三叶虫、蜓类、菊石、腕足类的全部或大部灭绝等。

5. 中生代

中生代包括三叠纪、侏罗纪、白垩纪，距今 2.52×10^{8}—0.66×10^{8} 年，

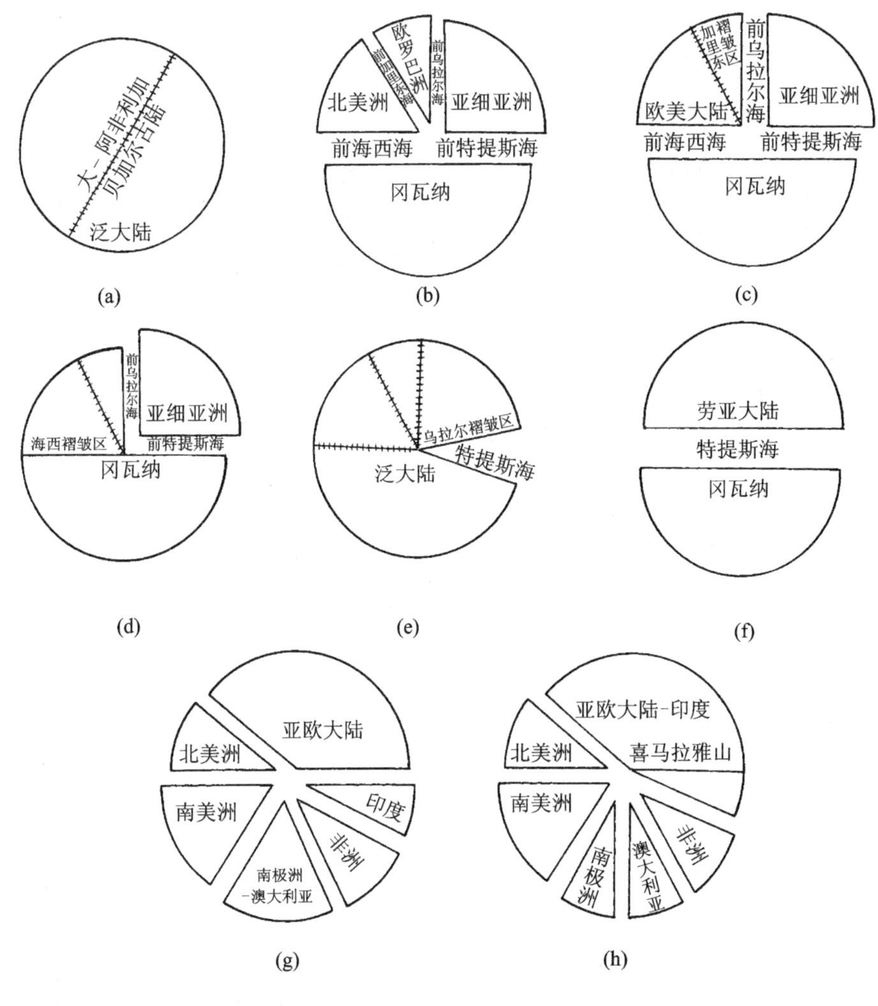

图 2-24　7×10^{8} 年来大陆的分合

（据 Wilson）

（a）晚前寒武纪；（b）寒武纪；（c）泥盆纪；（d）晚石炭纪；

（e）晚二叠纪；（f）早中生代；（g）晚白垩纪；（h）新生代

持续时间 1.86×10^{8} 年。构造运动剧烈而频繁是中生代的主要特征之一。晚二叠纪泛大陆在晚三叠纪重新开始分裂并延续到新生代。三叠纪、侏罗纪北大西洋开始扩张，北美洲与非洲率先分裂，形成北部的劳伦斯与亚细亚即劳亚古陆与南部的冈瓦纳古陆。侏罗纪—白垩纪间南美洲与非洲分裂，南大西洋开始扩张。非洲与印度则在侏罗纪同南极与澳大利亚分离，其间开始形成印度洋。白垩纪时北大西洋向北展宽，随着印度向东北漂移，印度洋逐渐扩大，而古地中海日益缩小。环太平洋区域构造运动尤其强烈。

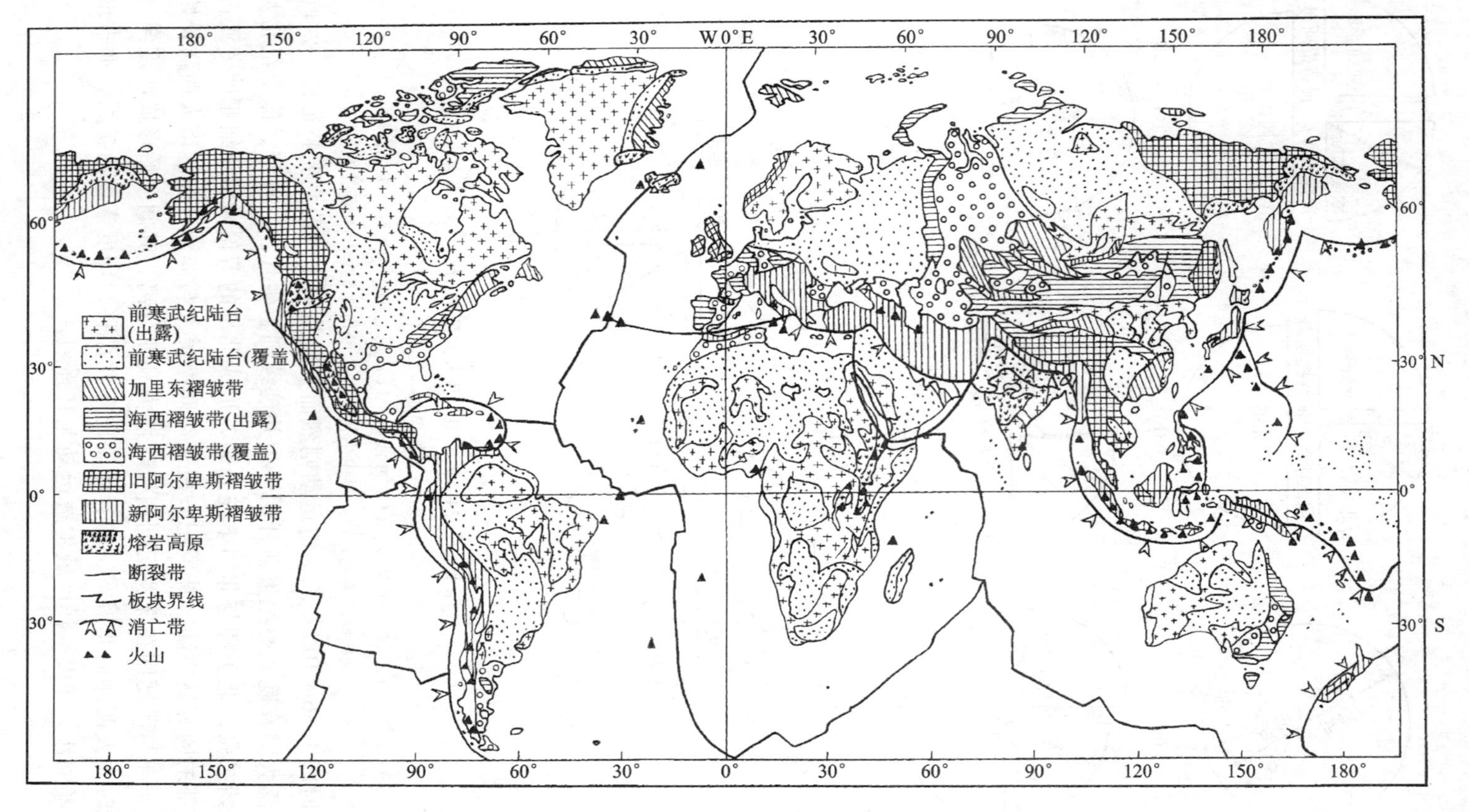

图 2-25 世界地质构造简图

造山运动普遍而强烈。欧洲有老阿尔卑斯运动，美洲有内华达运动与拉拉米运动，中国为印支运动与燕山运动。褶皱、断裂与岩浆活动极为活跃，中国大陆的基本轮廓即在此时建立。

初期气候比较炎热干燥，后期渐转温暖湿润。当时的赤道两侧各有一条干旱带，表明行星风系已经建立并对气候及自然界的地域分异产生作用。侏罗纪海域扩大，气候更湿润。白垩纪也较温暖湿润，海域比侏罗纪更广。

生物界变化显著，裸子植物成为最繁盛的门类，苏铁、银杏与松柏类陆生植物的发展为爬行动物提供了丰富的食物，以致爬行动物成为数量最多的脊索动物，陆地上有恐龙，海上有鱼龙和蛇颈龙，空中有翼龙。海生无脊索动物菊石也颇兴盛。因此中生代被称为恐龙时代、菊石时代或苏铁时代。三叠纪晚期，爬行类开始向哺乳类和鸟类演化。白垩纪鸟类特征已与现代鸟类接近。晚白垩纪被子植物取代裸子植物渐占统治地位。到白垩纪末，盛极一时的物种尤其是恐龙突然灭绝。

6. 新生代

新生代始于距今 $6\,600\times10^4$ 年前，是地球地质史上最短的一个代，包括古近纪、新近纪和第四纪。古近纪旧称早第三纪或老第三纪，时代为距今 $6\,600\times10^4$ 年至 $2\,303\times10^4$ 年，并分为古新世、始新世和渐新世。新近纪旧称晚第三纪或新第三纪，始于 $2\,303\times10^4$ 年前而止于 258×10^4 年前，划分为中新世和上新世。第四纪约始于 258×10^4 年前，分为更新世和全新世。

此期间海底继续扩张，澳大利亚与南极洲分离，东非发生张裂，印度与亚欧大陆碰撞，强烈的构造运动(欧洲称新阿尔卑斯运动,亚洲称喜马拉雅运动)使古地中海带即阿尔卑斯－喜马拉雅带与环太平洋带形成一系列巨大的褶皱山地，古地台也发生拱曲、断层，断陷盆地中广泛堆积红层。到新近纪全球海陆分布与现代相近似。

古近纪气候温暖而潮湿，强烈造山运动后大气环流系统发生变化，许多地方趋向干冷。青藏高原的隆起给东亚季风环流以巨大影响，华中、华南发育暖湿森林。第四纪温带与两极进一步变冷，地球再次发生大规模冰川作用并经历了多次冰期与间冰期。

被子植物空前发展，森林植被在原有针叶林基础上出现常绿阔叶林、落叶阔叶林等，从而变得多样化。新近纪初出现了以单子叶草本植物为主的草原，第四纪出现苔原。哺乳动物也空前繁盛，故新生代又称哺乳动物时代。被子植物发达促进昆虫进而鸟类的昌盛。草原扩大后，以有蹄类和啮齿类为代表的草原动物群也相应得到发展。

然而新生代最重要的事件仍然是第四纪出现了人类，所以第四纪又称灵生代。新构造运动强烈、频繁而且普遍，是第四纪又一重要特征，表现为大洋中脊扩张，澳大利亚大陆向东北漂移，青藏高原和喜马拉雅山以前所未有的速度继续上升以致成为亚洲乃至全球气候与环境变化的重要因素等。

思考题

1. 岩浆岩、沉积岩、变质岩各有什么特征？

2. 地壳构造运动有些什么特点？它在岩相、建造和地层接触关系上有什么表现？

3. 火山活动和地震对地理环境有什么影响？

4. 你能说出主要地质时代(代、纪)的名称、符号及距今年数吗？

主要参考书

[1] J. H. 塔奇. 地球的构造圈[M]. 北京：地质出版社，1984.
[2] 傅承义. 大陆漂移、海底扩张和板块构造[M]. 北京：科学出版社，1974.
[3] A. N. 斯特拉勒等. 自然地理学原理[M]. 北京：高等教育出版社，1981.
[4] 周廷儒. 古地理学[M]. 北京：北京师范大学出版社，1982.
[5] R. G. 帕克. 构造地质学基础[M]. 北京：地质出版社，1988.
[6] 宋春青，等. 地质学基础[M]. 4版. 北京：高等教育出版社，2005.
[7] 徐开礼，等. 构造地质学[M]. 北京：地质出版社，1984.
[8] 夏邦栋，等. 普通地质学[M]. 北京：地质出版社，1995.
[9] 黄定华，等. 普通地质学[M]. 北京：高等教育出版社，2004.
[10] ALLEN G P. Earth surface processes[M]. Oxford：Blackwell，1997.
[11] HOLMES A. Principles of physical geology [M]. 3rd ed. Sunbury-on-Thames：Nesson，1978.
[12] HOBBS B E，et al. An outline of structural geology[M]. London：John wiley & sons，1976.（中译本北京:石油工业出版社,1982）

第三章　大气圈与气候系统

连续包围地球的气态物质称为大气。大气是自然环境的重要组成部分和最活跃的因素，在地理环境物质交换与能量转化中是一个十分重要的环节。大气层中天气系统的生成与消亡，发展与运动，是全球气候的基础。大气层既是使生物免受有害辐射的保护层，其所含气体还满足了植物、动物维持生命的需要。

第一节 大气的组成和热能

一、大气的成分

地球大气是多种物质的混合物，由干洁空气、水汽、悬浮尘粒或杂质组成。距地表 85 km 以下的各种气体成分一般可分为两类：一类称为定常成分，各成分之间大致保持固定比例，这些气体主要是氮(N_2)、氧(O_2)、氩(Ar)和微量惰性气体氖(Ne)、氪(Kr)、氙(Xe)及氦(He)等；另一类称可变成分，这些气体在大气中的比例随时间、地点而变，其中包括水汽(H_2O)、二氧化碳(CO_2)、臭氧(O_3)和碳、硫、氮的化合物，如一氧化碳(CO)、甲烷(CH_4)、硫化氢(H_2S)、二氧化硫(SO_2)等。

（一）干洁空气

通常把除水汽、液体和固体杂质外的整个混合气体称为干洁空气，简称干空气。它是地球大气的主体，主要成分是氮、氧、氩、二氧化碳等，此外还有少量氢、氖、氪、氙、臭氧等稀有气体。由表 3－1 可知，氮、氧、氩三种气体占干空气容积的 99.97%，如果再加上二氧化碳，则剩下的次要成分所占容积还不到 0.01%。观测结果表明，85 km 以下大气运动和分子扩散的结果使空气充分混合，干洁大气各成分的比例得以维持常定。因此，可将 85 km 以下的干空气当做一种相对分子质量为 28.964 的单一气体处理。85 km 以上的高层大气主要由于氮和氧的离解，各成分间的比率开始随高度和时间而变化。

表 3－1 干洁空气的成分及其性质

气体种类和分子式	空气中的含量/%		相对分子质量	临界温度/℃	临界压强/10^6 Pa	沸点温度(气压为 1 013 hPa)/℃
	按容积	按质量				
氮 N_2	78.09	75.52	28.016	－147.2	3.39	－195.8
氧 O_2	20.95	23.15	32.000	－118.9	5.04	－183.1

续表

气体种类和分子式	空气中的含量/%		相对分子质量	临界温度/℃	临界压强/10^6 Pa	沸点温度(气压为1 013 hPa)/℃
	按容积	按质量				
氩 Ar	0.93	1.28	39.944	-112.0	4.86	-185.6
二氧化碳 CO_2	0.03	0.05	44.010	31.0	7.40	-78.2
臭氧 O_3	0.000 001	—	48.000	-5.0	9.35	-111.1
干洁空气	100.00	100.00	28.964	-140.7	3.77	-193.0

1. 氮和氧

N_2 约占大气容积的78%。常温下 N_2 的化学性质不活泼，不能直接被植物利用，只能通过豆科植物根瘤菌部分固定于土壤中。N_2 对太阳辐射的远紫外光谱区0.03~0.13 μm具有选择性吸收。O_2 占地球大气质量的23%，按容积比占21%。丰富的 O_2 是动植物赖以生存、繁殖的必要条件。除游离存在外，氧还以硅酸盐、氧化物、水等化合物形式存在，在高空还有臭氧及原子氧。O_2 在波长小于0.24 μm的辐射作用下受到分解，大气中臭氧层的形成就和 O_2 的分解作用有关。

2. 二氧化碳

二氧化碳只占整个大气容积的0.03%，多集中在20 km高度以下，主要由有机物燃烧、腐烂和生物呼吸过程产生。因此，大工业区和城市上空大气 CO_2 的含量较多，有的地区含量可超过0.05%，甚至0.07%。二氧化碳在水温低的情况下易溶于海水，所以海洋中 CO_2 比大气中可能多几倍。随着工业发展及世界人口增长，全球大气中 CO_2 含量逐年增加。据有关资料，1956—1976年，平均每年增加约 23×10^8 t CO_2。1975年大气中 CO_2 本底浓度约为 324×10^{-3} mL/L，估计比工业化前的浓度(290×10^{-3} ~ 300×10^{-3} mL/L)高10%。目前每年正以 0.7×10^{-3} mL/L的速率增长。CO_2 很少吸收太阳短波辐射。但能强烈吸收地表长波辐射，致使从地表辐射的热量不易散失到太空中。它可能改变大气热平衡，导致地面和低层大气平均温度上升，引起严重的气候问题。

3. 臭氧

臭氧主要分布在10~40 km高度处，极大值在20~25 km附近，称为臭氧层。O_3 在大气中的比例虽然很小，但具有强烈吸收太阳紫外辐射的能力。O_3 有几个吸收带，最强的吸收带在波长0.22~0.32 μm的紫外区。在红外区，O_3 还有4.7 μm、9.6 μm及14.1 μm三条吸收谱线。研究表明，人们大量使用氮肥及用作冷冻剂和除臭剂的碳氟化合物(氟利昂)所造成的污染，能使平流层的臭氧遭到破坏。从20世纪70年代以来，南极地区上空大气 O_3 含量减少，尤其是每年10月份前后突然减少30%～40%。减少区域像一个空洞，因而称之为南极臭氧洞。臭氧层的破坏可能引起一系列不利于人类的气候生物效应，因而受到国际社会广泛重视。

（二）水汽

据估计，整个大气包含的水汽平均为1.24×10^{10} g，占地球总水量的0.001%，相当于24 mm厚的水层。大气中水汽主要来源于水面蒸发和植物蒸腾，特别是海洋蒸发。水汽上升凝结后又以降水形式降到陆地和海洋上。地球年平均降水量为3.36×10^{20} g，其中2.97×10^{20} g降在洋面上，0.99×10^{20} g降在陆面上，总降水量相当于780 mm厚的水层。因此，大气中的水汽平均每年更替约32次，即11 d循环一次。

水汽在大气中是一种可变气体。含量不仅随时间和地点变化，而且与大气环流、海陆分布密切相关。一般说来，地面大气中的水汽含量随纬度增加而减少。离海洋愈远水汽含量愈少。内陆沙漠上空水汽含量接近于零。而在温暖的海洋或热带丛林上空，水汽含量可高达3%～4%。水汽的年变化也很大。通常水汽含量主要集中在距地面3 km范围内。从地面到高空，每升高1.5～2.0 km，水汽含量减少1/2，到5 km高度上，含量减少到地面的1/10。8～10 km以上水汽更少。

大气中水汽是唯一能发生相变的大气成分，同时，水汽能强烈吸收和放出长波辐射能；在相变过程中还能释放和吸收热量。因此，水汽在天气变化、大气能量转换过程及大气与地面的能量交换中起着重要的作用。

（三）固、液体杂质

大气悬浮固体杂质和液体微粒也可称为气溶胶粒子。除由水汽变成的水滴和冰晶外，主要是大气尘埃和其他杂质。其半径一般为1×10^{-2}～1×10^{-8} cm（表3-2），多集中在低层大气中。气溶胶粒子的主要来源有自然源和人工源两种。自然源包括火山灰、宇宙尘埃、陨石灰烬、植物花粉孢子、岩石风化后的粉尘、森林着火后的灰烬、海水溅沫蒸发后残留在空中的盐粒等。人工源主要是人类活动和工业生产过程中排放的烟、粉尘等。

表3-2 气溶胶质粒成分和尺度谱

气溶胶质粒成分	球半径/cm	气溶胶质粒成分	球半径/cm
小离子	$<10^{-7}$	大凝结核	$1\times10^{-5}\sim3\times10^{-4}$
中等离子	$1\times10^{-7}\sim2\times10^{-6}$	巨凝结核	$3\times10^{-4}\sim3\times10^{-3}$
大离子	$2\times10^{-5}\sim1\times10^{-5}$	云或雾滴	$1\times10^{-4}\sim5\times10^{-2}$
爱根核	$2\times10^{-5}\sim10\times10^{-5}$	毛毛雨滴	$5\times10^{-3}\sim5\times10^{-2}$
烟、尘埃、霾	$1\times10^{-5}\sim1\times10^{-4}$	雨滴	$5\times10^{-2}\sim5\times10^{-1}$

大粒子集中分布在近地面或源地附近。直径小于 1 μm 的粒子可随气流升得很高并远距离飘浮。近地面大气层气溶胶粒子的浓度，一般陆地大于海洋，城市大于农村。城市上空的粒子又随工业发展、人口增多而增加。在时间上，一般夜间悬浮的粒子多于白天，冬季多于夏季。

大的水溶性气溶胶粒子最易使水汽凝结，是成云致雨的重要条件。气溶胶粒子能吸收部分太阳辐射并散射辐射从而改变大气透明度。它对太阳直接辐射的影响和增大散射辐射、大气长波逆辐射，都有可能破坏地球的辐射平衡。

二、大气的结构

（一）大气质量

1. 大气上界

大气按其物理性质来说是不均匀的，特别是在垂直方向上变化急剧。在很高的高度上空气十分稀薄，气体分子之间的距离很大。气压为零或接近零的高度在理论上是大气的顶层，但这种高度不可能出现。因为在很高的高度上即使到达星际空间，也不可能完全没有空气分子。宇宙飞行器探测资料证明，地球大气圈外，直到 22 000 km 高度，还有由电离气体组成的极稀薄的大气层，称为“地冕”。在它以外的星际空间，每立方米体积中仍有数十个离子。由此可见，地球大气圈顶部并没有分明的界限。

气象学家认为，只要发生在最大高度上的某种现象与地面气候有关，便可定义这个高度为大气上界。因此，过去曾把极光出现的最大高度(1 200 km)定为大气上界。物理学家、化学家则从大气物理、化学特征出发，认为大气上界至少高于 1 200 km，但不超过 3 200 km，因为在这个高度上离心力已超过重力，大气密度接近星际气体密度。所以高层大气物理学常把大气上界定在 3 000 km左右。

2. 大气质量

大气高度虽不易确定，大气质量却可以从理论上求得。假定大气是均质的，则大气高度约为 8 000 m，整个大气柱的质量为

$$\begin{aligned} m_0 &= \rho_0 H \\ &= 1.225 \times 10^{-3} \times 8 \times 10^5 \\ &= 980\ \text{g/cm}^2 \end{aligned}$$

式中：ρ_0 为标准情况下($T = 0$ ℃,气压为 1 013.25 hPa)的大气密度。于是，整个地球大气的总质量为 5.14×10^{18} kg。实际上，空气具有高度可压缩性，大气低层密度大于高层。由于大气密度随高度按指数规律减少，因而大气质量也按指数规律减少。由海平面至 5.5 km 高度的大气中含有大气总质量的 50%，至 8 km 含有 63%，至 36 km 含有 99%(图 3－1)。离地面 36～1 000 km 内不足

总质量的1%。

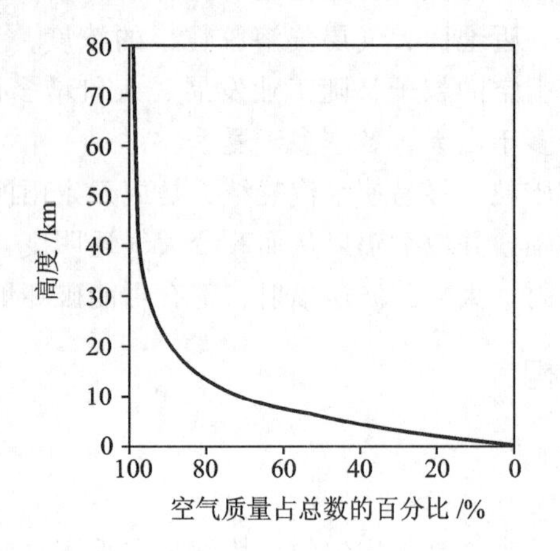

图3-1 不同高度大气质量所占的百分比

(据R. G. Barry 和R. J. Chorley,1976)

(二) 大气压力

1. 气压

定义从观测高度到大气上界单位面积上(横截面积1 cm^2)垂直空气柱产生的压力为大气压强，简称气压。测量气压的仪器通常有水银气压表和空盒气压计两种。气压单位可用水银柱高度毫米(mm)表示，但国际单位制用帕斯卡(Pa)，气象学则采用百帕(hPa)为单位。1 hPa是1 cm^2面积上受到0.01 N力时的压强值，即1 hPa = 0.01 N/cm^2。气象学把温度为0 ℃、纬度为45°的海平面气压作为标准大气压，称为1个大气压，相当于1 013.25 hPa。

地面气压值在980~1 040 hPa之间变动，平均为1 013 hPa。气压有周期性日变化和年变化，还有非周期性变化。气压非周期性变化常与大气环流和天气系统有联系，且变化幅度大。气压日变化，一昼夜有两个最高值(9—10时，21—22时)和两个最低值(3—4时,15—16时)。热带的日变化比温带明显。赤道地区气压的年变化不大，高纬地区较大；大陆和海洋也有显著差别，大陆冬季气压高，夏季最低，而海洋相反。

由于地表的非均一性及动力、热力因子影响，在同一水平面上实际气压的分布并不均匀。根据各地同一时刻的海平面气压值，在地图上用等压线绘出高、低气压的分布区域，就是水平气压场(图3-2)。气压场中一般可分为低气压、高气压、低压槽、高压脊及鞍形等区域。

2. 气压的垂直分布

气压大小取决于所在水平面上的大气质量，随着高度的上升，大气柱质量减少，所以气压随高度升高而降低。其一般情况如图3-3所示。近地面层气

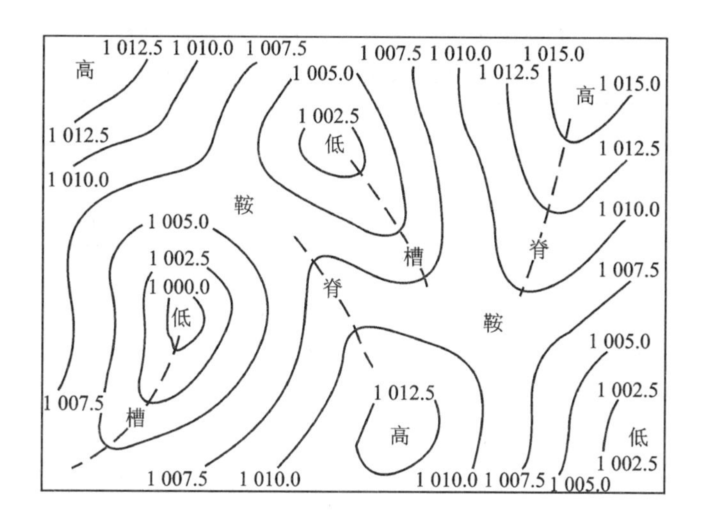

图 3－2 气压场的几种基本类型

压大约每上升 10 m 减少 1 hPa；随着高度升高，由于空气质点密度减小，递减率也随之减小。

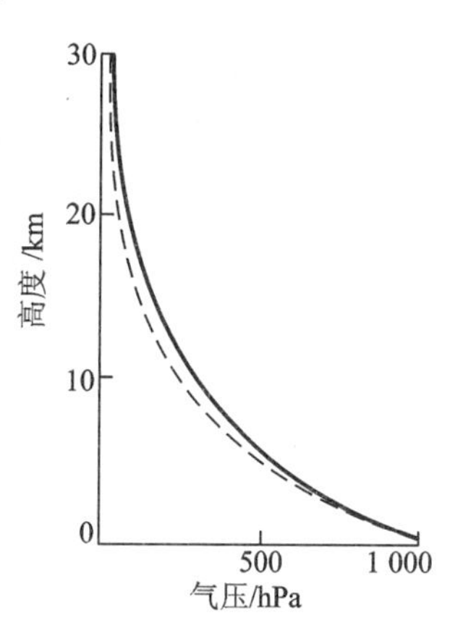

图 3－3 气压随高度的分布

气压随高度的实际变化与气温和气压条件有关。从表 3－3 可以看出：①在气压相同条件下，气柱温度愈高单位气压高度差愈大，气压垂直梯度愈小，即暖区气压垂直梯度比冷区小；②在相同气温下，气压愈高单位气压高度差愈小，气压垂直梯度愈大。因此，地面高气压区，气压随海拔上升而很快降低，上空往往出现高空低压。地面暖区气压常比周围低，而高空气压往往比同高度的邻区高；地面冷区气压常比周围高，而高空气压往往比周围低。

表 3－3 不同气温、气压条件下的单位气压高度差 单位：m/hPa

气压/hPa ＼ 气温/℃	－40	－20	0	20	40
1 000	6.7	7.4	8.0	8.6	9.3
500	13.4	14.7	16.0	17.3	18.6
100	67.2	73.6	80.0	86.4	92.8

由于气压和高度的关系十分密切，因此常用气压对应某一高度。如用 1 000 hPa对应海平面，500 hPa 大约对应 5 500 m 高度，300 hPa 大约对应

9 000 m高度。表 3-4 列出了理想大气中高度与气压的关系。

表 3-4 标准大气中气压与高度的关系

气压/hPa	1 013.25	845.4	700.8	504.7	410.4	307.1	193.1	102.8	46.7
高度/m	0	1 500	3 000	5 500	7 000	9 000	12 000	16 000	21 000

(三) 大气分层

按照分子组成，大气可分为两层，即均质层和非均质层。均质层为从地表至85 km 高度的大气层，除水汽有较大变动外，其组成较均一。85 km 高度以上为非均质层，其中又可分为氮层(85 ~200 km)、原子氧层(200 ~1 100 km)、氦层(1 100 ~3 200 km)和氢层(3 200 ~9 600 km)。非均质层质量虽只有大气总质量的 0.01%，却对地球上的生物起着很重要的作用。它能过滤太阳辐射的高能部分，避免生物被离子化或燃烧，又是地面扩散污染物的强氧化场所。按大气化学和物理性质，可分为光化层和离子层。光化层具有分子、原子和自由基组成的化学性质，其中包括大约 20 km 高度处、O_3 浓度最大的臭氧层。其他活跃成分包括原子氧(O)、羟基(OH)、氢过氧基(HO_2)等。离子层包含大量离子，有反射无线电波能力。从下而上又分为 D、E、F_1、F_2 和 G 层，各层中离子含量为 $1\times10^3 \sim 1\times10^6/cm^3$。

但在气象学中，通常按照温度和运动情况将大气圈分为五层(图 3-4)。

1. 对流层

对流层是大气的最底层，以空气垂直运动旺盛为典型特点。平均高度为 11 km，在热带地区为 15 ~18 km，中纬度 10 ~12 km，两极附近为 8 ~9 km。由于此层直接毗连地表，在地表和大气的热交换影响下，气温随高度增加而降低，平均每升高 100 m 下降 0.65 ℃。对流层上界气温一般低于 -55 ℃。低纬度地区由于对流强盛，对流层顶最低温度常出现在赤道上空。对流层集中了约 75% 的大气质量和 90% 以上的水汽，云、雾、雨、雪等主要天气现象都发生在此层。

2. 平流层

从对流层顶到 55 km 左右的大气层气流稳定，称为平流层。其显著特点是随高度上升温度不变或微升，即由等温分布变成逆温分布。约 30 km 高度以上，温度开始轻微上升，到平流层顶可达 -3 ~ -17 ℃。平流层水汽、尘埃等非常少，很少出现云和降水，大气透明度良好。但中、高纬度地区早、晚有时可观测到具有珍珠斑色彩，由细小冰晶组成的贝母云，多出现在 22 ~27 km 高度上。

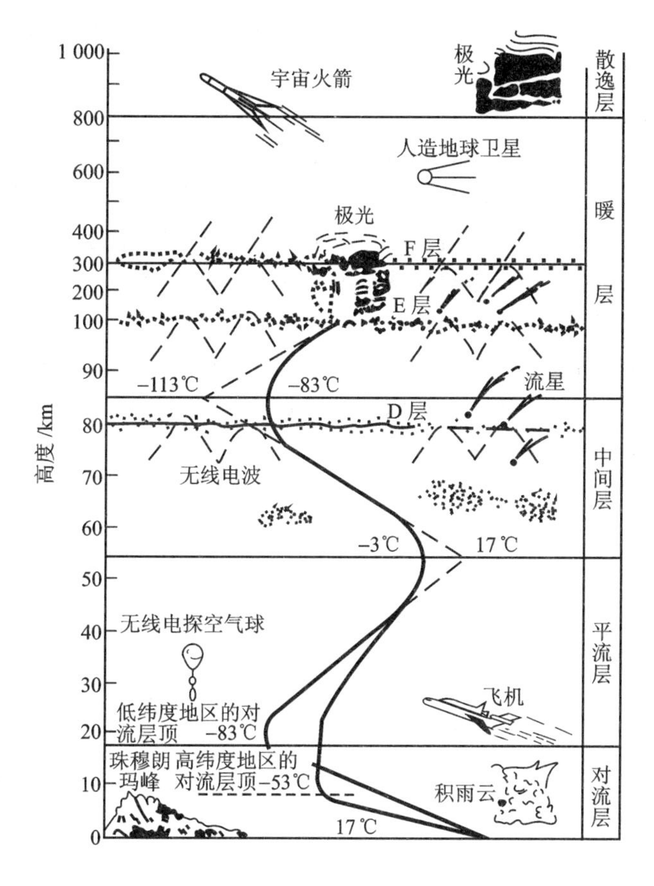

图 3-4　大气的垂直分层

3. 中间层

从平流层顶到 85 km 高度的气层为中间层，亦称为高空对流层。其最重要的特点是温度随高度升高而迅速降低，到中间层顶下降到 -83 ℃，是大气圈中最冷的部分。该层有相当强烈的空气垂直运动，但因空气稀薄，垂直运动不能与对流层相比拟。中间层内水汽很少，但高纬地区黄昏前后偶尔会发现由细小水滴、冰晶或尘埃构成的夜光云。80 km 高度上有一个出现于白天的电离层，叫做 D 层。

4. 暖层

中间层顶至 800 km 高度的气层称为暖层或电离层。暖层空气密度很小，700 余千米厚的气层只占大气总质量的 0.5%。120 km 高空空气密度已小到声波难以传播的程度。暖层强烈吸收太阳紫外辐射，因而温度随高度上升而很快增加，顶部气温可达 1 000 ℃以上。该层空气因受太阳紫外辐射和宇宙线作用而处于高度电离状态。电离程度相对较强的是高度 100～120 km 的 E 层和

200～400 km的F层。从80 km到暖层顶以上的1 000～1 200 km范围内，常出现极光。

5. 散逸层

暖层顶以上的大气层称为散逸层，其上界为3 000 km左右，是地球大气与星际空间的过渡区域，但无明显边界。散逸层空气极其稀薄，大气质点碰撞频率很小，温度也随高度升高。由于温度高，空气稀薄且远离地面，地球引力很小，高速运动的分子可挣脱地球引力束缚而逃逸到宇宙空间。

(四) 标准大气

大气空间状态复杂，而大气压强、温度、密度等参数随高度的分布状况对航空、军事和空间科学研究十分重要，因此，人们根据高空探测数据和理论，规定了一种特性随高度平均分布的大气模式，称为“标准大气”或“参考大气”。标准大气模式假定空气是干燥的，在86 km以下是均匀混合物，平均摩尔质量为28.964 4 kg/kmol，且处于静力学平衡和水平成层分布。在给定温度－高度廓线(表3－5)及边界条件后，通过对静力学方程和状态方程求积分，就得到压力和密度数值。

海平面大气的部分特性如下：

空气摩尔质量 μ_0　　28.964 4 kg/kmol

重力加速度 g_0　　9.806 65 m/s^2

压强 P_0　　101 325 Pa

密度 ρ_0　　1.225 0 kg/m^3

温度 T_0　　288.15 K

表3－5　地面到86 km的温度、高度廓线

层　次	位势高度/km	分子标度温度梯度 /($K \cdot km^{-1}$)	温度高度的函数形式
0	0	－6.5	线性的
1	11	0.0	线性的
2	20	1.0	线性的
3	32	2.8	线性的
4	47	0.0	线性的
5	51	－2.8	线性的
6	71	－2.0	线性的
7	84.852		线性的

表3－5中的分子标度温度 $T_M = T\mu_0/\mu$，μ 为各高度空气平均摩尔质量。

实际上 80 km 以下，$\mu=\mu_0$；80 km 以上，μ 开始有变化。在 86 km 处，$\mu/\mu_0=0.999\ 578$，T_M 与 T 稍有变化。

三、大气的热能

地球及大气的热状况是天气变化的基本因素。辐射交换是决定热状况的能量交换方式之一，也是地球气候系统与宇宙空间交换能量的唯一方式。地球气候系统的能源主要是太阳辐射，它从根本上决定地球、大气的热状况，从而支配其他能量的传输过程。地球气候系统内部也进行着辐射能量交换。因此，需要研究太阳、地球及大气的辐射能量交换和地 - 气系统的辐射平衡。

（一）太阳辐射

太阳是离地球最近的恒星，其表面温度约为 6 000 K，内部温度更高，所以太阳不停地向外辐射巨大的能量。太阳辐射能主要是波长在 0.4 ~ 0.76 μm 的可见光，约占总能量的 50%；其次是波长大于 0.76 μm 的红外辐射，约占总辐射能的 43%；波长小于 0.4 μm 的紫外辐射约占 7%。相对于地球辐射而言，太阳辐射波长较短，故称太阳辐射为短波辐射。表示太阳辐射能强弱的物理量，即单位时间内垂直投射在单位面积上的太阳辐射能，称为太阳辐射强度。太阳辐射在宇宙空间传播没有能量损失，但其光束随远离太阳而向外发散。因此，投射到一定横截面上的太阳光束辐射强度与其离开太阳距离的平方成反比减小。太阳辐射能分配在以太阳为球心的球面空间里。地球大圆横截面在这个空间球面上所占面积的比例即地球拦截的太阳辐射能量，仅为其总能量的 20 亿分之一。

在日地平均距离（$D=1.496\times10^8$ km）上，大气顶界垂直于太阳光线的单位面积上每分钟接受的太阳辐射称为太阳常数（用 S_0 表示）。国际气象组织（WMO）1981 年推荐太阳常数的最佳值为 1 361 W/m^2。太阳常数这个术语，早在 1837 年就已提出，但其是否真是一个常数尚有争论。事实上，由于太阳光谱辐照度随波长的变化曲线而有年际变化，太阳常数并非保持恒定。地球公转引起的日地距离变化可使大气上界太阳辐射强度出现 ±3.5% 的变化；太阳物理状况的日际变化和太阳周期活动也可能导致 ±1% 的变化。但从气候学观点出发，可把太阳常数当做一个平均概念对待。

从图 3 - 5 可看到，到达地表的太阳辐射同大气上界的太阳辐射有很大差别。这是因为大气对辐射有吸收、散射、反射等作用，太阳光谱中不同的波长将受到不同程度的削弱。吸收作用主要削弱紫外和红外部分，对可见光影响较小。散射和反射作用受云层厚度、水汽含量、大气悬浮微粒粒径和含量的影响很大。晴空时起散射作用的主要是空气分子，波长较短的蓝紫光被散射，使天空呈蔚蓝色；阴天或大气尘埃较多时起散射作用的主要是大气悬浮微粒，散射光长短波混合，天空呈灰白色。由于大气的选择性吸收与散射作用，太阳辐射在量与质方面都受到影响。地面紫外线几乎绝迹，可见光缩减至40%，而红外线却升高至60%。反射对各种波长没有选择性，所以反射光呈白色。云层有强烈的反射作用，平均反射率为50%~55%；实际反射率受云层厚薄制约，当云层厚度在50~100 m时，太阳辐射几乎全部被反射。

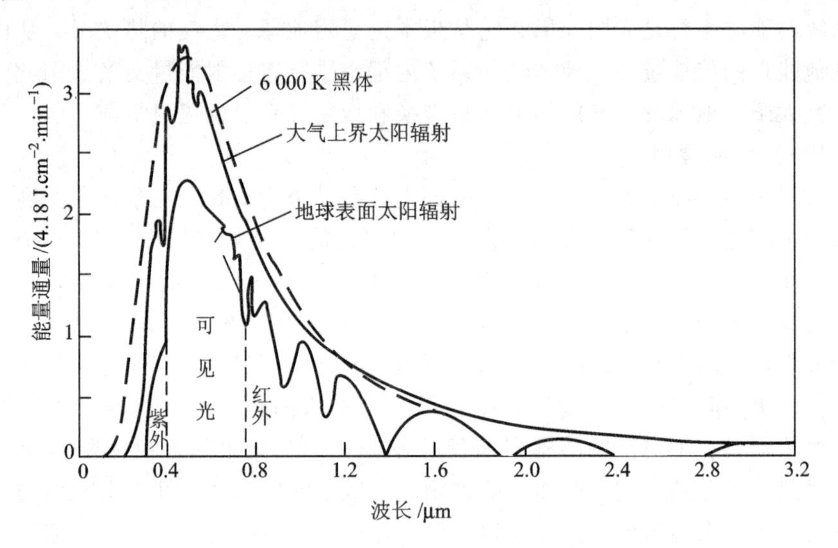

图3-5 大气上界太阳辐射能量曲线及到达地表的典型能量曲线

经大气削弱后到达地面的太阳辐射有两部分：一是直接辐射；二是经大气散射后到达地面的部分，称为散射辐射。两者之和即是太阳辐射总量，称为总辐射。总辐射有明显的日变化和年变化。一天之内，夜间总辐射为零，日出后逐渐增加，正午达最大值，午后逐渐减小。但云的影响可改变正常的日变化。一年之内，夏季总辐射最大，冬季最小。总辐射的纬度分布，一般是纬度愈低总辐射愈大；纬度愈高总辐射愈小。因为赤道附近多云，总辐射最大值并不出现在赤道，而是出现在20°N附近。

到达地面的总辐射一部分被地面吸收转变成热能，一部分被反射。反射部分占辐射量的百分比称为反照率。反照率随地面性质和状态不同而有很大差别（表3-6）。地表面性质有季节变化，反照率也有季节变化。水面对不同入射角的光线具有不同的反照率，入射角越大反照率越小；垂直入射时反照率约为2%~5%；当入射角接近0°时其反照率可达70%~80%。天空散射光的水面反照率平均为8%~10%。显然，反照率愈大吸收愈少。尽管总辐射相同，地表吸收并不相等。这是导致近地面温度分布不均匀的原因之一。

表 3-6 不同性质地面对太阳辐射的反照率

地　　面	反照率/%	地　　面	反照率/%
裸地	10~25	棉地	20~22
沙地、沙漠	25~40	雪(干、洁)	75~95
草地	15~25	雪(湿或脏)	25~75
森林	10~20	海面($h^* > 25°$)	<10
稻田	12	海面(h^*小)	10~70

* *h* 为太阳高度角。

(二) 大气能量及其保温效应

覆盖整个地球的大气总质量为 5.14×10^{18} kg，空气的比热容是 1 005(1 + 0.86 *q*)J/(kg · K)，其整个热容量为 5.32×10^{15} MJ/K。大气本身对太阳辐射直接吸收很少，而水、陆、植被等下垫面却能大量吸收太阳辐射并经潜热和感热转化供给大气。大气获得能量的具体结构为：

1. 对太阳辐射的直接吸收

大气中吸收太阳辐射的物质主要是臭氧、水汽和液态水，占大气体积 99% 以上的氮和氧对太阳辐射的吸收微弱。太阳辐射穿过地球大气时不同波段被吸收的情况见表 3-7。平流层以上主要是 O_3 和 O_2 对紫外辐射的吸收，平流层至地面主要是水汽对红外辐射的吸收。整层大气对太阳辐射的吸收带大部分位于太阳辐射波谱两端的低能区，仅占太阳辐射能的 18% 左右。据估计，对流层大气由于直接吸收太阳辐射而增温，每天不足 1 ℃。因此，对于大气对流层而言，太阳辐射不是主要的直接热源。

表 3-7 地球大气对太阳辐射的吸收

波段 λ/μm	占太阳辐射总量的比值	地球大气的吸收层/km	主要吸收机制	被吸收的比值
<0.1	$3/10^6$	85~200	光致电解	全部
0.1~0.2	$1/10^6$	50~110	O_2 的光致电解	全部
0.2~0.31	1.75%	30~60	O_3 的光致电解	全部
>0.31	98%	0~10	水汽吸收	近 17%

2. 对地面辐射的吸收

地表吸收了到达大气上界太阳辐射能的 50%，变成热能而使本身温度升高，而后再以大于 3 μm 的长波(红外)向外辐射。这种再辐射能量的 75% ~ 95% 被大气吸收，只有极少部分波长为 8.5~12 μm 的辐射通过“大气窗”逸回宇宙空间。可见，地面是大气的第二热源。地面长波辐射几乎全被近地面40～50 m厚的大气层所吸收。如果没有这些能量，近地面平均气温将降低40 ℃，致使绝大多数生命不能生存。

3. 潜热输送

海面和陆面的水分蒸发使地面热量得以输送到大气层中。一方面水汽凝结成雨滴或雪时，放出潜热给空气；另一方面雨滴和雪降到地面不久又被蒸发，两个过程交替进行。大陆表面潜热输送年总量平均为1 130 MJ/m^2，大洋表面约为3 430 MJ/m^2，即洋面是陆面的3倍。全球表面年平均潜热输送约为2 760 MJ/m^2，说明地－气间的能量交换主要是通过潜热输送完成的。换言之，大气依靠水汽凝结释放潜热而得到的能量最多。

4. 感热输送

陆面、水面温度与低层大气温度并不相等，因此地表和大气间便由感热交换而产生能量输送。在地球表面能量转换过程中，当地表温度高于低层大气时，将出现指向大气的感热输送。反之，感热输送方向将指向地面。就全球平均而言，无论是陆面或洋面，感热交换的结果总是由地表向大气输送能量，年平均感热输送为540 MJ/m^2。

大气获得热能后依据本身温度向外辐射，称为大气辐射。其中一部分外逸到宇宙空间，一部分向下投向地面。后者即是大气逆辐射。大气逆辐射的存在使地面实际损失的热量略少于以长波辐射放出的热量，因而地面得以保持一定的温暖程度。这种保温作用，通常称为“花房效应”或“温室效应”。据计算，如果没有大气，地面平均温度将是－18 ℃，而不是现在的15 ℃，这就意味着大气的存在使地面温度提高了33 ℃之多。

（三）地－气系统的辐射平衡

大气和地面吸收太阳短波辐射，又依据本身的温度向外发射长波辐射，由此形成了整个地－气系统与宇宙空间的能量交换。在地－气系统内部，地面与大气也不断以辐射和热量输送形式交换能量。在某一时段内物体能量收支的差值，称为辐射平衡或辐射差额。在没有其他方式的热交换时，辐射平衡决定物体的升温与降温；辐射平衡为零时物体温度不变。把地面直到大气上界当做一个整体，其辐射能净收入就是地－气系统的辐射平衡。地－气系统辐射能净收入包括地面吸收的太阳总辐射能及整层大气吸收的太阳辐射能之和再减去大气上界向空间放射的长波辐射能。图3－6为全球多年平均辐射平衡图解。

地－气系统的温度多年基本不变，所以全球是处于辐射平衡的。在此前提下，可以估算全球大气与宇宙空间辐射交换的数量级。设地球反照率为0.30，太阳常数为1 367 W/m^2，日地距离处于平均距离，则地－气系统年吸收辐射为7 550 MJ/m^2，地－气系统逸入宇宙空间的长波辐射也大约与之相等。但对

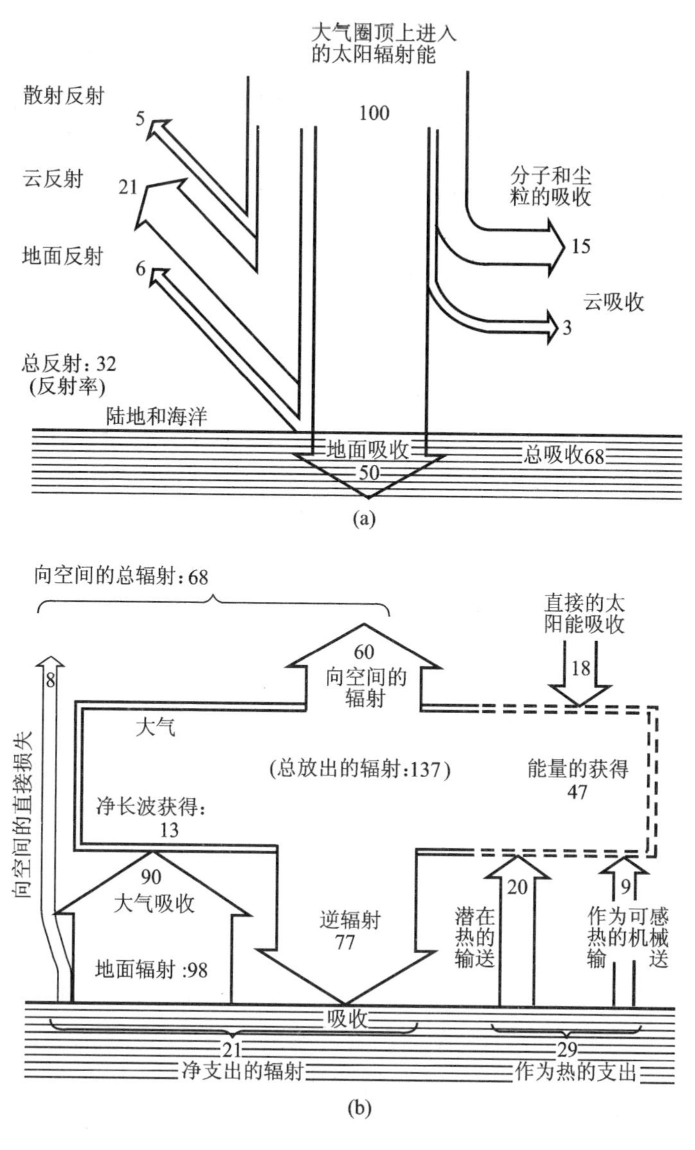

图 3－6 全球辐射平衡图解

（据 A. N. Strahler，1974）

地球不同地点而言，辐射差额总是存在的，须由如平流、对流补充或输出热量才能保持温度稳定。地－气系统的辐射差额以南、北纬 36°附近为转折点。在北半球 36°N 以南的差额为正值，以北为负值。因此低纬度就有多余能量以大气环流和洋流形式输往高纬度地区。

辐射平衡有明显日变化和年变化。一日内白天收入的太阳辐射超过支出的长波辐射，故辐射平衡为正值，夜间辐射平衡为负值。正转负和负转正的时刻分别出现在日落前与日出后 1 h。在一年内，北半球夏季辐射平衡因太阳辐射增多而加大。冬季则相反，甚至出现负值。纬度愈高辐射平衡保持正值的月份愈少。例如，中国宜昌全年辐射平衡均为正值，而俄罗斯圣彼得堡有 5 个月为正值，极圈范围内则大部分时间出现负值(图 3－7)。

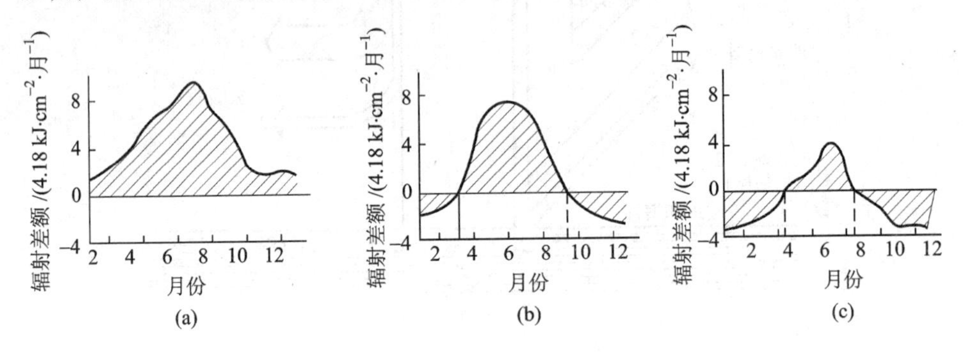

图 3－7 不同纬度辐射差额的变化

(a) 宜昌(30°42′N)；(b) 圣彼得堡(59°56′N)；(c) 太平港(80°19′N)

四、气温

气温是大气热力状况的数量度量。空气中气体分子运动的平均动能与绝对温度 T 成正比。因此，气温实质上是空气分子平均动能大小的表现。空气获得热量时，其分子运动平均速度增大，平均动能增加，气温升高；空气失去热量时，分子运动平均速度减小，平均动能减小，气温降低。由此可见，热量与温度是两个不同的概念。热量是能量，而温度是表征物质热量状况的度量标准。

气温用温度计测定，一般将温度计安装在距地面 1.5 m、四周通风、空气可自由流动，但阳光不能直接射入的百叶箱内。气温变化特点通常用平均温度和极端值——绝对最高温度、绝对最低温度表示。地理位置、海拔、气块运动、季节、时间及地面性质都影响气温的分布和变化。

(一) 气温的周期性变化

1. 气温的日变化

大气主要因吸收地面长波辐射而增温，地面辐射又取决于地表面吸收并储存的太阳辐射量。太阳辐射有日变化，气温也相应出现日变化特征。正午太阳高度角最大时太阳辐射最强，但地面储存的热量传给大气需要一个过程，所以气温最高值不出现在正午而是在午后 2 时前后。其后，太阳辐射逐渐减弱，地面温度和气温也逐渐下降。清晨日出前地面储存热量减至最少，所以一日之内气温最低值出现在日出前后。日出时间随纬度和季节不同，因而最低温度出现时间也不同。日出后太阳辐射加强，地面储存热量又开始增加，气温也相应回升。

一天之内，最高温度与最低温度之差，称为气温日较差。日较差的大小与纬度、季节、地表性质、天气状况等密切相关。正午太阳高度角随纬度增加而减小，因此气温的昼夜差值也随纬度增加而减小。据统计，低纬度地区的气温日较差平均为 12 ℃；中纬度地区为 8 ~ 9 ℃；高纬度地区为 3 ~ 4 ℃。就季节而言，因夏季正午太阳高度角较大且白天较长，因而太阳辐射日较差和气温日较差均较大；冬季反之。这一季节变化以中纬度最为显著，因为中纬度地区太阳辐射强度日变化夏季比冬季大得多。低纬度地区太阳辐射强度的日变化随季节变化很小，气温日较差随季节变化也很小。极地地区冬季有极夜，夏季有极昼，太阳辐射强度季节变化悬殊，但日较差变化不大，气温日较差随季节变化也不大。地表性质对气温的日较差也有显著影响，海洋上气温日变化通常只有 1 ~ 2 ℃，而内陆地区常可达 15 ℃以上，有些地方甚至可达 25 ~ 30 ℃。山谷气温日较差大于山峰，凹地气温日较差大于高地。天气状况也对气温日较差产生影响。云层白天使地面得到的太阳辐射量较少，夜间又使热量不易散失，所以阴天的气温日较差比晴天小。

2. 气温的年变化

除赤道地区外，地球上绝大部分地区一年中月平均气温存在一个最高值和一个最低值。北半球大陆气温最高值一般出现在 7 月，海洋上多出现在 8 月；气温最低值分别出现在 1 月和 2 月。

气温年变化幅度称为年较差，是一年内最热月与最冷月平均气温之差。太阳辐射年变化与气温年较差均随纬度的增高而增大。赤道约为 1 ℃，中纬度约为 20 ℃左右，高纬度达 30 ℃以上（图 3 – 8）。此外，气温年较差还随下垫面的性质、地形、高度而不同。海洋上年较差小于陆地；沿海小于内陆；植被覆盖地小于裸地；凸地小于凹地；云雨多的地方年较差小，云雨少的地方年较差大；海拔愈高年较差愈小。

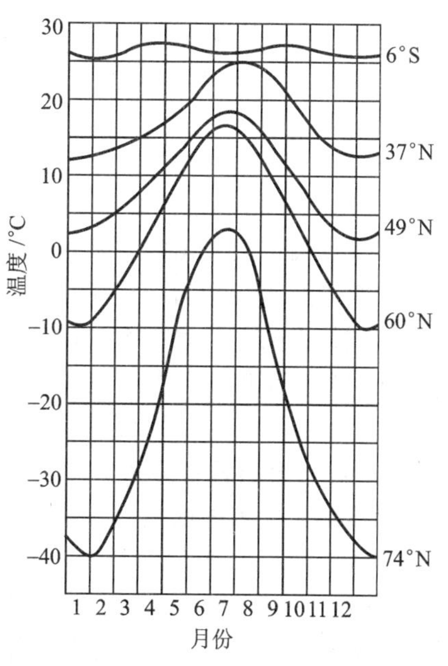

图 3 – 8　不同纬度的气温年变化

（二）气温的水平分布

气温的水平分布通常用等温线表示。等温线是将气温相同的地点连接起来的曲线，其间隔按需要而定，如 4°、5°、

10°等。为消除海拔影响，可将地面气温实际观测值或统计值订正为海平面温度，然后绘制等温线。在等温线图上垂直于等温线方向的单位距离内温度的变化值，称为水平温度梯度，方向从高值指向低值。等温线愈密温度梯度愈大；反之愈小。封闭等温线表示存在温暖或寒冷中心。世界海平面等温线图不仅可以反映太阳辐射在地表的分布情况，也可表示海陆、地形、洋流等对热力分布的影响，从而显现地球气温水平分布的真实情况。

图3-9和图3-10分别是1月和7月世界平均气温分布图，从中可看出全球气温水平分布有下述特点：

① 由于太阳辐射量随纬度变化，等温线分布的总趋势大致与纬圈平行。北半球1月等温线比7月等温线密集，表明冬季南北温差大，夏季南北温差小。南半球也有冬夏气温差别，但季节与北半球相反。

② 同纬度夏季海面气温低于陆面，冬季海面气温高于陆地，等温线发生弯曲。南半球因海洋面积较大，等温线较平直；北半球海陆分布复杂，等温线走向曲折，甚至变为封闭曲线，形成温暖或寒冷中心，亚欧大陆和北太平洋上表现得最清楚。

③ 洋流对海面气温的分布有很大影响。1月太平洋和大西洋北部等温线向北极方向突出，表明黑潮和墨西哥湾暖流具有强大的增温作用，南半球因受秘鲁寒流和本格拉寒流影响，等温线突向赤道方向。7月寒流影响最显著，北半球等温线沿非洲和北美西岸转向南突出，南半球等温线在非洲和南美西岸向北突出。

④ 近赤道地区有一个高温带，月平均温度冬、夏均高于24 ℃，称为热赤道。热赤道平均位于5°~10°N。冬季在赤道附近或南半球大陆上，夏季则北移到20°N左右。

⑤ 南半球无论冬、夏，最低气温都出现在南极(曾测得 -90 ℃的温度)；北半球最低温度夏季出现在极地，冬季出现在高纬大陆。俄罗斯的维尔霍扬斯克和奥伊米亚康分别为 -69.8 和 -73 ℃，被称为寒极。最高温度北半球夏季出现在低纬大陆上，如20°~30°N的撒哈拉、阿拉伯半岛、加利福尼亚等地。世界绝对最高温度出现在索马里境内，为63 ℃。由此可见，地球表面气温的变化范围约在 -90~63 ℃之间。

(三) 气温的垂直分布

对流层大气离地面愈高，吸收的长波辐射能愈少。因此气温随海拔升高而降低。气温随高度变化的情况用单位高度(通常取100 m)气温变化值表示，即℃/100 m，或℃/hm，称为气温垂直递减率，简称气温直减率(γ)。整个对流层海拔每升高100 m，气温平均降低0.65 ℃。

由于受纬度、地面性质、大气环流等因素影响，对流层气温直减率随地

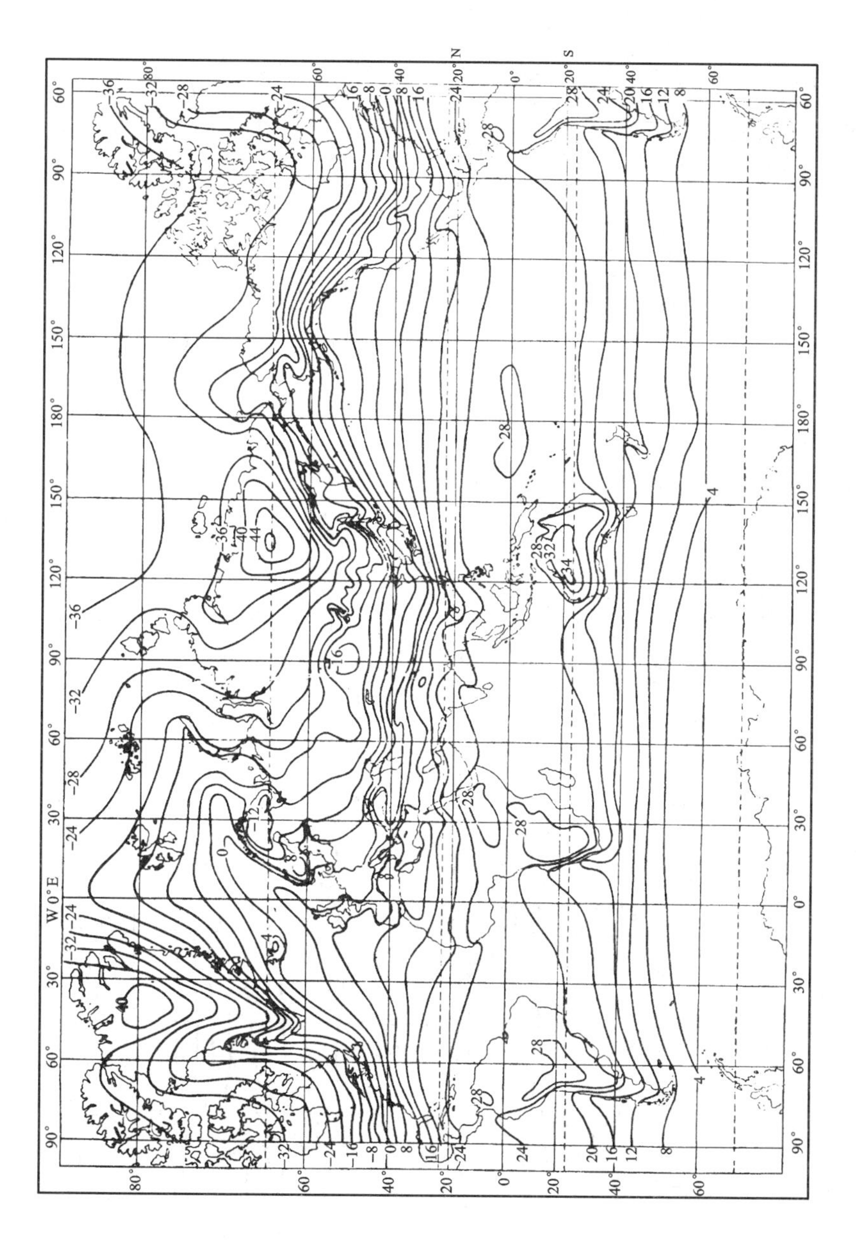

图 3-9　世界 1 月海平面气温(℃)分布

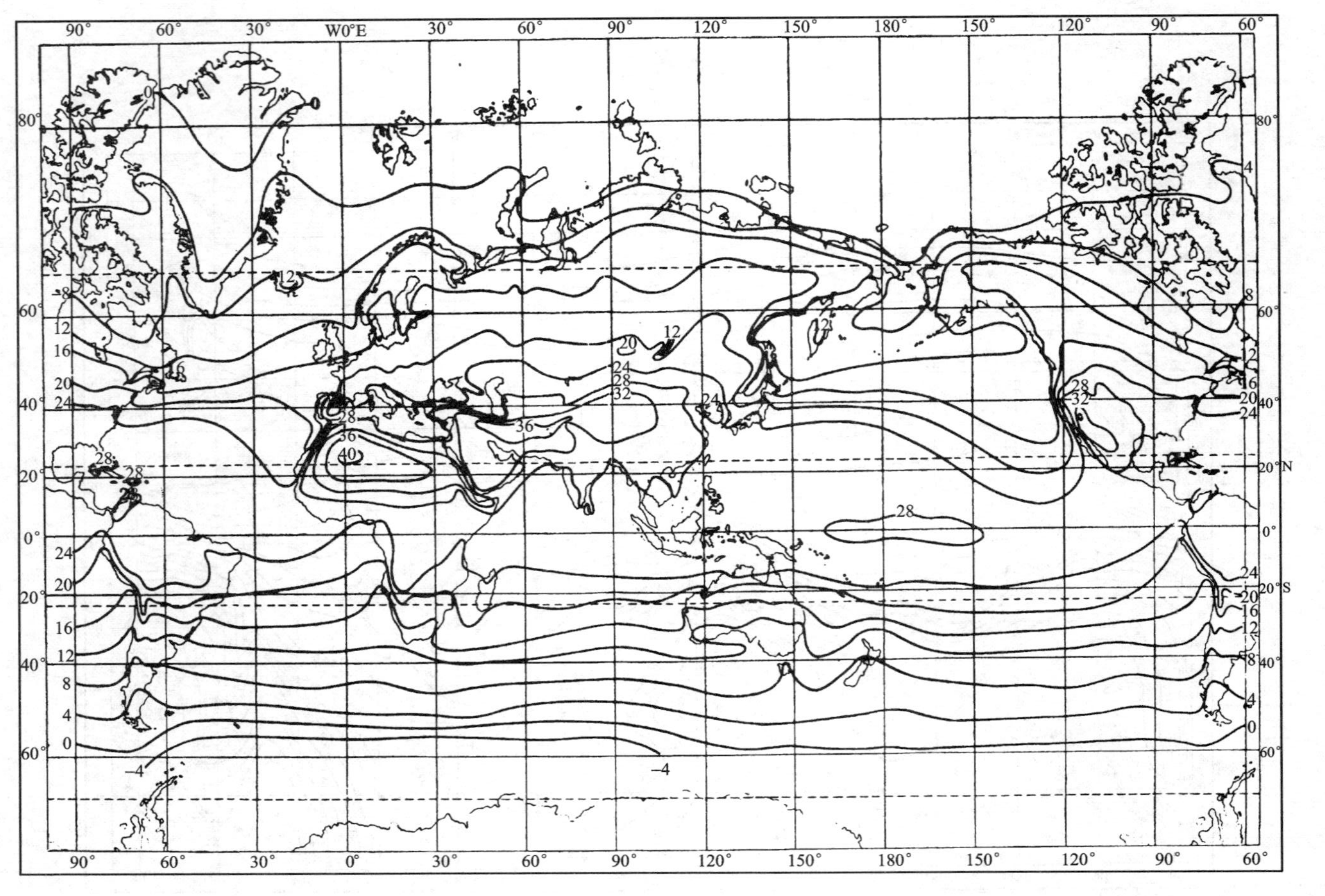

图3-10 世界7月海平面气温(℃)分布

点、季节、昼夜不同而变化。一般说来，夏季和白天地面吸收大量太阳辐射，长波辐射强度大，近地面空气层受热多，气温直减率大；冬季和夜晚气温直减率小。但在特殊情况下，某些气层的温度随高度而增加，即 $\gamma = -\partial T/\partial Z < 0$，这些气层称为逆温层。近地面层常因夜间地面辐射降温而形成逆温层，称为辐射逆温（图3－11）。较暖的空气流到较冷地面或水面上时，也会形成逆温，称平流逆温。此外还有锋面逆温和下沉逆温。

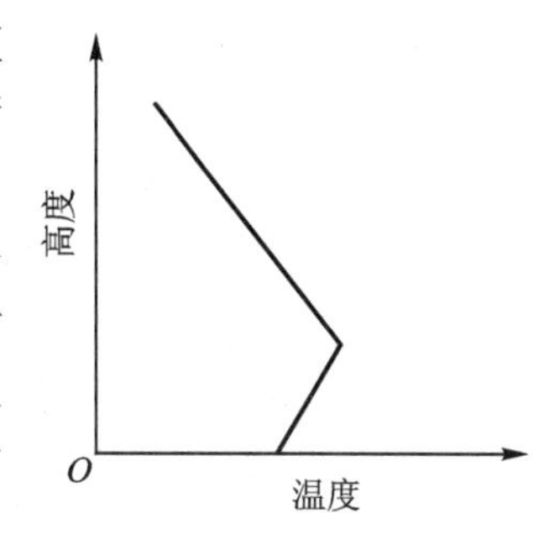

图3－11　辐射逆温

逆温层出现时，空气层结稳定，对空气垂直对流起到削弱阻碍作用，故称阻挡层。大气悬浮尘埃及污染物难以穿过厚逆温层向上扩散。因此，研究大气污染问题常常需要测定逆温层高度、厚度、出现和消失时间。

第二节　大气水分和降水

一、大气湿度

（一）湿度概念及其表示方法

大气从海洋、湖泊、河流及潮湿土壤的蒸发或植物的蒸腾作用中获得水分。水分进入大气后通过分子扩散和气流传递而散布于大气中，使之具有不同的潮湿程度。大气的湿度状况是决定云、雾、降水等天气现象的重要因素。由于测量方法和实际应用不同，常采用多个湿度参量表示水汽含量。

1. 水汽压和饱和水汽压

大气压强是大气中各种气体压强的总和。大气中水汽所产生的那部分压强叫水汽压（e），也用百帕表示。在气象观测中，由于湿球温度差经过换算而求得。

地表湿度的分布相当复杂，它不仅决定于某一地区经常停留的气团性质和大气垂直运动情况，也和下垫面特点有很大关系。一般情况下地面水汽压由赤道向两极减小。赤道附近平均为26 hPa，35°N约为13 hPa，65°N约为4 hPa，极地附近约为1～2 hPa。水汽压随高度的变化通常用如下经验公式表示

$$e_z = e_0 \times 10^{-\beta Z}$$

式中：e_z 为高度 Z(m)的水汽压；e_0 为地面的水汽压；β 为水汽随高度变化的

常数，一般多采用自由大气中的1/5 000。例如，当高度 Z 取为5 000 m时，水汽压只有地面的1/10。

空气中水汽含量与温度关系密切。温度一定时，单位体积空气中容纳的水汽量有一定的限度，达到这个限度，空气呈饱和状态，称为饱和空气。饱和空气的水汽压，称为饱和水汽压(E)，也叫最大水汽压，超过这个限度水汽就开始凝结。饱和水汽压随温度升高而增大。不同温度条件下饱和水汽压的数值不同(表3-8)。可见，饱和水汽压是温度的函数。

表3-8　不同温度条件下水面(平面)上的饱和水汽压　单位：hPa

温度/℃	0*	1*	2*	3*	4*
-30	0.508 8	0.462 8	0.420 5	0.381 8	0.346 3
-20	1.254 0	1.150 0	1.053 8	0.964 9	0.882 7
-10	2.862 7	2.644 3	2.440 9	2.251 5	2.075 5
-0	6.107 8	5.678 0	5.275 3	4.898 1	4.545 1
0	6.107 8	6.566 2	7.054 7	7.575 3	8.129 4
10	12.272	13.119	14.017	14.969	15.977
20	23.373	24.861	26.430	28.086	29.831
30	42.430	44.927	47.551	50.307	53.200
温度/℃	5*	6*	7*	8*	9*
-30	0.313 9	0.284 2	0.257 1	0.232 3	0.209 7
-20	0.807 0	0.373 71	0.672 7	0.613 4	0.558 9
-10	1.911 8	1.759 7	1.618 6	1.487 7	1.366 4
-0	4.214 8	3.906 1	3.617 7	3.348 4	3.097 1
0	8.719 2	9.346 5	10.013	10.722	11.471
10	17.044	18.173	19.367	20.630	21.964
20	36.671	33.608	35.649	37.796	40.055
30	56.236	59.422	62.762	66.269	69.934

* 表示小数点后的温度数值。

2. 绝对湿度和相对湿度

单位容积空气所含的水汽质量通常以g/cm^{3}表示，称为绝对湿度(α)或水汽密度。绝对湿度不能直接测量，但可间接算出。它与水汽压有如下关系

$$\alpha = 289\frac{e}{T}(\mathrm{g/m^3})$$

式中：e 为水汽压(mm)；T 为气温(K)。

当气温等于16 ℃(289 K)时，α(g/m^3)和 e(mm)在数值上相等。一般情况下，地面实际气温与16 ℃相差不大，所以在要求不精确的情况下，近地面处 e 的量值可近似地代替 α。但需要注意，两者单位不同。

大气的实际水汽压 e 与同温度下的饱和水汽压 E 之比，称为相对湿度(f)，用百分数表示。其表示式为

$$f = e/E \times 100\%$$

空气饱和时，$e = E$，$f = 100\%$；空气未饱和时，$e < E$，$f < 100\%$；空气处于过饱和时，$f > 100\%$。由于 E 随温度而变，所以相对湿度取决于 e 和 T 的增减，其中 T 往往起主导作用。气温的改变比水汽压的改变既迅速又经常，当 e 一定时，温度降低则相对湿度增大；温度升高则相对湿度减小。夜间多云、雾、霜、露，天气转冷时容易产生云雨等都是相对湿度增大的结果。

3. 露点温度

一定质量的湿空气，若气压保持不变而令其冷却，则饱和水汽压 E 随温度降低而减小。当 $E = e$ 时，空气达到饱和。湿空气等压降温达到饱和的温度就是露点温度 T_d，简称露点。

露点完全由空气的水汽压决定，气压一定时它是等压冷却过程的保守量。空气一般未饱和，故露点常比气温低。空气饱和时露点和气温相等。根据露点差即气温 T 和露点 T_d 之差，可大致判断空气的饱和程度。饱和空气 $T - T_d = 0$；未饱和空气 $T - T_d > 0$；$T - T_d$ 差值越大说明相对湿度越低。气温降低到露点是水汽凝结的必要条件。

（二）湿度的变化与分布

上述湿度表示方法虽然形式不同，但本质一样。它们除与气温 T 及气压 p 有关外，都与水汽压 e 直接相关。相对湿度能直接反映空气距饱和的程度和大气中水汽的相对含量，在气候资料分析中应用很广。

相对湿度日变化通常与气温日变化相反。在水汽压日变化不大的情况下，相对湿度最高值出现在日出之前；最低值出现在午后(图 3－12)。这是由于温度升高时，蒸发作用加强，水汽压虽有所增大但饱和水汽压增大更多，相对湿

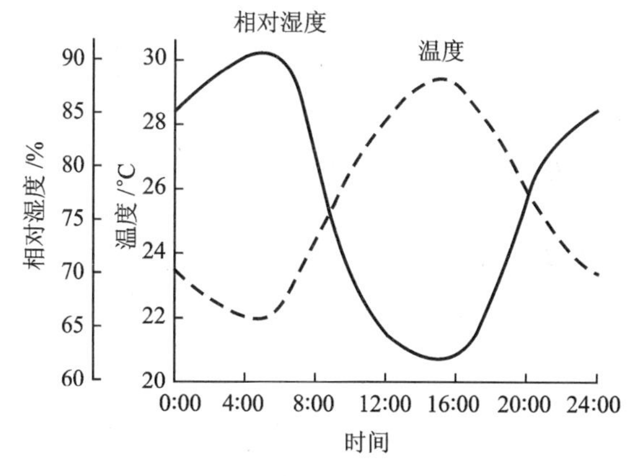

图 3－12　相对湿度的日变化

度反而降低。沿海地区因白天盛行海风，水汽含量较多，故相对湿度最高值出现在午后；晚间陆风盛行，水汽含量明显减少，相对湿度最低值出现在日出之前。相对湿度的年变化一般是夏季最小，冬季最大。但有些地区由于夏季盛行风来自海洋，冬季风来自内陆，相对湿度反而夏季最大，冬季最小。

相对湿度分布随距海远近与纬度高低而不同。例如，我国东南沿海相对湿度年平均值为80%，内蒙古西部只有40%。相对湿度的纬度分布比较复杂。赤道带全年高温，水汽来源充沛，故平均相对湿度可达80%以上；副热带尤其是大陆内部，下沉气流占优势，水汽来源极少，相对湿度一般只有50%；高纬度地带全年低温，相对湿度也可达80%（表3－9）。

表3－9　各纬度水汽压与相对湿度的平均值

北纬/(°)	5	15	25	35	45	55	65
水汽压/hPa	25.3	22.9	18.4	12.9	9.3	6.5	4.1
相对湿度/%	79	75	71	70	74	75	82

二、蒸发和凝结

蒸发面上出现蒸发（升华）还是凝结（凝华）决定于实际水汽压(e)与饱和水汽压(E)的关系。当$e<E$，出现蒸发；$e>E$，则发生凝结。饱和水汽压和实际水汽压都是不断变化的，通常饱和水汽压变化更迅速和明显。因此，饱和水汽压在蒸发和凝结的相互转化中起主要作用。

（一）蒸发及其影响因素

1. 影响蒸发的因素

液态水转化为水汽的过程称为蒸发，其影响因素主要包括蒸发面的温度、性质、性状、空气湿度和风等。蒸发面温度愈高蒸发过程愈迅速。因为温度高时蒸发面饱和水汽压大，饱和差($E-e$)也较大。这是影响蒸发的主要因素。在同样温度条件下，冰面饱和水汽压比水面小，如果实有水汽压相同，冰面饱和差比水面小，因而冰面蒸发比水面慢。海水浓度比淡水大，在温度相同情况下蒸发比淡水约慢5%；清水蒸发比浊水慢，因为浊水吸热多，温度升高快。空气湿度愈大饱和差愈小，蒸发过程愈缓慢；空气湿度愈小，饱和差愈大，蒸发过程愈迅速。无风时蒸发面上的水汽靠分子扩散向外传递，水汽压减小缓慢，容易达到饱和，故蒸发过程微弱。有风时，蒸发面上的水汽随气流散布，水汽压较小，故蒸发过程迅速。

2. 蒸发量

实际工作中一般以水层厚度(mm)表示蒸发速度，称为蒸发量。气象台站采用蒸发皿观测蒸发量。蒸发皿是一个口径 20 cm、高约 10 cm 的圆盆。倒入清水，定时量测水量，前后差值即蒸发皿的蒸发量。这一数值并不代表当地的实际蒸发量。实际蒸发量通常根据经验公式推算。

蒸发量的变化一般与气温变化一致。一日内午后蒸发量最大；日出前蒸发量最小。一年内夏季蒸发量大，冬季小。蒸发量的空间变化受气温、海陆分布、降水量诸因素影响。纬度愈低气温愈高，蒸发能力愈强(表 3－10)。在温度相同条件下，海洋蒸发量多于大陆，并有自沿海向内陆显著减少的趋势。蒸发量与所在地区的年降水量也有关系。降水量多的地方蒸发量也大；反之蒸发量小。同一地区蒸发量因海拔高度而不同，例如，庐山牯岭年蒸发量 1 008.6 mm，九江为 1 612.9 mm。这主要是两地气温不同所致。干旱区蒸发能力强而蒸发量很少。例如，柴达木盆地的冷湖年蒸发能力可达 1 500 mm 以上，但降水量只有 17.8 mm，实际蒸发量很小。

表 3－10 北半球大陆各纬度平均蒸发量

纬度/(°)	蒸发量/($mm \cdot a^{-1}$)	纬度/(°)	蒸发量/($mm \cdot a^{-1}$)
0～10	1100	60～70	100
20～30	370	80～90	40
40～50	371		

(二) 凝结和凝结条件

凝结是发生在 $f \geqslant 100\%$ ($e \geqslant E$) 过饱和情况下的与蒸发相反的过程。凝结现象在地面和大气中均能产生。大气中的水汽产生凝结需要一定条件，既要使水汽达到饱和或过饱和，还必须有凝结核。

1. 空气中的水汽要达到饱和与过饱和

要满足这个条件，一是增加空气的水汽含量，使水汽压增大到饱和状态。要增加大气中的水汽，只有在具有蒸发源泉，且蒸发面温度高于气温的条件下才有可能。例如冷空气移至暖水面时，由于暖水面迅速蒸发，可使冷空气达到饱和。二是使含有一定量水汽的空气冷却，使之达到露点。大气中常见的凝结现象以后者为最多，云、雾、露、霜等多由这种方式凝结。

大气降温过程有下面四种：

(1) 绝热冷却。空气上升时，因绝热膨胀而冷却，可使气温迅速降低，在较短时间内引起凝结现象，形成中雨或大雨。空气上升愈快冷却也愈快，凝结过程也愈强烈。大气中很多凝结现象是绝热冷却的产物。

(2) 辐射冷却。空气本身因向外放散热量而冷却。近地面夜间除空气本身的辐射冷却外，还受到地面辐射冷却的作用，使气温不断降低。如水汽较充沛，就会发生凝结。辐射冷却过程一般较缓慢，水汽凝结量不多，只能形成露、霜、雾、层状云或小雨。

（3）平流冷却。较暖的空气经过冷地面，由于不断把热量传给冷的地表造成空气本身冷却。如果暖空气与冷地表温度相差较大，暖空气温度降低至露点或露点以下时，就可能产生凝结。

（4）混合冷却。温度相差较大且接近饱和的两团空气混合时，混合后气团的平均水汽压可能比混合前气团的饱和水汽压大，多余的水汽就会凝结。

2. 凝结核

实验证明，纯净空气温度虽降至露点或露点以下，相对湿度等于或超过100%，仍不能产生凝结。只有水汽压达到饱和水汽压的3~5倍，相对湿度为400%~600%时，方有可能发生凝结。如果在纯净空气中投入少量尘埃、烟粒等物质，当相对湿度为100%~120%，甚至小于100%时，就能产生凝结现象。这些吸湿性质点，就是水汽开始凝结的核心，称为凝结核。

凝结核主要起两个作用：一是对水汽的吸附作用，二是使形成的滴粒比单纯由水分子聚集而成的滴粒大得多，使之处于潮湿环境中，有利于水汽继续凝结。凝结核数量多而吸水性好的地区，即使相对湿度不足100%，也可能发生凝结。这是工业区出现雾的机会比一般地区多的原因之一。

三、水汽的凝结现象

（一）地表面的凝结现象

1. 露与霜

日落后地面及近地面层空气相继冷却，温度降低。当气温降低到露点以下时，水汽即凝附于地面或地面物体上。如温度在0 ℃以上，水汽凝结为液态，称为露；温度在0 ℃以下，水汽凝结为固态，称为霜。霜通常见于冬季，露见于其他季节，尤以夏季为多。

露和霜的形成与天气状况、局部地形等密切相关。晴天夜晚无风或风速很小时地面有效辐射强，近地面层气温迅速下降到露点，有利于水汽凝结；多云的夜晚，大气逆辐射增强，地面有效辐射减弱，近地面层气温难以下降到露点，不利于水汽凝结；风力较强的夜晚，空气湍流混合，气温也难以降低到露点。除辐射冷却形成霜、露外，冷平流后或洼地上聚集冷空气时也有利于霜的形成，称为平流霜或洼地霜，它们常因辐射冷却而加强。

露的水量很小，在温带最多只相当于0.1~0.3 mm的降水层，热带可达1~3 mm。水量尽管有限，但对植物生长却十分有益，尤其在干旱区和干热天气情况下，露常有维持植物生命的功效。例如，埃及和阿拉伯沙漠虽数月无雨，植物仍可依赖露水生长发育。

霜期长短对农业有重要意义。入冬后第一个霜日叫初霜日，最末一个霜日叫终霜日。初霜日至终霜日持续时间称为霜期。在此期间多数植物停止生长。自终霜日到初霜日的持续时间，称为无霜期。一般说来，纬度愈高无霜期愈短；纬度相同，海拔愈高无霜期愈短。山地阳坡无霜期长于阴坡，低洼地段无霜期比平坦开阔地段短。

2. 雾凇和雨凇

雾凇是一种白色固体凝结物，由过冷雾滴附着于地面物体或树枝迅速冻结而成，俗称“树挂”，多出现于寒冷而湿度高的天气条件下。雾凇和霜形状相似但形成过程有别。霜主要形成于晴朗微风的夜晚，而雾凇可在任何时间内形成。霜形成在强烈辐射冷却的水平面上，雾凇主要形成在垂直面上。

雨凇是形成在地面或地物迎风面上的、透明或毛玻璃状的紧密冰层，俗称“冰凌”。多半在温度为 0 ~ −6 ℃时，由过冷却雨、毛毛雨接触物体表面形成，或经长期严寒后雨滴降落在极冷物体表面冻结而成。雨凇可发生在水平面上，也可发生在垂直面上，并以迎风面聚集较多。

雾凇和雨凇通常都形成于树枝、电线上，严重时可压断电线，折损树木。特别是雨凇的破坏性更大，坚硬的冰层使被覆盖的庄稼糜烂、牲畜无草可吃，道路变滑，农牧业和交通运输受损。

（二）大气中的凝结现象

1. 雾

雾是漂浮在近地面层的乳白色微小水滴或冰晶。水滴显著增多时空气呈混浊状态。雾对能见度的影响很大，常妨碍交通，尤其是对航空运输影响较大。空气中烟尘等微粒较多也能导致能见度变坏，这种现象称为霾。

依据不同的成因，雾可分为辐射雾、平流雾、蒸气雾、上坡雾和锋面雾五种。

（1）辐射雾。夜间地面辐射冷却使贴近地面气层变冷而形成的雾，称为辐射雾。辐射雾在大陆上最为常见，尤以山谷、盆地为多。常出现于晴朗、微风、近地面水汽较充沛的夜间或早晨。

（2）平流雾。暖空气移到冷下垫面上形成的雾称为平流雾。平流雾范围广而且深厚。只要有适宜的风向、风速，常可持续很久。但只要暖湿空气来源中断，雾则立即消散。我国沿海春夏季节的海雾，即是平流雾。

（3）蒸气雾。冷空气移动到暖水面上形成的雾称为蒸气雾。这种雾可在一日中任何时间形成，也可终日不消散。蒸气雾在北冰洋的冬季较为常见，叫做极地烟雾或北极烟。深秋或初冬早晨见于河面、湖面的轻雾，则称河、湖烟雾。

（4）上坡雾。潮湿空气沿山坡上升使水汽凝结而产生的雾称为上坡雾。但潮湿空气必须处于稳定状态，山坡坡度也不能太大，否则就会发生对流而成为层云。上坡雾在我国青藏高原、云贵高原东部经常出现。

(5) 锋面雾。发生于锋面附近的雾称为锋面雾，主要是暖气团的降水落入冷空气层时，冷空气因雨滴蒸发而达到过饱和，水汽在锋面底部凝结而成。我国江淮一带梅雨季节常出现锋面雾。

雾的地理分布一般是沿海多于内地，高纬多于低纬。因为沿海地区水汽较内陆丰富，而高纬比低纬气温低，这些都有利于近地面气层达到饱和状态。我国四川盆地、贵州一带雾日较多，则是由于受当地特殊的盆地和高原地形的影响，水汽充足且不易流走，具有形成雾的有利条件所致。雾对植物生长有益，可以增加土壤水分，减少植物蒸腾。例如，云南南部高原盆地有明显的干季，但此时多辐射雾，对植物和热带作物生长十分有利。皖南山区河谷地河漫滩上茶叶质量较好，也与秋冬季节多河谷烟雾有关。

2. 云

云是高空水汽凝结现象。空气对流、锋面抬升、地形抬升等作用使空气上升到凝结高度时，就会形成云。云有各式各样的外貌特征。例如，晴空中漂浮的分散白色云块为积云；高空絮状、羽毛状云是卷云；云层遮天蔽日，不见边际是层云；高耸的黑云压顶是积雨云等。云的外貌不仅反映当时的大气运动、稳定程度和水汽状况，也是天气变化趋势的重要征兆。

根据云的形状、云底高度及形成云的上升运动特点可将云分为以下几类(表3－11)。

表3－11 云的分类

云　型	低	中	高
层状云	雨层云(Ns)	高层云(As)	卷层云(Cs)、卷云(Ci)
波状云	层状云(Se)、层云(St)	高积云(As)	卷层云(Cs)
积状云	淡积云(Cu hum)		
		浓积云(Cu Cong)	
		积雨云(Cb)	

(1) 积状云。积状云包括淡积云、浓积云和积雨云，出现时常呈孤立分散状态，是由于空气对流上升，体积膨胀绝热冷却，使水汽发生凝结而形成的(图3－13)。

对流能否形成积状云取决于对流高度是否超过凝结高度。只有对流高度超过凝结高度才能形成积状云。对流开始时，上升气流稍高于凝结高度即形成淡积云。淡积云内上升气流速度不大，湍流较弱。对流进一步发展，上升气流高度远超过凝结高度则形成浓积云。浓积云上升气流速度可达15～20 m/s，高

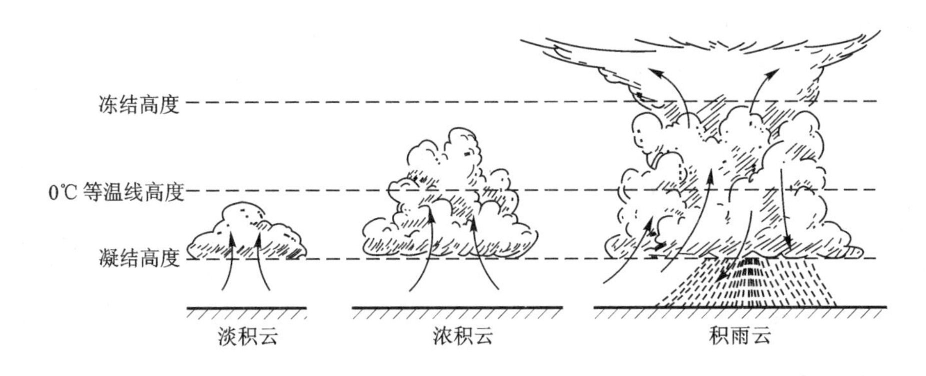

图 3-13 积状云的形成

度一般达到0 ℃层以上，这时积云顶成花椰菜状。对流继续发展，浓积云愈益壮大，当云顶伸展到温度在 -15 ℃以下的高空时，云顶水滴冻结为冰晶，发展为积雨云。热力对流、冷锋面对流、地形抬升等均可形成积状云。

（2）层状云。层状云是均匀幕状云层，通常具有较大的范围，覆盖数千甚至上万平方千米的地区。层状云是由空气斜升运动形成的。最常见的斜升运动发生在锋面上，即暖湿空气沿冷空气的斜坡滑升，也可能是暖湿空气沿地形界面缓慢滑升。暖湿空气上升运动速度虽然一般只有 1～10 cm/s，但持续时间长，涉及范围广，所以能形成面积广阔的云层。层状云按云底高度可分为雨层云、高层云和卷层云三类(图 3-14)。

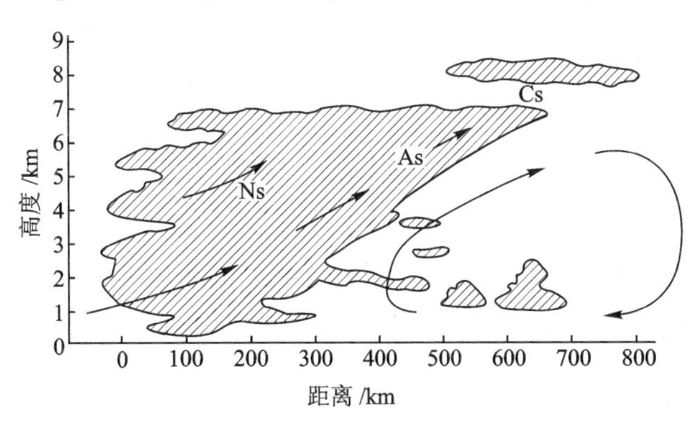

图 3-14 系统性层状云的形成

（3）波状云。波状云是表面呈现波状起伏或鱼鳞状的云层，包括卷积云、高积云、层积云和层云，通常因空气密度不同、运动速度不等的两个气层界面上产生波动而形成(图 3-15)。在大气逆温层和等温层上下，空气密度和运动速度往往有较大差异，故常产生波状运动。如果相对湿度较大，波峰处

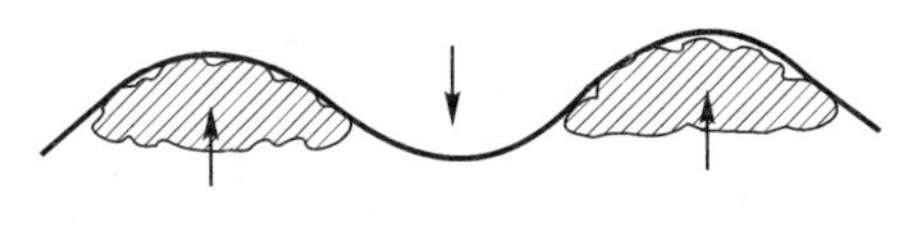

图 3-15 波状云的形成

因空气上升变冷凝结成云块；波谷则因空气下沉增温，无云产生。

天空被云遮蔽的程度叫云量，用 0 ~ 10 的成数表示。天空完全被云遮蔽，云量为10；一半为云遮蔽，云量为5；云占1/10天空，云量为1。云量的分布与纬度、海陆分布、气流运动等有关。一般来说，上升气流为主的区域云量大，下沉气流为主的区域云量小；海洋上空云量高于大陆。大气环流特征与云量关系也十分密切。例如，我国西南季风区雨季云量显著增大，干季云量明显减小。根据气温、气流运动特点，全球可大致划分以下几个云量带：

（1）赤道多云带。全年以上升气流为主，气温高，对流旺盛，水汽来源充沛，平均云量约为 6。

（2）纬度 20° ~30°少云带。全年以下沉气流为主，空气干燥，是两个相对明净带。平均云量 4 左右，荒漠地带不足 2。

（3）中高纬多云带。气团、锋面活动频繁，高纬地带还因气温低，是全球高云量带。平均云量为 6.5 ~7。

四、大气降水

（一）降水的形成

从云层中降落到地面的液态或固态水称为降水。降水是云中水滴或冰晶增大的结果。从雨滴到形成降水必须具备两个基本条件：一是雨滴下降速度超过上升气流速度；二是雨滴从云中降落到地面前不致完全被蒸发。这表明雨滴必须具有相当大的尺度才能形成降水。因此，降水的形成必须经历云滴增大为雨滴、雪花及其他降水物的过程。云滴增长主要有两个过程。

1. 云滴凝结(凝华)增长

在云的发展阶段，云体上升绝热冷却，或不断有水汽输入，使云滴周围的实际水汽压大于其饱和水汽压，云滴就会因水汽凝结或凝华而逐渐增大。当水滴和冰晶共存时，在温度相同条件下，由于冰面饱和水汽压小于水面饱和水汽压，水滴将不断蒸发变小，而冰晶则不断凝华增大，这种过程称为冰晶效应(图 3 -16)；大小或冷暖不同的水滴在云中共存时，也会因饱和水汽压不同而使小或暖的水滴不断蒸发变小，大或冷的水滴不断凝结增大。上述几种云滴增长条件中，以冰水云滴共存的作用最重要。这是因为在相同温度下，冰水之间的饱和水汽压差异较显著。当温度在 -10 ~ -12 ℃时，可相差 0.27 hPa，最有利于大云滴的增大。所以，对云体上部已超越等0 ℃线，有冰晶和过冷却水滴共同构成的混合云降水而言，冰晶效应是主要的。

2. 云滴的冲并增长

云滴大小不同，相应具有不同的运动速度。云滴下降时，个体大的降落快，个体小的降落慢，于是大云滴将“追上”小云滴，碰撞合并成为更大的云滴(图 3－17)。

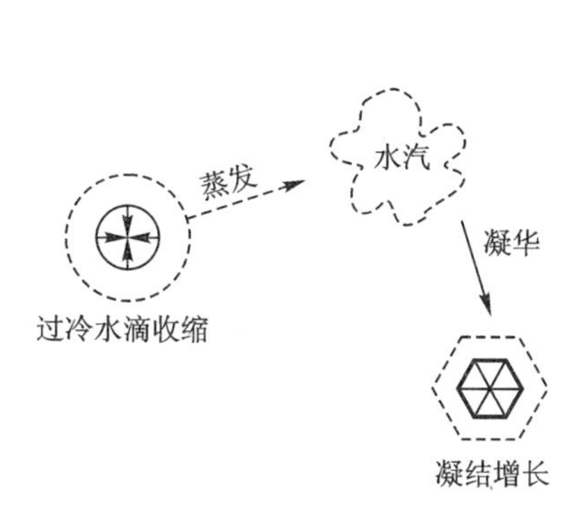

图 3－16　冰晶效应示意图

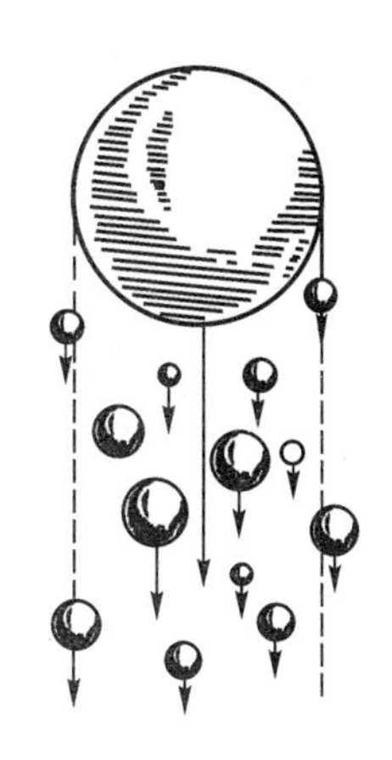

图 3－17　大云滴在下降途中冲并小云滴

云滴增大，横截面积变大，下降过程中又能冲并更多的小云滴。云中含水量愈大，云滴大小愈不均匀，相互冲并增大愈迅速。低纬度地区云中出现冰水共存机会不多，所以对气温 >0 ℃的暖云降水而言，云滴冲并增大显得尤为重要。

目前国内外都在开展人工降水试验研究，即借助催化剂改变云滴的性质、大小和分布状况，创造云滴增大条件，以达到降水目的。冷云人工降水一般采用在云内播撒干冰(固体 CO_2)和碘化银。干冰升华将吸收大量热能，使紧靠干冰外层的温度迅速降低，从而使云中的水汽、过冷却水滴凝华或冻结成冰晶。碘化银微粒是良好的成冰核，只要其温度达到 －5 ℃，水汽就能以它为核心凝华成冰晶并继续增大，产生降水。暖云人工降水主要是在云内播撒氯化钠、氯化钾等粉末。钠盐、钾盐吸湿性很强，是很好的凝结核，吸收水分后能迅速成长为大云滴，合并其他云滴而形成降水。

(二) 降水的类型

降水分类方法很多。根据降水的形成原因(主要是气流上升特点)，可分为以下四个基本类型。

1. 对流雨

暖季空气湿度较大，近地面气层强烈受热引起对流而形成的降水称为对流雨。这类降水多以暴雨形式出现，并伴有雷电现象，故又称为热雷雨。全球赤道带全年以对流雨为主。我国西南季风区也以热雷雨为主，但通常只见于夏季。

2. 地形雨

暖湿空气前进途中遇到较高山地阻碍而被迫抬升，绝热冷却，在达到凝结高度时便产生降水。因此，山地迎风坡常成为多雨中心；背风坡因水汽早已凝结降落且下沉增温，将发生焚风效应，降水很少，形成雨影区(图3－18)。世界年降水量最多的地方基本上都与地形雨有关。

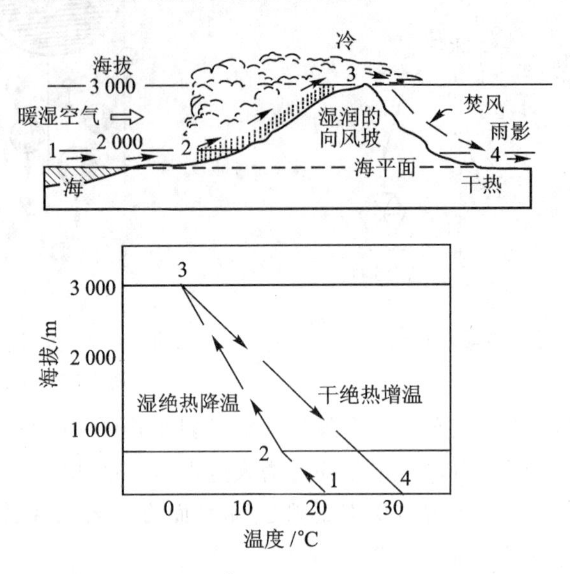

图3－18 地形雨和焚风

(据A. N. Strahler,1978)

3. 锋面(气旋)雨

两种物理性质不同的气团相遇，暖湿空气循交界面滑升，绝热冷却，达到凝结高度时便产生云雨。由于气团的水平范围很广，上升速度缓慢，所以锋面雨具有雨区广、持续时间长的特点。温带地区锋面雨占有主要地位。

4. 台风雨

台风是产生在热带海洋上的一种空气旋涡。台风中大量暖湿空气上升可产生强度极大的降水。台风雨和对流雨的性质比较近似，对流雨较普遍但一般强度较弱，范围较小，台风扰动剧烈且范围很大，半径可达数百千米。台风雨的产生仅限于夏、秋季，有时造成灾害。

(三) 降水的时间变化

1. 降水强度

单位时间内的降水量称为降水强度。气象部门为确定一定时段内降水的数量特征并用以预报未来降水量变化趋势，将降水强度划分为若干等级(表3－12)。

表 3－12　降水强度划分标准

划分标准	雨		雪
	$/(\mathrm{mm}\cdot \mathrm{d}^{-1})$	$/(\mathrm{mm}\cdot \mathrm{h}^{-1})$	$/(\mathrm{mm}\cdot \mathrm{d}^{-1})$
降	小雨 < 10	小雨 < 2.5	小雪 < 2.5
水	25 > 中雨 ≥ 10	8.0 > 中雨 ≥ 2.5	5.0 > 中雪 ≥ 2.5
强	50 > 大雨 ≥ 25	16.0 > 大雨 ≥ 8.0	大雪 ≥ 5.0
度	100 > 暴雨 ≥ 50	暴雨 ≥ 16.0	
等	200 > 大暴雨 ≥ 100		
级	特大暴雨 ≥ 200		

降水量是指降落在地面的雨、雪、雹等，未经蒸发、渗透流失而积聚在水平面上的水层厚度(mm)。单位时间内降水量愈多，降水强度愈大；反之则降水强度愈小。降水强度关系到降水量的利用价值。降水强度过大，地表径流过程迅速，不利于河川径流调节，并易引起山洪暴发，形成水患。1975 年 8 月我国河南南部特大洪水的形成就与特大的降水强度(最大 24 h 雨量达 1 060.3 mm)有直接联系。

2. 降水的日变化

一天内的降水变化，在很大程度上受地方条件制约，可大致分为两个类型：

(1) 大陆型。中纬度大陆性气候条件下，降水特点是两个最大值分别出现在午后和清晨；两个最小值分别出现在夜间和午前。这是因为午后上升气流最强盛，多对流雨；清晨则相对湿度最大，云层较低，稍经扰动即可降雨。午夜前后气温直减率小，气层稳定，降水机会少；上午 8～10 时左右相对湿度已没有早晨大，对流未达到最盛，所以降水可能性亦小。

(2) 海洋或海岸型。其特点是一天只有一个最大值，出现在清晨，最小值出现在午后。因为午后海面温度低于气温，大气低层稳定，难以形成云雨；夜间，海面温度高于气温，大气不稳定，易促使对流发展，产生云雨。

3. 降水的季节变化

降水季节变化因纬度、海陆位置、大气环流等因素而不同。一些地方年内降水量分配比较均匀，一些地方不均匀；一些地方降水集中在夏季，一些地方集中在冬季。全球降水的年变型大致可分为以下几种：

(1) 赤道型。全年多雨，其中有两个高值与两个低值时期。春、秋分之后，降水量最多；冬至、夏至之后降水量出现低值。这种类型分布在南北纬 10°以内的地区。

(2) 热带型。位于赤道南北两侧。由于太阳在天顶的时间不像在赤道上间隔相等，随着纬度的增加，两段最多降水量时间逐渐接近，至回归线附近合并为一。

（3）副热带型。副热带全年降水只有一个最高值，一个最低值。大陆东岸降水量集中于夏季（季风型），大陆西岸则冬季多雨（地中海型）。

（4）温带及高纬型。内陆及东海岸以夏季对流雨为主，西海岸则以秋冬气旋雨为最重要。

4. 降水变率

各地降水量在年际和年内各月间都有变化。由于各地自然地理环境不同，其变化情况并不一致，有些地区相对稳定，有些地区变化明显。通常用降水变率表征，即各年降水量的距平数与多年平均降水量的百分比表征降水量的变化程度

$$C_v = 距平数/平均数 \times 100\%$$

式中：平均数为某地多年平均降水量；距平数为当年降水量与平均数之差。例如，某地多年平均降水量为 1 000 mm，多年平均距平数为 200 mm，则其降水变率为 20%。

降水变率大小反映降水的稳定性或可靠性。一个地区降水量丰富、变率小，表明水资源利用价值高。降水变率愈大，表明降水愈不稳定，往往反映该地区旱涝频率较高。我国降水变率大致是北方大于南方，内陆大于沿海。长江以南在 20% 左右，黄淮之间为 20% ~30%，华北超过 30%，西北内陆区超过 40%，而西南季风区只有 10% 左右。

（四）降水量的地理分布

降水量的空间分布受纬度、海陆位置、大气环流、天气系统和地形等多种因素制约。全球年平均降水量的分布如图 3 - 19 所示。显然降水的分布比平均温度分布复杂得多，但仍存在纬度带状分布特点。全球可划分四个降水带。

1. 赤道多雨带

赤道及其两侧是全球降水量最多的地带。年降水量至少 1 500 mm，一般为 2 000 ~3 000 mm。气流运动方向与地形相配合可形成大量降水。例如，尼加拉瓜圣若德尔 - 苏尔（11°N）6 588 mm；哥伦比亚中部的阿诺利（7°N）7 139 mm；非洲喀麦隆山地西坡（4°N）更高达 10 470 mm。

2. 南北纬 15° ~30°少雨带

这一纬度带受副热带高压控制，以下沉气流为主，是全球降水量稀少带。大陆西岸和内部一般不足 500 mm，不少地方只有 100 ~300 mm。由于地理位置、季风环流、地形等因素影响，有些地方降水也很丰富，全球降水量最高记录即出现在本带内。例如，喜马拉雅山南坡的乞拉朋齐（25°N）年平均降水量高达 12 665 mm，绝对最高年降水量竟达 26 461 mm（1860 年 8 月—1861 年 7

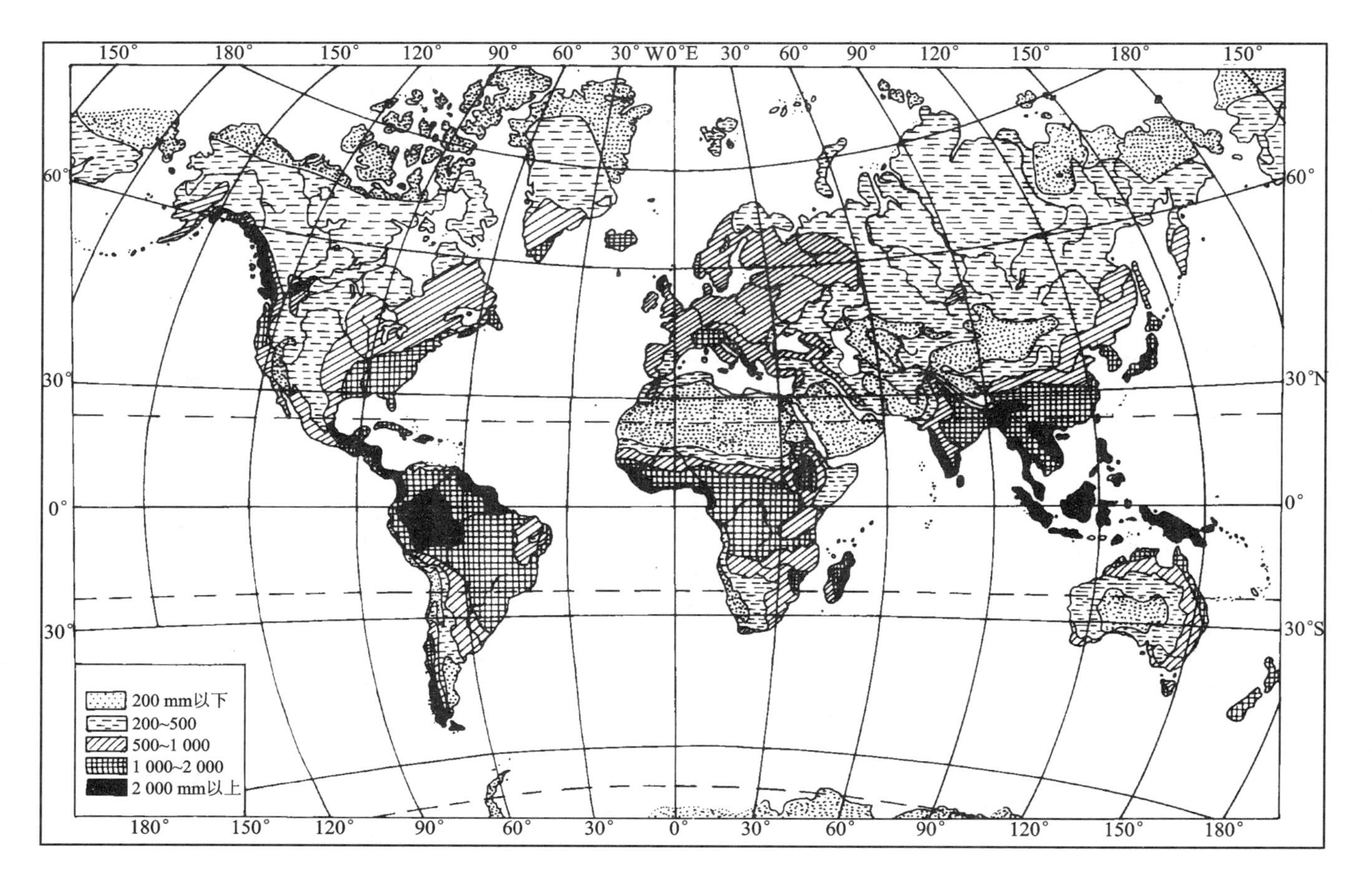

图 3-19 世界年平均降水量分布

月)；夏威夷群岛中的威阿里阿(22°N)达 12 090 mm。我国大部分属于这一纬度带，但因受季风及台风影响，东南沿海一带多在 1 500 mm 以上。

3. 中纬多雨带

年降水量一般为 500 ~ 1 000 mm。多雨原因主要是受天气系统影响，即锋面、气旋活动频繁，多锋面、气旋雨。大陆东岸还受夏季风影响，带来较多的降水。本带也有局部地区降水特别丰富，例如，智利西海岸(42° ~ 54°S)3 000 ~ 5 000 mm，亚得里亚海的彻尔克威次(42°32′N)4 620 mm。但是中纬度大陆内部因距海洋较远，空气干燥，降水量很少，分布着大面积的温带荒漠。

4. 高纬少雨带

本带因纬度高，全年气温很低，蒸发微弱，大气中所含水汽数量少，故年降水量一般不超过 300 mm。表 3 - 13 列出了北半球各纬度带平均的年降水量值。

表 3 - 13 北半球各纬度带平均年降水量 单位：mm

纬度带	0° ~ 10°	10° ~ 20°	20° ~ 30°	30° ~ 40°	40° ~ 50°	50° ~ 60°	60° ~ 70°	70° ~ 80°
年降水量	1 677	763	513	501	561	510	340	194

一地的年降水量反映该地的水分收入状况，蒸发量反映水分支出状况。某地是湿润还是干旱，取决于该地降水量 P 与蒸发量 E 的对比关系。通常用湿润系数 K 表示，即

$$K = P/E$$

降水量大于或等于蒸发量，表明水分收入大于或等于支出，属于湿润状况；降水量小于蒸发量，说明水分入不敷出，属于半湿润、半干旱或干旱状况。例如，副热带地区年降水量 500 mm，高纬地带年降水量 300 mm。副热带气温高，蒸发能力强，降水量远小于蒸发能力，即收入不抵支出，故为干旱、半干旱区；高纬地带降水量虽不及副热带多，但气温比副热带低，蒸发能力弱，蒸发量小于降水量，因而为湿润区。

第三节 大气运动和天气系统

一、大气的水平运动

空气运动是地球大气最重要的物理过程。由于空气运动，不同地区、不同

高度之间的热量、动量、水分等得以相互交换，不同性质的空气得以交流，从而产生各种天气现象和天气变化。大气运动包括垂直运动和水平运动。以垂直运动为主的空气运动称为上升气流或下沉气流，但与广阔区域持续数日乃至数月的水平运动相比，垂直运动一般并不显著。因此，下面主要讨论空气的水平运动。

（一）作用于空气的力

空气的水平运动是由所受的力决定的。作用于空气的力有水平气压梯度力、地转偏向力、地面摩擦力，空气作曲线运动时还受到惯性离心力的作用。各种力之间的复杂组合构成不同形式的大气水平运动。

1. 水平气压梯度力

气压分布不均产生气压梯度，使空气具有由高压区流向低压区的趋势。通常把存在水平气压梯度时单位质量空气所受的力，称为水平气压梯度力 G，其表达式是

$$G = -\frac{1}{\rho}\frac{\partial P}{\partial n} \approx -\frac{1}{\rho}\frac{\Delta P}{\Delta n}$$

式中：负号表示气压梯度力的方向从高压指向低压；ρ 为空气密度；$\frac{\Delta P}{\Delta n}$为水平气压梯度（hPa/赤道度或 10^{-5} N/cm^3）。

在低层大气，垂直方向气压梯度约为 100 hPa/km，而水平方向上仅约 1 hPa/100 km。因此，垂直气压梯度力约为水平气压梯度力的 10 000 倍。垂直方向气压梯度力几乎被重力所平衡；而水平方向气压梯度力尽管很小，但与其平衡的其他力也小，所以它仍十分重要。只要水平气压梯度力在某一段时间持续发生作用，经过相当时间就可使空气产生很大的运动速度。这种速度可用全球水平气压的平均梯度（$\frac{\Delta P}{\Delta n}$ = 1 hPa/100 km）求出。此时，水平气压梯度力为7×10^{-7} N/g，亦即单位质量空气所具有的加速度是 7×10^{-2} cm/s^2。这样大的力若持续 3 个小时，可使风速由零增加到 7.6 m/s。实际上，地球表面经常存在强大的高气压和低气压，其水平气压梯度远超过 1 hPa/100 km。所以，水平气压梯度力是使空气运动即形成风和决定风向、风速的主导因素。

2. 地转偏向力

由于地球转动而使在地球上运动的物体发生方向偏转的力，称为地转偏向力，或者科里奥利力。它包括水平和垂直两个分量。在讨论空气水平运动时，通常只考虑水平地转偏向力，以 A 表示。而垂直分量因大气中存在静力平衡而对大气运动无关紧要。因此，单位质量空气的水平地转偏向力为

$$A = 2v\omega\sin\varphi$$

式中：ω 为旋转角速度（对于地球来说，它等于 15°/h 或 7.29×10^{-5} 弧度/s）；φ 为地理纬度；v 为风速。$2\omega\sin\varphi$ 称为科里奥利参数(f)。显然，地转偏向力的大小同风速和所在纬度的正弦成正比。在风速相同情况下，则随纬度增高而增大。赤道上地转偏向力等于零；两极地转偏向力最大，等于 $2v\omega$（图3－20）。

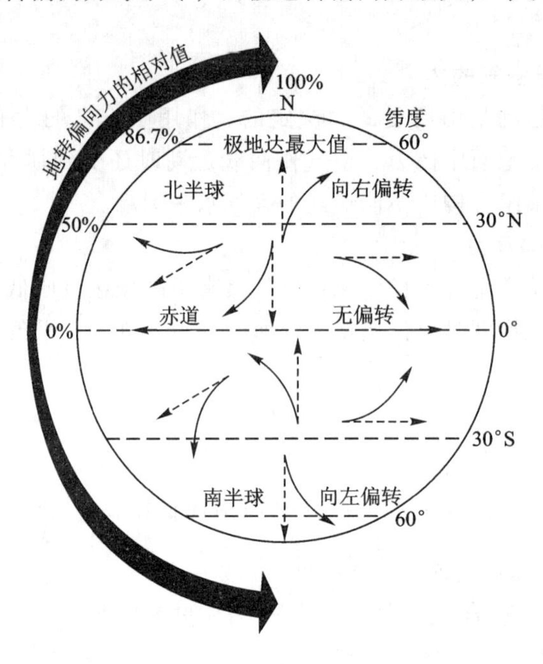

图 3－20 地转偏向力
（据 A. N. Strahler，1978）

在纬度 30°的地方，风速为 10 m/s 时，作用于单位质量空气上的地转偏向力为 7×10^{-2} cm/s^2，与全球平均水平气压梯度下引起空气运动的水平气压梯度力相近。对动力很大的汽车、飞机及人的运动而言，地转偏向力可忽略不计。但在讨论大范围空气运动时，地转偏向力因与水平气压梯度力相近，必须加以考虑。

3. 惯性离心力

空气作曲线运动时还受惯性离心力(c)作用。惯性离心力方向与空气运动方向相垂直，并自曲线路径的曲率中心指向外缘（图3－21），其大小与空气运动线速度 v 的平方成正比，与曲率半径 r 成反比。其表达式是

$$c=\frac{v^2}{r}$$

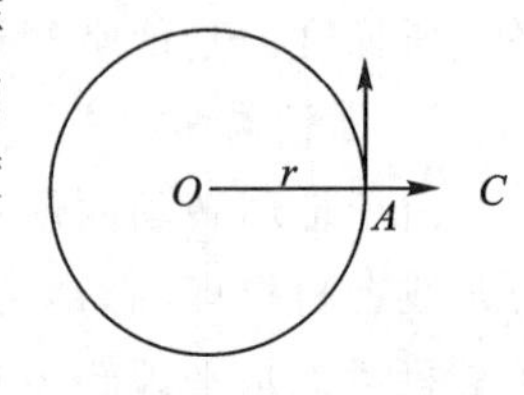

图 3－21 惯性离心力

运动空气的惯性离心力通常很小。例如，当空气运

动的曲率半径为500 km，风速为10 m/s时，单位质量空气受到的惯性离心力为2×10^{-2} cm/s²，远比地转偏向力小。但当空气运动速度很大，而运动路径的曲率半径特别小时，惯性离心力也可能大于地转偏向力。

4. 摩擦力

运动状态不同的气层之间、空气和地面之间都会产生阻碍气流运动的力，称为摩擦力。气层间的阻力称为内摩擦力，主要通过湍流交换作用使气流速度发生改变。地面对气流运动的阻力称为外摩擦力。摩擦力总是和运动方向相反，使空气运动速度减小，地转偏向力也相应减小。结果气流运动方向并不与等压线平行而是与之形成一定的交角(图3-22)。陆地上风向与等压线平均交角约为25°~35°，海洋上约为10°~20°。

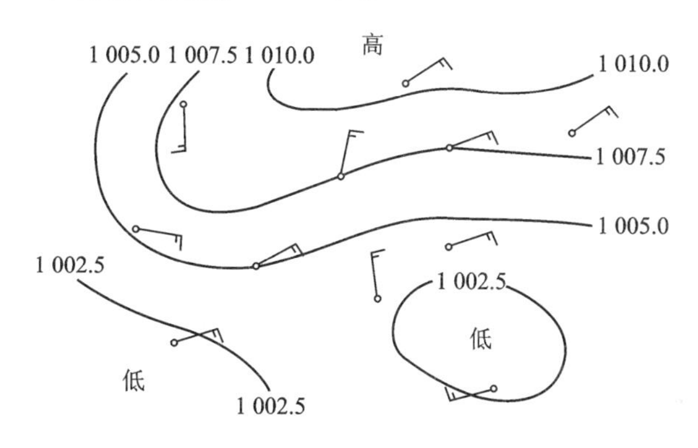

图3-22　摩擦层中风与气压场的关系

摩擦力的大小在大气的不同高度是不同的。以近地面层(地面至30~50 m)为最大，高度愈高作用愈弱，到1~2 km以上其影响可忽略不计。此高度以下的气层称为摩擦层(或行星边界层)，此层以上称为自由大气。

(二) 自由大气中的空气运动

自由大气中空气运动的规律比在摩擦层简单。空气作直线运动时只须考虑气压梯度力和地转偏向力的作用；空气作曲线运动时则除了这两个力之外，还须考虑惯性离心力的作用。

1. 地转风

系指自由大气中空气做等速、直线水平运动。由图3-23可以看出，地转风方向与水平气压场之间存在着一定的关系，即白贝罗风压定律：在北半球背风而立，高压在右，低压在左；相反，在南半球背风而立，低压在右，高压在左。

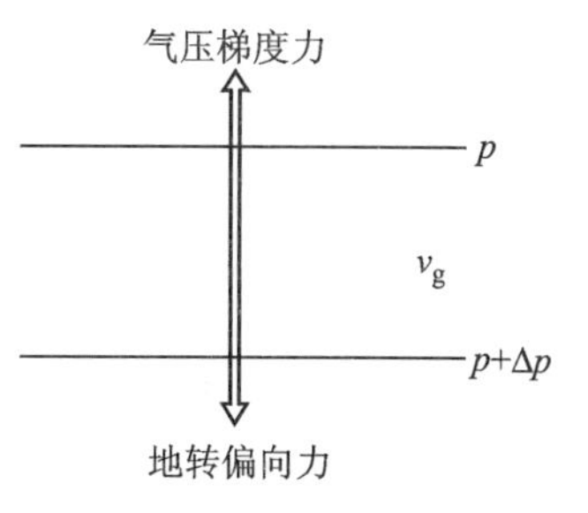

图3-23　地转风关系

当不考虑摩擦时，地转偏向力必然与气压梯

度力平衡。水平面上的地转风公式为

$$v_g = -\frac{1}{2\rho\sin\varphi}\frac{\Delta p}{\Delta n}$$

显而易见，地转风风速 v_g 与气压梯度成正比，与空气密度及纬度的正弦成反比。赤道附近地转偏向力为零，地转关系不成立。

地转风是严格的平衡运动，空气质点的速率和方向都不变，即等压线必须是直线。在自由大气中地转风与实际的风很近似。但在等压线弯曲的地区误差较大。实际上，地转风成立的条件是空气运动的特征时间应比 $1/f$（约 3 h）长。在大尺度运动中，气流接近水平，风速典型数值约为 10 m/s，则 3 h 空气移动约 100 km。实际天气系统的尺度远大于 100 km，因而可近似地使用地转风关系。这就是说，既可根据高空风向确定所在高度的气压分布状况，也可根据空中气压场分布状况了解所在高度的气流情况。

2. 梯度风

自由大气中的空气作曲线运动时，作用于空气的气压梯度力、地转偏向力、惯性离心力达到平衡时的风称为梯度风。空气作直线运动时所受的惯性离心力等于零，梯度风即变成地转风，因此地转风是梯度风的一个特例。梯度风近似天气图上圆形气压场所产生的风场。当等压线存在弯曲时，梯度风近似比地转风近似更合理。

等压线有气旋性弯曲和反气旋性弯曲两类，因而存在气旋区内和反气旋区内的梯度风之别。图 3－24 给出北半球空气运动轨迹为气旋性与反气旋性弯曲时气压梯度力、地转偏向力和离心力平衡的情况。在气压梯度不变的条件下，气旋式风场中由于离心力与地转偏向力之和与气压梯度力相平衡，因而平衡时的风速比单独只有地转偏向力作用时小，即中纬度低压区或低压槽内观测到的风经常小于地转风；相反，在反气旋式风场中，离心力和气压梯度力之和与地转偏向力平衡，因而平衡时的风速必定大于地转风，这就是高压区或高压脊内经常观测到超地转风的缘故。梯度风风向仍然遵循白贝罗风压定律，即在北半

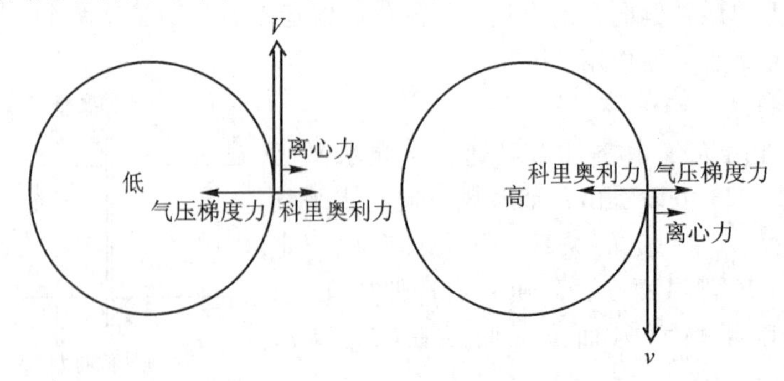

图 3－24 北半球高、低气压中的梯度风

球背梯度风而立，高压在右，低压在左；而南半球相反。

反气旋内存在气压梯度极限值，此值与曲率半径 r 有关。如果 r 很小或气压梯度很大，地转偏向力不可能与方向相反的气压梯度力与离心力平衡，也就不可能维持梯度风的存在。所以反气旋区特别是其中心区不可能有很大的气压梯度。气旋区内则不存在极限值。因为无论气压梯度力有多大，都可被偏向力及离心力平衡。所以气旋区特别是其中心区风速可以很大。例如台风中心附近可以出现 12 级以上的大风。赤道及低纬度地区地转偏向力不足以和气压梯度力及惯性离心力相抗衡，因而即使有反气旋性气压梯度出现，也会很快受到破坏。

地转风和梯度风的概念只在大尺度运动范围内才有意义。一些小的涡旋如龙卷风、尘卷风，空气运动速度很大而曲率半径很小，惯性离心力可能等于或超过气压梯度力。此时风的旋转方向无论是逆时针还是顺时针，中心部分都必然是低压。

（三）风随高度的变化

1. 地转风随高度的变化——热成风

如上所述，某高度的地转风速与该高度的气压梯度成正比。水平气压梯度由密度分布不均匀造成，而大气密度是温度的函数。水平温度分布不均将导致气压梯度随高度发生变化，风也相应随高度发生变化。由水平温度梯度引起的上下层风的向量差，称为热成风，用 $\boldsymbol{V}_{\mathrm{T}}$ 表示。

如图 3－25 所示，设 1 500 m 高度上不存在水平气压梯度，因而风速为零。但因 A 点气柱温度比 B 点高，这表示在 1 500 m 高度以上存在自 A 指向 B 的水平温度梯度。根据暖区气压垂直梯度比冷区小的特点，A 点和 B 点之间的上空将出现自暖区指向冷区的气压梯度力，1 500 m 以上任一高度例如 3 000 m 高度将有风出现。这种风就是由水平温度梯度引起的热成风 $\boldsymbol{V}_{\mathrm{T}}$，附加在 Z = 3 000 m高度上成为该高度的地转风 $\boldsymbol{V}_{\mathrm{g}}$。从图 3－26 可以看出，上层暖区和高压一致，冷区和低压一致，等压线与等温线平行。因此，热成风与等温线的关系

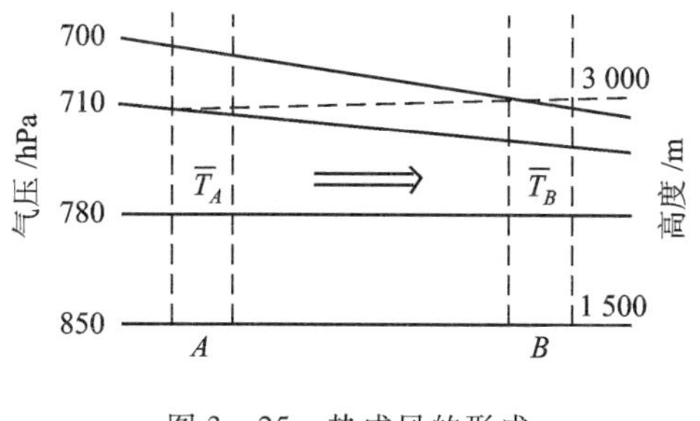

图 3－25　热成风的形成

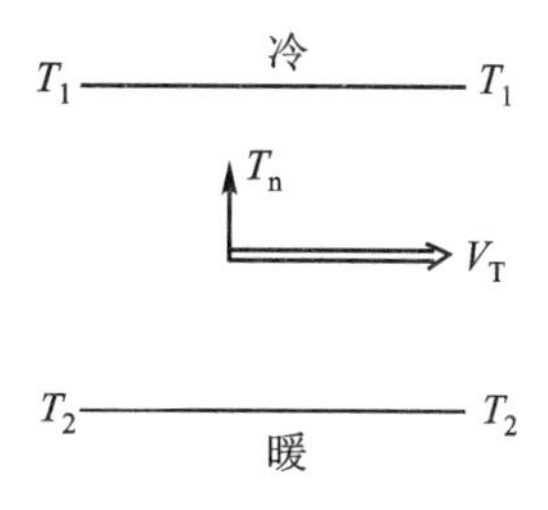

图 3－26　热成风的方向（北半球）

同地转风与等压线的关系相似，即在北半球背热成风而立，高温在右，低温在左；南半球则相反。

热成风的风速与水平温度及气层厚度有关，其表达式为

$$\boldsymbol{V}_{\mathrm{T}}=\frac{g\Delta Z}{2\omega\sin\varphi T_{\mathrm{m}}}\frac{\Delta T_{\mathrm{m}}}{\Delta N}$$

式中：T_{m} 为气层平均温度；g 为重力加速度；$\frac{\Delta T_{\mathrm{m}}}{\Delta N}$为气层平均水平温度梯度；$\Delta Z$ 为气层垂直厚度。

上式表明，当$\frac{\Delta T_{\mathrm{m}}}{\Delta N}=0$ 时，$\boldsymbol{V}_{\mathrm{T}}=0$，没有热成风发生，地转风不随高度而改变。反之，在几千米的高空，水平温度梯度最大处风速也最大。在大气中，水平温度梯度与水平气压梯度分布状况是多种多样的，因热成风而影响到地转风随高度的变化也是多种多样的。若地转风随高度作逆时针旋转时，伴随有冷平流(图 3－27(a))；作顺时针旋转时，则有暖平流(图 3－27(b))。依靠测风估计水平温度平流及其随高度的分布，对于天气分析和预报有着重要意义。

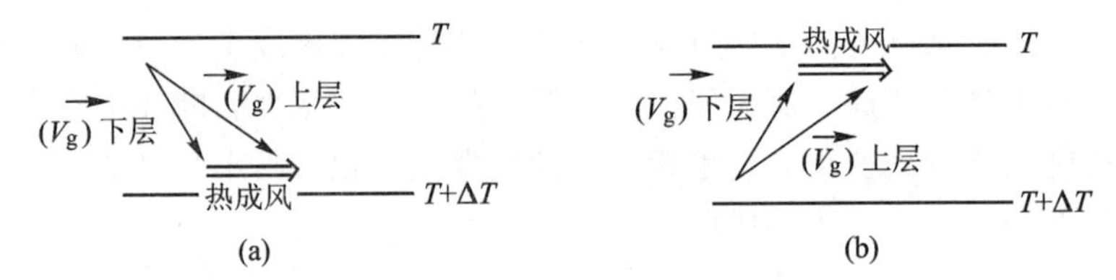

图 3－27 冷暖平流与地转风关系

(a) 冷平流；(b) 暖平流

总之，在自由大气中，随着高度的增加，风总是愈来愈趋向于热成风。例如，北半球温度南暖北冷，等温线走向基本上呈东西向。由热成风原理可知，这种温度场使中纬度西风随高度增加而增大，直到对流层顶附近出现西风急流。东风带低层东风随高度增加而减小，到某一高度减小到零，再往上仍是西风。所以对流层中上层是显著的西风带。

2. 摩擦层中风随高度的变化

摩擦层风随高度的变化，受摩擦力和气压梯度力随高度变化的影响。在气压梯度力不随高度变化的情况下，离地面愈远风速愈大，风向与等压线的交角愈小。把北半球摩擦层中不同高度上风的向量投影到同一水平面上，可得到一条风向、风速随高度变化的螺旋曲线，称为埃克曼螺线(图 3－28)。它表示北半球摩擦层中风随高度呈螺旋式旋转分布；随着高度的升高，风速逐渐增大，风向向右偏转，最终风向与等压线完全一致。

由埃克曼螺线可以看到，高度很小时风速随高度增加很快，但风向改变不

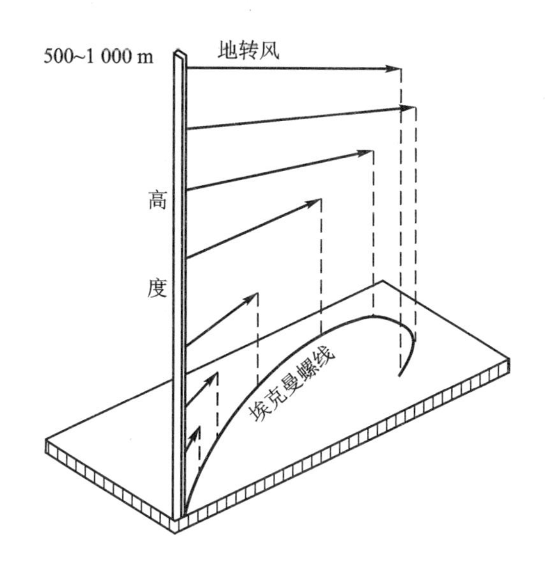

图 3－28 北半球埃克曼风速螺旋曲线

大；而在较大的高度上风速增加缓慢，风向却显著向右偏转，最终趋于地转风。在离地面 10 m 以下的气层中，摩擦力随高度增加迅速减小，风速随高度增加特别快，所以一般要求测风仪器离地面 10～12 m 以上。根据风速大小，可将风力划分为 12 级。从风力征象即可估算出相应的风级(表 3－14)。

表 3－14 风 力 等 级

风力等级	海面状况 浪高/m		近海岸渔船征象	陆地地物征象	相当风速			
					($m\cdot s^{-1}$)		$km\cdot h^{-1}$	($kn\cdot h^{-1}$)
	一般	最高			范围	中数		
0	—	—	静	静、烟直上	0.0～0.2	0.1	<1	<1
1	0.1	0.1	寻常渔船略觉摇动	烟能表示风向	0.3～1.5	0.9	1～5	1～3
2	0.2	0.3	渔船张帆时，每小时可随风移行 2～3 km	人面感觉有风，树叶有微响	1.6～3.3	2.5	6～11	4～6
3	0.6	1.0	渔船渐觉簸动，每小时可随风移行 5～6 km	树叶及细小枝条摇动不息，旌旗展开	3.4～5.4	4.4	12～19	7～10

续表

风力等级	海面状况		近海岸渔船征象	陆地地物征象	相当风速			
	浪高/m				(m·s^{-1})		km·h^{-1}	(kn·h^{-1})
	一般	最高			范围	中数		
4	1.0	1.5	渔船满帆时，可使船身倾于一方	能吹起地面灰尘、纸张，小树枝摇动	5.5～7.9	6.7	20～28	11～16
5	2.0	2.5	渔船缩帆（收帆一部分）	有叶的小枝摇摆，内陆的水面有小波	8.0～10.7	9.4	29～38	17～21
6	3.0	4.0	渔船加倍缩帆，捕鱼须注意风险	大树枝摇动，电线呼呼有声，张伞困难	10.8～13.8	12.3	39～49	22～27
7	4.0	5.5	渔船停泊港中，近海渔船下锚	全树摇动，大树枝弯下，迎风步行不便	13.9～17.1	15.5	50～61	28～33
8	5.5	7.5	近港渔船不出海	可折断树枝，迎风步行阻力甚大	17.2～20.7	19.0	62～74	34～40
9	7.0	10.0	汽船航行困难	烟囱及平房屋顶受到损坏、小屋遭受破坏	20.8～24.4	22.6	75～88	41～47
10	9.0	12.5	汽船航行很危险	陆上少见，出现时可使树木拔起，或将建筑物破坏	24.5～28.4	26.5	89～102	48～55
11	11.5	16.0	汽船遇之极危险	陆上很少，有则必有重大的损毁	28.5～32.6	30.6	103～117	56～63
12	14.0	—	海浪滔天	陆上绝少，摧毁力极大	32.7～36.9	34.8	118～133	64～71

二、大气环流

大气环流是指大范围内具有一定稳定性的各种气流运行的综合现象。水平尺度可涉及某个大地区、半球甚至全球；垂直尺度有对流层、平流层、中间层或整个大气圈的大气环流；时间尺度有一至数日、月、季、半年、一年直至多年的平均大气环流。其主要表现形式包括全球行星风系、三圈环流、定常分布的平均槽脊和高空急流、西风带中的大型扰动、季风环流。大气环流构成全球大气运行的基本形势，是全球气候特征和大范围形势的主导因素与各种尺度天气系统活动的背景条件。

（一）全球环流

1. 全球气压带

如果地球表面呈均匀性质，即全为海洋或陆地，那么地表气压完全决定于纬度。在热力和动力因子作用下，气压的水平分布呈现规则的气压带，且高、低气压带交互排列。这种气压分布规律主要是由地表气温的纬度分布不均匀造成的。赤道附近终年受热，温度高，空气膨胀上升，到高空向外流散，导致气柱质量减少，低空形成低压区，称为赤道低压带。两极地区气温低，空气冷却收缩下沉，积聚在低空，而高空伴有空气辐合，导致气柱质量增加，在低空形成高压区，称为极地高压带。从赤道上空流向两极地区的气流在地转偏向力作用下，流向逐渐趋于纬线方向，阻滞来自赤道上空的气流向高纬流动，空气质量增加，形成高压带，称为副热带高压带。副热带高压带和极地高压带之间是一个相对低压带，称为副极地低压带。这样就形成了全球的 7 个低空纬线方向气压带。气压带每年随等温线移动几个纬度，对气候季节变化发生重要影响。

但实际上地球表面性质很不均匀，既有广阔的海洋，又有巨大的陆地，且海与陆交错分布。因此，实际的气压分布，不仅因纬度而不同，而且因海陆而不同。例如，北美洲和亚欧大陆及介于其间的北大西洋和北太平洋，有力地控制着北半球的气压状况，气压带排列就不如南半球典型。海陆对于气压分布的影响因季节而异。冬季寒冷大陆产生高气压中心，如亚洲的西伯利亚高压（气压超过 1 030 hPa）和北美洲的加拿大高压。而副极地低压带这时只存在于海洋上，其中心是阿留申低压和冰岛低压。图 3－29 是这些气压中心在北极周围成群出现的示意图，高压和低压正好占有

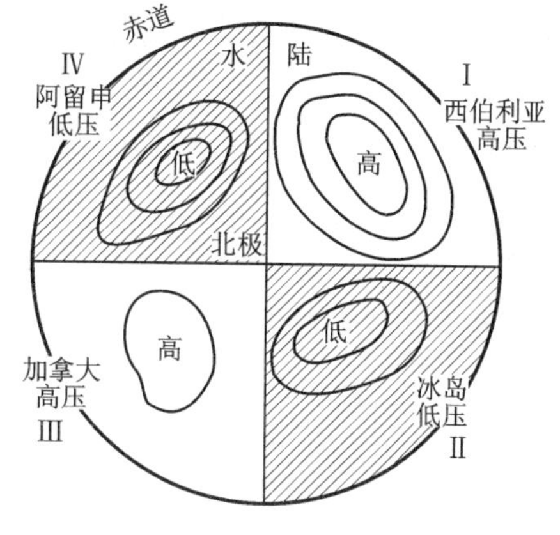

图 3－29　北半球 1 月份的气压中心

相反的象限。夏季陆地上产生低压中心，例如南亚低压和北美洲西南部低压，使副热带高压带发生断裂。同时海洋上却形成强大的高压中心。太平洋和大西洋上有两个强大的副热带高压单体(北太平洋副热带高压和亚速尔高压)向其冬季位置以北移动，且强度大为增强。这种由海陆热力差异形成于陆地上的冷高压和热低压主要限于低空，且具有季节性，称为半永久性气压系统。而海洋上的高压和低压系统，虽然位置、范围、强度随季节变化，但它们作为纬度气压带终年存在，称为永久性气压系统。

2. 行星风系

不考虑海陆和地形的影响，地面盛行风的全球性形式称为行星风系。依据全球气压系统分布状况和风压关系，可以判断盛行风的情况。从图 3－30 可以看出，全球地面行星风系主要包括三个盛行风带：

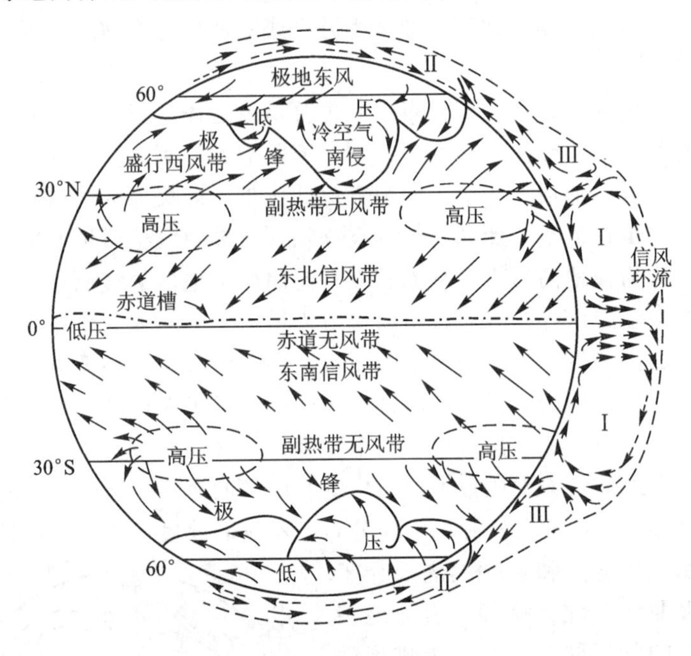

图 3－30 全球大气环流图式

(1) 信风带。由于南北纬 30°～35°附近副热带高压和赤道低压之间存在气压梯度，从副热带高压辐散的一部分气流便流向赤道，因受地转偏向力的作用，在北半球形成东北风，南半球为东南风。其位置、范围和强度随副热带高压带作比较规律的季节性变化。这种可以预期在一定季节海上盛行的风系称为信风。因其与海上贸易密切相关，也称贸易风。信风向纬度更低、气温更高的地带吹送，因此其属性比较干燥，有些沙漠和半沙漠就分布在信风带内。

南、北半球信风在赤道附近的一个狭窄地带内汇合，形成热带辐合带。辐合后使气流上升到对流层顶以让位于低空流入的大量空气。但某些时期，信风在赤道低压槽不能辐合，而形成一个风力极小而风向多变的赤道无风带。在南北纬 30°~35°的副热带高压带，可以遇到巨大的停滞的高压单体(反气旋)，风以外螺旋型运动。高压单体中心风力微弱，风向不定，无风时间最高可占 1/4，称为副热带无风带。

信风、赤道无风带和热带辐合带都与气压带和等温线一起，呈季节性作南北移动。热带辐合带在 20°~180°W 的信风区，季节性南北移动只有几个纬度，称之为信风辐合带。而在 20°W 向东至 180°E 出现的热带辐合带南北移动多达纬度 20°~30°，季节变化显著，称为季风辐合带。赤道无风带主要出现在季风辐合带内。热带辐合带和信风的移动往往导致风、云和降水等发生重要的季节变化。

(2) 西风带。南北纬 35°~60°之间，因副热带高压与副极地低压之间存在气压梯度，从副热带高压辐散的气流一部分流向高纬度，因受地转偏向力的作用变成偏西方向即西风。图 3-30 表明，在北半球地面风是西南风，而南半球是西北风。实际上，从极地方向吹来的风既强烈又频繁。西风带内有各种方向的风，但以西风占支配地位。西风带内常见速度极快的气旋性风暴。

北半球大陆隔断了西风带。但南半球 40°~60°间，是一片近乎连绵不断的大洋，西风持续不断并得到加强，海员称之为“咆哮的四十度”、“狂暴的五十度”和“呼啸的六十度”。

(3) 极地东风带。自极地高压向外辐散的气流因地转偏向力的作用变成偏东风，故称极地东风带(图 3-30)。这个概念用在北半球时稍嫌简单，因为高纬区风向受局地天气扰动而变化不定。而南极大陆极地东风带的外向螺旋气流是一种盛行环流。纬度 60°附近是极地东风与中纬度西风相互交接地带。两种气流性质差异很大，暖气流沿冷气流爬升，冷暖气流之间形成所谓极锋面，致使天气多变。

3. 经向三圈环流

假设地球不自转，且表面均匀，由于赤道和两极受热不均，赤道上空的空气流向极地，而低层气流自极地流向赤道，补偿赤道上空流出的空气。这样，在赤道与极地之间就会形成一个南北向的闭合环流。但地球在不停地自转，空气一旦开始运动地转偏向力便随之发生作用。在地转偏向力作用下，南北半球分别形成三圈环流(图 3-31)。

(1) 信风环流圈。又称 Hadley 环流圈，是一个直接的热力环流，约占 30 个纬度。如前所述，暖空气在热带辐合带上升，到高空向高纬输送，受地转偏向力的作用，气流向东偏转出现高空西风。空气在副热带纬度下沉分为两支，

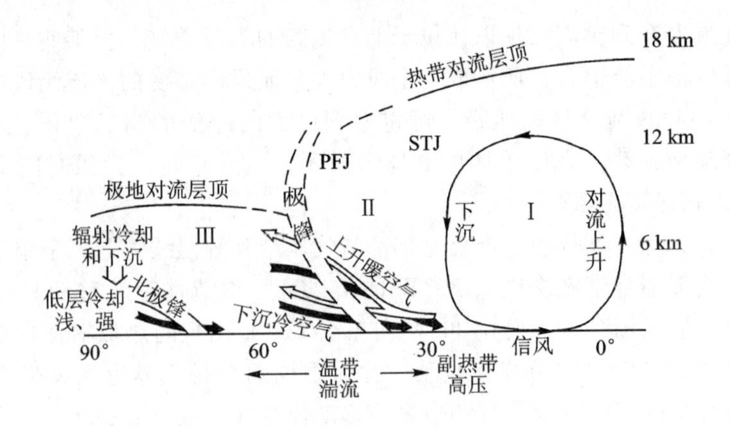

图 3-31 北半球冬季平均经圈环流

(据 Lookwood，1985)

Ⅰ. Hadley 环流圈；Ⅱ. Ferrel 环流圈；

Ⅲ. 极地环流圈；STJ. 副热带急流；PFJ. 极锋急流

一支流向赤道，在低纬地区形成闭合环流，即信风环流圈。

(2) 中纬度环流圈。又称 Ferrel 环流圈。中纬度即约 35°~65°地带，从高空到地面都盛行偏西风，但地面附近具有指向低纬的风速分量，上层具有指向高纬的风速分量，分别与副热带高压带下沉气流和副极地低压带上升气流相结合，因而构成一个环流圈。按此环流图，中纬度上空应是偏东风，但是在 20 世纪 30—40 年代，通过高空气球观测，证实对流层高层存在很强的西风，其形成原因尚待研究。

(3) 极地环流圈。由副热带高压带流向极地的气流在地转偏向力作用下，在中纬度地区形成偏西风。当它达到极地低压带时，与由极地高压区吹来的偏东气流在纬度 60°附近相遇形成极锋。暖空气沿极锋向极地方向上滑，在地转偏向力作用下变为偏西气流，最后在极地冷却下沉，补偿极地地面流失的空气质量。于是，在纬度 60°附近和极地之间构成一个闭合环流圈，称为极地环流圈。

4. 高空西风带的波动和急流

高空风不受地面或水面摩擦力影响，地转偏向力使气流与等压线平行。对流层上层高空西风带环绕极地并形成巨大涡旋。气压向极地地区迅速下降，形成极地低压。高空西风带还有波动和次一级涡旋。西风带中的波动形成大气长波，其波长一般达 3 000 ~ 8 000 km。瑞典气象学家罗斯贝 (C. S. Rossby) 最早研究这种波动，因而命名为罗斯贝波。这种波动形成于极地冷气团和热带气团的狭长交汇区内，向赤道一侧形成弯曲低压槽，向极地一侧形成高压脊，其中有些停留时间较长，冬季表现尤为明显。当波动加深，最后被分割，交错出现孤立的低压中心(切断低压)与高压中心(阻塞高压)(图 3-32)。这种切断过程的重要性在于把冷空气带到低纬，把暖空气带到高纬，完成高、低纬之间的热量和动量输送。

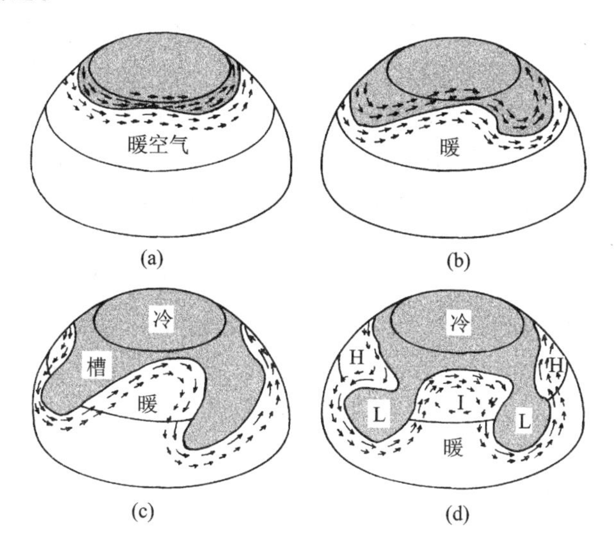

图 3-32 西风带高空波的发展

(a) 急流开始波动；(b) 西风波开始形成；

(c) 西风波强烈发展；(d) 冷性环流和暖空气的形成

罗斯贝波发展很缓慢，冷暖空气的切断过程通常要很多天才能完成。如果这种波动没有完整的切断过程，就会减弱以至消失；这种波也能长期保持稳定状态，或作东西方向的漂移。与罗斯贝波相联系的还有一个称为急流的最大风速区。在北半球，其最大值冬季位于 27°N 附近的 200 hPa 高度上，风速达 40 m/s。夏季最大值减弱到 15～20 m/s，位置也北移到 42°N 附近的 300～200 hPa 之间。正常情况下急流的长度达上万千米，宽数百千米，厚约数千米。若急流与强烈发展的大型扰动相伴出现，急流轴可能变为南北走向，有时还会发生分支和汇合现象。

急流是全球大气环流的重要环节，并往往同锋区相联系，因此与天气系统的发生、发展有着密切关系。同时还直接对航空活动、人工烟云和自然云的运行产生影响。

(二) 季风环流

大陆和海洋间的广大地区，以一年为周期、随着季节变化而方向相反的风系，称为季风。季风是海陆间季风环流的简称，它是由大尺度的海洋和大陆间的热力差异形成的大范围热力环流。夏季由海洋吹向大陆的风为夏季风；冬季由大陆吹向海洋的风为冬季风。一般说来，夏季风由暖湿热带海洋气团或赤道海洋气团构成；冬季风则由干冷的极地大陆气团构成。赫罗莫夫(ХромоБ,1950)以季风角为主绘制了季风分布图(图3－33中的粗实线范围)。他认为地面冬夏盛行风向间的夹角即季风角在120°～180°之间，其相应气压系统就是季风系统。取1月和7月盛行风向频率的平均值作为季风指数，则赫罗莫夫关于季风的定义为：当季风角大于120°时，季风指数大于40%则为季风区，大于60%为季风显著区。据此标准，亚洲东部北起俄罗斯远东滨海州，南至东南亚和南亚均属季风区。拉梅奇(Ramage,1971)绘制的季风分布图(图3－33中的方框表示季风区)，其依据为：①1月和7月盛行风向的夹角至少为120°；②1月和7月盛行风向的平均频率大于40%；③1月和7月至少有一个月的平均合成风速大于3 m/s；④1月和7月发生气旋、反气旋的更替每两年少于一次。应用这些依据，从图3－33可以看出，主要季风区位于35°N～25°S，30°W～170°E之间，而南亚次大陆和中国东南部季风特别发达。

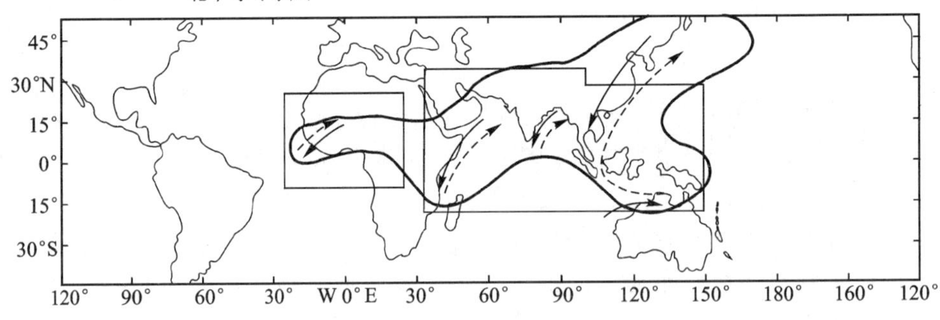

图3－33 季风区地理分布图

季风环流三维空间结构的理想模式如图3－34所示。这幅夏季风示意图强调海陆间温度差异在季风环流中的作用。实际上，海陆热力差异并非形成季风的唯一原因。其他因素如海陆分布的相对位置、形状和大小，行星风带的季节位移、南北半球相互作用和大地形，尤其是青藏高原的作用对亚洲季风的形成均起着关键性作用。

南亚和东南亚是世界最著名的季风区，其环流特征主要表现为冬季盛行东北季风，夏季盛行西南季风，且两者的转换多为爆发性突变。冬季，南亚和东南亚的东北季风是陆地吹向海洋的分量，是亚洲大陆冷高压南部的气流。夏季，印度处于大陆热低压南侧及赤道西风北移经过地，西南气流与赤道西风叠加，形成世界上最著名、最典型的热带季风——西南季风。在印度，冬季风时期(11—3月)降水稀少，夏季西南季风期(6—10月)是主要的降水季节，降水

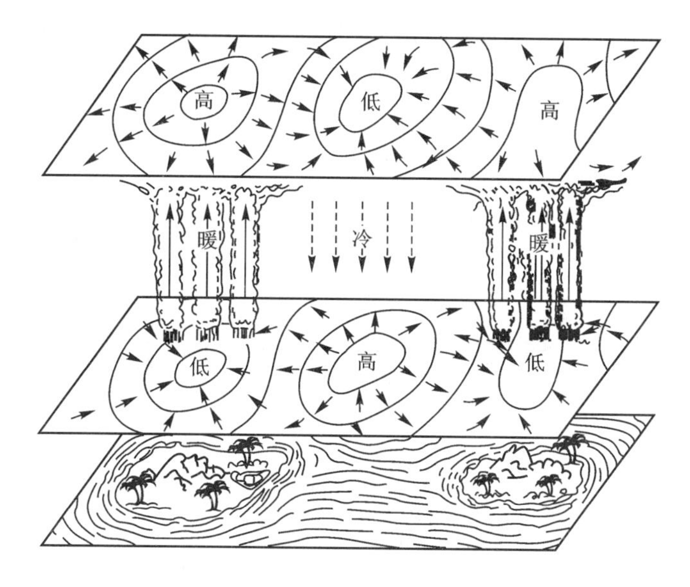

图 3-34 季风环流的理想模式

（据 J. M. Wallace，1977）

量占全年总量的 80% 以上。而夏季风前(4—5 月)气温却为一年中最高，以致一年中只有干季、雨季和热季等三个季节。

东亚近地面层季风仅次于南亚和东南亚的夏季风，其范围大致包括我国东部、朝鲜半岛、日本等地区。冬季亚洲大陆为冷高压盘踞，高压前缘的偏北风成为亚洲东部的冬季风。各地所处冷高压的部位不同，盛行风方向亦不尽相同。华北、日本等大致为西北风，华中和华南为东北风。而夏季亚洲大陆为热低压控制，同时太平洋高压西伸北进，以致形成由海洋吹向大陆的偏南风系，即亚洲东部的夏季风。东亚季风与南亚季风成因不同，天气气候特点也有差别。例如，冬季风盛行时东亚地区的气候特征为低温、干燥和少雨；夏季风盛行时则为高温、湿润和多雨。

（三）局地环流

行星风系与季风都是大范围气压场控制下的大气环流；由局部环境如地形起伏、地表受热不均等引起的小范围气流，称为局地环流。包括海陆风、山谷风、焚风等地方性风。

1. 海陆风

滨海地区白天风从海洋吹向陆地；晚间风从陆地吹向海洋，这就是海陆风环流。海陆风也由海陆热力差异引起，但影响范围局限于沿海，风向转换以一天为周期。白天陆地增温比海面快，陆面气温高于海面，因而下层风由海面吹向陆地，上层则有反向气流。夜间陆地降温快而海面降温缓慢，海面气温高于陆面，海岸和附近海面间形成与白天相反的热力环流，气流由陆地吹向海面（图 3－35）。

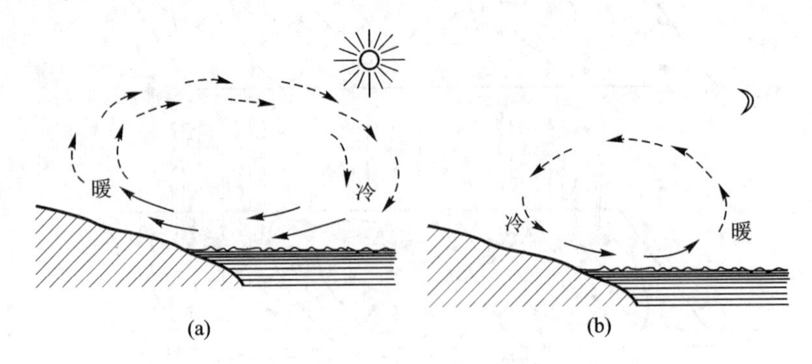

图 3－35　海陆风环流
（a）海风；（b）陆风

海风和陆风转换的时间因地区和天气条件而不同。一般说来，海风开始于 9—11 时，13—15 时最强，之后逐渐转弱，17—20 时转为陆风。阴天海风出现时间推迟。大范围气压场气压梯度较大时，相应于气压场的风可以掩盖海陆风。海陆风的水平尺度通常为数十千米到上百千米，垂直尺度可达 1～2 km，显然是一种中尺度局地环流。

2. 山谷风

当大范围水平气压场较弱时，山区白天地面风从谷地吹向山坡；晚间地面风从山坡吹向谷地，这就是山谷风环流。其形成原理与海陆风相似。白天山坡空气比同高度的自由大气增热强烈，暖空气沿坡上升，成为谷风（图 3－36（a））。夜间山坡辐射冷却，降温迅速，而谷地中同高度空气冷却较慢，因而形成与白天相反的热力环流，下层风由山坡吹向山谷，成为山风（图 3－36（b））。平原与高原交接带，由于高原边缘地面气温与平原上空同高度的气温差异，也会出现类似山谷风现象。

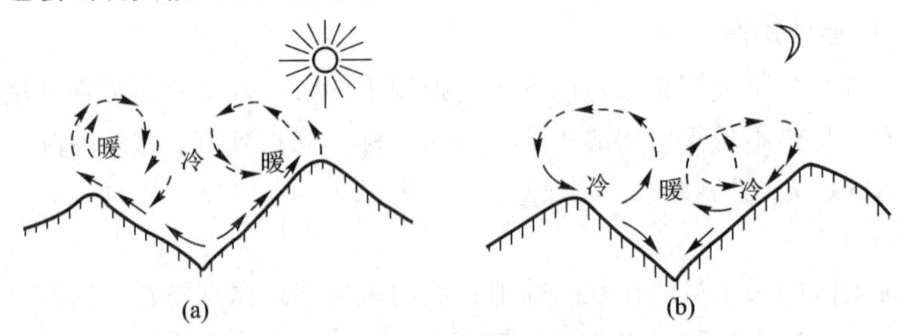

图 3－36　山谷风环流
（a）谷风；（b）山风

3. 焚风

气流受山地阻挡被迫抬升，迎风坡空气上升冷却，起初按干绝热直减率降温(1 ℃/100 m)，当空气湿度达到饱和状态时，水汽凝结，气温按湿绝热直减率降低(0.5～0.6 ℃/100 m)，大部分水分在迎风坡降落。气流越山后顺坡下沉，基本上按干绝热直减率增温，以致背风坡气温比迎风坡同高度气温高，从而形成相对干热的风，这就是焚风(图 3－18)。

无论冬夏与昼夜，山区都可出现焚风。焚风效应对植被类型与生态特征、成土过程和土壤类型都有一定影响。焚风效应在我国西南山地区表现特别显著。

三、主要天气系统

大气中引起天气变化的各种尺度的运动系统称为天气系统。一般多指温压场和风场中的大气长波、气旋、反气旋、锋面、台风、龙卷风等。根据水平尺度和生命史，可对天气系统进行分类(表 3－15)。下面主要介绍气团和锋面的天气学基本概念及气旋、反气旋的生成、发展、结构和天气。

表 3－15　各种尺度的天气系统

尺度种类		行星尺度	大尺度	中尺度	小尺度
水平尺度/km		≥1 000	100～1 000	10～100	100
天气系统	温带	超长波、长波	气旋、反气旋、锋	背风波	雷暴单体
	副热带	副热带高压	季风低压、切变线	飑线、暴雨	龙卷风
	热带	热带辐合带、季风	热带气旋、云团	热带风暴、对流群	对流单体
生命史		一周以上	3～5 d	≤1 d	1 h 以内

(一) 气团和锋

1. 气团及其分类

气团是指在广大区域内水平方向上温度、湿度、垂直稳定度等物理属性较均匀的大块空气团。其水平范围由数百千米到数千千米，垂直范围由数千米到十余千米甚至伸展到对流层顶。一个气团内部由于其物理属性相近，其天气现象也大体一致，因此气团具有明显的天气意义。经常形成或受到某种气团入侵的地区必然出现不同于其他地区的气候特征或气候类型。

大气热量和水汽主要来自地球表面，因此地表温度和湿度状况对气团的形成具有决定性作用，在大陆与洋面上长期停留的空气必然获得不同的大气属性。比较稳定的环流条件才能使大范围的空气长时间停留，并通过辐射、湍流、对流、平流、蒸发、凝结等方式获得与下垫面相适应的比较均匀的属性。

环流条件改变，气团将在大气环流牵引下离开源地。一旦移动到新环境，就会改变原有属性，获得新属性，这一过程称为气团变性。

气团按其热力性质可分为冷气团和暖气团。冷、暖气团是根据气团温度与所经下垫面的温度对比来定义的。气团向比它暖的下垫面移动时称为冷气团；向比它冷的下垫面移动时称为暖气团。一般而言，由低纬流向较高纬度的是暖气团；反之为冷气团。前者使到达地区增暖，后者使到达地区变冷。冬季从海洋移向大陆的气团是暖气团，反之是冷气团；夏季情况相反。按气团源地的地理位置和下垫面性质分类则可分为如表 3-16 所列类型。

表 3-16 气团的地理分类

名　称	符号	主要特征天气	主要分布地区
冰洋（北极、南极）大陆气团	Ac	气温低、水汽少，气层非常稳定，冬季入侵大陆时会带来暴风雪天气	南极大陆，65°N 以北，冰雪覆盖的极地地区
冰洋（北极、南极）海洋气团	Am	性质与 Ac 相近，夏季从海洋获得热量和水汽	北极圈内海洋上，南极大陆周围海洋
极地（中纬度或温带）大陆气团	Pc	低温、干燥、天气晴朗，气团低层有逆温层，气层稳定，冬季多霜、雾	北半球中纬度大陆上的西伯利亚、蒙古、加拿大、阿拉斯加一带
极地（中纬度或温带）海洋气团	Pm	夏季同 Pc 相近，冬季比 Pc 气温高，湿度大，可能出现云和降水	主要在南半球中纬度海洋上，以及北太平洋、北大西洋中纬度洋面上
热带大陆气团	Tc	高温、干燥，晴朗少云，底层不稳定	北非、西南亚、澳大利亚和南美洲一部分的副热带沙漠区
热带海洋气团	Tm	低层温暖、潮湿且不稳定，中层带有逆温层	副热带高压控制的海洋上
赤道气团	E	湿热不稳定，天气闷热，多雷暴	在南北纬 10°之间的范围内

影响我国的气团多属变性气团。冬季主要为极地大陆气团，热带海洋气团仅影响华南、华东、云南等地。夏季极地大陆气团退居长城以北，热带海洋气团影响我国大部。这两种不同性质气团交绥是形成夏季降水的主要原因。热带

大陆气团影响西南地区，形成酷暑天气。

2. 锋及其分类

温度或密度差异很大的两个气团相遇形成的狭窄过渡区域称为锋。锋是占据三维空间的天气系统，其水平宽度约数十到数百千米，垂直范围可达数千米到十余千米，远比气团小，因此可以将其看做两个气团的界面，故又称锋面。锋与地面的交线叫锋线。锋面两侧的空气温度、湿度、气压、风、云等气象要素有明显的差异，锋面坡度愈大天气变化愈剧烈。锋面坡度倾向冷气团一侧，倾角随高度增加而逐渐变小(图 3－37)。锋面两侧气温水平梯度可达 5～10 ℃/100 km，比气团内要大 5～10 倍。天气图上锋附近等温线特别密集，这是确定锋线的重要标志。在地面，因低压辐合气流对维持锋的强度很有利，锋通常出现在低压槽中；锋两侧风向通常为气旋式变化，即锋前吹西南风，锋后吹西北风。由于锋附近的辐合气流及冷暖空气的相对运动使锋面上的暖空气不断上升，因而多云雨天气。

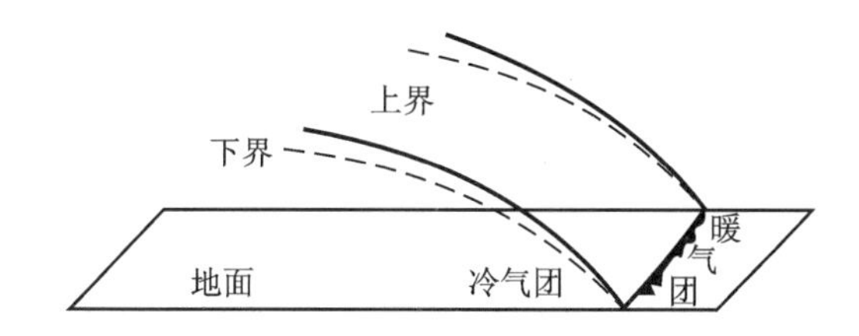

图 3－37 锋面的空间结构

根据锋移动过程中冷暖气团的替代情况，锋可分为冷锋、暖锋、准静止锋、锢囚锋四种类型。冷锋是指冷气团主动向暖气团方向移动的锋；暖锋则是指暖气团主动向冷气团方向移动的锋；准静止锋是指很少移动或移动速度非常缓慢的锋；锢囚锋是指锋面相遇、合并后的锋。这种分类既能反映冷暖气团交绥的动向，又可反映各种锋面天气差异，故被广泛应用。根据形成锋的气团源地类型，又可将锋分为冰洋锋、极锋、赤道锋三种类型(图 3－38)。冰洋锋是冰洋气团与极地气团之间的分界面；极锋是极地气团和热带气团之间的分界面；赤道锋是热带气团与赤道气团之间的分界面。我国东部地区以极锋活动平均到达位置作为划分季风影响范围的界限。冬季风南界按极锋向南扩展的位置可达 15°N 的南海中部；夏季风北界，按极锋北撤的位置，可达内蒙古与黑龙江最北部。

3. 锋面天气

主要指锋附近的云、降水、风、能见度等气象要素的分布状况。锋面性质不同，锋面天气也不同。

(1) 冷锋天气。按推进速度的不同冷锋可分为两种。第一型冷锋或称缓

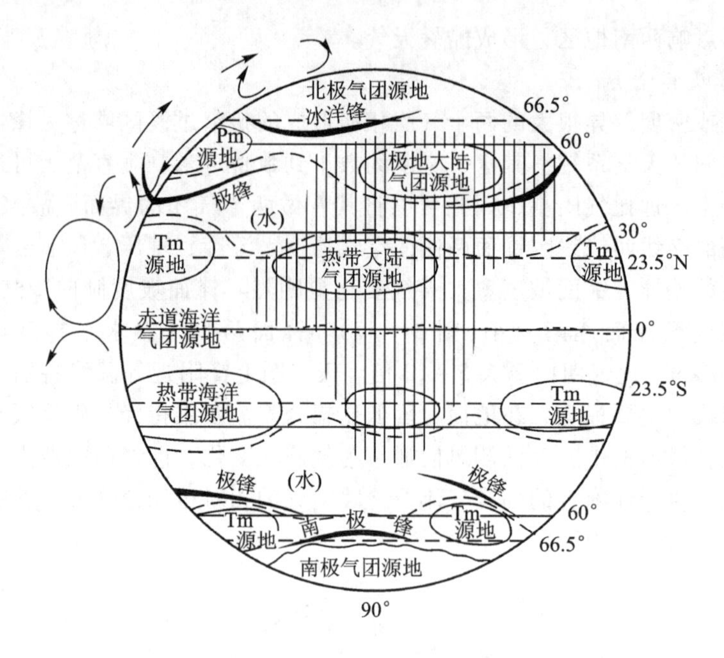

图 3－38 气团和锋的地理分类

行冷锋，锋面坡度约为 1/100，云雨天气主要发生在地面锋后，紧接锋后为低云雨区，雨带宽约 300 km。离锋愈远冷空气愈厚，云层也由雨层云逐渐抬高为高层云、高积云和卷云，最后不再受锋面影响，转为晴朗少云天气。这类冷锋的天气分布模式如图 3－39(a)所示。第二型冷锋亦称急行冷锋，锋面坡度约为 1/50～1/70。锋前暖空气被激烈抬升，实际天气往往与暖空气性质有关。夏季暖空气较潮湿，易发生对流性不稳定，在冷空气冲击下地面锋附近常发生旺盛的积雨云和雷雨天气，但范围较窄。冬季暖空气较干燥，地面锋前只出现层状云，锋面移近时才有较厚云层，锋面过后天气很快转好。这类冷锋天气的

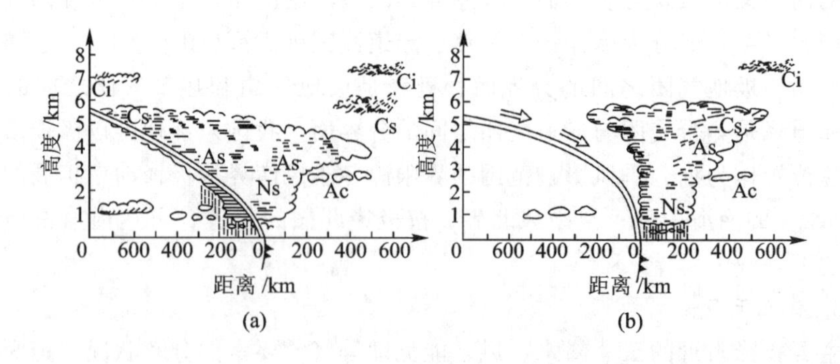

图 3－39 冷锋天气

（a）第一型冷锋天气；（b）第二型冷锋天气

分布模式如图 3－39(b)所示。冷锋在我国活动范围甚广，是我国最重要的天气系统之一。

（2）暖锋天气。暖锋坡度较小，约 1/150。暖空气沿锋面爬升，云层从地面锋位置往前伸展很远，出现的顺序为卷云、卷层云、高层云、雨层云(图 3－40)。降水带出现在锋前冷区，宽度约 300～400 km，为连续性降水，历时较长，但强度较小。我国春秋季在东北、江淮流域和渤海地区可出现暖锋。

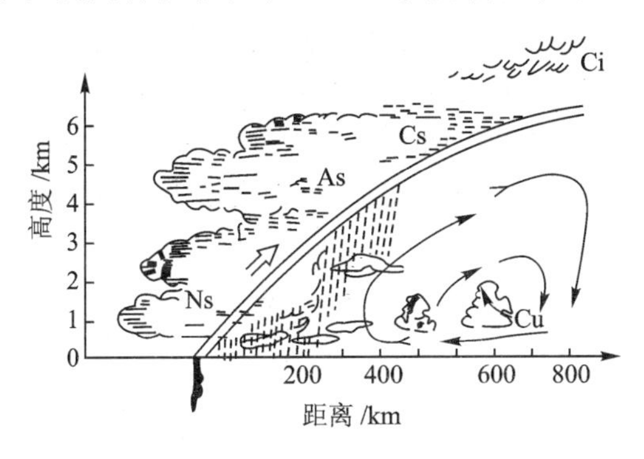

图 3－40　暖锋天气

（3）准静止锋天气。天气特征与第一型冷锋相似，但雨云区一般大于 400 km。其影响常造成大片地区的连阴雨天气。我国江南清明节前后细雨绵绵和江淮流域初夏时的梅雨天气都与准静止锋有关。冷锋移行受阻而停滞，也可转变成静止锋，如昆明、南岭准静止锋。

（4）锢囚锋天气。锢囚锋是两个移动锋面相遇形成的，其云系具有两种锋面的特征，锋面两侧都有降水区(图 3－41)。由于大范围暖空气被迫上升，锋面两侧降水强度往往很大。冬春季我国东北地区多出现暖式锢囚锋，华北地区多出现冷式锢囚锋。

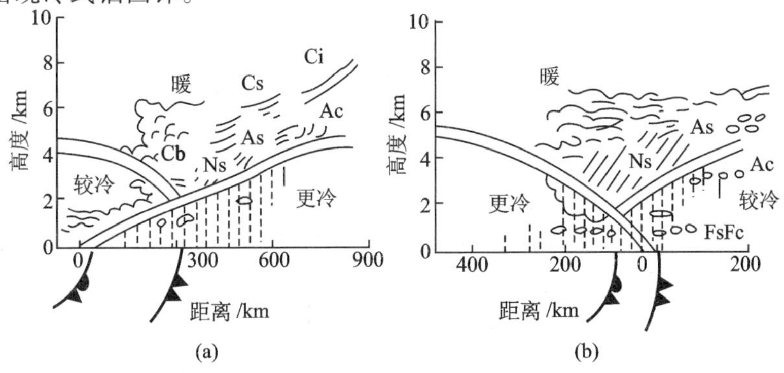

图 3－41　锢囚锋天气

（a）暖式锢囚天气；（b）冷式锢囚天气

(二) 气旋和反气旋

1. 气旋

气旋是由锋面上或不同密度空气分界面上发生波动形成的，占有三度空间，中心气压比四周低的水平空气涡旋。其中心气压一般在 1 010 ~ 970 hPa，最低值可低至 887 hPa。北半球气旋空气按反时针方向自外围向中心运动，强大气旋的地面风速可达 30 m/s 以上。气旋直径在 200 ~ 300 km 到 2 000 ~ 3 000 km之间。根据气旋产生的地理位置，可将气旋分为温带气旋和热带气旋两种类型。温带气旋即锋面气旋，一般活动于中纬度地区。图 3 – 42 是一幅地面天气图，从中可清楚地看出两个锋面气旋活动。一在我国华北和东北地区，中心气压值低于 995 hPa，表示发展成熟，规模大而势力强；另一在江淮下游地区，处于开始形成阶段。

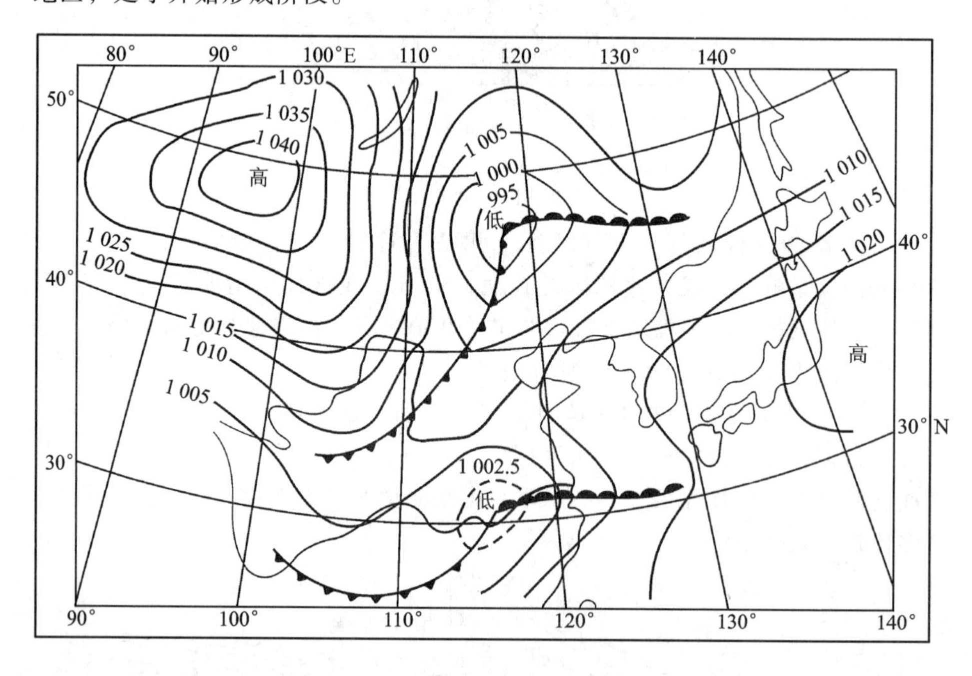

图 3 – 42 地面天气图气旋活动实例(hPa)

锋面气旋天气比较复杂，既有气团天气，也有锋面天气。强烈的上升气流有利于形成云降水，气旋前部天气更坏。气团湿度大更易发生降水；气团干燥则仅形成薄云。气团层结稳定，暖气团得到系统抬升产生层状云系和连续降水；气团层结不稳定则利于对流发展，产生积状云和阵性降水。气旋区内如有冷暖锋，则气旋前方是宽广的暖锋云系和连续性降水，后方是较狭窄的冷锋云系和阵性降水(图 3 – 43)。

温带气旋主要出现在东亚、北美洲、地中海等地区。东亚锋面气旋生成与

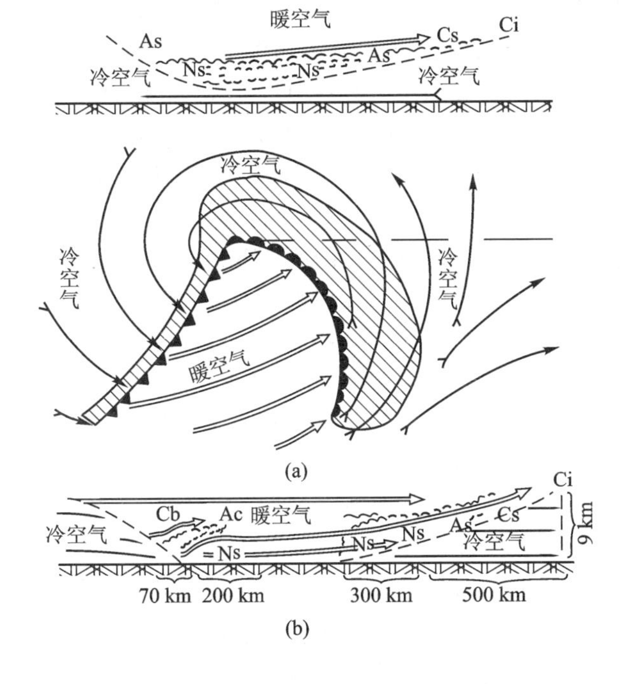

图 3－43　气旋模式

（a）气旋中心以北的东西向垂直剖面；（b）气旋中心以南的剖面

活动地区一在 25°～35° N 间，在我国即分布在江淮地区，称江淮气旋；一在 45°～55° N 间，即蒙古中部至我国大兴安岭一带，称为东北低压。锋面气旋移动方向与速度主要受对流层中层引导气流控制。由于副热带上空为西风环流，在气旋性环流状态下，东亚气旋一般向东北方向移动，速度平均约 35～40 km/h，最快可达 100 km/h，最慢则仅有 15 km/h。如中途不消失，最终将移动至阿留申群岛及其以东洋面消亡。

热带气旋是形成于热带海洋上的一种具有暖心结构的气旋性涡旋。中心附近平均最大风力小于 8 级的热带气旋称热带低压；最大风力 8～9 级者称热带风暴；10～11 级者叫做强热带风暴；大于 12 级（≥32.7 m/s）者称为台风。台风的生命期一般为 3～8 d，直径一般为 600～1 000 km，最大可达 2 000 km，最小只有 100 km。北半球台风集中发生于 7—10 月，尤以 8—9 月最多。我国南部和东南部邻近热带气旋多发区，常受台风袭扰，平均每年有 7.4 个台风登陆，其中华南沿海占 58.1%，华东沿海占 37.5%。台风中心气压很低并有强烈上升气流，水汽十分充沛，常出现狂风暴雨，日最大降水量可超过 200～1 000 mm，可见强台风是一种严重的灾害性天气。

2. 反气旋

反气旋是占有三度空间的，中心气压比四周高的大型空气涡旋。气流运动由中心向四周旋转运动，旋转方向在北半球为顺时针，南半球为反时针。反气旋水平尺度比气旋大，最外一条闭合等压线的直径通常达 2 000 ~ 4 000 km。地面反气旋中心气压值一般为 1 020 ~ 1 030 hPa。根据温压结构可分为冷性反气旋(冷高压)和暖性反气旋(暖高压)；根据生成地区可分为极地反气旋、温带反气旋、副热带反气旋等。反气旋范围内没有锋面，中心多出现下沉气流，故天气晴好。

冷性反气旋是在下垫面温度很低的条件下，伴随着冷空气的堆积而发展起来的。亚洲大陆北部冬季尤其严寒，积累了大量冷空气，有利于冷性反气旋的形成与发展。冷性反气旋地面气压虽然很高，但气压垂直梯度大，所以只出现于近地面气层中，垂直厚度通常只有 1 ~ 1.5 km。冷性反气旋受西风带牵制，自西向东移动。反气旋大都从亚洲北部、西北部或西部经西伯利亚、蒙古进入我国。活动于我国境内的冷性反气旋冬季最强，春季最多。冬半年大约每 3 ~ 5 d 就有一次冷性反气旋活动。强烈的冷性反气旋带来冷空气入侵，形成降温、大风天气，易使越冬作物受到低温冻害。

形成于副热带地区的暖性反气旋是常年存在的稳定少变高压区。厚度可达对流层上层；冬季位置偏南，夏季偏北。夏季暖性反气旋控制下的地区往往出现晴朗炎热天气。盛夏北太平洋副热带高压强大西伸时，我国东南部地区在其控制下盛行偏南气流。东南气流尽管来自海洋，空气湿度大，但因下沉气流阻碍地面空气上升，难以形成云雨，天气更显闷热。长江中下游河谷夏季酷暑天气的出现与副高暖性反气旋活动有重要关系。当副高势力强大、位置少动时，其控制地区将出现持续干旱现象。

第四节　气候的形成

一、气候和气候系统

(一) 气候的概念

1. 气候定义

气候是指某一地区多年间大气的一般状态及其变化特征。它既反映平均情况，也反映极端情况，是各种天气现象的多年综合。气候和天气是两个不同的概念。从时间尺度上看，气候是时间尺度很长的大气过程，天气则是瞬时或短时间内的大气状态。日照、气温、湿度、降水量、气压、风等都是气象要素，如用以表示一段时间的平均状态，就成为气候要素。

大气瞬息多变，具有不稳定性，而气候在一定时段里具有相对稳定性。可以将天气过程称为快过程，气候过程称为慢过程。或者说天气是气候背景上的振动。天气振动可以看做多元随机过程，而这些过程的统计特性则属于气候范畴，因而成为气候研究的主要对象。天气在更大程度上由初始条件决定，而气候则更多地由边界条件决定。

气候的范畴远比天气的概念广泛。天气通常指对流层的大气物理状况，并不包括高层大气。而气候学的研究往往涉及整个大气圈。有些气候指标更是天气概念所不能包括的。例如，一个地方的干旱与湿润状况不仅与大气降水有关，还取决于土壤状况和植物耐旱程度。

气候视其空间尺度大小可分为全球气候、区域气候、小气候等。研究尺度不同考虑的因子也不同。例如，对于大气候，地理纬度、海陆分布、大地形等是主要因子，而地表状况可以忽略；如果研究小气候，植被和地表状况就变得特别重要，而地理纬度等的影响倒不妨忽略。无论研究范围如何，都是研究大气过程的某种平均状态，这是气候的经典概念。从现代大气科学角度出发，地球气候系指包括大气、海洋(水圈)、冰冻圈(低温层)、岩石圈和生物圈在内的整个气候系统物理状态的统计特征。包括其平均值、极值、各阶矩和各气候变量的联合概率分布，反映了气候相对稳定又不断变化的双重性。

2. 当代气候

既然气候是一种平均概念，对气候统计量取时间平均就成为至关重要的问题。世界气象组织(WMO)规定，30 年为整编气候资料时段长度的最短年限，并以 1931—1960 年的气候要素的统计量作为可比较标准。对于当前气候，规定用刚刚过去的三个十年，共 30 年的平均值作为准平均，每过 10 年更新一次。目前应用 1971—2000 年准平均，2011 年将更新为 1981—2010 年准平均。

采用 30 年平均资料作为描述气候特点的基本时段，平滑了 20 ~ 40 年周期振动，能够表现更宏观(约百年阶段)的气候状况。时段长度与人的自然生命期相近，适合作为人类活动的环境参数。从有气象观测记录以来，30 年气候具有近似稳定性。近百年来各个 30 年比较，年平均温度相差不到 1 ℃，年平均降水量相差不足 100 mm。

(二) 气候系统

气候系统是 20 世纪 70 年代提出的新概念，包括图 3 - 44 所列形成气候及其变化的特性和过程。现在一般把气候系统的特性概括分为热力学特性，计有气温、水温、冰温和地温；运动学特性，包括风、洋流及相应的垂直运动和冰块的运动；含水性，指空气含水量或湿度、云量和云中含水量、地下水、湖泊水位，雪的含水量、陆冰与海冰的含水量；静力学特性，包括大气和海洋的压力和密度，空气成分、海水盐度及系统的几何边界和物理常数。气候系统各部分之间的相互作用除物理过程外还有复杂的化学、生物过程等，这些过程在不同时间和空间尺度上有着复杂的反馈机制，并构成了一个耦合的气候系统。

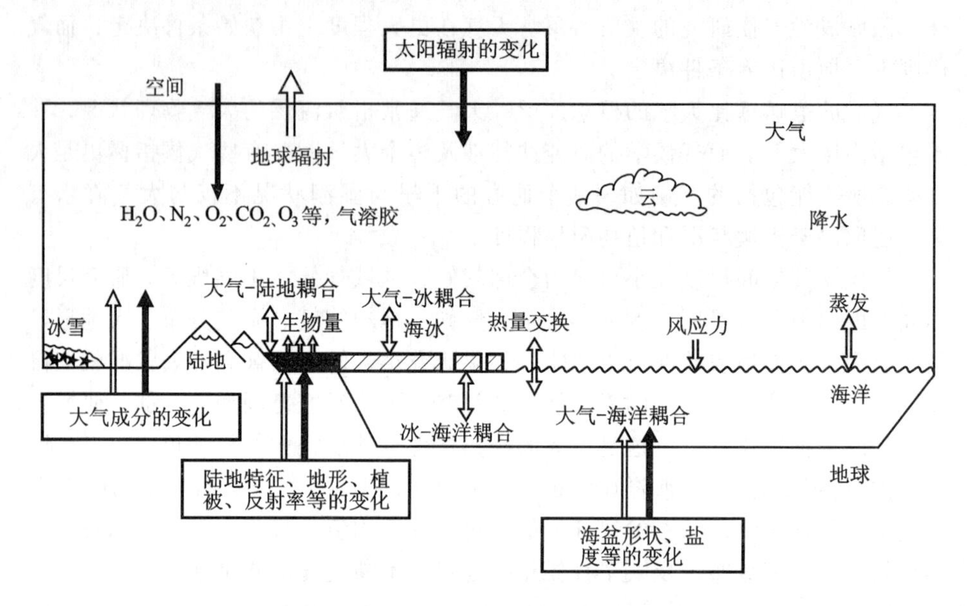

图 3-44　气候系统示意图

（据 J. T. Houghton, 1984）

一般来说，完整的气候系统由五个部分组成。

1. 大气圈

大气圈是气候系统的主体，也是系统最易变化和最敏感的部分。从能量角度看，大气非常脆弱。即使认为气候系统只包括表层 100 m 深的海洋，大气的热量也只占系统总热量的 3.4%。因此，大气的影响多与其动力学过程有关。但大气动能与气候系统的总能量相比，也几乎微不足道。所以，在气候形成与气候变化中，大气以外的其他成员如海洋、冰雪、陆面等的物理状况有着决定性的作用。大气热惯性小，对外界热量变化的特征响应时间或热力适应时间估计为 1 个月左右，即大气依靠将热量向垂直和水平方向输送，可在 1 个月左右调整到一定的温度分布。

2. 海洋

海洋约占地球表面积的 70.8%，仅 100 m 深的表层海水，即占整个气候系统总热量的 95.6%。因此可以认为海洋是气候系统的热量储存库。穿过大气到达地表的太阳辐射约有 80% 被海洋吸收，然后通过长波辐射、潜热释放及感热输送等形式传输给大气。同时，洋流把赤道地区多余的热量输送到极地，对维持地球高低纬度能量平衡起着重要作用。海洋热力和动力学惯性使它具有“低通滤波”的作用，其在空间和时间上的“平滑过程”，有利于气候系统中缓慢运动的维持和发展。上层海洋与大气圈、冰冻圈相互作用，其特征时间尺度为数月到数年，而深层海洋的热力调整时间则为世纪尺度。

3. 冰冻圈

冰冻圈包括全球的冰层和积雪，计有大陆冰盖、高山冰川、地面雪被、多年冻土、海冰、湖冰和河冰。目前全球陆地约有10.6%被冰覆盖。雪被和海冰季节变化显著，而冰川和冰原的响应则缓慢得多。冰原的体积和范围要在数百年到数百万年内才有明显的变化，这种变化与海平面变化有着密切的联系。它们既是气候变化的指示器，又对气候长期变化产生反馈，在地球热平衡中起着重要作用。

4. 陆面(岩石圈)

陆面指山脉、地表岩石、沉积物、土壤等。陆地位置、高度和地形发生变化的时间尺度，在气候系统的所有组成部分中是最长的，在季节、年际以至10年尺度的气候变化中可以忽略。但是地表土壤作为大气微粒物质的重要来源之一，在气候变化中有重要作用，而土壤又会随气候和植物状况而变化。

5. 生物圈

生物圈是地球生命物质构成的圈层，包括陆地和海洋中的植物，空气、海洋和陆地生活的动物，以及人类本身。生物圈的各部分变化特征时间显著不同，总的来说比较缓慢。它们不仅对气候变化敏感，也影响气候。

二、气候的形成

气候是复杂的自然地理现象之一。气候系统的组成、气候的地带性和非地带性分异，都足以表征它的自然地理特性。气候还随时间发生变化，不同地区、不同时间之所以有气候差异，是多种原因综合作用的结果。下面着重阐明太阳辐射、大气环流和地表性质在气候形成中的作用。

(一) 气候形成的辐射因子

太阳辐射是气候系统的能源，又是一切大气物理过程和现象形成的基本动力，在气候形成中起着主导作用。不同地区的气候差异及气候季节交替，主要是由太阳辐射能在地球表面时空分布不均及其变化引起的。而太阳辐射的时空分布受地理纬度制约，故气候形成的辐射因子是一种纬度因素。

1. 地球辐射平衡温度

地球作为太阳系八大行星之一，具有适合生命繁衍的理想条件。在近地行星中，火星表面温度约215 K；金星温度高达750 K；地表温度为288 K(表3-17)。因此，地球上有水和生物。

表 3－17 有关行星的辐射平衡温度(有效温度)和大气特性资料

行星	有效温度/K	表面温度/K	行星反射率/%	表面气压/标准大气压*	主要成分	空气相对分子质量	云层覆盖情况
金星	227	750	76	90	CO_2 >90%	44.0	全部为深厚云层覆盖
地球	255	288	30	1	N_2+O_2 > 99%	28.96	约 50% 为 H_2O 云层覆盖
火星	216	226	17	0.007	CO_2 >80%	44.0	很薄的 H_2O 云

* 1 标准大气压＝101 325 Pa。

地球大气的优越条件是由一系列控制气候系统的外参数恰当组合决定的。首先是太阳辐射强度和日地距离这两个参数决定了太阳常数的大小，加上地球表面反射率，就决定了地球上具有较为适宜的有效温度。它是大气上界吸收太阳辐射与行星地球长波辐射处于平衡时所具有的温度，故又称辐射平衡温度。在平衡条件下，行星地球所具有的温度可由下式估算

$$S_0(1-\alpha_S)\pi R^2=\sigma T_e^4\cdot 4\pi R^2$$

式中：S_0 为太阳常数；R 为地球半径；α_S 为地球的行星反照率；T_e 为行星地球的辐射平衡温度，σ 为 Stefen-Boltzmann 常数。

将上式改写后，有

$$T_e=\left[\frac{(1-\alpha_S)S_0}{4\sigma}\right]^{\frac{1}{4}}$$

式中：$S_0=1\ 367\ \mathrm{W/m^2}$；$\sigma=5.669\ 61\times10^{-8}\ \mathrm{W/(m^2\cdot K^4)}$；$\alpha_S=0.30$，可求出地球辐射平衡温度 $T_e=255$ K。

地球辐射平衡温度对形成现阶段的气候具有基本的重要性。我们知道，任何物质都可以有气体、液体和固体三种形态，但其转化必须满足一定的条件。气态转变为液态和固态，温度必须低于临界温度。图 3－45 为金星、地球、火星的平衡温度随水汽含量的

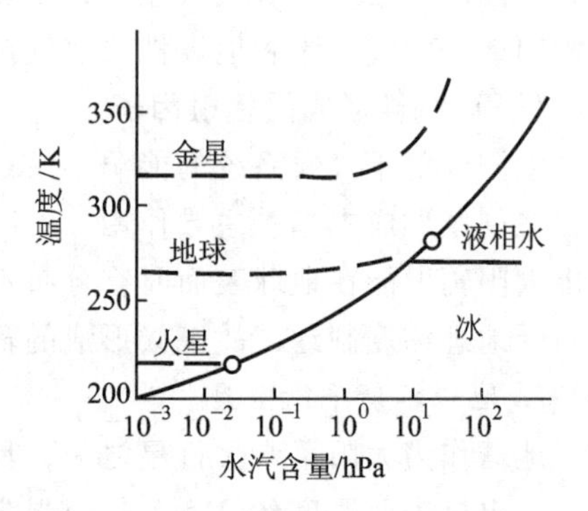

图 3－45 水汽增加与温度变化的关系
(据 Goody，1972)

变化图。金星由于平均温度太高，水汽永远不会凝结成水；火星温度过低，水汽直接凝固成冰而不会有液态水出现；只有地球平衡温度适合于液态水存在。地表温度不仅永远低于水汽临界温度(647 K)，而且也常低于冰的融解温度，所以在地球表面上水汽可以发生相变。地球上同时具备阳光、空气和水，使生命得以存在。

2. 地球上的天文气候

地球表面因辐射平衡温度随纬度和季节的分布形成的假想的简单气候模式，称为天文气候。在假想气候条件下，地表太阳辐射的分布和变化仅仅取决于日地相对位置，而具有明显、严格而单调的周日、周年变化和随纬度变化的规律性。天文气候能够反映地球气候的基本轮廓。研究天文气候既可以使问题简化，又能突出太阳辐射对气候形成的实质性作用。

太阳天文辐射量的大小主要决定于日地距离、太阳高度和日照时间。

(1) 日地距离。地球绕日公转轨道为一椭圆形，太阳位于椭圆的一个焦点上。因此，日地距离不断改变，地球获得太阳辐射能也随之变化。地球通过近日点时，单位面积上得到的太阳辐射能比远日点时多7%，而且近日点太阳辐射强度比太阳常数大3.4%；远日点则比太阳常数小3.5%。这种变化使北半球冬季(1月)获得的太阳辐射量大于南半球冬季(7月)；北半球夏季(7月)获得太阳辐射量少于南半球夏季(1月)，因而北半球冬、夏差值小于南半球。但实际上，这一差异已被大气热力环流与海陆分布的影响所掩盖。

(2) 太阳高度。在气候形成中，太阳光线与地平面的夹角(即太阳高度)在很大程度上决定着地球表面得到太阳辐射能量的多少。郎伯定律表明，大气上界太阳辐射强度与太阳高度的正弦成正比，而与日地距离的平方成反比。太阳高度和日地距离均随纬度和时间而变，因此，不同纬度不同时间的太阳辐射强度都有变化，造成天文辐射总量因地因时而异，从而形成各地的气候差异。

(3) 日照时间。地球自转形成了地球表面的昼夜交替。除极圈以内地区外，一日可分为昼夜两部分。从日出到日没的时间称为日照时间或昼长时数，是地理纬度 ϕ 的函数。到达地面的太阳辐射能量显然与日照时间成正相关。

在上述因子共同作用下的大气上界，太阳辐射随纬度和季节变化的立体模式如图3-46所示。赤道附近太阳辐射年变化平缓，春秋分略高，冬夏至略低。极圈内，极夜时太阳辐射为零，夏至日(北极)或冬至日(南极)却高于赤道。极圈与回归线间太阳辐射呈单峰式连续变化，北半球夏至日最高，冬至日最低；南半球相反，冬至日最高，夏至日最低。

同一纬度的天文辐射日总量、季总量、年总量都相同。即太阳辐射总量具

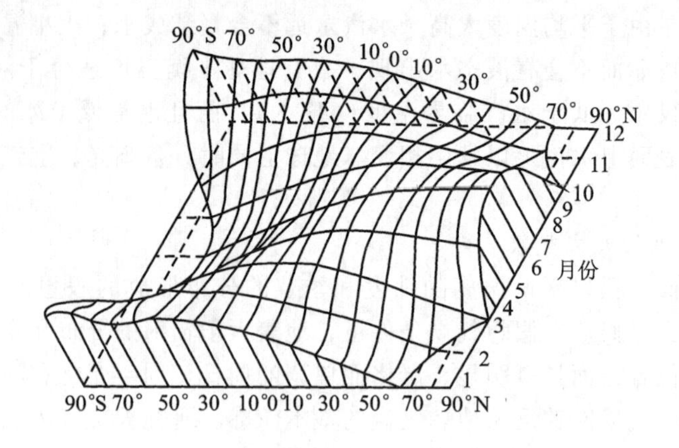

图 3-46 天文辐射随纬度和季节的变化

有与纬线圈平行、呈带状分布的特点，这是形成气候带的主要原因。根据太阳天文辐射的空间分布，通常可把地球上划分为 7 个纬度气候带（或称天文气候带），即赤道带、热带、亚热带、温带、亚寒带、寒带和极地带（图 3-47）。

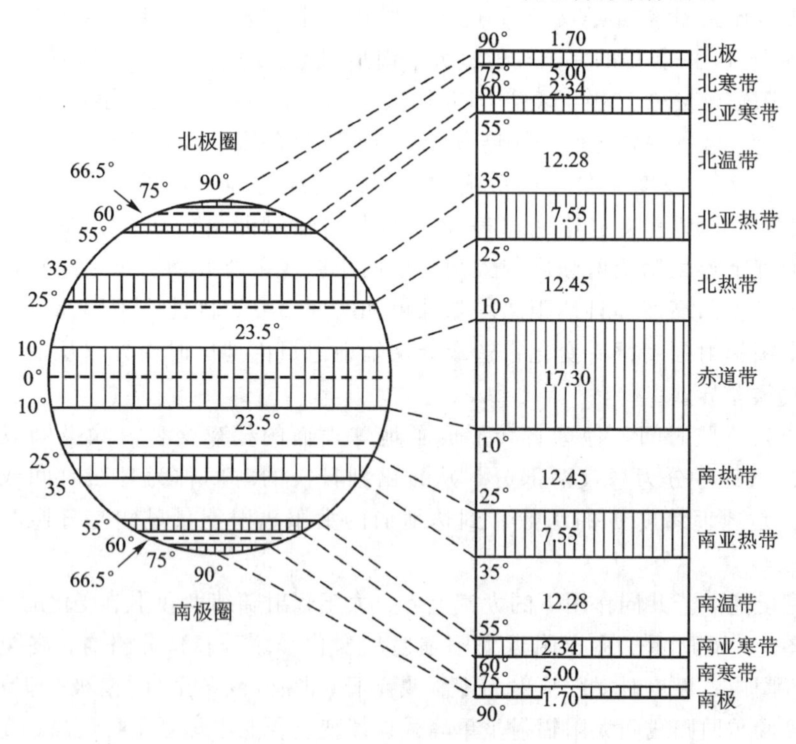

图 3-47 地球气候带

（二）气候形成的环流因子

地表太阳辐射能量分布不均引起的大气环流是热量和水分的转移者，也是气团形成的基本原因。它促使不同性质气团发生移动，而气团的水平交换是不同地区气候形成及其变化的重要方式。因此，在不同纬度的不同环流形势下形成的气候类型也不相同。

1. 大气环流与热量输送和水分循环

35°S～35°N 之间辐射热能收入大于支出，说明热带和亚热带有热量盈余，而高纬度地区则有热量亏损。但热带纬度并未持续增温，极地亦没有持续降温现象，表明必然存在热量由低纬到高纬的传输。表 3－18 所列各纬度由辐射差额计算得到的温度值和实测温度值的比较，表明大气环流在缓和赤道与极地温差上起着巨大作用，加上洋流的作用使热带温度降低了 7～13 ℃，中纬度温度升高，特别是纬度 60°以上地区升高了 20 ℃以上。

表 3－18 各纬度辐射差额温度与实际温度的比较（平均值） 单位：℃

纬度/(°)	0	10	20	30	40	50	60	70	80	90
辐射差额温度（对不流动大气的计算）	39	36	32	22	8	－6	－20	－32	－41	－44
观测值（流动大气）	26	27	25	20	14	6	－1	－9	－18	－22
温度差数	－13	－9	－7	－2	＋6	＋12	＋19	＋23	＋23	＋22

大气环流还调节海陆间的热量。冬半年大陆是冷源，海洋是热源，在盛行海洋气团的沿海地区，热量由海洋输送到大陆，故迎风海岸气温比同纬度内陆为高；而在大陆冷风影响下，近陆海面气温比同纬度海洋表面气温为低（图 3 －9）。夏半年大陆是热源，海洋是冷源，热量由大陆输送到海洋，但输送量远比冬季海洋输向大陆的为小。这种海陆热量交换是造成同纬度大陆东西岸和大陆内部气温显著差异的重要原因。例如，法国波尔多（45°N）和俄罗斯符拉迪沃斯托克（海参崴，约 43°N），纬度相差不多，但 1 月平均气温却相差 18.5 ℃之多。前者位于大陆西岸，冬季盛行暖湿西南气流，1 月平均气温为 5 ℃；后者位于大陆东岸，冬季盛行严寒的西北气流，1 月平均气温 －13.5 ℃。

从全球蒸发量与降水量的纬度分布可以看出，南、北半球的亚热带，蒸发量超过降水量，赤道和中高纬度降水量大于蒸发量，因此，要达到水分平衡，必须通过大气运动，把水汽从盈余地区输送到亏损地区。例如，北纬 30°附近蒸发的过量水汽主要通过中纬度盛行西风及热带盛行的东北信风分别向北和向南输送。云和降水的形成及降水量的多少更与大气环流的平均状况关系密切。

赤道低压带辐合上升的湿热气流冷却凝结产生大量对流雨，成为降水最多地带；亚热带高压带盛行下沉气流，即使在海洋上水分蒸发量很多，降水也甚稀少，为少雨带；温带冷暖气团交绥地带锋面气旋频繁，利于降水形成，为次于赤道带的第二个多雨地带。

上述雨带主要是由大气环流的多年平均状况决定。实际上，大气环流具有明显的非周期性变化。纬圈环流减弱时，南北水平温度梯度加大，冷暖气团活跃，有利于产生锋面、气旋，多雨天气相应增多，某些地区将出现气候异常现象；反之，纬圈环流加强时南北水平温度梯度减小，冷暖气团不活跃，某些地区往往受单一的气团控制，不利于锋面、气旋的生成与发展，降水天气显著减少，因而出现特别干热的气候异常现象。

2. 大气环流与海温异常

海温变化存在着明显的年际振荡，最著名的事例就是厄尔尼诺现象。厄尔尼诺(El Niño)为西班牙文，意为“圣婴”，秘鲁渔民用以称呼圣诞节前后南美洲沿岸海温上升现象，气象学家与海洋学家则用以专指赤道东太平洋海面水温异常增暖现象。正常情况下赤道太平洋水温的分布为东冷西暖，因此赤道太平洋上空形成一个纬圈热力环流。位于南太平洋副热带高压东侧的南美洲西海岸(90°W 附近)，强烈的下沉气流受冷海水影响降温后，随偏东信风西流，到达西太平洋赤道附近(120°E)受热上升，转向成为高空西风，以补充东部冷海区的下沉气流。于是在赤道太平洋垂直剖面图上，就出现一种大气低层为偏东风，上层为偏西风的东西向热成闭合环流，称为沃克环流(图 3－48)。由于秘鲁冷洋流较强，沃克环流的下沉气流区远大于上升气流区，从南美洲西岸可伸展到赤道太平洋中部海域，因此在南美洲西岸造成严重干旱，使阿塔卡马沙漠一直延伸到 4°S 附近，成为世界沿岸沙漠中最靠近赤道的一个。

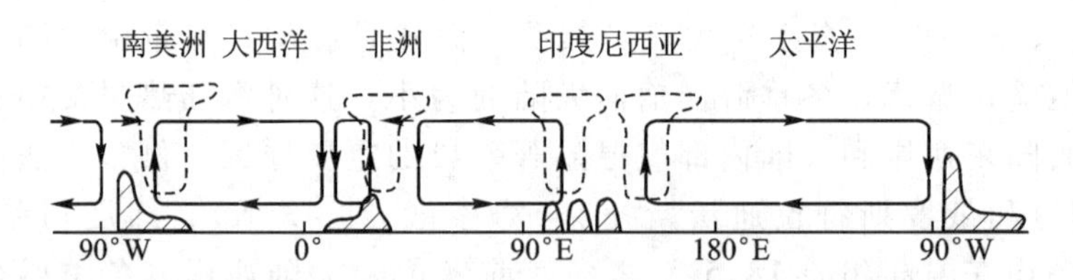

图 3－48 赤道太平洋纬圈环流图

秘鲁、厄瓜多尔沿岸受冷洋流影响，本为冷水上翻区(或称涌升区)，宜于藻类和鳀鱼繁殖，并吸引了大量以鳀鱼为食的鸟类在此栖息。但有的年份由于赤道以南的东南信风突然减弱，太平洋赤道暖洋流以 50～100 m/s 的速度向南扩张，代替秘鲁冷洋流，使这一地区的海水温度比常年高出几度，冷水上翻不能到达表层，结果造成只适应冷水域生存的鱼类、藻类大量死亡。1970 年秘鲁的鳀鱼捕获量曾达到 $1\,200 \times 10^4$ t，为历史最高水平，但经过 1972 年的强烈厄尔尼诺，1973 年捕获量陡降到 200×10^4 t 以下。鳀鱼死亡，海鸟因缺乏食物而死亡或迁徙，使南美洲沿岸国家失去宝贵的鸟粪肥料，从而影响农业生产及农产品出口。此外，在厄尔尼诺年，秘鲁及厄瓜多尔气候由干旱转变为多雨，经常发生洪灾。厄尔尼诺现象不仅对秘鲁沿岸海洋生态和渔业资源造成极大破坏，也对热带太平洋沿岸甚至全球气候造成灾害性影响。故越来越引起人们重视。

厄尔尼诺现象的出现常带有突发性，且无明显规律可循。从 1860—1998 年的 139 年中共出现 35 次，大约每隔 2 ~ 7 年出现一次，每次持续数月甚至一年以上。通常以 11 月或 12 月海温正距平最高，水温变暖在南美洲沿岸最高可达 9 ℃。一般厄尔尼诺年海温正距平中心也达到 3 ~ 4 ℃。正距平区可从南美洲沿岸沿赤道向西，达到或越过日界线(图 3 - 49)。如此大范围、大幅度的海面水温异常，必然带来海洋与大气的变化。

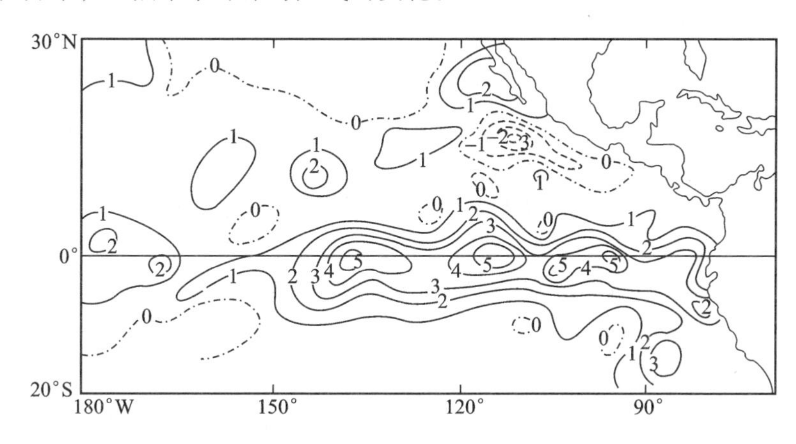

图 3 - 49　1972 年(厄尔尼诺年)8 月与 1979 年(正常年)8 月海面水温差值

(据 Ramage,1986)

经过不断探索，人们发现厄尔尼诺现象与一种被称为南方涛动的现象几乎同时发生。南方涛动(Southern Oscillation)是指热带太平洋与热带印度洋之间气压变化呈反相关的振荡现象。它是 20 世纪 20 年代英国气象学家沃克(G. Walker)在研究印度季风雨预报时首先发现的。当以复活节岛为中心的高压系统气压升高时，盘踞在印度尼西亚和北澳大利亚上空的低压系统的气压相应下降。为使这种现象定量化，沃克定义了一个南方涛动指数(*SOI*)，由东西太平洋气压值之差算出。涛动愈强表示高压的气压愈高，低压的气压愈低，东西太平洋气压差大于正常值，则 *SOI* 为正；相反，涛动弱时差值小于正常值，则 *SOI* 为负。J. Bijerknes(1966)发现，*SOI* 从高值下降到最低值时，厄尔尼诺达到鼎盛。图 3 - 50 表明南方涛动指数与秘鲁沿岸奇卡马港的水温距平之间具有明显强相关性。厄尔尼诺 - 南方涛动事件的内在联系，是全球海气相互作用的强烈信号，所以人们常合称为“ENSO”。观测事实证明，ENSO可以触发波及全球2/3地区的重大气候灾害。

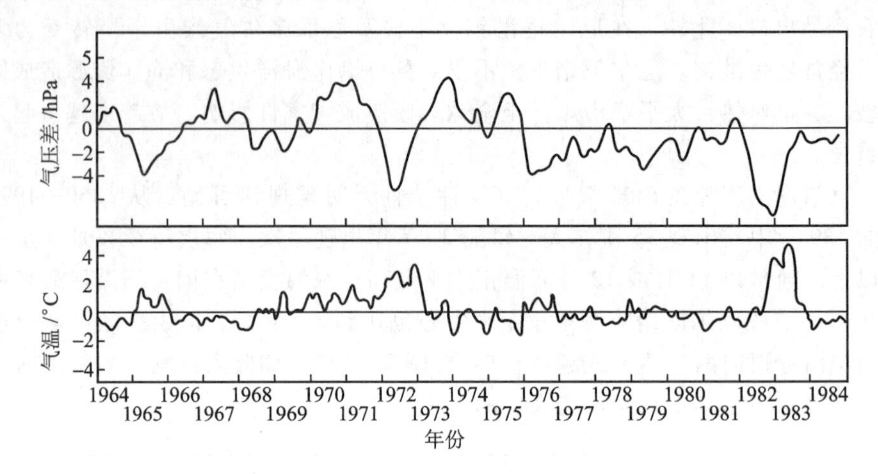

图3-50 *SOI*与奇卡马港水温距平之间的关系

（据Ramage，1986）

（三）气候形成的地理因子

地理因子通过对辐射因子与环流因子的影响而作用于气候。任何气候都与一定的地区相联系，即气候现象是结合所在的地理环境而出现的。地理环境使得地球气候既具有纬度地带性，又具有非地带性特征。因此，离开地理环境无从分析气候成因。

1. 海陆分布对气候的影响

海陆的物理性质不同，对太阳辐射能的吸收与反射，热能内部交换，热容量大小以及地-气和海-气热量交换的形式等都有显著差异，致使同纬度、同季节海洋和大陆的增温与冷却显著不同，海上和陆上的气温差异明显。不仅破坏了温度的纬度地带性分布，而且影响到气压分布、大气运动方向及水分分布，使同一纬度内出现海洋性气候与大陆性气候的差异。洋面、海岛和经常受海洋气流影响的大陆海岸带具有典型的海洋性气候；大陆内部，海洋气流影响不及或微弱的地区则具有显著的大陆性气候特征。大陆性与海洋性气候的特征，可概括为表3-19。

表3-19 大陆性与海洋性气候比较

气候性质	气温					湿度	云量	降水		
	日较差	年较差	最热月	最冷月	春温-秋温			量	变率	时期
大陆性	大	大	7	1	正值	小	少	小	大	集中夏季

续表

气候性质	气温					湿度	云量	降水		
	日较差	年较差	最热月	最冷月	春温－秋温			量	变率	时期
海洋性	小	小	8	2	负值	大	多	大	小	全年均有，冬季较多

从凡伦西亚、伊尔库茨克、青岛与兰州四地的气温、降水对比可以清楚地说明温带海洋性候与大陆性气候的差异。凡伦西亚位于大西洋岛屿上，受海洋影响显著，气温年较差很小，冬暖夏凉，秋温（10 月）高于春温（4 月）；降水丰富且年内分配均匀，为典型海洋性气候。伊尔库次克位处亚欧大陆内部，气温的年较差很大，夏季暖热，冬季严寒，春温高于秋温；降水较少，且集中在6—8 月，具有显著的大陆性气候特点（表 3－20）。

青岛位于大陆东岸，在东亚季风控制下，受极地大陆气团影响，年较差大，降水相对集中于夏季。最冷月出现在 1 月，属于大陆性季风气候。而兰州的大陆性比青岛更为明显。由此可见，靠近海洋也不一定是海洋性气候，而大陆内部则大都是大陆性气候。

2. 洋流对气候的影响

洋流是海洋中具有相对稳定的流速和流向的海水。它可从低纬度向高纬度传输热量，又能从高纬地区向低纬输送海冰和冷水。据卫星观测资料，在20°N地带，洋流由低纬向高纬所传输的热量约占地－气系统总热量传输的74%，而在 30～35°N 间总传输热量的 47% 是由洋流传输的。因此，洋流对气候的形成具有重要作用。

首先，洋流的热量输送对大陆东西岸的气温差异起着很大的作用。自低纬度流向中高纬度的暖洋流使所经海面及其邻近地区气温偏高，而自中高纬度海域流向低纬度的冷洋流使所经海面及邻近地区气温偏低。最显著的例子是墨西哥湾流使 55～70°N 之间的欧洲西岸冬季温度保持在 0 ℃以上，比同纬度大陆东岸高 16～20 ℃。因而位于 70°N 的摩尔曼斯克港全年不封冻，深入极圈的西斯匹次卑尔根附近（81°N）夏季不结冰。一般说来，由于大洋两岸洋流性质不同，温带纬度大洋西岸温度低于东岸，亚热带纬度的温度则大洋东岸低于西岸（表 3－21）。当然，两岸温度差异也与陆上的环流特征有关。

其次，冷暖洋流对所经之地的降水也有较大影响。经过洋流上空的气团，由于海－气温度差异将发生变性。冷空气在暖洋流上流过将逐渐变为暖湿海洋

表 3-20 海、陆气候对比

地点	要素	1月	2月	3月	4月	5月	6月	7月	8月	9月	10月	11月	12月	年平均气温/℃ 年降水总量/mm	气温年较差/℃
凡伦西亚	气温/℃ 降水/mm	7.2 140	6.7 132	7.2 114	8.1 94	11.1 81	13.9 81	15.0 96	15.0 122	13.9 104	10.6 142	8.9 140	7.2 167	10.4 1 413	8.3
伊尔库茨克	气温/℃ 降水/mm	-21.1 15	-18.5 12	-10.2 10	0.3 15	8.0 30	14.3 58	17.2 24.3	14.8 60	7.8 40	-0.2 17	-10.7 15	-18.2 20	-12.0 368	38.3
青岛（1961—1970年）	气温/℃ 降水/mm	-2.7 7.3	-0.6 13.3	4.9 16.7	10.9 33.9	16.9 51.4	20.8 67.1	24.3 24.7	25.6 163.7	20.4 130.2	14.5 46.2	7.5 36.2	0.2 8.2	11.9 835.8	28.3
兰州（1961—1970年）	气温/℃ 降水/mm	-7.3 0.8	-2.8 1.2	5.0 7.5	11.5 23.4	17.0 44.4	20.1 28.7	22.0 58.3	21.0 75.9	15.5 52.5	9.6 32.2	1.3 6.3	-5.6 0.8	8.9 331.5	31.7

性气团，当它移向大陆时易于发生降水。空气与冷洋流接触则增加其稳定性，虽难于致雨但多雾，使海雾成为冷洋流或冷水海岸的气候特征之一。澳大利亚、非洲和南美洲西岸干旱荒漠气候的形成都与沿岸冷洋流有关。

表 3-21 大洋两岸的温度差异(据高国栋等,1990)

大洋	地点	北纬/(°)	东西岸	气温/℃		
				最冷月	最热月	年平均
北太平洋	庙街	53.2	西	-22.9	16.4	-2.5
	东卡斯堡	54.8	东	1.1	15.1	8.1
	东京	35.7	西	3.0	25.4	13.8
	旧金山	37.8	东	9.7	15.3	12.8
北大西洋	纳音	57.2	西	-19.9	10.6	-3.8
	阿伯丁	57.2	东	2.9	14.3	8.2
	纽约	40.8	西	-1.0	23.1	10.9
	里斯本	38.7	东	10.3	21.8	15.9

3. 地形对气候的影响

海拔高度、地表形态、方位(坡向和坡度)等影响水热条件的再分配，从而对气候产生影响。

地形对温度的影响主要表现在气温随着海拔升高而降低。在对流层自由大气里高度每上升 100 m，气温平均下降 0.65 ℃。海拔愈高下降率愈大。季节上则以夏季最大，冬季最小(表 3-22)。高大山体阻碍气流运行，不利于寒潮或热浪推进，使山地两侧温度悬殊。例如东西走向的秦岭，1 月份山南气温比山北同高度处高 5 ℃以上，7 月份高 1 ℃以上，年均温约高 3 ℃。

表 3-22 中国不同地区的温度递减率 单位:℃/100 m

地区	测站	高度差/m	1 月	4 月	7 月	10 月
天山南坡	阿克苏—阿合奇	883	0.03	0.57	0.59	0.31
天山北坡	乌鲁木齐—小渠子	1 266	-0.40	0.50	0.74	0.40
祁连山北坡	玉门市—旧玉门市	800	-0.03	0.49	0.50	0.26
贺兰山区	银川—贺兰山	1 789	0.29	0.59	0.64	0.50
秦岭北区	潼关—华山	1 703	0.32	0.43	0.50	0.41
秦岭南坡	佛平—双庙	860	0.61	0.69	0.52	0.54
长江中段	九江—庐山	1 132	0.39	0.44	0.61	0.53
天目山区	昌化—天目山	1 328	0.43	0.47	0.57	0.50
括苍山区	仙居—括苍山	1 324	0.38	0.40	0.60	0.59

地形对降水也有显著影响。水汽含量通常随海拔高度增加而减少，所以面积辽阔的高原内部降水量一般较少。山地降水与高原不同，迎风坡降水量显著高于背风坡。在同一坡向上，降水有随高度而增加的趋势。但这种增加只发生在一定限度之内。这个限定高度称为“最大降水高度”。同一地区山地降水量总比山下多(表3-23)。

表3-23 山顶与山麓降水量与降水日数的比较

地　点	海拔高度/m	年降水量/mm	年降水日数/d
乌鞘岭	3 045	476.8	143
松山	2 727	270.8	107
华山	2 065	753.1	132
西安	397	624.0	100
五台山	2 896	1 128.2	152
原平	837	507.9	81
泰山	1 534	1 210.9	101
泰安	129	711.6	80
黄山	1 941	2 490.5	186
黄山市	147	1 811.6	156
庐山	1 215	1 833.7	166
九江	32	1 493.7	148
衡山	1 266	2 231.9	182
衡阳	103	1 353.0	154
峨眉山	3 137	2 033.9	269
峨眉山市	447	1 668.7	191

山地水热状况具有明显垂直变化，并可形成垂直气候带。山地本身还往往成为气候区域的界线。

三、气候带和气候型

(一) 低纬度气候

低纬度气候受赤道气团和热带气团控制，全年气温高，最冷月均温在15～18 ℃以上。影响气候的主要环流系统有热带辐合带、信风、赤道西风、热带气旋和亚热带高压。根据这些系统的季节移动，低纬度气候可分为以下五种类型(图3-51)。

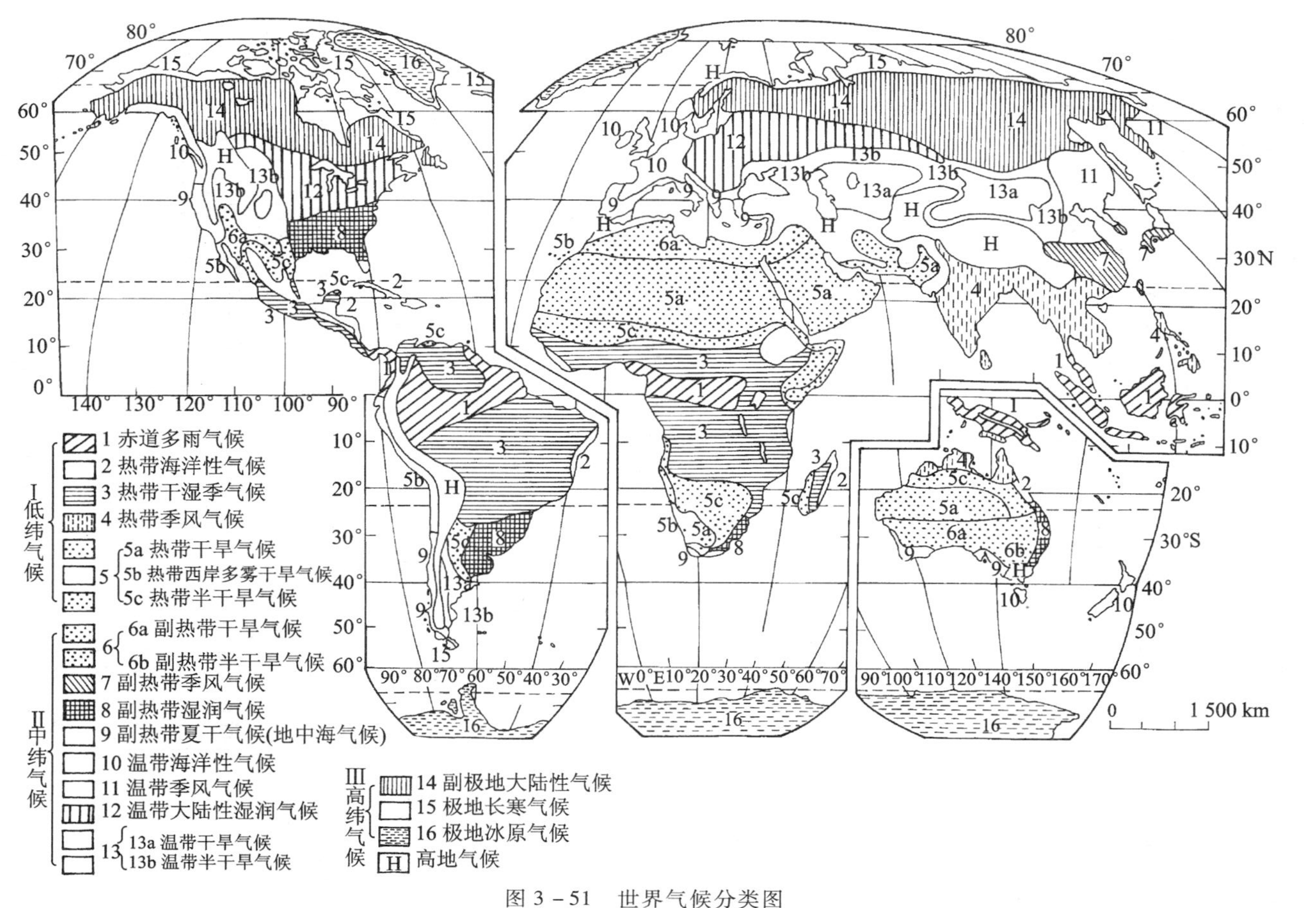

图 3－51　世界气候分类图

（据周淑贞,1979 修改）

1. 赤道多雨气候

出现于赤道两侧南北纬5°～10°之间，如非洲刚果河流域、南美洲亚马孙河流域以及亚洲的印度尼西亚等。这类气候终年受赤道低压槽控制，盛行赤道气团。全年正午太阳高度角大，昼夜基本等长，一年有两次受到太阳直射。其气候特点是全年长夏而无季节变化，年均温在26 ℃左右，各月均温在25～28 ℃。年降水量大都超过2 000 mm，年内分配较均匀，最少月降水量超过60 mm。由于全年高温多雨，植物生长不受水分限制，适宜热带雨林发育，森林高大茂密，物种繁多，是世界生物生长率最高的地方，植物资源极为丰富。

2. 热带海洋性气候

出现在南北纬10°～25°信风带大陆东岸及热带海洋中的岛屿上，如中美洲加勒比海沿岸及其以东岛屿、南美洲巴西高原东侧沿岸狭长地带、非洲马达加斯加岛东岸、太平洋夏威夷群岛和澳大利亚东北部沿岸地带。终年受热带海洋气团控制和信风影响。全年气温高，最冷月均温在25 ℃以下，年较差比赤道多雨气候稍大。全年降水多，夏秋季节相对集中，但无明显干季。

3. 热带干湿季气候

出现在赤道多雨气候区外围，主要分布于中南美和非洲5°～15°纬度带内。由于赤道低压带的南北移动，年内有干湿季的变化。干季出现在正午太阳高度角小的时期。此时本区处于信风带下，受热带大陆气团控制，盛行下沉气流。当太阳直射点移至本区时，盛行赤道气团，处于热带辐合带之下，潮湿多雨，形成雨季。全年气温较高，最冷月均温在16～18 ℃以上，最热月出现在干季末雨季前，称为热季。年降水量750～1 000 mm。自然植被以高草原为主，散生耐旱乔木，形成热带疏林草原，又称萨瓦纳(Savanna)。

4. 热带季风气候

出现于纬度10°到回归线附近的大陆东岸，如我国台湾南部、雷州半岛和海南岛、亚洲中南半岛、印度半岛大部分地区、菲律宾群岛和澳大利亚北部沿海地带。其环流特征是热带季风发达，热带气旋活动频繁。如北半球夏季在南亚大陆上形成热低压，这里盛行西南变向信风即夏季风。冬季大陆上发展成高压，盛行由大陆吹向海洋的东北风即冬季风。本区水汽充足，热带辐合带上升气流旺盛，在地转偏向力作用下易形成热带气旋。全年气温高，年均温超过20 ℃，最冷月均温一般在18 ℃以上。年降水量在1 500～2 000 mm以上，集中在夏季，有干湿季存在。自然植被为热带季雨林。

5. 热带干旱与半干旱气候

出现在亚热带高压带和信风带内的大陆中心和西岸纬度15°～25°间。因干旱程度和气候特征差异又分为三个气候亚型。

(1) 热带干旱气候型。主要分布在非洲撒哈拉沙漠、西南亚的阿拉伯沙漠、澳大利亚西部和中部沙漠、南美洲的阿塔卡马沙漠地区。终年受亚热带高压控制或处信风带的背风岸，加上沿岸有冷洋流经过，降水量少(不足125 mm)且变率大，气温高，气温年、日较差大，云量少，日照强烈，蒸发强，相对湿度小。

(2) 热带西岸多雾干旱气候型。分布在热带大陆西岸，由于受沿岸加利福尼亚寒流、秘鲁寒流、加那利寒流和本格拉寒流影响，气层稳定，降水量稀少，多雾的荒漠可延伸到海岸带，气温年较差小，最冷月均温低于20 ℃。

(3) 热带半干旱气候型。分布在热带干旱气候区外缘，是干旱气候和湿润气候间的一种过渡类型。该类气候有短暂雨季，出现在太阳高度角较大的季节，年降水量250～750 mm。

(二) 中纬度气候

中纬度是热带气团和极地气团相互作用的地带。最冷月均温低于15～18 ℃，有4～12个月平均气温大于10 ℃，四季较分明。影响气候的主要环流系统有极锋、盛行西风、温带气旋和反气旋、亚热带高压和热带气旋等。天气的非周期性变化和降水季节变化都很显著。中纬度带范围广，气候形成因子复杂，气候类型也多种多样。

1. 亚热带干旱与半干旱气候

出现于南北纬25°～35°间的大陆内部和西岸，如北非、南非部分地区、近东、美国西南部、墨西哥北部、阿根廷的潘帕斯和巴塔哥尼亚、澳大利亚南部。也是在副热带高压下沉气流和信风带背岸风作用下形成的。因干旱程度不同，又分两种亚型。

(1) 亚热带干旱气候。它是热带干旱气候向高纬度的延续，因所处纬度稍高，与热带干旱气候相比，凉季气温较低，且有气旋雨。

(2) 亚热带半干旱气候。分布在亚热带干旱区外缘，夏季气温稍低，冬季降水量稍多，能维持草类生长。

2. 亚热带季风气候

出现于亚热带大陆东岸，纬度25°～35°间，如我国秦岭—淮河以南、热带季风气候以北地区，日本和朝鲜半岛南部。是热带海洋气团和极地大陆气团交替控制地带。夏热冬温，四季分明，季风发达。最热月均温一般高于22 ℃，最冷月气温在0～15 ℃之间。年降水量在150～1 000 mm以上，夏半年降水量通常占全年的70%。气候条件适宜常绿阔叶林生长，自然景观表现为亚热带季风林。

3. 亚热带湿润气候

主要分布在南北纬25°~35°间的北美洲大陆东岸、墨西哥湾沿岸、南美洲和非洲的东南海岸及澳大利亚东岸。那里纬度、海陆位置和东亚亚热带季风气候区相似，但海陆热力差异不如东亚突出，因此未形成季风气候。气候特征与亚热带季风气候相似，但冬夏温差比亚热带季风气候区小，降水量年内分配较亚热带季风气候区均匀。冬季温带气旋活动频繁，冬雨可占年降水总量的40%。自然景观亦与亚热带季风气候区相似。

4. 亚热带夏干气候(地中海气候)

出现于南北纬30°~40°之间的大陆西岸，如地中海沿岸、加利福尼亚沿岸、智利中部沿岸、非洲和澳大利亚南端。夏季受副高中心或其东缘影响，气流下沉，不利于云雨产生，十分炎热干燥。冬季副热带高压南移，受西风带控制，气旋活动频繁，温暖、多雨。最冷月气温在4~10 ℃左右，年雨量约为300~1 000 mm。冬暖湿润，夏热干燥，高温和多雨不一致。植物为度过炎热干燥的夏季，树叶多革质化，植被以硬叶常绿灌木林为主。贴近大洋沿岸有冷洋流经过的地区最热月均温不足22 ℃，为凉夏型地中海气候，夏季凉爽多雾，日照不强且干燥少雨。

5. 温带海洋性气候

出现在纬度40°~60°的温带大陆西岸。欧洲西北部的英国、法国、荷兰、比利时、丹麦和斯堪的纳维亚半岛南部，阿拉斯加南部，加拿大不列颠哥伦比亚，美国华盛顿州和俄勒冈州，澳大利亚东南角，塔斯马尼亚岛和新西兰都属此气候类型。终年盛行西风，受海洋气团控制，冬暖夏凉，气温年较差小。最冷月均温在0 ℃以上，比同纬度大陆温度高。最热月均温在22 ℃以下。气旋活动频繁，全年湿润，冬雨相对较多。年降水量700~1 000 mm，迎风山地可达2 000 mm以上。

6. 温带季风气候

主要分布在35°~55°N的亚欧大陆东岸，包括我国华北和东北，朝鲜半岛大部，日本北部及俄罗斯远东地区。冬夏风向差别显著，季节变化明显，天气的非周期性变化突出。冬季受温带大陆气团影响，寒冷干燥，南北温差大。夏季受温带海洋气团或变性热带海洋气团控制，暖热多雨，南北温差小。最冷月均温在0 ℃以下，最热月均温超过22 ℃。年降水量500~600 mm，6—8月降水量超过全年的70%，冬季雨雪稀少。

7. 温带大陆性湿润气候

主要分布在亚欧大陆温带海洋性气候区东侧和北美洲大陆100°W以东40°~60°N之间的地区。气温、降水和温带季风气候类似，但风向、风力季节变化不明显。冬季不太寒冷，冬雨稍多；夏季有对流雨但不十分集中。温带海洋性气候、温带季风气候和温带大陆性湿润气候区域中，植被在偏南地区以夏绿阔叶林为主，北部为针阔叶混交林带。

8. 温带干旱与半干旱气候

主要分布在35°~50°N的亚洲和北美洲大陆中心地带，南美洲阿根廷大西洋沿岸巴塔哥尼亚。此类气候又可分为温带干旱气候和温带半干旱气候两个亚型。

（1）温带干旱气候。一般年降水量在250 mm以下，植物种类异常贫乏，自然景观为各种荒漠。

（2）温带半干旱气候。年降水量约在250~500 mm左右，植被为矮草草原，其形成主要是由于位居大陆中心或沿海有高山屏障，终年受大陆气团控制所致。

（三）高纬度气候

高纬度气候带分布在极圈附近，盛行极地气团和冰洋气团。低温无夏是该气候带最显著的特征。降水虽少，但因蒸散弱，加之冻土发育，排水不畅，自然景观无干旱型，反而有大片沼泽。

1. 副极地大陆性气候

主要出现于北半球高纬度地区，约自50°N（或55°N）~65°N呈连续带状分布。如北美洲从阿拉斯加经加拿大到拉布拉多和纽芬兰的大部分地区，亚欧大陆斯堪的纳维亚半岛北部、芬兰、俄罗斯西部和东部等地区。作为极地大陆气团源地，终年受极地海洋气团和极地大陆气团影响和控制。冬季漫长而严寒，至少有9个月；暖季短促，10 ℃以上月份只有3个月。年降水量少，并集中于夏季。东西伯利亚年降水量不超过380 mm，加拿大不超过500 mm。植被为针叶林，沼泽分布也很广。

2. 极地长寒气候（苔原气候）

主要分布在亚欧大陆和北美洲大陆北部边缘、格陵兰沿海地带和北冰洋中的若干岛屿上。南半球则分布在马尔维纳斯群岛、南设得兰群岛和南奥克尼群岛等地。那里全年皆冬，一年中只有1~4个月平均气温在0~10℃。降水量一般在200~300 mm，蒸发微弱，沿岸带多云雾。冬季温度虽与副极地大陆性气候相差无几，且很多地方严寒程度不如副极地大陆性气候，但因最热月均温不足10 ℃，限制了乔木生长发育，植被为苔藓、地衣和小灌木等，从而构成苔原景观。

3. 极地冰原气候

出现在格陵兰、南极大陆冰冻高原及北冰洋中靠近北极的若干岛屿上，是冰洋气团和南极气团源地。全年严寒，各月温度皆在0 ℃以下，年平均气温为全球最低。如北极地区年平均气温为-22.3 ℃，南极大陆的年平均气温约

-28.9 ~ -35 ℃。年降水量小于250 mm，全部降雪。即使极昼也不融化，经长期积累形成冰原。

（四）高地气候

高地气候出现在约55°S ~ 70°N之间的大陆高山高原地区，在北半球中纬度地区分布较广，南半球主要分布于安第斯山地。自山麓到山顶各气候要素发生规律性变化，表现出明显的气候垂直带性。高山带随着高度增加，空气愈来愈稀薄，空气中的二氧化碳、水汽和微尘逐渐减少，气压降低、风力增大，日照增强、气温降低。在一定坡向和高度范围内降水量随高度而加大。上述诸要素的垂直变化导致不同高度上具有不同的水热组合，从而形成不同的高地气候带。自山麓到山顶出现的高地气候带与山体所在地区向极地过渡出现的水平气候带略为类似，但成因不同。

第五节 气候变化

一、气候变化简史

根据不同的时间尺度，地球气候史通常分为地质时期气候、历史时期气候和近代气候三个阶段。地质时期的气候距今22×10^8—1×10^4年，以冰期与间冰期交替出现为特点，时间尺度在10×10^4年以上，温度振幅为10 ~ 15 ℃。历史时期气候一般指第四纪末次冰期结束以来，即1×10^4年的所谓“冰后期”气候，经历了冷暖相差5 ~ 10 ℃的波动。近代气候则指最近一二百年中有气象观测记录时期的气候。由于积累了大量较为精确的气象资料，人们对这段时间气候变化的了解程度远超过前两个时期。

（一）地质时期的气候变化

地质时期地球曾经历过几次大冰期气候。其中最近的三次大冰期气候都具有全球性意义，发生时间也比较肯定。这就是震旦纪大冰期、石炭－二叠纪大冰期和第四纪大冰期。前震旦纪也可能反复出现过大冰期，如所谓太古代大冰期和元古代大冰期，但时代不明确，证据也不够充分。大冰期常持续数千万年。大冰期之间约隔2×10^8 ~ 3×10^8年，为大间冰期（表3－24）。但地球气候发展过程总体上以温暖气候为主，温暖时期约占整个地球气候史的90%。

表 3-24 地球古气候史地质年代表（2021）

<table>
<tr><th colspan="4">地质年代</th><th colspan="2" rowspan="2">地壳运动与地质概况</th><th colspan="2" rowspan="2">气候概况</th></tr>
<tr><th>代</th><th>纪(系)</th><th>符号</th><th>距今年龄/10^6 a</th></tr>
<tr><td rowspan="3">新生代</td><td>第四纪</td><td>Q</td><td>2.58</td><td rowspan="3">喜马拉雅运动</td><td>地壳缓慢的升降运动</td><td colspan="2">第四纪大冰期
氧气含量达现代水平
气温开始下降</td></tr>
<tr><td>新近纪</td><td>R</td><td>23.03</td><td rowspan="12">喜马拉雅造山运动主要时期
煤形成
火山运动
海侵
燕山运动主要时期（造山运动强烈）
中国、欧洲、北美出现红色、紫色土层
海洋继续增加容积
大火山作用
阳新统和乐平统造山运动
陆相或海相沉积
海西运动开始
海相沉积
大规模造山运动
地层运动平静
海侵海退交替
地层运动平静
多海相沉积</td><td rowspan="5">大间冰期气候</td><td rowspan="2">东亚大陆趋于湿润</td></tr>
<tr><td>古近纪</td><td>E</td><td>66</td></tr>
<tr><td rowspan="3">中生代</td><td>白垩纪</td><td>K</td><td>145</td><td rowspan="3">燕山运动</td><td rowspan="3">世界气候均匀变暖
表现为热带气候
干燥气候继续发展
干燥气候
湿热气候
大气氧随波动速率增加
气候炎热，氧化作用强烈</td></tr>
<tr><td>侏罗纪</td><td>J</td><td>201</td></tr>
<tr><td>三叠纪</td><td>T</td><td>252</td></tr>
<tr><td rowspan="7">古生代</td><td>二叠纪</td><td>P</td><td>299</td><td rowspan="2">海西运动</td><td rowspan="2">大冰期气候</td><td rowspan="2">世界性的湿润气候
广布冰盖，尤其是南半球
CO_2 含量急剧下降</td></tr>
<tr><td>石炭纪</td><td>C</td><td>359</td></tr>
<tr><td>泥盆纪</td><td>D</td><td>419</td><td rowspan="5">加里东运动</td><td rowspan="5">大间冰期气候</td><td rowspan="5">气候带呈明显的分区
气候更趋暖化
气候增暖且干湿气候带分异明显，形成欧亚大陆三个明显的气候带</td></tr>
<tr><td>志留纪</td><td>S</td><td>444</td></tr>
<tr><td>奥陶纪</td><td>O</td><td>485</td></tr>
<tr><td>寒武纪</td><td>∈</td><td>541</td></tr>
<tr><td>震旦纪</td><td>Z</td><td></td></tr>
</table>

续表

<table>
<tr><th colspan="4">地质年代</th><th colspan="2" rowspan="2">地壳运动与地质概况</th><th rowspan="2">气候概况</th></tr>
<tr><th>代</th><th>纪(系)</th><th>符号</th><th>距今年龄/10^6 a</th></tr>
<tr><td>元古代
——
太古代</td><td>主要根据南非古老地层划分的地质年代和地质运动</td><td></td><td>1 000
1 200
1 500
2 000
3 000
3 300
4 000</td><td>吕梁运动
五台运动
劳伦运动</td><td>主要岩层为沉积岩上贝克白云地层(加利福尼亚)
燧石藻地层(安大略)
无花果树地层
地壳岩石、海洋形成
地壳分化</td><td>大冰期气候
氧占现代水平的3%~10%
氧占现代水平的1%
氧化大气的出现
元古代大冰期气候
太古代大冰期气候</td></tr>
<tr><td colspan="2">地球初期发展阶段</td><td></td><td>4 600</td><td></td><td colspan="2">地球形成</td></tr>
</table>

大冰期中包括若干亚冰期与亚间冰期，冰期中最冷即冰盖最盛时，气温约比现今低 10～12 ℃。间冰期则比目前气候暖，北极气温比现代高 10 ℃以上，低纬地区比现代高 5.5 ℃左右。

（二）历史时期的气候变化

大约 1.8×10^4 年前，末次冰期达到最盛。1.4×10^4 年前冰盖开始迅速融化，从而进入冰后期即全新世。此期气候回暖，冰盖消融，大陆冰川后退。关于冰后期 1×10^4 年来气候的冷暖情况，挪威气候学家曾作出 1×10^4 年来挪威的雪线升降图(图 3－52)。图中实线上升阶段表示雪线升高，气候变暖；实线下降阶段表示雪线降低，气候变冷。挪威以及西北欧地区的现代雪线高度一般在 1 600 m 左右，雪线高于 1 600 m 的时期比现代温暖，雪线低于 1600 m 的时期比现代寒冷。竺可桢曾根据我国古代文字记载和考古发现，绘出了中国近 5 000 年的年温度变化曲线(图 3－52 虚线)。由图可看出两条曲线的变化趋势大体一致。

根据 1×10^4 年挪威雪线的变化，有人把历史时期的四次比较寒冷的时期比拟为冰期，每两次寒冷期之间为相对温暖时期。第一次寒冷时期距今约 8 000—9 000 年，主要冷期在公元前 6 300 年前后，是末次冰期最近一次副冰期的残余阶段，称为第一新冰期；第二次寒冷时期是公元前 5 000—公元前 1 500 年的气候温暖时期中出现的一次气候转寒时期，主要寒冷期在公元前 3 400 年左右，两半球各山区均出现冰川推进，称为第二新冰期；第三次寒冷时

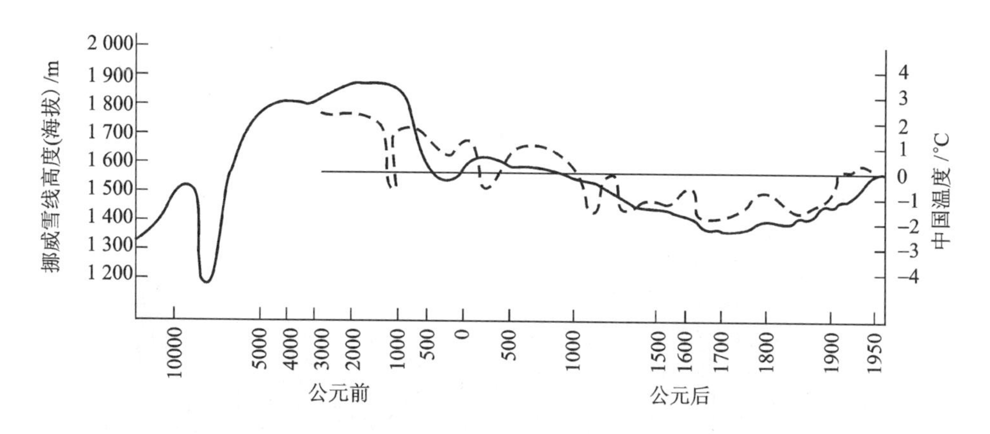

图 3－52　1×10^4 年来挪威雪线高度和近 5 000 年来中国气温变化图

期发生在公元前 1 000 年到公元 100 年之间，主要寒冷期在公元前 1 300—公元前 830 年之间，称为第三新冰期；第四次寒冷时期是在公元 1 550 年到 1 850 年间，主要寒冷期在公元 1725 年前后，在欧洲称为“现代小冰期”。小冰期可能是近 7 000 年来最冷的一段时间，温度比现在低 1～2 ℃。世界各地普遍出现冰进，是 20 世纪增暖现象的背景。

上述四个寒冷时期在图 3－52 挪威雪线高度中都有很好的反映。每两个寒冷期之间为相对温暖时期。第一温暖时期的主要暖期发生在距今 7 000 年左右，气温比现代高 1～3 ℃，称为“气候最适宜期”（climatic optimum）或全新世高温期。第二温暖时期的主要暖期发生在距今 4 000 年左右。由于这两次温暖时期之间的寒冷阶段降温幅度较小，往往合称为“全新世大暖期”。第三温暖时期发生在公元 900—1 300 年之间，被称为“中世纪暖期”或“小气候适宜期”（little climatic optimum）、中纬度气温至少比现代高 1 ℃，海平面比现代高 0. 5 m。

在过去 2000 年温度变化序列的重建中，以 Mann 等基于树轮等资料重建的北半球过去 1000 年温度变化序列在学术界的影响最大（Mann，1999）（图 3－53），且被 IPCC2000 年报告等所引用。Mann 等人应用 100 多个站点重建的过去 1 000 年北半球年平均温度序列可说是最详细，统计意义最严格的序列重建工作，为了确信结果的可靠程度，使用了多种代用资料（年轮、冰芯、湖芯等），避免了单一代用资料对气候变化反映不完全的缺点。根据 Mann 等的序列，20 世纪后半叶的温度在至少过去 1 000 年的变化尺度中是最暖的，1990’s 是 20 世纪最温暖的十年，也是过去 1 000 年中最暖的十年，1998 年可能是最温暖的一年。

（三）近代气候变化

通常指近一二百年间发生的气候变化。这段时期始于小冰期末的冷期，以

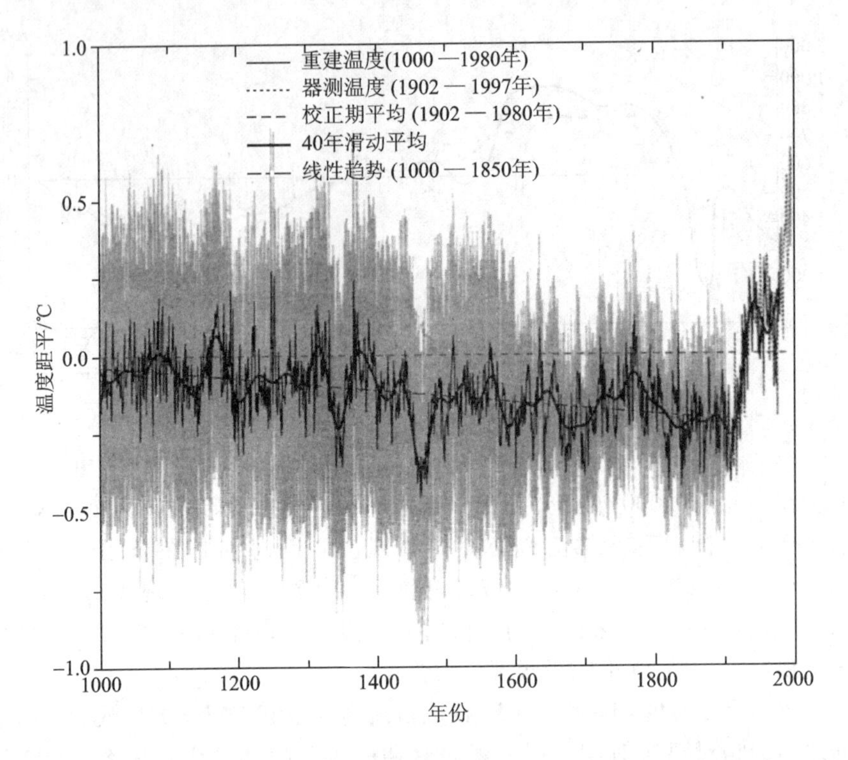

图 3-53 Mann 重建的北半球近 1000 年平均温度变化序列
（据 Mann,1999）

后气温上升，在 20 世纪 20—40 年代变暖达到高峰。以后气温略有下降。80 年代以来再次回暖，故有时统称为 20 世纪变暖。政府间气候变化专门委员会(IPCC)第一工作组于 2007 年 2 月 2 日发布的第四次评估报告明确指出，近 100 年(1906—2005 年)地球表面平均温度上升了 0.74 ℃，近 50 年的线性增温速率为 0.013 ℃/a，1850 年以来最暖的 12 个年份中有 11 个出现在近期的 1995—2006 年。

尽管存在种种不确定性，人们仍普遍接受近百年全球气温上升的结论。全球变暖不仅在时间上不同步，而且在空间上明显具有半球差异、海陆差异和区域差异。从 20 世纪 30 年代末到 60 年代中期，北半球陆地气温基本上呈线性下降了 0.2 ℃，而南半球温度基本保持稳定。海平面温度变化和陆地气温大致相似，但北半球 20 世纪初的一次约 0.1～0.2 ℃的迅速降温和 20 世纪 50 年代到 70 年代中期的降温，海面温度变化比陆地滞后约 5 年；而南半球海面温度直到 20 世纪 20 年代末基本保持稳定。始于 70 年代中期的南半球海面温度持续增高前也不像北半球那样有明显降温。气候变暖还有明显的季节差异和纬度差异，冬季增温幅度高于其他季节；高纬度增暖幅度也比低纬度大。

近百余年来，降水的变化远比温度变化复杂。纬圈环流强盛时高纬度降水增加而低纬度减少，中纬度大陆西岸降水增多，东岸减少；在纬圈环流衰弱时期，中纬度降水增加，高纬度降水减少，中纬度大陆东岸降水增加，西岸降水减少。半球和全球平均降水存在着超过10年时间尺度的明显振荡。如北半球平均降水约从1880年以前开始到1920年左右有明显下降，1950年以后逐渐回升，到70年代后期又一次下降；南半球从40年代初开始到70年代中期有一个较长时段的降水增加。降水变化的季节差异也很明显，如自1940年以来春秋季全球平均降水有明显增加趋势，但夏季北半球降水没有这种趋势。降水变化的区域差异比温度变化差异更大，如非洲萨王纳地区夏季降水自1950年以来有很大减少，但俄罗斯及附近地区过去一个世纪中降水逐渐增加。目前，关于降水变化的具体原因尚未达成共识，但长时间尺度的降水变化，应与全球增暖背景下海洋表面各种过程及大气环流的变化相适应却是毋庸置疑的。

二、气候变化的原因

许多学者提出了不少假设或理论解释气候变化的原因。归纳起来大致分为两类，一类称为外部因子，一类称为内部因子。下垫面和环绕地球的太空称为外部因素，气候系统对这些因子没有反馈作用，故又称为气候强迫项。而内部因子主要指系统内部各组分的物理状态，它们之间有复杂的反馈作用。不过，内部与外部因子可以相互转化。例如，海洋内部的温度在较短时间尺度中是一种外部因子，但对较长的时间尺度而言必须作为一种内部因子考虑。在气候数值模式中，内部因子是变量，外部因子则作为参数出现。

（一）天文学方面的原因

气候系统之所以发生变化，根本原因是系统的热量平衡受到破坏。太阳辐射是地球接受的唯一外界能源，太阳辐射强度的变化、太阳活动的周期性变化和日地相对位置的变化，都可能成为气候变化的原因。

1. 太阳辐射强度的变化

太阳辐射可能在 $10 \sim 1 \times 10^9$ 年范围内变化。可见光辐射变化范围一般在0.5%~1.0%之间，最大不超过2.0%~2.5%。太阳辐射的变化主要表现在紫外线到X射线以及无线电波辐射部分，当太阳活动激烈时这部分辐射将发生强烈扰动。如果太阳辐射变化1%，气温将变化0.65~2.0 ℃（表3-25）。但气候变化与太阳常数变化间并非线性关系。例如，有的大气环流模拟（AGCM）证实，太阳常数增加2%时地面气温可能上升3 ℃；但减少2%时地面气温可能下降4.3 ℃。有的学者指出，太阳常数减少3%，极冰南界可向南推进约10个纬度。

表 3-25 太阳辐射变化 1% 可能造成的全球平均地面气温变化

(据王绍武,1994)

作者	方法	年份	温度变化/℃
Manabe、Wetherald	AGCM	1967	1.2
Будыко	EBM	1968	1.5
Будыко	气候资料	1969	1.1
Будыко	卫星资料	1975	1.1~1.4
Shneider、Mass	行星辐射平衡模式	1975	0.65
Manabe、Wetherald	AGCM	1975	1.5
Cess	卫星资料	1976	1.5
Будыко	气候资料	1977	1.2
North 等	EBM	1983	1.5
Hansen 等	AGCM	1984	2.0
Hansen 等	RCM	1988	0.7
赵宗慈	EBM	1990	1.5

2. 太阳活动的准周期变化

太阳活动是发生在太阳面上的一系列物理过程如黑子、光斑、耀斑、射电等活动过程的总称。这些过程使太阳辐射的光谱辐射和微粒辐射发生显著变动。太阳活动强烈时进入地球大气的微粒辐射和紫外线增强，可引起磁暴、电离层扰动、臭氧层变异及强烈的极光。通常用太阳黑子相对数表征太阳活动的强弱。太阳黑子即太阳光球上的暗黑斑点有明显的长短不等的准周期变化。其中最著名的为 11 年的基本周期，22 年的海尔周期(磁周)，以及 80~90 年代的世纪周期等。11 年周期是一个粗略的说法，平均周期应为 11.2 年，变动在 7.3~16.1 年间。黑子相对数量变化的每两个最低值年间为一个周期。1755 年被确定为第一周期(图 3-54)，目前正处在 23 周。

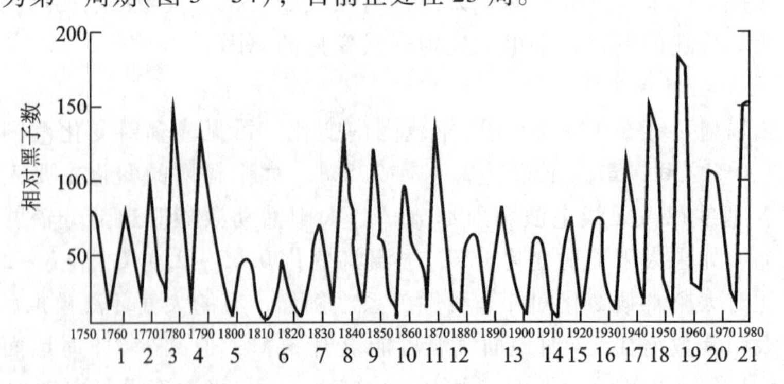

图 3-54 太阳相对黑子数

研究表明，太阳活动的准周期变化与气候振动有密切关系。多瑙河、莱茵河、密西西比河乃至长江的洪水记录，都表明洪水有 11 年、23 年、33 年的周期变化，并与黑子活动周期相对应。11 年周期太阳活动最强年与最弱年都比较冷，呈现较明显的双波振动，也存在单波振动。如中欧春季雨量负距平年份都集中在黑子极值后 1.0 ~ 2.1 年。许多研究工作还表明 22 年周期与大气环流、气温、入梅早晚均有关系。此外，格陵兰冰芯同位素分析表明，近 800 年中 80 年周期和 180 周期占明显优势。地球气候虽然存在 11 年周期，但太阳活动与气候的关系并不很稳定。例如，维多利亚湖的水位在 1889—1924 年间与太阳黑子的正相关达到 0.84，但在 1925 年后突然变为负相关，1925—1936 年相关系数为 -0.42。

3. 地球轨道要素的变化

日地相对位置变化，一般称为地球轨道要素变化。地球公转轨道椭圆偏心率、自转轴对黄道面的倾斜度及岁差均存在长周期变化。地球轨道要素的变化使不同纬度在不同季节接受的太阳辐射发生变化，通常用以解释第四纪冰期与间冰期的交替。1930 年，米兰科维奇综合地球轨道三要素计算纬度 25°、35°、45°、55°、65°过去 60×10^4 年的辐射量与现在的差异。发现距今 23×10^4 年前，65°N 的辐射量同现在 77°N 的辐射量相同，而 13×10^4 年前则与现在 59° 的辐射量相近似。因此，米兰科维奇认为 65°N 夏季太阳辐射强度是冰川形成的决定性因子。

地球公转轨道的偏心率(e)以 96 000 年为周期变化于 0 ~ 0.077 之间，现在为 0.017。偏心率导致全球平均太阳辐射的变化与 $(1-e^2)^{-\frac{1}{2}}$ 成比例[$(1-e^2)^{-\frac{1}{2}}\approx 1+0.5e^2$]，观测到的偏心率 $e<0.045$，由之产生的平均入射太阳辐射改变率仅为 0.1% ~ 0.2%。很多气候模式对此改变量都忽略不计。黄赤交角(ε)大约以 41 000 年为一周期，变动于 21.8° ~ 24.4°间，目前是 23.5°，并以每年 0.000 13°的速率减小。黄赤交角控制着辐射量的南北梯度和入射太阳辐射振幅的变化。当其变化于 22° ~ 24.5°范围内时，可使极地夏季辐射量改变 15% 左右。黄赤交角小将导致高纬度降温和热带地区升温；反之则引起高纬区升温和热带地区降温。岁差(π)造成春分点沿黄道向西缓慢移动。春分点约每 21 000 年绕行地球轨道一周，其位置变动可引起四季开始时间的移动和近日点、远日点的变化。大约 1×10^4 年前，北半球冬季处于远日点，近日点出现在夏季而不是现在的 1 月 3 日或 4 日。上述三个轨道参数的综合效应可引起夏季高纬度地区入射太阳辐射改变率达 30%。

（二）地文学方面的原因

地质时期中，下垫面的变化对气候变迁产生了深刻的影响。其中以地极移动(纬度变化)、大陆漂移、造山运动和火山活动影响最大。

1. 地极移动与大陆漂移

据估算，如地球为完全刚体，两极可以移动约3°；如果不是刚体，而是具有可塑性，则可能移动10°~15°。极移造成各地纬度变化，势必进而使气候发生变化，但短期内这种变化不可能很显著。

地质时代海陆分布与现在差别很大，且不断发生变化。由于海陆分布不一样，地表热力分布、大气环流和大洋环流也都有很大差别，从而形成各地质时代不同的气候特征。晚石炭纪之前南半球只有一块位于南极附近的冈瓦纳古陆，北半球则为统一的劳亚古陆。晚石炭纪后冈瓦纳古陆逐渐分裂并向低纬移动。因此，同一块陆地在不同地质时代具有不同纬度的气候。晚白垩纪海陆分布比较接近现代，但亚欧大陆尚未同阿拉伯半岛和非洲大陆连接，现在的南欧、东欧、中亚和青藏高原还是一片汪洋，当时的亚欧大陆南部自然形成温暖湿润的气候带。当时60°N以北的大陆面积远比现在大，北极地区、亚欧大陆和北美洲大陆北部必然形成比现在更严酷的寒冷气候。60°N以南的大陆面积既远小于海洋，也比现代小得多，所以北半球中低纬度气候比较温暖湿润。古近纪和新近纪海陆分布略似现代，但白令海峡较宽广，有利于洋流通过。到第四纪时，北极在大陆环绕中已处于半封闭状态，南极大陆已移到南极圈内因而终年陷入严寒。

2. 造山运动

地球表面在地质时代经历了一系列准周期性变化，即造山运动。造山运动使本来比较平坦的地球表面变得凹凸不平，从而增加了大气垂直方向上的扰动强度，降水增加。造山运动剧烈时降水增多、极地冰面扩展或云量增加本应使温度降低，但此时地幔向地表放热最多，应使温度升高。两种作用抵消的结果实际温度并无显著变化。直到3×10^7—5×10^7年后地幔对流停止，温度才开始降低，加上冰雪反射率的正反馈作用，使得冰期很快到来。因此，冰期总是滞后于造山运动即降水丰期3×10^7—5×10^7年。例如，第四纪大冰期与喜马拉雅造山运动有关；石炭-二叠纪冰期与海西运动有关；发生在下寒武纪和元古代的造山运动对应着5×10^8年前和7×10^8~8×10^8年前的大冰期。

海陆分布对气候变化也有很大影响，尤其是海峡的封闭可使洋流改向。例如，大西洋中格陵兰岛—冰岛—大不列颠岛间的水下高地，因地壳运动有时会露出海面，阻断墨西哥湾流向北进入北冰洋的通道，欧洲西北部失去湾流热量的影响因而强烈降温。当高地下沉到海底时，湾流进入北冰洋的道路畅通，西北欧气候即转暖。

3. 火山活动

愈来愈多的事实表明，火山活动也是气候变化的重要因素之一。火山爆发喷出大量熔岩、烟尘、二氧化碳、硫化物气体及水汽。气体和火山灰形成的巨大烟柱往往可冲入平流层下层直至50 km左右，随风系和涡流输送扩散到大片区域乃至全球，在中高纬度保持最大浓度，最后降落在极地。因此，火山灰尘幕对中高纬度影响最大。火山灰(气溶胶)存留在平流层，使大气混浊度和反照率增大，太阳总辐射减少，地面平均温度相应降低。一次强火山爆发造成的局地降温可达1 ℃或更高，半球或全球降温则一般不足0.5 ℃，即使如此，其对气候变化的影响已不容忽视。

据对近1500年来北半球火山活动资料的分析，火山活动频繁期总是对应冷期，火山沉寂时期对应暖期(图3－55)。例如，1550—1900年，特别是1750—1850年的火山喷发活跃期和“小冰期”有一定的对应关系。20世纪20—40年代的暖期几乎没有强火山爆发。此外，有人还指出，强火山爆发往往激发或促进厄尔尼诺发展。

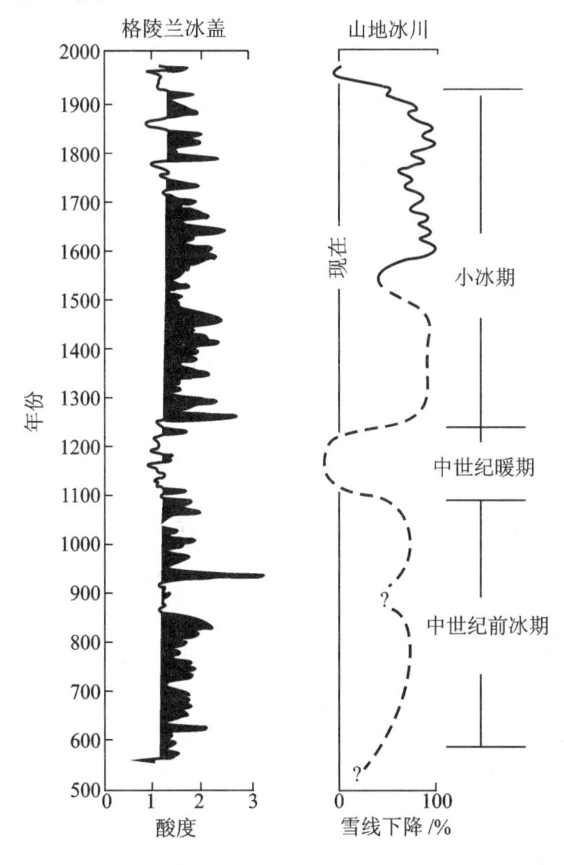

图3－55　格陵兰冰芯酸度(μ相对H^+/kg)及山岳冰川的相对雪线下降

(据Porter,1986)

（三）人类活动对气候的影响

人类活动对气候的影响规模与人口有关。公元之初，世界人口只有2.5亿；到1650年上升到5亿；1880年上升到10亿；1930年增加到20亿；1975年达到40亿；1999年达到60亿。人口急剧增长使得人类利用自然资源，改变自然环境的速度和规模迅速增加。最初，主要表现在改变地表面貌，影响下垫面的粗糙度、反照率和水热平衡，从而引起局地气候变化。在工业革命后的200年间，由于滥伐森林、盲目垦荒，人类活动对气候的影响日益广泛和深化。百万甚至千万人口以上的大城市迅速涌现且日益增多，城市建筑物的兴建和道路的铺设使大面积地表成为不透水下垫面，其粗糙度、反射率、辐射性能和水热收支状况发生巨大变化。城市排放的大量废气和余热也大大改变了城市的热状况，因而形成独特的城市气候。同时，城市作为大气污染源和热污染源，正在影响全球气候。

现在，全世界每年消耗数十亿吨燃料，燃烧产生的CO_2、烟尘和工业废气大量扩散到大气中，使大气成分发生变化。1983年的一项调查结果表明，近百年来世界气候变化的主要影响因子，按其重要程度排序为：CO_2浓度变化、城市化、海温变化、森林破坏、气溶胶、荒漠化、太阳活动、O_3、火山爆发及人为加热。由此可见，大气中CO_2的含量的变化已被当做近代气候变化的首要原因。

三、未来气候的可能变化

目前正处于第四纪大冰期中一个相对温暖的副间冰期后期。最近几十年国际上关于未来气候变化的预测主要有两种截然相反的看法。部分学者认为未来将会变冷：另一部分学者则认为将要变暖。

（一）变冷说

变冷说认为，到20世纪40年代为止，气候变暖已结束，并倒转为全球变冷。其主要依据是自20世纪40年代中期开始，特别是60年代以来，北极和近北极高纬地区气候明显变冷。60年代北大西洋冰冻范围扩大，形成了遍及欧洲、美洲、亚洲广大地区数十年未曾出现过的严寒；70年代以来北大西洋流冰数量较前数十年也明显增多，1972—1973年从格陵兰流入大西洋的冰山群就比以前增加5倍以上，冰山群在大西洋上向南漂流的界限也比以前偏南数百千米。美国的植物生长期比40年代缩短了半个月，北美洲的山岳冰川不仅不再退缩，反而开始前伸，亚欧两洲也有类似情况。

气候变冷趋势在气候要素值上也有反映。20世纪60年代以来，北半球纬度愈高处降温愈迅速，幅度也愈大。北冰洋中的法兰士约瑟夫群岛60年代冬季平均温度较50年代低近6 ℃。有人估计这种偏冷趋势可能以数十年为周期，因而还将持续 20～30 年；有人估计未来二三十年气候比 70 年代还冷。还有人认为 60 年代以来的气候变冷是“小冰期”到来的先兆，或者说已进入小冰期的第四个冷期。但实际情况是 70 年代中期后北半球气温又迅速回升，80 年代上升尤其迅速，以致 1988 年达到了近百年最暖的程度。

（二）变暖说

变暖说认为地球目前正进入一个“超间冰期”，即更为温暖的时期，地球的平均气温将逐渐增加，以致高纬度海冰和积雪融化，造成海面上升。其主要依据是人类活动影响气候的范围和程度正在扩大和日趋严重。近代工业迅速发展使大量温室气体进入大气层中，“温室效应”加剧使近地层空气增温。据估计，在过去两个世纪里，大气 CO_2 浓度增加了 25%，即其体积分数从 1850 年的 280×10^{-6}增加到 1989 年的 353×10^{-6}。目前仍以每年 0.5% 的速率增加。

除温室气体外，还有人工热的影响。目前美国大城市中的人工热一般已达到地表吸收的太阳净辐射热的 10%～15%；欧洲大城市更达 1/3。某些特大城市人工热甚至已超过太阳净辐射热。莫斯科的人工热已达太阳净辐射热的 3 倍；纽约曼哈顿区更达到太阳净辐射热的 6 倍。目前，世界人工热每年约增加 5%～6%，其长期气候效应不容忽视。

许多气候模拟研究结果指出，公元 2100 年大气 CO_2 浓度将会加倍，辐射－对流平衡气候模式估计，CO_2 浓度倍增将造成全球平均增温(3±1.5)℃。而三维气候模式估计的结果是增加 2.0～3.9 ℃(最可信值是 2.4 ℃)。1990 年，政府间气候变化专门委员会(IPCC)指出 21 世纪全球平均温度将以每年 0.2～0.4 ℃的增长率升高。2013 年政府间气候变化专门委员会综合多模式多排放情景的预估结果表明，到 21 世纪末，全球地表平均增温 1.0～3.7 ℃，全球平均海平面上升幅度为 0.40～0.63 m。在未来 20 年中，气温大约以 0.02 ℃/a的速度升高，即使所有温室气体和气溶胶浓度稳定在 2000 年的水平，每 10 年也将增暖 0.1 ℃。如果 21 世纪温室气体的排放速率不低于现在的水平，将导致气候的进一步变暖，某些变化会比 20 世纪更显著。

思考题

1. 大气的主要成分是什么？它们各有什么作用？

2. 大气圈在垂直方向上可分几层？各层的性质如何？人为什么最关心对流层？对流层的主要特点及其成因是什么？

3. 何谓三圈环流与行星风系，说明海陆分布如何改变低空和高空气压场的纬向带状结构。

4. 气团和锋面可分为哪些类型？锋面附近气象要素有哪些突变表现？

5. 海洋性气候和大陆性气候有何区别？试从气候特征和地理分布说明地

中海气候与季风气候的异同，并分析其成因。

6. 地质时期、历史时期和近代气候变化的原因是什么？人类活动是怎样影响气候的？

主要参考书

[1] 巴里 R G，乔利著 R J. 大气、天气和气候[M]. 施尚文，译. 北京：高等教育出版社，1982.

[2] 周发琇. 大气科学概论[M]. 青岛：青岛海洋大学出版社，1990.

[3] 周淑贞. 气象学与气候学[M]. 3版. 北京：高等教育出版社，1997.

[4] 潘守文，等. 现代气候学原理[M]. 北京：气象出版社，1994.

[5] 王绍武. 气候系统引论[M]. 北京：气象出版社，1994.

[6] 中国科学技术蓝皮书. 第5号：气候[M]. 北京：科学技术文献出版社，1990.

[7] 张家诚. 气候与人类[M]. 郑州：河南科学技术出版社，1988.

[8] 谭冠日. 气候变化与社会经济[M]. 北京：气象出版社，1992.

[9] 布赖恩特 E. 气候过程和气候变化[M]. 刘东生，等，编译. 北京：科学出版社，2004.

[10] 秦大河，等. 气候变化科学的最新认知[J]. 气候变化研究进展，2007，3(2)：63-73.

第四章　海洋和陆地水

水是地球表面分布最广和最重要的物质，并作为最活跃的因素始终参与地球地理环境的形成过程，在所有自然地理过程中都不可或缺。拥有由大量水体组成的水圈，使地球的发展在太阳系八大行星中显得与众不同，得天独厚。正是因为有水，我们星球的地理环境才变得丰富多彩，充满生机。

关于水的起源的认识仍存在很大的分歧，目前在约有32种关于水的形成的学说。一种学说认为在地球形成前的初始物质中存在一种H_2O分子的原始星云，类似于现在平均含水0.5%的陨石，地球形成后降到地球上，从而使地球上有了水。另一种学说认为在地球形成后才有形成水的原始元素氢和氧。氢与氧在适宜条件下化合生成羟基(OH)。羟基再经过复杂的变化形成水(H_2O)。

荷兰天文学家奥特认为，地球上的水主要来源是我们这颗行星的上地幔。岩石圈物质一半由硅组成，其中主要有硅酸盐和水分。这些岩石在一定温度和适宜条件下(如火山爆发)脱水，从而形成了水。

美国学者肯尼迪等认为岩石在熔化中完全混合时，含有硅酸盐75%，含水25%。在地球形成初期火山爆发频繁，从而加快了水的形成。

水是最重要的资源。在人类历史中水最早用于农业灌溉。全球河流水能蕴藏量约50.5×10^8 kW，海洋潮汐能量约10×10^8多千瓦。水还由于具有独特的性质，而被工业广泛用作能量转化和力的传递介质，例如，热电厂、水压机和各种冷却装置。水域有利于交通，水运是现代世界主要的运输形式之一。人类每年从河、湖、海洋中获取大量动植物，提取重要的矿物和元素。水具有重要的医疗意义。随着世界经济发展和人口增长，水作为资源已日趋短缺。水能兴利，也能为害，洪水常给人们造成严重损失。

随着人类文明的不断进步，人与水的关系不断发展。古代人类被动适应水而生存，人与水的关系表现为趋利避害。近代人类兴建大量工程，控制水害，开发水利，人与水的关系表现为兴利除害。现代人类认识到水资源短缺和水环境被污染对人类生存和社会发展产生严重影响，开始自觉调整人和水的关系。

第一节　地球水循环与水量平衡

一、地球上水的分布

地球上除了存在于各种矿物中的化合水、结合水以及岩石圈深部封存的水分外，海洋、河流、湖泊、地下水、大气水分和冰雪共同构成地球的水圈。其中海洋是水圈的主体，其面积约占全球表面积的71%，水量占全球水量的97%以上。陆地水虽然相对少得多，但仍然是自然地理环境重要的组成部分。

关于地球的总水量，有许多不同的估计。1970年国际水文学会(UNICEF)认为地球上水的总体积接近15×10^{8} km^{3}，并且把各部分水量在地球表面上的平均深度，定义为它们的当量深度。据估计，海水当量深度约为2 700～2 800 m，冰和雪约为50 m，地下水大约15 m，陆地水0.4～1 m，大气中平均水汽含量的当量深度为0.03 m。

UNICEF提出了另外一组数据，即海水总量13.5×10^{8} km^{3}；大气水分13 000 km^{3}；河流、湖泊与湿地207 000 km^{3}；雪与冰27 000 km^{3}；土壤水45 000 km^{3}；地下水8.2×10^{6} km^{3}。其中雪与冰的数字明显偏小，竟不及国际水文学会公布数字的0.1%。可能是单位错误，而图4－1则是日本学者提出的一组全新数据。表4－1是此前较流行的数据。

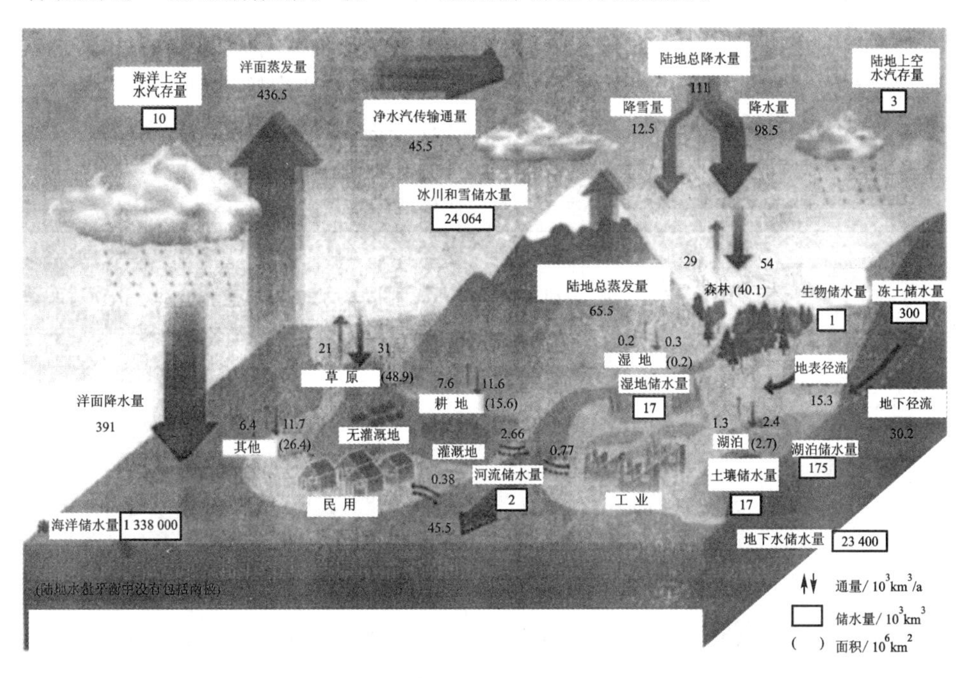

图4－1　全球水文通量和储水量

（据Taikan Oki、Shinjro Kanae,2006）

表4－1　地球的水量估计

	面积/10^{6} km^{2}	水量/10^{3} km^{3}	占总水量/%
河流		1.25	0.000 1
淡水湖	0.85	125.00	0.009

续表

	面积/10^6 km^2	水量/10^3 km^3	占总水量/%
土壤水和渗流水	130	67.00	0.005
地下水	130	8 350.00	0.61
盐湖和内陆海	0.5	104.00	0.008
冰盖和冰川	16.23	29 200.00	2.41
大气水分	516	13.00	0.001
海洋	361	1 370 000.00	97.30
总计	516	1 407.81	100

表4－2代表一种原生海洋观念，即认为距今40×10^8年前地球上就已存在海洋，但当时其平均深度仅有40 m，虽然面积比现代海洋多40%，水量却只及现在海水的1.49%。大约20×10^8年前，海水增加到接近现在的一半，10×10^8年前增加到相当于现在的78%，5×10^8年前增至现在的90%。根据克林格估计，现代大洋体积为1.34×10^9 km^3，与表4－1所列相差就很小了。

表4－2 水圈和大洋主要参数的变化(据P. K. 克林格,1980)

距今时间/10^8a	大洋体积/10^9 km^3	大洋面积/10^6 km^2	大洋深度/m	大洋平面相对于现代大洋平面/km
40	0.02	509	40	－2.49
35	0.09	508	180	－2.40
30	0.22	506	440	－2.25
25	0.42	504	830	－1.97
20	0.63	499	1 260	－1.50
15	0.86	488	1 760	－1.00
10	1.04	462	2 250	－0.62
5	1.20	418	2 870	－0.32
0	1.34	361	3 710	0.00

有报道说，现在每年仍有660 km^3的水从地幔溢出进入地表。同时，陨石和宇宙尘每年还带给地球约1.5 km^3水。1995年波拉卫星升空后发现，每天都有数千个小屋子一样大的“雪球”落入地球高空1 000～20 000 km处被分解为云，最终成为地球水量来源。据估计，仅这一部分水，每1×10^4～2×10^4

年就可使地球海平面升高 3 cm。

二、水循环与水量平衡

（一）水循环

地球上的水从来不是静止不动的，而是不断通过运动和相变从一个地圈转向另一个地圈，或从一种空间转向另一种空间。水循环是一个复杂过程，但蒸发无疑是其初始的、最重要的环节。海陆表面的水分因太阳辐射而蒸发进入大气。在适宜条件下水汽凝结发生降水。其中大部分直接降落在海洋中，形成海洋水分与大气间的内循环；另一部分水汽被输送到陆地上空以雨雪形式降落到地面。降落到地面后又出现三种情况：一是通过蒸发和蒸腾返回大气；二是渗入地下形成土壤水、潜水及地表径流最终注入海洋，后者即是水分的海陆循环；三是内流区径流不能注入海洋，水分通过河面和内陆尾闾湖面蒸发再次进入大气圈(图 4－1)。

各种形式的水在循环中以不同周期自然更新。水的赋存形式不同，更新周期差别也很悬殊。多年冻土带的地下冰和极地冰盖更新周期最长，约需 1×10^4 年左右。海水更新则需 2 500 年，山岳冰川视其规模不同约需数十年至 1 600年，深层地下水 1 400 年，较大的内陆海 1 000 年，湖泊数年至数十年，沼泽 1～5 年，土壤水 280 d 至 1 年，河川水 10～20 d，大气水 8～9 d，生物水则仅需数小时。

水循环使各种自然地理过程得以延续，也使人类赖以生存的水资源不断得到更新从而永续利用。因此，无论对自然界还是对人类社会都具有非同寻常的意义。

（二）水量平衡

水量平衡是水循环的数量表示。依据质量守恒定律，全球或任一区域水量都应保持收支平衡。高收入则高支出，低收入则低支出。降水、蒸发和径流是水循环的三个重要环节，降水量、蒸发量和径流量则是水量平衡的三个重要因素。因此，全球水量平衡方式可写成

$$\overline{P}_c+\overline{P}_o=\overline{E}_c+\overline{E}_o$$

式中：$\overline{P}_c$ 为大陆降水量；$\overline{P}_o$ 为海洋降水量；$\overline{E}_c$ 为大陆蒸发量；$\overline{E}_o$ 为海洋蒸发量。

方程式表达非常明确，全球降水量等于全球蒸发量。近年人们日益关注淡水资源问题。年平均大洋淡水平衡方程式为

$$P+R-E=0$$

或　$$P+R=E$$

即大洋年降水量 P 加入海径流量 R 等于大洋年蒸发量 E。这个方程式告诉

我们，人为地大规模减少入海径流量，可能破坏淡水平衡。地表径流入海是全球水量平衡的重要环节，而不是淡水资源的浪费。

从20世纪初的布吕克纳开始，已有许多学者进行过全球水量平衡研究。其中，布迪科于1955年、1963年、1970年和1974年先后四次提出其估算结果；于斯特(1922年、1936年)和李沃维奇(1945年、1969年)也分别进行了两次估算。各学者估算的结果差别很大，同一学者前后提供的数据也颇不一致。例如，陆地年降水量变化于665～819 mm间，大洋降水量变化于670～1 270 mm间，大洋蒸发量变化于756～1 400 mm间。而全球降水量=全球蒸发量则变化于690～1 130 mm间。

J. R. 梅特1970年的估算数据曾一度被广泛引用(表4－3)，但UNICEF公布的数据则是：海洋年降水量458 000 km^3，海洋蒸发量505 000 km^3，陆地年降水量119 000 km^3，陆地蒸发量72 000 km^3。

表4－3 全球年水量平衡(据J. R. 梅特,1970)

因素	水量/10^3 km^3	因素	水量/10^3 km^3
海洋年降水量	382	来自陆地蒸发的陆地年降水量	12
海洋年蒸发量	419	来自海洋蒸发的陆地年降水量	94
陆地年降水量	106	来自陆地蒸发的海洋年降水量	57
陆地年蒸发量	69	来自海洋蒸发的海洋年降水量	325
进入海洋的年径流量	37		

从全球水量平衡中可以看出：① 海陆降水量之和等于海陆蒸发量之和，说明全球水量保持平衡，基本上长期不变；② 海洋蒸发量提供了海洋降水量的85%和陆地降水量的89%，海洋是大气水分和陆地水的主要来源；③ 陆地降水量中只有11%来源于陆地蒸发，说明大陆气团对陆地降水的作用远不及海洋气团的作用；④ 海洋蒸发量大于降水量，陆地蒸发量小于降水量。海洋和陆地水最后通过径流达到平衡。地表径流入海是维持海洋水分平衡的决定性条件。

我国的水量平衡要素中，年降水量为643 mm，年径流量271 mm，年蒸发量为372 mm，前者为后两者之和，但我国外流区降水量、径流量和蒸发量分别为896 mm，407 mm和489 mm，而内流区相应数据仅为197 mm、33 mm和164 mm，水量平衡水平显然低于外流区。

无论是在海洋上或陆地上，不同纬度的降水量和蒸发量都有差异。图4－2表示按纬度10°划分的实际降水量和蒸发量的分配。上面两条曲线表示全球降水量和蒸发量的纬度分布，下面两条曲线表示陆地降水量和蒸发量的纬度分布。上下两条降水曲线间的面积代表海洋降水量，上下两条蒸发曲线间的面积代表海洋蒸发量。

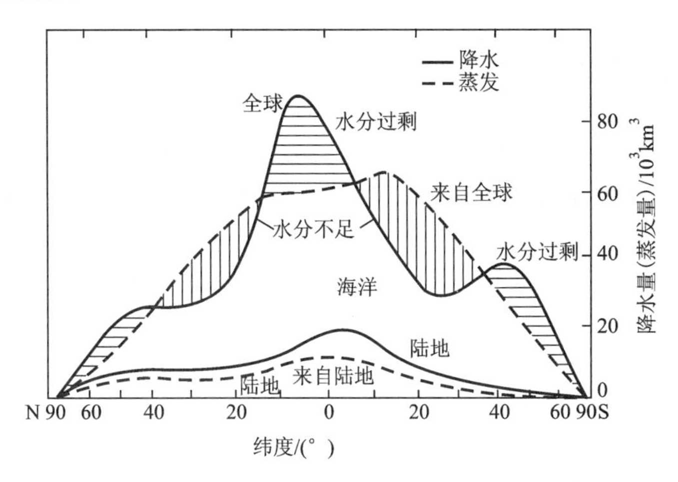

图 4－2　全球降水量与蒸发量的纬度变化

（据 R. Mather）

图 4－2 表明赤道地区，特别是 0°～10°N 一带水分过剩。相当于副热带高压区的南纬和北纬 10°～40°间蒸发量超过降水量，而南半球比北半球更显得水分不足。南纬和北纬 40°～90°间降水量又超过蒸发量，出现水分“过剩”，南半球更为突出。两极地区降水和蒸发量均少。有必要特别指出，这里的所谓“过剩”，只是表示水量平衡水平高，而不是意味着有任何水的积累。水分不足的纬度区域，也不会出现负平衡，只不过收支都少而已。

人类主要生活在陆地上。各种生产活动尤其是农业生产紧密地依赖于水分的正常供应。所以，陆地上特别是干旱区的水量平衡尤其值得重视。很早以前，人类就已广泛利用地表水和地下水来发展灌溉或航运；近代还进行人工增雨、海水蒸馏淡化、远程引水，甚至设想利用极地冰以补充某些地区水的不足，也就是提高其水量平衡水平。

第二节　海洋起源与海水的物理化学性质

一、海洋的起源

关于海洋的起源有多种假说。一种假说认为洋壳是原生的，地球形成初期大洋就已存在。一种假说认为泛大陆分离时海底扩张形成了洋壳。另一种假说认为熔融岩浆侵入地壳并溢出地表冷凝，因其密度大，导致其下伏地壳沉入上地幔，最终形成洋壳。至于海水，各种假说都倾向于来自地壳和上地幔的观点。

洋壳比陆壳薄得多，而大洋盆地是全球地势最低处。因此，要认识海洋的起源，就必须了解大洋化过程，即地壳变薄、洋盆形成和海水聚集过程。

地台型地壳(陆壳)是大洋化的最佳场所，冈瓦纳古陆上形成了印度洋，北美洲地台与冈瓦纳残片之间形成了大西洋，就是鲜明例证。此类地壳下界的莫霍面附近温度普遍高达500 ℃，水不断从地壳下部向上“泵出”，于是发生含水超基性岩的脱蛇纹石化过程，古地台陆壳逐渐被改造成为深水盆地薄洋壳(5 ~7 km)，这可能是大洋化的一种机理。第二种机理是大洋化区域原有温度较高，开始发生脱花岗岩作用。花岗岩质成分被带到新生地壳上部，即带到水中，因此被改造的地壳继续变薄。

地壳大洋化需要充足的能源。地幔的放射性衰变产生的热量正好提供了这种能源。地幔因放射性元素衰变而被加热，并以$1.4\times10^{8}\sim1.7\times10^{8}$年为周期发生熔化循环，形成于300 ~500 km深处的熔融带逐渐上升，上部通过莫霍面而达到30 km深处，使陆壳下部也处于熔融状态。此时，地壳大量吸收热能，这些热能需经过$1\,000\times10^{4}\sim1\,500\times10^{4}$年才能释放到宇宙空间。熔融层上部沉降到莫霍面以下，直到50 ~80 km深度处，大洋化才告终止。但地幔中的熔融区还将在一段时间内继续存在。未熔玄武岩从地幔中溢流到洋壳表面，呈薄壳状覆盖于洋壳上。

在大洋化过程中，蛇纹岩中的结合水在550 ℃温度下上升到地表，成为大洋水的重要来源。如果温度达到550 ~700 ℃，台壳上部将发生选择性熔化，已经变薄的地壳的化学成分将进行再分配。放射性元素总量在地壳大洋化前后没有显著变化，古地台和大洋中的热流仍处于均衡状态。

二、世界大洋及其区分

地球表面连续的广阔水体称为世界大洋。世界大洋分为四部分，即太平洋、大西洋、印度洋和北冰洋。太平洋是世界第一大洋，南北最大距离可达17 200 km，其面积占世界大洋总面积的一半。太平洋不仅最大，也最深，世界上最深的马里亚纳海沟(11 034 m)即位于太平洋西部。大西洋位于欧洲、非洲大陆与南、北美洲之间，大致呈S形，面积和平均深度均居世界第二。印度洋是第三大洋，大部分位于热带和南温带地区，其东、北、西三面分别为大洋洲、亚洲和非洲，南临南极大陆。北冰洋位于亚欧大陆和北美洲之间，大致以北极为中心，是四大洋中面积最小的一个，所以有人把它看做由大西洋向北延伸形成的“地中海”。

从南美洲合恩角沿 68°W 线至南极洲，是太平洋与大西洋的分界线。从马来半岛起通过苏门答腊、爪哇、帝汶等岛、澳大利亚的伦敦德里角，沿塔斯马尼亚岛的东南角至南极洲，是太平洋与印度洋的分界。从非洲好望角起沿 20°E 线至南极洲，是印度洋与大西洋的分界。北冰洋则大致以北极圈为界。

世界大洋四部分的面积和平均深度如表 4－4 所示。

表 4－4　世界大洋的面积和平均深度

大洋	面积/10^6 km^2	体积/10^6 km^3	平均深度/m	最大深度/m
太平洋	179.679	714.410	4 028	11 034
大西洋	93.369	337.210	3 626	9 218
印度洋	74.917	284.608	3 897	9 074
北冰洋	13.100	13.702	1 296	5 449

显然，洋的主体应该是指远离大陆，面积广阔，深度大，较少受大陆影响，具有独立的洋流系统和潮汐系统，物理化学性质也比较稳定的水域。但是，也有一些非常有趣的例外。我国东南沿海省份某些很小的海域也被称为洋，如广东深圳珠海间有伶仃洋，浙江温州湾以东有洞头洋，舟山群岛周围有大戢洋、嵊山洋、黄泽洋、岱衢洋、灰鳖洋、黄大洋、美鱼洋、大目洋、猫头洋等。这类水域名称反映了我国沿海人民对洋的早期理解，无碍于我们现在对“洋”作新的解释。

三、海及其分类

大洋的边缘因为接近或伸入陆地而或多或少与大洋主体相分离的部分称为海。海的存在总是与陆地，包括大陆和岛屿对大洋的分隔相联系的。所以，海从属于洋，或者说是洋的组成部分。据国际水道测量局统计，各大洋中共有 54 个海(包括某些海中之海)。海的面积和深度都远小于洋；河水的注入使海的许多重要特征，如海水的物理化学性质、生物发育状况等均有别于洋；此外，海基本上没有自己独立的洋流系统和潮汐，也不具有洋那样明显的垂直分层。依据海与大洋分离的情况和其他地理标志，可以把海分为下列几种类型：

（1）内海，或称地中海。四周几乎完全被陆地包围，只有一个或多个海峡与洋或邻海相通。它位于一个大陆内部或两个大陆之间。如地中海、红海、黑海、波罗的海、渤海。

（2）边缘海。位于大陆边缘，以半岛或岛屿与大洋或邻海相分隔，但直接受外海洋流和潮汐的影响。如白令海、黄海、东海和南海等。

（3）外海。位于大陆边缘，但与洋有广阔联系的海，如阿拉伯海、巴伦支海等。

(4) 岛间海。大洋中由一系列岛屿所环绕形成的水域，如爪哇海、苏拉威西海等。

四、海水的组成

(一) 海水的化学成分

海水是含有多种溶解固体和气体的水溶液，其中水约占 96.5%，其他物质占 3.5%。海水中还有少量有机和无机悬浮固体物质。氢和氧是海水中最主要的化学成分。海水中已发现天然元素约 80 种，但其含量差别很大。通常把每升海水中含 100 mg 以上的元素，叫常量元素；不足 100 mg 的叫微量元素。所有常量元素都已经过精确测定，微量元素经过测定的也达到 40 余种。海水的主要成分见表 4-5。

表 4-5 海水的主要成分 单位：mg/L

元素	浓度	元素	浓度	元素	浓度
Cl	18 980	Br	65	Li	0.17
Na	10 561	C	28	I	0.06
Mg	1 272	Sr	8	Mo	0.01
S	884	B	4.6	U	0.003
Ca	400	Si	3.0	Ag	0.000 04
K	380	F	1.3	Au	0.000 004

海水中的溶解气体主要是氧和二氧化碳。在海水上层的光亮带，这种气体接近饱和程度。由于表层与深层海水经常发生混合，深海中也含有一定数量的溶解气体，这是底栖生物能存在的原因之一。

(二) 海水的盐度和氯度(S‰,Cl‰)

海水运动使不同区域中海水主要化学成分含量的差别减小到最低限度，因而其含量具有相对的稳定性。海水的这一性质是建立盐度、氯度和密度相互关系的基础。根据这一性质，可以通过任何一种主要盐分的含量估算其他所有主要成分的含量。

海水盐度是指海水中全部溶解固体与海水质量之比，通常以每千克海水中所含的克数表示。海水的主要溶解固体含量是稳定的，可以利用其中的一种元素作为衡量其他元素和盐度的标准。氯离子大约在海水的溶解固体中占 55%，含量大且较易准确测定。每千克海水中所含氯的克数，称海水的氯度。标准海水的氯度为 19.381‰。知道了氯度，可按克努森公式计算盐度

$$盐度 = 0.03 + 1.805 \times 氯度$$

近年来国际上多采用 S‰ = 1.806 5Cl‰的公式，精确度更高。

大洋盐度一般在33～37之间，因受降水、蒸发和入海径流的影响而发生区域变化。高纬区，雨量特别充沛的赤道带和有巨大河流入海的沿岸区盐度一般低于33，蒸发量很大的红海，则可达到甚至超过40。在南北纬度40°之间，赤道带附近盐度最低，而两个副热带高压带盐度最高。深层和底层海水一般为34.6～35，变幅很小。以P代表降水量，E表示蒸发量，可依据下列经验公式计算任一地的海面盐度。

$$盐度=34.6+0.0175(E-P)$$

五、海水的温度、密度和透明度

（一）海水的温度

海水的温度决定于其热量收支状况。太阳辐射是海水最主要的热量来源。大气对海面的长波辐射、海面水汽凝结、暖于海水的降水、大陆径流及地球内部向海水放出的热能，也是海水热量来源。海水热量消耗则以海面蒸发为主，此外，海面向空气的长波辐射和海面与冷空气的对流热交换，也可使海水消耗热量。海洋表层接收太阳热能后，可通过热传导和海水运动传播至深处。

海水温度有明显的季节变化和日变化。水温季节变化主要取决于太阳辐射的季节变化，季风和洋流也有一定影响。北半球大洋中最低温度出现在冬季（2—3月），最高温度出现在夏季（8—9月）。温带海洋水温季节变化最为明显。图4－3表示温带海洋冬季普遍存在混合层（等温层），春季形成较弱的温度梯度，夏季温度梯度增大，入秋后表水温度降低，混合层愈来愈深，于是形成一个突出的变温层。

太阳辐射的日变化是水温日变化最主要的原因。天气状况也有一定的影响。最低水温通常出现在4—8时，最高水温出现在14—16时，日较差不超过

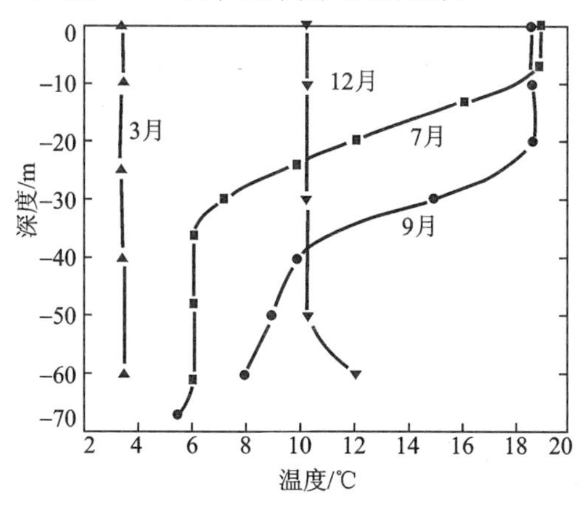

图4－3　西大西洋浅海水温季节变化

（据 Kendeigh）

0.4 ℃并且一般只表现在深度 10～20 m 以内的水层中。在晴天或静风时，或在邻近大陆的浅海区，日较差可超过 1 ℃。

海水表层平均温度变化于 -1.7～30 ℃间，最高水温出现在赤道以北，称为热赤道。水温从热赤道向两极逐渐降低；由于陆地集中于北半球，故北半球海水等温线分布不规则，而南半球等温线近似平行于纬线。同时，北半球水温略高于南半球同纬度水温；不同温度性质的洋流交汇处，海水温度梯度最大，等温线特别密集。

（二）密度

单位体积中的海水质量就是海水的密度，单位是 g/cm^3。海水密度值约为 1.022～1.028。它是温度、盐度和压力的函数。温度升高时密度减小，盐度增加时密度增大。

纯水密度在温度 4 ℃时最大，海水最大密度的温度则随盐度增加而降低。结冰温度也随盐度增加而降低，但比较和缓。当盐度为 24.7 时，最大密度的温度与结冰温度均为 -1.332 ℃。通常情况下海水盐度为 34.6，所以，最大密度的温度比结冰温度低。

（三）颜色与透明度

海水的颜色决定于海水对阳光的吸收和反射状况。太阳光中的红光、橙光和紫光进入海水后，在水深 20 m 以内即被吸收。绿光、黄光伸入略深，极少量蓝光能伸进 1 000 m 以上。射入海水的光线除被吸收外，还要受到悬浮微粒和水分子的散射，最后只剩下蓝光，所以海水呈现蓝色。浮游生物也吸收和反射太阳光，因而，生物丰富的海水和没有生物的海水颜色不同。沿岸海水多呈绿、黄和棕色，部分原因便是由于生物丰富和河水带来泥沙所致。

海水透明度以直径 30 cm 的白圆盘投入水中的可见深度来表示。海水颜色、悬浮物质、浮游生物、海水涡动、入海径流，甚至天空的云量都对透明度有影响。一般愈近大陆透明度愈低，愈近大洋中部透明度愈高。大西洋中部马尾藻海表层缺乏上涌海水带来的营养盐分，浮游生物极少，因而颜色最蓝，且透明度最大，约为 66.5 m。黄海只有 3～15 m。

第三节 海水的运动

一、潮汐与潮流

（一）潮汐现象与引潮力

由月球和太阳的引力引起的海面周期性升降现象称为潮汐。海面升高，海水涌上海岸，称为涨潮。海面下降，海水从岸上后退，称为落潮。涨潮时海水面最高处称为高潮，落潮时海水面最低处称为低潮。高潮与低潮的高差即是潮差。潮差以朔望月为周期变化。潮差最大时叫大潮，潮差最小时叫小潮。

根据万有引力定律，两物体相互吸引的力与其质量成正比而与其距离的平方成反比。月球质量虽小但距地球很近，太阳质量虽大但距地球太远，所以月球对地球的引力要比太阳的引力大一倍多。地球中心所受的引力是这两种引力的平均值，而地球上任何地点所受到的月球和太阳的引力，同这一平均值比较，大小有差别，方向也不同。正是这一引力差使海面发生升降，所以称为引潮力。引潮力是在地球朝向月球和太阳的一面和背向的一面同时发生的。朝向月球和太阳一面形成的潮汐称为顺潮，背向月球和太阳一面的潮汐称为对潮。

由于地球的自转，海岸上同一地点一日内向着月球和太阳与背着月球和太阳各一次，所以，一日之内应发生两次涨落潮，高低潮相隔的时间应为 6 h。但因月球引潮力比太阳引潮力大，而地球上的一个太阴日，即月球随着地球绕太阳公转的一日是 24 h 50 min，所以实际上高低潮的间隔约为 6 h 13 min。如图 4 - 4 所示，由于月球绕地球转动，在一个朔望月(29.5 日)内，太阳、地球、月球相互位置的变化相应地引起潮汐的周期变化。顺潮和对潮使海岸上同一地点产生两次大潮和两次小潮。朔日(农历初一)和望日(农历十五)，太阳、月球和地球的中心几乎在一条直线上，地球受到的引潮力相当于月球与太阳引潮力之和，潮水位特别高，成为大潮。上弦(农历初八)和下弦(农历二十三)日，三个星体的中心几乎成一直角位置，地球受到的引潮力相当于月球和太阳引潮力之差，潮水位不高，成为小潮。实际观察到的大小潮并不一定在朔望和上下弦日，而多少有所滞后，例如我国沿海

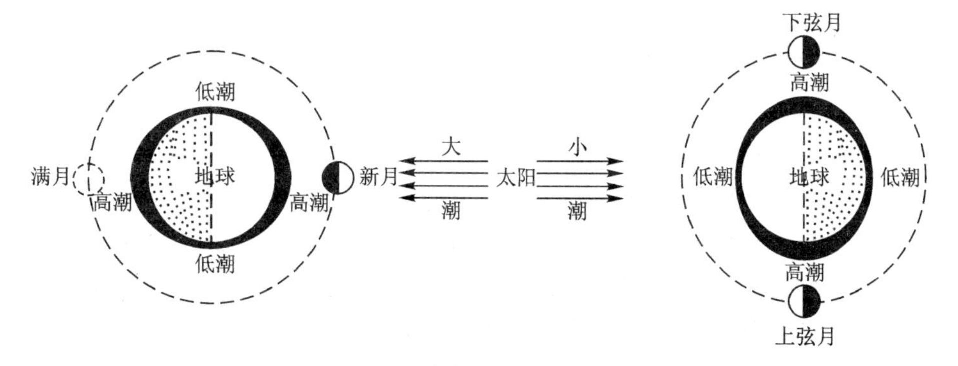

图 4 - 4 朔望月内的潮汐变化

的大潮多发生于农历初三和十八。

因为月球轨道面与黄道面成5°9′的夹角，而地球赤道和黄道面成23°27′的夹角，所以月球轨道不会超过地球南纬和北纬28°36′，潮汐从低纬向高纬减小，两极地区不再有大潮和小潮的区别。

潮汐的周期变化基本上可以分为半日潮、混合潮和全日潮三种类型。半日潮一天有两次高潮和低潮，相邻两次高潮或低潮的潮位和涨、落潮的时间相差不多；混合潮一天虽有两次高潮和低潮，但潮位和涨、落潮时间有很大差别；全日潮是大多数日期一天有一次高潮和低潮。

（二）潮流

海水受月球和太阳的引力而发生潮位升降的同时，还发生周期性的流动，这就是潮流。潮流也分为半日潮流、混合潮流和全日潮流三种。若以潮流流向变化分类，则外海和开阔海区潮流流向在半日或一日内旋转360°的叫做回转流；近岸海峡和海湾潮流因受地形限制，流向主要在两个相反方向上变化的叫做往复流。此外，涨潮时流向海岸的潮流可叫做涨潮流，落潮时离开海岸的潮流可叫做落潮流。

潮流在一个周期里出现两次最大流速和最小流速。地形愈狭窄，最大与最小流速的差值愈大。潮流的一般流速为4～5 km/h，但在狭窄的海峡或海湾中，如我国的杭州湾，时速可达18～22 km。往复流最小流速为零时，称为“憩流”。憩流之后潮流就开始转变方向。正因为潮流有周期变化，所以它只在有限的海区作往复运动或回转运动。

喇叭形海湾或河口湾可以激起怒潮，我国的钱塘江口、亚洲的波斯湾（阿拉伯湾）、南美的麦哲伦海峡和北美的芬地湾都以潮高著名。前两者潮高可达10 m，后两者可达到或超过20 m。

潮汐现象对一些河流和海港的航运具有重要意义。大型船舶可趁涨潮进出河流和港口。潮流也可用以发电。许多国家已建成了不少潮汐电站。

二、海洋中的波浪

（一）波浪及其类型

海洋中的波浪是指海水质点以其原有平衡位置为中心，在垂直方向上作周期性圆周运动的现象。波浪包括波峰、波谷、波长、波高四个要素。

波浪按成因可分为由风的作用引起的“风浪”；因地震或风暴而产生的“海啸”；引潮力引起的“潮波”；气压突变而产生的“气压波”；行船产生的“船行波”等。还可按波长与水深的相对关系分为“深水波”（“短波”）和“浅水波”（长波）。按作用力情况可分为“强制波”和“自由波”（“余波”）。

大洋中风浪的振幅和速度与风的强度、风向和阵发性情况等因素有关。风施加给海面的能量是依靠波浪传递的。波浪前进时，水面上每个水分子都沿直径和波高相等的圆形轨道运动。波峰上水分子运动方向与波浪前进方向一致，波谷中水分子运动方向却与波浪前进方向相反。波浪将能量依次向前传递，而水分子本身并不随波浪前进。风所施加于海面的一部分能量还会传递给更深的水层，达到深度以波浪大小为转移。

根据波浪余摆线理论，水面以下水分子圆形轨迹的直径随着深度的增加而减小。连接不同水层上以匀速旋转的水分子在波峰和波谷中的点而构成的曲线，称为余摆线。但水分子的圆形轨迹到了和波长相等的深度就不再存在，这个深度就是波底，即波浪能量向深处传递的极限（图4－5）。

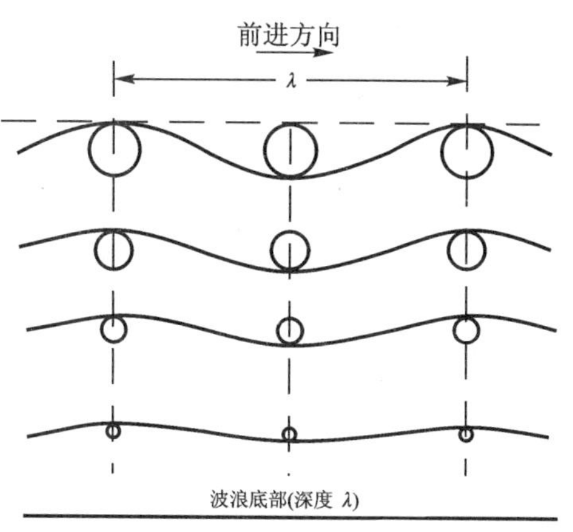

图4－5　波浪余摆线剖面

（据 Cotter）

在强制波中，吹过海面的风会引起水体向前运动，因而，靠近水面的水分子的轨迹不成正圆形。风的这种效应使向前一半轨迹上水分子的速度加大，向后一半轨迹上速度减小，出现波峰前部陡峻而后部缓平的不对称形状。风力强大时，波峰前面还可能向内凹进，在重力影响下向下坠落，形成碎波。洋面上局部风力引起的波浪多为单一风向占优势的波浪，但波长和波高不同，从不同方向同时传来的波浪也常见。

以上所述只是海水具有一定深度时的情况。波浪进入浅水，波底最终将和海底接触。这时水分子的垂直运动受到限制，轨道变为椭圆形。椭圆度以在海底为最大而由海底向上减小。愈向海岸水愈浅，波浪能量除与海底摩擦而消耗的部分外，都集中到了更小的水体中，这就必然引起波长的缩短和波高的增大。由于海底的摩擦，波峰上水分子的前进速度大大超过波谷中水分子的后退速度，波峰前部就倾倒而产生破浪和激岸浪。

浅水海岸上，波浪在海滩外侧因距海岸线较远，可能产生波长较小的次波，作为自由波摆动向前，大部分波浪能量仍然用于推动前进波前进。推进波中水分子只有向前运动，而没有摆动波波谷中出现的后退运动。波高很大的摆动波进入浅水区，推进波会很强大。图4－6便是一种浅水海岸的波浪剖面。图中激岸浪最后冲上海岸的部分称为进流，随冲流而下的是借助于重力的退流。

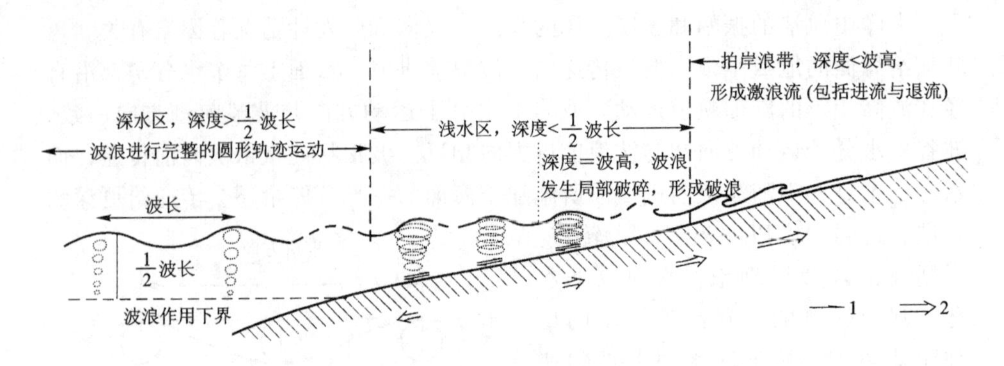

图 4-6 波浪由深水区进入海岸带的变化过程

1. 表示在同一次波浪周期运动中沉积物向陆地或向海的移动距离；

2. 表示一次完整的波浪周期运动后，沉积物的横向移动距离

(二) 波浪的折射

波峰线在深水区是和引起波浪的力的方向即波浪前进方向相垂直的。但波浪前进方向常常与海岸斜交，这样，同一波列两端的水深就可能有较大差异。近岸较浅一端因受摩擦而减速，离岸远而较深一端在深水处继续保持原速前进，最后波峰线将发生转折而与海岸平行，这种现象就是海浪的折射。图 4-7 表示平直海岸的波浪折射。波浪在港湾海岸也发生折射。港湾海岸附近海底等深线多少与海岸平行，港湾中海浪因水深而保持原速前进，在伸向海中的岬角上则因水浅，受到海底摩擦而逐渐降低速度。这样，海岸凸出处波峰线凹进，海岸凹进处波峰线凸出，即仍然与海岸线平行。图 4-8 中波峰线上的 *AB* 与 *BC* 两段分别在 *ab* 与 *bc* 两段相遇，因而 *bc* 段即岬角所受的力比 *ab* 段即湾内强。岬角上波能集中而港湾内波能分散，故港湾成为船舶的庇护所。

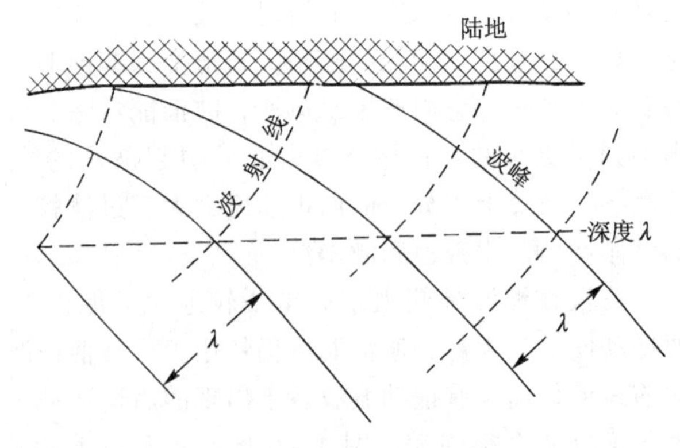

图 4-7 平直海岸的波浪折射

(据 Cotter)

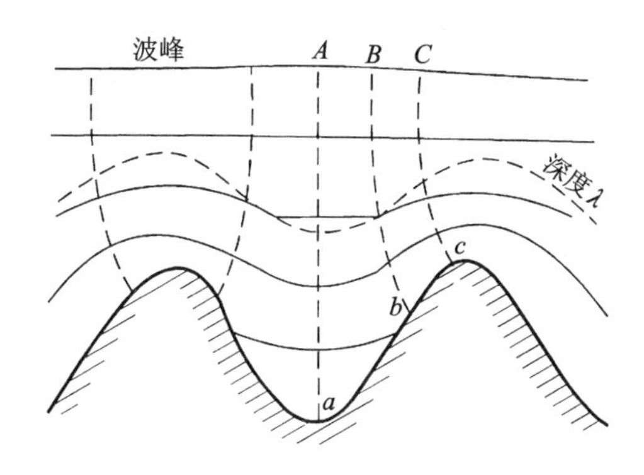

图 4-8 港湾海岸的波浪折射

(据 Cotter)

波浪前进方向与海岸斜交常常造成水体沿海岸流动，这种纵向水流称为沿岸流。虽然沿岸流的流速一般不超过 1~1.5 m/s，但它携带和搬运泥沙，对海岸地貌的形成发育也有一定影响。

三、洋面流和水团运动

海水沿着一定方向有规律的水平流动就是洋流。洋流是海水的主要运动形式。风力是洋流的主要动力，地球偏转力、海陆分布和海底起伏等也有不同程度的影响。例如，地球偏转力使洋流在北半球发生右偏，在南半球发生左偏；大陆的障碍使任何洋流都不可能环绕地球流动，岛屿或大陆的突出部分可使洋流发生分支。洋流对气候也发生虽然并非直接的，却是巨大的影响，许多沿海地区的温度和降水状况都与附近的洋流有关。

（一）洋流的成因和分类

按照成因，洋流可分为摩擦流、重力-气压梯度流和潮流三类。

摩擦流中最重要的是风海流。盛行风对水面摩擦力的作用，以及风在波浪迎风面上所施的压力迫使海水向前运动。海水开始运动后，因受科里奥利力影响，流向与风向并不一致。在北半球流向偏于风向右方 45°，在南半球偏左 45°。偏角随深度增加而增加，但流速随深度的增加而减小，到某一深度处，流速只为表面流速的 1/23，这个深度即称为摩擦深度。从海面到摩擦深度的海水运动，称为风海流或漂流。在浅海，由于海底摩擦的影响，风海流方向偏离风向很少，甚至与风向完全一致。

重力-气压梯度流包括倾斜流、密度流和补充流等。倾斜流是因风力作用、陆上河水流入或气压分布不同，使海面因增水或减水形成坡度，从而引起的海水流动。密度流则是由于海水温度、盐度不同，使得密度分布不均匀，海面发生倾斜而造成的海水流动。

此外，根据流动海水温度的高低，还可以把洋流分为暖流和寒流。暖流比流经海区的水温高，寒流比流经海区的水温低，都将对沿岸气温发生影响。

（二）大洋表层洋流模式和主要洋流

根据行星风系理论，地球上实际存在的洋面风，在北半球有纬度0°~30°的东北风，30°~60°的西南风和60°至极地的东北风。南半球的洋面风向与北半球相差90°。由行星风系可以推论出三种洋流模式：

① 北半球的风吹动洋面最终是输送一层方向偏右90°的厚约100 m的上层洋流。0°~30°N间为东北风，上层水流向西北。同样，30°~60°N间为西南风，上层水流向东南(图4-9)。这样两种水流输送的结果必然在以30°N为中心的区域内涌成一个水堆。在水位造成的压力下，水堆上层从中心外溢，并在科里奥利力影响下于纬度0°~30°间流向西南，而于30°~60°间流向东北，成为地转流。地转流受到大洋两侧大陆的阻碍后，就成为以水堆为中心的顺时针亚热带环流。

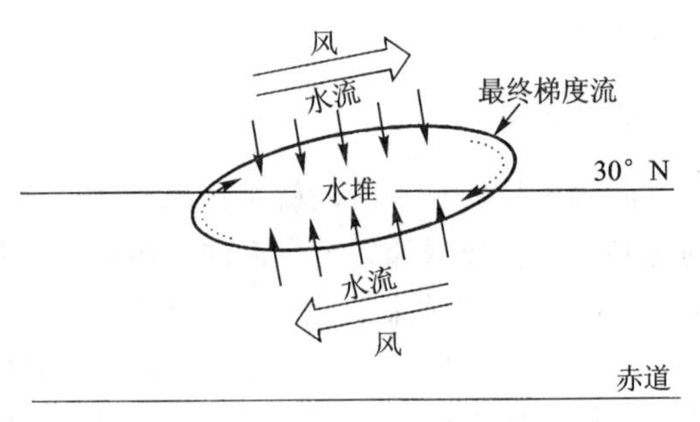

图4-9　30°N盛行风产生大洋高压区

（据Pirie）

② 30°~60°N的西南风使上层水流向东南，60°~90°的东北风又使上层水流向西北(图4-10)，导致以60°N为中心形成一个低凹。由于大洋两侧大陆的存在，最终又必然围绕这个低凹形成反时针方向的亚极地环流。

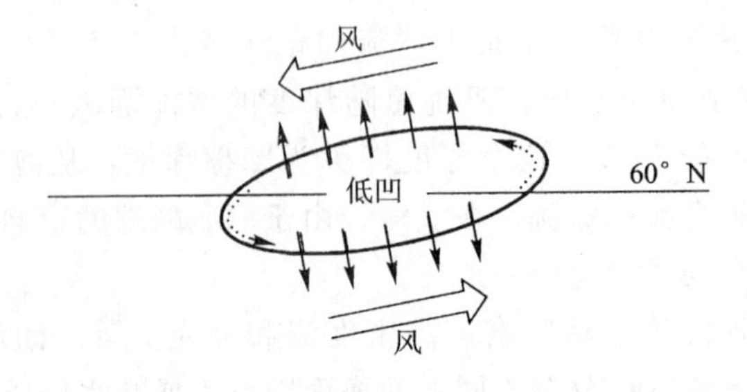

图4-10　60°N盛行风产生大洋低压区

（据Pirie）

③ 赤道无风带两侧，因北半球的东北风和南半球的东南风，上层水流必然从赤道向外流动(图4－11)。围绕赤道低压系统，北半球的洋面流最终将呈反时针方向，而南半球则是顺时针方向。由于两者的方向相反，因而就形成两个赤道环流。

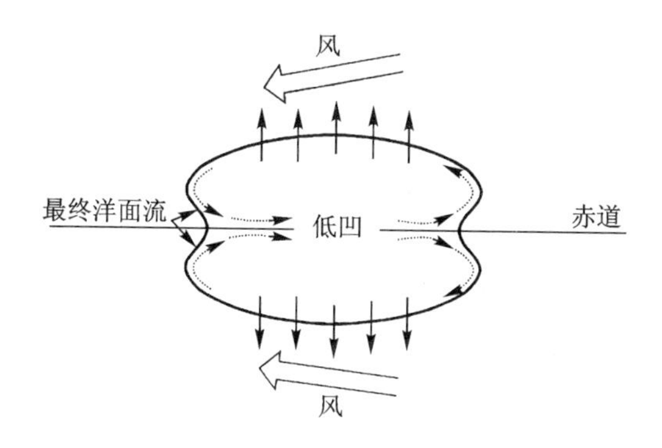

图4－11 赤道上因两种盛行风产生单一大洋低压区

南半球除上述赤道环流外，还存在亚热带环流与亚极地环流，但与北半球相反，前者为反时针方向，后者为顺时针方向。图4－12表示北半球冬季太平洋的洋面流。这个实例有助于进一步理解上述模式所显示的规律性和洋面流形成与其他各种自然因素的关系。

亚热带环流分布较广。北太平洋亚热带环流包括北赤道流分支黑潮及北太平洋洋流。后者转为加利福尼亚洋流最后进入北赤道洋流。黑潮流速较快时宽约80 km，在日本群岛附近流量可达$40\times10^{6}\sim50\times10^{6}$ m^{3}/s(图4－12)。

北大西洋亚热带环流，首先是部分进入加勒比海的位于10°～20°N的北赤道洋流。其后转为佛罗里达洋流、湾流和北大西洋洋流。后者又转为加那利洋流，进入北赤道洋流。湾流是世界上最大的永久性洋流，在新英格兰岸外其输送水量可能超过100×10^{6} m^{3}/s。

南太平洋亚热带环流有来自南赤道洋流并南流的东澳大利亚洋流和沿南美洲海岸北上的秘鲁洋流，前者水量估计为$10\times10^{6}\sim25\times10^{6}$ m^{3}/s，后者估计为$15\times10^{6}\sim20\times10^{6}$ m^{3}/s。与秘鲁流边部联结一起的大量上涌海水为浮游植物提供了足够的营养物质，使以此为食的秘鲁鱼产量占世界领先地位。但有时因亚热带环流周期性南移，东南信风微弱，引起赤道逆流南下，热带暖水淹没了较冷的秘鲁洋流，上涌海水与沿岸冷水消失，导致海洋生物与寄食鸟类死亡、腐烂，并释放大量硫化氢进入大气。赤道东太平洋秘鲁洋流的这种变化，如果水温增加超过0.5 ℃，持续时间达6个月以上，即称为厄尔尼诺(Elnino)现象。16世纪中叶厄尔尼诺就已见于记载。1884—1998年的115年间共发生30次厄尔尼诺，平均不足4年即有一次。1997—1998年的厄尔尼诺是近百年

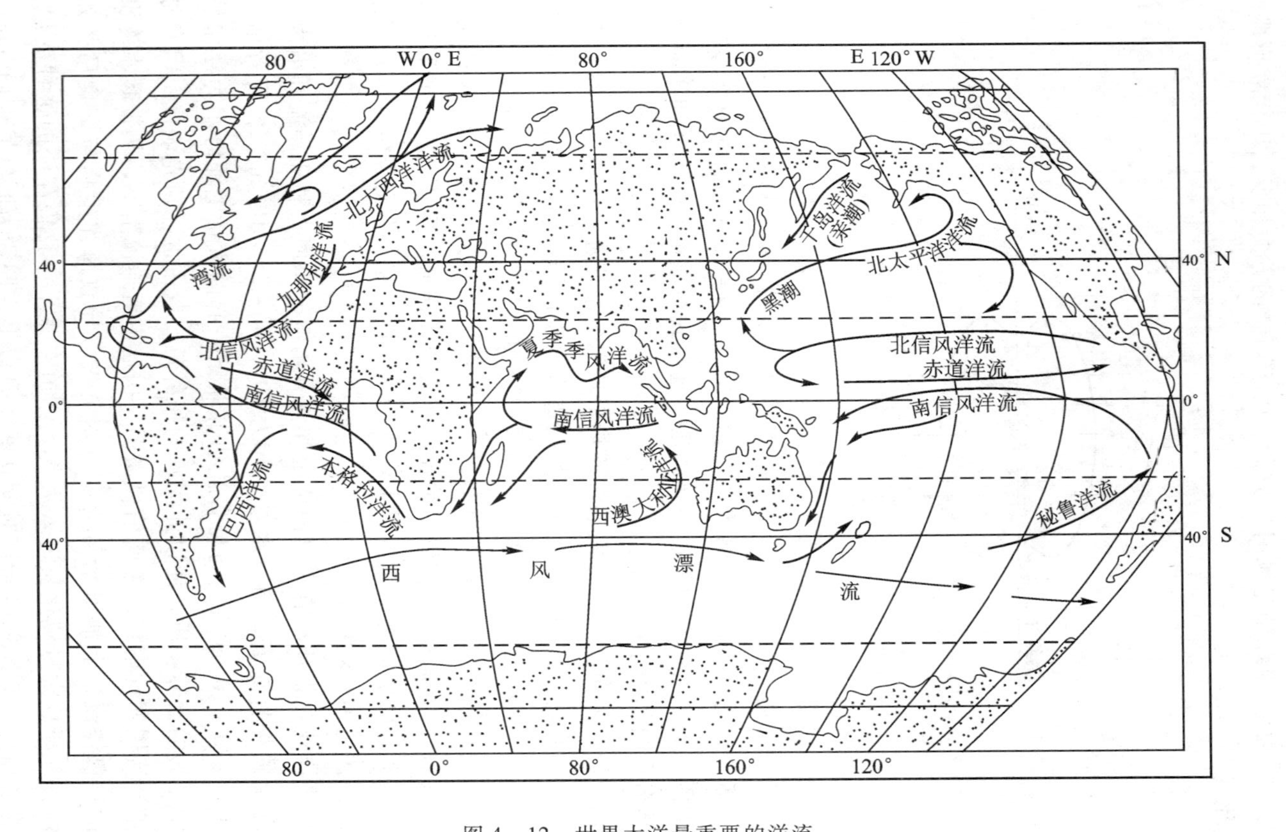

图 4-12 世界大洋最重要的洋流

（据 O. K. 列昂杰耶夫，1982）

最强烈的一次，表水增温超过 5 ℃，100 m 深处增温达 10 ℃，由之引起的全球气候异常曾使 41 个国家受灾，我国 1998 年的洪灾也与此有关。

南大西洋亚热带环流中有从南赤道洋流分支的巴西洋流和沿非洲西岸北流的本格拉洋流。巴西洋流在拉普拉塔河口湾外改向东南后，因遇到来自南极的福克兰洋流而转向东流。

印度洋亚热带环流只见于赤道以南。南赤道洋流在 20°S 以北向西流，后南折，接近非洲大陆时叫阿古拉斯洋流。在大陆与马达加斯加岛之间，水量约达 $20\times10^6\ m^3/s$。这个环流在东面分支为西澳大利亚洋流。

亚极地环流中，在北太平洋是亲潮和阿拉斯加洋流。亲潮自北极海逆时钟方向向南经由白令海流往西北太平洋，在日本东部海域与黑潮会合。北大西洋的亚极地环流包括北大西洋洋流的分支挪威洋流、沿冰岛的伊尔明格洋流、东格陵兰洋流和来自拉布拉多海的拉布拉多洋流。后者在湾流边缘流动。

赤道环流以太平洋最为完好。南赤道环流位置虽偏在赤道以北，但和热赤道一致。赤道区大西洋是从南大西洋到北大西洋的大片水的通过区，没有赤道环流去分割它，南赤道洋流除分出巴西洋流以外，都向西北与北赤道洋流合并。赤道环流在大西洋的破坏可能是非洲与南美洲比较接近，没有足够空间供其发育之故。北印度洋洋流系统因亚欧大陆季风发展而随之改变方向，洋面流夏季向东，冬季向西。南方大洋因两侧没有陆块存在，亚极地环流不十分明显。洋面流造成水面坡度。亚热带环流中心的水堆均高出周围洋面。北大西洋亚热带环流中心马尾藻海较湾流约高 150 cm。亚极地环流与赤道环流中心的低凹则一般比周围洋面约低 50 cm。

（三）大洋水团及其环流

大洋中具有特别温度和盐度值的、性质相同的大团水体，称为水团。水团中不同的温度与盐度相结合可以获得相同的密度，而两种密度相同的水团混合又会产生密度更大的新水团。由密度不同引起的海水对流是海洋的垂直环流。

水团的温盐特征通常得自水面。因温盐变化而产生的水团温盐对流将保持其各自的密度面。因此，水团分类即以垂直方向上的密度平衡面和形成水团的源地为根据。以深度为标准划分的水团有：① 表层水团，可深达 100 m；② 中心水团，深达主要变温层底部；③ 中层水团，从中心水团以下至 3 000 m；④ 深层与底层水团则充满大洋盆。深水部分的较大水团一般形成于高纬地区，而靠近水面的水团则形成于赤道附近。

各大洋水下结构与流动情况均不相同。图 4－13 表示大西洋的水团特点。

邻南极大陆海域特别是威德尔海，冬季温度极低。低温和上覆冰层使那里的海水具有其他大洋所没有的最高密度，导致海水不断下沉并沿洋底流向赤

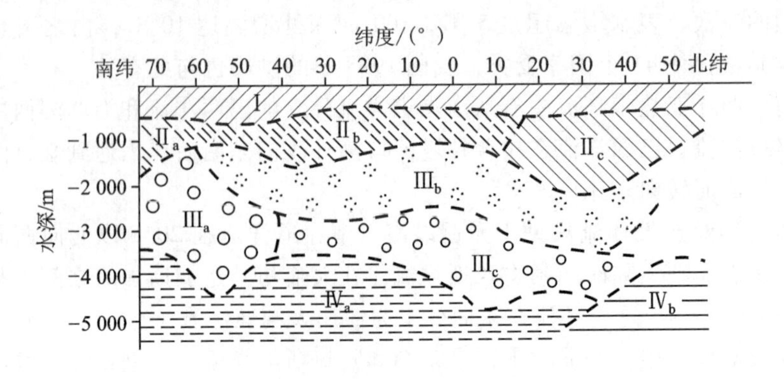

图 4－13 大西洋经向剖面水团的分布

（据 B. H. 斯捷屠诺夫，1974）

水团：Ⅰ. 表层；Ⅱ. 中层，$Ⅱ_a$ 南极，$Ⅱ_b$ 亚南极，$Ⅱ_c$ 北大西洋；Ⅲ. 深层，$Ⅲ_a$ 环极，$Ⅲ_b$ 北大西洋，$Ⅲ_c$ 南大西洋；Ⅳ. 底层，$Ⅳ_a$ 南极，$Ⅳ_b$ 北大西洋

道，甚至远达 40°N。这种水团以源地命名，称为南极底层水团。它也围绕南极大陆东流影响表层西风漂流，并在水面下与北部边缘的一些水团混合形成相当均质的环南极水团。这个水团在其东流时还不断为印度洋和南太平洋提供深层水团。

北大西洋深层和底层水团形成于格陵兰岸外的几处小范围内，其中一处为伊尔明格流和格陵兰流辐合区。其密度较南极底层水团小，在流向南大西洋并直抵 60°S 的全程中，均跨越南极底层水团之上。

因为南极中层水团季节性冷却下沉，60°S 附近形成了南极辐合区。这种特殊的辐合区几乎存在于所有经度上。但在北大西洋和北太平洋它却不大连续且难以确定位置。从北极辐合区南流的北大西洋中层水团约在 20°N 附近与南极中层水团混合。

南、北大西洋的中心水团分别形成于南、北亚热带辐合区，而流向赤道，但因扩散而丧失其一致性。

欧洲地中海水团是侵入大西洋的重要外来水团之一。它离开地中海以后的平均密度面深度为 1 500 m。因冬季冷却和横越北非干燥空气所引起的蒸发，这个水团连续在西地中海北部形成。冷盐水下沉后最初流向南方和西方，最后越出海底山脉；密度小的大西洋水则自海峡表面流入以保持海水平衡。地中海水团因密度大，对北大西洋深层水团上部影响强烈。

黑海虽与地中海相连，但没有温盐对流。地中海水很少通过博斯普鲁斯海峡流入黑海。黑海 30 m 以下的水要 500 年才能更新一次，因而深层水停滞不动，多硫化氢，只有厌氧性细菌能在变黑的海水中生活。

太平洋深层水团普遍流动迟缓。如图 4－14 所示，南极底层水团不断流进南太平洋，而部分同大西洋和印度洋水体混合的环南极水团也从西面缓慢而连续地进入1 000 m以下的深层水之中。

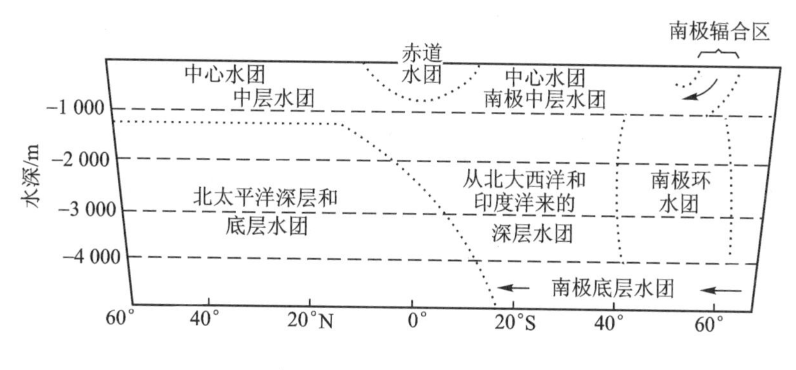

图4－14　太平洋水下结构

整个太平洋的中层水团与中心水团由于扩散而不易区分。与大西洋相比，各辐合区也中断且位置不定。不同地区内相同深度存在几种水团，使其横剖面具有明显特色。最值得注意的是来自远距离的几个水团在赤道上形成了太平洋赤道水团，这是不具有形成区水面任何特征的唯一水团。

北太平洋的最北部没有密度大的水团形成。深层和底层水团也很少同其他水团交换。水团运动慢和洋面流深度大，可能是北太平洋普遍没有温盐对流活动所致。

印度洋基本上没有深入北半球，其北部边缘连很小的深层水团都没有。但在南部有范围清楚的底层水团，与40°S左右亚热带辐合区以南的大西洋相类似。

南极底层水团在印度洋到处可以见到。深层水团则从大西洋绕非洲南端流入，其源地位于北大西洋。南极辐合区形成的南极中层水团向北扩展。而中心水团则在亚热带辐合区下沉并向北流向赤道。

从红海底层水团越过海底山脉并通过曼德海峡扩散的水团同印度洋的深层水团相混合。红海水团的盐度约为40，在接近3 000 m深处向外扩散远至亚丁湾以南。它是整个印度洋深层的唯一重要水团。

印度洋赤道上的浅层水团不很清晰。由于洋面流的季节变化，水团不断翻腾，很少发生明显的水下流动。

第四节　海平面变化

自海洋形成以来，由于海水体积逐渐增加，因此海平面在总体上是逐渐上升的，根据P. K. 克林格(1980)的估算，40×10^8 年前海平面比目前低 2 490 m，20×10^8 年前低 1 500 m，10×10^8 年前低 620 m，5×10^8 年前仍低 320 m(表 4－2)。但这一估算结果的可信度如何却无法确定。

一、70 000 年来的海平面变化

近代在全球各个大陆发现的贝壳堤、海滩岩、牡蛎堤以及取自钻孔剖面中的沉积物和生物遗迹标本都毋庸置疑地证明，即使在最近地质历史时期，也出现过远高于现代的海平面。而大量埋藏在今天的海水下的贝壳堤、海滩、海滨沼泽、河口三角洲和外陆架，又证明过去确曾发生过海平面远低于现代海平面的情况。

局部地区海岸线的变化由于叠加了该地区地壳形变因素的影响，不一定能准确反映海平面升降的幅度。但是，全球范围的海平面变化无疑应该是全球气候变化的反映。冰期中冰盖和冰川的发展，使大量水体以固体形式储存于极地和其他大陆的山地，全球水循环机制发生巨变，必然导致海平面降低。例如末次冰期极盛期海平面比现在低 155 m；间冰期中，冰盖和山地冰川强烈消融又必然引起海平面迅速上升。例如末次冰期开始前，海平面就比现在高 10 m，冰后期的全球大暖期中，海平面上升更高。

我国东部海岸变迁史表明，70 000 年前渤海西海岸比现在平均偏西 200 km，而黄海海岸更远及大运河至太湖一带。44 000 年前出现了完全相反的情况，黄海、东海海平面下降，海岸线向东推进到现代海岸线以东达 4 个经度。距今 25 000 年前，海平面再次上升，渤海海岸距北京不过 100 km，黄海海岸则西移至镇江、扬州一带。但是仅仅过了 2 000 年，海平面下降又使黄海东海岸线后退到目前海岸线以东 500 km 外。距今 15 000 年前，东海海岸更东移到距现在的日本九州岛不过 120 km 处，成为真正意义上的“一衣带水”。上述海域均有埋藏水下的贝壳堤、滨海沼泽和河口三角洲作为当时低海平面的证据。到距今 10 000 年前，海平面上升，海岸西进。但此时朝鲜半岛西海岸与我国黄海海岸之间仍只不过 350～400 km 宽，远比目前浩瀚的黄海狭窄。

冰后期海平面上升幅度明显减小，再未出现大起大落现象。距今 8 000—7 500年前，海平面再度上升接近现代高度；6 500—6 000 年前，渤海出现最高海面，且一致持续到距今 5 000 年前，淹没的陆地仅在渤海西部就比现在多 27 000 km^2，天津东北与西南均有此一时期的贝壳堤，天津没于海底自不用说。苏北海岸比现在偏西 60～100 km，苏南、上海海岸偏西 150 km，浙江东北也没于海下，杭州湾尚不存在。当时的长江口位于镇江、扬州附近。珠江三角洲几乎全部被淹没，海岸线西移至广州以北的花都区附近。大暖期后，海平面变化更趋于平缓(图 4－15)。

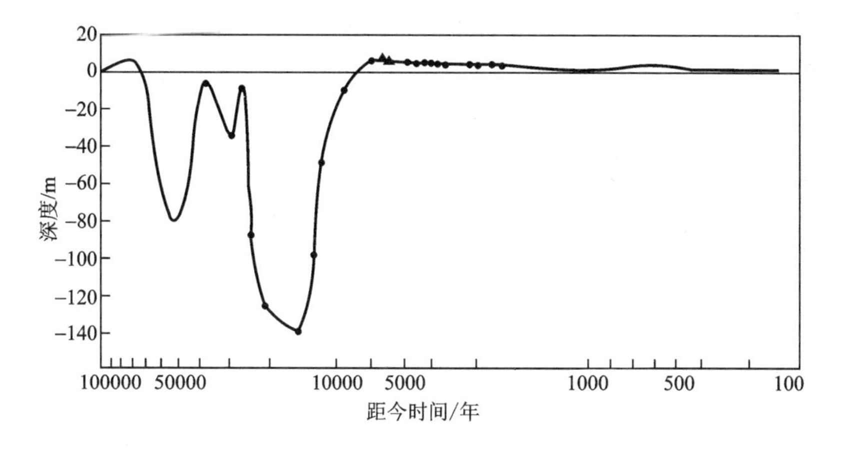

图 4－15　中国东部平原和东海、黄海大陆架上晚更新世以来的海面变化曲线

（据施雅风等，1982）

二、近百年的海平面变化

20 世纪由于气候变暖导致海洋热膨胀和冰川消融加剧，加上 CO_2 排放量猛增形成的温室效应，全球海平面普遍呈上升趋势。紧迫感和危机感促使许多研究者对海平面上升进行观测与估算，但所得结果差异显著。较近的研究成果同样很不一致（表 4－6）。据分析，这与验潮站分布不均及所在地区构造升降不同，记录时间长短不一，采用的研究方法有别等因素有关。但对海平面上升这一点并无异议。

表 4－6　近百年来全球海平面上升估算

速率/（mm·a^{-1}）	资料数据	文　献
1.2±0.3	130 站，1880—1982	Gornitz & lebedeff（1987）
1.15	155 站，1880—1986	Barnett（1988）
2.4±0.9	40 站，1920—1970	Peltier & Tushingham（1989）
7±0.13	84 站，1900—1980	Trupin & Wale（1990）
1.8±0.1	21 站，1880—1980	Douglas（1991）

我国海平面平均上升速率为 2.5 mm/a，高于全球 1.8 mm/a 的平均值。其中，东海上升速率高于全国平均值，黄海持平，渤海和南海略低。与 2003 年相比，2004—2006 年中国海域海平面呈起伏上升趋势，各海区海平面变化趋势与全海域一致。预计未来 3～10 年，中国海域海平面将比 2006 年上升 9～31 mm。

学者们对近百年来全球海平面上升贡献因素的估计也相去甚远，尤其是南极冰盖在海平面上升中起何种作用，专家们的意见似乎针锋相对（表 4－7）。但是我们相信这类分歧迟早将会弥合。

表 4－7 对近百年海平面上升贡献因素的不同估计 单位：cm

贡献因素	低估计	最佳估计	高估计
海水热膨胀	2.0	4	6
山地冰川与小冰帽	1.5	4	7
格陵兰冰盖	1.0	2.5	4
南极冰盖	－5.0	0	5
总计	－0.5	10.5	22
实际上升量	10.0	15	20

三、21 世纪海平面上升预测

① 政府间气候变化委员会（IPCC）的预测：如果 CO_2 不受限制照常排放，21 世纪海平面上升速度将为 20 世纪的 3～5 倍；如果能源供应转向低碳燃烧，可再生能源与核能取代矿物燃料，2050 年 CO_2 排放量降到 1985 年的一半，那么，2050 年全球海平面上升 20～31 cm。如图 4－16 所示。

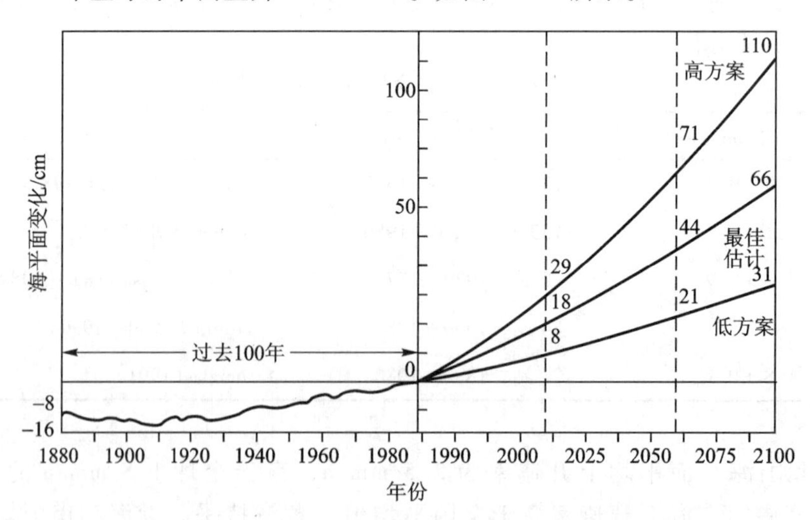

图 4－16 IPCC 1990 年 A 方案下的 21 世纪海平面上升量估算

② 1992 年，一批欧洲学者与中国学者合作，依据 IPCC1992 年的温室气体排放方案（IS92a）提出 2050 年海平面上升最佳估计值为 22 cm，2100 年为 48 cm。

③ 1993 年中国科学院地学部以全球海平面2050 年上升 20 到 30 cm 为依据，考虑到各地区地面下沉幅度，估计我国珠江三角洲海面将上升 40 ~ 60 cm，上海地区 50 ~ 70 cm，天津地区 70 ~ 100 cm(表 4 - 8)。

表 4 - 8　2030 年、2050 年和 2100 年中国沿海五个海域的海平面上升的预测

单位:cm

海　域	2030		2050		2100	
	上升幅度	最佳估计	上升幅度	最佳估计	上升幅度	最佳估计
辽宁—天津沿海	19 ~ 23	21	30 ~ 36	33	72 ~ 92	83
山东半岛东、南部沿海	16 ~ 19	18	25 ~ 31	28	64 ~ 81	74
江苏—广东东部沿海	13 ~ 16	15	21 ~ 26	24	57 ~ 77	67
珠江口附近沿海	5 ~ 9	7	11 ~ 18	14	39 ~ 58	49
广东西部—广西沿海	11 ~ 14	13	18 ~ 24	21	52 ~ 72	63

海平面上升将使沿岸地区风暴潮灾害加剧，海岸侵蚀强化，潮滩湿地损失，盐水入侵河口及海岸地下含水层，阻碍陆地洪水与沿海城镇污染排放，理应受到高度重视。

第五节　海洋资源和海洋环境保护

一、海洋资源

海洋是地球上最大的沉积场所，水生生物最广阔的生活场所，也是一个巨大的资源宝库。所谓海洋资源，主要是指与海水本身有直接关系的物质和能量，例如溶解于海水的化学元素、海洋生物、海底矿藏、海水运动产生的能量及储藏在海水中的热量等。

（一）海水化学资源

海水本身就是一项重要而宝贵的资源。在陆地淡水越来越不足的情况下，从海洋中得到淡水已成为重要的课题。除水以外，海水中含有大量溶解固体和气体物质，其中包括 80 多种化学元素。据计算，全世界的河流每年从陆地搬运到海洋中的可溶解物质达 30×10^{8} ~ 50×10^{8} t 之多。这些物质，包括生物遗体在内，溶解后就成为海水化学资源。海水中所含各种盐分的总重量约 5×10^{16} t，其中食盐占80%，即4×10^{16} t。把所有盐分全部提取出来铺在全球陆地上，盐层将厚达150 m。如把海水蒸干，海底积存的盐层则将厚60 m，其体积将达$2\,200\times10^{4}$ km^{3}。现在已经知道，海水中共含镁$1\,800\times10^{12}$ t，钾500×10^{12} t，重水200×10^{12} t，溴95×10^{12} t，铀45×10^{8} t，都比陆地上多。而铀储量相当于陆地上的4 500倍。海水中含有60余种微量元素，其储量也很可观。例如锶11×10^{12}t，硼6×10^{12} t，锂大约$2\,470\times10^{8}$ t，铷$1\,600\times10^{8}$ t，碘800×10^{8} t，钼137×10^{8} t，锌70×10^{8} t，钒和钡27×10^{8} t，铜40×10^{8} t，银$5\,000\times10^{4}$ t。

现在每年由海水中生产的化学物质仅约6×10^{8} t左右，显然，海洋化学资源的开发潜力还非常大。

（二）海底矿产资源

石油和天然气是最重要的海底资源，主要蕴藏在大陆架及浅海区。此前已发现的800多个海底油气田，几乎遍及各大陆边缘区。全球海底石油储藏量约近$2\,500\times10^{8}$ t，占世界石油可能储量的31%。全世界正在开发的150个石油盆地中，有85个分布在海底。

在目前海底矿产资源开发中，产值仅次于石油的是海滨砂矿。海滨砂矿分布广、矿种多、储量大而且便于开采。其中主要包括贵金属及宝石砂矿，如金、铂族金属和金刚石等；铁砂、锡砂和含锆石、金红石、钛铁矿及独居石的重矿物砂。

大陆边缘海区还有磷钙石、海绿石和煤、铁、铜、硫等各种矿物资源。其中，磷钙石和海绿石为自生矿物，其他各类矿物则分布在海底松散沉积物下伏基岩中。从地幔物质分异和岩浆活动状况分析，深海底可能形成多种金属矿产。现已发现印度洋中有铬铁矿和金伯利岩，大西洋中有铜和铜铁硫化物矿。由此可见，深海底基岩矿产也颇有前景。

锰结核和含金属泥质沉积物是深海底的主要矿产。锰结核通常分布在4 000～5 000 m深的海底。各大洋底已发现具有经济远景的锰结核矿区500多处，其中以太平洋锰结核矿品位最高，储量最大。据估计，全世界深海底锰结核矿总储量约$15\times10^{11}\sim30\times10^{11}$ t。锰结核中除锰以外，还有30多种金属，其中铜、钴、镍比较丰富；稀有分散元素和放射性元素如铍、铈、锗、铌、铀、镭、钍的含量则比在海水中的浓度高数千倍至一百万倍。

含金属沉积物是指某些深海区构造活动带含铁、锰、锌、铜、铅、银和金的泥质沉积物。红海中的“阿特兰蒂斯Ⅱ”海渊，“发现”海渊，“链”海渊和“海洋学家”海渊都有这类沉积物。东太平洋的鲍尔海渊、加利福尼亚海湾等也曾发现金属泥。

（三）海洋动力资源

太阳能是海水动力能量的主要供应者。海洋动力资源的总能量相当于全球动植物生长所需能量的 1 000 倍。波浪和潮汐都具有巨大的能量。波能每秒 27×10^{8} kW，每年波能总量为 23×10^{12} kW·h，潮能 10×10^{8} kW，即约 8.7×10^{12} kW·h。潮流、海流、海水温差、压力差、浓度差都有可以利用的巨大能量，其中温差能量达 20×10^{8} kW，比潮能大一倍。

（四）海洋生物资源

海洋中共有 20 多万种生物。在不破坏生态平衡的前提下，每年可产出 30×10^{8} t水产品，足够 300×10^{8} 人食用。海洋向人类提供食物的能力，等于全球农产品的 1 000 倍。在耕地日益减少的情况下，这无疑是一个充满希望的消息。

鱼类是海洋生物资源的主体，全世界近 30 000 种鱼类中有 16 000 种以上生活在海洋中。太平洋鱼类资源尤其丰富。全世界每年渔获量的 85% 以上来自海洋。

海洋生物中种类最多的是无脊椎动物，约有 16×10^{4} 种。它们也是重要的海洋资源。其中的头足类、瓣鳃类、甲壳类、海参类、水母类，如乌贼、扇贝、对虾、龙虾、海蟹、海参、海蜇等都因有较高营养价值而备受青睐。

鲸、海豚、海龟、海鸟、海狮、海豹、海象等海洋脊椎动物数量也相当多，并且具有重要的经济价值。此外，海洋中还生活着种类繁多的海藻。它们是海洋中有机物的主要生产者，每年增长量约为 $13\times10^{10}\sim50\times10^{10}$ t。现在已知有 70 多种可供人类食用。它们不仅含有大量蛋白质、脂肪和碳水化合物，而且有 20 余种维生素。海藻还被用作饲料、肥料、药材，或提取化学物质用于生产纸张、化妆品、纺织和金属加工等。

二、海洋对地理环境的影响

地球作为已知的唯一有海洋的星球，其表面 70.8% 被海水所覆盖。海洋本身构成了地理环境的基本要素之一。海洋是地球上真正的生命摇篮，最早的生命即产生于海洋。目前仍有大量生物生活在海洋中并且形成了最大的生态系统——海洋生态系统。

海洋是到达地球表面的太阳能的主要接收者和蓄积者，海水冷却时将向空气中散发大量的热，增温时则将从空气中吸收大量的热。海洋借助自己与大气的物质和能量交换过程间接影响气候和受气候影响的各种自然现象。

海水的热容量是空气热容量的 3 100 倍，密度（1.028 13 g/cm³）是空气密度的 797 倍。因此 1 cm³ 海水升高或降低 1 ℃所需要的或释放的热量，可以使成千倍体积的空气降低或升高 1 ℃。海水和空气之间的这种热学性质的差异，使它成为气温的重要调节者。洋流与气候的关系非常密切。从地球低纬区输送到高纬区的热量，约有一半是由洋流完成的。濒临寒流的海岸气温比同纬度内陆地区低；而接近暖流的海岸气温则比同纬度内陆地区高。55°～70°N 的加拿大东岸，因受拉布拉多寒流影响，年平均气温为 -10～0 ℃，结冰期长达

300 d以上，呈现冻原景观；而同纬度的欧洲西岸因受北大西洋暖流的影响，年平均气温约0～10 ℃，结冰期仅约155～215 d，发育有针叶林或混交林。洋流还影响降水的地理分布。暖流影响区气旋发育，降水往往比较多；寒流影响区则往往发育反气旋，降水较少，甚至成为荒漠。

三、海洋环境保护

海洋在地理环境中占有重要地位并对人类生活有巨大影响。但由于人类社会生产的不断发展尤其是对海洋资源的开发日益扩大，已经导致了海洋环境不同程度的污染和海洋生态平衡的局部破坏。陆地上的工业废物如矿渣、废油、汞、废纸浆、废热等；农业废物如有机汞化合物、有机磷化合物、化肥、家畜粪便等；居民生活废物如食品废渣、垃圾、洗涤剂、杀虫剂等；军事废物如有机物、放射性废物和裂变衍生物等，所有这些污染物最终往往以海洋为归宿。大气中的各种燃烧生成物和大气层核试验产生的放射性散落物，也必然有一部分进入海洋。至于海洋中的船舶倾废、作业倾废及油船事故中进入海洋的石油等，则是海洋污染物的直接来源。而所有这些污染，只要其污染程度超过海洋的自净能力，都将损害海洋生物资源，危及人类健康，妨碍海事活动，破坏海水使用素质和恶化海滨环境。为了人类的长远利益，查明海洋自净能力，限制进入海洋的污染物数量，积极开展废水净化处理等已成为日益紧迫的任务。

但减少和防止海洋污染并不是保护海洋环境的全部内容，适当的生产安排和合理的资源开发也不可忽视。例如，合理利用滩涂将使近岸带生物活动基地得到保护；合理开采海滨砂矿可使海岸保持平衡，避免侵蚀加剧；禁止对鱼类和其他水产资源的滥捕滥捞可防止其数量锐减甚或绝灭等。

第六节 河流

一、河流、水系和流域

陆地水是自然地理要素之一。陆地水的存在方式、运动和变化，作为活跃的外动力之一对地表形态的形成和改造，以及对气候、植被等其他自然要素的作用，尤其是作为不可缺少的资源对人类生活的重要影响，充分显示了它们在地球自然景观形成、发展和人类社会发展中的重要性。陆地水主要以河流、湖泊、沼泽、冰川和地下水等形式存在。

（一）河流、水系和流域的概念

降水或由地下涌出地表的水汇集在地面低洼处，在重力作用下经常地或周期地沿流水本身造成的洼地流动，这就是河流。河流沿途接纳众多支流，并形成复杂的干支流网络系统，这就是水系。一些河流以海洋为最后的归宿，另一些河流注入内陆湖泊或沼泽，或因渗漏、蒸发而消失于荒漠中，于是分别形成外流河和内陆河。

每一条河流和每一个水系都从一定的陆地面积上获得补给，这部分陆地面积便是河流和水系的流域，也就是河流和水系在地面的集水区。河流和水系的地面集水区与地下集水区往往并不重合，但地下集水区很难直接测定。所以，在分析流域特征或进行水文计算时，多用地面集水区代表流域。由两个相邻集水区之间的最高点连接成的不规则曲线，即为两条河流或两个水系的分水线。任何河流或水系分水线内的范围，就是它的流域。

（二）水系形式

水系形式是一定的岩层构造、沉积物性质和新构造应力场的反映。据此，水系形式通常分为树枝状、格状和长方形三类。树枝状水系一般发育在抗侵蚀能力比较一致的沉积岩或变质岩区；格状水系经常出现在岩层软硬相间、地下水源比较丰富的平行褶皱构造区；长方形水系则往往和巨大的断裂构造相联系。

水系形式也可按干支流相互配置的关系或它们构成的几何形态来划分。如众多支流集中汇入干流，称为扇状水系；支流比较均匀地分布于干流两侧，交错汇入干流，叫羽状水系；一侧支流很少，而另一侧支流众多，称为梳状水系；支流与干流平行，至河口附近才汇合，称为平行水系等。还可根据水系流向的相互关系划分水系类型，如向心水系、辐散状水系等。

（三）河流的纵横断面

河源与河口的高度差，即是河流的总落差；而某一河段两端的高度差，则是这一河段的落差；单位河长的落差，叫做河流的比降，通常以小数或千分数表示。河流纵断面能够很好地反映河流比降的变化。以落差为纵轴，距河口的距离为横轴，据实测高度值定出各点的坐标，连接各点即得到河流的纵断面图（图4－17）。河流纵断面分为四种类型：全流域比降接近一致的，为直线形纵断面；河源比降大，而向下游递减的，为平滑下凹形纵断面；比降上游小而下游大的，为下落形纵断面；各段比降变化无规律的，可形成折线形纵断面。

流域内岩层的性质、地貌类型的复杂程度及河流的年龄，都影响纵断面的形态。在软硬岩层交替处，纵断面常相应出现陡缓转折。山地和平原、盆地交接处，纵断面也发生变化。年轻河流纵断面多呈上落形或折线形；老年河流则多呈平滑下凹曲线形。后者有时被称为均衡剖面。

河槽中垂直于流向并以河床为下界、水面为上界的断面，是河流的横断面。由于地转偏向力和弯曲河道中河水离心力的影响，水面具有横比降；由于

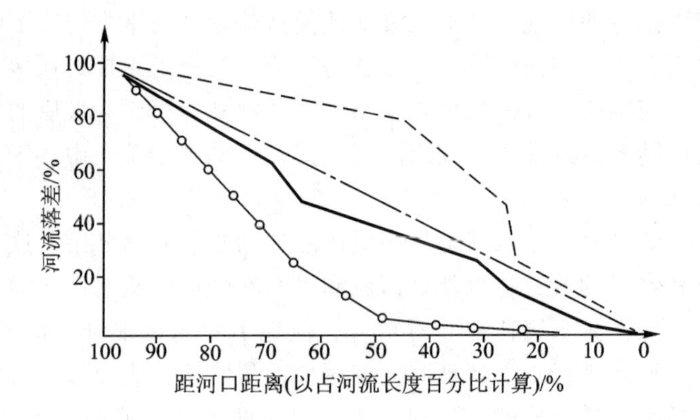

图 4－17 河流纵断面

流速分布不均匀，水面还发生凹凸变形。所以河水面不是一个严格的平面。

（四）河流的分段

一条河流常常可以根据其地理－地质特征分为河源、上游、中游、下游和河口五段。河源指河流最初具有地表水流形态的地方，因此也是全流域海拔最高的地方，通常与山地冰川、高原湖泊、沼泽和泉相联系。上游指紧接河源的河谷窄、比降和流速大、水量小、侵蚀强烈、纵断面呈阶梯状并多急滩和瀑布的河段。中游水量逐渐增加，但比降已较和缓，流水下切力已开始减小，河床位置比较稳定，侵蚀和堆积作用大致保持均衡，纵断面往往成平滑下凹曲线。下游河谷宽广，河道弯曲，河水流速小而流量大，淤积作用显著，到处可见浅滩和沙洲。河口是河流入海、入湖或汇入更高级河流处，经常有泥沙堆积，有时分汊现象显著，在入海、湖处形成三角洲。

河源的确定通常是根据“河源唯远”和“水量最丰”的原则。其余各段的划分则应以河流的主要自然特征为依据。但实际上，由于不同研究者分别着重考虑地貌、水文或其他特征，因此，一条河流上中下游的划分常常不一致。

（五）流域特征对河流的影响

流域面积是流域的重要特征之一。河流水量的大小和流域面积大小有直接关系。除干旱区外，一般是流域面积愈大，河流水量也愈大。流域形状对河流水量变化也有明显的影响。圆形或卵形流域降水最容易向干流集中，从而形成巨大的洪峰；狭长形流域洪水宣泄比较均匀，因而洪峰不集中。流域的高度主要影响降水形式和流域内的气温，进而影响流域的水量变化。根据某一高度上的降雨、降雪量和融雪时间，可以估计河流的水情变化。

流域方向或干流方向对冰雪消融时间有一定的影响。如流域向南，降雪可能较快消融，形成径流或渗入土壤；流域向北，则冬季降雪往往迟至次年春季才开始融化。

流域中干支流总长度和流域面积之比，称为河网密度 D(km/km^2)。其公式为

$$D=\frac{\sum L}{F}$$

河网密度是地表径流丰富与否的标志之一。流域气候、植被、地貌特征、岩石土壤的渗透性和抗蚀能力，是河网密度大小的决定性因素。

二、水情要素

河流是通过其流水活动影响和改变地理环境的。为了认识河流的特征及其地理意义，必须首先了解有关河流水情的一些基本概念。

(一) 水位

河流中某一标准基面或测站基面上的水面高度，叫做水位。水位高低是流量大小的主要标志。流域内的径流补给是影响流量、水位变化的主要因素。其他因素也可以影响水位变化，如流水侵蚀或堆积作用造成河床下降或上升；拦河坝改变河流的天然水位情势；水草或冰情等使水流不畅，水位升高；入海河流的河口段和感潮段由于潮汐和风的影响而引起水位变化。可见，水位变化是多种因素同时作用的结果。这些因素具有各自不同的变化周期，如流水侵蚀作用具有多年变化周期，径流补给形式的变化具有季节性周期，潮汐影响具有日变化周期等，因而，河流的水位情势是非常复杂的。

河流水位有年际变化和季节变化，山区冰源河流甚至有日变化。水位变化具有重要的实际意义。根据水位观测资料可以确定洪水波传播的速度和河流水量周期性变化的一般特征。用纵坐标表示不同时间的水位高度，用横坐标表示时间，可以绘出水位过程线。通过分析水位过程线，可以研究河流的水源、汛期、河床冲淤情况和湖泊的调节作用。

在实际工作中，除了解某一时段水位变化的一般规律外，还必须知道水位变化的某些特征值，例如平均水位、平均高水位、平均低水位、中水位、常水位等。平均水位是单位时间内水位的平均值。平均高水位与平均低水位则是各年最高水位与最低水位各自的平均值。中水位是一年中观测水位值的中值。常水位指一年中水位最常出现值。

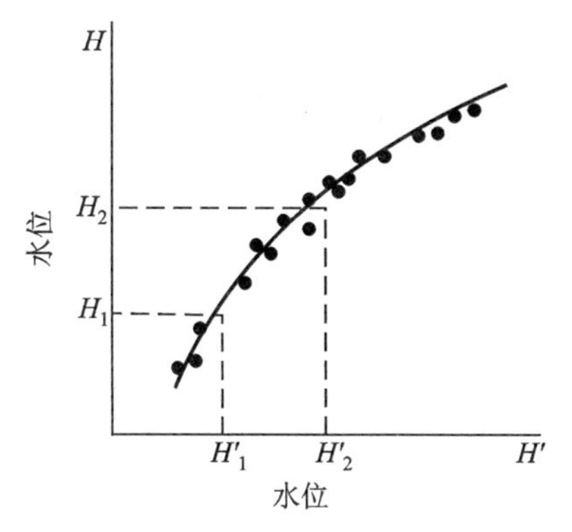

图 4-18 相应水位曲线

河流各站的水位过程线上，上下游站在同一次涨落水期间位相相同的水位，叫相应水位。可以用纵轴表示上游站水位，以横轴表示下游站水位，绘制出两个测站的相应水位曲线(图 4-18)。相应水位曲线可用于插

补或改正另一测站的观测资料或推断某一未设站河段的水位变化过程。根据相应水位出现的时序，可以预报洪水，推算洪峰水位高度及变化情况等。

（二）流速

流速指水质点在单位时间内移动的距离。它取决于纵比降方向上水体重力的分力与河岸和河底对水流的摩擦力之比。通常采用等流速公式，即薛齐公式（也可译为谢才公式）计算水流某一时段的平均流速 v

$$v = c\sqrt{RI}$$

式中：R 为水力半径，即过水断面面积与水浸部分弧长之比；I 为河流纵比降；c 为待定系数。

薛齐公式是一个应用很广的基本公式。建立这一公式的基本出发点是：只有动力与摩擦力相等时，水流才沿河槽作等速运动(图 4－19)。

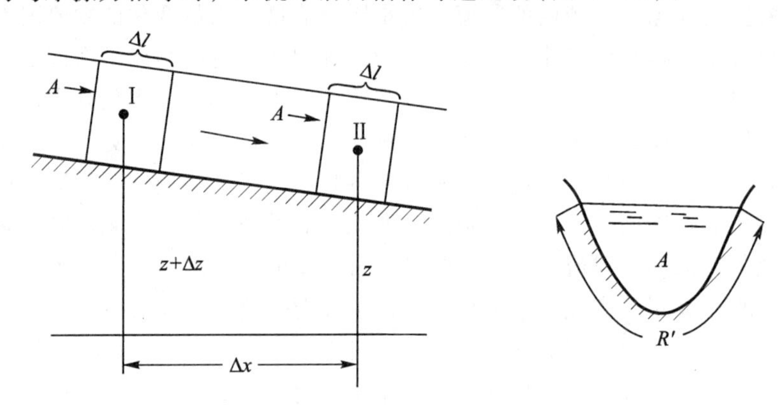

图 4－19　推导平均流速公式的示意图

设 A 为过水断面面积；Δl 为水体长度；ω 为单位体积水的重量；φ 为单位面积的摩擦力；Δx 为水体移动的距离，R'为河水断面水浸部分弧长，Δz 为水体重心向下移动的高度。当水体做等速运动时，水体受河床阻力而做功

$$P_1 = \varphi R'\Delta l\Delta x$$

此时水体下落所释放的位能为

$$P_2 = \omega A\Delta l\Delta x$$

因为

$$P_1 = P_2$$

所以

$$\varphi R'\Delta l\Delta x = \omega A\Delta l\Delta x$$

进而得到

$$\frac{\Delta z}{\Delta x} = \frac{\varphi R'}{\omega A} = I$$

I 是河流的纵比降。已知水力半径的定义为$\frac{A}{R'}=R$，则

$$I=\frac{\varphi}{\omega R}$$

根据实验资料，$\frac{\varphi}{\omega}$值与平均流速的平方成正比，即

$$\frac{\varphi}{\omega}=bv^2$$

式中：b 为经验系数，它与河槽过水断面深度、大小和形状有关，因此，等式 $I=\frac{\varphi}{\omega R}$可写为

$$I=\frac{bv^2}{R}\text{或者 } RI=bv^2$$

所以

$$v=\sqrt{\frac{1}{b}RI}$$

$$\sqrt{\frac{1}{b}}=c$$

则

$$v=c\sqrt{RI}$$

薛齐公式中的 c 是一个不定值，可能决定于糙率、深度、过水断面形状等。许多人力图通过实验确定 c 值。两个最常用的计算 c 值的公式为

1. 曼宁公式

$$c=\frac{1}{n}R^{\frac{1}{6}}$$

式中：n 为河槽糙率(可根据表 4-9 查出其数值)；R 为水力半径。

2. 巴甫诺夫斯基公式

$$c=\frac{1}{n}R^x$$

此式与曼宁公式不同之处在于 R 具有可变指数。当 $x=\frac{1}{6}$时，实际上和曼宁公式相同。x 是与 R、n 有关的系数，可由下式求得

$$x=2.5\sqrt{n}-0.13-0.75\sqrt{R}(\sqrt{n}-0.10)$$

河流中流速的分布是不一致的。河底与河岸附近流速最小，流速从水底向水面和从岸边向主流线递增。绝对最大流速出现在水深的 1/10～3/10 处，弯曲河道的最大流速接近凹岸处，平均流速与水深 6/10 处的点流速相等。

表 4-9 天然水流之河槽糙率分类

类别	河槽特征	$\frac{1}{n}$	n
1	情况良好(即河槽糙率小)，光滑、笔直、畅流无阻的土质河流	40	0.025
2	平原类型的有稳定水流的河槽(大部分是河床与水流都比较好的大河及中河。河床与水流情况良好的季节性河道	30~35	0.033
3	一般的平原上稳定的水流。河身弯曲,水流方向略不规则的河道,或河道虽平直但河底地形不平整者(有浅滩、深潭)	25	0.040
4	阻塞显著的河槽。弯曲、多草、多石、水流湍急。季节性河流，洪水期内可挟带数量可观的冲积物而被覆盖的河床。河底为粗砾石或长满植物的整齐河槽	20	0.050
5	弯曲、阻塞很严重，间歇性水流的河槽。杂草很多，不平整的河滩水面，不平整的山溪性石灰质河槽；平原河流多石滩河段	15	0.067
6	阻塞极显著的河道与河谷，杂草丛生，水流微弱或有大深潭者。山地类型的巨石河道，水流汹涌，水花四溅	12.5	0.080
7	河滩情况同上，但有极不规则的横流、小河弯等 高山瀑布类型的河流，礁石突出，水珠飞溅，致使水流失去透明而呈白色。水声喧腾，交谈困难	10	0.100
8	沼泽类型的河流(有杂草、草丘,有些地方河水几乎停滞不流)，有很大死水区，有局部深湖的河滩	7.5	0.133
9	由泥土、石子组成的泥石流，草木密生的河滩(整片原始森林)	5	0.200

(三) 流量

单位时间内通过某过水断面的水量，叫做流量(m^3/s)。测出流速和断面积就可以知道流量

$$Q = Av$$

式中：A 为断面积，v 为平均流速。

流量是河流的重要特征值之一。流量变化将引起流水蚀积过程和水流的其他特征值的变化。随着流量的变化，水位也发生变化。流量和水位之间有着内在联系。

已知

$$Q = Av$$

据薛齐公式

$$v = c\sqrt{RI} = f_1(H)$$

而

$$A = f_2(H)$$

那么

$$Q = f_1(H)f_2(H) = F(H)$$

这个公式所表示的曲线就是水位流量关系曲线（图4-20）。其实际意义在于可利用水位资料推求流量，所以在水文工作中用途很广。

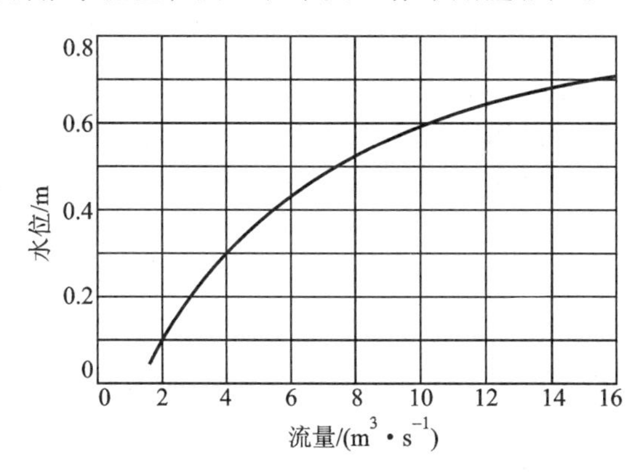

图4-20 水位流量关系曲线

实际工作中还常常需要绘制另一种曲线——流量过程线。以横轴表示时间，纵轴表示流量，连接各坐标点，得出 $Q = f(t)$ 曲线，即流量过程线（图4-21）。在流量过程线横轴和两纵线间，过程线所包围的面积，等于相应期间的径流总量。流量过程线是一条河流各种特征的综合。分析流量过程线相当于综合研究流域的特征。

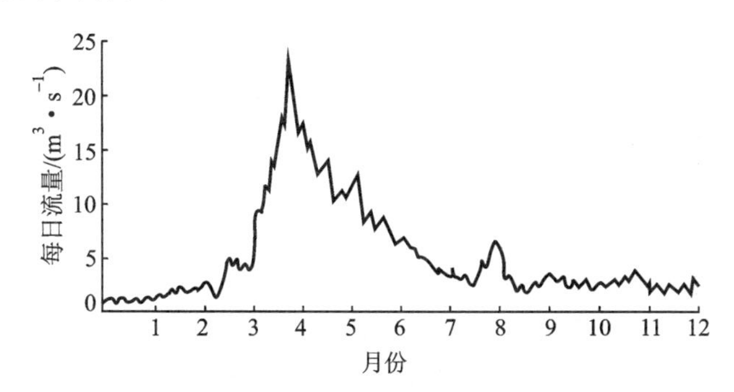

图4-21 流量过程线

（四）水温与冰情

河流的补给特征是影响河水温度状况的主要因素。由冰川和积雪补给的河流水温必然较低；从大湖泊流出的河流春季水温低而秋季水温高；地下水补给量丰富的河流冬春季水温较高。还有许多其他因素，例如太阳辐射和流域气温等影响河水温度。

河水温度也随时间而变化。夏季水温有明显的日变化，且中低纬河流比高纬河流显著。季节变化表现为夏季水温高，冬季水温低。北方河流冬季常结冻。

河水温度还随流程远近而发生变化。流程愈近，水温与补给水源的温度愈接近；流程愈远，水温受流域气温的影响愈显著。河水与大气及河谷地表的热交换将使水温发生变化。一般来说，由于发源地海拔高，河口海拔低，水温从上游向下游增高。长江发源于青藏高原上唐古拉山北坡格拉丹冬冰川，源区和上游水温都很低，但在经过四川盆地和中下游平原之后，到河口段水温明显升高。

河流水温在很大程度上还受到河流流向的影响。亚欧大陆和北美洲大陆向北流入北冰洋的大小河流，愈向下游水温愈低。甚至一条河流的个别北向河段这一特点也表现得相当突出。例如，兰州以下的黄河河段，北向银川平原和内蒙古高原，冬末春初，兰州附近早已解冻，而宁夏、内蒙古境内河段仍被坚冰封闭。

当气温降到0 ℃以下，水温降到0 ℃时，河水中开始出现冰晶，岸边形成岸冰。冰晶扩大，浮在水面形成冰块。随着冰块增多和体积增大，河流狭窄处和浅水处首先发生阻塞，最后使整个河面封冻。我国北方河流每年都有时间长短不等的封冻期，长的可达1～5个月。

三、河川径流

（一）径流的形成和集流过程

径流的形成是一个连续的过程，但可以划分为几个特征阶段。了解这些阶段的特点对于水文分析是重要的。

1. 停蓄阶段

降水落到流域内一部分被植物截留，另一部分被土壤吸收，经过下渗进入土壤和岩石孔隙中形成地下水。所以降水初期不能立即产生径流。降水量超过上述消耗而有余时，便在一些分散洼地停蓄起来。这种现象称为填洼。对于径流形成而言，停蓄阶段是一个耗损过程；但这个阶段对于增加雨水对地下水的补给和减少水土流失具有重要意义。

2. 漫流阶段

植物截留和填洼都已达到饱和，降水量超过下渗量时，地表便开始出现沿天然坡向流动的细小水流，即坡面漫流。坡面漫流逐渐扩大范围并分别流向不同的河槽，叫漫流阶段。这个阶段只有下渗起着削减径流形成的作用。而土壤、岩石的下渗强度，从开始下渗即逐步减小，一定时间后常成为稳定值，这个稳定值称为稳渗率。所以漫流阶段的产流强度决定于降水强度和土壤稳渗率之差。各种土壤的下渗强度不同，故产流情况也不一样。在同样降水强度下，砂质土地区产流强度较小，而壤土地区产流强度较大。

坡面漫流作为地表径流向河槽汇集的中间环节，分为片流、沟流和壤中流三种形式，其中沟流是主要形式。水在地表纹沟中流动，流速一般不超过1～2 m/s，但流速和流量都从坡顶向坡底增加，冲刷力也相应地向坡底增强。片流并不多见。壤中流是指水在地表下数厘米的土壤中流动，其速度不大，开始时间也比较晚，但降水停止后仍可持续一段时间。地表土壤物质往往由这种坡面漫流带入河槽。

3. 河槽集流阶段

坡面漫流的水进入河道后沿河网向下游流动，使河流流量增加，叫做河槽集流。河槽集流阶段大部分河水流出河口，小部分渗入河谷堆积物补给地下水。待洪水消退后，地下水又反过来补给河流。河槽集流过程在降水停止后还将继续很长时间。这个阶段包括雨水由坡面进入河网，最后流出出口断面的整个过程，是径流形成的最终环节。

上述三个阶段是指长时间连续降水下发生的典型模式。实际上由于每次降水的强度和持续时间不同，各流域自然条件也不一样，无论是不同流域，或是同一流域在不同降水过程中的径流形成，都可能有差别。

（二）径流计量单位

在研究某时段内河流水量变化和比较各河流的径流量时，都必须采用适当的量值来计算。常用的量有以下几种：

1. 流量 Q

在单位时间内通过河道过水断面的水量，称为流量（m^3/s）。其计算公式为

$$Q = Av$$

式中：A 为过水断面面积；v 为水流的平均流速。

2. 径流量 W

在一特定时段内流过河流测流断面的总水量，称为径流量（m^3 或 km^3），例如年径流量。计算径流总量的公式为

$$W = QT$$

式中：T 为时间（年、月）；Q 为时段平均流量。

3. 径流模数 M

单位时间、单位面积上产出的水量，称为径流模数［$m^3/(a \cdot km^2)$］。径流模数与流量之间的关系为

$$M=\frac{Q}{F}$$

式中：F 为流域面积。

在所有计算径流的常用量中，径流模数最能说明与自然地理条件相联系的径流的特征。通常用径流模数来比较不同流域的单位面积产水量。

4. 径流深度 y

在研究河流径流时，需要把径流量与降水量进行比较。降水量是用毫米为单位的，径流量也须用毫米为单位。流域面积除该流域一年的径流总量，即得到径流深度

$$y=\frac{W}{F}$$

由于 W 和 F 都需要化为毫米，所以上式可写为

$$y=\frac{W\times10^{9}}{F\times10^{12}}=\frac{W}{F}\times10^{-3}\quad(\mathrm{mm})$$

径流模数 M 与径流深度 y 之间，有以下关系

已知

$$W=QT$$

从

$$M=\frac{Q}{F}\times1\ 000(\mathrm{l/km^2})$$

可得

$$\frac{Q}{F}=M\times10^{-3}$$

所以

$$y=\frac{W}{F}\times10^{-3}=\frac{QT}{F}\times10^{-3}=MT\times10^{-6}$$

这个水量是以一年计算的，即

$$T=31.5\times10^{6}\quad(\mathrm{s})$$

所以 y 与 M 的关系可以表示为

$$y=31.5M \text{ 或 } M=\frac{1}{31.5}y=0.031\ 7y$$

如果把 T 作为以百万计的秒数，则

$$y=MT \text{ 或 } M=\frac{y}{T}$$

5. 径流变率(模比系数 K)

任何时段的径流值 M_1、Q_1 或 y_1 等，与同时段多年平均值 M_0、Q_0 或 y_0 之

比，称为径流变率或模比系数

$$K=\frac{M_1}{M_0}=\frac{Q_1}{Q_0}=\frac{y_1}{y_0}$$

6. 径流系数 α

一定时期的径流深度 y 与同期降水量 x 之比，称为径流系数

$$\alpha=\frac{y}{x}$$

径流系数常用百分数表示。降水量大部分形成径流则 α 值大，降水量大部分消耗于蒸发和下渗，则 α 值小。

（三）正常径流量

河流的年正常径流量是指多年径流量的算术平均值，即平均每年中流过河流某一断面的水量。它是一个比较稳定的数值，也是一个重要的特征值。只有径流年际变化较小，或者有相当长的观测资料时，才能够精确地计算出河流的正常径流量。

算术平均值能够比较简单地概括一系列观测数据。假定某个水文要素的观测共有 n 项，各项的数值分别为 x_1，x_2，x_3，…，x_n，则其算术平均值为

$$\bar{x}=\frac{x_1+x_2+x_3+\cdots+x_n}{n}=\frac{1}{n}\sum_{1}^{n}x_i$$

当缺乏长期观测资料时，$\bar{x}$受到极值的影响，并不稳定。为了弥补这一不足，必须考虑系列的离散程度。例如，有下面两个系列：第一系列，5，10，15；第二系列，1，10，19。两个系列的算术平均值相同，即 $x=10$，但离散程度不同。前者只变化于 5 ~ 15 之间，后者却变化于 1 ~ 19 之间。

研究任何系列的离散程度，都必须以均值为中心来考察。系列中某一个值 x_1 与均值 $\bar{x}$ 的差，称为离均差或简称离差。各离差平均值等于零。显然，用离差平均值来说明系列的离散程度是无效的。因此必须采用离差值平方的平均数，然后开方，作为鉴定系列离散程度的参数，这个参数称为均方差 σ。

$$\sigma=\sqrt{\frac{\sum(x_i-\bar{x})^2}{n}}$$

按此式计算上述两系列的均方差，则得到 $\sigma_1=4.08$，$\sigma_2=7.35$。第一系列的均方差小于第二系列，说明第一系列数值集中，变化较小。

但是，均方差并不适合于比较两个具有不同均值的系列，例如，第一系列：5，10，15；第二系列：995，1 000，1 005。这两个系列的均方差相同，说明其绝对离散程度是一样的，但因其均值分别为 10 和 1 000，第一系列中最大、最小值与均值之比为 1/2，第二系列却是 1/200。为了克服这一缺点，数

理统计中用均方差与均值之比作为衡量相对离散程度的参数，即离差系数 C_v。

$$C_v = \frac{\sigma}{\bar{x}} = \frac{1}{\bar{x}}\sqrt{\frac{\sum(x_i - \bar{x})^2}{n}}$$

按此式计算，上述两系列的离差系数分别为

$$C_v = \frac{4.08}{10} = 0.408 \qquad C_v = \frac{4.08}{1\ 000} = 0.004\ 08$$

这说明第二系列的变化程度远较第一系列小。

C_v 值反映各年中具体水量的相对变动程度，在径流计算中很重要。表 4－10 表示 C_v 值和观测系列长短与正常径流量计算的准确程度的关系。

表 4－10 C_v 值、观测年数和准确程度的关系

C_v	达到下列准确度(%)必须观测的年数							
	±4.0	±5.0	±6.0	±7.0	±8.0	±9.0	±10.0	±20.0
0.15	14	9	6	5	4	3	2	1
0.20	25	16	11	8	6	5	4	1
0.25	39	25	17	13	10	8	6	2
0.30	56	36	25	19	14	11	9	2
0.35	76	49	33	25	19	15	12	3
0.40	100	64	44	33	25	20	16	4
0.45	126	81	55	42	32	25	20	5
0.50	156	100	69	50	39	31	25	6
0.55	189	121	83	62	47	38	30	8
0.60	225	144	99	74	56	45	36	9

根据实测资料年限长短不同，可以分别采用下列方法推求河流的正常径流量：① 具有 30～40 年或更长连续观测系列的，可以把径流量的算术平均值作为正常径流量；② 只有短期资料时，选择参证站、参证流域或与径流量有成因联系的变量(如降水量)，建立相关关系，延长系列；③ 缺乏实测资料时，则以径流等值线方法或应用经验公式估算。

(四) 径流的变化

1. 年内变化

随着气候的周期性变化，一年中河流补给状况、水位、流量等也相应发生变化。根据一年内河流水情的变化，可以分为若干个水情特征时期，如汛期、平水期、枯水期或冰冻期。

河流处于高水位的时期称为汛期。我国绝大多数河流的高水位是夏季集中降水造成的，故又叫夏汛。夏汛期径流量大，洪峰起伏变化急剧，是全年最重要的水情阶段。各河流的夏汛期长短不一，南方河流因雨季早而且持续时间长，夏汛期也长。春季积雪融化形成的河流高水位叫做春汛。华北、东北的河流都有春汛，但水量比夏汛小，历时也不长。

枯水期是河流处于低水位的时期。我国河流枯水期一般出现在冬季。这段时间河水主要依靠地下水补给，流量和水位变化很小；如果此时河流封冻，又可称冰冻期。

平水期是河流处于中常水位的时期。洪水过后，退水较缓慢，所以从汛期到枯水期之间有一段过渡时期，水位处于中常状况。我国河流的平水期多在秋季，时间不长。

2. 年际变化

径流量的年际变化往往由降水量的年际变化引起。通常以径流的离差系数来表示年径流的变化程度。我国中等河流的离差系数，长江以南一般在0.30以下，长江下游、黄河中游各河流和东北山区河流为0.40，淮河为0.60，海河为0.70。这种大致从南向北增长的趋势，与我国降水量变率的分布趋势基本一致。

（五）特征径流

1. 洪水

河流水位达到某一高度，致使沿岸城市、村庄、建筑物、农田受到威胁时，称为洪水。连续的强烈降水是造成洪水的主要原因，积雪融化也可以造成洪水。流域内的降水分布、强度、降水中心移动路线及支流排列方式，对洪水性质有直接影响。

洪水按来源可分为上游演进洪水和当地洪水两类。上游径流量显著增加，洪水自上而下沿河推进，就形成上游演进洪水。当地洪水则是由所处河段的地面径流直接形成的。由于洪水形成条件不同，洪水过程线也有单峰、双峰、肥瘦等差别。

实际观测发现，同一河流的上游洪峰比较尖锐，变幅大，而下游则渐趋平缓，变幅也逐渐减小。洪水传播速度与河道形状有关，河道整齐的传播快，不规则的传播慢。若河流流经湖泊或泛出河道，则洪水传播速度更慢。

洪水期间，在没有大支流加入的河段中，同一断面上总是首先出现最大比降，接着出现最大流速，然后是最大流量，最后是最高水位。

2. 枯水

一年内没有洪水时期的径流，称为枯水径流。枯水期径流呈递减现象，久旱之后可能出现年内最小流量。枯水径流主要来源于流域的地下水补给。

流域的地质和水文地质条件最大限度地影响着地下水的储量及所补给河流的特性。砂砾层能大量储水，并在枯水期缓慢补给河流；黏土则相反。溶洞可以使大量雨水漏到地下深处成为持久而稳定的水源。河槽下切深度和河网密度决定着截获地下水补给的水量大小。湖泊、沼泽、森林及水库的调节作用都能增加枯水径流。我国大多数河流的枯水径流出现在10月至次年3—4月。

四、河流的补给

(一) 河流补给的形式

降水、冰川积雪融水、地下水、湖泊和沼泽都可以构成河流的水源。不同地区的河流从各种水源中得到的水量不同；即使同一条河流，不同季节的补给形式也不一样。这种差别主要是由流域的气候条件决定的，同时也与下垫面性质和结构有关。例如，热带没有积雪，降水成为主要水源；冬季长而积雪深厚的寒冷地区，积雪在补给中起主要作用；发源于巨大冰川的河流，冰川融水是首要补给形式；下切较深的大河能得到地下水的补给，下切较浅的小河很少或完全没有地下水补给；发源于湖泊、沼泽或泉水的河流，主要依靠湖水、沼泽水或泉水补给。此外，人类通过工程措施，也可以给河流创造新的人工补给条件。

河流水量补给是河流的重要特征之一。了解补给特征，有助于了解河流的水情特征和变化规律。

(二) 各种补给的特点

1. 降水补给

雨水是全球大多数河流最重要的补给来源。降水补给为主的河流的水量及其变化与流域的降水量及其变化有着十分密切的关系。我国广大地区尤其是长江以南地区的河流，降水补给占绝对优势。据估计，我国河流年径流量降水补给约占70%。河流水量与降水量分布一样，由东南向西北递减；河流多在夏秋两季发生洪水，也与降水集中于夏秋两季有关。

2. 融水补给

融水补给为主的河流的水量及其变化与流域的积雪量和气温变化有关。这类河流在春季气温回升时，常因积雪融化而形成春汛。春季气温和太阳辐射不像降水量变化那样大，所以春汛出现的时间较为稳定，变化也较有规律。我国东北地区有的河流融水补给占全年水量的20%，松花江、辽河、黄河的融水补给可以形成不太突出的春汛。西北山区中山带的积雪及河冰融水，是山下绿洲春耕用水的主要来源。高山冰川融水补给时间略迟，常和雨水一起形成夏季洪峰。

3. 地下水补给

河流从地下所获得的水量补给，称地下水补给。地下水是河流较经常的水源，一般约占河流径流量的15%~30%。地下水补给具有稳定和均匀两大特点。深层地下水因受外界条件影响较小，其补给通常没有季节变化，浅层地下水补给状况则视地下水与河流之间有无水力联系而定。

4. 湖泊与沼泽水补给

湖泊、沼泽水补给量的大小和变化，取决于湖泊和沼泽对水量的调节作用。湖泊面积愈大水量愈多，调节作用愈显著。一般说来，湖泊沼泽补给的河流水量变化缓慢而且稳定。

5. 人工补给

从水量多的河流、湖泊中，把水引入水量缺乏的河流，向河流中排放废水等，都属于人工补给范围。

（三）河流水源的定量估计

为了准确地从河流总水量中划分出地表径流和地下径流，常常需要从河流的流量过程线中，把各种形式的补给分割出来。所以河流水源的定量估计，也叫做流量过程线的分割。

1. 直线分割法

这是一种最简单的分割方法，如图 4－22 所示，从流量过程线的最低点 A 引一水平线与流量过程线相交于 B 点，AB 以上为地面径流，以下为地下径流。在洪水前的枯水情况下，深层地下水补给比较稳定，用这种方法分割地下水简便有效。但当有浅层地下水混杂其中时，这样分割由于未考虑到地下水在洪水过程中的增长，所得地下径流比实际偏小。改进方法是从 A 点引一斜线至流量过程线退水段上的地面径流停止点 B'，AB'线以下部分就是地下水补给。B'点可以根据洪峰后的日数 N 在流量过程线上定出。此法的关键在于确定 C 点，C 点可理解为地面径流（包括壤中流）的终止时刻，C 点以后为地下水补给。C 点的确定方法有：目估法。由于地面地下退水规律不同，C 点以上过程线较陡，以下较缓，据此可在退水段上找出较为明显的曲度转折点，即为 C 点。也可将流量过程线绘在半对数格纸上，以便于判断。直线分割法的根本缺陷在于忽视了河流与地下水的水力联系，因而误差较大。但因简便易行，在水文分析和计算中仍然常常使用。

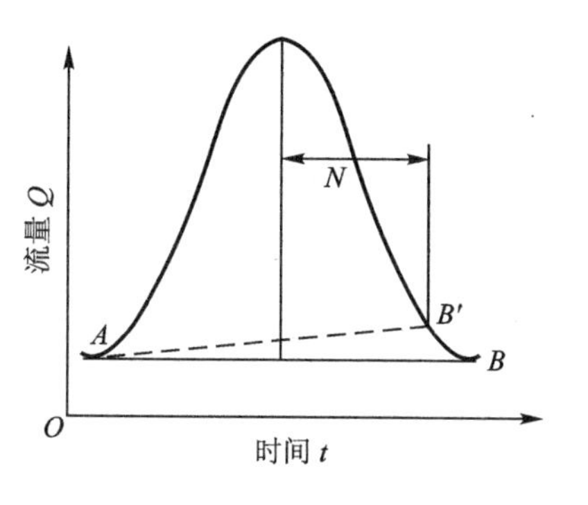

图 4－22 直线分割法

2. 退水曲线法

实际上是根据标准退水曲线，从流量过程线两端向内延伸，退水曲线以下部分就是地下径流。此法适合于河水与地下水没有水力联系的情况。如图 4－23

所示。从流量过程曲线的两端，A 点向后延伸到 C 点，B 点延到 D 点，再用直线 CD 把两条退水曲线连接起来，$ACDB$ 以下即为地下水补给。

以上两种方法都只限于分割地面径流和地下径流两部分。地表径流各部分还可以进一步分割，图 4－24 即为这种分割的一例。图中很明确地指出了洪水和降水持续时间。

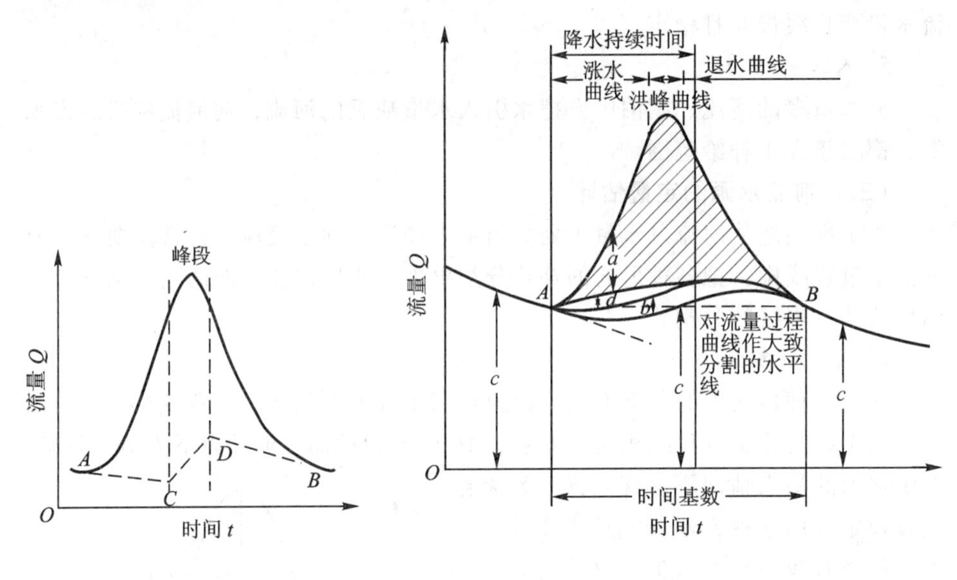

图 4－23 退水曲线法　　图 4－24 流量过程线各部分的分割

流量过程曲线明显地分为涨水曲线、洪峰曲线和退水曲线三部分。涨水曲线代表最初一部分降水为土壤吸收后流量迅速加大的部分；洪峰曲线在降水终止前不久出现，其起点相当于单位时段内流量从增加到减少的转折点，其终点相当于单位时段内增加的流量减少到零的转折点。退水曲线代表流量逐步减少恢复到涨水以前的部分。整个洪水流量分属四个部分：径流 a 代表水文站以上流域所能集中的地表水流量，但对降水存在着迟滞现象。河道降水量 d 是直接进入上游各支流的降水部分，随降水的起止而起止。渗入土壤的水分 b 不转为潜水即从侧面溢入河流，但它在降水持续一段时间后才能增加河流流量，并在洪水流量恢复到雨前时终止。地下径流量 c 是洪水前河流流量的主要来源，在降水后直到洪峰出现的后期才会大量增加到河流中，对降水也存在迟滞现象。

五、流域的水量平衡

进入任意流域的水量，减去所消耗的部分，等于原有水量的绝对增加量。这就是流域水量平衡的原理。从这个原理出发，可以把进入某一流域的各种水量来源进行比较，并确定它们对水量情势的影响程度。设 x 为一定时间内流域的降水量；u_2 为收入超过支出时的增量；w_1 为进入流域的地下径流量；z_1 为地表及土壤中凝结的水量；w_2 为由地下径流方式流出的水量；z_2 为雪面、土面、叶面、水面蒸发量；u_1 为支出超过收入时的减量；y 为以地表径流方式流出的水量。

以上所有数值都用水深表示，则一条河流任意时段的水量平衡方程式可写为

$$x = y + (z_2 - z_1) + (w_2 - w_1) + (u_2 - u_1)$$

以 z 表示减去了凝结量后的蒸发量，即

$$z = z_2 - z_1$$

以 u 表示流域内蓄水量的变化，以 w 表示该流域与相邻流域间地下水的交换量，即

$$u = u_2 - u_1$$

$$w = w_2 - w_1$$

由于 x、y 总是正数，大多数情况下 $z_1 < z_2$，因此 z 也几乎总是正数，而 u 和 w 可为正值也可为负值，所以平衡方程式可以写为

$$x = y + z \pm u \pm w$$

当其他条件相同时，流域面积越大，w 就越小，因此，将上述方程用于大流域时，w 项可以忽略，成为

$$x = y + z \pm u$$

如果不是研究任意时段，而是一年，则 $\pm u$ 只表示地表水的存蓄与消耗，即

$$x = y + z \pm u_{年}$$

当用此式表示多年水量平衡状况时，由于

$$\frac{1}{n}\sum_{1}^{n} \pm u \to 0$$

所以

$$\bar{x} = \bar{y} + \bar{z}$$

式中：$\bar{x} = \frac{\sum x}{n}$ 为多年平均降水量；$\bar{y} = \frac{\sum y}{n}$ 为正常径流量；$\bar{z} = \frac{\sum z}{n}$ 为正常蒸发量。

对于内陆河流域，多年水量平衡方程就更简单了

$$\bar{x} = \bar{z}$$

即多年平均降水量等于多年平均蒸发量。

水量平衡的方法是研究各水情要素间数量关系的基本方法之一，在水文学中应用很广。

六、河流的分类

（一）河流分类的意义和原则

幅员广阔、河流众多的国家，不可能在短期内对其全部河流进行观测，但是，发展经济迫切需要河流水位、流量变化和水温动态方面的数据。因此，须借助河流分类来解决生产实际中提出的问题。在某一地区内，影响河流特征的气候、土壤、地质、地貌条件大致相同，故河流存在着一定程度的相似性。在不同地区内，影响河流特征的各种条件差别很大，河流水文要素的变化规律当然不一样。因此，可以根据现有的河流水文资料进行综合分析，将要素变化相似的河流划归一个类型。当规划设计某一缺乏资料的河流时，就可用同类河流的水文变化规律作为参照。

河流分类原则包括：① 以河流的水源作为河流最重要的典型标志，按照气候条件对河流进行分类；② 根据径流的水源和最大径流发生季节来划分；③ 根据径流年内分配的均匀程度来划分；④ 根据径流的季节变化，按河流月平均流量过程线的动态来划分；⑤ 根据河槽的稳定性来划分；⑥ 根据河流及流域的气候、地貌、水源、水量、水情、河床变化等综合因素来划分。

这里列举的大部分原则既有局限性，又都有一定的实际应用价值，在为某个特定目的进行河流分类时，可以分别采用。

（二）我国河流的分类

我国流域面积在 100 km^2 以上的河流约有 50 000 条，其中长江长达 6 300 km，为世界第三大河。绝大多数河流分布在东部和南部，以属太平洋流域的为最多、最大；属印度洋流域的较少；属于北冰洋的最少。此外，还有一个广阔的内陆流域，面积占我国总面积的 36.4%，而径流量则仅占全国的 4.39%。

我国常以河流径流的年内动态差异为标志进行河流分类。这种分类反映了各类型河流的年内变化特征及其分布规律，对进一步深入研究河流水文和合理利用地表径流提供了科学依据。

1. 东北型河流

包括东北地区的大多数河流。其主要水文特征是：

① 由于冰雪消融，水位通常在 4 月中开始上升，形成春汛，但因积雪深度不大，春汛流量较小。

② 春汛延续时间较长，可与雨季相连续，春汛与夏汛之间没有明显的低水位。春汛期间因流冰阻塞河道形成的高水位，在干旱年份甚至可以超过夏汛水位。

③ 河水一般在10月末或11月初结冰，冰层可厚达1 m。结冰期间只依靠少量地下水补给，1—2月份出现最低水位。

④ 纬度较高、气温低、蒸发弱、地表径流比我国北方其他地区丰富，径流系数一般为30%，全年流量变化较小，如哈尔滨松花江洪枯水量之比为15:1。

2. 华北型河流

包括辽河、海河、黄河以及淮河北侧各支流。其主要特征是：

① 每年有两次汛峰，两次枯水，3—4月间因上游积雪消融和河冰解冻形成春汛，但不及东北型河流显著。

② 夏汛出现于6月下旬至9月，和雨期相符合，径流系数5%~20%，夏汛与春汛间有明显枯水期，有些河流甚至断流，造成春季严重缺水现象。

③ 雨季多暴雨，洪水猛烈而径流变幅大，如黄河陕县站最大流量与枯水期流量之比为110:1。

3. 华南型河流

包括淮河南侧支流，长江中下游干支流，浙、闽、粤沿海及台湾省各河及除西江上游以外的珠江流域大部分。其特征是：

① 地处热带、亚热带季风区，有充沛的雨量作为河水主要来源，径流系数超过50%，汛期早，流量大。

② 雨季长，汛期也长，5—6月有梅汛，7—8月出现台风汛。

③ 最大流量和最高水位出现在台风季节，当台风影响减弱时，雨量减小，径流量亦减小，可发生秋旱。

4. 西南型河流

包括中、下游干支流以外的长江、汉水、西江上游及云贵高原的河流，一般不受降雪和冰冻的影响。径流与降水变化规律一致，7—8月洪峰最高，流量最大，2月份流量最小。河谷深切，洪水危害不大。

5. 西北型河流

主要包括新疆和甘肃河西地区发源于高山的河流。其特征是：

① 主要依靠高山冰雪补给，流量与高山冰川储水量、积雪量和山区气温状况有密切关系。10—4月为枯水期，3—4月有不明显的春汛，7—8月间出现洪峰。

② 产流区主要在高山区，出山口后河水大量渗漏，愈向下游水量愈少，大多数河流消失于下游荒漠中，少数汇入内陆湖泊。

6. 内蒙古型河流

以地下水补给为主，或兼有雨水补给；夏季径流明显集中，水位随暴雨来去而急速涨落，雨季的几个月中都可以出现最大流量；冰冻期可长达半年。

7. 青藏高原型河流

青藏高原内部河流以冰雪补给为主，东南边缘的河流主要为雨水补给，7—8 月降雨最多，冰川消融量最大，故流量也最大。春末洪水与夏汛相连。11 月至次年 4—5 月为枯水期。

七、河流与地理环境的相互影响

河流是所在流域内自然地理背景下的产物。河水是以不同形态和经过不同转化途径的降水为补给来源的。显然，只有进入河床的水量足以保持经常流动即足以补偿蒸发和渗漏所造成的损耗时，才能够形成河流。湿润地区河网密集，径流充沛，而干旱地区河网稀疏、径流贫乏，说明河流的地理分布受气候的严格控制。实际上，河流的水文特征包括水源的补给形式及其比例、水位、流量及其季节变化，结冰与否及结冰期长短等，无一不受气候条件制约。例如，降水量多寡决定着径流补给来源的丰缺，蒸发量大小反映着径流损耗的多少，降水的时空分布、降水强度、降水中心位置及其移动方向影响着径流过程和洪峰流量，气温、风和饱和差也因对降水、蒸发有影响而对径流间接起作用。因此可以说，河流是气候的镜子。

除气候外，其他自然地理要素也对径流发生影响。如流域海拔高度、坡度和切割密度直接影响着径流汇聚条件，地表物质组成决定着径流下渗状况，植被则通过对降水的截留影响径流等。

另一方面，河流对地理环境也有显著的影响。河流是地球水分循环的一个重要的、不可或缺的环节，内陆河流把水分从高山输送到内陆盆地底部或湖泊中，实现水分小循环；外流河把大量水分由陆地带入海洋，弥补海水的蒸发损耗，实现水分大循环。同时，热量和矿物质也随水分一起输送。南北向河流把温度较高的水送往高纬地区，或者相反，对流域气温都具有调节作用。而固体物质随河水迁移，则使地表的高处不断夷平和低处不断被充填。所以河流既是山地景观的创造者，又是大小冲积平原的奠基者，还是内陆和海洋盆地中盐类的积累者。

荒漠地区绝大多数绿洲的形成与河流有密切的联系。流入干旱区的河流，不仅给那里带来水与细粒土，而且使荒漠河岸林和灌溉农业得以发展，从而形成了生机勃勃的绿洲景观。

河流对于人类社会的发展也具有重要意义。它在交通运输、灌溉、发电和水产事业等方面都为人类带来了重要财富。

第七节 湖泊与沼泽

一、湖泊

（一）湖泊的成因和类型

地面洼地积水形成较为宽广的水域称为湖泊。湖盆是形成湖泊的必要地貌条件，水则是形成湖泊不可或缺的物质基础。但是，地貌条件与物质基础的匹配很难处于最佳状态。于是自然界经常出现有巨大的封闭盆地却缺水，或拥有足够水量而盆地地形缺乏封闭性，以致都不能发育较大湖泊的情况，前者如塔里木盆地、准噶尔盆地、柴达木盆地和广布于干旱、半干旱区的众多小盆地；后者如四川盆地。实际情况往往是水体仅占据盆地的很小一部分，即大盆地中仅有若干小湖。

内力作用和外力作用都可以形成湖盆。例如，一部分地壳断陷、下沉可以形成构造湖；死火山口或熔岩高原的喷口可以形成火山湖；冰蚀洼地中，冰碛丘陵间或终碛后方可以形成冰川湖；山崩、熔岩流或冰川阻塞河谷可以形成堰塞湖；风蚀盆地积水可以形成风蚀湖；喀斯特作用可以形成喀斯特湖；浅水海湾或海港被沙堤或沙嘴与海水分隔，可以形成潟湖；河流曲流裁曲取直后可以形成牛轭湖；多年冻土区地下冰融化后，地表下陷积水形成热融湖；人工筑坝建造水库，形成人工湖等。

湖泊分类多种多样，常见的有：

① 按照湖水来源，把湖泊分为海迹湖和陆面湖两大类。海迹湖过去曾经是海洋的一部分，以后才与之分离，而陆面湖则包括了陆地表面的绝大部分湖泊。

② 依据湖水与径流的关系，把湖泊分为内陆湖和外流湖。内陆湖完全没有径流入海，常属非排水湖。外流湖以河流为排泄水道又称排水湖，湖水最终注入海洋。

③ 根据湖水的矿化程度，把湖泊分为淡水湖和咸水湖。其中咸水湖又可根据水中溶解盐类的主要成分，进一步分为碳酸盐湖、硫酸盐湖、氯化物盐湖等。排水湖为淡水湖，非排水湖多为咸水湖。

④ 按湖水温度状况，把湖泊分为热带湖、温带湖和极地湖等。

⑤ 以湖水存在的时间久暂，湖泊可分为间歇湖、常年湖。

(二) 湖水的性质

1. 颜色和透明度

湖水一般呈浅蓝、青蓝、黄绿或黄褐色。湖水颜色以含沙量多少、泥沙颗粒大小、浮游生物种类和数量多少为转移。一般说，含沙量小，泥沙颗粒小，浮游生物少，则湖水呈浅蓝或青蓝色；反之则呈黄绿或黄褐色。

湖水透明度与太阳光线、湖水含沙量、温度及浮游生物都有关系。确定湖水透明度的方法与海水相同。

2. 温度

太阳辐射热是湖水的主要热量来源。水汽凝结潜热、有机物分解产生的热和地表传导热，也是热量收入的组成部分。而湖水向外辐射和蒸发，则是热量损耗的主要方式。

淡水在 4 ℃时密度最大。当湖面温度低于 4 ℃时，水温随深度增加而升高，这种温度分布称为逆列状态，多出现于冬季；湖面温度增到 4 ℃时，表水密度增大下沉，较冷水因密度小而上升，这样对流的结果，水温趋于均匀，称为等温状态，多发生在春季；湖面温度增到 4 ℃以上，密度又降低，最热层位于湖面，水温随深度增加而降低，这种温度分布称为正列状态，多发生于夏季。热带水温常年在 4 ℃以上，故温度分布始终为正列状态。温带湖随季节不同而分别出现逆列、正列、等温状态。高山和极地湖泊的水温常年低于 4 ℃，多为逆列状态。

3. 化学成分

湖水的化学成分大致相同，但化学元素含量及其变化，却可以因时因地而有较大差异。作为补给来源的降水、地表径流和地下水，含有许多溶解气体和盐类，例如，雨水含氮、氧、氢、二氧化碳、亚硝酸，地下水除含氮、氧、氢及二氧化碳外，还有碳酸钙、碳酸钠、硫酸钠、硫酸镁、氯化镁、食盐、硅酸。河水还含有机酸。

在不同的自然条件下，降水、地表径流和地下水带入湖泊的化学元素种类和含量有差别。降水量和蒸发量不同使湖水盐分增加或减少的量不同。湖水排泄状况良好与否使盐分积累过程发生迥然不同的区别。湖岸岩石性质，水生物繁殖状况等都影响湖水的化学成分。

盐湖是化学成分非常特殊的一类湖泊，盐湖是封闭地形和干燥气候共同作用的产物。封闭地形阻碍由盆地周边山地携带到湖泊中的各种化学元素向盆地外迁移，干旱气候则导致湖水大量蒸发，促使盐分在地表聚集。一些盐湖湖水成分以氯化物为主，食盐含量最大，钾、镁、锂含量也较高，另一些盐湖含芒硝和硼。

（三）湖泊水文特征

1. 湖水的运动

（1）定振波。全部湖水围绕着某一个或几个重心而摆动的现象，称为定振波。大小湖泊都可以形成定振波。大气压力发生急剧变化、暴雨、山地下沉气流冲击湖面等使湖面大部分水的平衡遭到破坏，都可以发生定振波。但是，定振波和暴风雨的关系最为密切。定振波不只是水面，而是整个水体的水分子都在运动。水体一侧上升，另一侧下降。作用力消失后，摆动仍可延续一些时间。

湖的形状千差万别，决定了定振波的摆动现象比较复杂。但通常可以分为单定振波和双定振波两种(图 4－25)。

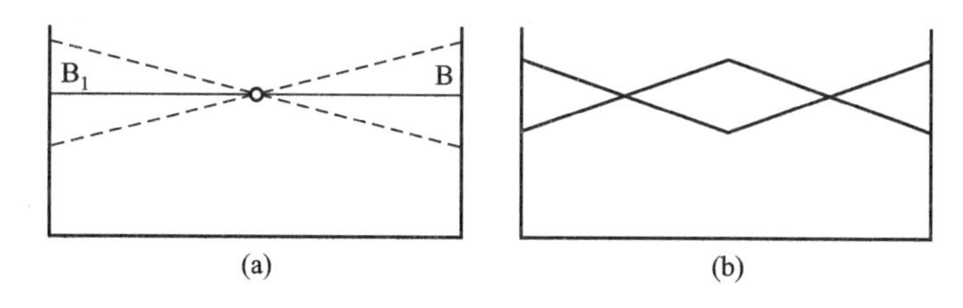

图 4－25　单定振波(a)和双定振波(b)

直壁矩形容器中，单定振波的周期 T 为

$$T=\frac{2L}{\sqrt{gH}}$$

式中：L 为动力方向线上的容器长度；g 为重力加速度；H 为容器平均深度。

双定振波的周期

$$T=\frac{L}{\sqrt{gH}}$$

多节定振波的周期

$$T=\frac{L}{n\sqrt{gH}}$$

（2）湖流。导致湖水流动的原因很多。有河流注入的湖，河流入口处的水面比外泄处略高，于是湖水就发生单向缓慢流动。风的作用可使湖水随湖面风向运动，如果风向稳定，水量将集中于向风岸，并在那里下沉，背风岸则发生水的上升运动，从而湖水形成闭合垂直环流。定振波造成水面倾斜，湖水在重力作用下也可发生湖流。最后，水温变化造成湖水的垂直循环，也产生湖流。温带湖因水温正列、逆列和等温状态周期性的更替，每年可发生两次对流，称为双对流。热带、极地或高山湖水温成正列或逆列状态，每年只发生一次对流，分别称为热单对流和冷单对流。

2. 水位变化和水量平衡

湖水的水位变化是与水量平衡紧密联系的。当湖水收入超过支出，水量成正平衡，水位上升；相反，若湖水支出超过收入，水量成负平衡，水位就下降。排水湖的水量平衡方程式可以写作

$$x + y + z + k - y' - z' - e = \pm \Delta w$$

式中：x 为湖面降水量；y 为入湖地表径流量；y'为出湖地表径流量；z'为入湖地下径流量；z'为湖水渗透量；k 为湖面水汽凝结量；e 为湖面蒸发量；Δw 为一定时期内湖的水量变化。

若湖没有出口，则取消出湖地表径流量 y'，此式仍然适用。k 的数值很小，可以略去。

湖水收支季节差异，使湖水位发生相应的季节升降。融雪补给湖春季出现最高水位；冰川补给湖夏季出现最高水位；雨水补给湖雨季出现最高水位。此外，多年气候变化、湖盆淤塞和湖岸升降都可以反映在湖的水位变化上。

二、沼泽

（一）沼泽的成因

通常把较平坦或稍低洼而过度湿润的地面称为沼泽。沼泽中生长各种喜湿植物，并有泥炭层。在沼泽物质中，水占 85%~95%，干物质（主要是泥炭）只占 5%~10%。水分条件是沼泽形成的首要因素。只有过多的水分才能引起喜湿植物侵入，导致土壤通气状况恶化并在生物作用下形成泥炭层。

沼泽形成过程基本上有两种情况，即水体沼泽化和陆地沼泽化。

1. 水体沼泽化

沿湖岸水生植物或漂浮植毡向湖中央生长，使全湖布满植物，大量有机物质堆积于湖底，形成泥炭，湖渐变浅，最后形成沼泽。低洼平原的河流沿岸沼泽化过程与此相似。当河水不深、流速也不大时，水生植物从岸边生长，造成泥炭堆积，最终导致河流沿岸沼泽化。这些都属于水体沼泽化。

2. 陆地沼泽化

陆地沼泽化表现为多种形式，但基本形式是森林沼泽化和草甸沼泽化两种。在过湿区域的森林砍伐迹地或火烧迹地上，草本植物大量繁殖，一方面阻碍木本植物生长，另一方面又成为苔藓植物的温床，最后形成苔藓沼泽，这是森林沼泽化。地表长期处于过湿状态，特别是河水泛滥及邻近水体沼泽化的影响，使潜水位升高或地下水出露造成草甸的过度湿润，以致低洼处水分积聚，土壤中形成厌氧环境，死亡有机质在厌氧菌作用下，缓慢分解而形成泥炭层，这是草甸沼泽化。此外，海滨高低潮位间反复被海水淹没的平坦海岸带，也可形成沼泽；高山或高原多年冻土区的古夷平面、宽广河流阶地，甚至平坦分水

岭上，冻土层阻碍地表水下渗，即使降水量并不丰富，地表仍能处于过湿状态，形成沼泽。

（二）沼泽水文特征

沼泽一般排水不畅，加以植物丛生，故沼泽水的运动十分缓慢。沼泽水的主要补给来源是降水、融雪水和地下水。蒸发是沼泽水的主要损耗方式。沼泽中的泥炭层毛管发育良好，可使数米深的地下水上升至地表，而泥炭层吸热能力强，有利于蒸发的进行，所以沼泽的蒸发比较强烈，蒸发量大于自由水面。

泥炭中的水流动很缓慢。据计算，在分解程度很低的泥炭层的最上部，水的流速每日只有 2～3 m。

苔藓沼泽中的潜水面多是中间凸起，周围逐渐低落，潜水位具有明显的季节变化。春季融雪和秋季气温下降时，形成两个高水位。夏季气温高、蒸发强和冬季缺乏地表水补给，又形成两个最低水位。

径流极小是沼泽水文的又一特征。径流量只及蒸发量的 1/3。已有的少量观测数据表明，每公顷沼泽的年平均径流模数只有 0.020～0.055 L/s，最大的也只有 2.5 L/s，可见沼泽对河流的补给作用比较微弱。

关于沼泽对河川径流的影响，有许多相互矛盾的说法。有的认为流域沼泽率达 20%～30% 时，河流的正常径流可减少 10%～15%；有的则认为情况正好相反，径流随沼泽率的增加而增加；还有一种意见认为沼泽对年径流没有多少影响。但可以肯定，沼泽对水分的滞蓄可缓解洪峰：而对河流缓慢和微弱的补给毕竟是对河流水量的调节。沼泽一般排水不畅，加以植物丛生，故沼泽水的运动十分缓慢。沼泽的蒸发比较强烈，蒸发量大于自由水面。径流特别小。沼泽对水分的滞蓄可调节径流。

（三）沼泽的分类

目前还没有一个公认的沼泽分类系统。P. N. 阿波林认为，所有沼泽都处于一个统一发育过程中的不同阶段。但除了寒温带泰加林地带的沼泽以外，这一观点运用于其他地区都不适当。C. H. 丘列姆诺夫以沼泽的补给和水分状况均与其所处地貌部位相关为依据，划分出海滨沼泽、湖滨沼泽等类型，也未能反映沼泽作为自然综合体的全部特征。尽管如此，目前地貌分类法和综合分类法仍得到广泛应用。

地貌分类法是以沼泽形成地的地貌条件和沼泽分布的地貌部位为依据的。这种分类部分地反映了沼泽体表面的形状。沼泽综合分类法最近半个多世纪以来为北欧诸国和俄国所采用。其特点是通过对沼泽不同发展阶段的研究，确定各阶段的变化顺序，注意沼泽各要素间的相互联系和相互制约。

我国沼泽研究者在对若尔盖沼泽分类时，按照综合分类的原则，采用了三个主要特征作为依据：一是沼泽体发育过程的形式与阶段；二是沼泽体所处的地貌类型及水分养分状况；三是植被及其在沼泽体发育过程中的分布规律。按照第一个特征划分出沼泽类型，可分为高位型、低位型；按照第二特征划分亚型，例如湖滨洼地沼泽亚型、阶地沼泽亚型、闭流宽谷沼泽亚型；按照第三个特征划分沼泽体，例如睡菜－苔草沼泽、蒿草－木里苔草沼泽。

低位沼泽是沼泽发展的初级阶段。沼泽初形成时，土壤中的矿物营养物质还比较丰富，沼泽表面平坦或呈浅凹状，主要生长富营养苔草植被，这就是低位沼泽。随着泥炭的堆积，土壤中的矿物营养愈来愈少，富营养植物逐渐死亡。沼泽中心得不到从四周流来的含矿物营养水，最先出现寡营养植物。因为残体分解慢，中心区逐渐向上隆起，这样就形成了高位沼泽。高位沼泽代表沼泽发展的寡营养阶段。此后，沼泽中可能出现草甸植物，从而经历由湿到干的演化过程。

第八节 地下水

一、地下水的物理性质和化学成分

（一）地下水的物理性质

1. 温度

地下水的温度因区域自然条件不同而变化。极地、高纬和山区地下水温度很低，地壳深处和火山活动区地下水温度很高。地下水温度通常与当地气温有一定的关系，温带和亚热带平原区的浅层地下水，年平均温度比所在地区年平均气温高 1～2 ℃。地下水温度与气温和地温的关系，可用下列公式表示

$$TH = TB + \frac{H - h}{G}$$

式中：TH 为在 H 深度地下水的温度；TB 为所在地区年平均气温；H 为欲测定的地下水深度；h 为所在地区地温年恒温带深度；G 为地温梯度，以 33 m/℃ 计算。

水温低于 20 ℃ 的地下水称为冷水，20～50 ℃ 者称温水，高于 50 ℃ 者称热水。但是矿水的分类标准与此不同，20 ℃ 以下的为冷水，20～37 ℃ 的为低温水，37～42 ℃ 为温水，42 ℃ 以上为高温水。一般用缓变温度计测定地下水的温度。

2. 颜色

地下水一般是无色透明的，但有时因含某种离子、富集悬浮物或含胶体物

质，也可显出各种颜色。例如含亚铁离子或硫化氢气体的水呈浅蓝绿色，含腐殖质或有机物的带浅黑色，含黑色矿物质或碳质悬浮物的为灰色，含黏土颗粒或浅色矿物质悬浮物的为土色等。

3. 透明度

地下水的透明度决定于水中所含盐类、悬浮物、有机质和胶体的数量。透明度分为透明、微混浊、混浊和极混浊四级。水深 60 cm 能看见容器底部 3 mm 粗的线者为透明；于 30 ~ 60 cm 深度能看见者为微混浊；30 cm 深度以内能看见者为混浊；水很浅也看不见者为极混浊。

4. 相对密度

地下水相对密度决定于水温和溶解盐类。溶解的盐分愈多相对密度愈大。地下淡水相对密度常常接近于 1。盐水的相对密度可用波美度来表示，1 L 水内含有 10 g 氯化钠，则其盐度相当于 1 波美度。波美度与地下水相对密度之间的关系如表 4 - 11。

表 4 - 11　水的波美度与相对密度的关系

波美度	相对密度	波美度	相对密度	波美度	相对密度
1	1.006 3	11	1.082 5	21	1.170 3
2	1.014 0	12	1.090 7	22	1.179 8
3	1.021 2	13	1.099 0	23	1.189 6
4	1.028 3	14	1.107 4	24	1.199 5
5	1.035 8	15	1.116 0	25	1.209 5
6	1.043 3	16	1.124 7	26	1.219 7
7	1.050 9	17	1.133 5	27	1.230 1
8	1.058 6	18	1.142 5	28	1.240 7
9	1.066 4	19	1.151 6	29	1.251 5
10	1.074 4	20	1.160 9	30	1.262 4

5. 导电性

地下水导电性取决于所含电解质的数量与性质。离子含量愈多，离子价愈高，则水的导电性愈强。此外，温度对导电性也有影响。测定了水溶液的电阻率，即可知道它的导电性

$$Ke = \frac{1}{\rho}$$

式中：Ke 为水的电导率，S/cm；ρ 为水的电阻率，Ω · cm。地下淡水的电导率为 33×10^{-5} S/cm 至 33×10^{-3} S/cm 之间。

6. 放射性

地下水多含放射性气体和放射性物质，所以大都有放射性。目前已知地下

水中有三个放射性系统：铀－镭系、锕系和钍系。镭原子放射 α 粒子时变成氡原子。氡的含量可以用埃曼仪来测定。如 1 L 水或气体中含氡原子的量能够产生 0.001 静电力单位的饱和电流，为一马海，而一马海等于 3.64 埃曼。水中含氡量超过 10 埃曼时为弱放射水，超过 1 000 埃曼为强放射水。

7. 嗅感和味感

地下水含有不同气体成分和有机物，因而具有不同的嗅感。含硫化氢时有臭鸡蛋味，含腐殖质多有沼泽气味。嗅感也与温度有关系，低温时气味不易辨别，而在 40 ℃时气味最显著。地下水的味感决定于它的化学成分，例如，含氯化钠的水有咸味，含硫酸钠的水有涩味，含氯化镁或硫酸镁的水有苦味，含氧化亚铁的水有墨水味，含大量有机质的水有甜味，含较多二氧化碳的水清凉可口。地下水的味感也与温度高低有关系，水温低时味感不明显。

（二）地下水的化学成分

1. 气体

地下水中溶解的气体主要有 CO_2、O_2、N_2、CH_4、H_2S，还有少量惰性气体和 H_2、CO、NH_3 等，按其成因可以分为四类：

（1）生物化学成因的气体。有机物和矿物在微生物作用下分解形成 CH_4、CO_2、N_2、H_2S、O_2 和重碳氢化合物等气体即属此类。

（2）空气成因的气体。由空气进入岩石圈和地下水中形成，如 N_2、O_2 和惰性气体。

（3）化学成因的气体。一部分是在常温、常压下的天然化学反应中形成的，如 CO_2、H_2S 等；另一部分则是在岩石圈高温、高压下发生变质作用时形成的，如 CO_2、H_2S、H_2、CH_4、CO、N_2、HCl 等。

（4）放射性成因气体。由放射性元素蜕变形成，如 He、Re、Th、Ar、Xe 等。氧和二氧化碳是地下水中两种主要气体。氧主要是从大气进入水中的，以溶解分子形式存在。氧的含量随地下水深度增加而减少，在一定深度以下即不存在溶解氧。氧的存在形成了氧化环境，使很多物质被氧化，从而引起一系列物理化学作用，对地下水化学成分和元素迁移带来巨大的影响。

2. 氢离子浓度

氢离子浓度常用 pH 表示。$pH = 7$ 呈中性反应，$pH < 7$ 呈酸性反应，$pH > 7$ 呈碱性反应。某些化合物只有在一定的 pH 时，才能从溶液中沉淀出来。因此，知道了水溶液的 pH 后，就可以预测哪些元素已经析出，哪些还残留在水溶液中。

3. 离子成分和胶体物质

构成地下水中主要离子成分的元素有 Cl^-、SO_4^{2-}、HCO_3^-、Na^-、Ca^{2+}、Mg^{2+}、Al^{3+}、Fe^{2+}、Fe^{3-}。

（1）氯离子。在地下水和地表水中分布很广，含量变化也很大。在低矿化度地下水中，通常含量较少，随着矿化度增高，氯离子溶解度急剧增加，成为主要离子。盐岩矿床和海相含盐沉积岩是地下水氯离子的主要来源。某些地方含方钠石、氯磷灰石的岩浆岩风化时，氯被溶解也可进入水中。

（2）硫酸根离子。在高矿化水中，SO_4^{2-} 离子的含量一般比 Cl^- 离子少，但在中等矿化特别是低矿化水中，就远比 Cl^- 离子为多。干旱区每升地下水的含量可以达到数克，所以 SO_4^{2-} 离子是地下水中最主要的阴离子。含石膏沉积岩的溶滤，自然硫、金属硫化物和含硫有机物的氧化，是地下水中 SO_4^{2-} 离子的主要来源。

（3）重碳酸根离子和碳酸根离子。前者是低矿化水中最主要的离子，后者则仅在水中的碳酸盐溶解时才存在。碳酸盐很难溶于水，所以其含量通常不大。

（4）钠离子。在地下水中分布很广，低矿化水中每升含量为数毫克至数十毫克，并随矿化度增加而增加。钠离子主要来源于海相沉积岩、干旱区陆相沉积岩、盐矿床的溶滤和溶解以及岩浆岩风化时含钠矿物的水解和阳离子代换。

（5）钾离子。含量通常只及钠离子的4%～10%，主要来自岩浆岩风化时含钾矿物正长石、云母等的水解。

（6）钙离子。含量虽不高，却是低矿化水的主要离子之一。石灰岩的溶蚀，石膏的溶滤和岩浆岩、变质岩的风化是钙离子的主要来源。

（7）镁离子。白云岩、泥灰岩的溶解和岩浆岩、变质岩的风化是镁离子的主要来源。分布较广，但含量不高。镁盐的溶解度比钙盐大，但岩石圈中钙的克拉克值比镁大，所以镁离子含量往往不如钙离子多。

（8）氮化物（氨离子、亚硝酸根离子、硝酸根离子）。天然水中这些离子的出现主要是含氮有机物被各种细菌分解的结果。在缺氧情况下，氨是分解的最终产物。如果水中有氧，则 NH_4^+ 在硝化菌作用下氧化为亚硝酸根离子，NO_2^- 在另一种菌的作用下进一步氧化为硝酸根离子，后者是有机物分解的最终产物。

（9）铁离子。天然水中三价铁含量只有0.01～0.1 mg/L。二价铁在地下水中含量较大，少数每升可达数十或数百毫克，但一般不超过1 g/L。

（10）硅。在地下水中呈硅酸根离子（$HSiO_3^-$）状或复杂的胶体形式存在，含量可达10～20 mg/L，个别情况下每升可达数百毫克。

（三）地下水的总矿化度和硬度

1. 总矿化度

水的总矿化度是指水中离子、分子和各种化合物的总含量，通常以水烘干后所得残渣来确定，单位为g/L。水在蒸发时部分离子被破坏，有机物被氧化，所以，残渣总量与离子总量并不一致，计算时应考虑上述因素，以便对分析结果作适当订正。

根据总矿化度的大小，天然水可以分为五类：

淡水	残渣 <1 g/L
弱矿化水	残渣 $1\sim3$ g/L
中等矿化水	残渣 $3\sim10$ g/L
强矿化水	残渣 $10\sim50$ g/L
盐水	残渣 >50 g/L

2. *硬度*

水中钙、镁离子的总量，称为水的总硬度。当水煮沸时，一部分钙镁离子的重碳酸盐因失去 CO_2 而成为碳酸盐沉淀，沉淀部分叫做暂时硬度。总硬度减去暂时硬度即为永久硬度。表示水硬度的方法有两种：一是德国度（°d），以 1 L 水中含 10 mg CaO 为 1 度；二是用 Ca^{2+}、Mg^{2+} 的 mmol/L 来表示。1°d = 0. 356 63 mmol/L。根据水的总硬度可以把水分为五类：

极软水	<1.5 mmol/L（$<4.2°$）
软　水	$1.5\sim3.0$ mmol/L（$4.2°\sim8.4°$）
弱硬水	$3.0\sim6.0$ mmol/L（$8.4°\sim16.8°$）
硬　水	$6.0\sim9.0$ mmol/L（$16.8°\sim25.2°$）
极硬水	>9.0 mmol/L（$>25.2°$）

二、岩石的水理性质

松散岩石存在孔隙，坚硬岩石中有裂隙，易溶岩石有孔洞。水以不同形式存在于这些空隙中。岩石与水作用时，表现出不同的容水性、持水性、给水性、透水性等，这就是岩石的水理性质。

（一）容水性

容水性是指岩石容纳水量的性能，用容水度表示。岩石中所容纳的水的体积与岩石体积之比，称为岩石的容水度。当岩石空隙完全被水充满时，水的体积即等于岩石空隙的体积。

容水度是在常温、常压条件下单位体积的空隙岩石中所能容纳水分的最大含量。也即是岩土容纳水的最大体积（V_n）与岩土总体积（V）之比

$$W_n = \frac{V_n}{V} \times 100\%$$

容水度数值的大小取决于岩土空隙的多少和连通程度。在充满水的条件下，容水度在数值上与孔隙度、裂隙率或喀斯特率相等。但对于具有膨胀性的黏土来说，充水后体积扩大，容水度可以大于孔隙度。

（二）持水性

在重力作用下，岩石依靠分子力和毛管力在其空隙中保持一定水量的性质，称为持水性，以持水度表示。在重力影响下岩石空隙保持的水量与岩石总体积之比，就是岩石的持水度。其中，岩石保持的最大薄膜水量与岩石体积之比，叫分子持水度；毛管空隙被水充满时，岩石所保持的水量与岩石体积之比，则称毛管持水度。岩石的颗粒大小对持水度影响很大，泥炭、黏土、亚黏土等持水度较高，泥灰岩、疏松砂岩、黏土质沙和细沙持水度小，块状火成岩和块状沉积岩、砾石和沙，几乎完全不持水。持水度与颗粒直径的关系，见表4－12。

表4－12 粒径与持水度的关系

粒径/mm	持水度/%	粒径/mm	持水度/%
1.00～0.50	1.57	0.10～0.05	4.75
0.50～0.25	1.60	0.05～0.005	10.18
0.25～0.10	2.73	<0.005	44.85

（三）给水性

在重力作用下，饱水岩石流出一定水量的性能，为岩石的给水性。流出的水的体积与储水岩石体积之比，称为给水度。颗粒较粗的岩石给水度较大，细粒岩石给水度则很小。表4－13为某些松散沉积物的给水度。

表4－13 松散沉积物的给水度

松散沉积物	给水度/%	松散沉积物	给水度/%
砾石	0.35～0.30	细沙	0.20～0.15
粗沙	0.30～0.25	极细沙	0.15～0.10
中沙	0.25～0.20		

（四）透水性

透水性就是岩石的透水性能。空隙大小、多少和是否彼此连通，对透水性有明显影响。黏土孔隙度有时虽然可达50%以上，但透水性很差，沙的孔隙度一般只有30%，但孔隙大，故透水性良好。同一岩石在不同方向上的透水性能也不一样。根据透水性可以把岩石分为三类：

（1）透水岩石。包括砾石、沙、裂隙和喀斯特发育的岩石。

（2）半透水岩石。包括黏土质沙、黄土、泥炭和各种疏松砂岩等。

（3）不透水岩石。包括块状结晶岩、黏土和裂隙很不发育的沉积岩。

三、地下水的动态和运动

（一）地下水的动态

地下水流量、水位、温度和化学成分在各种因素影响下发生日变化和季节变化，称为地下水的动态。气候是影响地下水动态最积极的因素之一。降水、蒸发、气温的周期性变化引起地下水相应的变化；暴雨、干旱等则造成地下水的突然性变化。河湖水位升降，海岸附近涨落潮，在地表水与地下水位之间有水力联系时也常引起地下水位的变化。地壳的升降运动引起侵蚀基准面位置的变化，也必然引起地下水动态的改变，上升区基准面下降，地下水强烈循环同时变淡；下降区地下水循环减慢并发生盐化。植物的蒸腾作用使地下水位产生以昼夜为周期的升降。人为因素对地下水动态的影响则表现在抽水、排水工程可降低地下水位，农田灌溉、修建水库可使地下水位升高。

地下水的动态变化是水量变化的表现形式。为准确掌握地下水动态，必须进行地下水量平衡计算。如某地区地下水的收入水量包括降水量 x、地表水流入量 y_1、凝结水量 z_1、地下水流入量 w_1，而支出水量包括地表水流出量 y_2、蒸发量 z_2、地下水流出量 w_2；又设 ϕ 为含水层的给水度，Δh 为潜水位变化，v 为地表水量变化，m 为包气带水量变化。

则地下水平衡方程式可以写为

$$x-(y_2-y_1)-(z_2-z_1)-(w_2-w_1)=\phi\Delta h+v+m$$

（二）地下水的运动

地下水的运动形式一般分为两种：一是层流运动，一是紊流运动。地下水在岩石空隙中的运动速度比地表水慢得多，除了在宽大裂隙或空洞中具有较大速度而成为紊流外，一般都为层流。地下水的这种运动称为渗透。层流运动指水在岩土空隙中流动时，水质点有秩序地、互不混杂地流动；紊流运动指水在岩土空隙中流动时，水质点无秩序地、互相混杂的流动。

地下水在绝大多数自然条件下流速较小，故多同层流运动。一般认为地下水的平均渗透速度小于 1 000 m/d 时，可视为层流运动。只有在大裂隙、大溶洞中或水位高差极大的情况下，地下水的渗透才出现紊流运动。

1. 线性渗透定律

达西通过实验发现，单位时间内通过岩石的水量与岩石的渗透系数、水头降低高度和岩石断面积成正比，与渗透距离成反比，从而建立了达西公式

$$Q=\frac{KAh}{l}$$

式中：Q 为单位时间内透过岩石的水量；K 为渗透系数；A 为岩石断面面积；h 为水头降低值；l 为渗透距离。

令

$$\frac{h}{l}=I$$

则 I 为水头梯度。据 $Q=Av$

$$v=\frac{Q}{A}$$

又，达西公式移项得

$$\frac{Q}{A}=\frac{Kh}{l}=KI$$

所以，渗透速度

$$V_{cp}=KI$$

公式表明，渗透速度与水头梯度的一次方成正比；这就是线性渗透定律或达西定律。渗透速度和渗透系数单位相同，用 cm/s 或 m/d 来表示。

渗透速度并不是水在空隙中的实际平均速度，而只是在透水岩石全部断面上的平均速度，所以，应以孔隙度 n 除渗透速度，才能得到实际速度 v_0

$$v_0=\frac{V_{cp}}{n}$$

岩石的孔隙度 n 永远小于 1，所以渗透速度小于实际速度。

实验证明，当渗透速度超过某一临界值时，地下水的运动不符合线性渗透定律。但在通常情况下，地下水流的水头梯度很小，故大部分地下水运动仍然符合线性渗透定律。

2. 非线性渗透定律

在大孔隙和溶洞中，地下水运动具有紊流性质，这时即可应用薛齐公式

$$V=c\sqrt{RI}$$

如以 $c\sqrt{R}=K$，则

$$V=K\sqrt{I}$$

当运动为混合形式，即层流与紊流混合时，公式可改写为 $V=K_mI^{1/m}$。

四、地下水按埋藏条件的分类

水在岩石中存在的形式按其物理性质上的差异可分为气态水、吸着水、薄膜水、毛管水、重力水和固态水等。重力水在重力作用下向下运动，聚积于不透水层之上，使这一带岩石的所有空隙都充满水分，故这一带岩石称饱水带。饱水带以上的部分，除存在吸着水、薄膜水、毛管水外，大部分空隙充满空气，所以称包气带。包气带和饱水带之间的界限，就是潜水面。

实际上，第一个不透水层之下，还可以有第二个、第三个不透水层。因

此，地下水按其埋藏条件可以分为浅层地下水和深层地下水。浅层地下水又称潜水；深层地下水承压喷出的称为自流水。浅层地下水之上，有时存在局部不透水层，滞留一部分重力水，形成上层滞水。

总之，地下水按埋藏条件可分为上层滞水、潜水和承压水三类。此外，按其储存空隙的种类又可分为孔隙水、裂隙水、岩溶水。这两种分类互相平行，这就是说上层滞水、潜水和承压水都可按储存空隙各分三类。

（一）上层滞水

上层滞水是存在于包气带中局部隔水层之上的重力水。一般分布范围不广，补给区与分布区基本一致，主要补给来源为大气降水和地下水，主要耗损形式是蒸发和渗透。上层滞水接近地表，受气候、水文影响较大，故水量不大而季节变化强烈。

风化裂隙中的上层滞水主要以季节性存在。喀斯特地区上层滞水的出现大多是岩性变化的结果。当喀斯特发育的岩层被较厚的非喀斯特化岩层所隔开时，上下两层喀斯特化岩层可能各自发育一套溶洞系统。此时，上层岩溶水就具有上层滞水的性质。在松散沉积物中，只有在沉积物能够形成局部不透水层时，才可能出现上层滞水。冰水沉积物分选不良的透水层中，常常夹有细粒透镜体，有利于上层滞水的存在。洪积冲积物中如有这类透镜体，其上部也可形成上层滞水。坡度较陡的地区，大部分降水以地表径流方式流走，因而不易形成上层滞水。但在坡度较小处，尤其是能汇集雨水的洼地，却最易形成上层滞水。

上层滞水的动态主要决定于气候、隔水层的范围、厚度、隔水性等条件。当隔水层范围较小、厚度较大或隔水性不强时，上层滞水易向四周流散或向下渗透。上层滞水矿化度比较低，但最容易受到污染。

（二）潜水

潜水是埋藏在地表下第一个稳定隔水层上具有自由表面的重力水。这个自由表面就是潜水面。从地表到潜水面的距离称为潜水埋藏深度。潜水面到下伏隔水层之间的岩层称为含水层，而隔水层就是含水层的底板。潜水面以上通常没有隔水层，大气降水、凝结水或地表水可以通过包气带补给潜水。所以大多数情况下，潜水补给区和分布区是一致的。

潜水面的位置随补给来源变化而发生季节性升降。潜水面的形状可以是倾斜的、水平的或低凹的曲面。当大面积不透水底板向下拗陷，而潜水面坡度平缓，潜水几乎静止不动时，就形成潜水湖；当不透水底板倾斜或起伏不平时，潜水面有一定坡度，潜水处于流动状态，此时就形成潜水流（图 4-26）。

绝大多数潜水以降水和地表水为主要补给来源。当降水丰富、地表径流量大时，含水层水量增加，潜水面随之上升。干旱、半干旱区降水量少，大气降

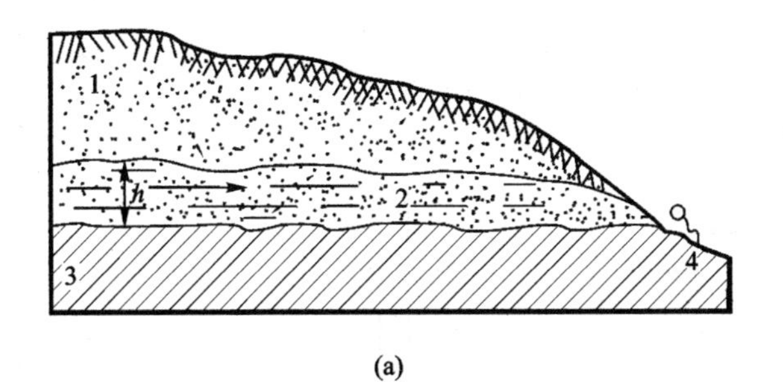

(a)

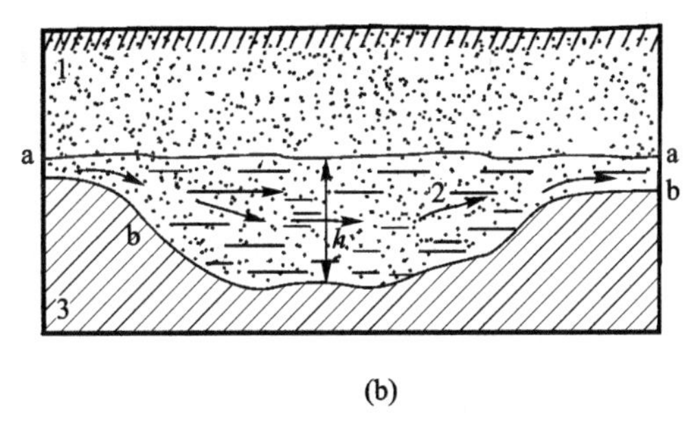

(b)

图 4－26　潜水流和潜水湖

1. 砂；2. 含水砂；3. 黏土；4. 泉；*h*. 潜水厚度；

aa. 潜水面；bb. 隔水底板

水补给潜水的量很小。河、湖水面常常高于附近的潜水面，因此，河水、湖水常常补给沿岸的潜水。黄河下游及洪泽湖环湖区虽不是气候分区上的干旱、半干旱区，但因黄河已成悬河之势，洪泽湖湖床也较高，河水湖水也经常成为沿岸潜水补给来源。在均质岩石分布区，潜水与河水间往往形成互补关系，这种现象被称为河流与地下水的水力联系(图 4－27)。

潜水具有明显的纬度地带性和垂直带性特征。例如，我国东部热带潮湿气候下的潜水水温较高，主要为重碳酸盐－钙水，并含较多硅酸。亚热带潮湿气候下的潜水矿化度很低，主要为重碳酸盐－钙－钠水和重碳酸盐－钙水。温带湿润气候下的潜水主要为重碳酸盐－钠－钙－镁水。寒温带岛状多年冻结潜水温度低，矿化度低，主要为重碳酸盐水。

(三) 承压水

充满两个隔水层之间的水称承压水。承压水水头高于隔水顶板，在地形条件适宜时，其天然露头或经人工凿井喷出地表称为自流水。隔水顶板妨碍含水层直接从地表得到补给，故自流水的补给区和分布区常不一致。

在适当地质构造条件下，孔隙水、裂隙水和喀斯特水都可以形成自流水。在盆地、洼地或向斜中，出露于地表的含水层，海拔较高部分成为地下水的补给区，海拔较低部分成为排泄区。在补给区和排泄区之间的承压区打井或钻

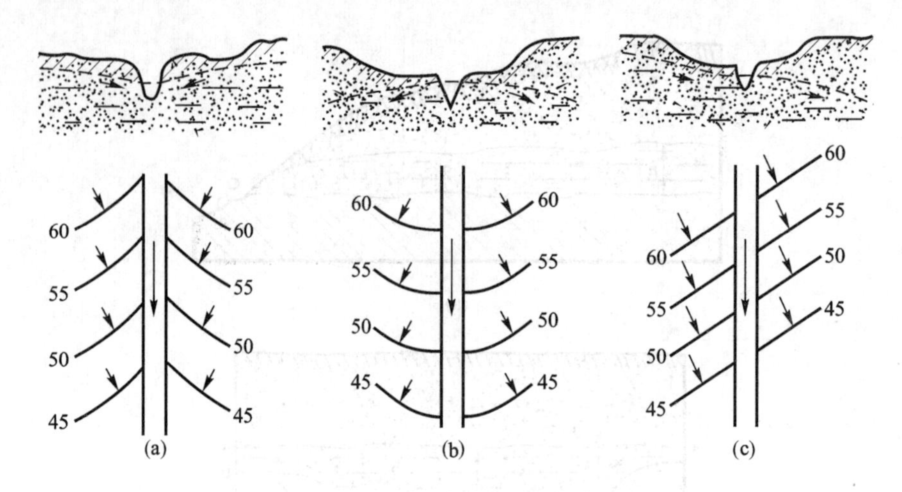

图 4－27 均质岩石中潜水与河流相互补给关系

（a）河流排泄潜水；（b）河流补给潜水；（c）左岸河流补给潜水，右岸潜水补给河流

孔，穿过隔水顶板之后，水就涌到井中。单斜构造也可以构成自流含水层。当单斜含水层的一侧出露地表成为补给区，另一侧被断层切割，而断层构成水的通道时，则成为单斜含水层的自流排泄区，此时承压区介于补给区与排泄区之间，情况与自流盆地相似(图 4－28(a))。当含水层一端出露于地表，另一端在某一深度上尖灭或被断层切割而不导水时，一旦补给量超过含水层容水量，水就从含水层出露带的较低部分外溢，其余部分则成为承压区(图 4－28(b))。

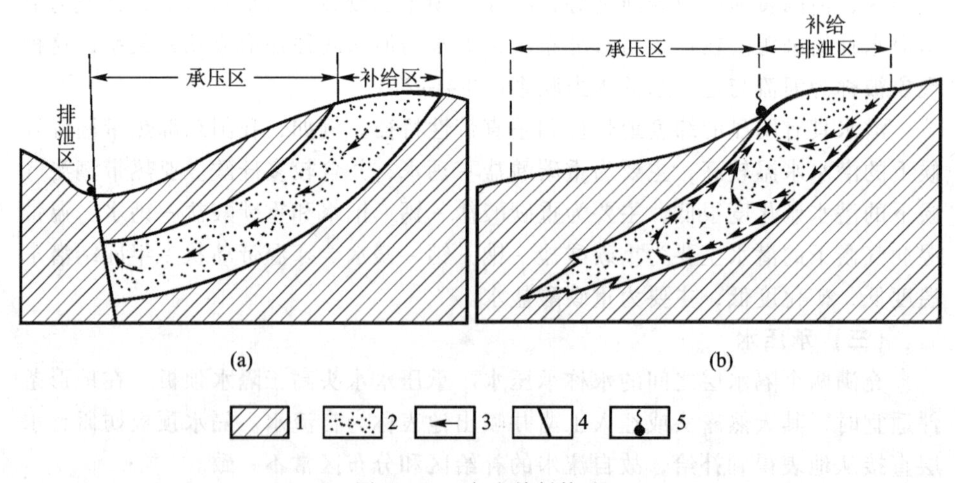

图 4－28 自流单斜构造

1. 隔水层；2. 含水层；3. 水流方向；4. 断层线；5. 泉

第九节 冰川

冰川是指发生在陆地上，由大气固态降水演变而成的，通常处于运动状态的天然冰体。它随气候变化而变化，但不是在短期内形成或消亡。雪线触及地面是发生冰川的必要条件。因此，冰川是极地气候和高山气候的产物。

冰是水的一种形式。从地球演化过程来看，冰是地球物质分异最后的产物。作为最轻的矿物之一，其密度只有0.917 g/cm^3，比水的密度小。这一特点使它总是处在地球的表面，在水体中则总是浮在水面。如果冰不具有这一物理性质，那么，在低温条件下水体将一冻到底，对水生生物造成严重灾难。冰具有不稳定性，在目前地表温度状况下，自然界的冰很容易发生相变。冰在地球上的分布非常广泛，上至8~17 km高的大气对流层上部，下至1 500 m深的地壳中都可以发现它的踪迹。广义冰川学把冰的分布范围称为冰圈。显然，冰川是冰圈的主体。

一、成冰作用与冰川类型

（一）成冰作用

成冰作用是指积雪转化为粒雪，再经过变质作用形成冰川冰的过程。

雪是一种晶体，而任何晶体都具有使其内部包含的自由能趋向最小，以保持晶体稳定的性质，这就是最小自由能原则。晶体的自由能包括内应力和表面能两部分。表面能的大小与晶体表面积成正比。圆球体是比表面积最大的几何形体之一。在外界环境条件稳定时，雪晶力图向球形体转变。这一过程称为自动圆化或粒雪化。雪的圆化是通过固相的重结晶作用、气相的升华、凝华作用和液相的再冻结作用三种方式来实现的。结果是消灭晶角、晶棱，填平凹处，增长平面，合并晶体，形态变圆，雪花变为雪粒。

粒雪化过程可以分为冷型和暖型两类。前者没有融化和再冻结现象，过程缓慢，雪粒直径通常不足1 mm；暖型粒雪化过程进行得较快，雪粒直径比较大。

粒雪中含有贯通孔隙，当其进一步变化，全部孔隙被封闭后就变成冰川冰。成冰作用也分冷型和暖型两类。在冷型变质过程中，粒雪只能依靠其巨大厚度造成的压力加密而形成重结晶冰。这种冰密度小，气泡多且气泡内的压力大。冷型成冰过程历时很长，在南极中央，成冰时间往往超过1 000年，而成冰的深度至少需要200 m。暖型成冰作用有融水参与，并因融水数量不同而分别形成渗浸-重结晶冰、渗浸冰和渗浸-冻结冰。当粒雪很薄而夏季气温较高时，粒雪可以完全融化，而后在冰川冷储作用下，在冰川表面重新冻结成冰。

由上述可知，重结晶、渗浸和冻结成冰，是成冰作用的三个基本类型；渗浸-重结晶及渗浸-冻结作用则是两个过渡类型。

上述各种冰是成冰作用初期的原生沉积变质冰，它们仅仅分布于冰川表层。冰川冰的绝大部分是沉积变质冰在运动中经受压力形成的动力变质冰。其中最常见的是冰川塑性流动状态下形成的次生重结晶冰。动力变质冰具有一般变质岩的特点，如片理、褶皱和冰晶的定向排列等。

（二）冰川类型

冰川个体规模相差很大，形态各具特征，生成时代前后不同，冰川性质和地质地貌作用等也都不一致。因此，可根据不同标志划分冰川类型。通常按照冰川形态、规模及所处地形把冰川分为山岳冰川、大陆冰川、高原冰川和山麓冰川。

1. 山岳冰川

主要分布于中低纬山区，由于雪线较高，积累区不大，因而冰川形态受地形的严格限制。山岳冰川按形态又可分为：

（1）悬冰川。这是山岳冰川中数量最多的一种。悬冰川依附在山坡上，面积通常小于1 km^2，对气候变化的反映十分灵敏。

（2）冰斗冰川。发育在冰斗中的冰川，面积大的可达10 km^2以上，小的不足1 km^2。冰斗冰川都有一个陡峭的后壁，那里经常发生雪崩或冰崩。谷地源头的冰斗规模一般比较大，周围还可以有第二级冰斗，这种冰川叫围谷冰川。

（3）山谷冰川。在有利气候条件下，雪线下降，补给增加，冰斗冰川溢出冰斗进入山谷形成山谷冰川。流到雪线以下山谷的冰流，叫做冰舌。它和两侧谷坡的界限很分明，而粒雪盆与周围山坡的粒雪原常常连成一片。

山谷冰川有单式、复式、树枝状和网状几种，各有自己的形态特征，并分别代表山谷冰川演化的不同阶段。没有支流汇入的山谷冰川，称为单式山谷冰川；只有一两条支流汇入的山谷冰川，称为复式山谷冰川，两者又可合称阿尔卑斯型山谷冰川；有较多支流汇入，在平面上状如树枝的山谷冰川，称为树枝状山谷冰川；而支流极多，主支冰川相互交织，形如蛛网者，则称网状山谷冰川。树枝状和网状山谷冰川在喜马拉雅山最发育，所以又叫做喜马拉雅型山谷冰川。此外，中亚细亚不少山谷冰川没有明显的粒雪盆，依靠两侧山坡的冰崩、雪崩补给，因而冰舌覆盖很厚的表碛，几乎看不见冰川冰，这种冰川叫做土耳其斯坦型山谷冰川。

山谷冰川长度由数千米至数十千米不等，厚度最大可达数百米。当许多冰流汇合时，彼此并列或互相叠置。所谓叠置系指支冰川覆在主冰川之上，似乎被其背负着前进。

2. 大陆冰川

大陆冰川曾经占据很广阔的面积，但目前只发育在两极地区。由于面积和厚度都很大，冰流不受下伏地形影响，自中央向四周流动。冰流之下常掩埋巨大的山脉和洼地。南极和格陵兰岛的冰川就是大陆冰川。

3. 高原冰川

高原冰川也叫冰帽，是大陆冰川和山岳冰川的过渡类型。冰川覆盖在起伏和缓的高地上，向周围伸出许多冰舌。冰岛的伐特纳冰帽面积达到 8 410 km^2。

4. 山麓冰川

数条山谷冰川在山麓扩展汇合成为广阔的冰原，叫做山麓冰川。它是山岳冰川向大陆冰川转化的中间环节。阿拉斯加的马拉斯平冰川就是由 12 条山谷冰川组成，其山麓部分面积达 2 682 km^2。

除上述形态分类之外，还可以依据冰川的物理性质进行分类。例如，根据冰川的动力活动性可以划分为积极冰川、消极冰川和死冰川；以冰川温度状况为依据可划分温冰川和冷冰川两类等。后一种分类越来越显示出重要的意义。温冰川除表层在冬季可以暂时变冷外，整个冰川厚度大致接近于压力融点，冰内包含液态水，而且融水可以在全部厚度出现。这种融水湿润基床后，可促进冰川冰的滑动，因而在其他条件相同时，温冰川运动速度较之冷冰川要大。冷冰川深部缺乏融水，冰川及其所覆盖的基岩冻结在一起，这就直接影响了冰川经过冰床移动的方式，并削弱了它的侵蚀力量。

二、地球上冰川的分布

目前全球冰川面积约为 $1\ 550 \times 10^4\ km^2$，占陆地总面积的 10% 以上。冰川总体积 $2\ 400 \times 10^4 \sim 2\ 700 \times 10^4\ km^2$。如果这些冰全部融化，将使世界洋面上升 66 m。

南极大陆是世界上冰川最集中的地区，冰盖面积约 $1\ 260 \times 10^4\ km^2$，包括四周的边缘冰棚，则为 $1\ 320 \times 10^4\ km^2$，冰盖平均厚度为 2 000 m。北极地区包括格陵兰岛、加拿大极地岛群和斯匹次卑尔根群岛，冰川总面积约 $200 \times 10^4\ km^2$，其中格陵兰冰盖面积即达 $173 \times 10^4\ km^2$，巴芬岛上的巴伦斯冰帽面积达 5 900 km^2，得文岛冰帽面积超过 15 500 km^2。亚洲冰川面积共 114 000 km^2，主要分布在兴都库什山、喀喇昆仑山、喜马拉雅山、青藏高原、天山和帕米尔。其中我国冰川面积共 58 000 km^2，略超过 50%。北美洲冰川面积共 67 000 km^2，主要分布在阿拉斯加和加拿大。南美洲冰川面积约25 000 km^2。欧洲8 600 km^2，主要分布在斯堪的纳维亚、阿尔卑斯山。大洋洲1 000 km^2，主要分布于新西兰。非洲是全世界冰川最少的大陆，冰川面积只有23 km^2。这是由于非洲大陆纬度低，气温高而降水少，雪线位置高所致。

冰川分布的高度受雪线高度的严格制约。任何地区如果地表没有高出雪线就不可能形成冰川。就山区而论，在气候变化不很显著的若干年内，每年最热月积雪区的下限总是大体上位于同一海拔高度。这个高度以上为多年积雪区，以下为季节积雪区。多年积雪区和季节积雪区之间的界线就叫做雪线（图4－29）。雪线上年降雪量等于年消融量，所以雪线也就是降雪和消融的零平衡线。但是，零平衡的绝对值却可以各不相同。要在降雪量很小的情况下达到平衡，就必须有较低的负温以减小消融和蒸发。而当降雪量很大时，雪线年平均气温就必须比较高，才能融化大量积雪，以保持平衡。

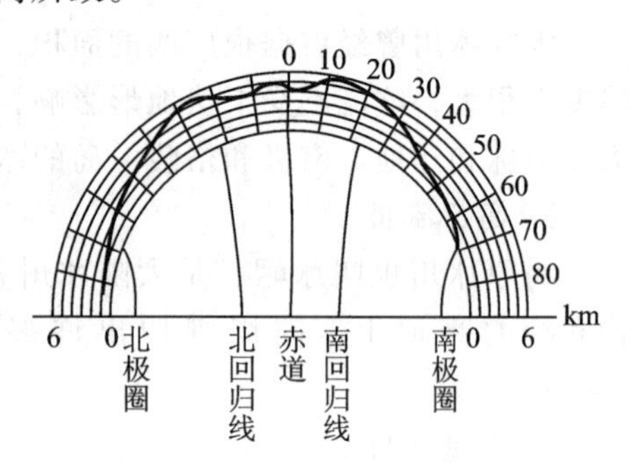

图4－29 地球上的雪线高度

气温、降水量和地形是影响雪线高度的三个主要因素。多年积雪的形成要求近地面空气层的温度长期保持在0 ℃以下。地球表面的平均温度具有从赤道向两极递减和自平地向高山递减的规律，所以低纬地区雪线位置比较高，高纬和极地雪线位置比较低。雪线位置最高处并不在赤道，而在南北两个副热带高压带。这两个高压带同赤道带的温度差别并不显著，降水量却相差悬殊，副热带高压带降水量的急剧减少，使雪线上升到最大的高度。南美洲20°~25°纬度间的安第斯山雪线高达6 400 m，是世界上雪线最高的地方。北半球山地，一般北坡雪线比南坡低。我国祁连山南坡雪线在4 700~5 000 m，北坡仅约4 400~4 600 m，表现了坡向的影响。但是坡向不仅影响温度，也影响降水分布，如东西走向的喜马拉雅山阻挡了印度洋，湿润气流致使南坡多雨，雪线为4 400~4 600 m，北坡降水量很少，雪线上升到5 800~6 000 m。

在冰川上雪线又叫粒雪线。夏季冰川上隔年粒雪的下限，称为粒雪线。海洋性冰川粒雪线和零平衡线的位置比较吻合，大陆性冰川由于粒雪线和零平衡线之间有一个附加冰带，粒雪线通常高出零平衡线数十米或100~200 m。

和雪线高度相一致，地球上冰川分布高度也表现出明显的自低纬向两极降低的趋势。在东西走向的山脉中，朝向极地的山坡冰川分布高度低于朝向赤道的山坡。通常情况下，迎风而降水量丰富的山坡冰川分布高度低于背风而降水量比较少的山坡。

三、冰川对地理环境的影响

冰川对地理环境的影响表现在许多方面。在极地和中低纬高山冰川区，冰川本身是自然地理要素之一，并形成独特的冰川景观。规模较小的冰川只对附近地区的气候发生影响，巨大的冰川如南极和格陵兰冰盖，则对广大地区甚至全球气候发生影响。作为一种特殊的下垫面，冰盖的扩展将大大增强地球的反射率，从而促使地球进一步变冷，并影响气团性质和环流性质。

在地球水圈的水分循环中，冰川也有重要的作用。据计算，目前全球冰川的平均年消融量约 3 000 km^3。这一数字近乎全世界河流水量的三倍。冰盖消融量的增减，将直接影响海平面的升降。

大气降水到达地面后，由于蒸发、蒸腾和渗透等原因，只有一部分转变为地表径流。冰川表面不存在蒸腾，蒸发量及渗透量也非常小。所以，到达冰川表面的降水几乎可以全部转化为地表径流。冰川不仅是河流的补给来源，还是其调节者。冰川冰从积累区向消融区运动的结果，使长期处于固态的水转化为液态。但是，低温而湿润的年份，冰川消融将受到抑制；高温干旱年份，消融则将加强。这样，冰川就对径流起到了调节作用。

冰川推进时，将毁灭它所覆盖地区的植被，迫使动物迁移，土壤发育过程亦将中断。自然地带将相应向低纬和低海拔地区移动。冰川退缩时，植被、土壤将逐渐重新发育，自然地带相应向高纬和高海拔地区移动。

冰川的侵蚀和堆积作用显著改变地表形态，形成特殊的冰川地貌。在古冰盖掩覆过的地区，如欧洲和北美洲，这种冰川地貌可以占据广大范围。在山岳地区，冰川地貌显示出许多独有的特征。

陆地水，包括大陆冰盖和冰川在内，只占全球水量的3%左右，而与人类生活关系最密切的淡水湖和河流水量，只占0.1%。陆地水资源的丰缺，显然决定于降水量的多寡。全球平均年降水量约 660 mm，应该说是比较充足的，但降水分布远不均匀。某些人口最集中的地区降水量能够满足需要，但地球上约有一半地区，包括亚洲大部分，澳大利亚中部，北非大部，中东和北美洲西部，水资源却严重不足。

由于人口增长，各种耗水工业的建立，以及灌溉面积的扩大，对水的需要每年都有新的增长。废水排放量也相应增加，造成海洋、河湖和地下水的污染，影响人们的生活和健康。因此，陆地水资源的合理利用和保护，就成为具有全球意义的重大课题。

就目前的技术条件而论，天然海水的利用仍十分有限，而采取淡化措施则需付出昂贵的代价；利用漂浮冰山也非常困难。显而易见，河川径流在长时间内仍将是人类最基本的水源。

中国冰川主要分布在青藏高原及周边地区，这一区域有冰川 46 377 条。近 50 年来，西部地区变暖显著，平均气温每 10 年上升 0.2 ℃。气温升高带来了更多的降水，但同时也使冰川消融加速。中国西部地区的冰川中，只有少部分处于前进状态，而约 82% 的冰川处于退缩状态，冰川面积减少了 4.5%。

河川径流和地下水动储量具有可恢复性和一定的自净能力。可恢复淡水资源的数量相当于全世界河流每年流入海洋和内陆湖的水量，但其实际可能利用率不超过 40%，而且时空分布极不均匀。居住着世界 2/3 人口的欧亚两洲，2000 年对水的需要已超过实际可能利用水资源的 50%。由此看来，合理利用水资源并尽量防止它遭受污染，已经成为刻不容缓的大事。这一问题的解决，有赖于广泛的理论研究和实验，其中包括各个国家和地区水资源结构的研究，水文现象和过程的研究，水平衡要素及有关流域热量和盐分平衡，人类活动对它们的影响，以及水资源管理等众多方面的研究。

思考题

1. 地球的水圈由哪些水体组成？
2. 分析说明水文循环基本原理、动力、循环现象的本质与地理效应。
3. 试述水量平衡与水循环的内在关系。
4. 径流形成过程中包括哪些子过程，它们各有何特征？
5. 以你所在地区的实例说明河流与地理环境的相互影响。
6. 地下水分类的原则是什么？地下水有哪些类型？
7. 试述冰川对全球环境变化的重要意义。

主要参考书

[1] 陈家琦，等．水资源学[M]．北京：科学出版社，2002.
[2] 黄锡荃．水文学[M]．北京：高等教育出版社，1992.
[3] 刘昌明．水文水资源研究理论与实践[M]．北京：科学出版社，2004.
[4] 芮孝芳．水文学原理[M]．北京：中国水利水电出版社，2004.
[5] 中国科学院可持续发展战略研究组．中国可持续发展战略报告——水：治理与创新[M]．北京：科学出版社，2007.
[6] STRAHLER A N. Modern physical geography[M], New York: Wiley, 1987.
[7] TIM D. Fundamentals of hydrology[M]. London: Routledge, 2002.
[8] SPOSITO G. Scale dependence and scale invariance in hydrology[M]. Cambridge: the Cambridge University Press, 1998.

[9] GORDON N D. Stream hydrology: an introduction for ecologists[M]. 2nd ed. Chichester: Wiley, 2004.

[10] SLAYMAKER O, SPENCER T. Physical geography and global environmental change[M]. Edinburgh Gate, Harlow: Addison Wesley Longman Ltd., 1998.

第五章　地　　貌

地貌或称地形，指地球硬表面由地貌内外动力共同作用塑造而成的多种多样的外貌或形态。地貌动力亦称营力，有内动力与外动力之分。前者指地球内能所产生的作用力，主要表现为地壳运动、岩浆活动与地震。后者则指太阳辐射能通过大气、水和生物作用并以风化作用、流水作用、冰川作用、风力作用、波浪作用等形式表现的力。气候对区域外力及其组合具有决定性影响，因此湿润区流水作用旺盛，干旱区风力作用强大，热带、亚热带碳酸盐岩区喀斯特作用普遍，而寒区则以冰川冰缘作用独占优势。内外动力均与重力有关，因此重力作用是地貌形成的前提。岩石是地貌的物质基础。岩性与地质构造导致某些特殊地貌如喀斯特地貌、黄土地貌的发育。

第一节 地貌成因与地貌类型

一、地貌成因

（一）构造运动与地貌发育

构造运动造成地球表面的巨大起伏，因而成为形成地表宏观地貌特征的决定性因素。大陆板块和大洋板块的区别造就了陆地与海底地貌的差异。陆地上大山系、大高原、大盆地和大平原，海洋中的大洋中脊、洋盆、海沟、大陆架与大陆坡的形成，无一例外具有构造运动的背景。仅以陆地而论，巨大的高原、盆地与平原多与地块的整体升降运动有关。巨大的山脉与山系则与地壳褶皱带相联系。在中观尺度上，呈上升运动的水平构造是形成桌状山、方山与丹霞地貌的前提，单斜构造是形成单面山、猪背山必不可少的条件，褶曲构造可形成背斜山与向斜谷、穹状山与拗陷盆地，断层构造可形成断层崖、断层三角面、断层谷、错断山脊、地垒山与地堑谷、断块山与断陷盆地等众多地貌类型；火山活动则可形成火山锥、火山口、熔岩高原等地貌。地壳升降运动可在短距离、小范围内形成巨大的地表高度差异，不同高度地貌特征因而表现出垂直分异。

（二）地貌形成的气候因素

大多数地貌外动力都受气候因素的控制。气候水热组合状况不同导致外动力性质、强度和组合状况发生差异，最终将形成不同的地貌类型及地貌组合。

高纬和高山寒冷气候条件下，冰川冰缘作用成为主要外动力。在冰川作用下，山地将形成角峰、刃脊、冰斗、U 形谷、冰川三角面、冰碛垅、冰碛堤、冰碛丘陵等冰川地貌和冻胀丘、冰核丘、融冻泥流、融冻阶地、石河、石带、石海、石环、多边形土等冰缘地貌。

温湿气候条件下地表径流丰富，流水作用成为主导外动力，各种流水地貌类型普遍发育。湿热气候条件下，流水作用虽然仍居主导外动力地位，但同时化学风化强烈，红色风化壳普遍较厚，植被有效地减弱了流水侵蚀力，平原、缓丘、穹状或钟状基岩岛山成为最常见的地貌类型。

干旱气候条件下，风与间歇性洪流为主要外动力，相应的地貌类型包括风蚀残丘、风蚀洼地、各种沙丘、沙垅、洪积扇、洪积倾斜平原等。干燥剥蚀山地山坡后退形成的残留有岛山的山麓面，也是干旱区特有的地貌类型。

山地气候与地貌均因高度而异。湿润而有足够高度的山地以冰川冰缘作用与流水作用组合及相应地貌类型占优势。干旱区山地高、中、低山带则分别以冰川冰缘作用、流水作用和干燥剥蚀作用为主要外动力并形成相应的地貌类型。

同一地区气候变迁和外动力组合发生变化，可以出现不同类型的气候地貌叠置的现象。这种现象常被当做追溯气候变化的证据。

综上所述，冰川气候地貌形态尖锐，冰缘气候地貌起伏较小；温湿气候地貌剖面轮廓和缓；湿热气候地貌多夷平面；干旱气候地貌除残山外，一般无太大高度差(图 5－1)。

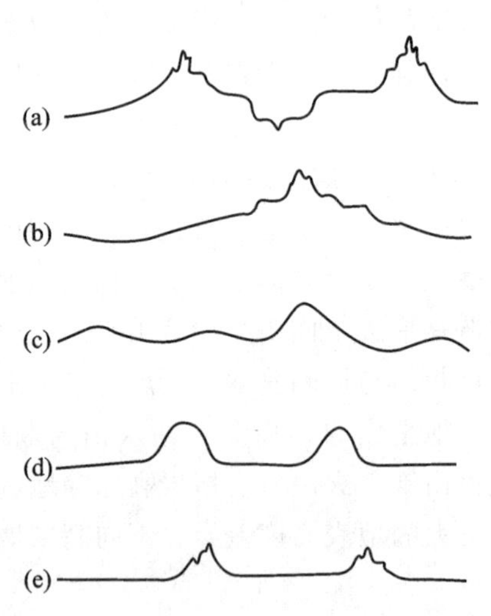

图 5－1 各气候地貌带的地貌轮廓剖面

(a) 冰川气候地貌；(b) 冰缘气候地貌；(c) 温湿气候地貌；(d) 湿热气候地貌；(e) 干旱气候地貌

(三) 岩性对地貌形成的影响

各种岩石因其矿物成分、硬度、胶结程度、水理性质、结构与产状不同，抗风化和抗外力剥蚀的能力常表现出很大差别，形成的地貌类型或地貌轮廓往往很不相同。坚硬和胶结良好的岩石如石英岩、石英砂岩、砾岩常形成山岭和峭壁，松软岩石如泥灰岩、页岩常形成低丘、缓岗，柱状节理发育的玄武岩易形成陡崖与石柱，垂直节理发育的花岗岩易形成陡峻山峰，片岩分布区多发育鳞片状地貌，湿热气候下的碳酸盐岩易遭溶蚀而形成喀斯特地貌，黄土与黄土状岩石干燥时稳定性强，遇水即蚀并发生湿陷。软硬相间分布的岩石在水平方向上常导致河谷盆地与峡谷相间分布，在垂直方向上则形成陡缓更替的阶状山坡。

（四）生物对地貌形成的影响

生物在其生命过程中使岩石发生机械风化和化学风化，进而影响地貌发育。植物根系由疏到密，由短到长，由细到粗，致使岩石裂隙扩大以至崩裂，即发生所谓根劈作用，是植物导致岩石机械风化的典型例子。穴居动物挖掘洞穴促使岩石破碎，是动物导致岩石机械风化的例证，而生物尤其是微生物在新陈代谢和遗体分解过程中析出的有机酸对岩石和矿物的腐蚀则是生物化学风化作用的表现。风化是岩石侵蚀和搬运的前提，从这一视角看来，生物对地貌形成的影响是显著的。

生物也可以形成岩石，除生物遗体沉积形成生物岩外，生物的化学作用常促进某些化学物质，从而形成典型的生物地貌，如珊瑚礁与牡蛎礁。风沙地貌中的红柳沙包，白刺沙色，除风沙作用外，生物的作用也显而易见。非洲博茨瓦纳的蚁冢，遍布我国西部草原的鼠洞和土堆，都是生物活动形成的微地貌。

（五）人类活动对地貌的影响

人类活动对地貌发育的影响通常有两种方式：一是通过改变地貌发育条件加速或延缓某种地貌过程，例如，破坏植被加速地表侵蚀，植树种草降低侵蚀速度；大量引水入渠导致河流蚀积过程发生重大变化，在干旱区甚至导致洪积扇发育中断；营造防风林抑制风沙作用及风沙地貌的形成与发展；采集薪柴和药材致使固定沙丘复活等。二是直接干预地貌过程，甚至改变地貌发育方向。这方面的例子也很多，如修建梯田或水平沟使原本平滑的山坡转而具有阶状结构；修堤筑坝约束河流或迫使其改道，从而改变冲积扇与冲积平原的发展道路；交通建设中挖方填方人为制造陡坡或堵塞沟谷；采挖矿石造成地表塌陷，堆放矸石、尾矿或废矿形成人造丘岗；削山造田把丘陵变为平地；围河、围湖、围海造田把水域变为陆地；修建山区水库变河谷侵蚀环境为库区堆积环境等。显然，随着科学技术水平的日益提高，人类活动对地貌的影响还将更加广泛和深刻。

二、基本地貌类型

地貌类型最初是根据形态特征划分的。这种分类完全忽略了地貌成因，且极易造成不同级别的地貌类型相互混淆，因而只适用于划分陆地的基本地貌类型。大陆和海洋盆地应该是最高级地貌类型。大山地和大平原，海底山地和海底平原是第二级地貌类型。山地可分为山岭、谷地、山间盆地；平原则可因海拔高低不同而分为高平原（高原）和低平原。显然，高级地貌类型都具有构造成因，低级地貌类型则多由外动力作用形成。巨大的正地貌是构造隆升与外力剥蚀的结果，范围广大的负地貌则是构造沉降与外力堆积的产物。

基本地貌类型可分为山地和平原两类。

（一） 山地

山地是山岭、山间谷地和山间盆地的总称，是地壳上升背景下由外力切割而成。山岭的形态要素包括山顶、山坡和山麓。山顶呈狭长带状延伸时称为山脊。山顶按形态特征可分为尖顶山、圆顶山、平顶山三类。山坡可分为直形坡、凹形坡和阶状坡。谷地包括河床、河漫滩、阶地等次级地貌类型。

根据绝对高度，山地可分为极高山、高山、中山和低山四类。我国以绝对高度大于5 000 m为极高山，3 500 ~5 000 m为高山，1 000 ~3 500 m为中山，小于1 000 m为低山（表5 -1）。临界值的确定主要以外动力变化为依据。例如，5 000 m以上是青藏高原东部现代冰川与雪线分布高度，地貌外动力以冰川冰缘作用为主。3 500 ~5 000 m冰缘作用强烈，其下限相当于西北各山地的森林上限。1 000 ~3 500 m流水作用强烈，1 000 m以下不仅流水侵蚀作用强，化学风化作用也极盛，风化壳较厚。丘陵是山地与平原间的一种过渡性地貌类型，不受绝对高度限制，但相对高度一般不足100 m。这并不是一种严格的规定，江南丘陵、黄土高原丘陵都有相对高度超过100 m的实例。

表5 -1 我国山地、丘陵分级

名称		绝对高度/m	相对高度/m
极高山		>5 000	>1 000
高山	深切割的	3 500 ~5 000	>1 000
	中等切割的		500 ~1 000
	浅切割的		100 ~500
中山	深切割的	1 000 ~3 500	>1 000
	中等切割的		500 ~1 000
	浅切割的		100 ~500
低山	中等切割的	500 ~1 000	500 ~1 000
	浅切割的		<100 ~500
丘陵			<100

注：据《中国地貌区划》。

（二）平原

平原是一种广阔、平坦、地势起伏很小的地貌形态类型。依据海拔高度，可分为低平原(200 m)和高平原两类。低平原地势低而平缓，切割深度和切割密度均很小。高平原简称高原，由于地势较高，切割相对强烈。依据表面形态特征，平原又可分为平坦平原、倾斜平原、凹形平原和起伏平原等类型。依据外动力差别，平原还可分为熔岩平原、喀斯特平原、冲积平原和海成平原等类型。

从任何意义上说，平原都绝不可能是几何平面。平原内部经常包括许多次级地貌类型，如冲积平原上即有河床、河漫滩、自然堤、河间洼地、决口扇及三角洲等。

东欧平原(或俄罗斯平原)面积广至$400\times10^4\ km^2$，是世界最大的低平原。西西伯利亚平原与亚马孙平原面积均达到$280\times10^4\ km^2$。拉普拉塔平原、北美洲大平原和土兰平原，面积也都在$150\times10^4\ km^2$左右。我国的平原则以松辽平原($25\times10^4\ km^2$)、华北平原($16\times10^4\ km^2$)和长江下游平原($5\times10^4\ km^2$)面积最大。

高平原(高原)的地貌分异非常复杂，通常可分为切割高原与波状高原两类。当高原上有山地相间分布时，一般以山原相称。南极冰雪高原($1\ 280\times10^4\ km^2$)、巴西高原($500\times10^4\ km^2$)、伊朗高原($250\times10^4\ km^2$)、青藏高原($250\times10^4\ km^2$)和卡拉哈利高原($210\times10^4\ km^2$)是世界上面积比较大的高原。

当平原四周被山地环绕时，平原及面向平原的山坡共同组成一种新的地貌类型——盆地。水文学家常以“流域”确定盆地的边界。但作为地貌单元或自然地理单元的盆地，以周边山麓线为界似乎更切合实际。

三、地貌在地理环境中的作用

作为活跃的地理环境组成要素之一，地貌对其他要素与地理环境整体特征有着广泛而深刻的影响，主要表现在如下几个方面。

（一）导致地表热量的重新分配和温度分布状况复杂化

假定地表没有地势起伏和地貌分异，到达地表的太阳辐射及由之转化而成的热能和地表温度状况应严格按纬度分布。实际存在的地貌分异显著改变了这一特点，导致山地阳坡与阴坡温度不相同，各高度层带的温度更迥然相异，东西走向山地经常成为热量带界线；高原与平原相比较，温度表现出“偏向极地”的特点，有时甚至低于其高纬一侧的平原的温度，从而呈现所谓温度南北倒置现象。即使迎风坡与背风坡也可显示温度差别。特定地貌条件下发生的焚风常使背风坡温度高于同海拔迎风坡。山地与高原在气温垂直递减规律作用下常形成“冷岛”，盆地和河谷相反，成为“热岛”。

（二）改变降水量分布格局

山地的屏障作用及迫使湿润气流上升凝结使降水集中发生于迎风坡，而背风坡往往成为雨影区。北美洲科迪勒拉山系东西两侧及喜马拉雅山南北两翼降水量的悬殊差异即是地貌影响降水量的明显例证。山地降水量在一定范围内随高度上升而增加，一方面与温度垂直变化一起构成气候的垂直变化，另一方面也使山地总体降水量高于附近平原，因而成为湿润区的多雨中心和干旱、半干旱区的“湿岛”，盆地与深切河谷则相反，成为“干岛”。喜马拉雅山东段南坡乞拉朋齐和中国台湾省火烧寮多雨中心的形成具有特殊地貌背景，天山与祁连山是干旱区内湿岛的典型，吐鲁番盆地与横断山干旱河谷则可谓“干岛”的代表。

地貌对地表热量水分的影响必然波及诸如风化作用、成土作用及各种生物过程等自然地理过程，最终导致自然景观的重大变化。

（三）地貌对生物界的影响

海拔和坡向不同常形成不同植被类型乃至生态系统的事实，几乎在任何山地都可能发生。显然，山地地貌的复杂变化将最终导致生境复杂化，因而全球陆地以山地的生物多样性最为丰富，各高度层带物种的总和常常数倍于当地平原的物种数。山地与河谷还往往成为气候急剧变化过程中某些生物的避难所，以致每当人们寻找珍稀物种甚至孑遗物种时，就把目光转向山地。还必须提到，巨大的高原和山地可以成为各种区系成分相互渗透的障碍；平原、谷地甚至山口又可成为物种迁移的通道。低平原上排水良好的高地是地带性植被分布的理想地貌类型，而洼地、沟谷底部和低平原则往往发育隐域性植被。

（四）地貌对自然界地域分异的影响

对任何尺度的地域而言，地貌都是一个重要的非地带性因素。地貌变化既干扰和破坏全大陆尺度的地带性分异，致使绝大多数自然带不能实现沿纬线方向的“环球分布”，又在地带性区域内部表现非地带性分异。有关理论问题将在第八章详细讨论，但这不妨碍我们注意某些实例，如许多大地貌单元，同时也是高级自然区，且地貌界线基本上与自然区界相吻合。又如东西走向山地的南北两坡对温度变化的不同影响和南北走向山地的东西两侧降水量的差异，常常使山地本身成为自然地带或地区间的分界。还有，南倾高原与北倾高原温度的水平变化呈截然相反的趋势，以北半球而论，前者南北气温差异显著，后者差异很小甚至可出现倒置现象，高级自然区界线大多经过南倾高原。

（五）地貌对土地类型分化的影响

土地类型是最低级的自然地理单元。在包括三级基本土地单位和若干过渡单位在内的全部土地单位中，地貌都是一个举足轻重的组成要素和致变因素。地貌形态的任何变化都将导致整个土地类型的变化。为避免重复，有关内容也留待第八章介绍。

第二节　风化作用与块体运动

一、风化作用

地表岩石与矿物在太阳辐射、大气、水和生物参与下理化性质发生变化，颗粒细化、矿物成分改变，从而形成新物质的过程，称为风化过程或风化作用。风化是剥蚀的先驱，对地貌的形成、发展与地表夷平起着促进和推动作用。

（一）风化作用的类型

1. 物理风化

物理风化又称机械风化或崩解。顾名思义，这是一个岩石由整体破裂为碎屑，裂隙、孔隙和比面积增加，物理性质发生显著变化而化学性质不变的过程。岩石形成过程中必然产生一些裂隙和节理，在其经过构造变动或上覆岩石被剥蚀而露出地面时，① 负荷及应力发生变化，裂隙、节理扩大；② 太阳辐射增温与昼夜温度变化造成岩石热胀冷缩，但不同矿物胀缩不均匀；③ 岩石表面干湿变化及水的相态变化可造成岩石胀裂或劈裂；④ 裂隙中的盐类发生结晶；⑤ 植物根系对岩石的挤压和穿透，动物挖掘洞穴等，都可对地表岩石造成机械破坏，使之层层剥离(图 5-2)。所有这些都属物理风化范畴。

图 5-2　花岗岩沿节理风化剥离后形成的块石堆

2. 化学风化

化学风化是指岩石在大气、水与生物作用下发生分解进而形成化学组成与性质不同的新物质的过程。岩石中的矿物从生成环境转入地表时将失去稳定性，沿裂隙、节理发生水化、水解、溶解和氧化作用。水化作用的实质是岩石矿物吸收水分后转变为含水矿物，体积膨胀，硬度降低，抵抗能力削弱并对周围岩石产生压力。如硬石膏经水化变为石膏

$$CaSO_4 + 2H_2O \longrightarrow CaSO_4 \cdot 2H_2O$$

体积增大30%，不仅本身易破碎，周围岩石受压也易破裂。水解作用是水体进入地表岩石，水中的氢离子与矿物中的盐基离子发生交换形成可溶性盐类，即矿物遇水分解的过程。如正长石经水解形成高岭土、SiO_2 溶胶和离子溶液 K_2CO_3

$$2KAlSi_3O_8 + CO_2 + 2H_2O \longrightarrow Al_2Si_2O_5(OH)_4 + 4SiO_2 + K_2CO_3$$

溶解作用是指岩石中的无机矿物不同程度溶解于水中并被带走，难溶物质残留原地、岩石孔隙度增加、强度降低的过程。氧化作用则指矿物被大气游离、水体溶解氧氧化，形成高价化合物的过程，如黄铁矿在湿润条件下的氧化

$$4FeS_2 + 15O_2 + 10H_2O \longrightarrow 4FeO(OH) + 8H_2SO_4$$

铁、硫均被氧化，而硫酸将进一步形成各种硫酸盐。

上述过程往往同时进行，且效果相同，即破坏原有岩石矿物，部分活泼元素分离并流失，较稳定者形成新的黏土矿物。化学风化强度取决于温度、湿度与水溶液的 pH。气候炎热潮湿及水溶液呈酸性等条件有利于化学风化。

3. 生物在化学风化中的作用

生物不仅参与岩石的物理风化，在化学风化中也起着重要作用。例如，植物光合作用产生氧，动植物呼吸作用释放二氧化碳，为化学风化提供了反应剂；植物根系的分泌与吸收作用可促进矿物分解与元素迁移，生物残体分解过程中形成的可溶性化合物可促进化学风化；微生物参与矿物元素的氧化、还原和淋滤，均对化学风化有促进作用。

（二）风化壳

风化作用的残留矿物、次生矿物及可溶性物质统称风化产物。残留矿物是化学性质较稳定因而未经化学风化的物质，由自然元素、氧化物或硅酸盐构成的矿屑与岩屑，如金、铂、金刚石、石英、金红石、磁铁矿、铬铁矿、绿柱石、锆石与白云母等。显然，在物理风化占优势而化学风化微弱的干旱、半干旱和高寒气候条件下，残留矿物应是风化产物的主体。次生矿物以黏土矿物及铁铝含水氧化物最为常见。黏土矿物主要包括高岭土、蒙脱石和伊利石三类。高岭土（$Al_2Si_2O_5(OH)_4$）由水化硅酸铝组成，多在温暖湿润气候条件下形成，故而是我国东部及南方分布最广的风化产物。蒙脱石 $Al_4(Si_4O_{10})(OH)_4 \cdot$

nH_2O 是半湿润、半干旱气候条件下的标准风化产物。伊利石或为黏土状水化云母，或为水云母与蒙脱石的混合物，是半湿润、半干旱区淋溶作用弱或富钾母岩风化形成的稳定产物。蒙脱石与伊利石在气候转湿或地表积水情况下，均可继续风化为高岭土。

铁的含水氧化物中最常见者是褐铁矿，实际上是多种氧化铁与黏土的混合物。铝的含水氧化物可直接由基性与中性岩石风化形成。在湿热气候下，铁铝氧化物分布广泛，一些地方还形成了铝土矿层。可溶性物质包括矿物分解时释放的溶解物质与形成难溶次生矿物时多余的溶解物质，常呈离子或胶体形式随水流失。

风化产物是土壤形成的物质基础，某些风化产物还可形成风化矿床。

1. 风化壳的基本特征

风化产物虽经风化与剥蚀而依然残留原地覆盖于母岩表面者，即是风化壳或称残积物。也有人把被搬运后再堆积的风化产物称为堆积风化壳。风化壳尤其是厚层风化壳的形成必须具有两个基本条件：一是有利于风化作用持续进行的气候、岩性和构造条件，如高温多雨，温度较差大，岩石多节理、裂隙，构造破裂显著等；二是有利于风化产物残留原地的地貌、植被、水文与水文地质条件，如地势起伏和缓，地貌较稳定，植被覆盖度高，地表流水侵蚀较弱，地下水流动显著且地下水位较低等。

风化壳的基本特征主要有：① 由于各地风化作用强度与风化产物就地残留的条件不同，风化壳空间分布上呈不连续性，厚度差异也很大，厚者可达 100～200 m，薄者不足 1 m；② 组成物质以黏土和碎屑为主，也可包括少量残存液体；③ 结构疏松，表层分散性强，分解程度高，粒径细，中下层相反，但不具有类似沉积岩的层理；④ 发育和保存均较好的风化壳，可以划分强度风化、中度风化和微风化三个层带。以红色风化壳为例，强度风化带氧化作用强，代表性稳定矿物为铁铝氧化物，黏土矿物主要是高岭土，颜色棕红、有新生块体和铁质化现象。中度风化带位于强度风化带之下，水呈垂直运动，氧化及淋滤作用较弱，但水解作用强，为高岭土及过渡性黏土矿物组成的夹碎屑黏土层。微风化带接近母岩并为潜水层，水化和淋滤作用强，黏土矿物以水云母、绿泥石为主，本质上仍属疏松岩石。

2. 风化壳基本类型及其分布

高温多雨的热带、亚热带地区，风化作用可全年进行，矿物分解最彻底，风化壳厚度最大，代表性风化产物为铁锰氢氧化物、铝的氢氧化物和高岭土类新生黏土矿物，K、Na、Ca、Mg 和 SiO_2 淋失强烈。富铝型酸性风化壳和硅铝铁型酸性风化壳为典型的风化壳类型。前者主要分布于热带，铝、铁高度富集，并可形成铁、镍风化矿床。后者广泛分布于热带、亚热带，铝、铁分离不及前者显著，硅与铝形成高岭土类黏土矿物。以花岗岩为母岩的风化壳常形成优质高岭土及稀土元素风化矿床，以石灰岩为母岩的风化壳则质黏、少硅、多铝，下层含钙质。

温带森林带的水热状况均不如热带、亚热带，水分循环、生物循环、淋滤作用相对减弱，仅碱金属与碱土金属淋失较强，其他阳离子很少淋失，总体上属中度化学风化、代表性产物为高岭土类黏土矿物。风化壳较薄，含褐铁矿、颜色棕或黄，多属硅铝黏土型弱酸性风化壳类型。

半湿润、半干旱森林草原与草原带淋溶作用较弱，水的垂直运动自上而下与自下而上交替进行，广泛发育碳酸盐型中性至微碱性风化壳，色浅，层薄，含钙质、硅铝铁氧化物、蒙脱石类黏土矿物、黄土和少量岩屑，化学风化轻至中度。

干旱区化学风化更弱而物理风化增强，仅有氯离子、部分阳离子与硫酸根离子流失，钙镁碳酸盐聚积显著并十分稳定，主要黏土矿物为伊利石与蒙脱石。风化壳色浅，层更薄，多碎屑，富盐类，呈碱性。

高寒区与极旱荒漠区物理风化占统治地位而化学风化极微弱，典型风化壳为残积粗岩屑型风化壳。

二、块体运动与重力地貌

岩体和土体在重力作用及地表水、地下水影响下沿坡向下运动称为块体运动，大致可分为崩落、滑落与蠕动三类并发育相应的重力地貌。

（一）崩落与崩塌地貌

陡坡上的岩体与土体在重力作用下突然快速下移，称为崩落或崩塌。山坡坡度陡和相对高差大，甚或具有外倾结构面，或处于断层破碎带，侵入岩体接触带，风化作用强，降水或地下水引起坡体变化，地表水冲刷坡麓等导致岩体、上体失稳和松散堆积物坡度超过休止角，是发生崩落的必要条件。

崩落形成两种地貌，即山坡上部的崩塌崖壁与坡麓的岩堆(倒石堆)。崩塌崖壁坡度很大，常呈悬崖峭壁。岩堆上尖下圆呈半锥状，上部岩块较细而下部岩块很大(图 5－3)。崩落使坡面上部后退，岩堆则使坡面下部前伸，于是坡度逐渐变缓。崩落停止后，岩堆经风化可发育土壤和生长植被(图 5－4)。峡谷两侧最易发生崩落，巨大的崩塌岩块常使峡谷难以通行(图 5－5)。大规模崩塌俗称山崩。1911 年帕米尔巴尔坦格河谷的山崩后，40×10^{8} m^{3} 的崩塌体堵塞河谷，形成了长 76 km、宽 1.5 km、深 262 m 的大湖。1933 年岷江上游谷地的山体崩塌后，崩塌体阻断岷江，河水上壅以致淹没了叠溪县城，形成了上下两个叠溪海子。

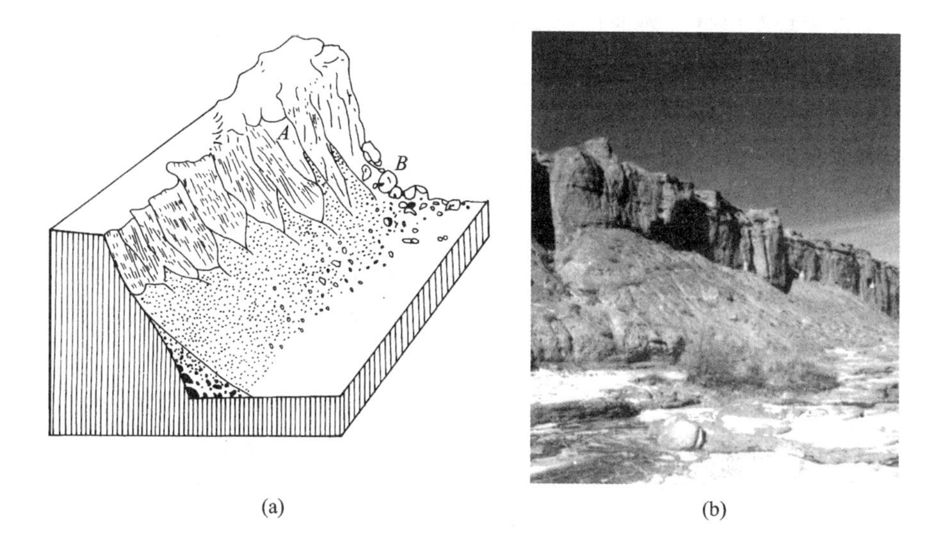

图 5 - 3　崩落形成的地貌
((a)据 E. B. 桑采尔;(b)摄于河西走廊西部)
(a) 崩塌崖壁; (b) 岩堆

图 5 - 4　古老岩堆上已生长植物(南秦岭)

图 5 - 5　峡谷中的巨大崩塌岩块(北秦岭)

(二) 滑落与滑坡地貌

由岩石、土体或碎屑堆积物构成的山坡体在重力作用下沿软弱面发生整体滑落的过程称为滑坡。滑坡只有在由重力引起的下滑力超过软弱面的抗滑力时才能发生。因此，坡体滑落必须具备一定的内在因素和诱发因素。内在因素包括地层岩性、地质构造、坡体结构和有效临空面等。坡体存在软弱面、地质构造有利于水的聚积、松软岩层被水浸湿后进一步软化，岩石上部透水下部不透水从而成为含水层等，都有利于滑坡形成。断层面、节理面、岩层层面则都是天然软弱面。当岩层内含有黏土夹层，岩层倾向与坡向一致而倾角小于坡度时，尤其易发生滑坡。坡度 20°～40°是发生滑坡最多的坡度。诱发因素包括降水强度、地下水、地震、地表径流对坡麓的冲淘、坡面加积作用，以及人为的在坡地上蓄水灌溉、建房筑路时破坏坡地稳定性等。

滑坡体和滑动面均可形成滑坡地貌(图 5－6 和图 5－7)。滑动面中下部常被掩覆于滑坡体下，上部露出地表成为滑坡壁，坡度一般在 50°以上，高 1～2 m至 100～200 m 不等，多呈半环形内凹形。滑坡体形成的地貌则有滑坡裂缝、滑坡阶地、滑坡垄丘与洼地等类型。滑坡裂缝多分布于滑坡体两侧及前缘隆起处，因张力与剪切力而形成。滑坡壁后缘山坡上也较常见。滑坡阶地是滑坡体分级下滑的产物。滑坡垄丘是滑坡体前缘的隆起形态，丘后部相对低洼处即为滑坡洼地。

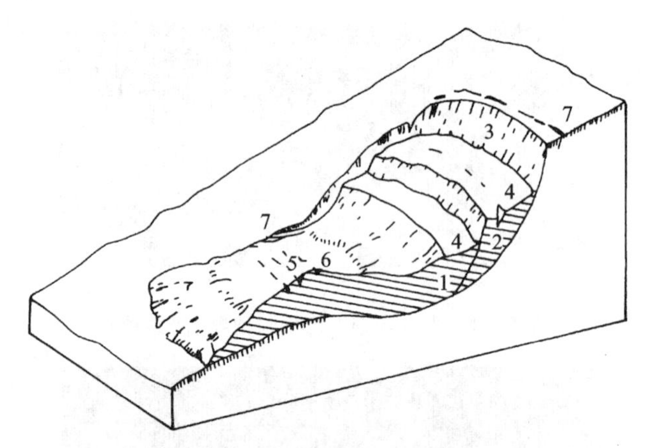

图 5－6 滑坡形态示意图

(据 D. J. 伐尔奈斯)

1. 滑坡体；2. 滑动面；3. 滑坡壁；4. 滑坡阶地；

5. 滑坡垄丘；6. 滑坡洼地；7. 滑坡裂缝

我国西部山地是著名的滑坡频发区，一次暴雨常诱发成千上万次滑坡。20 世纪 90 年代长江三峡地区曾发生滑坡体阻塞河道、影响航行的事例。甘肃舟曲境内也曾发生滑坡阻断白龙江致使水位上升淹没部分县城一事。1983 年甘肃东乡，1993 年云南昭通，1994 年重庆武隆，1997 年贵州盘县都发生过滑坡

图 5-7 滑坡地貌实例

（甘肃酒勒山，1983）

（a）滑坡壁；（b）滑坡壁后部裂缝；（c）滑坡阶地；（d）滑坡体上的裂缝

体埋压村庄的惨剧。还有报道说，1998 年汛期，全国发生滑坡达 8×10^4 ~ 9×10^4 次。防治滑坡事关重大，应引起我们高度重视。

（三）蠕动

坡面岩屑、土屑在重力作用下以极缓慢的速度移动的现象称为蠕动。15°~30°的坡度最适宜发生蠕动。土层温度升降尤其是冻融交替、干湿变化均可引起蠕动，造成坡面上层或碎屑层发生弯曲及斜坡上物体变形(图 5-8)，在青藏高原可形成鳞片状山坡(图 5-9)和蠕动泥流地貌。研究蠕动过程须建

图 5-8 坡地上的蠕动现象

（据 A. K. 洛贝克）

立半定位或定位观测站进行长期观测。

图5-9 蠕动形成的鳞片状山坡(青海南部)

第三节 流水地貌

一、流水作用

地表流水包括坡面流水、沟谷流水和河流三类。流水具有侵蚀、搬运和堆积三种作用，而三者均受流速、流量与含沙量等因素制约。流速、流量增加或含沙量减少，将导致侵蚀作用加强；反之则堆积作用旺盛。

流水对坡面、沟谷与河谷均可发生侵蚀。坡面侵蚀源于坡面流水，因而侵蚀呈片状且比较均匀。沟谷流水与河流的侵蚀呈线状，并有下切、侧蚀与溯源侵蚀三种形式。下切主要针对谷底并使谷底加深，侧蚀使谷坡后退，谷底拓宽，溯源侵蚀则使谷地向源头方向伸长。黄土高原某些沟谷源头一次暴雨即可前进数十米，堪称溯源侵蚀之最。

流水对泥沙的搬运有两种方式：一是推移即使沙砾沿沟底或河床滑动、滚动或跃动。颗粒质量与启动流速的六次方成正比，因而山区河流可搬运巨大的砾块。二是细粒物质呈悬浮状态运动，即悬移。流水搬运能力不断变化，同粒径物质的搬运方式也发生相应变化，但巨砾很少可能以悬移方式运动。

流水搬运能力因含沙量过多而显得不足时，部分泥沙将发生堆积作用。流速变小与流量减少，河床比降由陡变缓都可导致堆积作用发生。

二、坡面流水与沟谷流水地貌

(一) 坡面流水地貌

雨水或冰雪融水在坡面直接形成薄层片流，片流受坡面微小起伏影响汇聚为无数没有固定流路的网状细流，因而坡面流水对地表的侵蚀比较均匀。

坡度、坡长、坡面组成物质、降水强度与降水持续时间、植被覆盖度等，对坡面侵蚀强度都有很大影响。坡度增加，流速与动能相应增加，侵蚀力亦随之加强。但坡度超过40°后，坡面积与径流量显著减少，侵蚀力随之减弱。坡面长度增加有利于增加水量及其动能，进而增加侵蚀力，但泥沙量增加将反过来抑制侵蚀作用。可见坡度、坡长与侵蚀力之间关系十分复杂。降水强度大而且持续时间长有利于产流，不同植被类型及覆盖度将不同程度减少径流从而影响侵蚀过程。水土保持部门和铁路部门在我国许多地区进行了大量观测，并构建了许多适用于不同地域的模型。从总体上说，当一个坡面组成物质、入渗强度及降水量均较一致时，分水岭顶部产流少且侵蚀力小，坡面中段产流系数最大且侵蚀力最强，坡麓主要以堆积作用占优势。

坡面侵蚀物质堆积于缓坡、洼地与坡麓，形成由亚黏土、沙粒和细岩屑组成的、分选差和磨圆度极低，仅粗具倾斜层理的坡积物。坡积物连片分布于坡麓形成类似展开的裙裾的地貌，称之为坡积裙或坡积裾。

（二）沟谷流水地貌

坡面细流最终将汇集为流路相对固定，侵蚀能力显著增强的沟谷水流，并形成沟谷地貌。岩性软弱、植被稀少与降水强度大，对沟谷的形成与发展起着促进作用，对谷坡形态也有很大影响。沟谷通常较短小，纵剖面上游陡下游缓，横剖面呈V形，水平产状且垂直节理发育的岩层上的沟坡常呈直立状或阶状。较大的沟谷沟头有集水盆地、沟口常发育冲出锥。冲出锥由间歇性洪流堆积物组成，呈半圆锥型，锥顶坡度略大，向下逐渐变缓，分选差、磨圆度低，面积通常不足1 000 m^2(图5－10)。

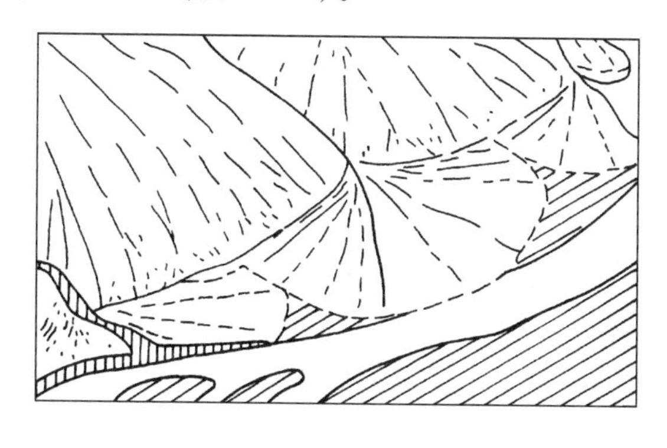

图5－10　冲出锥

（三）泥石流

依据英国地质学会(1974)的定义，泥石流是介于水流与滑坡之间，由重力作用形成的松散物质、水与空气三者构成的块体运动。因为稀性泥石流并非块体运动，所以这一定义并未被公认。Ю. Ъ. 维诺格拉多夫(1976)称泥石流是“水体与松散碎屑岩石混合物构成的山地洪流”。也有人干脆称之为特殊洪流

(杜榕桓,1980)。但事实上，塑性泥石流很难归入洪流范畴。钱宁(1984)认为“泥石流是发生在沟谷和坡地上的包含小至黏土大至巨砾的固液两相流”。液相指水与泥沙掺混而成的均质浆液，固相则指粗大石块。很可能是为了不致忽略气体的存在，吴积善(1993)强调“泥石流是山区介于挟沙水流与滑坡之间的土(泛指固体松散物质)、水、气混合流”，并明确规定不包括挟沙水流与滑坡在内。这种表述方式既表明泥石流仅仅发生在山区，又强调了泥石流具有固体的结构性与水体的流动性。

形成泥石流必须具备三个条件：① 固体松散物质储备丰富，例如坡面与沟谷流域内有厚层风化壳、黄土、坡积物与块体运动堆积物；② 坡面坡度与沟谷纵比降较大，以重力作用为主，土体失稳且供给量大的重力坡，有滑坡活动或冲刷严重的侵蚀坡，纵比降较大且具有土质沟床的沟谷，最有利于泥石流形成；③ 可从高强度降水或冰雪融水获得充足的水源供给。

世界上最具备以上条件的山地是环太平洋山地及从阿尔卑斯山到喜马拉雅山的广大山地，它们因此也是泥石流的主要分布区。我国的泥石流则广泛分布于天山、昆仑山、祁连山、贺兰山、太行山、燕山、横断山、巫山、十万大山、南岭等山地，而尤以甘肃、四川、云南等省最多。

通常将泥石流分为稀性与黏性两类，也有增加过渡性与塑性，共分四类的划分法。稀性泥石流水体体积比为0.1 ~ 0.5，容重1.2 ~ 1.8 t/m^3，具紊流性质，石块呈滚动或跃移形式运动。过渡性泥石流水土比例相近，即各占0.4 ~ 0.6，容重约为1.8 ~ 1.9 t/m^3。黏性泥石流土体含量约为0.55 ~ 0.78，容重1.9 ~ 2.3 t/m^3，即使在缓坡上也不发生散流，前锋突起，动力强大，破坏性强。塑性泥石流土体占总体积0.75以上，容重大于2.3 t/m^3，最大容重可超过2.5 t/m^3，具有极紧密的聚合状网格结构，流动性弱而滑动效应明显。

泥石流沟谷与泥石流扇是泥石流作用形成的主地貌类型。泥石流沟谷上段为松散物质区，中段为通过区，下段为山口堆积区(图5 - 11)。供给区植被稀少，松散物质丰富，地表侵蚀强烈且多崩塌、滑坡。通过区多为深切、狭窄和陡峭的峡谷。堆积区形成独特的泥石流堆积地貌——泥石流扇。与洪积扇不同，泥石流扇横剖面显著上凸，扇面发育辐散式垄岗或岛状丘岗，物质分选差，不显层理。在我国西部山区的一些谷地中，泥石流扇已成为优势地貌类型，耕地、道路、村镇甚至城市都分布于泥石流扇上。

作为一种灾害地貌过程，泥石流每次都对人类造成危害。仅以最近的半个世纪而论，1953年西藏波密古乡沟泥石流表面流速达10 ~ 20 m/s，峰值流量达2.86×10^4 m^3/s，总体积多达1.7×10^7 m^3，曾阻塞波都藏布江。1970年5月30日秘鲁境内的一次泥石流，流速竟达80 ~ 90 m/s，总搬运土体5×10^7 m^3，运距160 km，造成1.8万人死亡。1981年四川西昌东河泥石流也曾造成人员伤亡，而1985年11月3日哥伦比亚因火山爆发导致积雪消融进而诱发泥石流，更使2.5万人丧失生命。

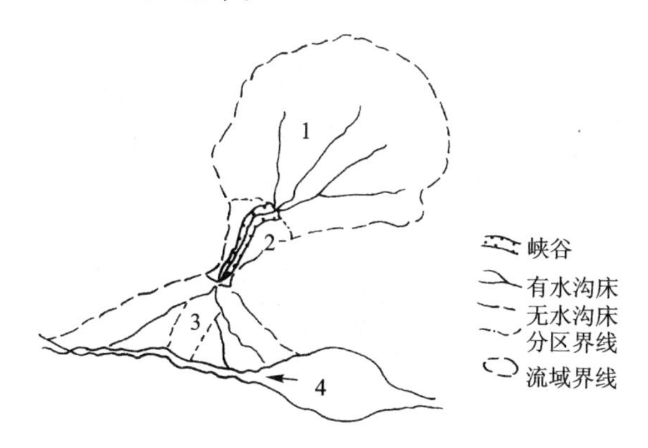

图5－11　泥石流流域示意图

1. 泥石流供给区；2. 泥石流通过区；3. 泥石流堆积区；
4. 泥石流堵塞河流而成的深潭、宽谷

三、河流地貌

（一）河谷的发育

河谷是以河流作用为主，并在坡面流水与沟谷流水参与下形成的狭长形凹地，是一种常见地貌形态。河谷通常由谷坡与谷底组成(图5－12)。谷坡位于谷底两侧，其发育过程除受河流作用外，坡面岩性、风化作用、重力作用、坡面流水及沟谷流水作用也有不小影响。除强烈下切的山区河谷外，谷坡上还常发育阶地。谷底形态也因地而异，山地河流的谷底仅有河床，平原盆地河流谷底则发育河床与河漫滩。

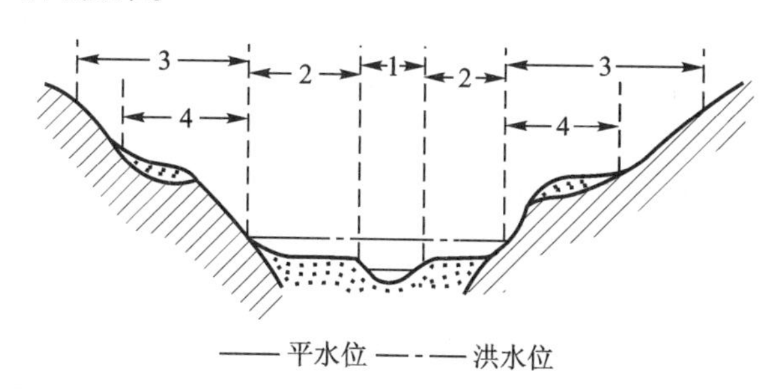

图5－12　河谷的结构

1. 河床；2. 河漫滩；3. 谷坡；4. 阶地

河谷发育初期，河流以下蚀为主，谷地形态多为V形谷或峡谷；尔后侧蚀加强，凹岸冲刷与凸岸堆积形成连续河湾与交错山嘴。河湾既向两侧扩展，又向下游移动，最终将切平山嘴展宽河谷，谷地发生堆积形成河漫滩（图 5－13）。

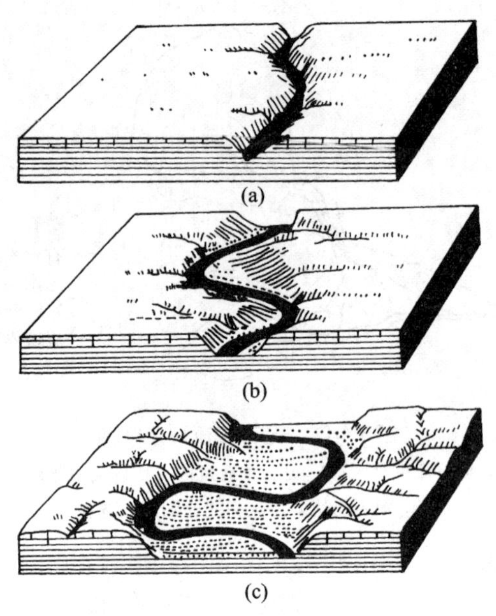

图 5－13　河谷的发育

（a）初期的 V 形谷；（b）出现交错山嘴；（c）河谷展宽并发生堆积

河流下切深度受侵蚀基面制约。入海河流以海平面为基面，湖盆、干支流交会处，坚硬岩坎甚至堤坝，也可以成为局地的或暂时的基面。如果不发生地壳运动、气候变化与海平面变化，河谷纵剖面比降将因河流的长期下蚀而逐渐变小，河流亦将以侧蚀为主，最后达到侵蚀作用与堆积作用相对平衡，河谷纵剖面将成为平滑下凹曲线。但实际上，河床纵剖面形态总不免时有起伏，河床也总是深槽与浅滩相间分布的。

（二）河床与河漫滩

河床是平水期河水淹没的河槽，河漫滩则是汛期洪水淹没而平水期露出水面的河床两侧的谷底。

1. 深槽与浅滩

平原上的冲积性河床，由于某一河段水流能量集中而发生侵蚀，相邻的上下河段能量分散而发生堆积，因此深槽与浅滩必然沿河交替出现。弯曲河床的深槽位于弯曲段，浅滩则位于过渡段，相邻深槽或浅滩的间距大约为河床宽度的 5～7 倍（图 5－14）。侵蚀性河床中深槽与浅滩的形成还受岩性与构造影响，岩石软弱或因构造作用而比较破碎时易形成深槽，反之则形成浅滩。

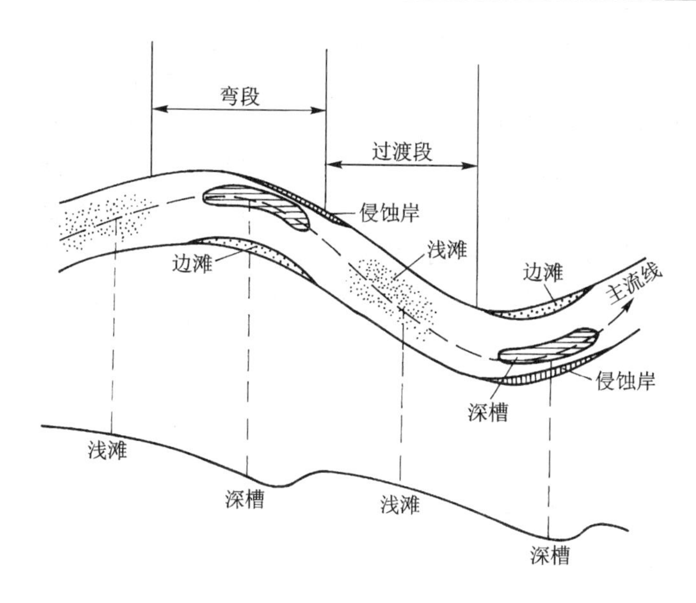

图 5－14 弯曲河床的平面与剖面形态

2. 边滩与河漫滩

弯曲河床的水流在惯性离心力作用下趋向凹岸，使其水位抬高，从而产生横比降与横向力，形成表流向凹岸而底流向凸岸的横向环流(图 5－15)。凹岸

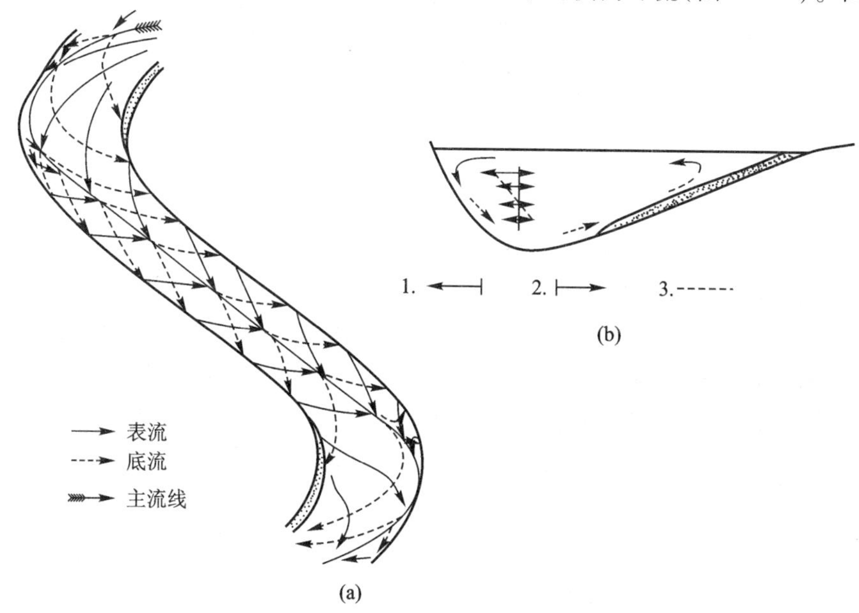

图 5－15 弯曲河床的横向环流

（a）平面图；（b）横剖面图

1. 惯性离心力引起的横向力分布；2. 水面横比降引起的横向力分布；3. 两者相结合的结果

及其岸下河床在环流作用下发生侵蚀并形成深槽，岸坡亦因崩塌而后退。侵蚀物被底流带到凸岸形成小边滩。边滩促进环流作用，并随河谷拓宽而不断发展成为大边滩。汛期大量悬移物质堆积于大边滩上。细粒悬移质即河漫滩相冲积物如粉沙、黏土和亚黏土覆盖于粗粒推移质即河床相冲积物之上，形成二元结构，边滩也发展为河漫滩(图 5－16)。河漫滩表面常有微小起伏，但其地势多向谷坡或阶地方向微倾斜，沉积物也在同一方向上由粗变细，并有水平层理，与河床相冲积物上部的斜层理或交错层理形成鲜明对比。

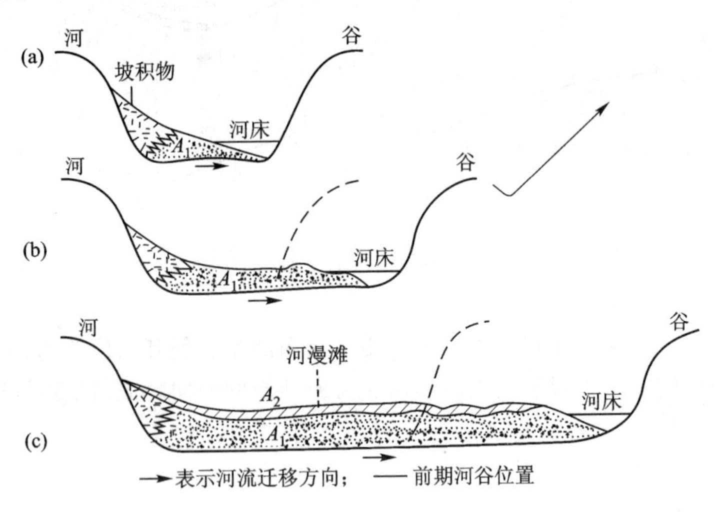

图 5－16　河漫滩的形成

（据 E,B. 桑采尔）

A_1. 河床相冲积物；A_2. 河漫滩相冲积物

(a) 小边滩；(b) 大边滩；(c) 河漫滩

河漫滩或冲积平原上，河流凹岸的侵蚀与凸岸的堆积持续进行，可形成自由摆动的河曲(图 5－17)。河曲两相邻凹岸间的曲流颈因河流侧蚀而变窄，最终可被洪水冲决，这就是曲流的裁弯取直，被裁去的河湾成为牛轭湖。由于地壳上升，河流切入河曲地段的基岩，自由河曲即转变为深切河曲。深切河曲的曲流颈被切穿，曲流颈与废弃河曲间的山丘即成为离堆山。

3. 心滩与江心洲

心滩是复式环流作用下在江心堆积而成的。当河床横剖面形态不规则时，水流被河床分为两股或多股主流线，从而形成复式环流。泥沙在河底受两股相向底流作用的地段堆积逐渐形成心滩(图 5－18)。心滩淤积高度超过中水位，便成为江心洲。江心洲一年中大部分时间露出水面，但洪汛期可被淹没并接受悬移质泥沙沉积。入海河流的河口附近，水流受潮流阻滞也易形成心滩与江心

图 5－17 河流的曲流(若尔盖高原)

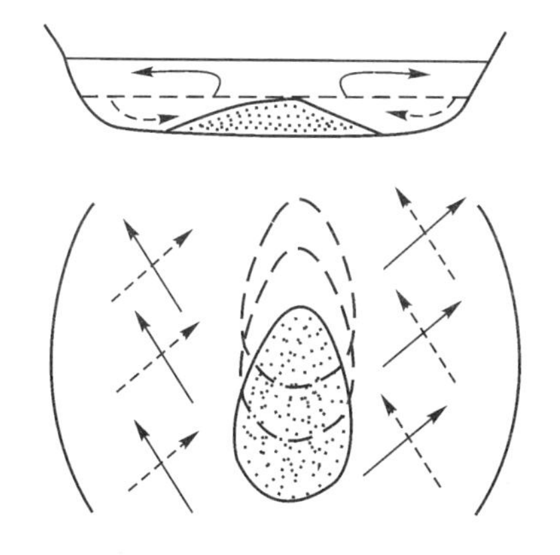

图 5－18 心滩的形成

洲。世界各大河流下游心滩与江心洲都很发育。

边滩与心滩可在一定条件下互相转化，边滩被水流切割后可转化为心滩，心滩侧向移动并与河岸相连，则为边滩。江心洲因其规模较大，在分汊河床消亡时与河岸或河漫滩相连接，可成为河漫滩的一部分。

(三) 三角洲和洪积扇

1. 河口三角洲

对入海河流而言，河口三角洲是河流与海洋共同作用下由河流挟带的泥沙在河口地区的陆上和水下形成的、平面形态近似三角形的堆积体。三角洲沉积速度很快，沉积物向海岸一侧延伸可形成三角洲平原。无论从平面上还是剖面上，三角洲沉积都可分为三角洲平原、三角洲前缘和前三角洲三带(图 5－19)。三角洲平原带是由河流沉积物组成的三角洲的陆上沉积部分。大量沙质沉积物形成河口沙坝和水下天然堤及河流下游天然堤决口使河流循最短途径入海，都易使河流产生分汊并呈放射状向海洋方向伸展。因而三角洲平原的沉积常包括分汊河床沉积、天然堤沉积、决口扇沉积及低地、潟湖的沼泽沉积等类型。三角洲前缘带呈环状分布，沉积物为分选好、成分纯净的沙质物质，并可分为汊流河口沙坝与三角洲前缘席状沙两类，后者是河口沙坝在海水作用下重新分布的产物。前三角洲带是由河流挟带的黏土悬浮物和胶体溶液在海底沉积而成，沉积物富含有机质。

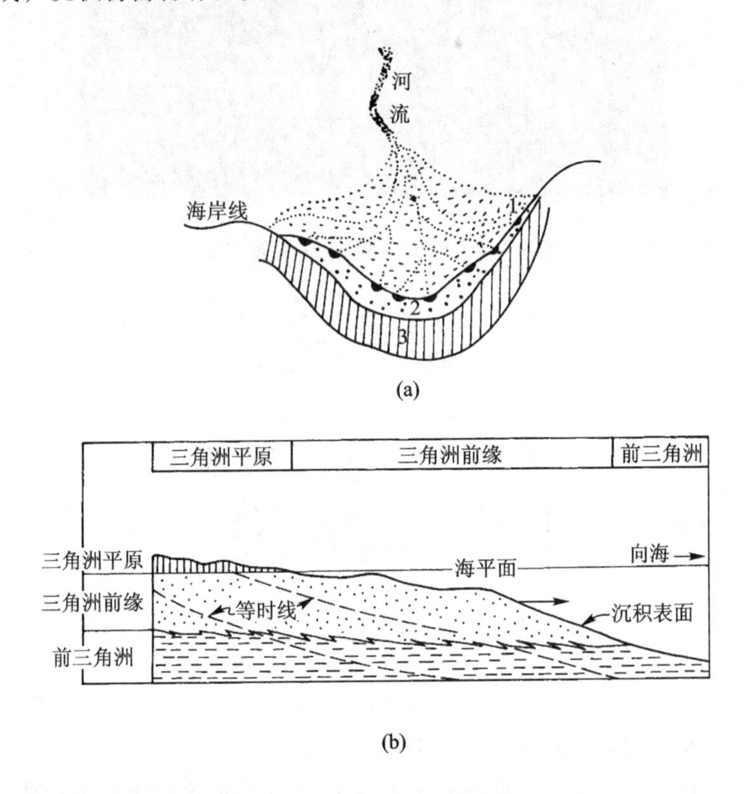

图 5-19 三角洲沉积分带示意

1. 三角洲平原分流沼泽；2. 三角洲前缘河口沙坝和席状沙；3. 前三角洲黏土

(a) 平面图；(b) 纵剖面图

依据形态特征差异，三角洲可分为四类：

(1) 鸟足状三角洲。多形成于汊流发育的弱潮河口，形如鸟足，因而岸线极曲折(图 5-20)，例如密西西比河三角洲(25 250 km^2)。

(2) 尖头状三角洲。三角洲呈尖头状向海凸出，岸线平直，沿岸发育沙嘴或沙堤(图5-21)，例如西班牙埃布罗河三角洲。

(3) 扇形三角洲。前缘受海浪作用，岸线圆滑并基本上被沙堤和堡岛封闭，例如尼罗河三角洲(20 000 km^2)与尼日尔河三角洲(28 000 km^2)(图 5-22)。

图 5－20　鸟足状三角洲(密西西比河)

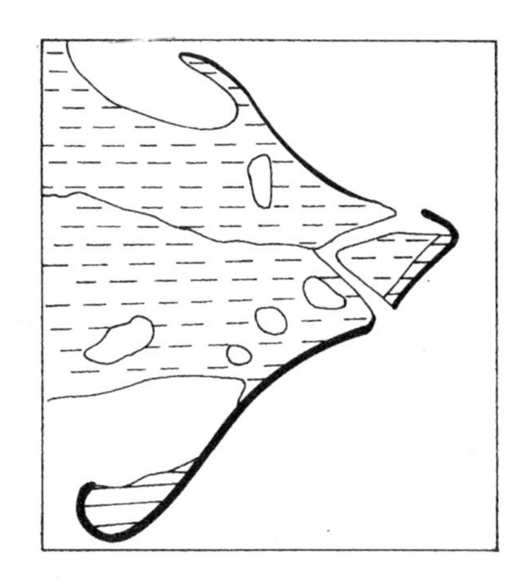

图 5－21　尖头状三角洲(埃布罗河)

(4) 多岛型三角洲。形态主要受潮流作用控制，汊流河口多成喇叭形，口门外有长条状潮流沙坝，例如湄公河三角洲(12 500 km^2)(图 5－23)。

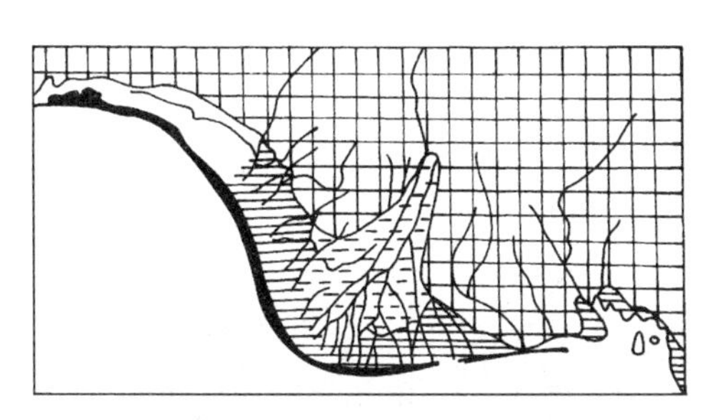

图 5－22　扇形三角洲(尼日尔河)

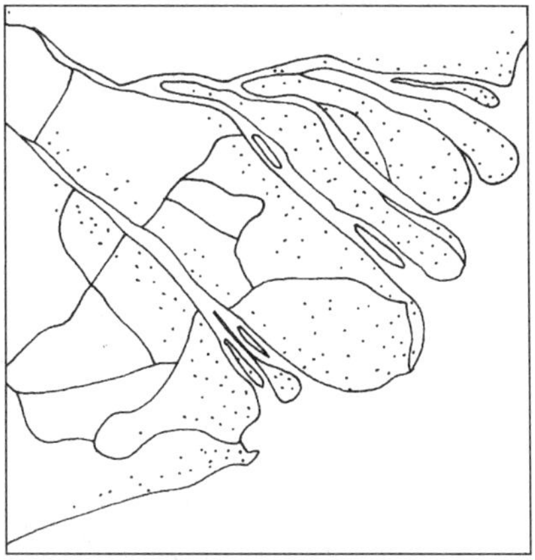

图 5－23　多岛型三角洲(湄公河)

2. 洪积扇

指干旱、半干旱区的季节性或突发性洪流在河流出山口因比降突减、水流分散、水量减少而形成的扇形堆积地貌(图 5－24 和图 5－25)。扇顶坡度约 5°～10°，物质主要为沙砾，分选差；扇缘坡度 1°～2°，堆积物多为粉沙、黏土和亚黏土，或有粗粒物质透镜体，分选较好并出现近水平层理。扇缘低地常有泉水出露，因而形成绿洲。并列的洪积扇相互连接，可形成长数百千米，宽数千米至数十千米的山麓洪积倾斜平原。气候变化与地壳上升可使洪积扇遭受切割，形成洪积扇阶地。

常年径流也可形成类似扇形地貌，为示区别，我们称为冲积扇，实际上冲

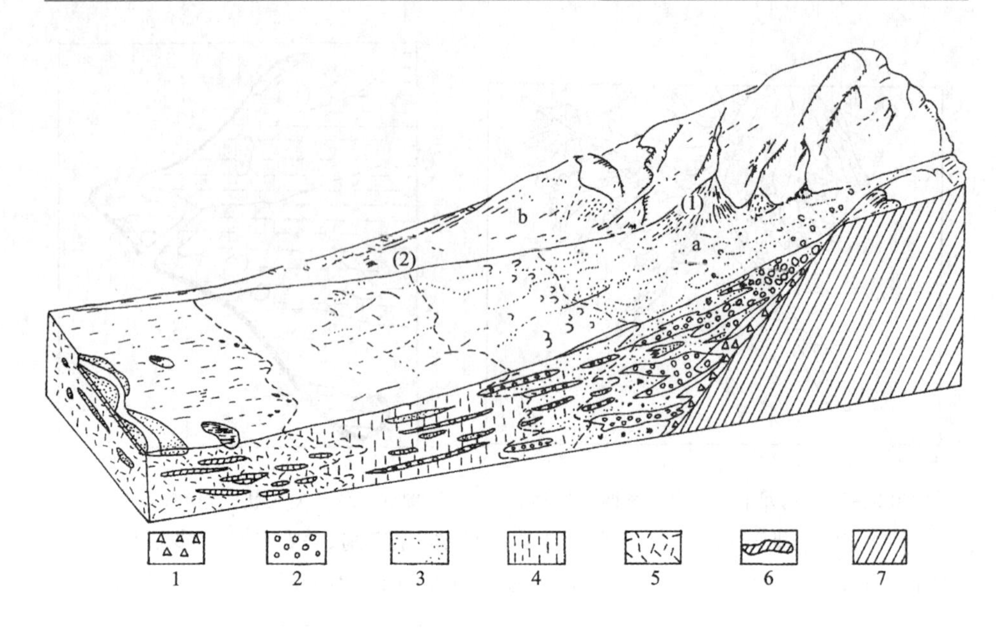

图 5-24 洪积扇

（据武汉地质学院《地貌学及第四纪地质学》，略加修改）

（1）叠加冲出锥；（2）扇间洼地

a. 冲积物；b. 坡积物

1. 碎石、角砾；2. 砾石；3. 沙；4. 粉沙；5. 黏土、亚黏土；6. 沼泽沉积；7. 基岩

图 5-25 洪积扇(柴达木盆地北部)

积扇与洪积扇间并没有明显界线，主要是发育环境不同，即分别由常年径流和间歇性洪流形成。

广阔的河漫滩平原、三角洲平原与冲积-洪积平原均可统称为冲积平原。冲积平原组成物质常粗细相间，河床相沙层与沙砾层为含水层，河漫滩相黏土层为隔水层。天然堤和人工堤约束水流促使河床加高，决口后形成决口扇占据原有的河间低地又形成新河床和天然堤，废弃河床与老天然堤相对变低。由此可见，冲积平原的形态与结构均比较复杂(图 5－26)。

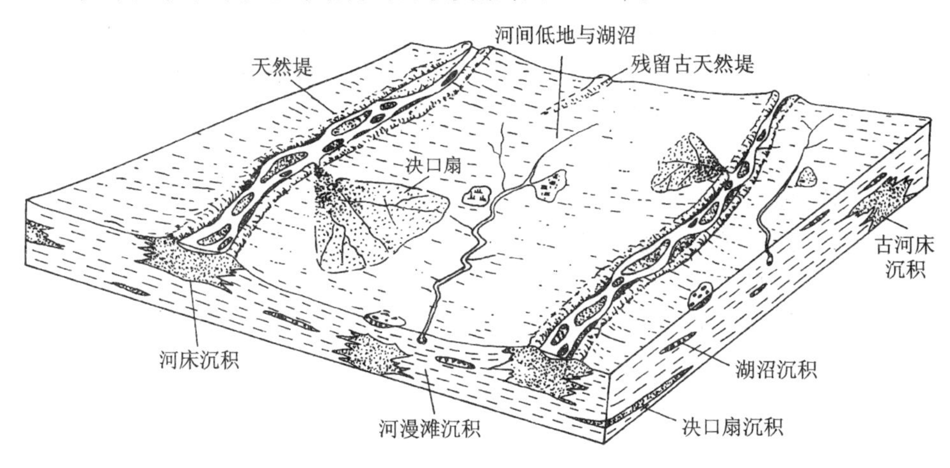

图 5－26　河流冲积地区冲积平原结构

(四) 河流阶地

谷底因河流下切而抬升到洪水位以上并呈阶梯状分布于河谷两侧，即为河流阶地(图 5－27)。阶地由阶面与阶坡组成，前者为原有谷底的遗留部分，后者则由河流下切形成。阶面与河流平水期水面的高差即为阶地高度。多级阶地的顺序自下而上排列。高出河漫滩的最低级阶地称一级阶地，余类推。依据组成物质与结构，阶地可分为侵蚀阶地、堆积阶地和基座阶地三类。

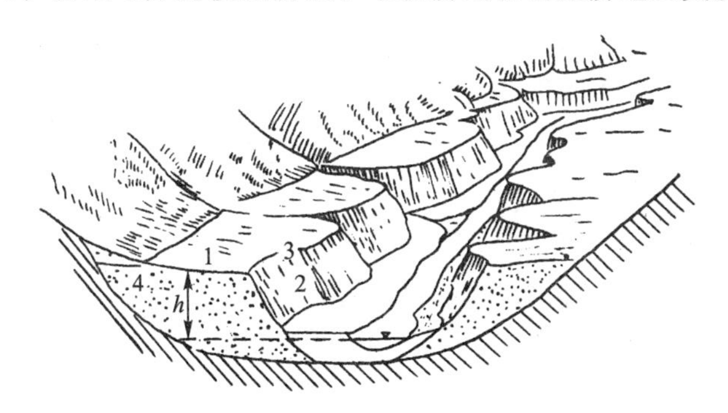

图 5－27　河流阶地

1. 阶地面；2. 阶地坡；3. 阶地前缘；4. 阶地后缘；*h*. 阶地高度

(1) 侵蚀阶地。多发育在山区河谷中，并由基岩构成，其阶地面为河流长期侵蚀而成的切平构造面。

(2) 堆积阶地。多分布于河流中下游，全部由冲积物组成，是在谷地展宽并发生堆积，后期下切深度未达到冲积层底部的情况下形成的。

(3) 基座阶地。形成条件与堆积阶地近似，区别在于后期下切深度超过冲积层而进入基岩。因此阶地上部由冲积物组成，下部则为基岩。

新构造运动、气候变迁和海平面变化都可导致阶地形成。间歇性地壳上升使河流下切与侧蚀交替进行，形成多级阶地。气候变湿使流量与植被覆盖度同时增大，含沙量下降，河流下切形成所谓气候阶地。气候变干使流量与植被覆盖度减小，含沙量增加，河流发生堆积。海平面升降导致侵蚀基面变化，蚀积过程发生转变。

(五) 河谷类型与河流劫夺

1. 河谷类型

以河谷发育与地质构造的关系为依据，通常将河谷分为顺向河(谷)、次成河(谷)、逆向河(谷)、先成河(谷)与叠置河(谷)等类型。顺向河指顺原始地面或构造面发育的河谷，海滨倾斜平原上，火山锥上、背斜或向斜两翼顺岩层倾向及沿向斜谷发育的河谷均属这一类型。次成河是沿背斜两翼或轴部软弱岩层及构造破碎带发育的顺向河支流河谷，背斜谷、单斜谷与断层谷皆属此类。次成河进一步下切致使逆岩层倾向的斜坡上也发育河流，因其流向与岩层倾向相反，被称为逆向河。河流形成后流域内发生局部地壳上升而河流下切速度超过构造上升速度，河流仍将保持固有流路，故称先成河。河流最初在松散堆积物上流动，后随流域地壳整体上升而不断下切并基本上保持固有流路切入基岩，则称叠置河，河谷与地质构造不协调是其显著特征(图 5-28)。

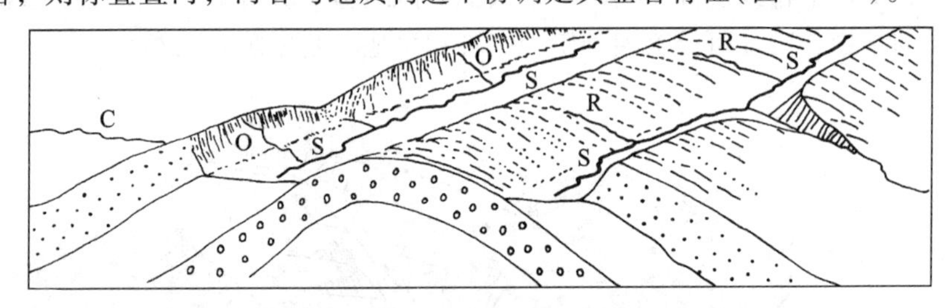

图 5-28 褶曲构造地区河谷类型

C. 顺向河；S. 次成河；O. 逆向河；R. 再顺向河

2. 河流劫夺

一条河流溯源侵蚀导致分水岭外移，从而占据相邻河流流域的过程称为河流劫夺。讨论河流劫夺问题必须从两条河流或水系间的分水高地即分水岭说起。提及分水岭，通常不免联想到高峻陡峭的山脊。实际上，除山脊外，高原、丘陵、平原，甚至一条冰川，一个洪积扇都可成为分水岭。例如青藏高原是太平洋、印度洋和内陆水系的分水岭，华北平原上存在海河各支流的分水岭，天山博格达峰北侧著名的扇状分流冰川是准噶尔盆地与柴窝堡-达坂城盆地的分水岭，马营滩洪积倾斜平原是河西走廊张掖盆地与武威盆地的分水岭。

额尔齐斯河与乌伦古河平坦的河间地是北冰洋水系与亚洲中部内陆流域的分水岭。

分水岭的移动常常导致主山脊线与主分水线不一致。例如，嘉陵江上游支流的溯源侵蚀已使西秦岭的长江－黄河分水岭向北推进到主山脊线以北，中秦岭渭河支流的溯源侵蚀则使最高峰太白山几乎全部置身黄河流域。

侵蚀基面高低差异及分水岭距局部基面远近不同，分水岭两侧岩性、构造与地貌特征不一致，都可引起溯源侵蚀差异和分水岭移动。河流通过分水岭外移发生劫夺后，劫夺河在劫夺点附近的谷地走向必然发生急剧转折，形成劫夺湾，劫夺点上下作为侵蚀裂点常形成急流，谷地亦因强烈下切而发育成阶地或形成谷中谷。被夺河上游改道，下游因失去源头而成为断头河。而被夺河原有谷地的一部分成为劫夺河与断头河的分水岭，即所谓“风口”（图 5－29）。我国岷江一支流曾劫夺大渡河，使后者由南注安宁河、金沙江改注岷江，安宁河成为断头河。被夺河大渡河与断头河安宁河的分水岭——菩萨岗即是一个“风口”。

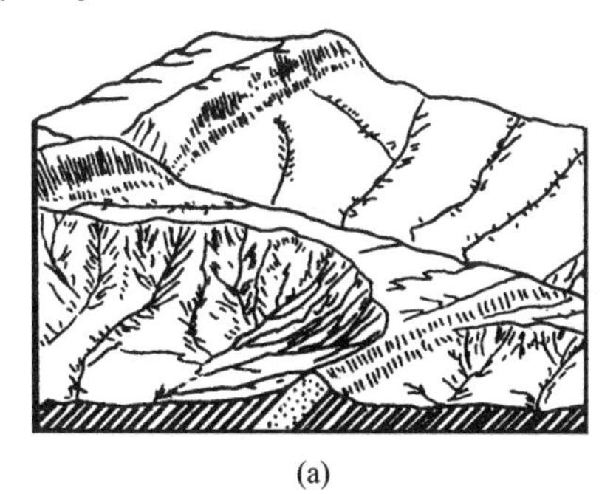
(a)

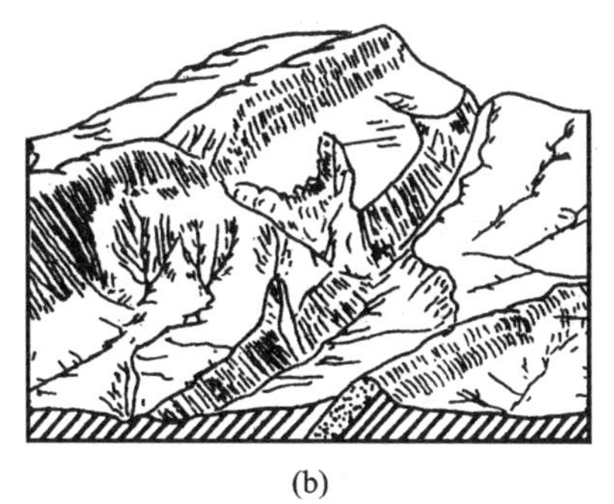
(b)

图 5－29 河流劫夺

（a）劫夺前；（b）劫夺后

四、准平原与山麓面

（一）准平原

准平原是湿润气候条件下，地表经长期风化和流水作用形成的接近平原的地貌形态。作为一种大规模夷平面，也可因构造上升而成为高原面或发生变形，或被切割后仅保存于山岭顶部成为峰顶面。

准平原的发育大致包括以下过程：① 原始地面平缓（图 5－30(a)）；② 构造上升，形成V形谷或峡谷，分水岭仍较宽平（图 5－30(b)）；③ 侧蚀加强，河谷展宽，切割密度加大，分水岭变窄成为尖锐山岭（图 5－30(c)）；④ 河流侧蚀作用形成宽广谷底平原，谷间分水岭降低、变缓，上凸下凹（图 5－30(d)）；⑤ 地面近似平原，少数地段存在低矮孤立残丘（图 5－30(e)）。

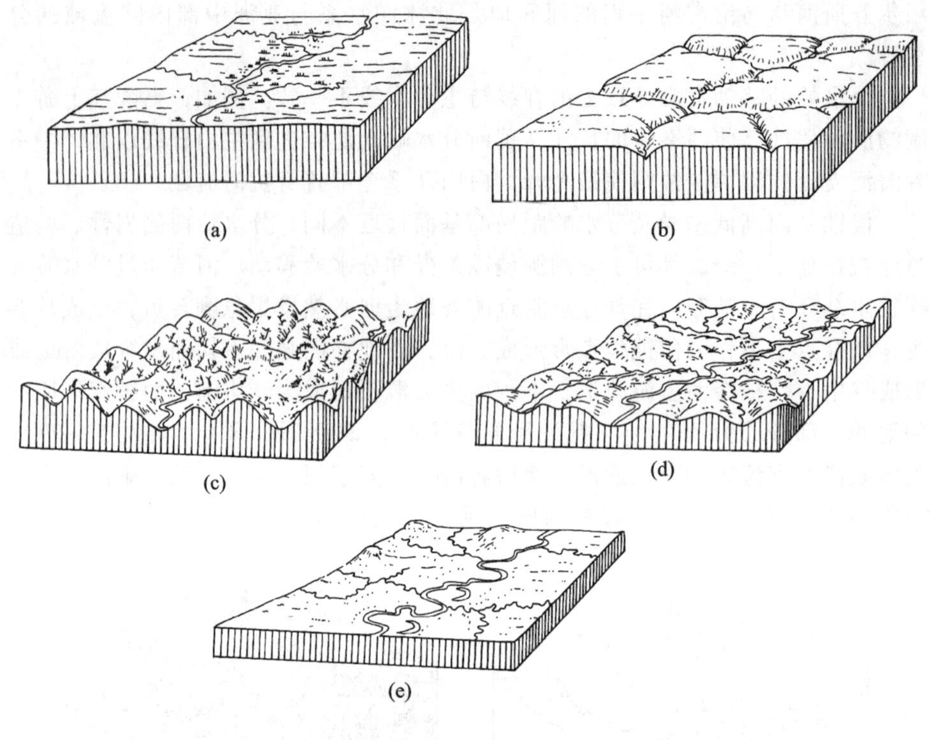

图 5－30 湿润地区地貌发育过程与准平原

（据 E. 锐茨）

（二）山麓面

山麓面是干旱、半干旱气候条件下坡面洪流不断搬运风化碎屑而致山坡大体保持原有坡度平行后退，山体逐渐缩小时在山麓形成的大片基岩夷平地面。被分割的山丘则以孤立岛状山形式残留其上(图 5－31)。山麓面与岛状山地貌组合是地貌相对稳定情况下干燥剥蚀作用形成的晚期地貌特征。如地壳发生间歇性上升，山麓面将抬升成为山前梯地。东疆嘎顺戈壁，北山山地以南，阿尔金山南麓都不乏山麓面与岛状山实例，而内蒙古大青山南麓则发育有典型山前梯地。

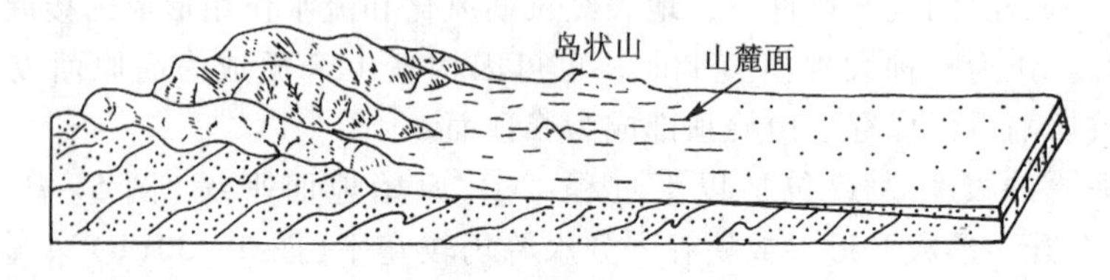

图 5－31 山麓面与岛状山

第四节 喀斯特地貌

喀斯特地貌是地下水与地表水对可溶性岩石溶蚀与沉淀，侵蚀与沉积，以及重力崩塌、坍陷、堆积等作用形成的地貌，以斯洛文尼亚的喀斯特高原命名。我国亦称之为岩溶地貌，桂、黔、滇等省区分布甚广，川、渝、湘、晋、甘、甚至西藏部分地区也有分布。

一、喀斯特作用

（一）喀斯特作用的化学过程

水中含 CO_2 时，水对石灰岩的溶解能力很强，CO_2 与水化合形成碳酸，后者电解析出氢离子，与石灰岩中的 CO_3^{2-} 作用形成离子状态的溶解物质 Ca^{2+} 和 HCO_3^-，并随水流失，其反应式如下

$$CO_2 + H_2O \rightleftharpoons H_2CO_3 \rightleftharpoons H^+ + HCO_3^-$$

$$H_2CO_3 + CaCO_3 \rightleftharpoons Ca^{2+} + 2HCO_3^-$$

上述反应是可逆的，当水与空气中 CO_2 减少，碳酸含量亦减少，$CaCO_3$ 将发生沉淀。湿热气候条件下土壤 CO_2 含量比空气中高数十倍，且反应速度很快，因而岩溶作用强，喀斯特地貌分布广。

（二）岩性与构造条件

碳酸盐类岩石包括石灰岩、白云岩和泥灰岩等；硫酸盐类岩如石膏、硬石膏；卤化物盐类如岩盐与钾盐，均属可溶性盐类。按溶解度排序，卤化物盐类最大，硫酸盐类居中，碳酸盐类最小，但喀斯特地貌却主要发育在碳酸盐类岩石尤其是石灰岩分布区。这显然与其分布极广且常露出地表有关。

石灰岩的矿物成分主要为方解石，泥灰岩兼有大量不溶解黏土，白云岩则以白云石为主。按溶解度排序为石灰岩 > 白云岩 > 泥灰岩。因此石灰岩最易喀斯特化，尤其是节理发育、层厚、质纯和位于区域性断裂带的石灰岩，喀斯特作用最强。

（三）水动力条件

水的溶蚀能力、岩石化学性质及透水性对喀斯特过程起着决定性作用。湿热气候区地表水与地下水流量大且活动性强，故喀斯特作用强，反之干旱高寒区喀斯特作用很弱。

在地壳长期稳定且河流切割较深的可溶性岩石分布区，地下水垂直分带明显，包气带地下水以垂直向下运动为主，可形成极深的落水洞；浅饱水带地下水以水平流动为主，常发育水平溶洞与暗河；过渡带地下水位随季节升降；承压水带地下水活动受地质构造控制，可发生深部喀斯特。新构造强烈上升区石灰岩地层中不可能形成相同的地下水位，地下水垂直分带不明显。

二、喀斯特地貌

（一）地表喀斯特地貌

喀斯特作用在地表和地下均可形成喀斯特地貌，地表喀斯特地貌主要有以下几类：

（1）石芽与溶沟。指可溶性岩石表面沟槽状溶蚀部分和沟间突起部分。溶沟是地表水沿岩石裂隙溶蚀、侵蚀而成，宽10 cm ~ 2 m，深2cm ~ 3 m，底部常充填泥土或碎屑。石芽为蚀余产物，热带厚层纯石灰岩上发育形体高大的石芽常高达数十米，称为石林。云南石林县即因石林而闻名。

（2）喀斯特漏斗。由流水沿裂隙溶蚀而成，呈碟形或倒锥形洼地，宽数十米，深数米至10余米，底部有垂直裂隙或落水洞。

（3）落水洞。落水洞多分布于较陡的坡地两侧和盆地、洼地底部，也是流水沿裂隙侵蚀的产物。宽度很少超过10 m，深可达数十至数百米。广西、重庆及川南地区称之为“天坑”，一般称竖井。

（4）溶蚀洼地。通常由喀斯特漏斗扩大或合并而成，面积小于10 km^2，具封闭性。

（5）喀斯特盆地与喀斯特平原。喀斯特盆地又名坡立谷，是一种大型喀斯特洼地，面积10 ~ 100 km^2以上，边缘略陡并发育峰林，底部平坦且覆盖残留红土。多分布于地壳相对稳定地区。云南砚山、罗平及贵州安顺均为喀斯特盆地。喀斯特盆地继续扩大即形成喀斯特平原，地表覆盖红土并发育孤峰残丘。广西黎塘、贵县均为典型喀斯特平原。

（6）峰丛、峰林与孤峰。峰丛是同一基座而峰顶分离的碳酸盐岩山峰，常与洼地组合成峰丛-洼地地貌。峰林为分散碳酸盐岩山峰，通常由峰丛发展而成，但因受构造影响而形态多变，在水平岩层上多呈圆柱形或锥形，在大倾角岩层上多呈单斜式。气候条件也对峰林形态有影响。藏南古峰林遭寒冻风化破坏，峰林仅30 ~ 50 m高，云贵高原峰林也因遭受破坏而较浑圆矮小，黔桂交界带气候炎热，地下水垂直运动强烈，峰林高达300 ~ 400 m。

孤峰是峰林发育晚期残存的孤立山峰，多分布于喀斯特盆地底部或喀斯特平原上（图5-32）。

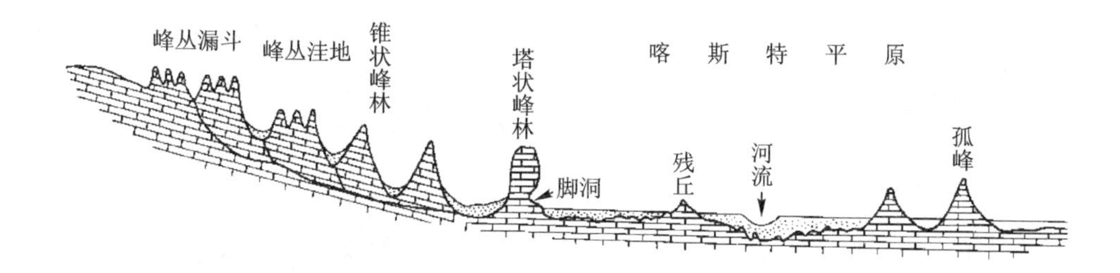

图 5－32 喀斯特地貌类型及其分布示意

（二）地下喀斯特地貌

1. 溶洞与地下河

地下水沿岩石裂隙或落水洞向下运动时发生溶蚀，形成各种形态的管道和洞穴，并相互沟通或合并，形成统一的地下水位。地壳上升，地下水位将随河流下切而降低，洞穴转变为干溶洞。其顶部裂隙渗出的地下水中所含 $CaCO_3$，可因温度升高、压力减小与水分蒸发而沉淀，形成自洞顶向下增长的石钟乳，自石钟乳上滴落到洞底的水中所含 $CaCO_3$ 沉淀又形成自下而上增长的石笋。石钟乳与石笋相接则形成石柱（图 5－33）。石钟乳与石笋形态极富多样性，人们常依据神话传说、历史掌故予以命名。

水平溶洞的发育大多与当地侵蚀基面相适应，因此这类溶洞与阶地及河面对比，可反映构造上升量。垂直溶洞深度可达数百至数千米，可视为地壳上升的标志之一。

2. 暗湖

它是与地下河相通的地下湖，可储存和调节地下水。

三、喀斯特地貌发育过程与地域分异

（一）喀斯特地貌发育过程

喀斯特地貌发育与地下水位关系密切，而后者又随当地河面或海平面而变化，因此河面或海平面即是喀斯特地貌的侵蚀基面。从另一种意义上说，可溶性岩石的底板则是地下喀斯特的基面。

如地壳上升后长期稳定，石灰岩致密、层厚且产状平缓，将首先发育石芽、溶沟、漏斗和落水洞，继而形成独立洞穴系统，地下水位高低不一（图 5－34（a））。随后独立洞穴逐渐合并为统一系统，地下水位亦趋一致。地下水位之上出现干溶洞、地下水位附近发育地下河，地面成为缺水的蜂窝状（图 5－34（b））。再后地面蚀低，浅溶洞与地下河因崩塌而露出地表，地下河陆续转变为地面河，破碎的地面出现溶蚀洼地与峰林（图 5－34（c））。最后，喀斯特盆地不断蚀低、扩大，地面广布蚀余堆积物，形态接近准平原，但仍残存孤

图 5－33 溶洞内的钟乳石(a)、石笋(b)与石柱(c)

峰(图 5－34(d))。

上述过程只是一种理想过程，仅见于广西黎塘、贵县一带。实际情况则是地壳运动与气候变化经常对喀斯特地貌发育发生干扰，以致中纬度地区大量保留多种气候条件下形成的喀斯特地貌形态，云贵高原新生代热带峰林在高原上升后成为一种遗迹，而现代喀斯特地貌已改向与其亚热带气候相适应的喀斯特丘陵发展。

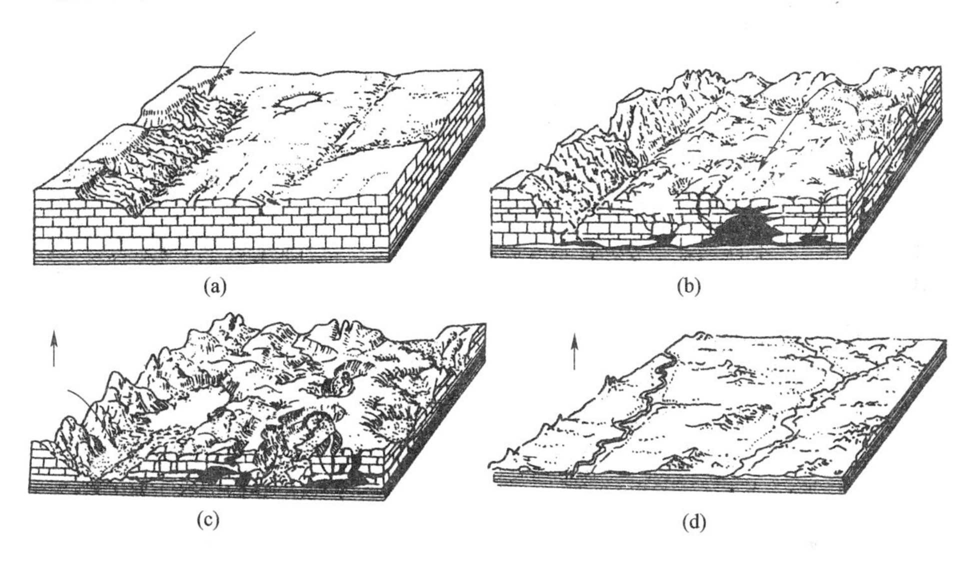

图 5－34　喀斯特地貌发育过程

（据 E. 锐茨）

（a）图中箭头表示石芽；（b）图中箭头表示喀斯特漏斗；（c）图中箭头表示大型溶蚀洼地

（二）喀斯特地貌的地域分异

喀斯特地貌的地带性特征早已得到公认，实际上其非地带性分异同样显著。

热带湿润气候条件下，水中含有大量 CO_2 与有机酸，地上与地下喀斯特作用均很强烈，溶蚀洼地、喀斯特盆地、喀斯特平原、峰林地貌普遍发育。亚热带季风气候条件是地带性热量条件与非地带性降水条件相结合的产物，喀斯特作用仍较强烈，但地貌类型以喀斯特丘陵与溶蚀洼地为代表。温带季风气候有利于地下喀斯特地貌发育，而干旱区地下水富含 SO_4^{2-}，尤利于地下喀斯特作用进行。寒带和高原寒冷气候下，由于多年冻土妨碍地表水下渗，尽管水中 CO_2 含量较多，也只能发育小型溶沟和浅洼地，冻土层下也可形成溶洞。

第五节 冰川与冰缘地貌

一、冰川地貌

(一) 冰川作用

目前全球范围内冰川与大陆冰盖总面积达 $1\ 451\times10^4\ km^2$，约占全球陆地面积的10%，而冰川与冰盖储存的淡水资源则占全球的75%。冰川是改造地球表面形态的巨大力量，其塑造地貌的过程主要是通过冰川运动实现的。冰川运动的速度很缓慢，每年由数十米至数百米不等。冰川各个部分的运动速度并不一致，从粒雪盆出口到冰舌上部速度最快。在横剖面上则以冰川中部为最快。实际观测还证明，冰川表面运动最快，速度自冰面向底部递减(图5-35)。冰川的速度有季节变化和日变化，一般是夏季快冬季慢，白昼快夜间慢。

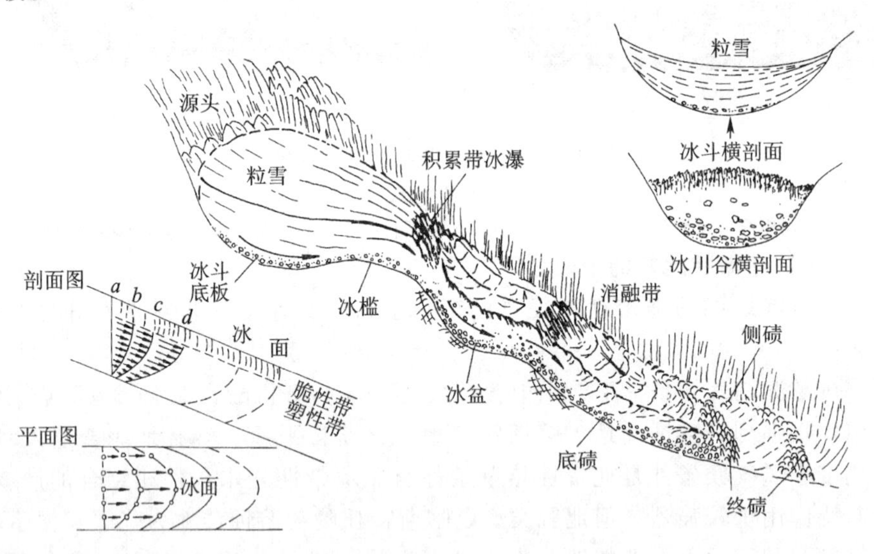

图5-35 山谷冰川垂直分带与冰川运动

(据A. N. 斯特拉勒)

在粒雪盆中冰川有向心运动和下沉运动，在冰舌部分有侧向运动和上升运动。冰川运动是由可塑带的流动和底部的滑动组成的。而冰川滑动则是产生侵蚀作用的根本原因。

冰川是一种巨大的侵蚀力量。冰岛的冰源河流含沙量为非冰川河流的5

倍，侵蚀力可能超过一般河流的 10 ~ 20 倍。冰川主要依靠冰内尤其是冰川底部所含的岩石碎块对地表进行侵蚀。在冰川滑动过程中，它们不断锉磨冰川床，这种作用通常称为刨蚀作用。另外，冰川下因节理发育而松动的岩块的突出部分，可能和冰冻结在一起，冰川移动时把岩块拔出带走，这就是拔蚀作用。

冰川的搬运能力是惊人的。大陆冰川可以把大片基岩从原地搬走，波罗的海南部平原上就有冰川从另一岸搬运来的 4 × 2 × 0. 12 km 的大岩块。山岳冰川的搬运能力也不小，喜马拉雅山中即有直径达 28 m、重量超过万吨的大漂砾。

冰川通过刨蚀、拔蚀、雪崩、冰崩和山坡上的块体运动获得大量碎屑物质。这些碎屑被冰川携带而下，通称运动冰碛。其中，出露于冰面的叫表碛，夹带在冰内的叫内碛，在冰川底部的叫底碛，位于冰川两侧的叫侧碛，两支冰川会合则可形成中碛，环绕冰舌末端的叫终碛（前碛）。冰碛物缺乏分选和层次。冰碛石磨圆度极差，大多为棱角和次棱角状。有些冰川的终碛和侧碛主要由冰川表碛滚落堆积而成，因而可出现明显向外侧倾斜的层次。运动中的冰碛能适应冰流方向，调整自己的方位，使其长轴与冰流方向保持一致。冰碛石表面常布满擦痕。

（二）冰川地貌

1. 冰蚀地貌

典型冰蚀地貌有冰斗、槽谷（U 形谷）、峡湾、刃脊、角峰、羊背石、卷毛岩、冰川磨光面、悬谷、冰川三角面等。

冰斗是一种三面环以陡峭岩壁、呈半圆形剧场形状或圈椅状的洼地（图 5 – 36）。雪线附近山坡下凹部分多年积雪斑边缘的岩石因冻融作用频繁而崩解为岩屑，并在重力与融雪径流共同作用下搬运到低处，使积雪斑后缘逐渐变陡、雪斑下的地面则逐渐蚀低成为洼地即雪蚀洼地。积雪演化为冰川冰后，冰川对底床的刨蚀作用使洼地加深，并在前方造成坡向相反的岩槛，同时后缘陡壁受冰川拔蚀作用而后退变高，从而形成冰斗。冰斗按其分布位置可分为谷源

图 5 – 36　冰川消亡后的空冰斗（天山山系喀拉乌成山）

冰斗和谷坡冰斗两类，同一时代同一山区且朝向接近的冰斗，高度大致相同，并具有指示雪线的作用。相邻而朝向相反的谷源冰斗壁后退，可形成极尖峭的角峰，谷坡冰斗壁后退的结果则常使山脊形状锋锐，成为刃脊(图 5－37)。

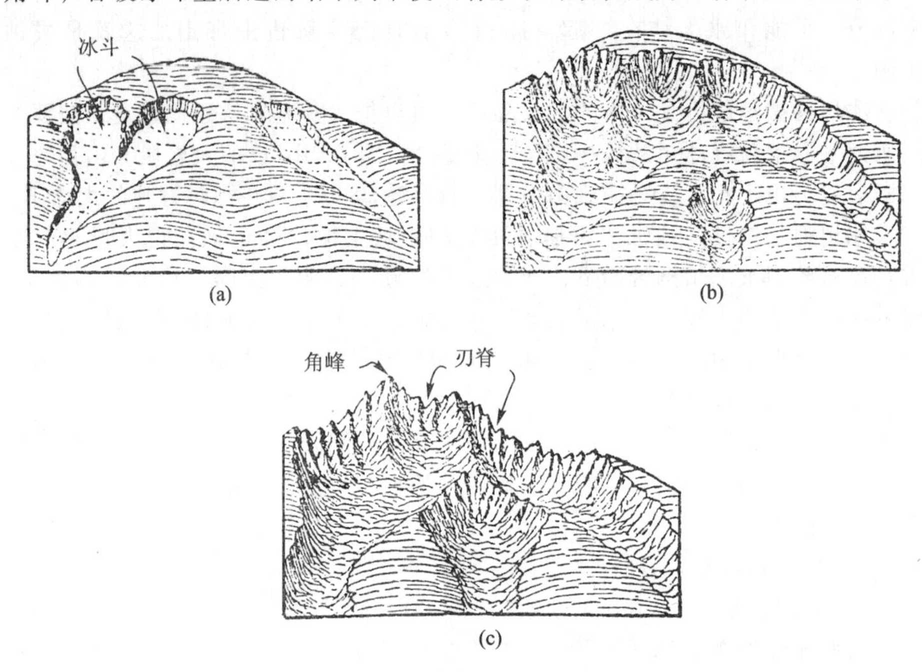

图 5－37　冰斗、刃脊与角峰的发育

槽谷是由冰川过量下蚀和展宽形成的典型冰川谷，两侧一般有平坦谷肩，横剖面近似 U 形(图 5－38)。由流水侵蚀作用形成的交错山嘴被冰川削齐后，

图 5－38　U 形谷(博格达峰南坡)

常形成三角面分布于U形谷两侧。而U形谷底因岩性差异，岩层软弱处形成冰盆，坚硬岩层则形成冰坎。大陆冰流、岛屿冰盖或山谷冰川入海处，因冰床蚀低，冰川消亡后将成为峡湾。因此，峡湾是冰川槽谷的一种特殊形式。U形谷谷坡上发育的支冰川，因其侵蚀能力远逊于主冰川，其谷底常比主谷高数十米至一二百米。这类谷地被称为冰川悬谷。槽谷底部比较坚硬的岩石表面在冰川运动过程中被冰体挟带的砾石摩擦，布满平行擦痕，而成为冰川磨光面。特别坚硬的岩石则形成羊背石(图5-39)。因迎冰面较平缓并倾向上游，表面密布擦痕，背冰面为参差不齐的陡坎，远望形似匍匐于地面的羊背。但实际上羊背石高可达数米至二三十米，长可达数米至上百米，其体积远不是羊可比拟的。

图5-39 羊背石(博格达峰北坡)

2. 冰碛地貌

冰川遗留的各种堆积物总称为冰碛。冰碛是研究古冰川和恢复古地理环境的重要根据。主要的冰碛地貌有冰碛丘陵、侧碛堤、终碛堤、鼓丘等。冰碛丘陵是冰川消融后表碛、中碛、内碛沉落于底碛上形成的起伏不平的地面形态，冰碛厚度由数米至百余米不等。侧碛是分布于冰川两侧，通常比冰面高的垄状或长堤状冰碛物(图5-40)。终碛是冰舌末端较长时期停留在同一位置，逐渐形成的半环形冰碛堤(图5-41)。大陆冰川的终碛堤高约30~50 m，但长度可达数百千米，山岳冰川终碛堤较高，但长度较小。鼓丘是一种主要由冰碛物组成的、数十米高、数百米长的流线型丘陵，长轴与冰流方向平行，迎冰面陡而背冰面缓，与侵蚀形态的羊背石相反。

3. 冰水堆积地貌

冰水堆积地貌因分布位置、物质结构和形态特征不同可以分为冰水扇和冰水河谷沉积平原、季候泥、冰砾阜与冰砾阜阶地、锅穴、蛇形丘等几类。冰下河道挟带大量沙砾从冰舌末端排出，在平原上展开为辫状水系而形成的坡度较

图 5-40 侧碛堤（Targyailing 谷地）
（据刘潮海）

图 5-41 终碛堤与终碛垅（Congdui 谷地源头）
（据刘潮海）

大的扇形地，称为冰水扇。在山谷中则形成冰水河谷沉积平原。季候泥又称纹泥，是冰水湖泊由于季节变化，接纳的冰水沉积物有颗粒粗细和颜色深浅的差别而形成的。冰砾阜原来是冰川表面的洼地，底部为冰水沙砾沉积物质，冰川融化消失后转化为不规则丘陵地貌，表层一般有薄冰碛。冰砾阜阶地则是冰川两侧的水道堆积的冰水沙砾物质在冰川退缩后形成于谷坡上的阶地。锅穴是冰水平原上因死冰融化、地表下陷而形成的一种圆形洼地，直径数米至数十米不等。蛇形丘是大陆冰盖下封闭水道中的沙砾物质组成的狭长曲折的高地，短的仅有数十米，最长的可达数百千米。

4. 冰面地貌

冰川表面因受冰层褶皱、断裂、冰床坡度变化、差别消融、流水侵蚀等影响而形成的地貌形态，统称冰面地貌。主要有冰瀑、冰裂隙、冰川弧拱、冰面河、冰面湖、冰蘑菇、冰塔林等。山谷冰川由冰斗或粒雪盆进入U形谷时，由于冰床坡度陡峻，往往形成冰瀑。冰瀑与冰舌上均可发育宽深数十厘米至数十米，呈横向、纵向或放射状分布的冰裂隙。冰川表面运动速度差异使同一冰层形成中央靠前，两侧靠后的前凸弧拱构造。冰面融水积聚于冰川表面洼地形成冰面湖，切割冰面形成冰面河。冰面的差别消融致使冰川舌下部形成高数米至数十米的冰塔林。大小漂砾保护其下部冰体不受消融，则形成冰蘑菇（图5-42）。

(a)

(c)

(b)

图5-42　冰面地貌

（(b)和(c)为刘潮海提供）

(a) 冰瀑与冰裂隙；(b) 冰塔林；(c) 冰蘑菇

二、冰缘地貌（冻土地貌）

冻土是岩石圈与大气圈热交换作用的产物。在中低纬高山高原和高纬、极地区，气温低而降水量少的地方，地温常处于零温或负温，水分渗入土中后，上部发生周期性冻融，下部则长期处于冻结状态，成为多年冻土层。由于多年冻土层的存在而产生的一些独特的地貌，称为冰缘地貌或冻土地貌。

（一）冻土的一般概念

凡处于零温或负温，并含有冰的各种土体或岩体，称为冻土。温度状况相同但不含冰的，则称为寒土。冻土按其处于冻结状态的时间的长短，可以分为季节冻土和多年冻土两类。一两年之内不融化的土层称为隔年冻土，是上述两类冻土之间的过渡类型。永久冻土概念不科学，不宜采用。

多年冻土可分为上下两层，上层为夏融冬冻的活动层，下层为多年冻结层。活动层在冬季冻结时能完全连接下部的多年冻结层的，称为衔接多年冻土，在这种情况下，活动层又称季节融化层。活动层在冬季冻结时不与下部多年冻结层衔接，中间隔着一层融土的，则称为不衔接多年冻土，在这种情况下，活动层又称季节冻结层。多年冻结层距地表的深度称为多年冻土的上限。

多年冻土在地球上的分布表现出明显的纬度地带性和垂直带性规律。无论在水平方向或垂直方向上，多年冻土带都可以分出连续冻土带和不连续冻土带。后者又可分成岛状融区和岛状冻土区。所谓融区，是指多年冻土带内融土分布的地区。当融土从地上向下穿透整个冻土层时，称为贯通融区；融土未穿透整个冻土层，其下部仍有多年冻土存在，则叫做非贯通融区。

在北半球，多年冻土从中纬向极地厚度不断增加，上限逐渐缩小。北纬48°附近的多年冻土南界地温接近0 ℃，冻土层厚度仅1～2 m。连续多年冻土带南部，年平均地温约为－3～－5 ℃，冻土厚度可达100 m。北极附近岛屿的年平均地温降至－15 ℃，冻土厚度达到1 000 m以上，上限趋近地面。中低纬高山高原区冻土的分布则表现为随海拔高度而变化。海拔愈高，地温愈低，则冻土愈厚而上限深度愈小。

地下冰的存在是冻土的最基本特征。冻土中的地下冰根据成因和埋藏形式可分为组织冰、洞脉冰、埋藏冰等类型。土层中的水分冻结形成的组织冰是分布最广、含量最多、但冰的聚合体最小的一类地下冰。其中含水量较少的粗粒松散沉积物在没有水分迁移的情况下快速冻结形成的，称为胶结冰。含水量较多的粗粒松散沉积物在有水分迁移作用的情况下缓慢冻结形成的，称为分凝冰。冻土中的这种水分迁移称为聚冰作用。分凝冰增长时常对其上部的砾石发生举托。重力水在压力作用下迁移，冻结时则形成侵入冰。侵入冰可以表现为平整的冰层，也可以成为冰透镜体。当水分在节理裂隙中冻结时，形成裂隙冰。

洞脉冰是地表水注入土、岩垂直裂隙和洞穴冻结形成的，可分为脉冰和洞穴冰两种。由于地表水周期性注入，因而在裂隙中多次重复冻结，这样形成的脉冰叫做复脉冰。它具有垂直条带状构造，每一条带代表一个年层，常伸入到多年冻土层内，年代愈长，裂隙愈扩大，所以复脉冰也被称为冰楔。

埋藏冰是地表冰体(冰锥、河冰、湖冰、冰川冰等)被堆积物掩埋后形成的，通常呈透镜体。

我国多年冻土区地下冰分布很广，有的地方地下冰厚度很大，如青藏公路风火山最厚单层地下冰可达5 m，昆仑山垭口夹于沉积层中的冰透镜体最厚可达10余米。地下冰的数量、分布及其与土中其他组成要素的位置关系不同，形成不同的冻土构造类型。

除地下冰外，冻土中还有一部分液态地下水。根据地下水与冻土层的位置关系，多年冻土区的地下水可以分为冻结层上水、冻结层间水和冻结层下水三类。地下水与整个冻土层有密切的关系，一方面冻土影响着地下水的运动，另一方面地下水的存在对冻土的温度、厚度变化也产生明显影响。

(二) 冰缘地貌(冻土地貌)

由于温度周期性地发生正负变化，冻土层中的地下冰和地下水不断发生相变和位移，使土层产生冻胀、融沉、流变等一系列应力变形，这一复杂过程称为冻融作用。冻融作用是寒冷气候条件下特有的地貌作用。它使岩石遭受破坏，松散沉积物发生分选和受到干扰，冻土层发生变形，从而塑造出各种类型的冻土地貌。

1. *石海与石河*

基岩经过剧烈的冻融崩解产生一大片巨石角砾，就地堆积在平坦地面上，称为石海。当山坡上冻融崩解产生的大量碎屑充填凹槽或沟谷，而岩块在重力作用下顺着湿润的碎屑垫面或多年冻土层顶面发生整体运动时，就形成石河(图5-43)。石河的运动速度，通常每年不到2 m，有的甚至不足0.2 m。经过长期的运动，岩块被搬运到山麓堆积下来，可形成石流扇。石川是一种大型的石河。组成石川的岩块可以是冻融崩解的产物，也可以是早期的冰碛物。

2. *构造土*

构造土是多年冻土区广泛分布的微地貌。由松散沉积物组成的地表因冻裂作用和冻融分选作用而形成网格式地面。每一单个网眼都呈近似对称的几何形态，如环形、多边形。根据组成物质与作用性质的差别，构造土可分为泥质构造土和石质构造土两类。泥质构造土也称多边形土，因土层冻结后温度继续降低，地面产生裂隙并在平面上组成多边形而得名。小型多边形土径长不足1 m，大的可达200 m。石质构造土中最典型的是石环(图5-44)。在饱含水

图 5－43 石河

分、大小颗粒混杂的松散土层中，冻融作用产生的垂直分选与水平分选，使砾石由地下抬升至地面并以细粒土或碎屑为中心呈环状分布，从而形成石环。极地或高纬地区石环径长可达数十米。在天山、昆仑山、祁连山及唐古拉山所见则通常不足 10 m。

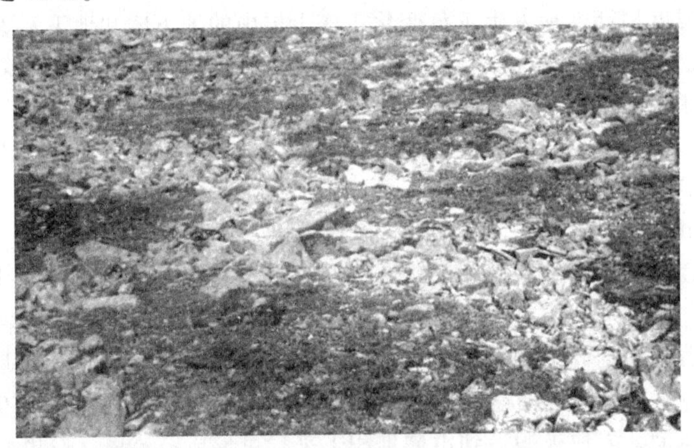

图 5－44 石环

3. 冻胀丘和冰锥

地下水受冻结地面和下部多年冻土层的遏阻，在薄弱地带冻结膨胀，使地表变形隆起，称为冻胀丘(图 5－45)。冻胀丘在平面上呈圆形或椭圆形，周边坡度很陡，顶部扁平，表面裂隙交错。内部有冰透镜体的称为冰核丘。冻胀丘可分为一年生和多年生两类。还有一类特殊的冻胀丘常在春季隆起，至夏季因气温上升很快，上部冻层迅速融化，土层强度降低，富含气体而且压力很大的地下水发生喷水爆炸，故称爆炸性冻胀丘。冰锥是在寒冷季节流出封冻地表和冰面的地下水或河水冻结后形成的丘状隆起的冰体。绝大部分冰锥是一年生的，每年1—4月为冰锥的主要发展时期，8—9月即完全消失。

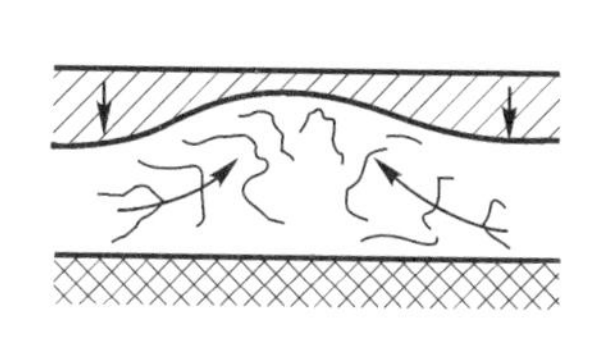
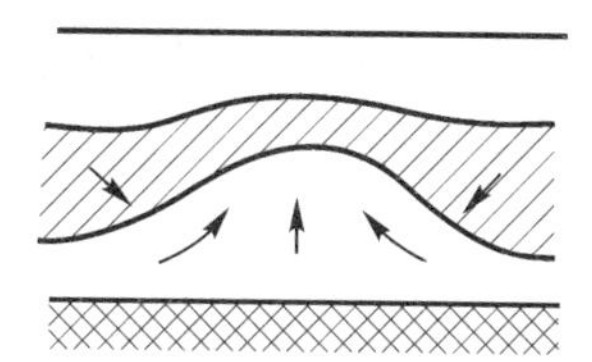
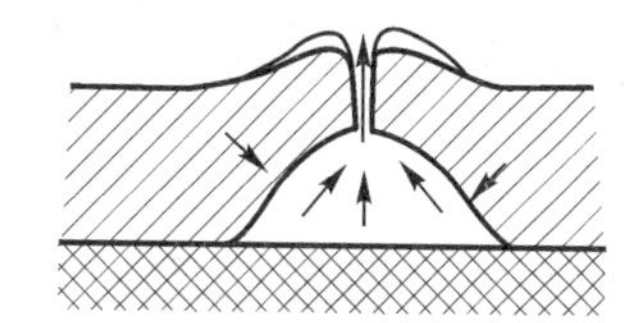

图5-45 冻胀丘的生成

4. 热融地貌

热融地貌是指由热融作用产生的地貌。热融作用可分热融滑塌和热融沉陷两种。由于斜坡上的地下冰融化，土体在重力作用下沿冻融界面移动就形成热融滑塌(图5-46)。热融滑塌开始时呈新月形，以后逐渐向上方溯源发展，形成长条形、分叉形等。大型热融滑塌体长达200余米，宽数十米，后壁高度1.5~2.5 m。平坦地表因地下冰的融化而产生各种负地貌，称为热融沉陷(图5-47)。由热融沉陷形成的地貌有沉陷漏斗(直径数米)、浅洼地(深数十厘米至数米,径长数百米)、沉陷盆地(规模大者可达数千米)等。当这些负地貌积水时，就形成热融湖塘。我国青藏高原多年冻土区，热融湖塘分布很广泛。

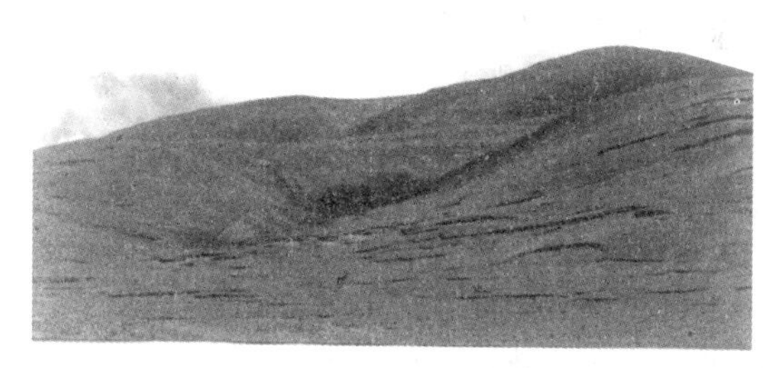

图5-46 热融滑塌(青藏高原)

图5-47 热融沉陷(青藏高原)

第六节 风沙地貌与黄土地貌

一、风沙作用

干旱区强烈的物理风化作用使地表广泛发育沙质风化物，植被稀少与地表经常处于干燥状态又使这些沙粒极易被风力吹扬、搬运和易地堆积。充足的沙源与多大风的气候特点相结合，使风沙作用成为干旱区最主要的地貌外动力，并形成独特的风沙地貌。

风对地表细粒物质的作用，不外以下三种形式。

（一）风蚀作用

风蚀作用包括吹蚀与磨蚀两方面。风吹过地面，由于风压力与气流紊动而引起沙粒吹扬，这种作用称为吹蚀。并非所有的风都可进行吹蚀，只有当风力达到足以使沙粒移动的临界速度时才能发生吹蚀，这种风称为起沙风。起沙风速因地表起伏、沙粒含水量多寡及粒径大小不同而异。起伏不平的粗糙地面摩擦阻力大，起沙风速也大；平坦光滑地面摩擦阻力小，起沙风速也小。沙粒含水量多则黏滞性强，需要较大风速才能启动，干燥沙粒则无需较大风速即可启动。以粒径 0.25 ~ 0.5 mm 沙粒为例，干燥状态下起沙风速为 4.8 m/s，含水量较高时起沙风速可高达 12 m/s。我国的沙漠沙多为粒径 0.1 ~ 0.25 mm 的细沙，通常情况下起沙风速为 4 m/s，而粒径 0.25 ~ 0.5 mm 沙粒的启动风速为 5.6 m/s，当粒径大于 1 mm 时，起沙风速更高达 7.1 m/s。

起沙风即挟带沙粒的风，不仅对地面进行吹蚀，更主要的是进行磨蚀，这种磨蚀使砾石表面形成风棱，甚至可深入岩石孔隙发生旋磨，形成风蚀龛、风蚀穴一类特殊地貌现象，或使石柱基部变细而成蘑菇状。干旱区铁路钢轨、列车车厢、电线杆及电缆钢架基部被风沙磨蚀破坏的现象均屡见不鲜。

（二）搬运作用

风的搬运作用主要是通过风沙流即挟带沙粒气流的运动实现的。绝大部分沙粒是在离地面 30 cm 高度内，尤其是 10 cm 以内分别以悬移、跃移和表层蠕动形式被搬运的。观测表明，跃移沙粒约占 3/4，蠕移沙粒接近 1/4，悬移沙粒仅占 1% ~5%。即使粒径是不足 0.1 mm 的细沙，往往也只能接近悬移状态。

风力搬运沙粒的数量即风沙流强度与起沙风速的三次方成正比。这意味着风速显著超过起沙风速时，搬运沙粒数量将急剧增加。

（三）风积作用

当风力减弱或风沙流遇阻，风中挟带的沙粒沉降于地面，这种现象就是风积作用。风积物质主要有风成沙和风成黄土两类。风成沙粒级多在黏土至沙之间，粒度均匀，分选好，磨圆度高，矿物成分因地而异，堆积形态则为各种沙丘。

二、风沙地貌

（一）风蚀地貌

1. 风棱石与石窝

戈壁砾石迎风面经长期风蚀被磨光磨平后在瞬时大风中发生滚动，新的迎风面再次磨光磨平，两个或多个迎风面间就形成风棱。依据棱的数目，风棱石可分别称为单棱石、三棱石、多棱石等。石窝是一种直径 20 cm 至 1 ~ 2 m，深 10 ~ 15 cm 上下至 1 m 的圆形或椭圆形小洞或凹坑，通常出现于迎风崖壁上，密集时犹如蜂窝，由风沙旋磨岩石裂隙而成(图 5 - 48)。

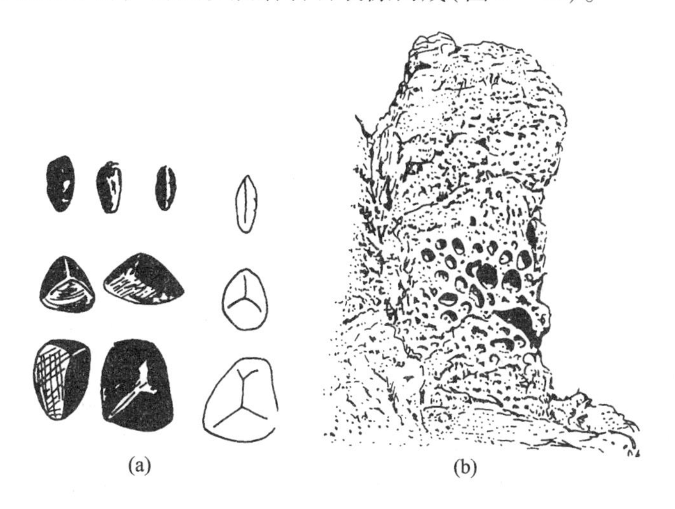

图 5 - 48 风棱石与石窝

（a）风棱石；（b）石窝

2. 风蚀柱与风蚀蘑菇

风长期吹蚀垂直与水平裂隙均较发育的裸露基岩，形成孤立的风蚀柱，进一步磨蚀其基部则形成风蚀蘑菇(图 5 - 49)。

3. 风蚀洼地与风蚀盆地

风吹蚀地面松散物质后形成的直径 10 ~ 100 m，深 1 m，平面呈圆形或马蹄形的洼地，称为风蚀洼地。洼地达一定深度后，或遇坚硬岩层，或近地下水位，都不利于继续加深，故风蚀洼地通常很浅。但风蚀盆地规模很大。南非一

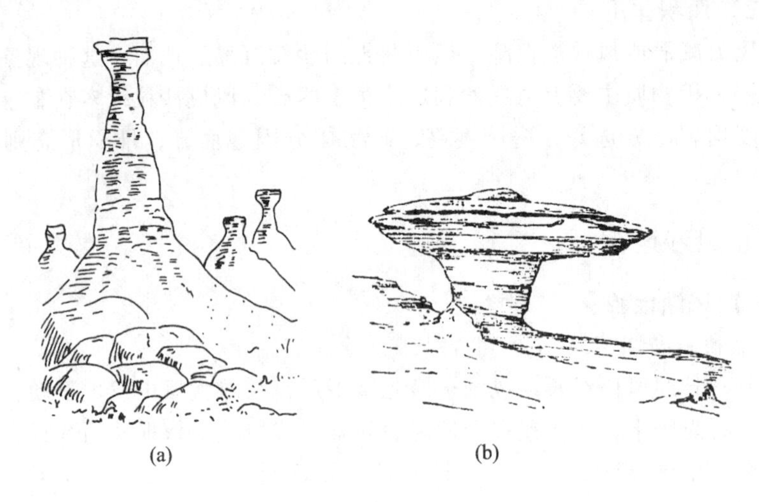

图 5－49 风蚀柱与风蚀蘑菇

（a）风蚀柱；（b）风蚀蘑菇

风蚀盆地面积达 300 km^2，深 7～10 m。埃及西部、利比亚和我国准噶尔盆地也有 100 km^2 以上的风蚀盆地。风蚀洼地与盆地深度低于地下水位时，地下水可流出地面聚积成湖，我国浑善达克沙地的查干诺尔、呼伦贝尔的乌兰湖及毛乌素沙地的纳林诺尔，均为风蚀湖。

4. 风蚀残丘与雅丹地貌

风力侵蚀年轻而相对坚固的沉积物，可形成宽窄不一，底部崎岖不平，但走向多与盛行风向平行的谷地，即风蚀谷。乍得的提贝斯提高原东南侧，几乎每隔 500～2 000 m 就出现一条宽 500～1 000 m 的平行风蚀谷。苏丹北部、阿尔及利亚东部、澳大利亚艾尔湖以北及我国柴达木盆地西部、罗布泊地区、准噶尔盆地、河西走廊西段都不乏风蚀谷之实例。风蚀谷间的残留高地或孤立丘岗即是风蚀残丘。形态与风蚀残丘近似但由蚀余松散土状堆积物如河湖相地层形成的一类特殊风蚀残丘，则称雅丹地貌。风蚀残丘与雅丹地貌形态极为多样化，如鼻，如峁，如锥，如柱，如覆舟，如垄岗，如方山，如麦垛，如宫殿，如城堡，如蜥蜴，如恐龙，如方尖碑，如装甲车，如环状峭壁，如狮身人面像……不胜枚举，以至我国乌尔禾风蚀残丘群在 20 世纪初被俄罗斯考察者称之为“魔鬼城”，而美国犹他州高原东南部一条山谷被称为“怪物谷”（图 5－50）。

提贝斯提高原南北的乍得与利比亚，伊朗南部的克尔曼盆地、埃及哈尔加盆地、中亚乌斯提尤尔特高原上的库姆舍伯申盆地和阿拉伯半岛均有风蚀残丘分布。

图 5-50 几种常见的风蚀残丘

(二) 风积地貌

1. 沙丘及其形态类型

风积地貌主要指各种沙丘。依据沙丘形态与风向的关系，沙丘可分三种基本类型，即横向沙丘、纵向沙丘与多风向形成的沙丘。

横向沙丘走向与合成起沙风向垂直或交角不小于60°，主要包括新月形沙丘、新月形沙丘链及复合新月形沙丘链三类。新月形沙丘主要是在单风向作用下由沙堆演变而成的，状如新月，弧形突向主风向，迎风坡缓而呈凸形，坡度10°~20°，背风坡陡而微凹，坡度约28°~33°，丘臂前伸。新月形沙丘通常高数米至数十米，但也有超过100~150 m者。两个或更多新月形沙丘相连，可形成新月形沙丘链。巨大沙丘链上叠置小型新月形沙丘，则称为复合新月形沙丘链(图5-51)。

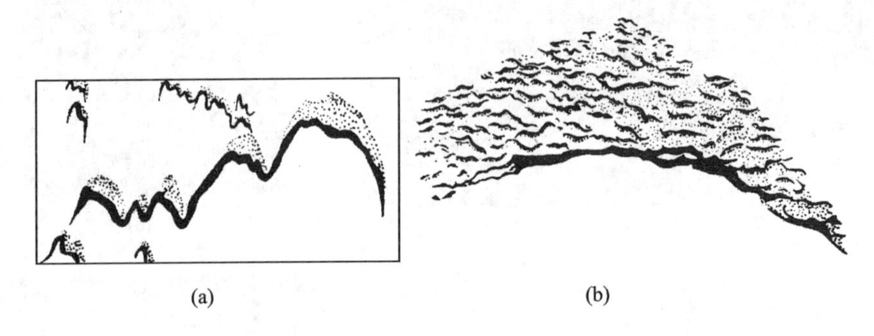

图5-51 新月形沙丘链(a)与复合新月形沙丘链(b)

纵向沙丘是指走向与起沙风合成风向平行或夹角小于30°的沙丘，通常称为沙垄，高十余米至一二百米，长数百米至数十千米，纵向上丘脊线时有起伏，横剖面大致对称，但其前端迎风坡与背风坡差别明显。纵向沙垄的形成有三种可能原因：一是与盛行风向斜交的新风向导致其迎风坡发生变化，一个丘臂延长而成；二是龙卷风被单向吹压而成螺旋式水平气流，风从低地吹扬沙粒堆积于沙堆顶部；三是山口地区风力强大也可形成沙垄。巨大沙垄体上叠置较小的沙垄，则形成复合纵向沙垄(图5-52)。

多风向形成的沙丘包括金字塔形沙丘、蜂窝状沙丘、格状沙丘、星状沙丘、反向沙丘等(图5-53)。

2. 沙丘的移动

沙丘移动过程是通过沙丘表面沙粒自迎风坡吹扬到背风坡堆积来实现的。据研究，单位时间内沙丘移动距离为

$$D=\frac{Q}{rH}$$

式中：Q为单位时间通过单位宽度的沙量；H为沙丘高度；r为沙的容重。由

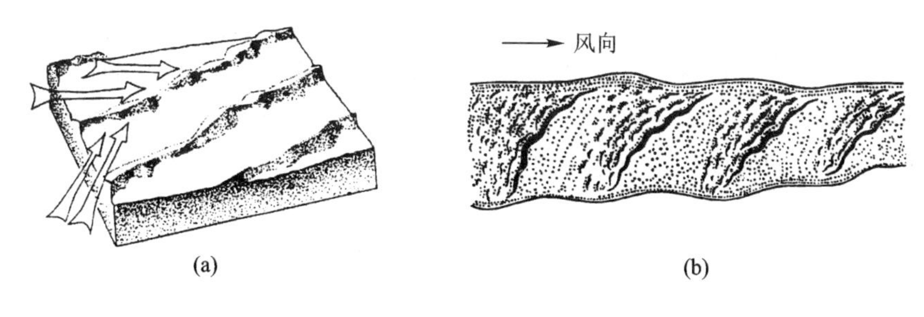

图 5－52 纵向沙垄与纵向复合沙垄

（a）纵向沙垄（据 Edwin D. Mckee）；（b）纵向复合沙垄

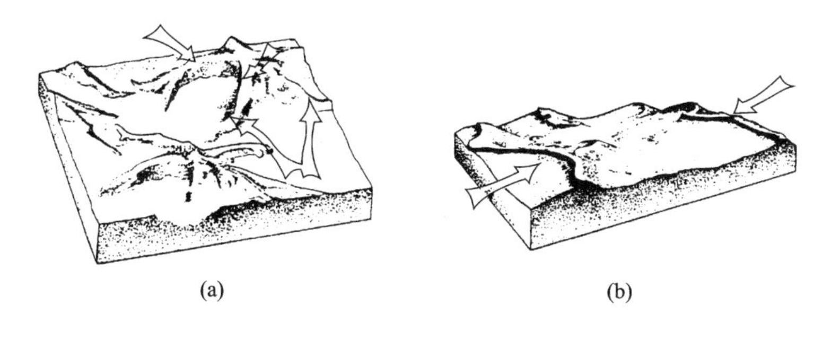

图 5－53 星状沙丘（a）与反向沙丘（b）

（据 E. D. Mckee）

公式可知，沙丘移动速度与输沙量成正比而与沙丘高度成反比。但输沙量与起沙风速的三次方成正比，因而沙丘移动速度亦应与风速的三次方成正比。沙丘移动速度还受植被、沙丘水分及下伏地面因素影响。植物减小风速，沙粒湿润需要更高的起沙风速，下伏地面粗糙可阻碍沙粒运动。据计算，阿尔及利亚东部大沙漠的沙子通过 25 m 高的复合新月形沙丘链和 1 km 长的风沙流被落沙坡截获，至少需要 1 400 年。

我国沙丘平均移动速度多在 5 ~ 10 m/a 间，小部分不足 5 m/a 或超过 10 m/a。除塔克拉玛干沙漠东部与中部自东北向西南移动外，准噶尔、河西走廊，阿拉善高原、鄂尔多斯高原及内蒙古东部沙丘都自西北移向东南。

三、黄土与黄土地貌

（一）黄土

黄土主要是第四纪风力搬运堆积的土状物质，多分布于干旱、半干旱区。全球黄土覆盖面积达 $1\ 000 \times 10^4 \mathrm{km}^2$，我国除集中分布于黄土高原外，还包括新疆、青海、河西走廊、黄河下游及松辽平原等地，面积约 $38 \times 10^4 \mathrm{km}^2$，若加上黄土状岩石，则为 $63.53 \times 10^4 \mathrm{km}^2$。厚度一般为 50 ~ 150 m，最大厚度超过 400 m，出现在甘肃中部。

黄土颜色灰黄、棕黄或棕红。粒级以粉沙为主，黏粒及细沙较少。矿物成分以石英、长石和碳酸盐类矿物为主，并含易溶盐及黏土矿物。风成黄土具垂直节理，孔隙度大，湿陷性强，抗蚀性弱，极易遭受流水侵蚀。黄土中有多层埋藏古土壤，同时又存在沉积间断，下伏古地形起伏虽远逊于现代，但对地貌发育的影响仍较显著。

除风成黄土是所谓原生黄土外，残积、坡积、流水冲积还形成多种次生黄土。其垂直节理发育不好，但湿陷性弱，不易产生潜蚀，地貌类型也不如风成黄土完整和典型。

（二）黄土地貌

流水作用、重力作用、潜蚀和风蚀均为黄土地貌的外动力，而流水作用显然居首位。

1. 黄土沟谷地貌

黄土沟谷按形态特征可分为细沟、浅沟、切沟、冲沟与河沟几类。细沟由坡面细流冲刷而成。浅沟深不及 1 m，横剖面呈宽 V 形，由较大的坡面股流冲刷而成。切沟深数米，横剖面呈尖锐 V 形，纵剖面起伏较大。冲沟由切沟进一步发展而成，纵剖面上陡下缓，呈凹形，横剖面呈 V 形。冲沟停止下切，谷坡因侧蚀而变缓，则形成 U 形河沟。河沟纵剖面较平缓、横剖面略呈梯形，侧蚀作用较强，有常年性流水，并可发育曲流与阶地。

2. 黄土沟间地地貌

典型沟间地地貌类型为塬、梁、峁。塬是被沟谷、河谷环绕的平坦高地，边缘极为曲折，常因沟谷溯源侵蚀而被肢解。甘肃董志塬面积约 2 000 km^2，是我国最大的黄土塬，陕北洛川塬也较大。面积极小，往往只及 1 ~ 10 km^2 的塬，称为残塬。梁是长条形黄土丘陵地貌类型之一，其顶面为残塬的称为塬梁；顶部较平的称为平顶梁。峁形似馒头，顶部浑圆上凸，边坡可发育大量辐散状沟谷。所有黄土沟间地地貌都易形成陷穴、崩塌和滑坡。

第七节 海岸与海底地貌

一、海岸地貌

海岸带是海洋与陆地相互作用的地带，通常分为海岸、潮间带与水下岸坡三个部分(图 5 - 54)。海岸是岸线以上狭长的陆地部分，以激浪作用到达处为上界。潮间带位于高、低潮间，高潮时淹没，低潮时出露。水下岸坡则指低潮线以下直到波浪有效作用下界。海岸地貌的形成与发展是波浪、潮汐、沿岸流与陆地相互作用的结果，其中尤以波浪作用最重要。

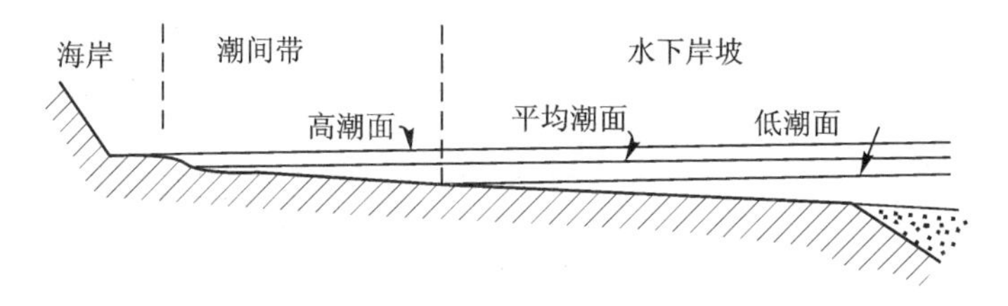

图 5－54　沙砾质海岸的基本结构

（一）海蚀地貌

变形波浪及其形成的拍岸浪对海岸进行撞击、冲刷，波浪挟带的碎屑物质的研磨以及海水对海岸带基岩的溶蚀，统称为海蚀作用。海蚀作用在海岸带形成各种海蚀地貌。主要海蚀地貌类型有：

（1）海蚀穴。在有潮汐的海滨，高潮面与陆地接触处，波浪的冲淘作用形成槽形凹穴，断续沿海岸线分布，称为海蚀穴。

（2）海蚀崖。海蚀穴被拍岸浪冲蚀扩大，顶部基岩崩塌，海岸后退时形成陡壁，称为海蚀崖。

（3）海蚀拱桥与海蚀柱。两个相反方向的海蚀穴被蚀穿而互相贯通，称为海蚀拱桥（或海穹）。海蚀崖后退过程中遗留的柱状岩体，称为海蚀柱（图5－55）。

图 5－55　海蚀柱、海蚀崖、海穹与海滩

（4）海蚀台。波浪冲淘崖壁形成海蚀穴，悬空的崖壁在重力作用下崩塌，崩塌的石块遭受侵蚀搬运，海浪又重新冲淘崖壁下部，形成新的海蚀穴。这种过程不断进行，即形成海蚀台，在其宽度增大到波浪的冲蚀作用范围之外时，才停止发展（图 5－56）。

（二）海积地貌

海岸带的松散物质，如波浪侵袭陆地造成的海蚀产物，河流冲积物，海生生物的贝壳、残骸等，在波浪变形作用力推动下移动，并进一步被研磨和分选，便形成海滨沉积物。由于地形气候等影响而使波浪力量减弱，海滨沉积物就堆积下来形成各种海积地貌。

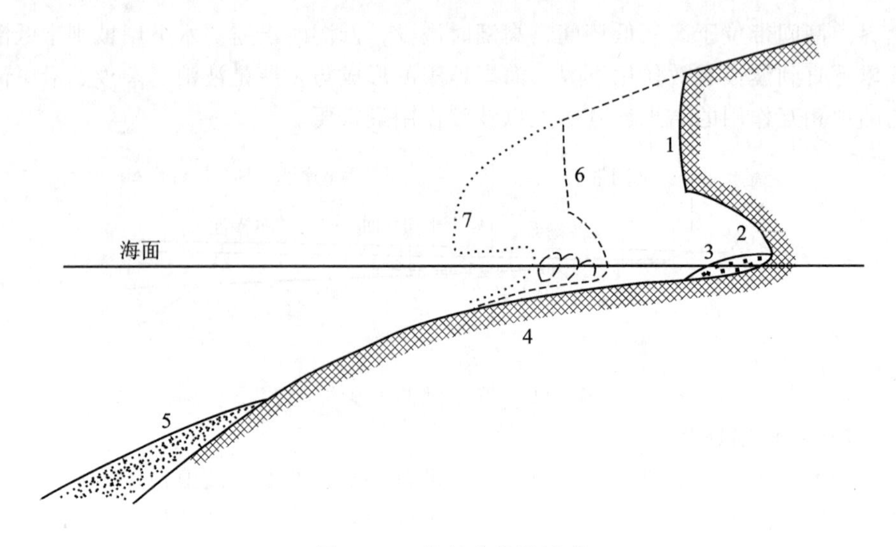

图 5－56 海蚀台发展示意

1. 海蚀崖；2. 海蚀穴；3. 海滩；4. 海蚀台；5. 水下堆积台；6、7. 前阶段的海蚀崖

1. *横向移动为主的海积地貌*

波浪加上重力作用使岸坡上部物质不断向岸移动，岸坡下部物质不断向海移动，形成上下两条侵蚀带。两条侵蚀带之间为一过渡带。沉积物在每次波浪周期运动中，向岸运动的距离等于向海运动的距离，结果沉积物不发生位移，这一带就称为中立带(图 5－57(a))。

在波浪作用下，原剖面坡度发生变化。中立带以下的下部侵蚀带由于物质不断向海搬运而形成侵蚀凹地，使该处岸坡变陡。从侵蚀凹地下移的物质在岸坡更下部波浪作用微弱的海底堆积，形成水下堆积台，使岸坡下部海底变浅、变缓。中立带以上的上部侵蚀带由于物质不断向岸搬运，也形成侵蚀凹地，使该处岸坡变缓。从侵蚀凹地上移的物质堆积在岸边形成沿岸海滩(图 5－57(b))。

海岸坡度的变化也使波浪推动力和重力分力随之发生变化。中立带不断向下和向上扩大，最后使岸坡发育成为一条凹形曲线。该曲线上每一点的物质在每次波浪运动中，前进速度与回返速度的差值正好为重力所抵消，结果只在原地作来回运动。当海岸剖面成为凹形曲线时，即称为平衡剖面(图 5－57(c))。

海滩是断续由水下岸坡沉积物组成的。每当暴风浪作用时，沉积物可在海滩外缘形成一条条垄岗状堤，称为滨岸堤或沿岸堤。滨岸堤的组成物质一般较粗，可以是沙质或砾质的，也可以是贝壳堤。

波浪还可以对沉积物发生分选作用。大小混杂的碎屑物质在波浪分选作用下，粗粒物质上移，细粒物质下移。这是因为在相当深的地方，底流的力量不

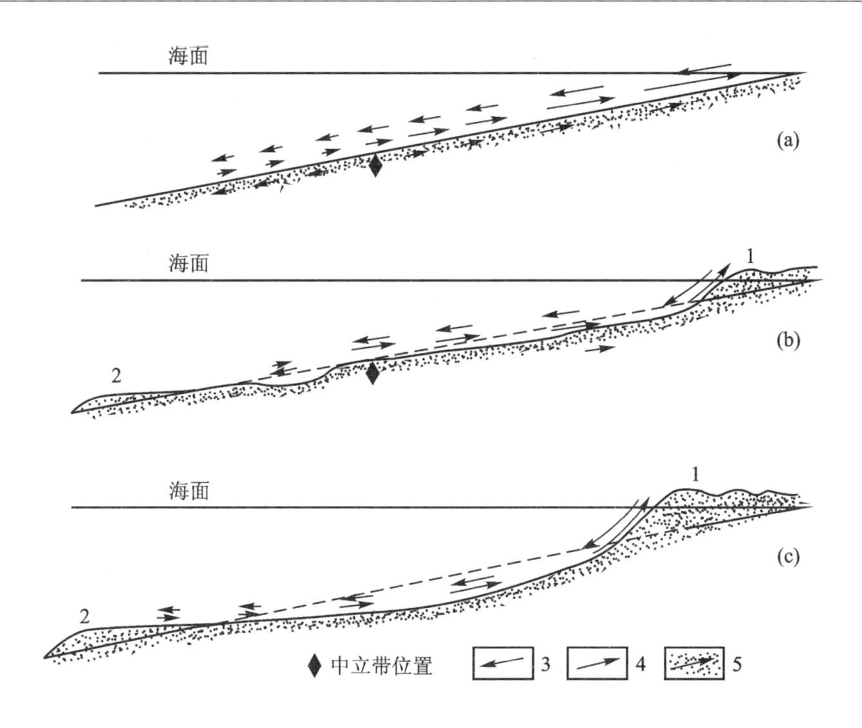

图 5－57　松散沉积岸平衡剖面的形成

1. 海滩；2. 水下堆积台；3. 沉积物离岸移动的相对数量；

4. 向岸移动的相对数量；5. 一个完全的波浪运动之后的总移动量

足以推动砾石离开原地，而波浪只能掀起细沙。被掀起的细沙在重力作用下向下移动。浅水处波浪作用较强，沙砾被搅混并向上移动；拍岸浪进流还挟带着砾石使之沿斜坡向上运动。沉积物经过分选，形成由粗粒物质构成的滨岸堤和细粒物质构成的水下堆积台(图 5－58)。

水下堤和离岸坝是物质横向移动形成的另一类海积地貌。当波浪愈接近岸边时，由于海底变浅，摩擦加强，在相当于两个波高的深处局部破碎，形成破

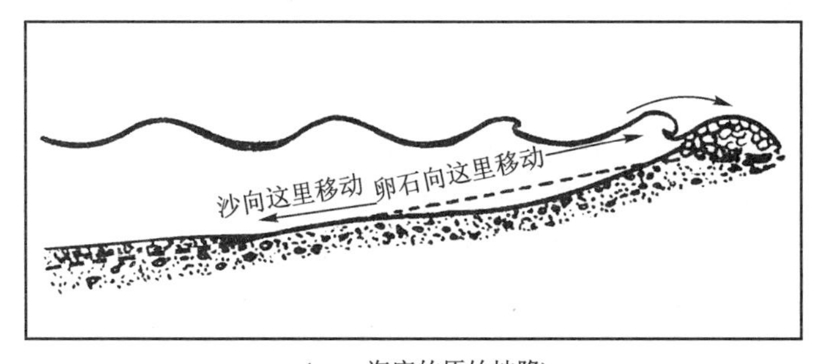

(－－－海底的原始坡降)

图 5－58　波浪对松散沉积物质的分选作用和坡降变化

浪。此时，由于损失部分能量，因而沉积一部分物质，造成堤状堆积地貌，称为水下堤(水下沙坝)。水下堤不断升高，露出水面，即成为离岸坝(岸外沙坝)。在离岸坝与海岸之间常常形成潟湖，这类潟湖成长条状，以离岸坝与海隔开，但仍有水道与海相互沟通。

2. 纵向移动为主的海积地貌

港湾式海岸可发生分段泥沙流。波浪进入港湾式海岸浅水区后发生折射，导致自岬角流向海湾的沉积物作纵向移动。海岸凹进处由于波能辐散，港湾尽头发生海滩沉积，岬角前方则被冲蚀形成海蚀崖，成为泥沙流起点(图5－59)。泥沙流沿岸移动，如海岸方向变化使波浪作用力减小，则堆积成各种海积地貌。

在凹形海岸，如图5－60所示，*AB*段海岸与波浪前进方向的夹角大致为45°，并且有一股泥沙含量达到饱和的泥沙流从*A*向*B*移动，但到达*B*点后由于海岸方向改变，夹角变为>45°，泥沙流搬运能力降低，在海岸转折处堆积形成海滩。

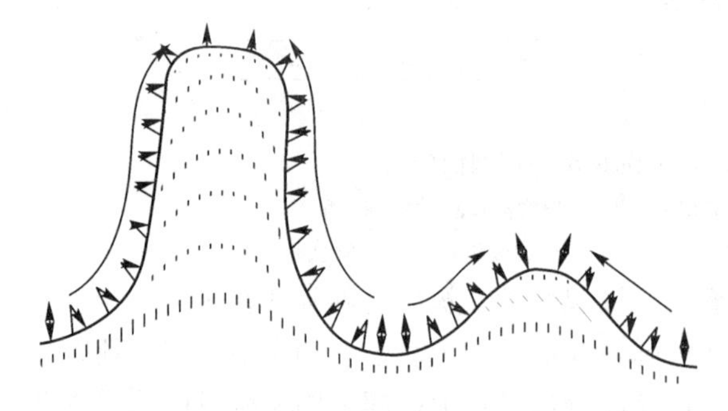

图5－59 港湾式海岸沉积物的纵向移动

箭头所示：1. 泥沙流；2. 参与纵向移动的颗粒所走路线

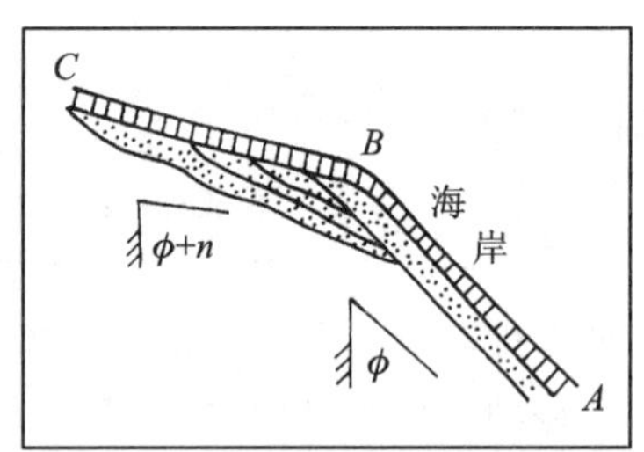

图5－60 海滩的形成

在凸形海岸，*AB*段有如上同样的情况，但到达*B*点后因海岸与波浪前进方向的夹角<45°，泥沙流搬运能力降低，先在海岸转折处堆积，然后顺原来岸线方向向外伸长，形成一端与陆地连接，另一端伸入海中的沙嘴(图5－61)。

岸外有岛屿或岬角，其后形成波影区。波浪遇岛屿或岬角发生折射，进入屏障后方搬运能力降低，发生物质堆积，并逐渐自岸边向岛屿延伸。岛屿向海的一面受到冲蚀，同时在岛屿后方形成一个或两个沙嘴，最后彼此连接成为连岛沙坝，岛屿变为半岛。这样的岛屿称为陆连岛(图5－62)。山东烟台的芝罘岛便是一个陆连岛。

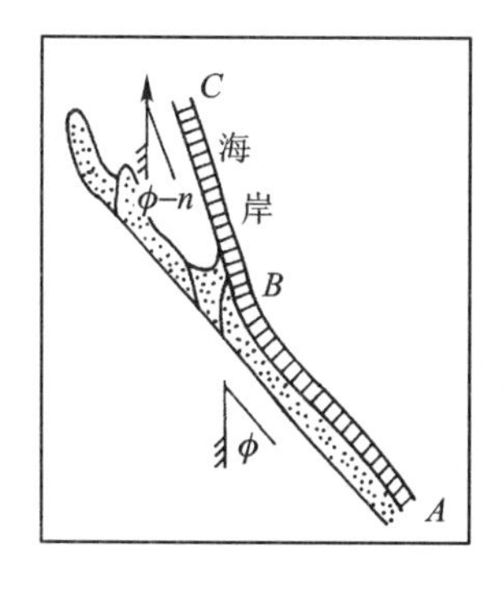

图 5-61　沙嘴的形成

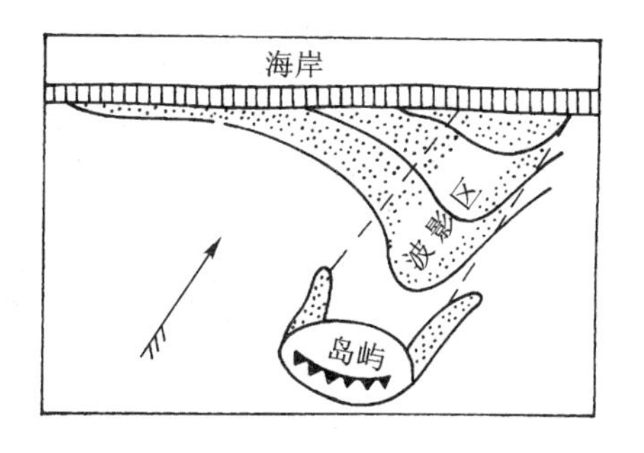

图 5-62　陆连岛及连岛沙坝的形成

以上所述，是基岩沙砾质海岸主要在波浪作用下形成的地貌。在粉沙淤泥物质来源丰富、潮汐作用强盛的地方则形成粉沙淤泥质海岸地貌。这种海岸组成物质含有大量水分，地势平缓，宽度很大。动力作用主要是波浪、潮流掀动和携运泥沙，并在一定条件下发生堆积。这类海岸带涨潮流速大于落潮流速，涨潮流由于流速快，水量大，常使大量悬浮质泥沙向岸推进。摩擦作用使流速逐渐减低，致使泥沙沿途沉积。而落潮流速小，输沙能力低，泥沙不能全部带走。因此在一次全潮后，部分泥沙沉积在海岸带，使之维持极平缓的坡度。潮流携带的粉沙淤泥物质到处分布，并可堆积在任何天然深槽或港口的通海航道、港池等，发生回淤。

粉沙淤泥质海岸可分为上下两部分（图 5-63）：下部为涨潮时淹没、落潮时露出的部分，称为泥滩，表面分布有涨落潮冲刷形成的潮沟网。上部位于平均高潮面以上，只有特大高潮才淹没，多生长盐生植物，称为草滩。

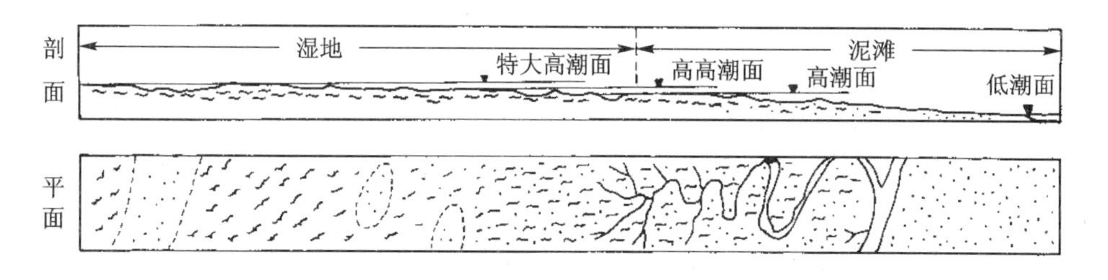

图 5-63　粉沙淤泥质海岸结构

海积地貌可以归纳成四大类：毗岸地貌如海滩（包括泥滩）等；接岸地貌如各种沙嘴等；封岸地貌如拦湾坝、连岛坝等；离岸地貌如离岸坝等（图 5-64）。

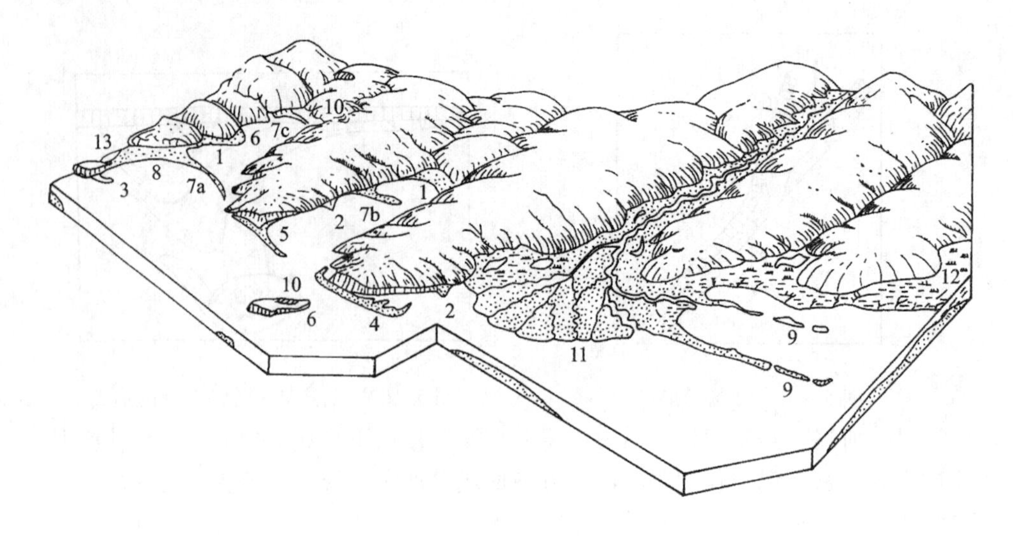

图 5－64　海积地貌的形态类型

1. 海滩；2. 三角滩；3、4、5. 沙嘴；6. 环状沙坝；
7. 拦湾坝(7a. 湾口坝,7b. 湾中坝,7c. 湾内坝)；8. 连岛坝；9. 离岸坝；
10. 潟湖；11. 三角洲；12. 泥滩；13. 陆连岛

二、海岸的分类

通常把海岸分为岩岸和沙岸(包括粉沙淤泥质海岸)。

(一) 岩岸(山地海岸)

岩岸还可以按海岸带地貌排列方式或其他地貌特征而分为：

① 海水淹没与海岸直交的谷地，称为里亚式海岸(图 5－65(a))，以西班牙的里亚地区为典型。我国山东半岛的荣成湾一带海岸亦属此类。

② 海水淹没与海岸平行的谷地，形成达尔马提亚式海岸(图 5－65(b))，以亚得里亚海的达尔马提亚海岸为典型。

③ 海水淹没山地古冰川 U 形谷，形成峡湾海岸(图 5－65(c))，挪威西岸表现得最典型。上述三种山地港湾岸由于水深而岸线曲折，常被开辟成优良海港。

④ 断层海岸(图 5－65(d))，这种海岸沿断层分布，岸线平直。台湾东岸属于这类海岸。

⑤ 海水淹没海岸的喀斯特山地，形成喀斯特海岸。我国大连市黑石礁一带即为喀斯特海岸。

(二) 沙岸

沙岸大部分属平原海岸，还可以分为：

① 三角洲海岸，分布于河流入海三角洲沿岸。

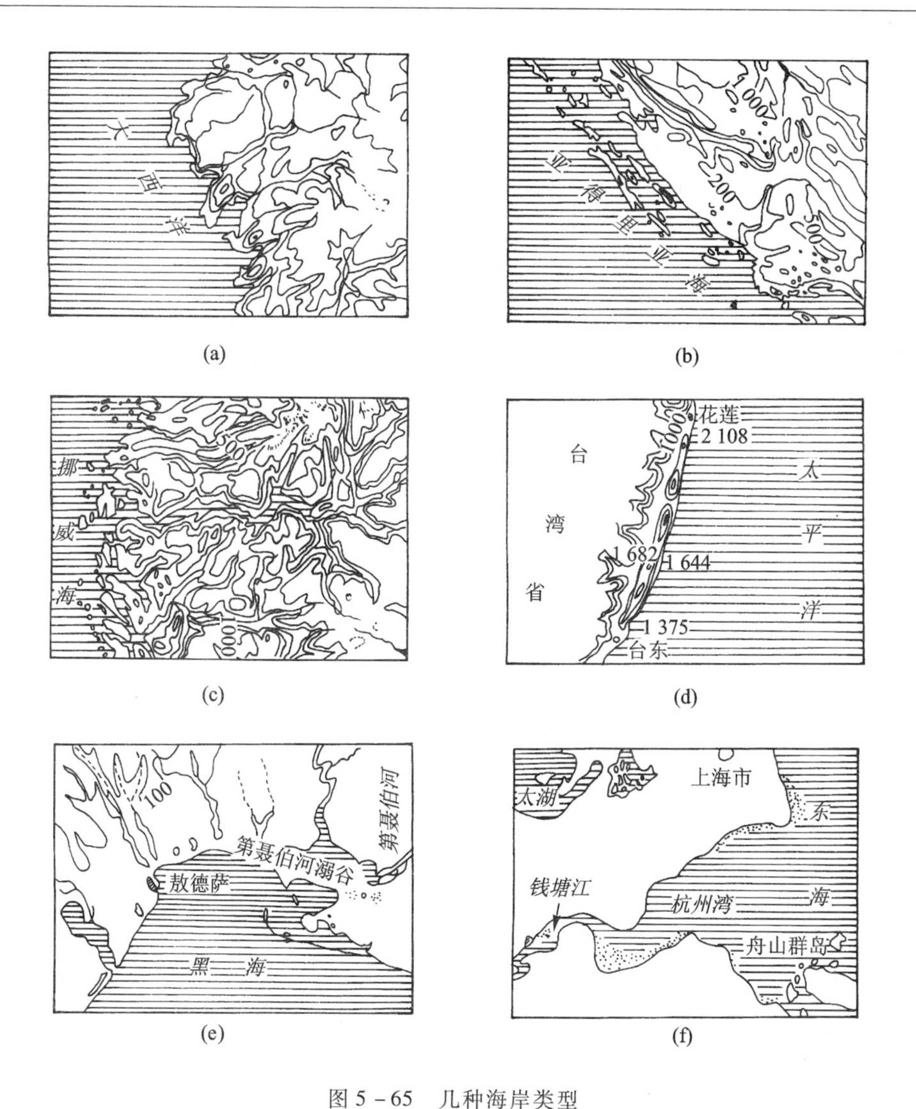

图 5－65　几种海岸类型

(a) 里亚式海岸；(b) 达尔马提亚式海岸；(c) 峡湾海岸；(d) 断层海岸；(e) 溺谷海岸；(f) 三角湾海岸

② 淤泥堆积平原海岸，例如苏北海岸。

③ 潟湖岸，沿岸有潟湖分布。

④ 海水淹没平原河口，形成溺谷海岸(图 5－65(e))，又称江湾海岸。这种溺谷常在河口形成横向沙嘴，甚至封闭河口成为潟湖。秦皇岛两侧即有不少未封闭的溺谷。

⑤ 溺谷经潮流和波浪的强烈冲刷扩展成喇叭形，便成为三角湾海岸(图 5－65(f))。

此外，低纬度海区还有珊瑚礁海岸和红树林泥滩海岸。

我国的海岸类型相当复杂。山地港湾岸有复式排列的特点，这是因为我国沿海的构造地貌排列方式除与海岸线大致平行的北东、北北东走向外，还有北西走向的，两者互相交叉。北东走向的较宽广深大，北西走向的多深入大陆。我国平原海岸的主要类型是淤泥堆积平原海岸、三角洲海岸和三角湾海岸等。淤泥堆积平原海岸分布于辽东湾、渤海湾、莱州湾、辽阔平直的苏北海岸。长江、黄河和珠江等河口发育着我国最大的三角洲海岸。钱塘江口则是三角湾海岸。

三、海底地貌与海底沉积

（一）海底地貌

海底和陆地一样是起伏不平的，有高山、深谷，也有广阔的平原和盆地。海底靠近大陆、并作为大陆与大洋盆地之间过渡地带的区域称为大陆边缘。在构造上大陆边缘是大陆的组成部分。大陆边缘主要包括大陆架、大陆坡和大陆隆三个地貌类型。在真正的大洋盆地中，除深海平原外，还有大洋中脊、大洋隆起等地貌类型。

（1）大陆架。大陆架是大陆的水下延续部分，广泛分布于大陆周围，平均坡度只有0.1°，其深度在低纬区一般不超过200 m，在两极可达600 m。宽度差别很大，在多山海岸如佛罗里达东南岸外，几乎没有大陆架；而在另一些地区，如西伯利亚岸外的北冰洋大陆架、阿拉斯加岸外的白令海大陆架及我国东海大陆架等，宽度却可达数百千米至1 000 km以上。可见，大陆架是一个广阔平坦的浅海区。大陆架主要由第四纪冰川性海面变动与地壳运动相互作用造成。断层、单斜构造、准平原沉陷于海底，也可以形成大陆架。

（2）大陆坡。大陆坡位于大陆架与深海底之间，它是大陆和海洋在构造上的边界。宽15～100 km，深度最大可至3 200 m或更深，坡度约3°～6°，坡面上常有海底峡谷，故地表比较破碎。

（3）大陆隆。大陆坡下部与深海底之间，坡度转缓后形成的平缓隆起地带称为大陆隆（大陆基），水深2 000～5 000 m，因地而异，宽度也变化很大，由80～1 000 km不等，其面积约占海底总面积的5%。

（4）边缘海沟。边缘海沟是与大陆坡相邻的狭长深海凹地，通常与岛弧同时出现，延伸方向也与之一致，横剖面呈不对称V形，平均坡度5°～7°，宽数十千米至上百千米，长可达数千千米，深度往往在6 500 m以上，有现代火山活动并且是地震震源所在。

（5）弧后盆地。弧后盆地也是与岛弧相联系的地貌类型，是一种椭圆形或等轴状的表面平坦的深水盆地，位于岛弧内侧。其形成与地幔物质在岛弧内侧的上升导致海底微型扩张有关。

（6）深海平原。深海平原主要分布在4 000 ~ 6 000 m深度上，但最浅者仅2 600 ~ 3 100 m，最深者则可达6 100 ~ 6 900 m。一些深海平原近似水平或略呈波状起伏，坡度不超过2′~5′。另一些深海平原则因火山活动而有平顶丘陵和山冈突起，或因断裂作用而出现阶地及海沟。

（7）大洋隆起。大洋隆起具有复杂的形态，有的为块状山，如西北太平洋东南部的沙特斯基隆起；有的为线状山脉，如夏威夷海岭。它们把深海平原分隔成一个个盆地，其相对高度常可达2 000 m以上，甚至4 000 m。

（8）大洋中脊。大洋中脊是大洋盆地中最重要的地貌形态。其主体从北冰洋起，经大西洋、印度洋至东太平洋，一直延伸到阿留申深海盆地附近。总长度超过80 000 km。不同部分分别有中北极隆起、中大西洋海岭、中印度洋海岭、东太平洋海岭等名称。大洋中脊往往高出深海底6 000 ~ 8 000 m，但其顶部距海面的深度颇不一致，有时甚至突出海面形成岛屿，如冰岛、亚速尔群岛等。大洋中脊系统并不完全连贯，而是常被转换断层切割成小段，相邻段落的中轴位移通常约数十至100 km，最大者达到750 km。中脊轴部为相对深度2 000 m以上、宽15 ~ 50 km的裂谷。高峻的平行峰脊分布在裂谷两侧，地势相当陡峭崎岖。图5-66表示太平洋洋底的巨型地形形态。

（二）海底沉积物

1. 近海沉积

近海沉积是指大陆架上的沉积。近海区由于深度不大，波浪和潮汐都有影响，堆积了大量较细的陆源物质；阳光可照射到海底，光温条件适合生物繁殖，生物种类和数量很多，化学沉积物也较易聚集。所以近海区机械沉积、化学沉积和生物沉积都很重要。

（1）机械沉积。主要是河流、海浪和风搬运来的陆源物质，沉积物以中粒、细粒及泥质居多，很少有粗大砾石。近海机械沉积物有一定的分选，愈离开大陆颗粒愈细；沉积物具有明显的水平层理。

（2）生物沉积。近海区繁殖着大量浮游生物，如硅藻、腹足类、头足类和鱼类，还有珊瑚、石灰藻、软体动物等底栖生物，不仅种类多，数量大，繁殖速度也快。死亡后部分遗体混入机械沉积，部分聚集形成单独的生物沉积。固结后即为石灰质砂岩、泥灰岩或石灰岩。珊瑚只能在温度不低于20 ℃，深度80 m，盐度正常和比较清洁的海水中生长，是石灰岩的积极建造者。

（3）化学沉积。河流带来的溶解物质是近海化学沉积最主要的物质来源。据估计，每年由河流带进海洋的溶解物质约25×10^{8} ~ 55×10^{8} t。而海水中的溶解物质更高达5×10^{16} t，当其过饱和时，这些物质便逐渐结晶，沉淀在海底。通常是铝、铁、锰的氧化物最先沉积，其次为磷酸盐、硅酸盐，最后是碳

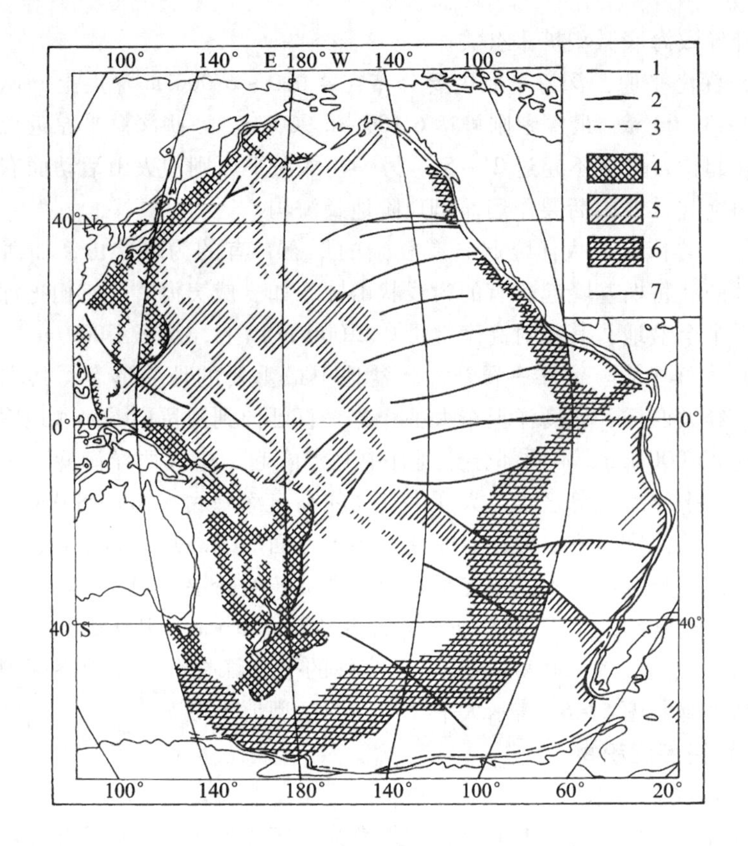

图 5-66 太平洋洋底巨型地形形态图

（据 Г. Ъ. 乌金采夫）

1. 大陆浅滩外缘；2. 大洋深水海沟；3. 过渡带外缘；

4. 过渡带的隆起；5. 大洋床的隆起；6. 隆起处的大洋中脊；7. 深大断裂

酸盐。但碳酸盐数量最多，尤其是碳酸钙和碳酸镁，形成了大量的石灰岩和白云岩。

2. 远海沉积

深海区面积虽广，但沉积物不多。和近海区相比较，机械沉积的物质来源大大减少，陆源物质很难到达深海，只有风吹来的少量微尘，洋流携带的细小物质，以及火山灰。生物沉积、化学沉积数量也较少。

海洋沉积区分为近海和远海两类，实际上表现了它的环陆分带性特征。海洋沉积物的物质组成和粒度成分都随与陆地距离的增加而有规律地变化：陆源沉积物逐渐被生物沉积代替，粗粒物质逐渐转变为细粒物质，沉积速度也逐渐减小。但是，环陆分带性并不是海洋沉积物唯一的分布规律。现代海洋沉积分带性原理揭示，海洋沉积物的分布还受纬度地带性和垂直分带性影响。由于地理－气候特征对各种沉积因素起着决定性作用，因此，海洋沉积也随纬度而变化。高纬、中纬和低纬区水热状况的差异决定了向大洋搬运并在其中沉积的陆源物质的特征差异。大洋水循环系统和水动力条件，底栖生物和浮游生物的新陈代谢作用和各种沉积矿物组合的化学沉积特性等也在很大程度上受地理－气候因素制约。例如，抱球虫软泥、红色深水黏土、硅质放射虫软泥和珊瑚沉积集中分布于热带和亚热带海域，而冷水硅藻软泥则大量发育在环南极海洋和北太平洋北部。

不同深度海水的温度、压力、光照条件、营养状况等一系列差异，是造成海洋沉积垂直分带性的重要原因。以印度洋和太平洋为例，4 600 ~ 4 700 m 深度以内的大陆坡、海底高地和海岭上分布有孔虫软泥，超过此深度后即转变为放射虫软泥和红色黏土。

值得注意的是，环陆分带性、纬度地带性和垂直分带性往往受到火山和海底基岩露头等地区性因素干扰，因而使海洋沉积物的分布复杂化。浊流沉积也是例证之一。

第八节 火山地貌

火山地貌在地表分布很广。裂隙式喷发在海底形成洋脊和洋盆，在陆上则形成大面积的玄武岩高原，如巴西南部高原，印度德干高原，埃塞俄比亚高原，我国内蒙古东南部的玄武岩高原等。中心式喷发形成的火山地貌，常见的有如下几类(图 5 - 67)：

（1）灰渣火山锥。主要由火山碎屑物在喷口周围堆积成的锥形体，如菲律宾的马荣火山。

（2）富硅质熔岩穹丘。流动性小、富含硅质的熔岩形成穹丘，如腾冲火山中的覆锅山和台北大屯火山中的个别火山体。

（3）基性熔岩盾。流动性大的基性熔岩流反复喷出堆积而成的盾状体，如夏威夷火山。

（4）次生火山锥。古火山锥再喷发使锥顶破坏和扩大成环形凹地，并在其中再产生新的火山锥，如维苏威火山。

（5）复合火山锥。多次喷发的火山碎屑和熔岩呈层状混合堆成的火山锥，或巨大火山锥上生长许多小火山锥。如意大利埃特纳火山高达 3 700 m 的大火山锥上分布有 300 多个小型岩渣火山锥。

（6）破火山口。有些爆炸式喷发的火山，喷发时堆积物很少却形成一个大的爆破口。如 1815 年印度尼西亚坦博腊火山爆发，火山上部大约失去 7 ×

10^{10} t 物质。又如 1883 年喀拉喀托火山爆发冲开一个深约 300 多米的大坑，致使海水突然灌进火山口。

(7) 火山塞。填塞在火山喷管中的大块凝固熔岩，在火山锥被剥蚀后露出地表，形如瓶塞，如美国怀俄明州的“鬼塔”(Devil's Tower)。

(8) 火山口湖。火山口积水可形成湖泊，如白头山的天池。

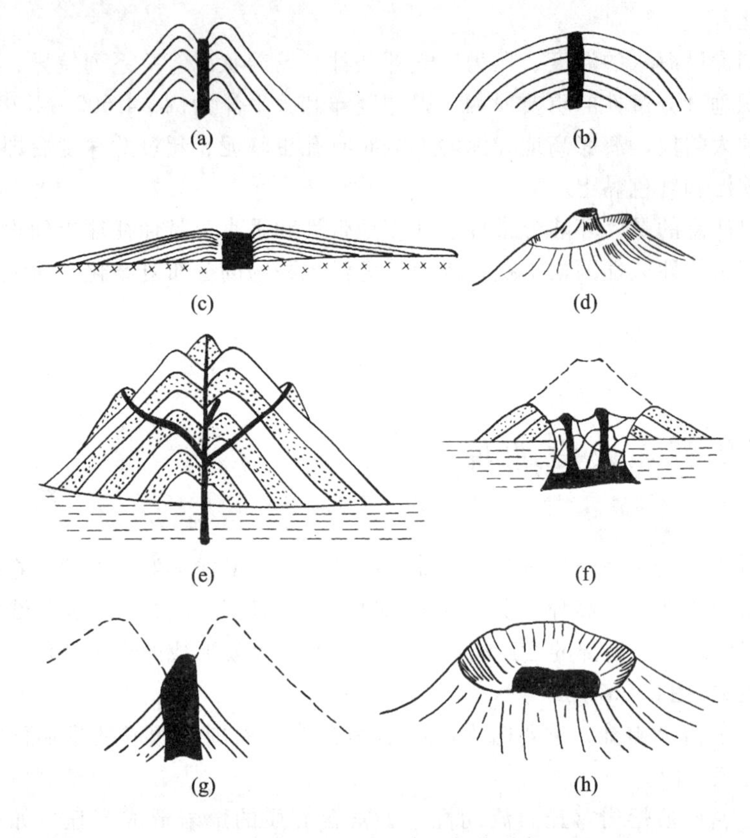

图 5-67 火山地貌的各种形态

(a) 灰渣火山锥；(b) 熔岩穹丘；(c) 熔岩盾；(d) 次生火山锥；(e) 复合火山锥；(f) 破火山口；(g) 火山塞；(h) 火山口湖

思考题

1. 什么是地貌形成的内动力与外动力？地貌外动力及其组合如何反映区域自然特征？

2. 地貌形成的自然因素与人为因素分别有哪些？

3. 所谓基本地貌类型是指哪几类地貌？

4. 喀斯特地貌、冰川与冰缘地貌分别发育在什么环境条件下？

5. 以黄土、花岗岩、石灰岩为例，说明地貌与岩性的关系。

6. 风沙地貌发育与土地沙漠化，黄土地貌发育与水土流失有什么内在联系？

7. 地貌学中的劣地，现在开发为彩色丘陵、五彩湾等旅游地，你从中得到什么启示？

主要参考书

[1] 王颖，朱大奎. 海岸地貌学[M]. 北京：高等教育出版社，1994.
[2] 吴正. 地貌学导论[M]. 广州：广东高等教育出版社，1999.
[3] 唐邦兴. 中国泥石流[M]. 北京：商务印书馆，2000.
[4] 袁道先，等. 中国岩溶动力系统[M]. 北京：地质出版社，2002.
[5] 杨景春，李有利. 地貌学原理[M]. 北京：北京大学出版社，2004.
[6] 高抒，等. 现代地貌学[M]. 北京：高等教育出版社，2006.
[7] 刘东生，等. 黄土与环境[M]. 北京：科学出版社，1985.
[8] 任美锷，等. 岩溶学概论[M]. 北京：商务印书馆，1983.
[9] EDWIN M D. A study of global sand seas[M]. Washington: U. S. Government Printing Office, 1979.
[10] BLOOM A L. Geomorphology: a systematic analysis of the cenogoic landforms[M]. [S. l.]: Prentice Hall Ine, 1998.
[11] HUGGETT R J. Fundamentals of geomorphology[M]. London: Routledge, 2003.
[12] VERSTAPPEN H T. Applied geomorphology[M]. New York: Elsevier, 1983.
[13] SPARKE B W. Geomorphology[M]. London: Longman, 1986.

第六章 土 壤 圈

土壤圈是地球表层与大气圈、生物圈、水圈、岩石圈相交的界面并进行着物质循环和能量转换的圈层。土壤圈具有为陆生植物提供水分、热量、二氧化碳、氮素等多种营养物质的功能，是植物进行光合作用把水分和二氧化碳合成有机质的重要场所。它影响着地球上多种生命的繁衍生息。

土壤圈常随成土环境的变化而改变土壤的性质，影响土体内部物质的淋溶与淀积，导致土壤发生发展过程产生质和量的变化。表现在土壤剖面上呈现出红、黄、深灰、黑棕、灰白、绿灰等不同色调的条带和斑纹；形成柱状、块状、团粒状、片状结构；分异出有机表层、干旱表层、盐结壳、盐磐、铁铝层、灰化淀积层、黏化层、钙积层、石膏层等土壤发生层。这些不同色彩条带和不同形态结构的特征土层是物质迁移、转化或物质就地风化形成的具有鉴定土壤类别的诊断层，是成土环境的产物。

土壤圈与自然环境保持着物质和能量的动态平衡，环境变化改变了土壤性质，但也留下了环境变迁的印记。不同色彩的土壤发生层或埋藏古土壤层，就成为全球土壤变化的记录体和全球土壤变化的重要信息系统。

第一节　土壤圈的物质组成及特性

一、土壤含义

土壤是人类赖以生存的物质基础，是人类不可缺少和不能再生的自然资源。土壤是发育于陆地表面具有生物活性和孔隙结构、进行物质循环和能量转换的疏松表层（图 6－1）。土壤是由矿物质、有机质、水、空气和生物组成的生物与非生物混合体，也是一个能从物质组成、形态结构和功能上剖析的自然体。土壤受自然和人为因素施加的生物、化学、物理因素的作用，具有高度非线性和可变性特征。土壤作为一种有限的自然资源，对地球上多种生命的形成和生息繁衍起着至关重要的作用。土壤是一个动态的开放系统，为植物生长提供水分、养分、空气和物理支撑。

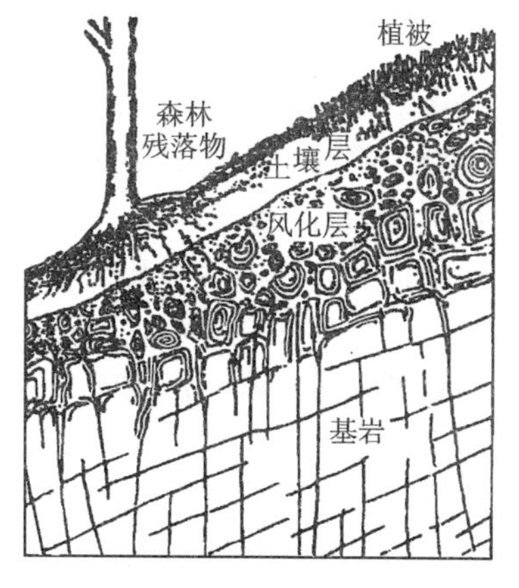

图 6－1　土壤疏松物质层
（据 A. N. Strahler）

由于人类对土壤的利用方式不同，常对土壤产生不同的概念。水利、土建、交通运输工程建设把土壤作为建筑材料和承压的基础物体。在地球化学过程中，土壤被认为是岩石圈表层次生环境中发生元素迁移和形成次生矿物的近期堆积物。在农林牧业生产中，土壤被视为天然植物或栽培植物的立地条件。

土壤的基本属性和本质特征是具有肥力。土壤肥力是指土壤供应与协调植物正常生长发育所需的养分、水分、空气和热量的能力。这种能力是由土壤一系列物理、化学、生物过程所引起的，因而也是土壤的物理、化学、生物性质的反映。土壤中养分、水分、空气和热量四大肥力因素是相互联系、相互制约的，它们循环于生物圈与土体之间，维系着生物圈生命的延续和发展。

土壤的物理学、化学和生物学特性，决定了土壤具有容纳、降解、过滤、缓冲和固定有毒的无机物、有机化合物及城市污染物质的功能。

土壤是独立的历史自然体，是地理环境中的一个组成部分。它像生命体一样在自然界中时而进化，时而退化。它是自然环境演变的记录实体，是储存自然环境变化重要的信息系统之一。土壤中不同颜色的土层实质上是地质年代或历史时期气候变化的指示物和“年代表”。

土壤不仅是粮食、纤维、林牧产品生产中不可缺少的自然资源，更是支撑人类社会经济发展和生物圈繁盛共荣的基地。人类为了从土壤中获取更多的生活必需品，将具有肥力的自然土壤经开发、改造、施肥、播种产生了质和量的变化，形成了农业土壤。农业土壤不只是受自然因素和自然过程的影响，更重要的是耕作、灌溉和施肥的影响，形成人为的灌淤表层、堆垫表层、肥熟表层和水耕表层，它们的厚度在 18 ~50 cm 以上，属于高熟化的人为表层，具有人工肥力。实际上，人工肥力是在自然肥力的基础上发展起来的。耕种土壤中自然肥力与人为肥力的综合效应即为土壤的有效肥力，而农作物产量是衡量有效肥力的指标。有效肥力的高低取决于对土壤的投入。农业科技投入愈高，土壤的生产潜力相应增大，耕地的单位面积产量显著提高。在合理经营管理之下，土壤肥力不会因农业利用而耗损，反而会提高。因而土壤可视为一种永续利用的可更新的自然资源。

但世界人口的增加和全球性土壤资源的高强度开发利用引发了土地沙化和荒漠化，土壤污染，草地、沼泽、湿地面积不断萎缩等一系列环境问题。

土壤退化和农产品数量减少威胁到人类和动物的食品数量安全。土壤污染影响农产品质量、危害人类和动物的身体健康。因此国际土壤学界把“21 世纪土壤面临的现实和挑战”作为核心问题进行研究。我国土壤学界围绕“面对农业与环境的土壤科学”这一主题，从土壤学科发展，土壤与环境，植物营养与肥料，土壤与施肥管理，土壤微生物等多方面展开土壤科学现状与前沿性的研究，并把土壤质量看做现代土壤科学研究的重心。土壤质量是指土壤在一定生态系统内支持生物的生产能力，净化环境能力，促进动植物及人体健康的能力。土壤质量的内涵可包括：①土壤肥力质量，是指土壤充分供给植物养分提高生物产量的能力；②土壤环境质量，表明土壤能容纳、吸收、降解各种环境污染物质的能力；③土壤健康质量，显示土壤无污染、洁净，生产的食品无公害，保障动植物及人类健康的能力。

二、土壤圈在地理环境中的地位和作用

土壤形成开始于有机体生长的地表岩石的风化层，这些有机体在生命活动中进一步分解岩石并从中吸收和集中必需的矿质养分，使陆地表层富集了植物营养元素和含氮有机化合物。土壤与岩石的本质区别在于土壤具有肥力。从历史上看，土壤肥力是和生物进化同步发展的。土壤圈在地理环境中处于地球大气圈、水圈、生物圈和岩石圈之间的界面上，是地球各圈层中最活跃、最富生命力的圈层之一，它们之间不断进行物质循环与能量平衡。土壤圈与生物圈进行养分元素的循环，土壤支持和调节生物的生长发育过程，提供植物所需的养分、水分与适宜的理化环境，决定自然植被的分布。土壤圈与水圈进行水分平衡与循环，影响降水在陆地和水体的重新分配，影响元素的表生地球化学迁移过程及水平分布，也影响水圈的化学组成。土壤圈与大气圈进行大量及痕量气体交换，影响大气圈的化学组成、水分与热量平衡；吸收氧气，释放 CO_2、CH_4、H_2S、氮氧化合物和氨气，影响全球大气变化。土壤圈与岩石圈进行着金属元素和微量元素的循环，土被覆盖在岩石圈表层，对其具有一定的保护作用，减少各种外营力的破坏。

土壤圈是一个开放的物质与能量系统，与地理环境不断进行物质和能量交换和转化。地理环境中的水分、养分、空气和热量不断向土壤输入，引起土壤性质发生变化，形成不同的土壤类型；水分、养分、空气和热量也以相反的方向由土壤向环境传递，引起地理环境产生变异(图 6－2)。

土壤是地理环境中生命的发展条件，它与有机体共同构成陆地生物圈的原始结构单元，即生物地理群落。它在能量的积累和再分配，以及在保持有机体生命所必需的营养元素循环等方面起着全球性的作用。大气成分在很大程度上是由生命创造的，大气圈中的 O_2 是绿色植物进行光合作用时释放的，大部分 CO_2 是土壤有机体呼吸时和微生物分解有机质时形成的。海水和海泥包含有土壤的成分。海泥在岩化作用下变成沉积岩，岩石风化后又成为成土母质。由此看出，土壤圈是联结各自然地理要素的枢纽，是非生物的无机界与生物有机界联系的中心环节。土壤圈对地理环境的作用有以下几方面：

① 土壤圈与地球生命作用，包括土壤圈物质循环的能量变化，生物转化，水循环，碳、氮、硫、磷循环及环境效应。

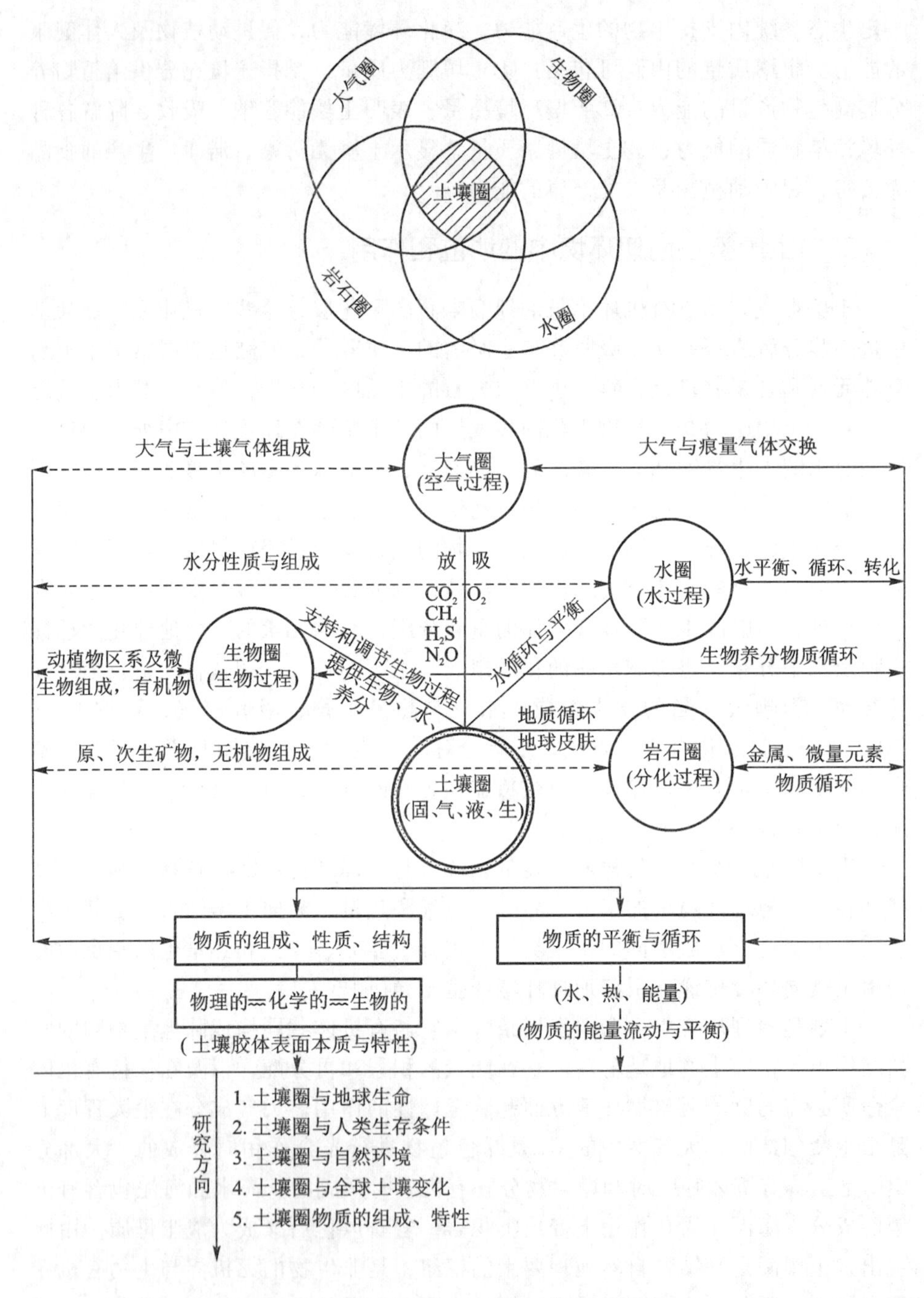

图 6－2　土壤圈的地位、内涵、功能及研究趋向
（据赵其国，1991）

② 土壤圈与人类生存条件，包括土壤资源区域性开发与管理，综合农业

中的动态变化，土壤对农林牧业适宜性，营养元素的空间调控，土壤圈中各障碍因素对农业生产的限制作用。

③ 土壤圈与自然环境，包括重金属元素在土壤圈中的空间分布、迁移、转化及生存效应；土壤污染物质的来源、分布、变化、迁移、浓集对生物环境的影响及调控；土壤在复合农业生态系统中的功能及优化模式。

④ 土壤圈与全球土壤变化，包括自然与人为条件下土壤圈内不同土壤类型的历史演变；现代成土过程基本特性变化预测；土地退化，土壤痕量气体的通量及其对温室效应的影响。

土壤圈中黏土矿物和有机质结合形成的无机－有机复合胶体，把有机碳封闭于细小孔隙不被微生物分解，而与黏粒相结合的有机质^{14}C，就成为测试沉积环境年龄的重要物质。黄土中红色古土壤，灰棕色埋藏土，河流沿岸灰色或浅灰绿色古土壤，半湿润区土壤中的砂姜、湿润区土壤的铁锰结核和铁锰胶膜都是研究全球变化极为珍贵的素材。土壤作为过去气候的指示物基本上可反映气候的波动。因此，这些特征土层对研究生物进化和环境变迁有巨大价值。

⑤ 土壤圈物质的组成与性质，包括土壤胶体表面的性质，土壤中有害物质的化学行为，土壤水分性质，植物营养元素的化学性质，根际主要微生物的生理生态性质，土壤有机质组成、性质，土壤生态系统的结构与功能等。

从人类生存角度考虑，土壤被看做是农业生产的基本资料，是农田生态系统重要的组成要素，更被看做以人类社会为主体的整个生态系统的重要组成部分。因此，土壤和大气、水、生物和矿藏等是同等重要的自然资源。

三、土壤形态

土壤形态是指土壤和土壤剖面外部形态特征，如土壤剖面构造、土壤颜色、质地结构、结持性、孔隙度等。这些特征可通过观察者的视觉和感觉来认识。土壤的这些特征是成土过程的反映和外部表现，从土壤的外部形态可区分土壤和风化壳的差别，也可区分各土壤类型。因此，土壤形态学对研究土壤的形成和发展，对土壤分类、土壤特性、土壤资源评价都具有重要意义。

（一）土壤剖面与土壤发生层次

土壤剖面是一个不断演化和发育的自然实体，其特征是在一定地形和时间条件下，由气候和生物对母质作用的结果。土壤剖面是指从地表垂直向下的土壤纵剖面，也可将土壤剖面理解为完整的垂直土层序列。它是由性质和形态各异的土层重叠在一起构成的。这些土层大致呈水平状，是土壤成土过程中物质发生淋溶、淀积、迁移和转化形成的。一般将这些土层称为土层或土壤发生层，每一种成土类型都由其特征性的发生层组合，形成不同的土壤剖面（图6－3）。

0
单个土体
土体
A
60
B
90
C
150
聚合土体
R
(cm)
土壤剖面

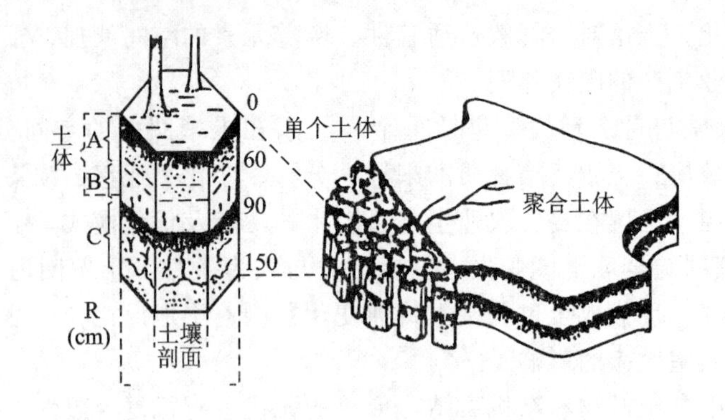

图 6-3 土壤剖面、单个土体与聚合土体示意图

1. 自然土壤剖面发生层的划分和命名

19 世纪末，俄国土壤学家道库恰耶夫把土壤剖面分为三个发生层，即腐殖质聚积层(A)、过渡层(B)和母质层(C)。1967 年国际土壤学会提出把土壤剖面划分为有机层(O)、腐殖质层(A)、淋溶层(E)、淀积层(B)、母质层(C)和母岩层(R)等六个主要发生层，我国近年也趋向采用(图 6-4)。

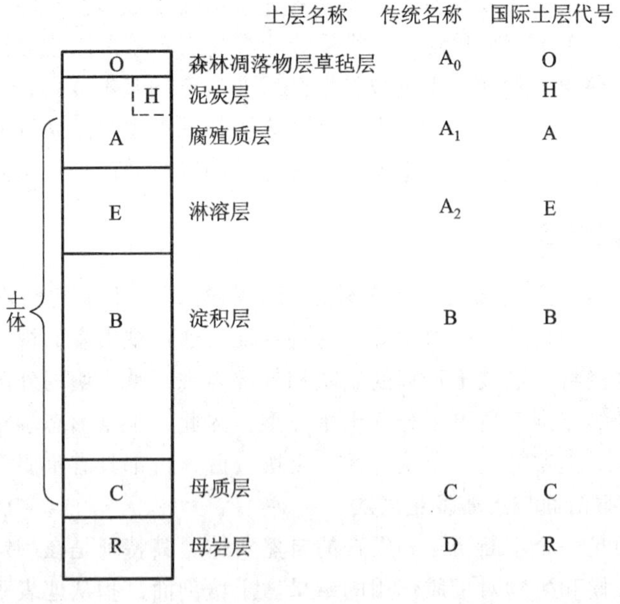

土层名称 传统名称 国际土层代号
O 森林凋落物层草毡层 A0 O
H 泥炭层 H
A 腐殖质层 A1 A
E 淋溶层 A2 E
B 淀积层 B B
C 母质层 C C
R 母岩层 D R
土体

图 6-4 土壤剖面构型的一般图式

一般将兼有两种主要发生层特性的土层称之过渡层，如 AB 层、BC 层、BA 层、CB 层等，前一字母代表优势土层。

2. 耕作土壤耕作层的划分和命名

耕作土壤是长期受人为耕作、施肥、灌溉、管理和稳定种植农作物的土

壤。其剖面构造与自然土壤不同，基本上划分为耕作层(A_{11})、犁底层(A_{12})、心土层(C_1)和底土层(C_2)。

耕作层(表土层)属人为表层类，包括：①灌淤表层，长期引用富含泥沙的浑水灌溉，泥沙淤积，并经人为耕作施肥，交叠混合形成的人为表层；②堆垫表层，长期施用土粪、土杂肥、河塘泥，经耕作熟化形成的人为表层；③肥熟表层，长期种植蔬菜，大量施用人畜粪肥、厩肥、有机肥和土杂肥，精耕细作和频繁灌溉形成的有机磷含量高的高熟化人为表层；④水耕表层，淹水、施肥耕作下形成的人为表层，包括水稻土发生层中的耕作层和犁底层。

耕作表层是受耕作影响形成的耕作土壤表层，厚度在 15 ~ 25 cm 之间，灌淤表层淤积与耕作交替进行，厚度可达 50 cm 以上。耕作表层土性疏松，结构良好，有机质含量高，颜色较暗，土壤比较肥沃。

犁底层(亚表土层)，在耕作层之下，厚度 10 ~ 20 cm，经长期耕作压实，土壤呈层片状结构，紧实，腐殖质含量比上层减少。

心土层(生土层)，在犁底层之下，受耕作影响较小，淀积作用明显，颜色较浅。

底土层(死土层)，几乎未受耕作影响，根系少，未发育土壤，仍保留母质特征。

（二）土壤的一般形态特征

土壤的形态除剖面构造外，还包括土壤颜色、质地、结构、土壤结持性、干湿度、孔隙状况、新生体和侵入体等。

(1) 土壤颜色。它是土壤最重要的形态特征之一。土壤颜色变化可作为判断和研究土壤成土条件、成土过程、肥力特征和演变的依据。土壤颜色也是土壤分类和命名的重要依据之一。世界上许多土类常用颜色命名，如红壤、黄壤、黑土、黑钙土、栗钙土、灰钙土等。

黑色表示土壤腐殖质含量高，腐殖质含量减少则呈灰色；白色与土壤中含石英、高岭石、碳酸盐、长石、石膏和可溶性盐有关；红色是土壤中含较高的赤铁矿或水化赤铁矿；黄色是水化氧化铁造成的。如果大量伊利石、云母类矿物和不同水化程度的氧化铁混合在一起，土壤为棕色；游离氧化锰含量高时，土壤呈紫色；当土壤积水处于还原状态时，因含大量亚铁氧化物，土壤呈绿色或蓝灰色。

上述各种颜色在土壤中很少以单色出现，较常见的是过渡颜色和混合颜色。目前国际上普遍采用芒塞尔土色卡测定和描述土壤颜色。我国引用芒塞尔土色卡，根据我国土壤类型特点研制了《中国标准土壤色卡》，共有 28 种色调，426 个色片。采用芒塞尔颜色序列系统，其命名是用色调(hue)、亮度(value)和彩度(chroma)。

色调指占优势的光谱色，它与物体的主波长有关。共有10个基本色调，其中5个是主色调，即R(红)、Y(黄)、G(绿)、B(蓝)、P(紫)。5个是中间色调，即YR(黄红)、GY(绿黄)、BG(蓝绿)、PB(紫蓝)、RP(红紫)。再以2.5划分4个等级，如2.5YR、5YR、7.5YR、10YR等。

亮度指土壤颜色的相对明亮度，以无彩色(neutral colour)符号N作基准，把绝对黑(理想的黑色)作为零，把绝对白(理想的白色)作为10，灰色在零与10之间，这样由零到10逐渐变亮。

彩度指光谱色的相对纯度或强度，也就是一般所理解的浓淡程度。彩度越高，颜色越浓艳。

颜色命名顺序是色调—亮度—彩度。如某土壤的色调为5YR，明度为5，彩度为6，其颜色标记就是5YR5/6。

(2) 土壤质地。指土壤颗粒的组合特征。一般土壤质地分为砂土、壤土和黏土等。

(3) 土壤结构。指土壤颗粒胶结情况。土壤结构有团粒结构、块状结构、核状结构、柱状结构、棱柱状结构、片状结构等。

(4) 松紧度。指土壤疏松和紧实的程度。常分为很松、疏松、稍紧实、紧实、坚实等级别。

(5) 孔隙。指土粒之间存在的空间。它是土壤水分、空气的通道和仓库，决定着液气两相的共存状态，并影响土壤养分和温度状况。

(6) 土壤干湿度。指土壤干湿程度。反映土壤中水分含量的多少，野外考察时常将土壤分干、润、潮、湿等级别。

(7) 新生体。指土壤发育过程中物质重新淋溶淀积和聚积的生成物。根据新生体的性质和形状可判断土壤类型、发育过程及历史演变特征。新生体包括化学起源的和生物起源的两种。前者有易溶盐类、石膏、碳酸钙、二氧化硅粉末、三二氧化物和锰化合物、氧化亚铁化合物等。后者有蚯蚓和其他动物的粪粒、蠕虫穴、鼠穴斑、根孔等。

(8) 侵入体。指由外界进入土壤中的特殊物质。包括岩石类中的碎石、砾石和巨石；人为物质中的瓦片、碎砖块、玻璃、陶片、墓葬遗物、金属遗物等；冰成物如冰胶纹、冰结核、冰透镜体、冰间层等；生物遗存物有动植物化石、动物骨、埋藏植物根、软体动物甲壳等。

四、土壤的物质组成

土壤由固相、液相、气相三相物质组成，它们之间是相互联系、相互转化和相互作用的有机整体。固相包括矿物质、有机质及一些活的微生物。按质量计，矿物质占固相部分的95%，有机质占5%左右。按容积计，典型土壤中矿物质占38%，有机质占12%，液相和气相物质占50%，但液相和气相物质经常处于彼此消长状态，消长幅度在15%~35%之间。

（一）土壤矿物质

土壤矿物质是土壤的主要组成物质，构成了土壤的“骨骼”。土壤矿物质基本上来自成土母质，母质又起源于岩石，按成因分为原生矿物和次生矿物两大类。

（1）原生矿物。指岩石受不同程度的物理风化，而未经化学风化的碎屑物，其原有的化学组成和结晶构造均未改变。土壤中的粉沙粒和沙粒几乎全是原生矿物。土壤中原生矿物种类主要有硅酸盐矿物、铝硅酸盐矿物、氧化物类矿物、硫化物和磷酸盐类矿物。它们是土壤中各种化学元素的最初来源。

（2）次生矿物。指由原生矿物经风化后重新形成的新矿物，其化学组成和构造都经过改变而不同于原生矿物。次生矿物是土壤物质中最细小的部分，粒径 <0.001 mm，如高岭石类、蒙脱石类和伊利石类，因具有胶体性质，常称为黏土矿物，可影响土壤的物理性能和化学性能，包括土壤的吸收性、膨胀收缩性、黏着性等。土壤次生矿物分为简单盐类、次生氧化物类和次生铝硅酸盐类等三类。

（3）土壤矿物主要元素组成。地壳中已知的90多种元素在土壤中都存在，含量较多的十余种包括氧、硅、铝、铁、钙、镁、钛、钾、磷、硫及一些微量元素如锰、锌、硼、钼等。从含量看，前四种元素所占比例最多，若以 SiO_2、Al_2O_3、Fe_2O_3 氧化物形式而言，三者之和占土壤矿物部分的75%。其中 SiO_2 所占比例最大，其次为 Al_2O_3 和 Fe_2O_3。土壤中颗粒物质愈粗，SiO_2 含量越高，而 Al_2O_3、Fe_2O_3、CaO、MgO、K_2O、P_2O_5 则较少。土粒愈细，上述物质含量呈相反趋势。

（二）土壤有机质

土壤有机质概指土壤中动植物残体微生物体及其分解和合成的物质，是土壤固相组成部分。土壤有机质在土壤中数量虽少，但对土壤的物理化学性质和土壤肥力发展影响极大，而且又是植物和微生物生命活动所需养分和能量的源泉。土壤有机质包括两大类，第一类为非特殊性有机质，主要是动植物残体及其分解的中间产物，占有机质总量的10%~15%；第二类为土壤腐殖质，是土壤中特殊的有机物质，占土壤有机质的85%~90%。

（1）土壤有机质的化学组成。包括糖类、含氮化合物、木质素和含磷含硫化合物。

（2）土壤微生物对有机质转化的作用。土壤中的细菌、放线菌、真菌、藻类和原生动物等，是土壤有机质转化的主要动力。

（3）有机物质的转化。土壤有机质的转化基本上有两个过程：

① 矿质化过程，是指进入土壤中的动植物残体在土壤微生物参与下把复杂的有机物质分解为简单化合物的过程。在通气良好条件下生成 CO_2、H_2O、NO_2、N_2、NH_3 和其他矿质养分，分解速度快，彻底，放出大量热能，不产生有毒物质。在通风不良条件下分解速度慢，不彻底，释放能量少，除产生植物营养物质外，还产生有毒物质如 CH_4、H_2S、H_2 等。

② 腐殖质化过程，是指进入土壤的动植物残体在土壤微生物作用下分解后再缩合和聚合成一系列黑褐色高分子有机化合物的过程。主要产物有黄色溶液富里酸和棕色沉淀物胡敏酸，两者占腐殖质总量的60%。

(4) 有机质对土壤肥力的作用。包括：

① 土壤有机质含有丰富的植物所需营养元素和多种微量元素，不断供应植物吸收利用；

② 土壤有机质具有较强的代换能力，可大量吸收保存植物养分，以免淋溶损失；

③ 土壤有机酸和氨基酸等是络合剂，与钙、镁、铁、铝形成稳定性络合物，能提高无机磷酸盐溶解性；

④ 二、三羧基羧酸与金属离子形成稳定络合物的能力较强，有活化土壤微量元素的作用；

⑤ 土壤有机胶体是一种具有多价酸根的有机弱酸，其盐类具有两性胶体的作用，有很强缓冲酸碱化的能力；

⑥ 腐殖质是胶结剂，能使土粒形成良好的团粒结构，改善土壤耕性；

⑦ 腐殖质色暗，可增加土壤吸热能力，同时其导热性小，有利于保温。

(三) 土壤水分

土壤水分是土壤的重要组成成分和肥力因素。它不仅是植物生活必需的生态因子，也是土壤生态系统中物质和能量的流动介质。土壤水分存在于土壤孔隙中。

1. 土壤水分的来源及损耗

土壤水分主要来源于大气降水、地下水和灌溉用水，水汽的凝结也会增加极少量的土壤水分。土壤水分的损耗主要有土壤蒸发、植物吸收利用和蒸腾、水分的渗漏和径流(图 6-5)。

2. 土壤水分平衡

土壤水分的收入和消耗使土壤含水量相应变化的情况，即是土壤水分平衡，其表达式为

$$\Delta 水 = 水_{收入} - 水_{支出}$$

土壤水分含量受土壤水分收入和消耗的制约，当水分收入大于消耗时，土壤水分含量增大；反之则减少。当收入和消耗相等时，土壤水分的含量保持不变。

3. 土壤水分类型

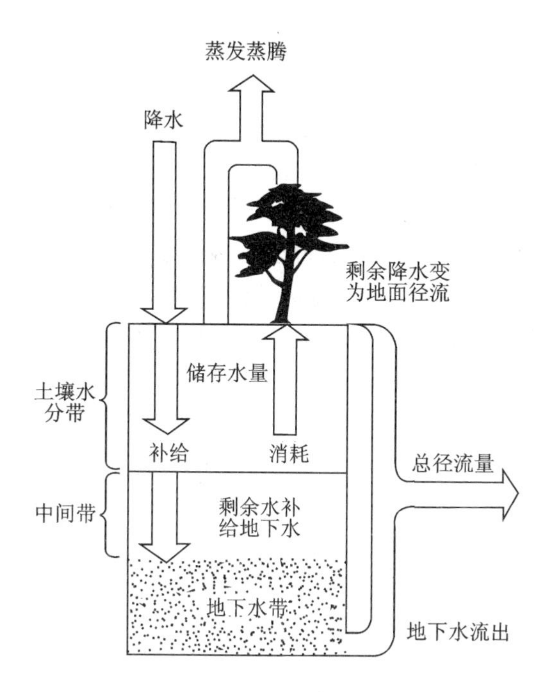

图 6-5 土壤水分类型间的联系及其有效性示意图

土壤水分主要分为吸湿水、毛管水和重力水等类型。吸持这种水分的吸力或张力取决于土壤水分存在数量。数量愈大，张力愈小。

吸湿水是指土壤颗粒表面张力所吸附的水汽分子。土壤颗粒以 3 100 kPa ~ 1 013 250 kPa的吸力将气态水分子紧紧吸附于表面时基本上是非液态水，与大气中水汽保持平衡，没有自由水的性质，不能迁移和运输营养物质。当土壤空气相对湿度达到饱和土壤吸湿水为最大值时，称最大吸湿水。

毛管水是毛管孔隙中毛管力吸附保存的水分。毛管水是自由液态水，可移动。土壤对毛管水的吸力范围为 10 kPa ~ 3 100 kPa，是土壤中植物利用的有效水分。毛管水可由毛管力小处向毛管力大处运动，从粗毛管向细毛管移动，从溶质浓度低处向浓度高处移动。毛管水有两种：一是毛管上升水，即地下水沿毛管上升而存在于土壤毛管孔隙中的水分；另一是毛管悬着水，与地下水无联系，由降水和灌溉保存在土壤上层毛管中的水分。毛管悬着水达到最大时的土壤含水量，称田间持水量。

重力水是指土壤水分含量超过田间持水量时沿土壤非毛管孔隙向下移动的多余水分。当重力水向下移动未受到不透水层阻隔，一直渗透到地下水中的水分为自由重力水。受到不透水层阻隔而在其上潴积下来的水分，称重力支持水或上层滞水。当土壤孔隙全部充满水分时为全蓄水量或饱和持水量。

图 6-6 表明，土壤的吸湿水、毛管水和重力水由于受各种因素的作用，

只有部分水分可供植物吸收利用。一般将土层内水分张力 <1 500 kPa，并且 >0 时称湿润，土壤水分可被植物吸收利用。水分张力 >1 500 kPa 的水分称干燥。土壤干燥时的含水量是土壤有效水分下限界线，也是植物利用土壤水分有效性的临界点，土壤中水分的水势和传导度下降为零，不再能满足植物的需求，植物缺水发生萎蔫，此时的土壤水分含量称凋萎系数，或凋萎湿度，也称萎蔫点。吸力 >1 500 kPa 的土壤水分包括吸湿水和内层毛管水，植物难于吸收和利用，为无效水。重力水是充满土壤非毛管孔隙通道向下移动多余的水分，土粒对水分的吸力范围 <10 kPa，水势几近于零，水分受重力作用下移，植物在多余水分条件下氧气不足，CO_2 分压高，干扰了植物根系的代谢和对离子的吸收，影响植物生长。重力水经 2 ~ 3 d 的下移水流完全停止后，剩余的水分被悬着于毛管孔隙中，称田间持水量。重力水在土壤中停留时间短，植物难利用。土壤水几乎是植物生命活动水分的唯一来源。维持植物生命下限值相当于土壤最大吸湿水，停止植物产量的增长下限值是凋萎系数。有生产效能的土壤水分应是凋萎系数与田间持水量之间的毛管水(图 6 -6)。

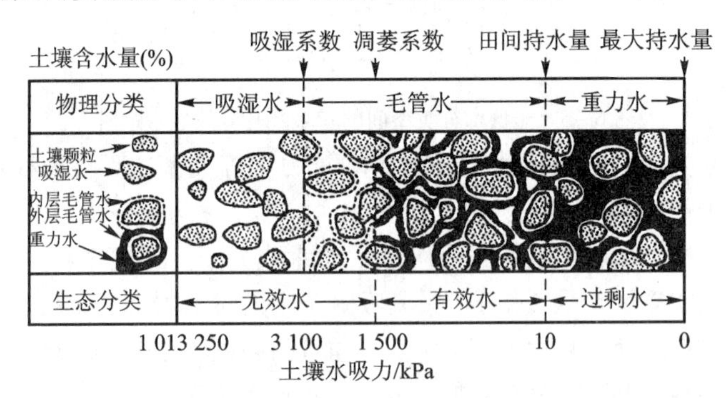

图 6 -6 土壤水分类型示意图

（据 D · 斯蒂拉并加修改）

（四）土壤空气

土壤空气是指土壤孔隙中存在的各种气体混合物。土壤空气主要来自大气，其组成成分和大气基本相似，以 O_2、N_2、CO_2 及水汽为主要成分，但在质和量上与大气成分有所不同。由于土壤生物生命活动的影响，二氧化碳比大气中含量高，而氧含量比大气低。CO_2 在土壤空气中的含量为 0. 15% ~ 0. 65%，大气中只有 0. 033%，两者差十至数十倍；氧在土壤空气中的含量为 10. 36% ~ 20. 73%，通气不良的土壤空气中含量低于 10%，大气中含量为 20. 96%。土壤空气中的水汽大于 70%，大气中小于 4%，两者相差甚远。氮的含量大气中为 78. 1%，土壤空气中为 78% ~ 86%，因土壤固氮微生物能固定一部分氮气，增加土壤氮素含量，而土壤中进行的硝化作用和氨化作用又使氮素转化为氮气和氨释放到大气中，故两者的氮基本保持平衡。

五、土壤组成物质间的相互作用

土壤组成物质具有一定的能量特性，它不但与其所处的环境条件进行着物质交换和能量转化，而且各种组成物质间也进行着物质交换和能量转化，包括物理作用、化学作用和生物作用。其结果是形成一些具有特殊功能的物质综合体，如土壤腐殖质、土壤溶液、土壤胶体等，赋予土壤以新的特性。

（一）土壤机械组成

土壤是由大大小小的土粒按不同的比例组合而成的，不同粒级的土粒混合在一起表现出的土壤粗细状况，称为土壤机械组成或土壤质地。国际上土壤粒级划分有多种标准，如表 6－1 所示。

表 6－1　土壤粒级划分标准

<table>
<tr><th>单粒直径/mm</th><th colspan="2">中国制</th><th colspan="2">国际制</th><th colspan="2">原苏联制（卡庆斯基）</th><th>美国制</th></tr>
<tr><td rowspan="8">—3.0—
—2.0—
—1.0—
—0.25—
—0.2—
—0.05—
—0.02—
—0.01—
—0.005—
—0.002—
—0.001—</td><td colspan="2" rowspan="2">石砾</td><td colspan="2" rowspan="2">石砾</td><td colspan="2">石</td><td rowspan="2">石砾</td></tr>
<tr><td>砾</td><td rowspan="4">物理性砂粒</td></tr>
<tr><td>粗砂粒</td><td rowspan="2">砂粒</td><td>粗砂粒</td><td rowspan="2">砂粒</td><td>粗、中砂</td><td rowspan="3">砂粒</td></tr>
<tr><td>细砂粒</td><td>细砂粒</td><td>细砂</td></tr>
<tr><td>粗粉粒</td><td rowspan="2">粉粒</td><td colspan="2" rowspan="2">粉粒</td><td>粗粉粒</td></tr>
<tr><td>细粉粒</td><td>中粉粒</td><td rowspan="3">物理性黏粒</td><td rowspan="2">粉砂</td></tr>
<tr><td colspan="2">泥粒（粗黏粒）</td><td colspan="2">黏粒</td><td>细粉粒</td></tr>
<tr><td colspan="2">胶粒（黏粒）</td><td colspan="2"></td><td>黏粒</td><td>黏粒</td></tr>
</table>

土壤质地分类是以土壤中各粒级含量的相对百分比作为标准。国际制和美国制采用三级分类法，即按砂粒、粉砂粒、黏粒三种粒级的百分数划分砂土、壤土、黏壤土、黏土四类十二级。这种土壤质地分类法还可用一个三角表加以表示（图 6－7、表 6－2）。前苏联采用双级分类法，即按物理性黏粒和物理性砂粒的含量百分数划分为砂土、壤土及黏土等三类九级（表 6－2）。

表 6－2　国际制和美国制土壤机械组成分类标准　　单位：%

土壤质地		粗组百分数范围					
类别	名称	砂粒		粉粒		黏粒	
		（国际制）	（美国制）	（国际制）	（美国制）	（国际制）	（美国制）
砂土	砂土及壤砂土	85～100	80～100	0～15	0～20	0～15	0～20

续表

土壤质地		粗组百分数范围					
类别	名称	砂粒		粉粒		黏粒	
砂土	砂壤土	55~85	50~80	0~45	0~50	0~15	0~20
	壤土	40~55	30~50	35~45	30~50	0~15	0~20
	粉砂壤土	0~55	0~30	45~100	50~100	0~15	0~20
壤土	砂黏壤土	55~85	50~80	0~30	0~30	15~25	20~30
	黏壤土	30~55	20~50	20~45	20~50	15~25	20~30
	粉砂质黏壤土	0~40	0~30	45~85	50~80	15~25	20~30
黏土	砂黏土	55~75	50~70	0~20	0~20	25~45	30~50
	粉砂黏土	0~30	0~20	45~75	50~70	25~45	30~50
	壤黏土	10~55	0~50	0~45	0~50	25~45	30~50
	黏土	0~55	0~50	0~35	0~50	45~65	50~70
	重黏土	0~35	0~30	0~35	0~30	65~100	70~100

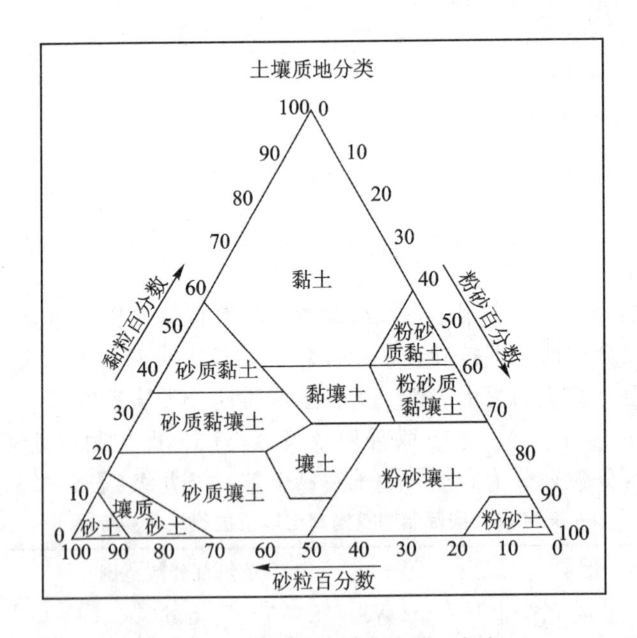

图 6-7 美国土壤质地分类三角表

我国的土壤质地分类以往采用国外划分标准，近年来在总结土壤普查和过去工作的基础上，拟定了我国土壤质地的分类方案(表 6-4)。

表 6-3 前苏联土壤质地分类(简明方案)

质地	名称	物理性黏粒(<0.01)含量/%			物理性砂粒(>0.01)含量/%		
		灰化土类	草原土及红黄壤类	柱状碱土及强碱化土类	灰化土类	草原土及红黄壤类	柱状碱土及强碱化土类
砂土	松砂土	0~5	0~5	0~5	100~95	100~95	100~90
	紧砂土	5~10	5~10	5~10	95~90	95~90	95~90
壤土	砂壤土	10~2	10~2	10~15	90~80	90~80	90~85
	轻壤土	20~30	20~30	15~20	80~70	80~70	85~80
	中壤土	30~40	30~45	20~30	70~60	70~55	80~70
	重壤土	40~50	45~65	30~40	60~50	55~40	70~60
黏土	轻黏土	50~65	60~75	40~50	50~35	40~25	60~50
	中黏土	65~80	75~85	50~65	35~20	25~15	50~35
	重黏土	>80	>85	>65	<20	<15	<35

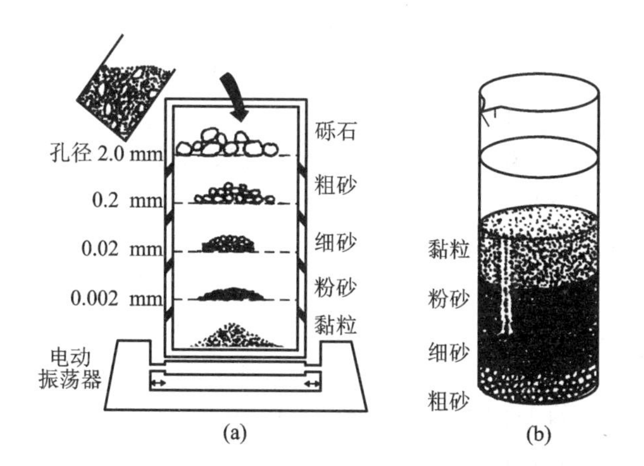

图 6-8 土壤的粒组分析

(a) 筛分法;(b) 沉降法

表 6-4 中国土壤质地分类标准(暂拟方案,1975)

质地组	质地名称	各粒级(mm)含量/%		
		砂粒 1~0.05	粗粉粒 0.05~0.01	胶粒 <0.001
砂土组	粗砂土	>70	—	<30
	细砂土	60~70		
	面砂土	50~60		

续表

质 地 组	质 地 名 称	各粒级(mm)含量/%		
		砂粒 1~0.05	粗粉粒 0.05~0.01	胶粒 <0.001
壤土组	砂粉土	>20	>40	<30
	粉土	<20	>40	<30
	粉壤土	>20	<40	<30
	黏壤土	<20	<40	<30
	砂黏土	>50		<10
黏土组	粉黏土			30~35
	壤黏土			35~40
	黏土			>40

土壤质地影响土壤水分、空气和热量运动，也影响养分的转化。据英国学者研究，质地和有效水容量之间存在着密切的相关性，如粗砂壤土、砂壤土、细砂壤土和极细砂壤土的平均有效水容量分别为12.5 cm/m ±、17.5 cm/m ±、19.2 cm/m ±和21.7 cm/m ±。不同质地的土壤毛管水传导度不同，砂土和砾质土孔隙度大，传导度很低；黏土孔隙小，毛管水运动速率比较慢；孔隙适中的壤质土毛管水上升速率最大。

土壤质地影响土壤结构类型，含黏粒高的土壤易形成水稳性团聚体和裂隙；细砂或极细砂比例大的土壤只能形成不稳定的结构；粗砂无法团聚。砂质土壤通气透水性能良好，作物根系易于深入和发展，土温增高和有机质矿质化都比较快，但保水供水性能差，易旱。黏质土通气透水性差，作物根系不易伸展，土温上升慢，土壤中有机质矿化作用也慢，保水、保肥、供肥能力较强。壤质土既有大孔隙也有相当的毛管孔隙，通气透水性能良好，保水、保肥性强，土温比较稳定，土粒比表面积小，黏性不大，耕性良好，适耕期长，宜于多种作物生长。可见，土壤质地是一种评定土壤性能的重要参数。

（二）土壤胶体的性质

土壤胶体是指土壤中高度分散，粒径在1~100 nm之间的固相物质。土壤中许多物理化学现象如土粒的分散和凝聚，离子的吸附与交换，酸碱性，缓冲性，黏结性和可塑性等，都与胶体有直接关系。

1. 土壤胶体的种类

按其成分和性质可分为三类：①土壤矿质胶体，包括次生硅酸盐，简单的铁、铝氧化物，二氧化硅等。②有机胶体，包括腐殖质、有机酸、蛋白质及其衍生物等大分子有机化合物。③有机无机复合胶体，是土中有机胶体与无机胶体通过各种键（桥）力相互结合的有机－无机复合胶体。

2. 土壤胶体的性质

（1）巨大的比表面和表面能。胶体愈细小，单体数愈多，比表面愈大，表面能愈高，蓄水保墒性能愈强。

（2）带电性。大部分土壤胶体带负电荷，少部分带正电荷或为两性胶体，因而土壤能从土壤溶液中吸收离子状态的养分，供植物利用。

（3）分散和凝聚性。土壤胶体呈溶胶和凝胶两种形态存在，两者可以相互转化，由溶胶转为凝胶称凝聚作用，由凝胶分散为溶胶称消散作用。一价阳离子引起的凝聚是可逆的，二、三价阳离子引起的凝聚是不可逆的。土壤胶体的凝聚和分散作用与土壤中物质的累积和淋移，土壤结构的形成和破坏，土壤肥力的变化有密切的关系。

3. 土壤的离子交换

指土壤胶体表面与溶液介质中电荷符号相同的离子相交换。可分阳离子吸收交换作用和阴离子吸收交换作用，两者中主要是阳离子交换。

（1）土壤中阳离子交换作用，是指土壤中带负电荷的胶粒吸附的阳离子与土壤溶液中的阳离子进行交换，这种交换是可逆的，并能迅速达到平衡。

（2）土壤中阴离子交换作用，是指带正电荷的胶粒吸附的阴离子与土壤溶液中的阴离子互相交换的作用，此种交换吸收作用有些是可逆的并能很快达到平衡。

总之，土壤胶体是土壤代换吸收作用重要的物质基础，对土壤养分的保存和调节起着很大的作用，其中新形成的腐殖质胶体的代换作用尤为突出。

（三）土壤溶液

土壤溶液是土壤中水分及其所含溶质的总称。溶液中的组成物质有以下几类：①不纯净的降水及其在土壤中接纳的 O_2、CO_2、N_2，等溶解性气体；②无机盐类，通常是钙、镁、钾、钠和铵的硝酸盐、亚硝酸盐、碳酸盐、重碳酸盐、硫酸盐、氯化物及磷酸盐等；③有机化合物类，如各种单糖、多糖、有机酸、蛋白质及其衍生物类；④无机胶体类，如各种黏粒矿物和铁、铝三氧化物；⑤络合物类，如铁、铝有机络合物。土壤溶液中的溶解物质呈离子态、分子态和胶体状态，有利于游离离子浓度的调节。

土壤溶液的浓度一般为 200 ~ 1 000 mg/kg，很少超过 1 000 mg/kg，其渗透压也小于 1 Pa，属于植物可以吸收利用的稀薄不饱和溶液。但在含盐较高的盐渍土中或过量施肥的土壤中，溶液浓度超过 1 000 mg/kg，影响植物正常生长。土壤溶液是一种多相分散系的混合液，具有酸碱反应、氧化还原作用和缓冲性能。

1. 土壤的酸碱反应

指土壤中的酸性和碱性物质解离出 H^+ 和 HO^- 数量中和的结果，使土壤呈现不同的酸碱反应。土壤溶液 H^+ 的浓度直接影响酸碱度，它既存在于土壤溶液中，也吸附于胶体表面，因而土壤酸度有两种类型：①活性酸度，由土壤溶液中 H^+ 浓度引起的，通常用 pH 表示。根据活性酸度大小可把土壤分为酸性、中性和碱性。我国长江以北的土壤 pH 在 7 以上，属中性和碱性，长江以南的土壤 pH 低于 7，呈酸性到强酸性。②潜在酸度，是土壤胶体表面吸附的 H^+ 和 Al^{3+} 所引起的酸度，这些致酸离子被其他阳离子交换转入土壤溶液后才显示其酸度(表 6－5)。

表 6－5 按 pH 划分的土壤类型

土类	pH	土类	pH
强酸性土	<4.5	碱性土	7.6～8.5
酸性土	4.6～6.5	强碱性土	>8.5
中性土	6.6～7.5		

土壤溶液的酸碱度影响植物生长和微生物发育。高等植物和农作物适宜 pH 范围 5.0～8.0，土壤微生物适宜微酸性及中性土壤。酸性溶液可使原生矿物彻底分解，而碱性溶液分解缓慢。

2. 土壤的氧化还原作用

指氧化剂物质与还原剂物质的电子得失过程，是土壤溶液中普遍存在的现象，其化学反应式为

$$\text{氧化剂}^{m+} + n\,\text{电子} = \text{还原剂}^{m-n}$$

式中氧化剂在反应中被还原，化合价降低，得到电子；还原剂在反应中被氧化，化合价升高，失去电子。土壤矿物和有机质转化多属氧化还原过程，常见的有铁、锰、氮、硫、磷、碳的高价与低价化合物的氧化还原过程。在通气良好条件下它们以高价态即氧化态出现，有利于植物吸收利用；土壤渍水时变为低价，还原态物质有效性降低并对植物产生毒害。

3. 土壤的缓冲性

指土壤加酸或加碱时具有缓和酸碱反应变化的能力。土壤缓冲性主要来自土壤胶体及其吸附的阳离子和土壤所含的弱酸及其盐类。

土壤胶体数量大，吸附的盐基离子多，缓冲酸的能力强，加入盐酸，通过胶体上的离子代换将土壤中活性酸度转化为潜在酸度，可使土壤 pH 比较稳定。如土壤胶体吸附的主要是氢离子则缓冲碱的能力强，例如加氢氧化钠于土壤，使土壤的潜在酸转化为活性酸，溶液中氢氧离子受到中和，土壤的 pH 不

因加入碱性物质而剧变。土壤溶液中所含各种弱酸如碳酸、重碳酸、磷酸、硅酸和各种有机酸及其弱酸盐都具有缓冲能力。

土壤的缓冲性可使土壤避免因施肥、微生物和根的呼吸、有机质的分解等引起土壤酸碱度的剧烈变化，这对植物的正常生长和微生物的生命活动都有重要意义。

第二节　土壤形成与地理环境间的关系

土壤是成土母质在一定水热条件和生物的作用下，并经过一系列物理、化学和生物化学过程形成的。随着时间的进展，母质与环境间发生频繁的物质能量交换和转化，形成了土壤腐殖质和黏土矿物，发育了层次分明的土壤剖面，出现了具有肥力特性的土壤。

一、成土因素学说

土壤是独立的历史自然体，它与岩石圈、大气圈、水圈和生物圈处于经常的相互作用中。19 世纪末俄国土壤学家道库恰耶夫首先认定，土壤同成土条件之间存在密切关系，并用函数关系方程表示

$$\Pi=f(K,O,\Gamma、P)T$$

式中：Π 为土壤：K 为气候：Γ 为岩石：P 为地形：T 为时间：O 为生物。

道库恰耶夫建立的土壤形成因素学说，概括起来有四个基本观点：

① 土壤是母质、气候、生物、地形和时间五大自然因素综合作用的产物；

② 所有的成土因素始终是同时存在，并同等重要和相互不可替代地参与了土壤形成过程；

③ 土壤永远受制于成土因素的发展变化而不断形成和演化，土壤是一个运动着的和有生有灭或有进有退的自然体；

④ 土壤形成因素存在着地理分布规律，特别是有由极地经温带至赤道的地带性变化规律。因此，研究土壤时一定要注意土壤的地理分布规律性。

道库恰耶夫之后，不少研究者对成土作用有不同的理解，格林卡认为土壤形成的主导因素是气候，涅乌斯特鲁耶夫（С. С. Неуструев）则强调土壤是岩石的淋溶物，是地质淋溶过程。威廉斯创立了土壤形成的生物学路线，他认为土壤的形成主要是生物学过程，进一步提出了土壤肥力学说，认为土壤肥力就是土壤满足植物水分与营养物质的能力，土壤肥力的进化是以土壤与植物的进化为基础，而肥力的创造乃是生命活动的结果，并拟定了草田轮作制来提高土壤

肥力。柯夫达(B. A. Ковда)提出地壳深部的地质现象对土壤形成过程也产生影响，如受火山作用的土壤自然肥力高；地震带土层往往较混乱；地下水位急剧上升易引起土壤沼泽化和盐渍化；新构造运动的强烈上升区土壤侵蚀和淋溶过程增强；下沉区引起物质积累，可改变原有土壤的形成过程。

20 世纪 40 年代美国土壤学者詹尼(H. Jenny)提出与道库恰耶夫相似的函数关系式

$$S=f(Cl,O,R,P,T,\cdots)$$

式中：S 为土壤；Cl 为气候；O 为生物；R 为地形；P 为母质；T 为时间；点号为尚未确定的其他因素。

根据各种成土因素的地区性组合，以及某一因素在土壤形成中所起的主导作用，他又提出下列各种函数式

$S=f(Cl,O,R,P,T,\cdots)$——气候函数式

$S=f(O,Cl,R,P,T,\cdots)$——生物函数式

$S=f(R,Cl,O,P,T,\cdots)$——地形函数式

$S=f(P,Cl,O,T,\cdots)$——母质函数式

$S=f(T,Cl,O,R,P,\cdots)$——时间函数式

$S=f(\cdots,Cl,O,R,P,T)$——未定因素函数式

二、成土因素对土壤形成的作用

（一）土壤发育的母质因素

岩石风化后形成的疏松碎屑物称为成土母质，简称母质。母质是土壤形成的物质基础，母质的一些性质如机械组成、矿物组成及其化学性质都直接影响成土过程的速度、方向及自然肥力。

多数土壤的属性均继承了母质的特性。酸性岩母质含石英、正长石、白云母等抗风化力强的浅色矿物较多，往往形成酸性粗质土；基性岩母质含角闪石、辉石、黑云母等抗风化弱的深色矿物较多，一般形成土层较厚的黏质土。从酸性岩母质到基性岩母质硅含量减少，而铁、锰、镁、钙含量增加。由玄武岩、石灰岩等基性母岩发育的红壤，其淋滤系数、分解系数、铝化系数和铁化系数的相对值均高于由酸性母质发育的红壤。母质层具有不同的质地层可影响土壤的物质迁移转化过程，非均质母质对土壤形成、性状、肥力的影响较均质母质复杂，影响土体中物质迁移转化的不均一性，不同母质可形成多种类型的土壤。

不同母质对土壤次生矿物也有影响。斜长石和基性岩母质发育的土壤含有多量的三水铝矿，酸性岩中的钾长石发育的土壤则以高岭石为多。冰碛物和黄土中含水云母和绿泥石较多；下蜀黄土中水云母为主；页岩和河流冲积物富含

水云母；紫色页岩、湖积物和淤积物多蒙脱石和水云母。蒙脱型黏性母质易发育成变性土。

不同母质所形成的土壤养分状况不相同。钾长石风化后形成的土壤有较多的钾；斜长石风化后形成的土壤有较多的钙；辉石和角闪石风化后形成的土壤有较多的铁、镁、钙等元素；含磷量多的石灰岩母质在成土过程中石灰质淋失，磷在土壤中含量很高。

成土母质影响土壤的质地。发育在残积物上的土壤中含石块较多；发育在坡积物上的土壤质地虽然较细，但夹有带棱角的石块；发育在黄土母质上的土壤，由于黄土质地以粉沙为主，所以土壤质地多为粉土或粉壤土。发育在洪积物及淤积物上的土壤，其上下层质地变化较大，而同一沉积层次质地比较均一。红壤、黄壤、砖红壤的质地，在石灰岩、玄武岩和红色风化壳上较黏重，在花岗岩及砂页岩上居中，在砂岩、片岩及砂质沉积物上最轻。粗质母质易发育成淋溶土，细质母质易发育成潜育土。

母质因素在一些土壤形成过程中起着重要作用。如热带和亚热带地区，地带性土壤是砖红壤和红壤等，但在石灰岩和紫色岩上发育的土壤因含大量碳酸钙，阻滞和延缓了富铝化作用的进行，因而分别发育为石灰土和紫色土。这两种土壤在颜色、质地、化学性质上均保持了母质所特有的某些特性，为初育土。

（二）土壤发育的气候因素

气候因素影响土壤水热状况，而水热状况又直接或间接影响岩石风化过程，高等植物和低等植物及微生物的活动，土壤溶液和土壤空气的迁移转化过程。因此土壤的水热状况决定了土壤中的物理、化学和生物的作用过程，影响土壤形成过程的方向和强度。在一定气候条件下产生一定性质和类型的土壤。气候是影响土壤地理分布的基本因素。

气候影响次生黏土矿物的形成。一般情况下，降水量增加和土温增高，岩石矿物的风化作用加强，土壤黏粒含量增多。不同气候带具有不同的次生黏土矿物。干冷地区的土壤多含水云母，只有微弱的脱钾作用；湿热地区除脱钾作用外还有脱硅作用，多形成高岭土类次生黏土矿物；温湿地区则出现蒙脱石类次生黏土矿物；高度湿热地区强烈脱硅而含较多的铁铝氧化物。

气候影响岩石矿物风化强度。矿物风化包含物理作用和化学作用，风化速度与温度有关，温度增加 10 ℃，化学反应速度平均增长 2 ~3 倍；温度由 0 ℃增到 5 ℃时，土壤水中化合物的离解度增加 7 倍；热带风化强度比寒带高 10 倍，比温带高 3 倍。因此，热带地区岩石风化和土壤形成的速度以及风化壳和土壤厚度均比温带和寒带地区大。

气候对土壤有机物质的积累和分解起重要作用。潮湿积水和长期冰冻地区有利于有机质积累，而干旱、高温、好气、微生物活跃地区有机质矿化速度快，积累少。因此，黑土分布地区气候冷湿，有机质积累量高；栗钙土分布地区气候半干旱，有机质含量低。黑土的腐殖质组成以胡敏酸为主，胡敏酸与富里酸之比为2左右，胡敏酸的相对分子质量大、芳构化程度高，活性胡敏酸含量在25%以下；从栗钙上地带到灰钙土地带干燥度增大，胡敏酸含量逐渐降低，活性胡敏酸减少或无，芳构化程度依次变小。胡敏酸与富里酸之比为0.6~0.8。由黑土分布地带经棕壤、黄棕壤地带到红壤、砖红壤地带，气候转向暖湿，胡敏酸含量、相对分子质量和芳构化程度均降低，活性胡敏酸剧增，腐殖质组成以富里酸为主。

气候影响土壤微生物的数量和种类。微生物在草甸土中数量最多，黑土中每克土含微生物可达数千万个；而在栗钙土、棕钙土和灰钙土中每克土微生物含量在数百万到数千万个之间；红壤和砖红壤中较少。微生物种群中以细菌数量最多，放线菌次之，真菌最少。湿润地区有机质含量多的中性或微碱性土壤中细菌最多，干旱地区的中性到偏碱性土壤中放线菌数量高，酸性森林土中真菌占优势。

土壤中物质的迁移是随降水和热量的增加而提高的。气候影响土壤的地带性分布规律，不同气候带发育有不同的土壤类型。

（三）土壤发育的生物因素

土壤形成的生物因素包括植物、土壤微生物和土壤动物，它们是土壤有机质的制造者和分解者，是土壤发生发展过程中的最活跃因素。绿色植物有选择地吸收分散在母质、水体和大气中的营养元素，利用太阳辐射能进行光合作用，制造成活体有机质，再以有机残体形式聚积于母质表层，经微生物分解、合成和转化，丰富了母质表层的营养物质，产生了肥力特性，推动了土壤的形成和演化。

不同植被类型进入土壤的有机残体性质和数量是有差异的。仅从植物有机残体数量看，木本植物中常绿阔叶林 > 温带夏绿阔叶林 > 寒温带针叶林；草本植物中，草甸植物 > 草甸草原植物 > 草原植物 > 干草原植物 > 荒漠草原植物 > 荒漠植物。木本植物以枯枝落叶形式堆积于土壤表层，土壤剖面中的腐殖质自表层向下急剧减少；草本植物以枯残根系进入土体上部，土壤剖面中腐殖质自表层向下逐渐减少。草本植物灰分含量较高，在较干旱的气候条件下残体分解后形成中性或微碱性环境，钙质丰富，有利于腐殖质的形成和积累，而腐殖质又以胡敏酸钙为主，胶结作用使土壤形成团粒结构。木本植物灰分含量比草本低，针叶林枯枝落叶形成的腐殖质以富里酸为主，呈酸性或强酸性，土壤产生强烈的酸性淋溶；阔叶林灰分含量比针叶林多，枯枝落叶形成的腐殖质以胡敏酸为主，酸度较低，淋溶较弱，盐基饱和度高。

地带性土壤有其特定的植被类型，寒温带针叶林和以真菌为主的微生物相结合的群系下发育成灰化土；温带干草原植被及好气细菌为主的微生物相结合的群系下发育为栗钙土。不同植物群系决定着土壤形成过程的发展方向，植被类型的演替又导致土壤类型的演变(图6-9)。

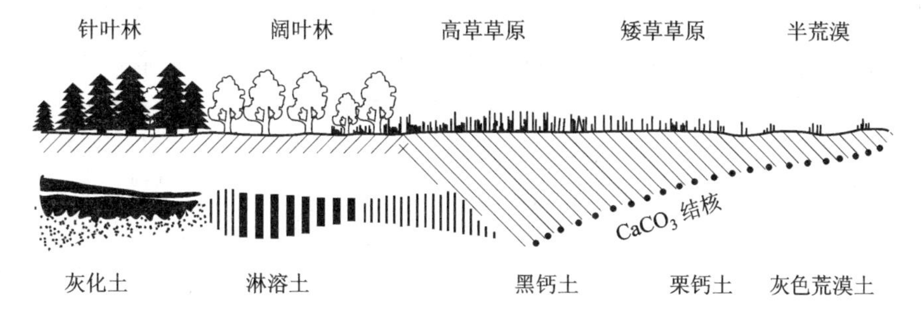

图6-9 植被类型和土壤类型的关系
(据 Bridges)

土壤微生物在成土过程中的主要作用是分解动植物有机残体，释放其中潜藏的能量和养分供生物再吸收利用，促进土壤肥力不断发展并参与土壤腐殖质的形成。

土壤中的原生动物，各种土栖昆虫、蚯蚓和鼠类等的残体也是土壤有机质来源之一，它们参与土壤有机残体的分解、破碎及翻动、搅拌疏松土壤和搬运土壤。

(四) 土壤发育的地形因素

地形在土壤形成中的作用，表现在地形引起地表物质与能量的再分配，间接地影响土壤与环境间的物质与能量交换。不同地形影响地表水热条件的重新分配，主要表现在不同高度、坡度和坡向等对太阳辐射的吸收和地面辐射的差异。山地随海拔增加，气温逐渐下降，湿度相应增大，自然植被也随之发生变化，因而形成不同的土壤类型，即出现土壤垂直变化。北半球南坡接受阳光比北坡强，土温和湿度变化较大；北坡较阴湿，平均土温低于南坡，因而影响土壤中的生物过程和物理化学过程，导致南坡和北坡发育成不同的土壤类型。

地形还支配地表径流，斜坡排水快，土壤物质易受淋溶，土壤颗粒粗，土层薄；低地易积水，细土粒和腐殖质易积累，土色较暗，土层深厚。高地和低地之间存在共轭关系。在相同的降水条件下，平原地形接受降水均匀，湿度比较稳定；岗丘的背部呈局部干旱，且干湿变化大；洼地过湿形成沼泽或草甸。不同地形部位的成土过程不相同，形成类型各异的土壤。

地形影响成土母质的分配，山地或台地上部主要为残积母质，坡地和山麓为坡积物，山前冲积平原为洪积物和冲积物。从地形部位高的地方到低平洼地，土壤质地由粗变细，具体表现为砾质土→砂砾质土→壤土→黏土。

地形影响土壤发育过程。地壳的上升、下降或局部侵蚀基准面的变化，都会导致土壤侵蚀和堆积过程不断产生，引起水文和植被发生变化，改变成土过程的方向，使土壤类型发生演替。例如，随着河谷地形的演化，在河谷不同地形部位上出现不同类型的土壤，潜水位较高的河漫滩为水成土，受潜水作用弱的低阶地为半水成土，不受潜水作用的高阶地为地带性土壤。随着河谷的继续发展，河漫滩变为高阶地，土壤也相应地由水成土经半水成土演化为地带性土壤。

（五）土壤发育的时间因素

土壤发育的时间（成土年龄）是重要的成土因素之一，它可说明土壤在历史进程中发生、发展和演变的动态过程，也是研究土壤特性和发生分类的重要基础。土壤的形成是随着时间的增长而加强。土壤有绝对年龄和相对年龄。前者是指土壤在当地新风化层或新的母质上开始发育时起直到目前所经历的时间，后者是指土壤发育阶段或发育程度。

最年轻的冲积土或发育在新鲜露头上的土壤经历的年代最短，绝对年龄最小，一些最古老的土壤在古近纪和新近纪已存在，绝对年龄达数千万年。我国西北地区的黑钙土、栗钙土、灰钙土和黑垆土等多分布在黄土沉积区，在厚2～3 m左右的土壤剖面中，其成土年龄上段1 500～3 000年，中段4 000～7 000年，下段8 000～12 000年。在3 m以下到10 m或20～30 m更深的土层，埋藏多层古土壤，成土年龄数万年到数十万年。古土壤埋藏愈深，成土年龄愈早（图6－10）。

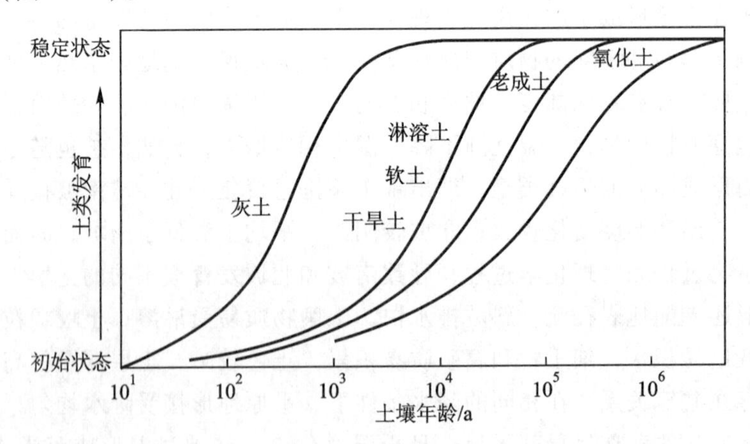

图6－10 不同地带土壤发育与成土年龄相关示意图

（据 Cerrard，2000）

我国祁连山、天山、昆仑山和唐古拉山等山地的高山带，先后经历了末次冰期、新冰期和现代冰川环境变化，形成了不同时代的冰碛物及冰碛物环境。这些冰碛物成为高山土壤和植物发育的物质基础和载体，决定着土壤的形成与剖面的发育程度。

高山带冰碛物作为成土母质一般自冰川末端沿 U 形谷呈连续状态外延数千米到数十千米，海拔多在 3 000 ~ 4 000 m 以上，年平均气温 -3 ~ -10 ℃，地温 -0.7 ~ -3.9 ℃。土壤与生物是在冰碛母质常年冻结、夏季表层融冻交替条件下同步进化。土壤具有负温和含冰的土体，冻结—融化—冻结，常发生冰—水—冰相态变化，表土产生融冻结壳、冻胀丘和石环，土壤广泛进行原始成土过程、腐殖质积累过程和弱的钙积化过程。

土壤发育模式是冰碛母质、植物群落和土壤类型等自然体随温度条件的变化有序同步演化，并呈现四个明显的发育阶段，随成土年龄的增长形成不同的发生土层。初期是在脱离冰川作用仅数年到 40 余年的现代冰碛母质上，最先着生的微生物群落和藻类群落下发育的粗骨寒冻正常新成土（原始土壤），因成土时间短，仍保持着母质特性，无特征土层发育，剖面结构为（A）-C 型。第二阶段是在 16—19 世纪脱离冰川作用的小冰期冰碛物上，在先锋植物地衣群落、藻类群落及坐垫植物群落下发育的寒冻正常新成土（高山寒漠土）。腐殖质层发育不明显，剖面构造仍为（A）-C 型。第三阶段是在距今 2 800—6 000 年的新冰期冰碛高寒草甸植物群落下发育的草毡寒冻雏形土（高山草甸土），土壤已出现草皮层、腐殖质层、弱钙积层、母质层，剖面结构呈 As - A -（B）- C 型构造。第四阶段是在距今 8 500—12 000 年的全新世早期冰碛和 12 000—14 000 年晚冰期冰碛上高寒草甸群落和高寒灌丛群落下发育的暗沃寒冻雏形土（亚高山草甸土），剖面层次发育比较完善，呈 As - A - B - C 型构造。这些不同土类之间，前一阶段的生物土壤为后一阶段生物土壤的发育创造了物质基础，后一阶段生物土壤的发展，则是前阶段生物土壤的延续和深化，彼此间有发生和继承上的联系。但高山土壤的主要发生层草毡层、腐殖质层、钙积现象或钙积层，在原始土壤阶段和寒冻正常新成土阶段没有形成，而到寒冻雏形土阶段才逐渐形成和完善，同图 6-11 表示的土壤主要发生层的形成年代相符合。

通常所谓的“土壤年龄”是指土壤的发育程度，而不是指年数，即通常的所谓相对年龄。发育程度高的土壤经历的时间大多比发育程度低的土壤长。但有些土壤经历的时间虽长，然而由于某种原因其发育程度仍停留在较低阶段。土壤剖面发生层次明显、剖面构型复杂和土层较厚的土壤其发育程度较高；剖面分异不明显、构型简单、土层较薄的土壤发育程度较低；地形平坦的地方土壤发育程度较高，易受侵蚀的山坡土壤发育程度较低。

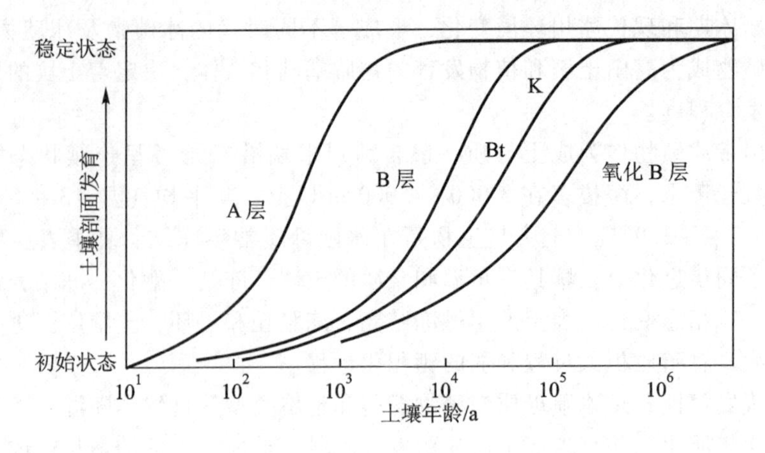

图 6-11 不同地带土壤剖面发育与成土年龄相关示意图

（据 Cerrard,2000）

A. 有机质层；B. 淀积层；K. 碳酸钙聚积；

Bt. 黏粒聚积；氧化 B 层. 三二氧化物聚积

（六）人类生产活动对土壤形成和演变的影响

人类生产活动是除气候、植被、地形、母质、时间成土因素之外的另一个影响土壤发生发展的重要成土因子。在世界范围内有悠久耕种历史的古老农业国，由于耕种、灌溉、施肥等活动，使原有土壤的成土过程加速或延缓，或逆转，形成了有别于同一地带或地区的地带性土壤类型。原有的土壤仅作为成土母质或埋藏土而存在，其形态和性质有重大改变。这类土壤称为人为土。

人类生产活动对土壤形成和性质的影响是有意识、有目的的，是在认识土壤客观性质的基础上对土壤进行利用、改造、定向培肥，创造不同熟化程度的耕作土壤。人类生产活动对土壤的影响是通过改变某一成土因素和各成土因素之间的对比关系来调整土壤的发育过程和形成方向。宜农荒地通过垦殖，可使栽培作物代替自然植被，改变成土过程的方向和强度，使自然土壤演变为耕作土壤。人类对风沙土壤进行生物固沙或工程固沙后，可减缓或阻滞流沙的移动，使之向固定风沙土演变。灌溉排水可改变自然土壤水分状况，影响土壤中物质迁移和聚积过程。修筑梯田、耕作施肥、客土和农田基本建设都可影响土壤性状和物质组成的变化。

我国西北地区气候干旱，在作物生长季节土壤缺乏有效水分，成为农业生产的主导限制因素。黄河及内陆河沿岸形成了具有一二千年灌溉历史的垦殖区。原有土壤类型为钙积正常干旱土，盐积正常干旱土，石膏盐积正常干旱土、半干润均腐土，经长期引灌含悬浮物和泥沙的河水及施用土杂肥和掺沙改土，一般淤垫了厚达 50 cm 以上灌淤层，称旱耕人为土，土壤剖面可清楚划分出淤垫灌耕层(0 ~ 20 cm)，老淤垫灌耕层(20 ~ 50 cm 或大于 50 cm)，底土层(原有的自然土壤)。灌淤土壤与原自然土壤有本质的差别，它质地均一，以细砂和粉砂为主，有机质含量在20 g/kg 以上，并有丰富的 N、P、K 养分，团块状结构，多炭屑、炕土、粪粒、蚯蚓穴及粪便，结构体表面有胶膜。灌淤土是多宜性高产土壤，适种粮、果、油料、蔬菜及多种经济作物，亩产粮食基本上都在 1 000 kg 以上。

我国水耕人为土起源于自成土、半水成土和水成土。为便于水稻栽培，平田整地，修筑梯田，季节性灌水、落水及人工施肥，改变了原有土壤的形成条件。水稻生长灌水季节，土壤呈还原环境，有机质积累，Fe、Mn 淋溶；水稻收获后土壤水分落干为氧化状态，有机质分解，Fe、Mn 淀积。由此可以看出，水耕人为土在人为定向培肥、灌溉、耕作及还原淋溶、氧化淀积作用下，形成了耕作层、犁底层、淀积层、潜育层的剖面构造。

人类生产活动创造了耕作土壤，它以不同于自然土壤的新质态被确定为人为土纲，并与其他土纲并列于中国土壤分类系统中。典型的人为土有旱耕人为土和水耕人为土两类。人类还在继续探索和培育肥力更高的人为土壤。

三、土壤形成的基本规律

自然土壤形成的基本规律是物质的地质大循环与生物小循环过程矛盾的统一。

地质大循环是指结晶岩石矿物在外力作用下发生风化变成细碎而可溶的物质，被流水搬运迁移到海洋，经过漫长的地质年代变成沉积岩，当地壳上升，沉积岩又露出海面成为陆地，再次受到风化淋溶。这是一个范围极广、时间很长的过程。

生物小循环是指植物吸收利用大循环释放出的可溶性养分，通过生理活动制造成植物的活有机体，植物有机体死亡之后，在微生物的分解作用下重新变为可被植物吸收利用的可溶性矿质养料。

物质的生物小循环是在地质大循环的基础上发展起来的。有地质大循环才有生物小循环，有生物小循环才有土壤。在土壤形成过程中，这两个循环过程同时并存，互相联系和相互作用，从而推动土壤不停地运动和发展。地质大循环使岩石风化为成土母质，是植物养分元素的释放、淋失过程。生物小循环是植物养分元素的积累过程，它可以不断地从地质大循环中累积一系列生物所必需的养料元素，由于有机质的累积、分解和腐殖质的形成，发生和发展了土壤肥力，使岩石风化产物脱离母质阶段形成了土壤。

四、主要成土过程

根据成土过程中物质和能量的交换、迁移、转化、累积的特点，土壤形成有以下主要过程。

（1）原始成土过程。在裸露岩石表面或薄层岩石风化物上着生细菌、放线菌、真菌等微生物，继后生长藻类，再后生长地衣、苔藓，开始积累有机质，并为高等植物生长创造条件，这是土壤发育的最初阶段，即原始土壤的形成。在我国多发育于青藏高原及西北地区高山带现代冰川前端最新冰碛物上，成土年龄只有数年、数十年到300或400年。

（2）灰化过程。灰化过程是指土体亚表层 SiO_2 残留、R_2O_3 及腐殖质淋溶及淀积的过程。在寒温带针叶林植被条件下，由于有机酸（主要是富里酸）溶液在下渗过程中使上部土体中的碱金属和碱土金属淋失，土壤矿物中的硅铝铁发生分离，铁铝胶体遭到淋失并淀积于土体下部，而二氧化硅则残留于土体上部，形成一个灰白色的淋溶层。

（3）黏化过程。是指土体中黏土矿物的生成和聚积的过程。在温带、暖温带、半湿润和半干旱地区，土体中水热条件比较稳定，发生强烈的原生矿物分解和次生黏土矿物的形成，或表层黏粒向下机械淋洗，在土体中下部明显聚积，形成一个较黏重的层次。

（4）富铝化过程。指土壤形成中土体脱硅与铝铁富集的过程。在热带、亚热带湿热气候条件下，土壤形成过程中原生矿物强烈分解，盐基离子和硅酸大量淋失，铁铝锰在次生黏土矿物中不断形成氧化物且相对累积。由于铁的染色作用，土体呈红色甚至出现大量铁结核或铁磐层。

（5）钙化过程。指碳酸盐在土体中淋溶、淀积的过程。在干旱、半干旱气候条件下，季节性淋溶使矿物风化过程中释放的易溶性盐类大部分淋失，硅铁铝氧化物在土体中基本上未发生移动，而最活跃的钙镁元素发生淋溶和淀积，并在土体中下部形成一个钙积层。

（6）盐渍化过程。指土体上部易溶性盐类的聚积过程。干旱、半干旱区成土母质中的易溶性盐类随水搬运至排水不畅的低地，盐分在蒸发作用下向土体表层集中，形成盐积层。

（7）碱化过程。指土壤吸收性复合体上交换性钠占阳离子交换量的30%以上，pH大于9，呈碱性反应并引起土壤物理性质恶化的过程。碱化和盐化有密切联系，两者往往相伴发生，但有本质差别。

（8）潜育化过程。指低洼积水地区土体发生的还原过程。由于土层长期被水浸润，空气缺乏，处于脱氧状态，有机质在分解过程中产生较多的还原物质，高价铁锰转化为亚铁锰，形成一个蓝灰或青灰色的还原层。

（9）潴育化过程。指土壤形成中的氧化还原过程，主要发生在直接受地下水浸润的土层中。由于地下水雨季升高，旱季下降，土层干湿交替，引起土壤中铁锰物质处于还原和氧化的交替状态。土壤渍水时铁锰被还原迁移，土体水位下降时铁锰氧化淀积，形成一个有锈纹锈斑、黑色铁锰结核的土层。

（10）白浆化过程。指由于土体上层滞水而发生的潴育漂洗过程，发生在质地黏重或冻层顶托、水分较多的地区。土壤表层经常处于周期性滞水状态，引起铁锰的还原淋溶，部分低价铁锰淋出土壤并逐渐脱色形成白浆层，另一部分低价铁锰旱季时就地氧化形成结核。

（11）腐殖质化过程。指在生物因素作用下，土体中尤其是土体表层进行的腐殖质累积过程。它是最普遍的一种成土过程。腐殖质化过程使土体发生分化，在土体上部形成一个暗色的腐殖质层。

（12）泥炭化过程。指有机质以植物残体形式的累积过程，主要发生在地下水位接近地表或地表积水的沼泽地段，湿生植物因厌氧环境不能彻底分解而累积于地表，形成了泥炭，有时可保留有机体的组织原状。

（13）土壤的人为熟化过程。指在人类合理耕作、利用改良及定向培育下，使土壤向着肥力提高的方向发展的过程。人类通过耕作培肥和改良措施消除土体的障碍因子，调节土壤水肥气热条件和补充土壤养分，使土壤具有适合作物生长，熟化程度高的人为表土层。

第三节 土壤分类及空间分布规律

一、土壤分类

由于成土因素和成土过程不同，自然界的土壤是多种多样的，具有多种多样的土体构型、内在性质和肥力水平。土壤分类的目的就是通过比较土壤的相似性与差异性，将外部形态和内部性质相同或相近的土壤纳入一定的分类系统。

（一）国外土壤分类

目前世界各国对土壤的研究还不够系统和深入，研究方法也不尽一致，因而迄今没有统一的土壤分类原则、分类系统和命名，大致有以下几种分类体系。

1. 前苏联的发生分类

其基本观点是强调土壤与成土因素和地理景观间的相互关系，以成土因素及其对土壤的影响作为土壤分类的理论基础，以成土过程和土壤属性(包括土壤形态特征、土壤物理、土壤化学、矿物及生物等)作为土壤分类的依据。所拟土壤分类系统中分出土类、亚类、土属、土种、亚种、变种、土组、土相等8级。

这个分类系统，首先，按水热条件、风化作用和生物循环特征，把前苏联的土壤类型归入9个主要生物气候省(带)，在每个生物气候省(带)中又按自成土、半水成土、水成土和冲积土的顺序分别排列各有关的土类，在每一土类内部进行直至土相的划分；其次，耕作土壤和自然土壤的分类同置于统一分类系统中，受耕作影响大的列为独立土类，受耕作影响小的只在土种中反映；再次，为了土壤分类逐步定量化和标准化，在分类表之后载12个附表，对土壤的水热条件、形态特征、机械组成和盐基状况提出了数量指标和划分标准。该分类系统在9个生物气候省之下共分出118个土类，424个亚类。土壤命名采取连续命名法，即在土类名称的前面加上亚类的形容词，亚类名称之前冠以土属或土种的形容词，依次逐级连续拼接。

9个主要生物气候省为：①极地带冰沼和极地土省；②北方带冻结泰加林土省；③北方带泰加林土省；④亚北方带棕色森林土省；⑤亚北方带草原土省；⑥亚北方带半荒漠或荒漠土省；⑦亚北方带和热带半荒漠灰钙土省；⑧亚热带半干旱褐土省；⑨亚热带湿润土省。土类的命名一般用A层的颜色与“土”(Zem指土地)相结合而成，如Chernozem(黑钙土)和Krasnozem(红壤)；也有些名称示明主要土壤特征，如柱状碱土(Solonetz)和盐土(Solonchak)；还用了少数来自民间的名称，如灰壤(Podzol)等。

2. 美国的土壤系统分类

分类依据的具体指标是可以直接感知和定量测定的土壤属性，土壤类型主要根据土壤的诊断层和诊断特性划分。

(1) 诊断层。凡是用于鉴别土壤类型，在性质上有一系列定量说明的土层为诊断层。

① 诊断表层有人为表层、有机表层、黑色表层、松软表层、淡色表层、厚熟表层和暗色表层。

② 诊断表下层有耕作淀积层、漂白层、淀积黏化层、钙积层、雏形层、硬磐、脆磐、舌状层、石膏层、高岭层、碱化层、氧化层、石化钙积层、石化石膏层、薄铁磐层、腐殖质淀积层、灰化淀积层和含硫层。

(2) 诊断特性。如果用来鉴别土壤类型的依据不是土层而是具有定量说明的土壤性质，则称土壤诊断特性。诊断特性都有明确的定义和指标，其中土壤水分状况、土壤温度状况、氧化还原特性是常用的土壤特性。

美国土壤系统分类是按土纲、亚纲、土类、亚类、土族、土系6级划分的，共分出12个土纲：

新成土，轻度发育的矿质土。

变性土，开裂性黏质土壤。

始成土，成土因素对土壤发育方向的影响不明显或很微弱，已有土层发育，但无明显的淀积作用。

干旱土，荒漠及荒漠草原地区的土壤。

软土，具有松软表层的富盐基土壤。

灰土，有灰化淀积层的土壤。

淋溶土，有淀积黏化层，含有中量至高量盐基的土壤。

火山灰土，具有火山灰性质的土壤。

老成土，有淀积黏化层、盐基不饱和的土壤。

氧化土，有氧化层或在30 cm深度内有明显聚铁网纹的土壤。

有机土，富含有机质的土壤。

冻土，表土至100 cm内有永冻层。

土壤命名，高级分类单元（土纲、亚纲、土类）采用拉丁文及希腊文字根拼接法，如Entisol（新成土纲），Aquent（潮新成土亚纲），Cryaquent（冷潮新成土类）。亚类和土族的名称是分别在土类和亚类名称前冠以特定形容词构成的。如Orthic Cryaquent（正常冷潮新成土亚类），Clayed Orthic Cryaqent（黏质正常冷潮新成土族）。土系的名称是土系所在地的名称。

（二）中国的土壤分类

中国的土壤分类早在公元前的《禹贡》和《管子·地员篇》等著作中就有所反映。中国近代土壤分类始于20世纪30年代，当时吸收了美国土壤分类的经验，建立了2 000多个土系。1949年到1953年基本上是继承以往所建立的土壤分类系统。自1954年开始，苏联的土壤发生学分类系统对我国土壤分类产生深远影响，并得到广泛运用。到了20世纪70年代，定量化、标准化和国际化的土壤分类成为时代的需要。从20世纪60年代兴起的，70年代在世界上得到广泛传播的土壤系统分类已成为世界土壤分类的主流。在此背景下，自80年代中期到现在，在以前土壤分类的基础上建立和发展了中国的土壤系统分类。1988年我国第二次土壤普查汇总的土壤分类系统属发生学分类体系。因此，当前我国存在并应用的土壤分类系统有发生学分类系统和以诊断层、诊断特性为基础的土壤分类系统。

1. 中国土壤发生学分类

该分类是以成土因素、成土过程和土壤属性作为分类基础。同时在分类中将耕种土壤和自然土壤作为统一整体进行土壤类型划分，力求揭示自然土壤与耕种土壤在发生上的联系及演变规律。

具有三维实体的土壤个体，由于物质的迁移与积累，从地面残落物到母质层构成垂直层次的土壤剖面，可划分出具体反映土壤形成特征的若干特征土层，常用的是 A、B、C 及续分的 D、R 诸层。如表 6－6 所示，A 为表土层；B 为淀积层，也包括湿润地区热带、亚热带在非均质岩类如花岗岩、片麻岩母岩上形成的深厚红色、黄色氧化铁铝风化 B 层；C 为母质层。各主要发生层按其发育强度，可进一步划分出一系列特定发生层，以小写英文字母附注于主要发生层的右下方，如 Bs 是三二氧化物淀积，Bt 是粉粒淀积。

表 6－6 中国土壤发生分类特征土层及符号

自然土壤发生层		耕作土壤发生层		特定发生层（小写字母注于土层符号右下方）			
表土层	A	1. 旱耕土壤层次		黏淀层	Bi	埋藏或重叠	b
草根层、草毡层	As	旱耕层	A_{11}	漂灰特征	d	漂洗特征	e
灰化层	Az	亚耕层	A_{12}	铁结核、硬结核	c	潜育特征	g
母质特征消失的表下层	B	心土层	C_1	冰冻特征	f	弱分解有机质	i
母质层	C	底土层	C_2	有机质淀积	h	胶结或固结	m
母岩层	D	2. 水耕土壤层次		石灰聚积	k	人工扰动	p
坚硬岩石层	R	水耕层（淹育层）	Aa	碱化特征	n	三二氧化物聚积	s
漂白层、白浆层	E	犁底层（淹育层）	Ap	硅聚积	q	锈色斑纹	u
泥炭状有机层	H	渗育层	P	黏粒淀积	t	色泽或结构发育	w
纤维状有机层	Hi	潴育层	W	网纹特征	v	石膏聚积	y
半分解泥炭层	He	潜育层	G	脆盘	x	铁锰胶膜	mo
高分解泥炭层	Ha	脱潜层	Gw	易溶盐聚积	z		
凋落物有机质	O	腐泥层	M	硫化物聚积	su		

分类系统采用土纲、亚纲、土类、亚类、土属、土种、变种 7 级分类，是以土类和土种为基本分类单元的分级分类制。共分 12 个土纲，29 个亚纲，61 个土类，234 个亚类。

土纲有铁铝土、淋溶土、半淋溶土、钙层土、干旱土、漠土、初育土、半水成土、水成土、盐碱土、人为土和高山土(表6-7)。

表6-7 中国土壤发生分类土纲、亚纲系统表

土纲	亚纲	土纲	亚纲	土纲	亚纲
铁铝土	湿热铁铝土	钙层土	半湿温钙层土	水成土	矿质水成土
	湿暖铁铝土		半干温钙层土		有机水成土
淋溶土	湿暖淋溶土		半干暖温钙层土	盐碱土	盐土
	湿暖温淋溶土	干旱土	干温干旱土		碱土
	湿温淋溶土	漠土	干温漠土	人为土	人为水成土
	湿寒温淋溶土		干暖温漠土		灌耕土
半淋溶土	半湿热半淋溶土	初育土	土质初育土	高山土	湿寒高山土
	半湿暖温半淋溶土		石质初育土		半湿寒高山土
	半湿温半淋溶土	半水成土	暗半水成土		干寒高山土
			淡半水成土		寒冻高山土

土壤命名采用分级命名法，即土纲、土类、土属、土种都可单独命名。土纲名称由土类名称概括而成；亚纲名称则在土纲名称前加形容词构成，如高山土(土纲)、湿寒高山土(亚纲)；土类名称以习用名称为主，如黑钙土、栗钙土、灰钙土等；亚类名称在土类名称前加形容词，如淡灰钙土、潮栗钙土、淋溶黑钙土等；土属名称从土种中加以提炼选择；土种和变种名称从当地土壤俗名中提炼而得。

2. 中国土壤系统分类

该分类是以诊断层和诊断特性作为分类基础，以定量化、标准化为特点。为了完全与国际土壤分类接轨和便于交流，引用一些国外成熟的诊断层和诊断特性，更多地采用美国《土壤系统分类》和联合国《世界土壤图》中的诊断层和诊断特性。但土壤作为一个连续的不均匀的自然体，深受当地成土条件的影响，因此，在引用过程中，根据我国土壤的性质对某些诊断层和诊断特性的概念和区分标准作了修正和补充。特别是在系统分类中体现了我国长期耕作培育的人为土、干旱条件下的干旱土、亚热带条件下的富铝土和青藏高原高寒条件下寒冻土壤的特色，建立了灌淤表层、水耕表层、干旱表层、低活性富铁层、草毡表层、冻融特征等诊断层，为世界土壤分类的发展作出了贡献(表6-8)。

中国土壤系统分类为多级系统分类，共分6级，即土纲、亚纲、土类、亚类、土族、土系，本系统目前仅涉及亚类以上的高级单元，表6-9为系统分类中的土纲和亚纲。

表 6-8 中国土壤系统分类诊断层和诊断特性

诊断表层	诊断表下层	其他诊断层	诊断特性
A. 有机质表层类 1. 有机表层(附有机现象) 2. 草毡表层(附草毡现象) B. 腐殖质表层类 1. 暗沃表层 2. 暗瘠表层 3. 淡薄表层 C. 人为表层类 1. 灌淤表层(附灌淤现象) 2. 堆垫表层(附堆垫现象) 3. 肥熟表层(附肥熟现象) 4. 水耕表层(附水耕现象) D. 结皮表层 1. 干旱表层 2. 盐结壳	1. 漂白层 2. 舌状层(附舌状现象) 3. 雏形层 4. 铁铝层 5. 低活性富铁层 6. 聚铁网纹层(附聚铁网纹现象) 7. 灰化淀积层(附灰化淀积现象) 8. 耕作淀积层(附耕作淀积现象) 9. 水耕氧化还原层(附水耕氧化还原现象) 10. 黏化层 11. 黏磐 12. 碱积层(附碱积现象) 13. 超盐积层 14. 盐磐 15. 石膏层(附石膏现象) 16. 超石膏层 17. 钙积层(附钙积现象) 18. 超钙积层 19. 钙磐 20. 磷磐	1. 盐积层(附盐积现象) 2. 含硫层	1. 有机土壤物质 2. 岩性特征 3. 石质接触面 4. 准石质接触面 5. 人为淤积物质 6. 变性特征(附变性现象) 7. 人为扰动层次 8. 土壤水分状况 9. 潜育特征(附潜育现象) 10. 氧化还原特征 11. 土壤温度状况 12. 永冻层次 13. 冻融特征 14. *n* 值 15. 均腐殖质特性 16. 腐殖质特性 17. 火山灰特性 18. 铁质特性 19. 富铝特性 20. 铝质特性(附铝质现象) 21. 富磷特性(附富磷现象) 22. 钠质特性(附钠质现象) 23. 石灰性 24. 盐基饱和度 25. 硫化物物质

表 6-9 中国土壤系统分类土纲和亚纲(1995)

土纲	亚纲	土纲	亚纲	土纲	亚纲
A. 有机土	A_1. 永冻有机土	G. 干旱土	G_1. 寒性干旱土	L. 淋溶土	L_1. 冷凉淋溶土
	A_2. 正常有机土		G_2. 正常干旱土		L_2. 干润淋溶土
B. 人为土	B_1. 水耕人为土	H. 盐成土	H_1. 碱积盐成土		L_3. 常湿淋溶土
	B_2. 旱耕人为土		H_2. 正常盐成土		L_4. 湿润淋溶土
C. 灰土	C_1. 腐殖灰土	I. 潜育土	I_1. 永冻潜育土	M. 雏形土	M_1. 寒冻雏形土
	C_2. 正常灰土		I_2. 滞水潜育土		M_2. 潮湿雏形土
D. 火山灰土	D_1. 寒性火山灰土		I_3. 正常潜育土		M_3. 干润雏形土

续表

土　纲	亚　纲	土　纲	亚　纲	土　纲	亚　纲
	D_2. 玻璃火山灰土	J. 均腐土	J_1. 岩性均腐土		M_4. 常湿雏形土
E. 铁铝土	E_1. 湿润铁铝土		J_2. 干润均腐土		M_5. 湿润雏形土
F. 变性土	F_1. 潮湿变性土	K. 富铁土	K_1. 干润富铁土	N. 新成土	N_1. 人为新成土
	F_2. 干润变性土		K_2. 常湿富铁土		N_2. 砂质新成土
	F_3. 湿润变性土		K_3. 湿润富铁土		N_3. 冲积新成土
					N_4. 正常新成土

土壤命名通常是和一定的土壤分类系统相联系的。土壤命名是土壤分类的表达，采用分段连续命名法。如干旱土(土纲)，正常干旱土(亚纲)，钙积正常干旱土(土类)，黏化钙积正常干旱土(亚类)。中国土壤系统分类设有土壤分类检索系统，可逐级检索。

二、土壤空间分布规律

土壤分布的地带性规律是指广域土壤与大气和生物条件相适应的分布规律。它包括由于大气候生物条件纬度及海拔高度变化所引起的土壤地带性分布规律。

(一) 土壤分布与地理环境间的关系

土壤是特定的历史－地理因子的产物，其形成、发展和变化与地理环境有密切的关系，土壤类型是随着空间转移而变化、是以三维空间形态存在的。土壤带是三维空间成土因素的函数

$$S=f(WJC)$$

式中：S 为土壤分布特征；W 为纬度；J 为看似经度影响下实际上由距海洋远近决定的某一地的干湿状况；C 为海拔高度。

在一定区域范围内，土壤带受 W 控制则形成纬度地带性，受 J 控制则形干湿度地带性，受 C 控制可形成垂直带性，其函数式为

$$S_1=f(w)\quad \text{纬度地带性}$$

$$S_2=f(J)\quad \text{干湿度带性}$$

$$S_3=f(C)\quad \text{垂直带性}$$

三种土壤地带性中，纬度地带性是干湿度地带和垂直地带性的基础，纬度地带性和干湿度地带性共同制约着土壤水平分布规律，垂直带性决定山地和高原的土壤分布规律，而在广阔的青藏高原之上，W、J、C 共同制约着土壤地带性分布规律。

表 6-10 气候决定的土壤序列

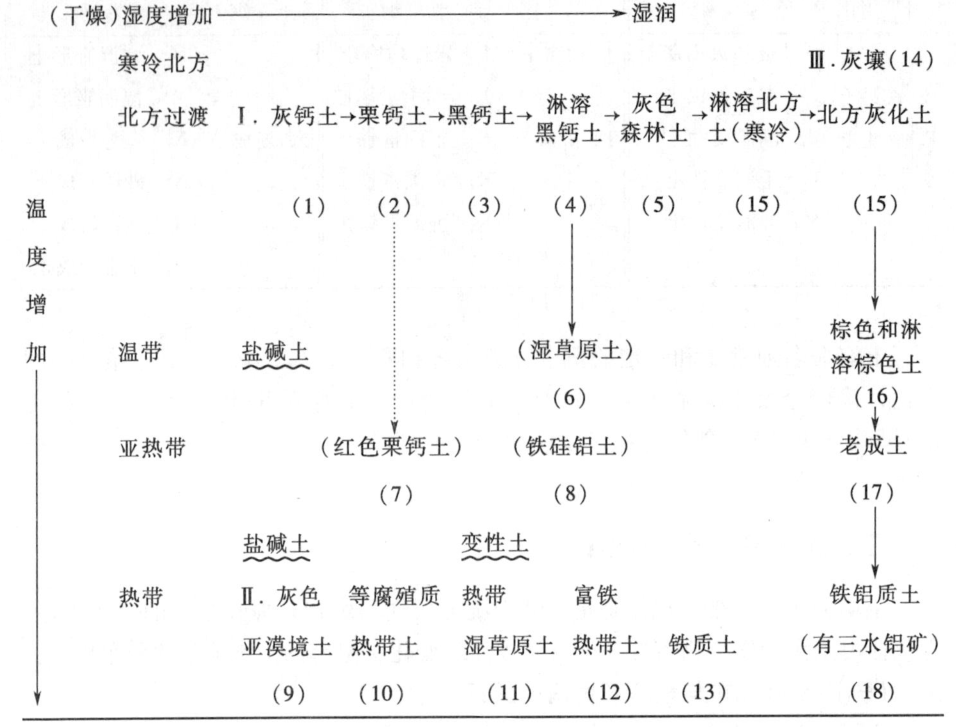

注：Ⅰ.寒冷气候序列，干燥性下降；Ⅱ.热带气候序列，干燥性下降；Ⅲ.湿润气候序列，平均温度增加。……➤指非地带性土壤。

据朱鹤健，1992。

(二) 土壤的水平分布规律

土壤的水平分布，主要包括纬度地带性和干湿度带性分布。

1. 纬度地带性分布规律

土壤分布的纬度地带性是因太阳辐射从赤道向极地递减，气候、生物等成土因子也按纬度方向呈有规律地变化，导致地带性土壤大致平行于纬线呈带状分布的规律。

土壤的纬度地带性分布有两种表现形式：一是全球性的土壤纬度地带分布，大致沿纬线延伸而横跨全大陆，这就是由北而南的冰沼土带、灰化土带和砖红壤带。二是区域性的土壤纬度地带分布，由于地区性因素影响使有些土带出现间断、尖灭、偏斜，以中纬地区表现得最为典型，如中纬大陆边缘土壤带走向与纬线偏离。我国东部自北而南依次是灰土(灰化土)、淋溶土(暗棕壤、棕壤和黄棕壤)、富铝土(红壤、黄壤、砖红壤)。中纬内陆如亚欧大陆内部由北而南依次是弱淋溶土(灰色森林主)、均腐土(黑土、黑钙土、栗钙土)、干旱土

（灰钙土、棕钙土、灰漠土、灰棕漠土和棕漠土）图6-12。

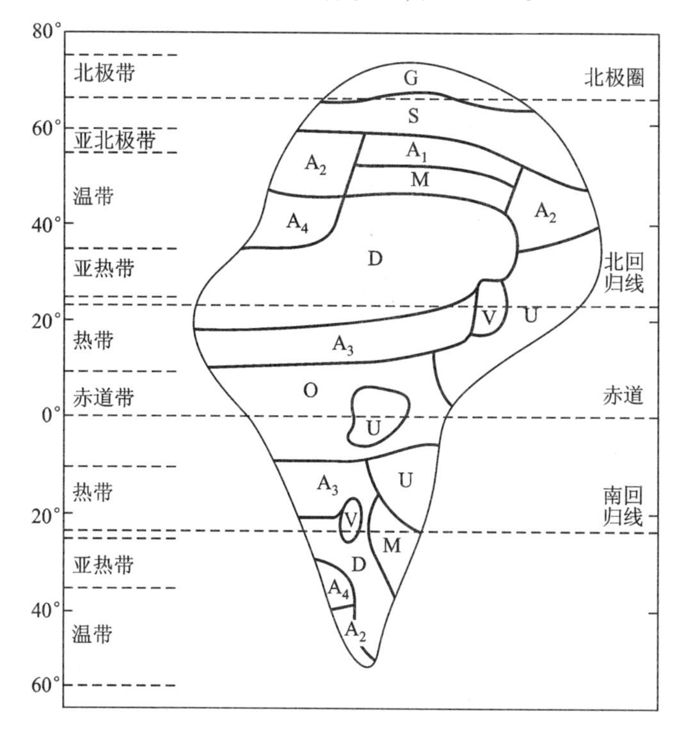

图6-12　美国土壤系统分类中主要土纲在理想大陆上的分布规律

（据 Strahler 等，1989）

O. 氧化土；A_1. 冷凉淋溶土；A_2. 温润淋溶土；A_3. 半干润淋溶土；A_4. 夏干淋溶土；S. 灰土；D. 干旱土；U. 老成土；G. 冻土；V. 变性土；M. 软土

2. 干湿度带性分布规律

土壤分布的干湿度带性，是因海陆分布态势不同，水分条件和生物因素从沿海至内陆发生有规律的变化、土壤带谱也从沿海至内陆呈大致平行于海岸线的带状分布规律。一般是从沿海到内陆依次出现湿润森林土类，半湿润森林草原土类，半干旱草原土类及干旱荒漠土类，以中纬地区表现最为典型。如从我国东北到宁夏，土壤干湿度带性分布表现为淋溶土（灰化土、灰色森林土）、均腐土（黑土、黑钙土、栗钙土）、干旱土（棕钙土、灰钙土和荒漠土）。在暖温带范围内，土壤干湿度带性由东而西为淋溶土（棕壤、褐土）、均腐土（黑垆土）、干旱土（灰钙土、荒漠土）（图6-13）。

（三）土壤的垂直分布规律

土壤分布的垂直带性是指随山体海拔升高，热量递减，降水在一定高度内递增，超出一定高度后降低，引起植被等成土因素按海拔高度发生有规律的变化，土壤类型也相应呈垂直分带现象。山地土壤各类型的垂直排列顺序，称为

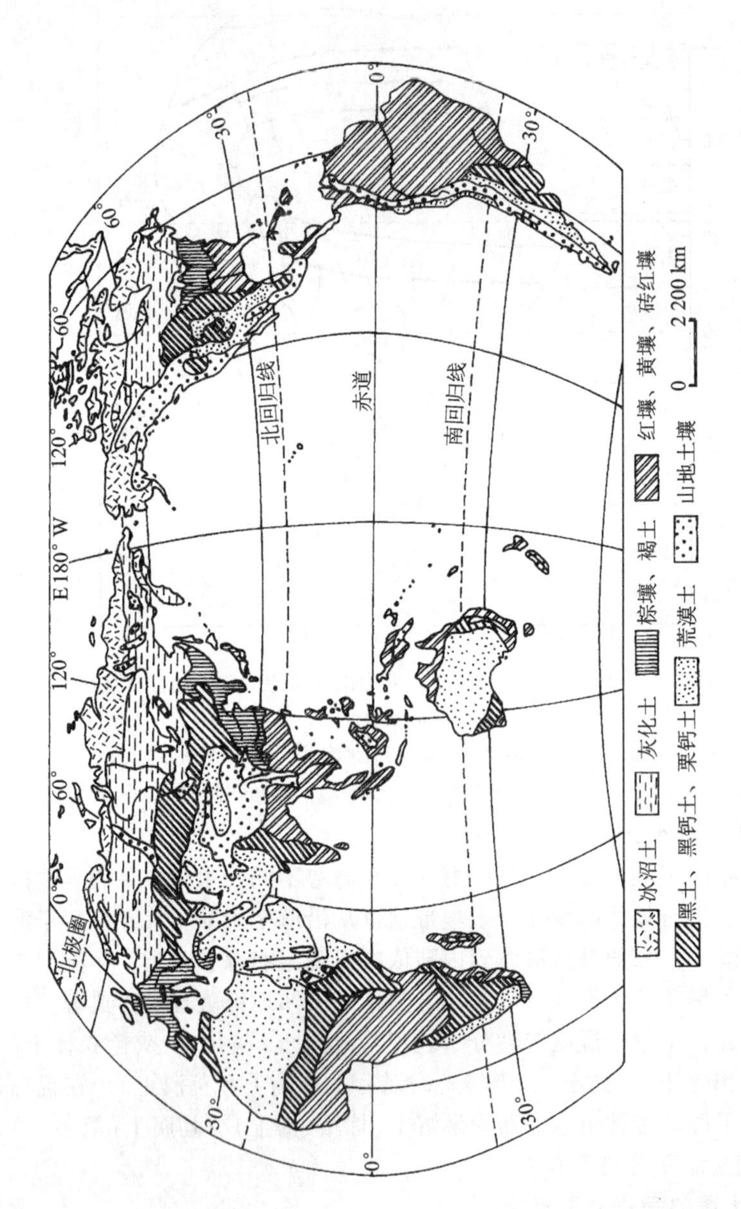

图 6-13 世界土壤分布的纬度地带性和干湿度带性

土壤垂直带谱。位于山地基部与当地的地带性一致的土壤带称为基带。除基带外，垂直带谱中的主要土壤带称为建谱土带，其土类称建谱土类。土壤垂直带谱由基带土壤开始随山体高度增高，依次出现一系列与较高纬度带(或较湿润地区)相应的土壤类型。但垂直带并不完全与水平带等同。如垂直带中的山地草甸土带在水平带中并不是一个独立的地带性土类；即使垂直带谱中与平地相应的地带性土类完全一致，但两者土壤性质相差甚远。山地土壤层薄，含砾石，发生层分化弱；平地土壤土层厚，一般不含砾石，发生层分化明显。

从低纬到高纬土壤垂直带谱由繁变简，同类土壤的分布高度有由高降低的趋势。如地处热带海拔 1 879 m 的海南五指山，由 5 个土壤垂直带谱组成；而位于温带，海拔 2 170 m 的长白山则有 4 个垂直带；大兴安岭只有 2 ~ 3 个垂直带。又如山地棕壤带，在南亚热带的台湾省玉山分布于海拔 2 800 m 高度上；在暖温带的河北省雾灵山处在海拔 2 000 m 高度上；而长白山和大兴安岭只在 1 200 m 高度上。

在相似的纬度上，由湿润到半湿润、半干旱及干旱区，山地土壤垂直带谱由复杂趋向简单，同类土壤的分布高度则逐渐升高。如暖温带湿润区海拔 1 100 m的千山有山地棕壤和山地暗棕壤两个土壤垂直带；半湿润区海拔 2 050 m的雾灵山自下而上有褐土、淋溶褐土、棕壤、暗棕壤、山地草甸土 5 个土壤垂直带；半干旱区海拔 2 000 ~ 2 300 m 的大青山有山地栗钙土、灰褐土和黑钙土 3 个土壤垂直带；干旱区海拔 4 000 m 以上的祁连山西段只有山地棕钙土、高山草原土和高山寒漠土 3 个土壤垂直带。又如黑钙土的分布海拔由半湿润到半干旱区逐渐升高，在大兴安岭低于 1 300 m，阴山为 2 000 ~ 2 200 m，祁连山中段为 2 600 ~ 3 000(或 3 100)m(图 6 - 14)。

在相同或相似的地理位置，山体越高，相对高差越大，土壤垂直带谱越完整。如我国喜马拉雅山许多山峰土壤垂直带谱之多为世界各地所少有。山地坡向不同，特别是作为水平土壤地带分界线的山地两侧，山地下部建谱土壤类型各异，向上则渐趋一致，但同一土带分布高度仍然有别(图 6 - 15)。

我国青藏高原，由高原面向谷底随着生物气候变化，土壤依次变化，被称为土壤负向垂直带性。高原谷地中的土壤是在谷坡上发育起来的，河谷地段最下部的土带是不稳定的。土壤下垂谱中往往出现较为干旱的土壤类型，这与下沉气流具有焚风效应有关。

三、土壤的地域分布规律

土壤分布的地域性(地方性)规律，是指广域地带范围内土壤与中、小地形及人为耕作影响、母质水文地质等地方性因素相适应的分布规律。

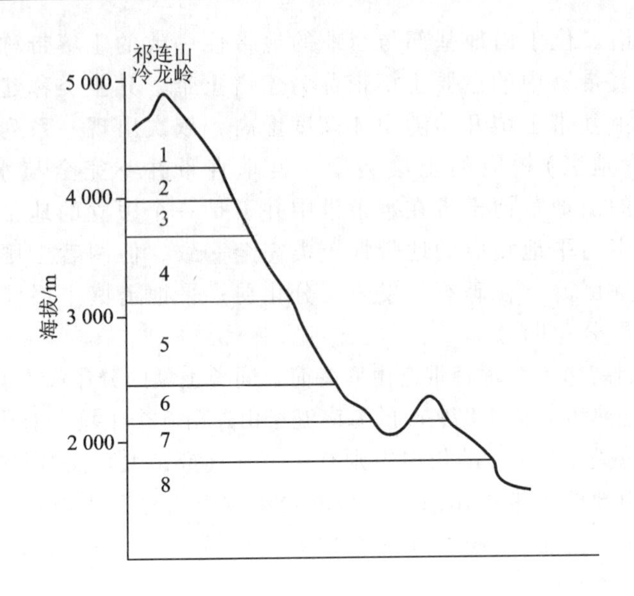

图 6－14 祁连山冷龙岭土壤垂直带谱

1. 冰川积雪；2. 寒冻新城土；3. 寒冻雏形土；4. 暗沃寒冻雏形土；5. 干润淋溶土；6. 干润均腐土；7. 钙积正常干旱土；8. 盐积正常干旱土

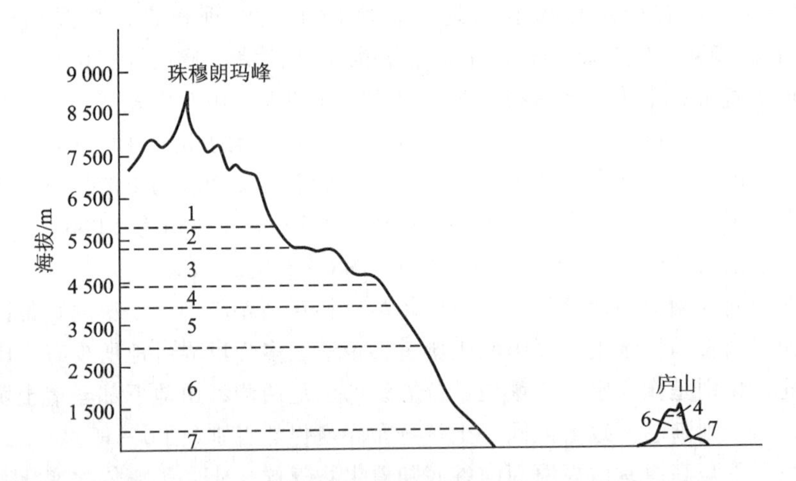

图 6－15 珠穆朗玛峰和庐山的土壤垂直带谱

1. 冰雪；2. 正常新成土；3. 寒冻雏形土；4. 常湿雏形土；5. 正常灰土；6. 常湿淋溶土；7. 湿润富铁土

（一）土壤的中域性分布规律

指在中地形条件下，地带性土类与非地带性土类按不同地形部位呈现有规律的组合现象。一般有枝形、扇形和盆形三种组合形式。

枝形土壤组合广泛出现于高原与山地丘陵区，由于河谷发育，随水系的树枝状伸展，形成树枝状土壤组合，由地带性土壤、水成土和半水成土壤组成。如我国黄土高原沟谷多呈树枝状，由黑垆土、黄绵土、潮土组成。

扇形土壤组合主要是不同土壤类型沿洪积－冲积扇呈有规律分布。由于沉积物的分选作用，洪积扇上部物质粗，多为地带性土壤，下部地下水位升高出现草甸土或盐渍土。

盆形土壤组合，是以湖泊洼地为中心向周围所形成的土壤组合。如荒漠地带由山麓到盆地中心常见的荒漠土、草甸土、风沙土、盐土等。

（二）土壤的微域分布规律

指在小地形影响下在短距离内土种、变种甚至土类和亚类既重复出现又依次更替的现象。如在黑钙土地带的高地上，相应地见到淋溶黑钙土、黑钙土和碳酸盐黑钙土；在黑钙土地带低洼地上则出现盐化草甸土、盐渍土或盐化沼泽土。

四、耕作土壤分布规律

耕作土壤分布规律是在自然土壤分布的基础上受人为活动影响所形成的规律性。

（1）同心圆式分布。一般以居民点为中心，距居民点愈近，受人为作用愈强，熟化程度愈高。

（2）阶梯式分布。在山地丘陵区修建梯田，耕作培肥，形成不同性质的土壤，呈阶梯状分布。

（3）棋盘式分布。平原地区实行大地园林化、条田化、丰产方和吨粮田，使土地方整化、规格化，布局成棋盘状。

（4）框式分布。低洼圩区和湖荡地区由于长期人为改造，不断挖低垫高，形成了桑(蔗)基渔塘，呈框状分布。

五、世界土壤分布

1. 亚欧大陆土壤分布规律

在北半球大陆内部，自北而南依次为冰沼土、灰化土、灰色森林土、黑钙土、栗钙土、棕钙土、荒漠土、红壤及砖红壤等；在大陆西岸，自北而南为冰沼土、灰化土、棕壤、褐土、荒漠土；大陆东岸自北而南依次为冰沼土、灰化土、棕壤、红黄壤、砖红壤(图 6－16)。

2. 非洲大陆土壤分布规律

以赤道为基准向南北呈对称型土壤地带分布，依次为砖红壤、红壤、红褐土、红棕土、荒漠土。

3. 南北美洲土壤分布规律

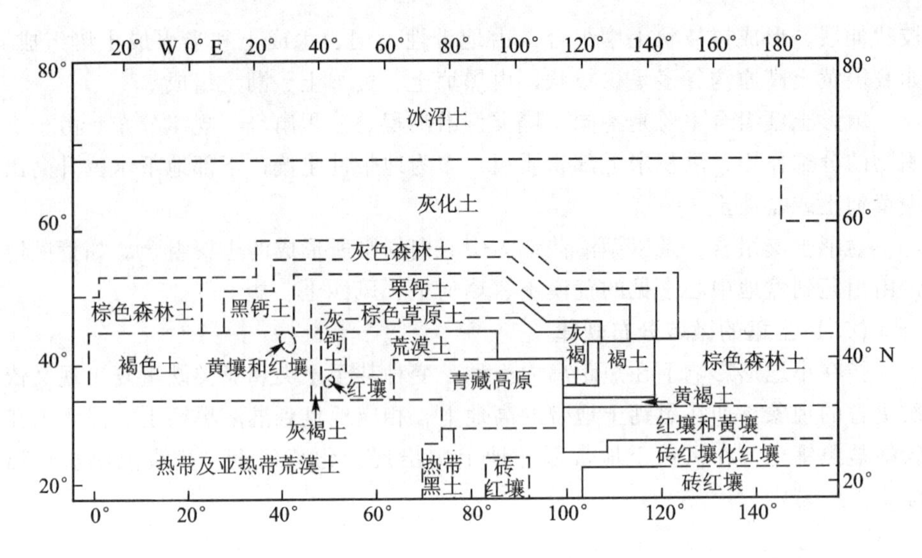

图 6－16 亚欧大陆土壤水平分布示意图

（据马溶之）

北美洲由于西部科迪勒拉山系呈南北走向延伸，土壤表现为干湿度地带性分布，由东而西土壤类型为湿草原土、黑钙土、栗钙土、荒漠土；东部因南北走向山体不高，土壤表现为纬度地带性分布，由北至南为冰沼土、灰化土、棕壤、红黄壤。

4. 澳大利亚土壤分布规律

土壤分布呈半环状，自北、东、南三面向内陆和西部依次分布热灰化土、红壤和砖红壤、变性土、红棕壤、红褐土、灰钙土、荒漠土。

第四节 土壤类型特征

20 世纪 50 年代初到 80 年代末，苏联的土壤发生学分类对我国土壤学发展影响很深，不足之处是缺乏定量标准。从 20 世纪 60 年代兴起、70 年代广为应用的土壤系统分类成为当今世界土壤分类的主流。中国土壤系统分类以诊断层和诊断特性为基础，是一个定量化、标准化和国际化的分类，该系统分类把中国土壤划分出 14 个土纲：有机土、人为土、灰土、火山灰土、铁铝土、变性土、干旱土、盐成土、潜育土、均腐土、富铁土、淋溶土、雏形土和新成土。

一、有机土

1. 土纲定义与成土环境

有机土是在地面积水或长期土壤水分饱和，生长水生植物的条件下，以泥炭化成土过程为主，富含有机质的土壤，相当于土壤发生分类中的有机水成土，全球地势低洼地区都有分布。有机土虽属非地带性土壤，但也有其特殊的成土环境。首先是只要有潮湿潴水低地，无论寒带或温带都可发育有机土。我国有机土集中分布于东北的大小兴安岭、长白山地，青藏高原的江河源区，川西北的若尔盖盆地及祁连山地和巴颜喀拉山地。通常所在地形为相对低洼、地表潴水，或具有不透水的冻土层的高寒滩地，坡麓，河流宽谷低阶地，山麓潜水渗溢地段，湖滨平地，古冰碛洼地。地下水位高，地表积水，多数地区为高寒沼泽化草甸，生长耐寒湿，中生、多年生，或混生湿生多年生草本植物，生长茂密，覆盖度 80%~95% 以上。有机土发育地区年平均气温 -2 ~ -5 ℃，土壤冻结时间较长，年降水量 400~600 mm，蒸发量小，湿度大。

2. 成土过程

包括泥炭积累过程和潜育化过程。

（1）泥炭积累过程。有机土发育于潮湿环境中，植物生长繁茂，覆盖度大，根系发达，入土深，每年有大量有机残体补给土壤，在长期低温和季节性冻结过湿条件下，增强了厌氧还原过程的作用，土壤中几乎缺少纤维分解细菌，使不同时期产生的有机残体以未分解、半分解和部分腐殖化形式积累于土体表层，形成暗色调的泥炭层。有机质含量 200~500 g/kg，泥炭层厚 50~200 cm。

（2）潜育化过程。有机土 As 层之下，长期渍水处于厌氧环境，土壤中高价铁、锰的氧化物还原为低价形态，溶解度较大，可随水在土壤中移动并参与某些次生矿物的形成，生成蓝铁矿[$Fe_3(PO_4)_4 \cdot 2H_2O$]，硫铁矿（FeS_2）、菱铁矿（$FeCO_3$）、菱锰矿（$MnCO_3$）等，土壤由黄棕转变为青灰，蓝灰、灰黑色，称潜育层。当季节性水分落干，低价铁、锰又被氧化成高价铁、锰，呈斑纹状淀积于结构体表面成为锈色斑纹层。

3. 主要诊断层和诊断特性

包括：①具有潮湿土壤水分状况（aquic moisture regime），大多数年份土温 >5 ℃时的某一时期，全部或某些土层被地下水或毛管锋水饱和并呈还原状态；②草根层（As）是泥炭土的最上层，厚 50~60 cm，有活的和死亡的沼生植物茎叶根系未充分分解密集于地表；③泥炭层（H）为半分解的植物残体组成，厚度 >50 cm；④腐泥层（m）为分解充分的细粒有机物质层；⑤潜育层（G）为滞水还原条件下形成的蓝灰色黏质土层，有锈纹锈斑及铁、锰结核。

二、人为土

人为土是人为耕作灌溉、施肥培育活动下创造的具有新性质的土壤，相当于土壤发生分类中的水稻土、灌淤土、菜园土。其特征是具有不同种类可资鉴定的人为诊断层，厚度 >50 cm，土壤肥力比起源土壤高，且多蚯蚓、土壤动物及砖块、瓦片等土壤侵入体。人为土广泛分布于世界各大河流沿岸平原及三角洲地带，我国秦岭—淮河以南多水耕人为土，以北多旱耕人为土。

（一）水耕人为作用

1. 成土环境

水耕人为土长期淹水和土壤温度趋于平衡，气候的影响程度减小，改变了母土的原有性质，而出现很强的人为特性。修梯田，围垦滩涂、沼泽，人工排水和堆垫扰动了原有土层。土壤的氧化还原作用产生了潜育特性。

2. 水耕熟化过程

当土壤淹水后，水分下渗，产生了黏粒和阳离子（K^+、Na^+、Ca^{2+}、Mg^{2+}）及阴离子（Cl^-、SO_4^{2-}、NO_3^-）下移；铁、锰部分下移，另一部分储存于耕层被氧化为铁、锰络合物形成棕红色斑纹或与有机物结合成有机铁络合物，常称“鳝血”斑。

3. 主要诊断层与诊断特性

包括：①具人为滞水土壤水分状况，大多数年份土温 >5 ℃（生物学零度）时，至少有 3 个月时间被灌溉水饱和并呈还原状态，耕作层和犁底层中的还原铁锰可淋至非饱和心土层中氧化淀积；②水耕表层厚度 >15 cm；③在水耕条件下铁、锰自水耕表层或下垫层的上部还原淋溶，或自下面潜育层还原上移并在一定深度氧化淀积而形成水耕氧化还原层（hydragric horizon）。

（二）旱耕人为作用

1. 成土环境

旱耕人为土所在区域气候温暖干旱，降水量偏少，母土多为干旱土壤，人为引水改变土壤水分条件才能满足农作物的需要。河水中的泥沙及悬浮物是灌淤层的重要物质来源。

2. 旱耕熟化过程

引用富含泥沙的水流灌溉，泥沙随水入田淤积。每年灌水量 9 000 ~ 15 000 m^3/hm^2，易溶盐和石膏淋失殆尽，黏粒和腐殖胶粒下移并在结构体表面形成胶膜，碳酸钙淋溶弱，土体含量高且均一。灌淤培肥、耕翻、耙磨和中耕把淤积物、肥料、作物根茬和耕作土层混合一起，再经作物栽培，根系穿插，蚯蚓活动，增加了土壤孔隙，改善了土壤结构，使旱耕人为土的腐殖质组成、H/F（胡敏酸/富里酸）值、微生物总量、氨化细菌、固氮菌比母土高，这是人为培肥土壤作用的结果。

3. 主要诊断层与诊断特性

包括：①具干旱土壤水分状况或半干润土壤水分状况；②长期引用富含泥沙的浑水灌溉，水中泥沙逐渐淤积，并经施肥、耕作交迭作用形成了灌淤表层；③长期施用土粪、土杂肥、河塘淤泥并经耕作熟化形成了推垫表层。

三、灰土

1. 土纲定义与成土环境

灰土是具有铁铝螯合淋溶作用、土表至60 cm范围内有灰化层的土壤，相当于土壤发生学分类的灰化土、漂灰土。主要分布于俄罗斯、北欧和加拿大等地，我国仅见于大兴安岭北端及长白山北坡，气候寒冷湿润，植被为寒温性湿润针叶林或针阔混交林。

2. 灰土的成土过程

包括：①灰化作用，在冷湿气候针叶林植被环境下，亚表土的矿物遭到破坏，铁铝与大量有机酸、腐殖质酸络合向下淋溶，析出非晶质粉末状二氧化硅，形成白色片状或无结构的灰化层；②螯合淋溶下移的有机酸盐类及铁、铝、硅胶体形成由 >85% 的灰化淀积物质组成的灰化淀积层。

3. 诊断层与诊断特性

灰化淀积层为主要诊断层。其具备两个条件：①厚度 >2.5 cm，一般位于漂白层之下；②由大于 85% 以螯移作用为主要机制淋淀物质组成，pH 小于5.5，有机碳 >12 g/kg。

四、火山灰土

1. 土纲定义与成土环境

火山灰土是指发育在火山喷发物和火山碎屑物上的土壤，相当于土壤发生学分类初育土纲中的火山灰土，包括弱风化含有大量火山玻璃质的土壤和较强风化富含短序黏土矿物的土壤。火山灰土主要分布于活火山和休眠火山外围，如日本富士山火山区，印度尼西亚喀拉喀托和坦姆波拉火山区等。我国分布面积不大，多见于东北五大连池、长白山及云南腾冲等地。

火山灰土发育程度低，属初育土范畴。如黑龙江五大连池火山群熔岩流凝结的玄武岩石海台地上，仅可见地衣、苔藓低等植物着生地表，石缝中可见草类、灌丛。而在台湾和云南湿热亚热带地区，母岩风化程度强，土壤中富含无机态的短序晶格矿物、铝石英、伊毛镐石、水铝石和有机态的 Al/Fe 络合物，土壤有机质含量高，多团粒结构，盐基淋失，呈酸性反应，植被繁茂。但剖面发育简单，土体构型为 A – Bw – C 型，即腐殖质层—风化 B 层—母质层，或

A－C型，就是只有腐殖质层—母质层，土壤处于原始发育阶段。火山灰母质具有很高的表面积，导致了火山灰土形成过程十分迅速，主要有两个化学成土过程：一是水解作用将火山灰风化成无定形铝硅酸盐；一是腐殖质化作用形成无机－有机络合物，含有大量铝，能抵抗微生物的侵袭，保证了火山灰土中腐殖质的累积和稳定。

2. 火山灰土的诊断特性

土壤中火山灰物质占全土质量的60%以上或更高，矿物组成中以水铝英石、伊毛缟石、水硅铁石等短序矿物占优度，伴有铝－腐殖质络合物特性。除有机碳含量必须<250 g/kg外，还应符合下列三条件：①草酸铵提取的铝和1/2的铁的总量至少为2%；②水分张力为33 kPa时的容重<0.9 mg/m^3；③磷酸盐吸持量>85%。

五、铁铝土

1. 土纲定义与成土环境

铁铝土是表土至150 cm范围内具有高度富铁铝化作用的铁铝层的土壤，相当于土壤发生学分类铁铝土纲中的砖红壤、赤红壤、红壤和黄壤，广泛分布于热带、亚热带。我国主分布于长江以南各省区，高温多雨，属热带、亚热带季风气候，植被为热带雨林、季雨林、南亚热带季雨林和亚热带常绿阔叶林。

2. 成土过程

包括：①强脱硅富铝化过程，在热带、亚热带湿热气候条件下，硅酸盐矿物强烈分解，盐基离子和硅酸大量淋失，铁、铝、锰在次生黏土矿物中不断形成氧化物而相对积累。②生物富集过程，热带、亚热带植物种类繁多，生长茂密，植物凋落物聚积量大，分解迅速，归还土壤的灰分元素和氮、磷、钾营养元素相当丰富；而每公顷植物每年又从土壤中吸收灰分元素600～1 800 kg，全氮90～162 kg，$P_2O_5$6.2～16.5 kg，K_2O20～55 kg。还吸收相当数量的钙、镁、硅、铁、铝元素，土壤的生物自肥能力相当强。

铁铝土土体深厚，多在2～3 m以上，红色风化体可达数米到数十米，通体红色，高湿环境下为黄色、橙色、质地黏重，发生层分化明显，具A－Bs－Bv－C型构造。即腐殖质层—三二氧化物聚集层—网纹层—母质层。

3. 诊断层与诊断特性

由高度富铁铝化作用形成的铁铝层是铁铝土的主要诊断层。它具有以下条件：①厚度>30 cm；②黏粒含量>80 g/kg；③阳离子交换量（CEC_7）<16 cmol/kg(+)黏粒，有效阳离子交换量（ECEC）<12 cmol/kg(+)黏粒；④50～200 μm粒级中可风化矿物<10%，或细土全K含量<8 g/kg。

六、变性土

1. 土纲定义及成土环境

变性土是一种富含蒙皂石等膨胀性黏土矿物，具高胀缩性的黏质开裂土壤，相当于土壤发生学分类中的砂姜黑土，玄武岩、页岩及泥岩上发育的赤红壤。广泛分布于热带、亚热带季节性干旱区，如印度的德干高原、非洲的苏丹等地。我国主要分布于淮北平原。地形为河湖平原、河流阶地和坡麓洼地。母质是黏质河湖相沉积物、基性火成岩（玄武岩）和钙质沉积岩（石灰岩、泥岩、黏土岩）。这种低洼地形的沉积地球化学环境物质分异及潮湿土壤水分状况对变性土的形成起着重要作用。变性土分布区的降水量和蒸发量制约土壤水分的多寡并直接影响土壤膨胀、收缩、干裂、扰动、翻转程度。土壤收缩通常与膨胀性矿物含量成正相关。线胀系数取决于黏粒的含量与类型，而黏粒含量高的土壤具有最大线胀系数值。

2. 变性土的成土过程

蒙皂石是变性土特性的物质基础。蒙皂石来源有二：一是继承母质；二是在含有盐基和二氧化硅碱性水作用下，通过非膨胀性铝硅酸盐黏粒的复硅作用而产生，或原生矿物向次生矿物转化而形成。

3. 变性土的剖面构型

为 A_{11}—Bw—Ck 结构，即耕作层—风化 B 层—钙积母质层。

4. 诊断层与诊断特性

变性土的主要诊断依据是变性特征，它是高胀缩性黏质土壤，具有以下特征：①耕作层 0 ~ 18 cm 和亚表层 18 ~ 50 cm，土层中 <2 μm 的黏粒含量均 >300 g/kg。②大多数年份中某一时期土表至 50 cm 范围内的土层中有宽度 >0.5 cm 的裂隙；若地面开裂，$>50\%$ 的裂隙宽度应 >1 cm。③土表至 100 cm 范围内，厚度 >25 cm 的土层中具有密集相交，发亮且有槽痕的滑擦面。④腐殖质表层或耕作层至 100 cm 范围内有自吞特征。所谓自吞作用是指在膨胀收缩交替条件下土体开裂，表层土壤物质落入心底土，填充于裂隙间或裂隙壁形成土膜的作用。

七、干旱土

1. 土纲定义与成土环境

干旱土是指发育在干旱土壤水分条件下具有干旱表层和任一表下层的土壤。相当于土壤发生分类中干旱土纲和漠土纲中的各种土壤类型。世界干旱半干旱区广泛发育，我国主要分布于年降水量小于 350 mm 的地区，大致包括内蒙古温都尔庙—鄂托克旗—宁夏盐池—甘肃兰州一线以西地区。这里大陆性气候显著，干旱少雨，降水变率大，寒暑巨变，多风沙，植被类型为荒漠草原和荒漠，相应的土壤类型为钙积正常干旱土和盐积石膏正常干旱土。

2. 成土过程

包括：①长期缺乏有效土壤水分，具有干旱土壤水分状况；②植被以稀疏的耐旱灌木、小半灌木为主，进入土壤的有机质数量很少且矿化快速，积累量不多；③降水量少，淋溶作用弱，盐基、碳酸钙、石膏和易溶盐含量比较高；④土壤发生层和整个土体发育程度很浅。

3. 土壤剖面构型

钙积正常干旱土为 J－A－B－C 型，干旱表层—腐殖质层—钙积层—母质层。盐积石膏正常干旱土为 J－Bt－Cy、Bz－C，干旱表层—紧实层—石膏、盐积层—母质层。

4. 诊断层与诊断特性

包括：①干旱表层；②土表至 100 cm 范围内有一层或更多的如下诊断层，盐积层、超盐积层、盐磐、石膏层、超石膏层、钙积层、超钙积层、钙磐、黏化层或雏形层。

八、盐成土

1. 土纲定义

盐成土是指在矿质土表至 30 cm 范围内有盐积层，或矿质土表至 15 cm 范围内有碱积层而无干旱表层的土壤。相当于土壤发生学分类中的盐土和碱土。主要发育于干旱半干旱区的低平洼地及滨海低地，气候干旱，降水量少，地下水位埋藏浅，矿化度高，盐分经蒸发向土体上层集中。盐分来源于矿物风化，降雨，降尘，盐岩，灌溉水，地下水及人为活动等。盐类成分主要有钠、钙、镁的碳酸盐、硫酸盐和氯化物。

2. 主要诊断层

有：①盐积层，为在冷水中溶解度大于石膏的易溶性盐类富集的土层，厚度≥15 cm，干旱区盐成土含盐量≥20 g/kg，其他地区盐成土含盐量≥10 g/kg；②碱积层，为一交换性钠含量高的特殊淀积黏化层，呈柱状或棱柱状结构，土体下部 40 cm 范围内某一亚层交换性钠饱和度大于 30%，pH≥9.0，表层土含盐量小于 5 g/kg。

九、潜育土

潜育土是指矿质土表至 50 cm 范围内出现厚度至少 10 cm 有潜育特征的土壤。相当于土壤发生学分类中的草甸土、潮土、林灌草甸土、沼泽土。其形成的主要条件：一是低洼的地形；二是土壤水分饱和；三是有机物质的存在。由化学还原过程和有机质的厌氧分解过程共同作用形成了潜育土。潜育特性是潜育土的主要诊断依据：按体积计，50%以上的土壤基质色调比7.5Y更绿或更蓝，或无彩色，或有少量锈斑纹、铁锰凝团、结核或铁锰管状物。

十、均腐土

均腐土是具有暗沃表层和均腐殖质特性，且在黏化层上界至125 cm范围内，或在矿质土表至180 cm范围内，或在矿质土表至石质或准石质接触面之间，盐基饱和度≥50%的土壤。相当于土壤发生学分类中的黑垆土、黑钙土、栗钙土、灰褐土、磷质石灰土。均腐土主要分布于半湿润和半干旱的杂类草草甸、草甸草原及草原地区。我国东北和西北地区分布面积广，南方喀斯特地区及南海诸岛也有分布。成土特点包括腐殖质积累作用与钙积作用，此外尚有附加的黏化作用、氧化还原作用、磷的聚积与淋移、积盐与脱盐作用。主要诊断层和诊断特性是暗沃表层和均腐殖质特性与盐基饱和度。涉及均腐土系统分类的诊断层还有钙积层、黏化层、漂白层、舌状层等，并有堆垫现象、肥熟现象、舌状现象、碱积现象等。

十一、富铁土

富铁土是指具有中度富铁化作用，矿质土表至125 cm范围内有低活性富铁层，但无铁铝层的土壤。相当于土壤发生学分类中的燥红土、黄壤、黏淀红壤、红色石灰土。分布于热带、亚热带地区，我国多见于长江以南温热气候条件下，植被为常绿阔叶或常绿针叶林。土壤形成过程中因矿物中度风化、盐基淋失和脱硅，导致氧化铁相对富集，呈现铁质特性和低活化黏粒特征。因而低活性富铁层是富铁土纲特有的诊断层：①厚度≥30 cm；②质地为极细砂土、壤质细砂或更细的土质，有5YR或更红的色调；③该层中的部分亚层厚度≥10 cm，阳离子交换量(CEC_7)<24 cmol/kg(+)黏粒；④无铁铝层所有的全部特征。

十二、淋溶土

淋溶土是指土表至125 cm范围内有黏化层的土壤，相当于土壤发生学分类中的黄棕壤、棕壤和褐土。从北美洲和欧亚大陆北纬60°到南美洲和非洲的赤道附近均有分布。我国自寒温带向南到北亚热带及中亚热带都有分布。干湿季节明显，植被为针阔混交林，旱生森林及常绿林。因雨热同季，土体中原生硅酸盐矿物风化变质，黏粒移动和淀积。所谓黏化过程，就是指层状硅酸盐黏粒由表层迁移淀积到一定深度的过程。黏化层与上覆A层相比，黏粒或细黏粒明显增多，结构体表面有光性定向黏粒胶膜。黏化层作为淋溶土的主要诊断层有以下标准：①阳离子交换量≥24 cmol/kg(+)；②具有常湿润、湿润、半干润土壤水分状况，有寒性、冷性、温性或热性土壤温度状况。涉及淋溶土系统分类的诊断层还有暗沃表层、淡薄表层、耕作淀积层、黏磐、钙积层等。

十三、雏形土

雏形土是发育程度低而具雏形层的土壤，相当于土壤发生学分类中的石质初育土，部分潮土、高山草甸土、棕壤和褐土。世界土壤图图例系统、美国和西欧土壤分类系统都有雏形土的位置和定量指标。我国除具有明显诊断特性的土纲和无诊断特性的新成土外，其余的发育弱而未成熟的土壤尽归其中。成土作用表现为土壤物质风化处于较低阶段，物质粗夹杂有岩屑；淋溶程度弱，基本上无物质淀积，不发生黏化现象；黏土矿物 2:1 型为主，胶体上净负电荷量高，黏粒活性强。雏形层为主要诊断层，风化成土过程中没有或基本上没有物质淀积，未发生明显黏化，带棕、红棕、红、黄或紫等颜色且有土壤结构发育的 B 层。

十四、新成土

新成土是具有弱度或没有土层分化的土壤，相当于土壤发生学分类中的风沙土、冲积土、粗骨土、部分紫色土和黄绵土。一般只有一个淡薄表层或人为扰动层和不同的岩性特征，可出现于任何气候、地形、植被、风化物和沉积物条件下，广泛分布于河流两岸、河口三角洲、冲积平原及风沙物质聚积区。它不具有供鉴别土壤的诊断层和诊断特性，其存在与成土时间短、气候极端干旱、寒冷、抗风化作用强的石英含量高、土壤不间断地侵蚀和堆积、人工扰动有密切关系。因此，新成土是一种年轻的土壤，土壤性状基本保持土壤母质的特性，仅有淡薄表层，呈 A—C 型剖面构造。

第五节　中国土壤系统分类体系之间的参比

一、土壤系统分类体系之间的参比

20 世纪 30—50 年代，美国土壤学家感到在原有的传统土壤分类中只有中心概念而无明确的边界，缺乏定量指标，无法建立土壤性状数据库，不能适应现代土壤科学的发展。后经史密斯(G. G. Smith)等人研究，于 1975 年出版了以诊断层和诊断特性为基础，以定量化为指标的《土壤系统分类》一书，成为国际土壤分类史上一次较大变革的新起始并被许多国家所接受。中国土壤系统分类的理论和方法均是在其影响下建立的。中国的土壤系统分类与美国的土壤系统分类有共性，也有异点。这里试将中国土壤系统分类(CST,1999)与美国土壤系统分类(ST,1999)和国际土壤分类参比基础(WRB,1998)进行参比(表6-11)。

表6-11　中国、美国和国际土壤分类参比

中国土壤系统分类(CST,1999)	美国土壤系统分类(ST,1999)	国际土壤分类参比基础(WRB,1998)
有机土(Histosols)	有机土(Histosols)**	有机土(Histosols)
人为土(Anthrosols)	—	人为土(Anthrosols)
灰土(Spodosols)	灰土(Spodosols)	灰土(Podosols)
火山灰土(Andosols)	火山灰土(Andosols)	火山灰土(Andosols)** 冷冻土(Cryosols)*
铁铝土(Ferralosols)	氧化土(Oxisols)	铁铝土(Ferralosols)** 聚铁网纹土(Plintholsols)* 低活性强酸土(Acrisols)* 低活性淋溶土(Lixisols)* 其他有铁铝层(CST)的土壤
变性土(Vertosols)	变性土(Vertosols)	变性土(Vertosols)
干旱土(Aridosols)	干旱土(Aridosols)	钙积土(Calcisols) 石膏土(Gypsisols)
盐成土(Halosols)	干旱土(Aridosols)* 淋溶土(Alfisols)* 始成土(Inceptisols)*	盐土(Solonchaks) 碱土(Solonetz)
潜育土(Gleyolsols)	始成土(Inceptisols)** 冻土(Gelisols)*	潜育土(Gleysols)** 冷冻土(Cryosols)*
均腐土(Isohumosols)	软土(Mollisols)	黑钙土(Chernozems) 栗钙土(Kastanozems) 黑土(Phaeozems)
富铁土(Ferrosols)	老成土(Ultisols)** 淋溶土(Alfisols)* 始成土(Inceptisols)*	低活性强酸土(Acrisols)** 低活性淋溶土(Lixisols)* 聚铁网纹土(Plinthosols)* 黏绨土(Nitisols)* 及其他有低活性富铁层的土壤

续表

中国土壤系统分类（CST,1999）	美国土壤系统分类（ST,1999）	国际土壤分类参比基础（WRB,1998）
淋溶土（Argosols）	淋溶土（Alfisols）**	高活性淋溶土（Luvisols）**
	老成土（Ultisols）*	高活性强酸土（Alisols）*
	软土（Mollisols）*	及其他有黏化层或黏磐的土壤
雏形土（Cambosols）	始成土（Inceptisols）**	雏形土（Cambisols）**
	软土（Mollisols）*	及其他有雏形层的土壤
	冻土（Gelisols）*	
新成土（Primosols）	新成土（Entisols）**	冲积土（Fluvisols）
	冻土（Gelisols）*	薄层土（Leptisols）
		砂性土（Arenosols）
		疏松岩性土（Regosols）
		冷冻土（Cryosols）

注：** 为大部相当；* 为部分相当。

二、土壤地理发生分类与土壤系统分类之间的参比

土壤分类是土壤科学的基础，土壤分类的进展代表了土壤科学的发展水平。当前我国土壤发生分类和系统分类并存。前者强调成土条件、成土过程、土壤属性三结合的分类原则，自 20 世纪 50 年代采用，历经半个多世纪，已在科研、教学和各级生产部门积累了大量的资料，为我国的土壤资源开发利用提供了重要的科学依据。后者以诊断层、诊断特性及定量化指标为分类原则，代表了目前世界土壤分类的新方向。两个土壤分类的参比，对今后我国土壤科学的发展具有现实意义。

系统分类侧重于土纲，发生分类的重点是土类。二者参比时：①主要以土壤地理发生分类中的土类和土壤系统分类的亚纲或土类作比较。②两个土壤分类系统都应具备充分的野外观察资料和室内理化分析资料。如淋溶土的分类需要黏粒资料，均腐土的分类有机碳的数据非常重要，没有 ECEC 和 CEC 的资料难于进行铁铝土和富铁土的分类。如果只有名称而无具体资料，只能是抽象参比。③两个土壤系统的土类参比时，只能以反映中心概念的土壤进行比较，也就是典型剖面的资料最可靠。在发生分类中有较多的未成熟的亚类如褐土性土、红壤性土、灰钙土性土、黑垆土性土，它们多出现于典型剖面的边缘地带，与典型剖面性质差距甚远，从系统分类的观点来看这种差异可能是土纲水平的差异。因此，两个系统在土类水平上参比时，只能反映中心概念（表 6 - 12）。

表 6-12 我国土壤地理发生分类和系统分类的近似参比

土壤地理发生分类	主要土壤系统分类类型	土壤地理发生分类	主要土壤系统分类类型
砖红壤	暗红湿润铁铝土	栗钙土	简育干润均腐土
	简育湿润铁铝土		钙积干润均腐土
	富铝湿润富铁土		简育干润雏形土
	黏化湿润富铁土	黑垆土	堆垫干润均腐土
	铝质湿润雏形土		简育干润均腐土
	铁质湿润雏形土	棕钙土	钙积正常干旱土
赤红壤	强育湿润富铁土		简育正常干旱土
	富铝湿润富铁土	灰钙土	钙积正常干旱土
	简育湿润铁铝土		黏化正常干旱土
红壤	富铝湿润富铁土	灰漠土	钙积正常干旱土
	黏化湿润富铁土	泥炭土	正常有机土
	铝质湿润淋溶土	潮土	淡色潮湿雏形土
	铝质湿润雏形土		底锈干润雏形土
	简育湿润雏形土	砂姜黑土	砂姜钙积潮湿变性土
褐土	简育干润淋溶土		砂姜潮湿雏形土
	简育干润雏形土	亚高山草甸土	草毡寒冻雏形土
暗棕壤	冷凉湿润雏形土	和高山草甸土	暗沃寒冻雏形土
	暗沃冷凉淋溶土	亚高山草原土	钙积寒性干旱土
白浆土	漂白滞水湿润均腐土	和高山草原土	黏化寒性干旱土
	漂白冷凉淋溶土		简育寒性干旱土
灰棕壤	冷凉湿润雏形土	高山漠土	石膏寒性干旱土
	简育冷凉淋溶土		简育寒性干旱土
棕色针叶林土	暗瘠寒冻雏形土	高山寒漠土	寒冻正常新成土
漂灰土	暗瘠寒冻雏形土	黄壤	铝质常湿淋溶土
	漂白冷凉淋溶土		铝质常湿雏形土
	正常灰土		富铝常湿富铁土
灰化土	腐殖灰土	燥红土	铁质干润淋溶土
	正常灰土		铁质干润雏形土
灰黑土	黏化暗厚干润均腐土		简育干润富铁土
	暗厚黏化湿润均腐土		简育干润变性土
	暗沃冷凉淋溶土	黄棕壤	铁质湿润淋溶土
灰褐土	简育干润淋溶土		铁质湿润雏形土
	钙积干润淋溶土		铝质常湿雏形土
	黏化简育干润均腐土	黄褐土	黏磐湿润淋溶土
黑土	简育湿润均腐土		铁质湿润淋溶土
	黏化湿润均腐土	棕壤	简育湿润淋溶土
黑钙土	暗厚干润均腐土		简育湿润雏形土
	钙积干润均腐土	灰棕漠土	石膏正常干旱土

续表

土壤地理发生分类	主要土壤系统分类类型	土壤地理发生分类	主要土壤系统分类类型
灰棕漠土	简育正常干旱土	粗骨土	石质湿润正常新成土
	灌淤干润雏形土		石质干润正常新成土
棕漠土	石膏正常干旱土		弱盐干旱正常新成土
	盐积正常干旱土	草甸土	暗色潮湿雏形土
盐土	干旱正常盐成土		潮湿寒冻雏形土
	潮湿正常盐成土		简育湿润雏形土
碱土	潮湿碱积盐成土	沼泽土	有机正常潜育土
	简育碱积盐成土		暗沃正常潜育土
	龟裂碱积盐成土		简育正常潜育土
紫色土	紫色湿润雏形土	水稻土	潜育水耕人为土
	紫色正常新成土		铁渗水耕人为土
火山灰土	简育湿润火山灰土		铁聚水耕人为土
	火山渣湿润正常新成土		简育水耕人为土
黑色石灰土	黑色岩性均腐土		除水耕人为土以外其他类别中的水耕亚类
	腐殖钙质湿润淋溶土		
红色石灰土	钙质湿润淋溶土	塿土	土垫旱耕人为土
	钙质湿润雏形土	灌淤土	寒性灌淤旱耕人为土
	钙质湿润富铁土		灌淤干润雏形土
磷质石灰土	富磷岩性均腐土		灌淤湿润砂质新成土
	磷质钙质湿润雏形土		淤积人为新成土
黄绵土	黄土正常新成土	菜园土	肥熟旱耕人为土
	简育干润雏形土		肥熟灌淤旱耕人为土
风砂土	干旱砂质新成土		肥熟土垫旱耕人为土
	干润砂质新成土		肥熟富磷岩性均腐土

第六节 土壤资源的合理利用和保护

土壤资源是指具有农林牧业生产性能的土壤类型的总称，是人类生活和生产最重要的自然资源，属于地球上陆地生态系统的重要组成部分。

一、土壤资源的概念

土壤资源是土地资源重要的组成部分，是土地资源的基础。土地资源除土壤外，还包括岩石及其风化物、生物、地形、气候等自然体。土地资源和土壤资源一样具有生产性能。土壤和土地的概念既有联系又有区别。

土壤资源具有一定生产力，其生产力高低除与土壤的自然属性有关外，很大程度上取决于人类的科学技术水平。不同种类和性质的土壤对农林牧具有不同的适宜性。

土壤资源具有可更新性和可培育性，人类可以利用土壤的发展变化规律，应用先进技术促使肥力不断提高，生产更丰富的产品，满足人类生活需要。若不恰当地利用土壤，其肥力和生产力将随之下降。

土壤资源的空间存在形式具有地域分异规律，在时间上有季节性变化的周期性，土壤性质及其生产特征也随季节变化而发生周期性变化。

土壤资源位置有其固定性，面积有其有限性，同时具有其他资源不能代替的性质。在人口不断增加的情况下，应合理利用和保护土壤资源。

二、世界及我国土壤资源概况

（一）世界土壤资源概况

地球上陆地总面积约 $149\times10^6 km^2$，无冰覆盖的陆地面积约 $130\times10^6 km^2$，其中可耕地约 $30\times10^6 km^2$，约占陆地总面积的23%。已耕地仅有 $14\times10^6 km^2$，只占陆地总面积的10.7%，还有14.7%的可耕地有待开发，但其中有些属于难利用土地，如冻土、沙漠、裸岩、陡坡山地等，真正肥沃便于耕种的土地大部分已被垦殖。世界上耕地分布很不平衡，特别是与人口分布不相适应，非洲、南美洲、大洋洲人口较少，分别占世界人口的10%、6%和0.5%，但可耕地却很多，未耕地分别占耕地面积的78%、87%和86%；亚洲人口占世界总人口的56%，而可耕地只有20%，其中77%已被垦殖。不仅耕地面积小，而且分布不平衡（表6－13）。

表6－13 世界各大洲土地利用状况

	总面积 $/10^4 km^2$	可耕地 $/10^4 km^2$	可耕地占总面积/%	已耕地 $/10^4 km^2$	已耕地占可耕地/%	未耕地占可耕地/%
北美洲	2 420	62.07	25.9	273.4	43	57
南美洲	1 780	596.3	33.5	78.3	13	81
非洲	3 030	712.0	23.5	157.5	22	78
欧洲	1 050	397.9	37.9	212.1	54	46
亚洲	4 390	886.7	20.2	684.8	77	23
大洋洲	860	199.5	23.2	33.5	14	86
全世界	13 530	3 419.1	25.3	1 439.6	42	58

（二）我国土壤资源概况

我国全境土壤资源划分12个土纲61个土类。除冰川、常年积雪、裸岩、水域外，我国土壤资源总面积为8.798×10^{8} hm^2。其中半数为沃野肥土，提供农林牧优质用地。约有半数土壤类型尚待改造，提高肥力水平，20世纪50年代，华北平原的盐碱土面积$400\times10^{4}hm^2$，经40年的改造治理已减少一半。充分说明土壤资源的可变特性。我国的中低产农田正在加强改造，将会对我国农业现代化做出更大贡献。全国$8.774\times10^{8}hm^2$土壤面积（未含台湾省土壤面积），按土纲面积列表于下。

表6-14 我国土纲资源面积

土纲	面积/10^4hm^2	占总面积/%	土纲	面积/10^4hm^2	占总面积/%
铁铝土	10 185.3	11.62	初育土	16 110.6	18.36
淋溶土	9 911.3	11.30	半水成土	6 114.9	6.97
半淋溶土	4 244.4	4.84	水成土	1 408.8	1.61
钙层土	5 806.9	6.62	盐碱土	1 613.1	1.83
漠土	5 959.1	6.79	人为土	3 222.2	3.67
干旱土	3 186.9	3.63	高山土	19 883.3	22.66

注：引自全国土壤普查办公室：中国土壤，991页。

铁铝土以砖红壤、赤红壤、红壤和黄壤为主，分布于长江以南热带、亚热带地区。在原始雨林、季雨林和常绿阔叶林植被下，形成多种不同风化程度的富铝土壤类型。盛产柑橘、荔枝、龙眼、油茶、油桐、茶叶和其他经济林木。20世纪50年代，在热带北缘种植橡胶、咖啡、可可、剑麻热带作物获得成功，水稻一年两熟或三熟，为我国热带、亚热带多种经营的经济发展区。

淋溶土是我国东部由寒温带到北亚热带湿润地区的土壤类型，包括黄棕壤、黄褐土、棕壤、暗棕壤、白浆土、棕色针叶林土和漂灰土。这些土壤的共同特性是盐基离子受到淋溶，又不同程度的黏化，酸性至中性反应，是我国林木、果园、水稻、小麦、玉米等粮经作物生产基地。

半淋溶土，包括南亚热带干热区的燥红土、暖温带半湿润区的褐土和干旱区山地的灰褐土。土体物质弱淋溶，部分黏化，中性至碱性反应，土壤季节性干旱。燥红土与红壤有一些共同特性，适种作物与红壤相同。褐土多发展小麦、玉米、棉花、芝麻、苹果、梨等作物。灰褐土是干旱、半干旱山地针叶林下发育的土壤，有厚达10～15 cm的苔藓层和枯枝落叶层，水分含量1 441.7 g/kg，为干旱区山地重要水源涵养生态系统。

钙层土包括黑钙土、栗钙土、栗褐土和黑垆土，分布于暖温带、温带半湿润半干旱草原区，都呈两层性特征，即腐殖质层和钙积层，但积累的程度不同。黑垆土多发展雨养农业，其余几类土壤资源半农半牧。

干旱土，主要有温性草原化荒漠棕钙土与暖温性荒漠草原灰钙土两个土类，既有草原土壤特征，腐殖质积累弱，钙积成层，土体有盐化和石膏化特征，但也有干旱表层，地表沙砾荒漠特点明显。具干旱土壤水分状况，生长旱生丛生禾草及旱生灌木、半灌木，多作牧用。有水资源灌溉时成为高产土壤，盛产小麦、瓜果、蔬菜。

漠土是指我国西北地区发育的温性灰漠土、灰棕漠土和暖温性棕漠土。干旱少雨，具干旱土壤水分状况，成土作用弱，地表有砾幂和暗色结皮，碳酸盐和易溶盐表聚性强，通体富含石膏，碱性反应，以旱生、超旱生灌木和半灌木为主，覆盖度低，宜牧。区内祁连山、天山、昆仑山积雪、冰川融水注入山前细土平原形成绿洲和灌淤土。所产粮、棉、葡萄、瓜果质量高、少虫害，并有相当规模制种业出现。

半水成土，分布于东北平原、黄淮平原、长江中下游平原、长江以南河湖平原、西北地区河谷平地，主要有草甸土、砂姜黑土、潮土、林灌草甸土。表土形成有机质层，积累量高，中下层受地下水作用发生氧化还原作用，多锈纹锈斑，微碱性反应。干旱、半干旱区不乏土壤盐碱化。半水成土肥力较高，土层深厚，水分状况良好，大部已改造成水稻土、潮土等农耕土壤。适种性广，产量高，是我国粮、棉、油等多种作物的重要生产基地。

水成土包括沼泽土和泥炭土，长期或短期积水或过湿的地方都可见到。成土母质多为河湖相沉积物，质地黏重，透水弱。土体上层泥炭化或腐殖质化，下层潜育化，生长喜湿性植物。一般把水成土称为湿地，是一种多功能的自然体。湿地在陆地生态系统中占有相当重要的位置，不仅在调节人居环境上有重要作用，而且还是一种可贵的资源及水生生物与某些禽兽栖息繁衍的基地，现多作为自然保护区受到保护。

盐碱土，全国各地皆有分布，包括草甸盐土、滨海盐土、漠境盐土和寒原盐土。盐土易溶盐含量高，碱土交换性钠含量 >20%，均能对作物产生危害。但所处地形平坦，且土层深厚，具备发展农业的良好条件，只要采取综合治理措施即可改造为高产土壤。

高山土，分布于青藏高原及各高山带，包括草毡土、黑毡土、寒钙土、冷钙土、棕冷钙土、寒漠土、冷漠土和寒冻土。土壤风化程度低，淋溶弱，多处于原始成土阶段或初育阶段，以牧为主。在青藏高原海拔 3 500 ~ 3 800 m 的河谷地带，7 月气温 >10 ℃、>0 ℃积温 1 500 ~ 2 500 ℃的地区，已发展种植业。

初育土发育于不同地带的山地、坡麓、丘陵及山间盆地，包括黄绵土、风沙土、新积土、石灰岩土、紫色土、石质土和粗骨土。土壤发育微弱，剖面无明显分异，母质特征明显。其中黄绵土和紫色土多为旱耕土壤，其他土类大部为林灌草地。坡度陡峻侵蚀较强土层浅薄的山地土壤，可种植林灌草防止水土流失。局部缓坡修造梯田，在林灌草保护下从事农业。

人为土，主要是水稻土、灌淤土和灌漠土，多见于各大河流域灌区、绿洲灌区、丘陵湖塘灌区。人为土是人工灌溉、水旱耕作条件下发育的土壤，具有淹灌、耕作、氧化还原和灌淤层等特征土层与特征性状。土壤肥力高，结构性和通透性良好，是我国重要的粮食生产基地。

三、农林牧业土壤资源的利用

我国土壤资源极为丰富。有世界上主要的森林土壤、草原土壤和荒漠土壤，还有世界上特有的青藏高原土壤。据统计，我国山地、高原面积占国土总面积的64%，丘陵占10%，平原和盆地只占26%。

表6－15是1979—1992年全国第二次土壤普查，逐县、逐乡进行土壤类型调查与测试，查明的各种土类的特性、生产性能、分布及面积（土壤资源数量）。我国总耕地面积13 758.85 $\times 10^4 hm^2$（206 382.8 $\times 10^4$ 亩），占国土总面积的14.3%。其中旱耕地 10 576.27 $\times 10^4 hm^2$（158 644 $\times 10^4$ 亩），水田面积3 179.8 $\times 10^4 hm^2$（47 694 $\times 10^4$ 亩）；全国林地26 134.4 $\times 10^4 hm^2$（392 016 $\times 10^4$ 亩），占国土总面积的27.2%；全国草地面积3 994.27 $\times 10^4 hm^2$（599 140 $\times 10^4$ 亩），占全国土地总面积的41.6%。

表6－15 中国农林牧业土壤资源利用构成

土壤资源利用类别	面积/$10^4 hm^2$	占国土总面积/%	人均占有面积/hm^2	占世界平均值的/%
耕地	13 758.85	14.3	0.119 3	31.6
林地	26 134.4	27.2	0.202 7	14.5
草地	39 942.7	41.6	0.346 7	42.3

从土壤资源农林牧利用类别来看，我国土壤资源利用绝对数量很大，但与世界人均值相比则很低，只占世界平均值的25%。我国耕地面积少主要是受地形条件所限。因山地、高原、丘陵面积占总土地面积的3/4，平原约占1/4。联合国粮农组织分析我国土壤资源利用状况后认为我国已是过垦国家之一。

在我国8.798 $\times 10^8 hm^2$ 的土壤资源中，目前农林牧业实际用地只有6.67 $\times 10^8 hm^2$，另外约2.133 $\times 10^8 hm^2$ 则为沙漠、戈壁和土层浅薄的山地。由于土壤类型的区域分异，形成了不同土壤资源利用结构的三大土区：东部湿润、半湿润土区，西南高原高寒土区和西北干旱土区(表6－16)。

表6－16　中国土利用构成

土地类型	东部湿润、半湿润区 /10^4 hm^2	西部地区/10^4 hm^2			面积合计 /10^4 hm^2	占总土地面积/%
		西南高原高寒区	西北干旱区	面积小计 /10^4 hm^2		
耕地	12 073.6	1 073.2	612.1	1 685.3	13 758.9	14.33
园地	884.7	36.2	41.6	77.8	962.5	1.00
林地	11 976.9	4 137.7	1 355.6	5 493.4	17 470.2	18.19
可利用草地	9 211.3	9 205.3	10 683.3	19 888.7	29 100	30.31
居民点工矿用地	2 988.7	479.6	398.7	878.3	3 866.9	4.02
交通用地	555.2	98.2	87.3	185.5	740.7	0.77
水域	2 275.1	720.3	546.7	1 266.9	3 542	3.68
其他	5 372.6	7 665.5	13 521.3	21 186.7	26 558.8	27.66
合计	45 338	23 416	27 246	50 662	96 000	100.00

(一) 东部湿润、半湿润土区

包括我国400 mm降水等雨线以东地区(不含云贵高原)，耕地占全国总耕地面积的87%，土地面积占全国总土地面积的47.22%。人口占全国总数的89.6%。本区雨量充沛，气候湿润、半湿润，光热资源丰富，是我国耕地、林地、沼泽湖泊、河流、城镇居民集中分布区，也是农、林、渔业集中产区。土地垦殖率高，一年一熟到一年三熟。区内秦岭—淮河以北旱地农业为主，以南水田占重要地位。

本区林地比重大，占土地面积的20.41%，占全国林地面积的68.5%，其中20%的天然林分布于东北山地棕色森林土、漂灰土、暗棕壤区，适生落叶松、樟子松、红松等用材林；华北褐土、棕壤区少天然林而以次生林和灌木林占主导地位；江南丘陵红壤、黄壤区适生杉木、马尾松、毛竹、油茶；华南热带砖红壤、赤红壤区水资源充沛，适生柚木，石梓、青皮、桉树和松树。

可利用的天然草地面积占本区面积的20.31%，占全国可利用草地面积31.65%，主要分布于东北平原和内蒙古东部，属温性草甸草原、草原、黑土、黑钙土、栗钙土、淡栗钙土壤带，是优良的天然牧场。在热带、亚热带山地丘陵红壤、黄壤、黄棕壤、石灰岩性土壤上生长的热性草丛、灌丛和稀树草丛，覆盖度高，亩产鲜草500～1 000 kg。分布于暖温带低山丘陵褐土、棕壤上的温性草灌丛密度大，是重要的饲草基地。

（二）西南高原高寒土区

概指云贵高原和青藏高原。海拔高、山脉绵亘，地势起伏大，气候垂直变化明显。土壤面积占全国总面积的24.4%，人口占8.3%。土壤资源的特点是，耕地资源有限，分散于山丘和洪积台地。坡地占72%，山高土薄，水土严重流失，山地石漠化面积大。旱耕地占69.7%，水田为30.3%，垦殖率低，云贵高原水旱轮作为主，冬种小麦、油菜，夏植水稻、玉米、薯类，一年一熟或二熟。青藏高原以旱作为主，70%可灌溉，青稞、小麦、豆类、饲草轮作。

林地土壤占全区面积的17.7%。滇南山地砖红壤、赤红壤、黄壤土区地处热带北缘，为雨林和常绿阔叶林带，适生云南脑香、木棉、润楠、地樟树、金平槠、白皮柯、柯树等；横断山脉峡谷(金沙江中游)褐红土、红壤、棕壤、暗棕壤土区适生云南松、丽江云杉、云南冷杉等；藏东南峡谷山地的棕壤、暗棕壤土区，适生铁杉、高山松、高山栎、冷杉、云杉等；藏南高山峡谷赤红壤、红壤、黄壤、棕壤土区，地处热带雨林和亚热带湿润环境，生长沙罗双、云南松、栎类、印度栲、刺栲、墨脱石栎等林木。

区内可利用的草地占全区土地面积的39.3%，其中70%分布于西藏，这里独特的中低纬高寒环境限制了植物群落的发展。大体上东部湿润、半湿润区高山草甸土壤上生长耐低温的中生多年生高寒草甸植物群落，它们低矮，密集丛生，外貌呈草毡状，覆盖度80%~90%，为夏季牧场。中部半干旱区高山草原土壤上生长耐低温的旱生多年生草本与旱生小半灌木高寒草原植物群落，结构简单，低矮、稀疏，覆盖度30%~40%，作夏季牧场。西部的阿里地区降水少，气候干旱，在高山漠土上生长超旱生小半灌木荒漠植物群落，为夏季牧场。在山间的河岸湖滨低洼地段，地下水位高或地面积水的草甸土和沼泽土壤上，生长耐寒喜湿的中生草本草甸植物群落，为冬季牧场。

（三）西北干旱土区

本区包括新疆全境、青海北部、甘肃河西走廊、宁夏北部和内蒙古的包头以西地区，土地面积占国土面积的28.38%，人口只有全国的2.17%。本区的主要特色是气候极其干旱，雨量稀少，蒸发强烈，日照充足，光热资源丰富，自然景观是温性荒漠和暖温性荒漠为主，特别是沙漠、戈壁占本区面积的45%。风沙、干旱、盐碱危害区内的农林牧业发展。荒漠土壤剖面浅薄、含石砾、石膏和易溶盐，长期缺乏有效土壤水分，不灌溉就无农业。因此，耕地只占总面积的2.2%。在山前冲洪积扇前缘地下水溢出带和河流沿岸，人们创造了肥力很高的灌耕土壤，成为我国重要的商品粮基地。由绿洲农业区走向山地，在海拔1 100 ~3 000 m间逐渐呈现荒漠草原灰钙土或棕钙土、干草原栗钙土、草甸草原黑钙土。这里缓平坡地农业旱作，因生长期短，一年一熟。

森林仅见于各大山地中山带阴坡灰褐土及灰色森林土壤上，适生西伯利亚落叶松、西伯利亚云杉、西伯利亚红松、雪岭云杉、青海云杉、桦树、山杨等。祁连山地阳坡有小面积祁连圆柏生长。

区内牧业较为发达，可利用草地面积占本区面积39.21%，主要分布于阿尔泰山、天山、昆仑山和祁连山地的山前洪积冲积荒漠植被带、低山荒漠草原植被带、中山干草原和草甸草原植被带、高山高寒灌丛植被带和高寒草甸植被带。

四、土壤资源开发利用中存在的问题

（一）耕地逐年减少，人地矛盾突出

由于人口增长，人均耕地面积逐年减少已成为世界性问题。目前全世界有 15×10^6 个居民点，其中有500～600个规模大的城市，若以每个居民点占地10 hm^2计，则共占地 1.5×10^8 hm^2。自1970—1980年，美国、法国、意大利和英国农地用作城市建设各占其2.8%、1.0%、2.5%和1.2%；荷兰近20年来每年占用农业用地万余公顷。我国从1950年到1980年的30年间，人均耕地减少了0.06 hm^2。据国家统计局统计，1986—1995年，减少耕地 6.7×10^6 hm^2，开发复垦 32.2×10^4 hm^2，增减相抵，耕地净少 191.3×10^4 hm^2，相当于韩国耕地总量；年均减少耕地 19.1×10^4 hm^2，相当于每年减少3个中等县的耕地面积。今后我国每年还净增加1 600万以上的人口，生存空间将越来越小。

（二）土壤侵蚀的危害

水蚀和风蚀是土壤资源遭到破坏的常见现象，世界约有1/4的耕地土壤受到不同程度的水蚀和风蚀。目前全世界土壤流失量已增加到 254×10^8 t/a。我国20世纪50年代初水土流失面积为 116×10^4 km^2，现在已扩大到 190×10^4 km^2，增长了64%，水土流失的耕地约占耕地总面积1/3以上。黄土高原水土流失面积占全面积的90%，年侵蚀量6 000 t/km^2以上；长江流域已有20%面积发生水土流失，珠江、辽河等流域也有所加重。估计全国土壤流失量 50×10^8 t/a，相当于流失氮、磷、钾肥 $4\,000\times10^4$ t，接近全国化肥的年产量。

（三）土壤退化，生产力下降

由于土壤侵蚀和垦殖利用不合理，土壤不断退化，表现在有机质含量下降，营养元素短缺，土壤结构破坏，土层变薄，土壤板结，土壤盐渍化和沙化。据艾伦统计，世界土壤资源养分亏损面积达23%，热带地区土壤中亏损最多的是磷、钙、镁、锌、硼等；南美洲酸性土中缺乏氮、磷养分者占90%以上，缺钾者占70%，缺锌者占62%。据印度统计，粮食生产消耗的养分远远多于施用化肥补充的养分。我国耕地土壤有机质下降也很普遍，如北大荒黑土未垦前有机质、全氮、全磷含量分别为75 g/kg，4.5 g/kg和2.3 g/kg；垦

种10年后下降到62 g/kg，4.1 g/kg和2.3 g/kg；种植20年后又下降到43 g/kg，3.0 g/kg和1.7 g/kg。南方土壤开垦后耕层有机质下降速度更快。因此，土壤有机质含量下降是当前土壤退化的主要标志。如不加阻止，土壤腐殖质的损失可以造成生态危机，因为土壤腐殖质是地球表面太阳能的主要累积器，也是保证生物圈生态稳定的土壤生产力保护者。

（四）土壤盐碱化

干旱、半干旱区盐碱土占干旱区面积的39%。主要分布于亚欧大陆内部、北非、北美洲西部。滨海地区和旱作土壤灌溉区有滨海盐土和次生盐土发生。联合国粮农组织1986—1987年统计受次生盐渍化影响，土壤失去生产力的面积为228×10^{6} hm^{2}，几乎为灌溉总面积的50%。我国盐碱土主要分布在黄淮海平原，东北西部，河套地区，西北干旱、半干旱区，滨海地区，估计总面积在20×10^{4} km^{2}以上。

（五）土地沙化

土地沙化是干旱、半干旱区土壤资源退化的又一种表现。联合国环境规划署估计，沙漠化威胁着世界土地面积的1/3，约$4\,800\times10^{4}$ km^{2}，并影响至少8.5亿人的生活。当前世界每年有7×10^{4} km^{2}的土地变成沙漠，如非洲撒哈拉沙漠每年南侵约30~50 km，沙漠前缘长达3 500 km。我国的沙漠、戈壁和沙漠化土地面积已达153.3×10^{4} km^{2}（1991年全国沙漠会议公布数字），占全国总土地面积的15.9%，主要分布在西北、华北北部和东北的西部，其中沙漠化土地面积17.6×10^{4} km^{2}，潜在沙漠化土地15.8×10^{4} km^{2}。随着人类过度利用土地，沙漠化空间分布范围正在逐步扩展。根据20世纪50年代末和70年代中期航片对比，25年来我国北方沙漠化土地增加了3.9×10^{4} km^{2}，平均每年扩大1 560 km^{2}。近十多年来，我国北方沙漠化土地的蔓延速度增大到年均2 100 km^{2}。到20世纪80年代末，沙漠化的土地至少已达19.7×10^{4} km^{2}。预测2030年沙漠化土地将比目前增加32.52×10^{4} km^{2}。世界上几次著名的沙尘暴给人们以深刻的教训。20世纪30年代，美国的沙尘暴使全国2/3地区受灾，3×10^{8} t的沃土被刮走。60年代中亚地区风蚀面积高达45×10^{4} km^{2}。1960年4月乌克兰的一次沙尘暴，受灾面积达4×10^{4} km^{2}以上，耕地表土吹蚀30~50 cm，卷走9×10^{8}~12×10^{8} t土壤。1993年5月5日，一次强大的沙尘暴席卷了甘肃河西走廊的东部、宁夏中卫、银川和内蒙古的阿拉善盟，农作物受害面积36.9×10^{4} hm^{2}，沙埋水渠2 000多千米，丢失大小牲畜12×10^{4}头（只）。上述沙尘暴事件的深刻教训是：任意破坏生态环境将带来极其严重的恶果。

（六）土壤污染

随着工农业生产的发展，工业“三废”和农药、化肥进入土壤的数量逐年增多，管理不善致使有毒有害物质在土壤中含量达到危害植物正常生长发育的程度，并通过食物链的传递影响人类健康，造成巨大损失。日本栃木县在1877年曾发生足尾铜山公害事件，铜矿山含铜毒水污染了附近的农田，引起数千公顷土壤和作物受害，土壤中酸溶性铜含量达200 mg/kg，造成水稻严重减产。20世纪50—60年代初，日本富山县神通流域由于使用镉污染的河水灌溉农田，土壤受镉污染，产出的稻米含镉，引起数千人患“骨痛病”。日本、美国、德国等一些发达国家高交通量的道路两旁，土壤受多环芳烃及铅污染严重。前几年一些发达国家将本国有毒废弃物作为工业原料向发展中国家输入，使我国和其他发展中国家陆续受害。大量使用农药和化肥是美国、西欧和日本现代化农业的主要特征。全世界有1/3～1/2的化学杀虫剂用在美国，导致美国23个州地下水中有57种农药混合污染，佛罗里达州和加利福尼亚州不得不分别封闭1 000多眼饮用水井。

我国工业“三废”排放量日益增多，受污染的土壤面积不断扩大。据统计，1980年全国工业“三废”污染农田266.7×10^4 hm^2，1988年增加到666.7×10^4 hm^2，1992年已达0.1×10^8 hm^2，每年损失粮食120×10^8 kg。其中污水灌溉污染农田330×10^4 hm^2，大气污染农田530×10^4 hm^2，固体废物堆放侵占农田及垃圾污染农田90×10^4 hm^2。1992年全国乡镇企业排放工业废水18.3×10^8 t，废气约122×10^{10} m^3，工业废渣1.15×10^8 t，虽然其总量只占全国“三废”总量10%左右，但局部污染却十分严重。目前我国土壤环境污染问题，局部地区有所改善，总体形势依然严峻，应引起各有关部门足够重视，及时采取措施加以预防和消除。

五、土壤资源的合理利用和保护

世界土壤资源开发利用强调农林牧综合发展、综合治理、扩大耕地面积和提高农作物的单位面积产量；土壤资源的保护则要求查明土壤资源存在的主要限制因素及农用地减少的原因，以便提出改造土壤资源对农林牧业生产的不利因素及保护耕地的具体措施。

（一）扩大耕地面积、盘活土地存量

扩大耕地面积，主要是开垦荒地。全世界可垦耕地$3\ 189.0\times10^6$ hm^2，已垦耕地$1\ 388.1\times10^6$ hm^2，占可垦耕地的44%。各大洲已垦耕地占可垦耕地的百分比，亚洲为83%，欧洲为88%，北美洲为51%，非洲为22%，南美洲为11%，澳大利亚和新西兰更低。由此看来，世界各地均有一些可垦耕地，但分布不平衡，非洲和南美洲扩大耕地面积潜力很大。1961—1980年工业发达国家农业增产来自扩大耕地面积者占8%，其余的92%来自提高单位面积产量；同一时期非洲和南美洲粮食增产来自扩大耕地面积分别占52%和54%。尤其

是亚洲和欧洲发展农业的重点基本上都放在提高土地资源生产潜力上。我国有宜农地约 32×10^4 km^2，可垦滩涂资源 15 133.33 km^2，开荒的重点是热带、亚热带地区与干旱、半干旱区。前者荒地地块小而分散，但垦后经济效益高；后者荒地面积大，干旱缺水，生态系统脆弱，开荒难度大，但土壤资源潜力大。

近些年来，城市用地规模过大，1986—1995 年我国 31 个特大城市主城区用地规模平均增长 50.2%，城市用地规模增长弹性系数（城市用地增长率与人口增长率之比）为 2.92，超出合理限度 1.12 的 1 倍以上。我国城镇和农村居民点用地总量已达 0.18×10^8 hm^2，人均用地 153 m^2，若将人均用地降到 100 m^2，可盘活耕地 594×10^4 hm^2。我国现有 600 多个城市中，其中有 402 个城市人均占地超过 100 m^2，盘活土地潜力很大。

（二）综合整治，合理布局

要充分发挥土壤资源潜力，就必须按照土壤资源对农林牧的适宜性，合理安排农业生产布局和结构。安排不当势必限制土壤资源潜力的发挥，直接影响农林牧业的全面发展。一般认为，应根据实际情况宜农则农，宜林则林，宜牧则牧。但这种适宜性是相对的，适宜程度除决定于土壤资源的自然属性外，还受生产力水平和科学技术的制约。因此，要使土壤资源利用有一个合理布局和结构，主要是处理农林牧三结合的关系。如农用地的开发必须辅以水土保持林，水源涵养林，防风固沙林，还要发展相应的牧业生产，在农林或林牧及农牧交错地区，调整好彼此的关系，促进生态平衡，提高土地经济效益，创造良好的农业生态环境和人类生存环境。

（三）改造土壤资源的障碍因素

（1）防治土壤侵蚀。在人类出现以前，暴雨、山洪已引起土壤侵蚀。而人类活动加速了土壤侵蚀。目前流入海洋的物质为 240×10^8 t，为天然侵蚀的 2.6 倍。防治侵蚀必须工程措施与生物措施相结合，首先要因地制宜确定农林牧的适当比例，然后采取相应的工程措施和生物措施。如农用地修建水平梯田、打坝淤地，并在地坎、沟谷源头植树造林和种草；林业可采取开挖水平沟、鱼鳞坑等栽种林木。采取治理措施一定要考虑经济效益与生态效益。黄土高原土壤侵蚀严重，修建水平梯田比坡地土壤蓄水量高 7%~8%，亩产也比坡耕地高1 ~2 倍。耕作措施也能起到防治土壤侵蚀的作用，如高茬收割、深耕松土、草田带状间作、间套作、增施有机肥及免耕法均可起到防治土壤侵蚀的作用。

（2）改良盐碱土。改良盐碱土和防止土壤次生盐渍化应同时并重，主要有水利改良措施、农业技术措施、工程措施、生物措施和化学改良措施。防止土壤次生盐渍化主要是科学灌水，防止渠道渗漏，抑制地下水位上升。

（3）改良沙土地。主要是营造防风固沙林，在此基础上再采取掺黏土，引洪漫淤，施有机肥，施固沙剂等办法进行改良。

(4) 防治土壤污染。土壤污染包括工业“三废”、放射性废物、重金属、农药等，可导致土壤物理、化学、生物性质变坏，质量变劣，作物积毒量增多甚至不能食用。防治土壤污染首先是杜绝污染源，同时采取技术措施进行治理，如施用石灰改变土壤 pH，使镉、铜、锌、汞等形成氢氧化物沉淀；施用磷肥减轻铜、锌、镍对作物生长的危害；施用有机肥促使有毒物质被土壤吸附；污水经处理后再灌溉；在污染较重的地块可采用客土法减轻土壤污染。

(5) 培肥土壤提高单位面积产量。提高土壤质量首先要大力发展农田基本建设，其中心任务是培肥土壤。我国中低产田占总耕地面积的61%，长江流域及其以南地区耕地占全国耕地的38%，水资源却占全国的80%以上。淮河流域及其以北地区，耕地占全国总耕地面积的62%，水资源不足全国的20%。全国优质耕地少，有灌溉设施和水源保证的耕地只占总耕地的39%。1995 年平均亩产粮食 283 kg，比发达国家粮食单产低 150～200 kg。

小麦平均单产全世界为 1.7 t/hm^2，欧洲为 3.0 t/hm^2，亚洲为 1.2 t/hm^2，非洲为 1.0 t/hm^2，大面积生产最佳平均单产为 5.2 t/hm^2，潜在生产力可达 12 t/hm^2。由此可见，土壤的生产潜力还很高。对于可耕地较少的亚欧两洲来说，农业发展的重点应放在增加土壤肥力，提高单位面积产量上。

六、土壤质量指标与评价体系

中国是世界上人口最多的国家，要用世界 10% 的耕地供养世界 22% 的人口，土壤质量的提高和合理利用显得非常重要。以往超强度利用土壤资源，大量增施化肥和农药，以及大量排放工业废物造成环境污染，并导致土壤质量下降。如何保持农业持续高速增长，又不影响环境质量和人体健康，科学家们正从土壤退化时空演变规律、形成机理与调控途径，对土壤质量和食物安全进行深入研究。

（一）土壤质量的内涵

土壤质量(soil quality)是与土壤利用和土壤功能有关的土壤内在属性。土壤质量或称土壤健康，是指土壤具有维持生态系统生产力和动植物健康而不发生土壤退化和其他生态环境的能力(《中国土壤学名词》,1998)。

近十多年国内外学者对土壤质量的内涵、指标、定量评价方法的认识逐步深入。Power(1989)认为土壤质量是土壤供养和维持作物生长的能力，包括土壤的耕性，土壤的团聚作用，有机质含量，土层深度，持水能力，渗透速率，pH 和养分供应能力。Larson 和 Pierce(1991)认为土壤质量应包括土壤物理特性、土壤化学特性和土壤的生物学特性，能为植物生长提供生育的基础，调节和分配土壤环境中水分的运动，调控土壤生态环境中有害物质的形成。Parr

(1992)等把土壤质量定义为土壤长期持续生产安全营养的食物，提高人类和动物的健康水平，并不破坏自然和生态环境的能力。

上述学者的研究都涉及土壤的功能，但没有能确定统一的评价土壤质量的指标体系。

Defining Soil Quality for a Sustanable Environment(1994)一书比较明确地从土壤生产力、环境质量和人类及动物健康三方面指出土壤质量包括的内容，即土壤在生态系统范围内维护生物的生产力、保护环境质量和促进动植物健康的能力。

中国学者阐述土壤质量含有以下三方面内容：土壤肥力质量——土壤提供给植物养分和生产生物物质的能力；土壤环境质量——土壤容纳、吸收和降解各种环境污染物质的能力；土壤健康质量——影响和促进人类和动植物健康的能力(徐建民、王海珍,2004)。

(二) 土壤质量评价指标体系

土壤质量评价是指以土壤肥力质量、土壤环境质量、土壤健康质量为中心，对土壤质量性能进行质量鉴定。并阐明土壤对某种农业的适宜程度，限制程度，生产潜力及经济效益，现在利用状况的合理程度及将来用途转变的可能性，提高土壤生产潜力与增加经济效益的必要措施，土壤利用对生态环境的有利和不利影响，食物产品对人类和动物的健康影响。

目前，国际上还没形成统一的土壤质量标准及评价体系，不同研究者在进行土壤质量评价时所选取的指标，既有描述性(descriptive)指标，也包括分析性(porformance)指标。而理想的土壤质量评价指标应该是翔实的，可重复利用的，并能客观、全面、综合地反映土壤质量的各个方面，能表明土壤肥力特征、环境条件及健康状况等。选取的指标如下：

(1) 土壤肥力质量指标。包含土壤物理指标、土壤化学指标和土壤生物学指标。

土壤物理指标指土壤质地、有效土层厚度、根际深度、土壤密度(土壤容重)、孔隙、渗透率、团聚体稳定性、水分含量、导水率、田间持水量、紧实度、渗透阻力等。

土壤化学指标指土壤有机质、全氮、全磷、全钾、pH、电导率、CEC、可提取氮、磷和钾及微量元素等。

土壤生物学指标指微生物生物量 C 和 N，潜在可矿化 N，代换熵，微生物 C/总有机 C，微生物总量，微生物多样性，与土壤碳、氮、磷循环相关的各种活性酶，大中型动物群落参数和生物学特性。

(2) 土壤环境质量指标。包括有机碳，微生物生物量 C，pH，CEC，全氮，质地，DDT，重金属元素 Pb、Cd、Cr、Zn、Cu、Hg、As 的全量及有效性。

（3）土壤健康质量指标。包括有机炭、pH、CEC、质地、有益元素 Se、I、Fe、Zn 全量及有效性。

土壤质量评价指标体系要考虑当地的自然环境特征和社会经济发展水平，土壤资源的功能和土壤利用类型来选择确定。

（三）土壤质量评价方法

根据土壤质量是土壤肥力质量、环境质量和健康质量三方面功能综合量度的反映，Doran 博士建议用下列两个方程表示

$$Sq = f(SqE_1, SqE_2, SqE_3, SqE_4, SqE_5, SqE_6)$$

式中：Sq 是土壤质量因子；SqE_1 是食物和纤维的生产能力；SqE_2 是土壤的抗虫性能；SqE_3 是地下水质量；SqE_4 是地表水质量；SqE_5 是空气质量；SqE_6 是食物的营养质量和安全质量。这个方程的优点是所有土壤功能都可根据特定的指标来评估。如在特定的生态系统中，SqE_1 是可以预期的目标产量，SqE_2 是可以设定的土壤侵蚀量的临界指标，SqE_3 是从根系土壤向地下水淋洗的硝态氮(或其他化学成分)之临界浓度，SqE_4 是养分有机污染物或土壤颗粒被径流携带向临近水体排放的负荷临界值；SqE_5 是土壤排放和吸收破坏臭氧的氮氧化物或温室气体(二氧化碳、甲烷)的浓度，SqE_6 是土壤中一些人畜必需的养分(Se、I、Fe、Zn)的临界含量和影响食品中有机、无机污染物的最高允许残留量或土壤中这些有毒物质的临界值。为了获得更加可靠和肯定的土壤质量信息，还可用另一个较为简单的方程表示。

$$Sq = (K_1 SqE_1)(K_2 SqE_2)(K_3 SqE_3)(K_4 SqE_4)(K_5 SqE_5)(K_6 SqE_6)$$

式中：K 是权重系数，仿照确定土地耕性指标的做法，根据政治地理学考虑，社会关注程度及经济的重要性等给出各个土壤质量因子的权重系数。例如，某地区粮食生产首先考虑产量，而空气质量是次要的，当然 K_1 要比 K_5 大得多(曹志洪,2004)。

我国黄土高原西北部气候半干旱，局部干旱，长期缺乏土壤有效水分，地势高差大，气温差异悬殊，对土壤质量评价指标的选择如表 6－17 所示。

首先把水分条件和热量条件放在最重要位置。又因区内山地和黄土丘陵所占面积大，坡陡，水土严重流失，有效土层变薄，年降水量 200～250 mm 的区域土壤淋溶弱，缺乏地表径流，土壤积盐，因而把土壤侵蚀，地形坡度，有效土层厚度，土壤盐碱化程度也作为重要指标。土壤有机质是评价土壤肥力水平的标志，作物产量是衡量土壤生产能力的指标。

由表 6－17 可以看出，将土壤质量鉴定指标分为 5 个级别，各级别分别反映土壤资源在农林牧利用上的适宜程度与限制程度。适宜性强、无限制因素的评价等级为 I 级，评价指标为 5；适宜程度低、限制因素强评价等级为 V，评价指标为 1。

表 6-17 土壤质量鉴定评价指标

评价等级	评价指标级别	评价指标											
		环境指标								养分指标	生物指标		
		水分条件	≥0 ℃积温/℃	土壤侵蚀	盐碱化程度及改良条件	地形坡度/(°)	土壤质地	有效土层厚度/cm	水文与排水条件	有机质/%	农业产量/($kg\cdot hm^{-2}$)	林木生长量/($m^3\cdot hm^{-2}$)	草类质量/%
Ⅰ	5	水源有保证	>3 100，可复种	无	无	<3	轻壤、中壤	>100	不淹没	>2	>400	>6	优质牧草>60
Ⅱ	4	灌溉水源保证较差，旱作稳定	3 100~2 500，中熟作物很稳定	轻度片蚀	轻盐化，易改良	4~7	重壤、轻黏壤	60~100	偶有淹没	2~1.5	300~400	5~6	良等牧草>60，优草牧草40
Ⅲ	3	灌溉水源保证差，旱作欠稳定	2 500~2 100，中熟作物稳定	强度片蚀	中盐化，改良条件较差	8~15	沙壤	40~60	季节短期淹没	1.5~1.0	200~300	4~5	中等牧草>60，良等低等牧草40
Ⅳ	2	无灌溉水源，旱作不稳定	2 100~1 500，耐寒作物稳定	轻度沟蚀	重盐化，改良条件差	16~25	砂、重黏壤	20~40	季节性长期淹没	1.0~0.5	200~100	3~4	低等牧草>60，中劣等40
Ⅴ	1	无灌溉水源，土壤不能旱作	<1 500，耐寒作物不稳定	强度沟蚀	盐土，改良条件很差	>25	砾质、砂砾质土	<20	长期淹没	<0.5	<100	<3	劣等牧草>60

思考题

1. 什么是土壤和土壤圈？土壤圈在地理环境中的地位和作用是什么？土壤圈的物质能量循环对生态环境变化、土地资源持续利用、人类社会生存和发展有哪些重大影响？

2. 如何认识地表环境对土壤形成的作用及土壤对独特自然环境的影响？

3. 土壤是由哪些物质组成的？它们之间是怎样相互联系、相互作用的？

4. 中国土壤发生分类与系统分类的原则、依据有什么不同？你认为哪些方面今后需要侧重研究？

主要参考书

[1] 熊毅，李庆逵．中国土壤[M]．2 版．北京：科学出版社，1990.

[2] 龚子同，等．中国土壤系统分类：理论 方法 实践[M]．北京：科学出版社，1999.

[3] 全国土壤普查办公室．中国土壤[M]．北京：中国农业出版社，1998.

[4] 中国科学院南京土壤研究所．中国土壤系统分类检索[M]3 版．合肥：中国科学技术大学出版社，2001.

[5] 中国土壤学会．面向农业与环境的土壤科学[M]．北京：科学出版社，2004.

[6] 李天杰，等．土壤地理学[M]．3 版．北京：高等教育出版社，2004.

[7] 杨林章，徐琪，等．土壤生态学[M]．北京：科学出版社，2005.

[8] 朱鹤健，何宜庚．土壤地理学[M]．北京：高等教育出版社，2001.

[9] 刘兆谦．土壤地理学原理[M]．西安：陕西师范大学出版社，1988.

[10] 刘南威，等，自然地理学[M]．北京：科学出版社，2005.

[11] 吴先余．土壤地理学[M]．西安：陕西科学技术出版社，1990.

[12] 詹尼 H．土壤资源起源与性状[M]．李孝芳，等，译．北京：科学出版社，1998.

[13] 柯夫达 B A．土壤学原理[M]．陆宝树等译．北京：科学出版社，1983.

[14] 赵其国．土壤科学的创新与发展——第 17 届国际土壤学大会的启示，面向农业与环境的土壤科学[M]．北京：科学出版社，2004.

[15] GERRARD J. Fundamentals of soils[M]. London: Routledge, 2000.

[16] BRADY N C, WEIL R R. Elements of nature and properties of soils[M]. New Jersey: Prentice-Hall Inc, 2001.

[17] ESWARAN H, THOMAS R, AHRENS R. Soil classification: a global desk refrence[M]. Boca Raton: CRC Press, 2003.

第七章　生物群落与生态系统

生物有机体遍布于地表，形成了地理环境的一个特殊的圈层——生物圈（biosphere）。虽然其活质总量仅约为 $3 \times 10^{12} \sim 3 \times 10^{13}$ t，远低于其他圈层的质量，但它对自然环境的影响却极其深刻。

生物圈是指在地球上存在生物并受其生命活动影响的区域，包括大气圈下层、整个水圈和岩石圈上部，厚度约达 20 km。实际上，大部分生物个体集中分布于陆地和海洋表面上下约 100 m 的范围内，形成为包围地球的一个生命膜。生物参与各种地理过程和不同地理环境的形成，并常常成为地理景观最突出的特征。生物也是人类进行生产活动的重要资源和生存的基本条件，是社会、经济持续发展的重要物质基础。

总之，生物是宇宙中最活跃的物质形式，在自然界能量的转化与固定、物质的迁移与循环和信息的传递与储存中扮演着十分重要的角色，生命的出现使地球表面变得绚丽多彩，生机勃勃。

第一节　地球的生物界

地球形成初期的大气为还原性大气，主要由水汽、H_2S、N_2、CH_4、NH_3、CO_2、CO 和 H_2 等组成，缺少氧气。在这种大气环境条件下，强烈的紫外线辐射、放电和火山爆发等，促使上述简单物质进行化学演化，形成氨基酸、核苷酸和糖等有机物质，这个过程大约开始于 40×10^8 年前。这些简单有机物质随着径流进入海洋，逐渐合成为蛋白质和具有自我复制能力的核酸等复杂有机物质。大约到了 $35 \times 10^8 \sim 38 \times 10^8$ 年前，蛋白质和核酸在原始海洋中浓度不断增加，并相互作用，逐渐凝聚成为一种呈小滴状的多分子体系——团聚体。这种团聚体具有与外界环境接触的界膜，并可通过界膜进行原始的物质和能量交换。有些多分子体系经过长期演变，终于形成具有原始新陈代谢作用和能进行繁殖的原始生命，此后就由生命起源的化学进化阶段进入生物进化阶段。

大约距今 32×10^8 年前，地球上出现了最早的单细胞原核生物细菌。从那时起到现在地理环境曾发生多次重大变化，生物在自然选择和本身的遗传与变异共同控制下，也不断发生分化与发展，旧种逐渐灭亡，新种相继产生，各种类群的动植物由简单到复杂，由低级到高级，并由水生到主要为陆生演化，形成今日繁荣的生物界。据统计，地球上已被记载定名的生物约有 140×10^4 种，其中动物约 100×10^4 种，植物约 40×10^4 种。而实际存在的生物种类可能有 10×10^6 种或更多。

繁多的生物种类是地球宝贵的财富。为了识别它们以便更好地利用和保护，需要对它们加以分类。人们比较了生物形态与解剖特征的异同、习性差别和亲缘关系的远近划分出不同的生物类群，再按它们的演化趋向和由低级到高级的顺序，建立起一个能够反映生物间亲缘关系和进化程度的分类系统。生物分类系统中采用的等级单位是界、门、纲、目、科、属、种等。种又称物种(species)，是生物分类的基本单位。种不是相似个体的简单集合，而是起源于共同祖先、具有极相似的形态和生理特征，能自然交配产生可育后代并具有一定自然分布区的生物个体群。相似的种合并为属，相似属合并为科，以此类推。这样便将各种生物归属系统中的适当位置，避免了混乱。

历史上曾有过许多生物分类体系，例如1735年瑞典生物学家林奈(Linnaeus)曾将生物分为动物界和植物界两大类，目前仍被广泛应用。植物多是自养的，不运动或被动运动的，具有细胞壁；动物是以植物或猎物为食的异养生物，能运动，细胞无壁。但现代生物科学认为把生物划分为动、植物两大部分过于简单，于是出现了三界、四界之分。20世纪60年代末，美国魏泰克(Whittaker,1969)把生物划分为原核生物、原生生物、植物、真菌和动物五个

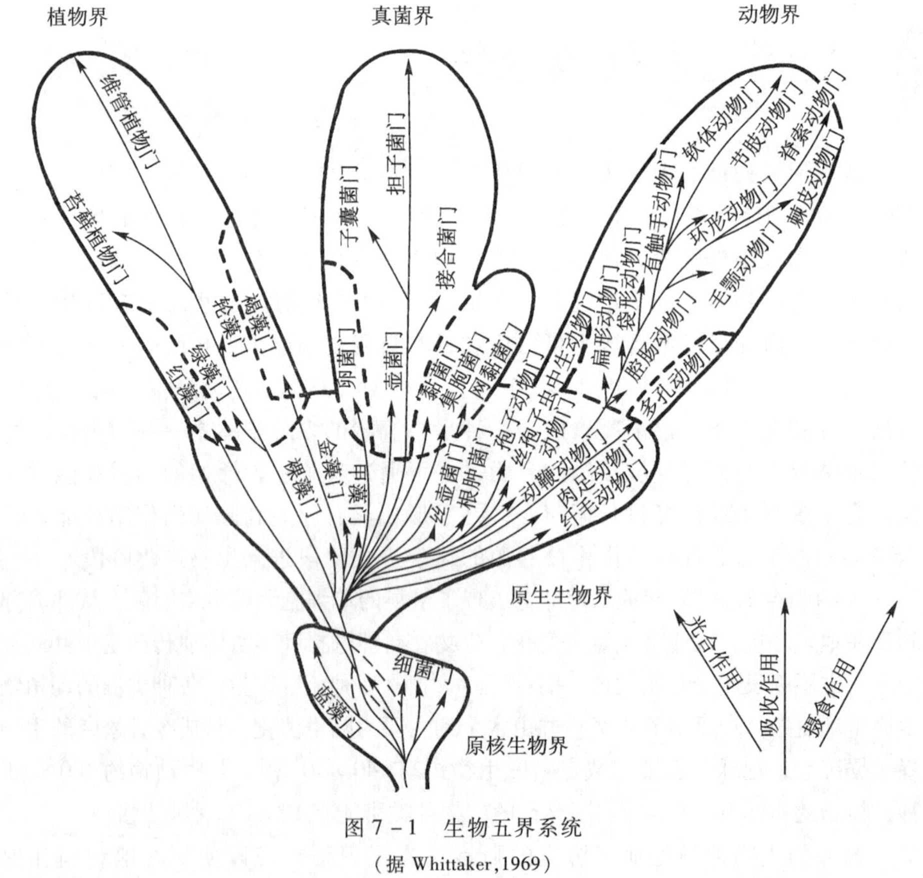

图7－1　生物五界系统

(据Whittaker,1969)

界(图 7－1)。五界在纵的方向显示了生物由简单到复杂、从低级到高级演化的基本趋势和三大发展阶段——原核生物、真核单细胞生物和真核多细胞生物阶段；在横的方面把真菌单列为一界，与动、植物平行共同成为高等生物进化的三大方向。这个分类系统比较符合生物演化发展的事实。

一、原核生物界

原核生物是一类起源古老、细胞结构简单、不具备核膜，没有明显细胞核的原始生物，包括细菌和蓝藻。细菌是自然界中分布最广、繁殖最快、个体数量最多的一类单细胞微生物。外形呈球状、螺旋状和杆状，菌体直径约 1 μm 左右。按其营养方式可分为异养、光自养和化能自养三类。绝大多数细菌是异养的，即靠消耗现成有机物质维持其生命活动。它们分解有机物取得能量和营养物质，未被利用的分解产物以无机物形式归还环境，重新被绿色植物吸收利用，故在自然界的物质循环中起着十分重要的作用。如果没有细菌的分解活动，地球上动植物的尸体将堆积如山，土地也将变得异常贫瘠。

蓝藻是细胞中含有叶绿素和藻蓝素、可进行光合作用的自养生物。有机体有单细胞的、群体的和多细胞的丝状体等形态，分布也很普遍，有些种类甚至出现于某些极端严酷的环境，如冰川表面或温度高达 85 ℃的热水泉中。许多蓝藻能固定大气中的氮，藻体死亡后释放含氮化合物为其他植物提供氮肥。稻田繁殖固氮蓝藻，有益于作物生长。

二、原生生物界

原生生物是由原核生物进化而来的另一类微生物，其有机体以单细胞的为主，也有一些群体。细胞内具有由核膜包围的真正的细胞核，属真核生物。有些原生生物细胞内含有叶绿素和其他色素，是可进行光合作用的自养生物，如裸藻、金藻、甲藻等；有些不含色素，为非光合作用的异养生物，如肉足虫、纤毛虫等。原生生物主要生活于水中和湿润的陆地环境中。

三、植物界

这是一类真核多细胞生物，单细胞者很少。绝大多数植物的细胞中含有叶绿素和其他色素，属于能够利用太阳能制造有机物质的自养生物，极少数为非绿色的寄生物。

植物界包括藻类和高等植物。藻类是无胚发育、植物体没有根、茎、叶分化的低等植物，主要生活于咸、淡水中，约有 20 000 种。主要有绿藻(如小球藻、水绵等)、轮藻、红藻(如紫菜等)、褐藻(如海带)等。水生藻类是鱼类和浮游动物的重要饵料。

高等植物可能起源于低等植物中的绿藻类(图 7 -2)。有机体为多细胞真核生物，有胚的发育，绝大多数有根、茎、叶的分化，以陆生为主。由于演化方向不同和营养体的来源与结构有明显差异，该类植物分为两支：一支是苔藓植物，其个体很小，高度一般不超过 10 cm，有类似茎、叶的分化而无真根，体内也无维管束组织，多分布于潮湿阴暗地方，是高等植物演化的一个盲枝。另一支是维管植物，包括蕨类植物、裸子植物和被子植物，是高等植物演化的主干。其最大特征是体内出现了维管束组织，提高了输导水分和养料的效率，并促使植物体产生了真正的根、茎、叶等器官，以固着、吸收、支持、运输和光合作用等生理机能使这类植物具有高度适应环境的能力。其中尤以被子植物进化程度最高、结构最复杂，对环境的适应能力最强，种类数目也最多，在陆地植被景观中居主导地位。

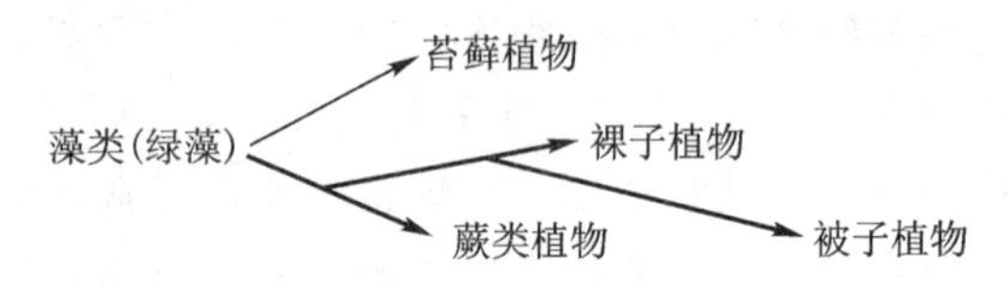

图 7 -2　高等植物的起源与演化方向示意图

四、真菌界

真菌也是真核生物，在二界分类系统中划归植物界。但由于体内不含可行光合作用的任何色素而成为营腐生或寄生生活的异养生物；有机体大都由多细胞菌丝聚集而形成菌丝体，外表呈灰色、黑色、褐色或红色，大多数真菌的细胞壁由几丁质(甲壳质)组成，细胞内储存的物质主要是脂肪和肝糖。真菌以各种孢子进行繁殖，故单列为一个独立的界。酵母菌、根霉、青霉菌及木耳、蘑菇、灵芝草等都是本界生物。

真菌分布也十分广泛，在有机质含量很高的肥沃土壤或林下枯枝落叶层中种类和数量最多。同细菌一样，真菌具有分解有机物质，促进自然界物质循环的作用。

五、动物界

动物也是体内不含光合色素的真核异养生物，不同于植物界和真菌界的特点是构成躯体的细胞没有细胞壁；体内的细胞因生理功能不同而发生分化，形成许多组织，一定种类的组织联合起来司某种生理机能而成为器官，许多不同的器官再联结为器官系统，因此动物的躯体构造十分复杂；此外，为觅食、寻找配偶或逃避天敌的袭击，动物具有迁移运动习性，其营养方式以摄食为主。

动物界种类繁多，形体构造与进化程度差异也很大，因此被划分成许多类群。

其中主要有环节动物、软体动物、节肢动物、脊索动物、鸟类和各种哺乳动物。上述各类动物中以节肢动物中的昆虫种类最多，约有 80×10^4 种，而哺乳类动物则是最进化的类群，灵长目的大猩猩、黑猩猩等是最近似人类的高等动物。

第二节 生物与环境

地球上的生命自然界因其内部组织结构的复杂程度不同可划分成许多层次或组建水平。从大分子有机物质(蛋白质、核酸等)开始，经细胞、组织、器官、个体、种群、群落、生态系统直到生物圈形成为一个多层次的序列。从一个层次过渡到另一较高层次时，生命组织便会出现新的性质和特征。在这个生命系谱中，从个体至生物圈的各级层次是现代生态学的主要研究内容，它与自然地理学有着极为密切的关系。本节主要介绍生物个体、种群、群落和生态系统与环境的关系。

一、生态因子作用的一般特点

生物在个体发育的全部过程中，不断与环境进行物质与能量交换。生物从环境中吸取必需的能量和营养物质建造自己的躯体，同时又把代谢产物排放到外界环境中，以此维持其正常生命活动和种族繁衍。因此，任何生物有机体都不可能脱离环境而生存。研究生物与环境间相互关系的科学叫做生态学(Ecology)。从生态学观点来看，所谓环境是指生物有机体或生物群体所在空间内一切事物和要素的总和。在这里生物是主体，而环境是既包括非生物自然要素，也包括主体生物之外的其他一切动植物。

环境控制着生物的全部生理过程、形态构造和地理分布。例如，蓖麻(*Ricinus Communis*)在我国中部以北地区为不能越冬的一年生草本植物，株高仅 1 ~ 2 m；在长江中下游可以宿根多年生，而在海南岛等热带地区则为多年生灌木状植物，高及 4 ~ 8 m。在林中与空旷土地上生长的同种同龄松树，其树高与树形也显著不同，这些都是外界环境作用的结果。

在环境对生物发生影响的同时，生物有机体特别是生物群体也对环境产生明显的改造作用。例如，针叶林下土壤的酸度往往比同一地区阔叶林下的高。湖泊中浮游生物大量繁殖，导致水体透明度下降，从而减弱水中的光照条件。生物还参与岩石风化、土壤形成及某些非金属矿的建造。水土流失可用植树造林和种草来防治，流动沙丘可用沙生植物来固定。可以说没有一个地理过程不受生物直接或间接的影响。

环境是由多种要素组成的综合体，其中对生物的生长、发育、繁殖、行为和分布有影响的环境要素叫做生态因子(ecological factors)。而生物生存不可或缺的那些因子称作生存条件(existing conditions)，例如对绿色植物而言，光、热、水、矿质营养元素、氧气和二氧化碳等就是不可缺少的生存条件。

生物与环境间的关系非常复杂，在认识生态因子对生物的作用时必须注意以下几个特点。

(1) 综合性。各种生态因子并非孤立地单独对生物发生作用，而是相互制约、相互影响并共同对生物产生影响。任何一个因子的变化都会不同程度地引起其他因子发生相应变化，而且一个因子无论其对生物的生存多么重要，也只有在其他因子的适当配合下才能发挥其作用。这就是生态因子的综合作用。

(2) 非等价性。对生物起作用的诸因子是非等价的，其中必有1~2个是起关键作用的主导因子。例如植物春化阶段低温是主导因子，许多秋播作物若不经过冬天低温锻炼，来年便不会开花结实。

(3) 不可替代性。生态因子虽非等价，但都不可缺少，缺失的因子不能用另一个因子代替。

(4) 限制性。生态因子对生物的生存并非总是适宜的。地球上各种生态因子的变幅非常大而每种生物所能耐受的范围却有一定限度。当一个或几个生态因子的质或量低于或高于生物生存的临界限度时，生物的生长发育和繁殖就会受到限制，甚至死亡，这种接近或超过耐性上下限的生态因子称作限制因子(limiting factors)。限制因子和限制强度随时间地点而变化，也因生物种类和其发育阶段不同而异。

生物对每一种生态因子的耐受上下限之间就是生物的耐受范围，或称做生态幅(ecological amplitude)，其中的最适生存范围，生物生长发育得最好(图7-3)。

各种生物对生态因子的耐受范围不同，有的耐受范围很宽广，有的则仅限于一个狭小的范围，前者称做广生态幅生物，后者则称为狭生态幅生物(图7-4)。一种生物对生态因子的耐受范围广则它对环境的适应能力较强，这种生物在自然界的分布也一定很广，反之分布范围便有限。各种生物通常在幼年和生殖阶段对生态因子的要求较严，耐受范围较窄。

二、生态因子与生物

如上所述，各种不同的生态因子是综合作用于生物的，但为了深入了解不同因子对生物的作用，需要进行单因子分析。

(一) 光与生物

所有生物的生存都必须有能量供给。太阳辐射被绿色植物吸收，通过光合

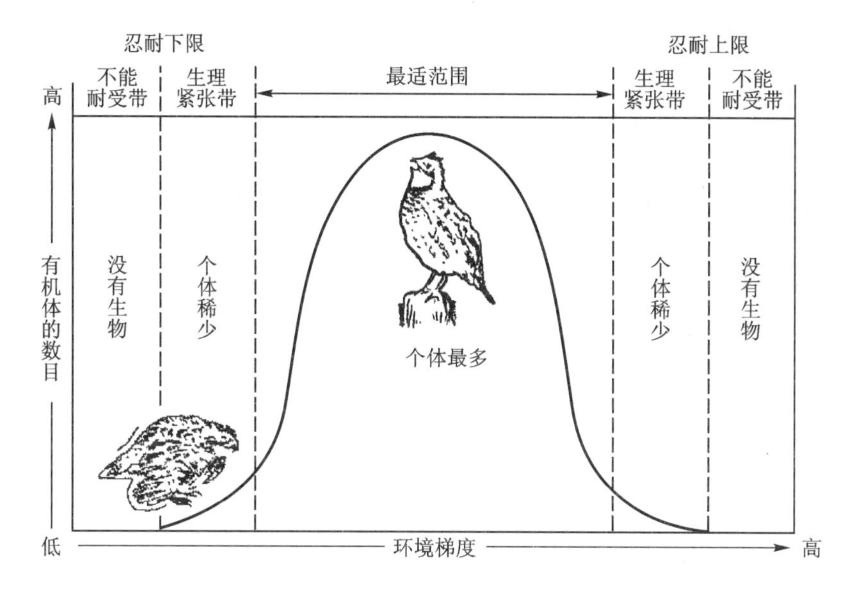

图 7－3 生物对生态因子的耐受限度

（据 Shelford，1911）

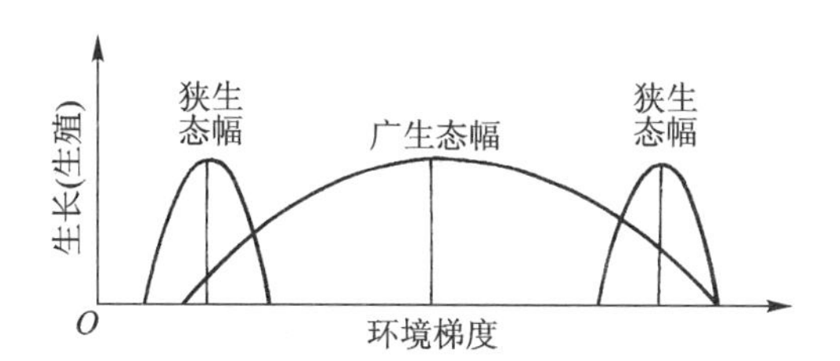

图 7－4 广生态幅生物与狭生态幅生物

（据 Odum，1983）

作用把光能转化为化学能储存在有机物质中，除供应本身消耗外还为其他生物提供所需要的能量。因此，光是一个非常重要的生态因子，光的性质、光照强度和光照时间的长短对生物的生长、发育、形态结构、生殖、行为和地理分布都有明显影响。

光的性质即光的波长对植物的生态作用最明显。在太阳光谱中，红光和蓝光被绿色植物吸收得最多，是光合作用中最有效的生理辐射光。红光（620～760 nm）与糖的形成关系密切，蓝光（435～490 nm）有利于蛋白质的合成，紫外光（290～380 nm）能抑制茎的伸长和促使花青素的形成。高山带植物茎秆短矮、花朵艳丽多彩与紫外光较丰富有关。紫外光对生物还具有杀伤作用，当波长为 200～300 nm 时能杀灭细菌等微生物，抑制传染病病源菌。

各种生物对光强的适应程度也不相同。有的植物喜欢生长在阳光充足的空旷地或森林最上层，而有些植物只见于阴暗处或森林最下层。据此可将植物分为阳性植物、阴性植物等生态类型。草原与荒漠植物、农作物与蔬菜等多属喜光的阳性植物（heliophytes），浓密的林下多生长阴性植物（sciophytes）。

不同动物对光强反应也不一样。有的动物适应在弱光下生活，如夜行性动物；有的则适应于在较强光照下生活，是昼行性动物；第三类动物如蝙蝠等，在拂晓或黄昏时出巢活动，为晨昏性动物。

地球上不同纬度地区白昼的持续时数互有差别。日照长短的变化是形成生物节律最可靠的信号系统。长期的适应使各类生物对日照长度的反应格式不同，这就是生物的光周期现象（photoperiodism）。许多植物的开花结实对昼夜长短变化的反应很不相同，据此可将植物划分为长日照植物、短日照植物和中间性植物等类型。长日照植物（long-day plant）每天需要 12 ~ 14 h 以上的光照才能开花，光照时间越长开花越早（图 7 – 5）。短日照植物（short-day plant）每天光照时数在 12 h 以下才能开花，在一定范围内黑暗期越长开花越早。在自然条件下短日照植物通常在深秋或早春开花，如水稻、玉米、大豆、烟草等。中间性植物（day neutral plant）对光照长短没有严格要求，只要生态条件适宜即可开花结实。

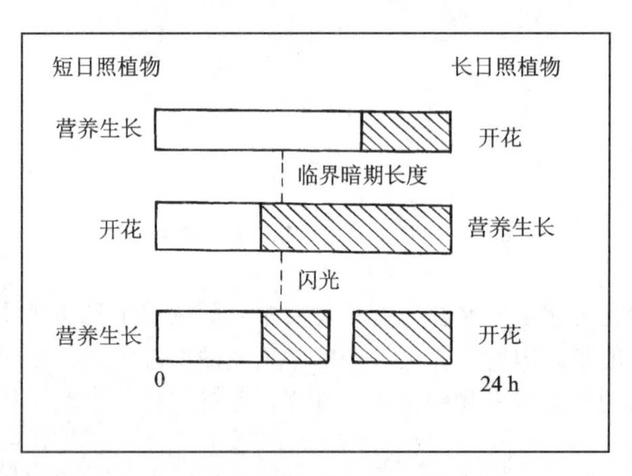

图 7 – 5　长、短日照植物的光周期反应

（二）温度与生物

各种生物对温度都有一定的适应范围，在此范围内生物体内的生物化学过程才能正常进行。温度过高或过低，超出生物所能忍受的限度时，生物的生长发育就会受阻甚而导致死亡。

植物一般在 0 ~ 45 ℃的温度范围内可正常生长发育，但也因种类不同而异。高温的伤害主要在于减弱光合作用而增强呼吸作用的程度，使两者失衡。

高温持续时间过长将减少植物体内有机物质使植物因“饥饿”而死亡。高温还可破坏植物体内水分平衡，促使蛋白质和酶失去活性乃至发生凝固变性。低温的不利影响主要是冻害，低于0 ℃的温度会使细胞间隙的自由水结冰，挤压细胞质造成机械损伤，并使细胞失水萎缩。在自然环境条件下，许多植物产生了一系列防止极端温度伤害的适应特征，如落叶，休眠，芽具芽鳞保护，加厚树皮，体表密生绒毛，增加细胞中糖、盐分和其他有机物质的浓度等，所以在地球上极端寒冷和酷热的地区仍有大量植物生存。

大多数动物生活在 -2 ~ 50 ℃温度范围内，但不同种类适应温度的范围有所变化。一般说来，低等动物比高等动物对极端温度的适应能力较强。但动物忍受高温的能力比忍受低温的能力差，因为低温一般不引起蛋白质和酶发生变性，有些动物还能忍受一定程度的身体冻结，有些昆虫体温降到零度以下时体液仍不结冰，温度回升后即可恢复正常活动。

温度对动物生长发育和形态的影响表现在低温可延缓恒温动物的生长，由于其性成熟延缓，动物可以活得更久、长得更大。因此同类恒温动物在寒冷地区的个体比在温热地区的大。个体大的动物单位体重散热量较少，有利于保温，个体小者体表面积较大则增加散热量，有利于降低体温(贝格曼定律)。另外寒冷地带哺乳类动物身体的突出部分如四肢、尾巴和外耳有缩短变小现象(阿伦定律)，以减少散热。相反，温热地区的则较大。恒温动物对低温的另一种形态适应是增加毛羽数量和质量或增加皮下脂肪的厚度，从而提高身体的隔热性能。

温度对动物行为的影响表现在使动物主动选择适宜的温度环境，以利其生存。如沙漠中的啮齿动物面对高温环境常常采取夏眠，穴居和白天躲进洞内、夜晚出来活动的对策，而旱獭、黄鼠等以冬眠状态度过严寒。许多鸟兽长距离迁徙也是对温度变化的一种行为适应。

温度还影响动植物的地理分布。热带和亚热带有利于生物的生存，故生物种类较多，寒带和高山地区种类较少。如爬行类在欧洲南部有82种，中部22种，北部只有6种。印度约有20 000多种植物，亚洲北极地带只有200余种。由于地表热量从赤道向两极逐渐降低，形成不同的气候带，与此相应的植物也有热带植物、亚热带植物、温带植物物和寒带植物等。在山地还可观察到与温度变化相适应的动植物垂直分布现象。

(三) 水与生物

水是所有生物生存不可或缺的重要因素。第一，水是生物有机体的重要组成成分，植物体的含水量一般为60%~80%，动物体的含水量更多，如鸟类为70%，鱼类80%~85%，蝌蚪93%，水母则高达95%；第二，生物的一切代谢活动都必须以水为介质，营养物质的吸收和运输、食物的消化、废液的排除、激素的传递及其他各种生物化学过程都必须在水溶液中进行；第三，水是植物进行光合作用的重要原料；第四，水的热容量大，且吸热放热过程比较缓慢，为水生生物创造了稳定的温度环境；第五，陆生生物可通过蒸发水分而散热以降低体温，对生物的热量调节和热能代谢具有重要意义。因此，没有水就没有生命。

陆生植物严重缺水时，关闭气孔减弱蒸腾，并抑制光合作用的进行和蛋白质等有机物质的合成，影响植物产品的数量和质量；干旱还使植物过分失水出现萎蔫现象，甚至引起死亡。环境中水分过多时，水涝使植物根部缺氧而致呼吸困难，营养物质和水的吸收作用受抑，叶子褪色生长发育不良。淹水条件下土壤环境处于还原反应状态，硫化氢、亚硝酸盐等增多，而土壤有机物分解减慢，并产生甲烷、醛等，这些有毒物质使植物根系逐渐变黑、腐烂，整株死亡。

长期的适应使不同植物对水分的依赖程度出现很大差异，据此可将植物划分为四个生态类型：水生植物（hydrophytes），生长在湖泊、河流、海洋等水域环境中；湿生植物（hygrophytes），生长在空气十分潮湿的林下或潮湿土壤上；旱生植物（xe-rophytes），生长在干燥缺水的草原和荒漠区；而一般的树木、农作物等属于中生植物（mesophytes），生活在水分条件适中的环境中。

动物和植物一样必须保持体内的水分平衡。动物失水的主要途径是皮肤蒸发、呼吸失水和排泄失水，失去的水分则由食物、饮水和代谢水得到补充。动物对干旱环境的适应方式多种多样。许多鸟类和兽类在干旱季节来临前常成群结队迁移到气候较湿润或有水草的地方。陆生动物皮肤的含水量比其他组织少，可减缓水穿过皮肤而蒸发。鸟类和哺乳类减少呼吸失水的途径将在扩大的鼻道内通过冷凝而回收由肺呼出的水蒸气，许多荒漠鸟兽则减少排泄失水，保持体内水分。

（四）空气与生物

空气对生物的影响可从空气的化学成分和空气运动两个方面考察，而且前者尤其重要。空气的化学成分比较复杂，其中氧和二氧化碳对生物的影响颇为显著。氧是动植物呼吸作用所必需的物质，生物正是借助于吸收氧气分解体内储存的有机化合物，取得维持生命活动所需要的能量。因此除厌氧微生物外，在缺氧的环境条件下动植物正常的代谢作用会受到抑制或因窒息而死亡。生活在水中的植物常以伸出水面的呼吸根或茎中具有发达的通气组织从空气或水中吸取氧气。

二氧化碳是植物光合作用的原料之一，其浓度高低直接影响光合作用的强度。在一定范围内光合作用的强度随 CO_2 浓度的增加而增强。夏季植物生长旺盛期，叶层周围常出现 CO_2 不足现象（图 7－6），必须由土壤有机物质的分解获得补充。

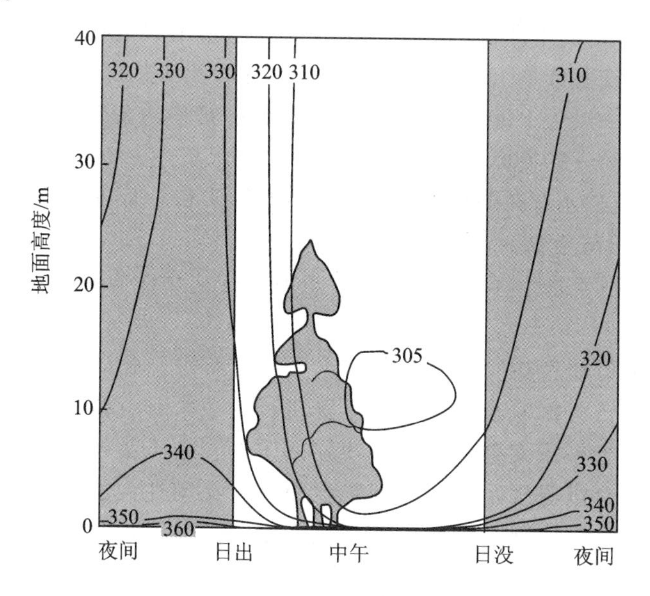

图 7－6　森林周围空气中 CO_2 浓度（10^{-6}）的日变化

（据云南大学，《植物生态学》，1980）

当前空气的化学成分受人类活动影响很大。人类在生产和生活过程中排放到大气中的有害物质，如硫化物（SO_2、H_2S）、氟化物（HF）、氯化物（Cl_3、HCl）、氮氧化物（NO_x）等，造成大气污染。当污染物的浓度超过一定限度时，便对生物有机体产生危害，使树木、农作物生长发育不良，叶片出现伤斑、褪绿、枯萎以至死亡，或使作物产量下降，品质变劣。

植物受大气污染危害的程度不仅与污染物的种类、浓度和持续时间有关，而且因植物种类的不同而有区别。紫花苜蓿对 SO_2 特别敏感而易受害，刺槐、侧柏、国槐则具有较强的抵抗力；氟化氢对唐菖蒲、杏、李、松的危害大，而对紫花苜蓿、玫瑰、棉花等危害小。

绿色植物对大气污染具有净化作用，在城市和工矿区大力进行绿化建设是综合防治大气污染的主要对策之一。

① 绿色植物对有害气体的吸收作用。植物的叶是吸收有害污染物的主要器官。非污染区一般叶中硫含量为叶干重的 0.1%~0.3% 左右，在 SO_2 污染区有些植物吸收的硫为正常值的 5～10 倍。垂柳、加杨、刺槐等都是吸收 SO_2 较强的树种。

② 绿色植物的减尘作用。植物的茎叶以其粗糙的表面、绒毛或分泌的树脂、黏液等滞留空气中的尘埃，净化大气。滞尘量与树种、林带、草坪面积、

种植情况及气象条件均有关系。我国一些工业区，绿化带比非绿化地带空气中的飘尘量平均减少21%~60%。

③ 绿色植物的杀菌作用。绿色植物的减尘作用和植物分泌的杀菌素都可减少大气中的细菌数量。据有关部门测定，在人流少的绿化带和森林公园中，空气中细菌量一般为1 000~5 000个/m^3，而在繁华的公共场所如车站、百货商店可达20 000~50 000个/m^3。

④ 绿色植物还有减弱噪声、吸滞放射性物质和CO_2的作用。

(五) 土壤与生物

土壤是陆地生物生存的重要基地，其物理、化学性质对生物的生存产生强烈的影响。

作为陆生植物生长发育的营养库，土壤具有供应和调节植物生活中所需水分、养料和空气的双重作用。从土壤机械组成来看，紧实的黏土通气透水性能差，不利于根系发育，多生长浅根系植物。壤土结构良好，土壤空气与水分适中，发育以深根系为主的植物。而基质流动性大的沙地，一般由于光照强烈、温度变化剧烈、干燥少雨、风力大、养分不足等条件限制，只有种类不多的沙生植物(psammophytes)能够生存，因此沙生植物是防风固沙的良好材料。

土壤和植物之间以极大的接触面积进行着频繁的物质交换。土壤供应植物的水分和矿质营养元素，植物的代谢产物和枯枝落叶又促使土壤的形成并影响其理化性质。植物在生活过程中需从土壤中吸收多种营养元素，以保证其生存，其中N、P、K、S、Ca、Mg等矿质元素被吸收得最多，称为大量元素，Fe、Cu、Zn、B、Cl、Mo、Co等属微量元素。氮是构成蛋白质和核酸等有机物的重要成分，氮素营养充足有利于蛋白质、各种酶、叶绿素、生长素等的合成，会使植株高大，叶片多、色暗，光合作用强，有机物产量高。磷也参与蛋白质、核酸和酶的形成，植物缺磷时出现生长缓慢、蛋白质减少、落花落果等现象。其他元素也都各有其特殊作用。

土壤的酸碱度(pH)影响矿质营养盐类的溶解度，从而影响矿质营养元素被植物吸收利用的有效性(图7-7)。例如磷在碱性土壤中易于和钙结合，在酸性土壤中易与铁、铝结合，降低其有效性，而在pH为6~7.5的弱酸性至中性土壤中有效磷较多。氮、镁和钙等也是在中性土壤中有效性较高。根据植物对土壤pH的适应范围不同，可将植物划分为酸性土植物(pH小于6.5)，中性土植物(pH 6.5~7.5)和碱性土植物(pH大于7.5)三类。

土壤中易溶性盐类(NaCl、$NaSO_4$、$NaHCO_3$、$NaCO_3$)含量过高时将引发盐渍化现象，使土壤溶液浓度高，渗透压增大，植物吸收水分困难，出现生理性干旱，种子发芽和植株生长不良，限制一般植物的生存。只有盐生植物(halo-

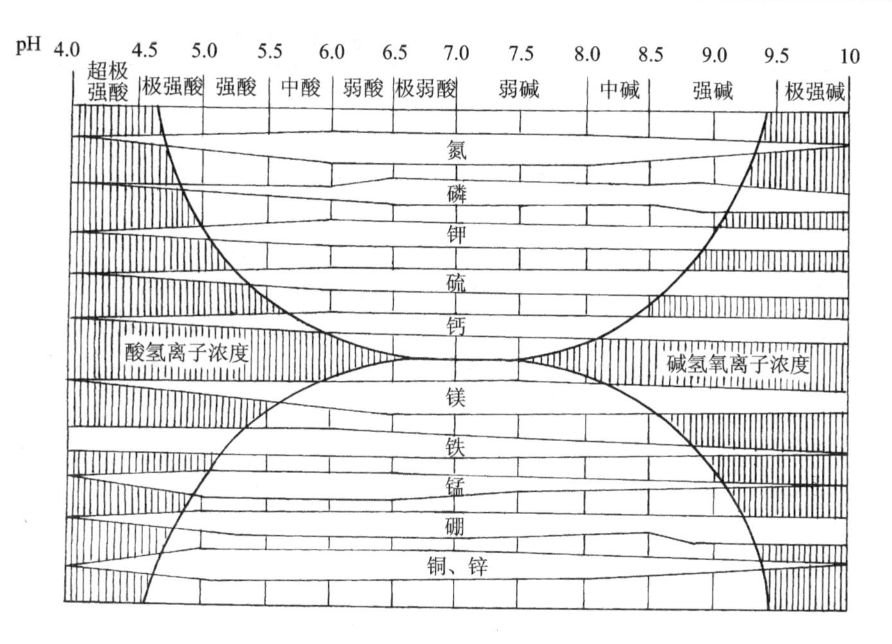

图 7－7 土壤 pH 对元素有效性的影响

phytes)如红树、盐角草、碱蓬等，才能以很高的细胞渗透压、茎叶肉质化或分泌体内过多盐分等特征适应这类环境。

对动物而言，土壤是比大气更稳定的生活环境，其温度和湿度的变幅小得多，因此动物常在土壤中躲避高温、干燥、大风和阳光直射等不利因素的影响。栖居在土壤中的动物种类很多，数量也十分巨大。

土壤温度和湿度发生变化，包括季节性变化和临时变化都可导致土栖无脊椎动物在土内进行明显的垂直迁移活动，以获得适宜的生活环境，这是土壤对动物行为的影响。

现代由于污水灌溉、施用城市和工矿区的固体废弃物作肥料，酸雨及农药的使用，使土壤受到污染，影响作物生长发育，造成减产和品质降低，并通过食物链对人类和其他动物产生危害。

（六）生物之间的关系

地球上没有一种生物单独生存于非生物环境中，一种生物总不同程度受到其他生物的影响。对某一特定生物而言，周围对它产生影响的动物、植物和微生物便成为很重要的生态因子。生物间的关系十分复杂，有种内关系和种间关系，有直接影响和间接影响，还有不利与有利的作用。这里主要介绍生物种间关系的几个基本类型(表 7－1)。

表 7－1 两个物种间相互作用基本类型

相互作用类型	物种		相互作用的一般特征
	1	2	
1. 中立	0	0	两个物种彼此不受影响
2. 竞争	－	－	两个物种互相抑制
3. 偏害作用	－	0	物种 1 受抑制，物种 2 无影响
4. 寄生作用	＋	－	物种 1 为寄生者，受益；物种 2 为寄主，受害
5. 捕食作用	＋	－	物种 1 为捕食者，受益；物种 2 为被捕食者，受害
6. 偏利作用	＋	0	物种 1 偏利者，受益；物种 2 无影响
7. 原始合作	＋	＋	彼此有利，但不是必然的
8. 互利共生	＋	＋	彼此有利，是必然的

注：＋表示对生长、存活或其他特征有益；－表示生物的生长等特征受到抑制；0 表示没有意义的相互影响。

（1）竞争(competition)。对食物、生存空间和其他条件具有相似或相同要求的不同物种，为自身生存力求抑制对方，从而给双方带来不利影响，谓之竞争。竞争多发生在共同需要的资源和空间有限而物种个体密度过大的情况下。有的种间竞争是一方对另一方发生间接影响，如草原上的鼠类、牛羊和其他食草动物为饲草而发生的资源利用型竞争；有的则是一方对另一方通过资源利用的直接干扰型竞争，如杂拟谷盗和锯谷盗同在面粉中饲养时，不仅竞争食物而且相互吃卵。种间竞争的结果出现一个种被另一个种完全排挤掉或一个种迫使另一个种占据不同的空间位置和利用不同的食物资源等，即发生生态分离(ecological separation)，在生态学上称作高斯(G. F. Gause)的竞争排斥原理(competitive exclusion principle)，即生态位相同的两个物种不可能在同一地区内共存。如果生活在同一地区内，由于激烈竞争，两者之间必然出现栖息地、食性、活动时间或其他特性的分化(图 7－8)。

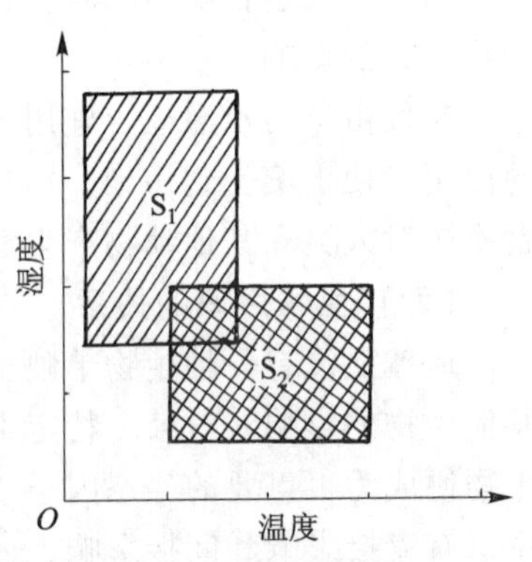

图 7－8 物种 S_1 和 S_2 的生态位空间模式图

(据 Krebs，1978)

（2）寄生作用(parasitism)。一个物种的个体(寄生物)生活在另一个物种个体(寄主)的体内或体表，并从其体液或组织中吸取营养以维持生存，虽常常降低寄主生物的抵抗力但并不一定导致寄主死亡；寄主死亡则会引起寄生物的死亡，这是不同于捕食作用的。例如菟丝子或列当常寄生在其他植物体上吸取所需要的水分和营养物质(图7-9)。产于我国西部山地的冬虫夏草，则是一种真菌寄生在虫草蝠蛾幼虫体内的现象。

图7-9 寄生在百里香根上的列当
(据云南大学,《植物生态学》,1980)

(3) 捕食作用(predation)。捕食作用是捕食生物袭击并捕杀被捕食者生物作为食物的一种现象。捕食者因获得食物而受益，被捕食者则受到抑制(植物)或死亡(动物)。例如牛羊吃草、狮子捕食羚羊等。自然界中除一种捕食者吃一种猎物的简单系统外，更多的是多种捕食者吃同一种猎物和同一种捕食者吃多种猎物的复杂现象，构成生态系统中的食物网结构。

捕食作用并不总是有害的，一方面捕食者作为一种自然选择力量淘汰了有病、衰老或其他方面不理想的被捕食者的个体，在一定程度上提高了后者种群的质量，可以说是一种天然的质量控制法；另一方面捕食作用还可以调节生物种群的数量，维持生物种群间和生物与环境负荷间的平衡(图7-10)。利用害虫的天敌以虫治虫，是捕食作用在农业生产上的应用。

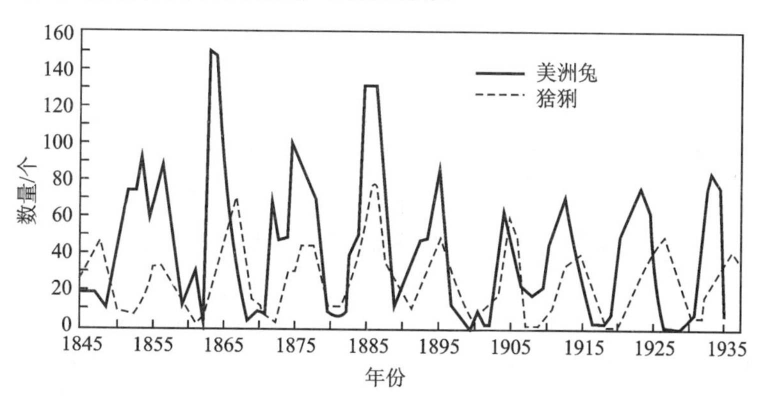

图7-10 美洲兔和猞猁数量的平衡与周期性波动

(4) 原始合作(cooperation)与互利共生(mutualism)。原始合作又称为互助，是指一起生活的两个物种彼此从对方受益，但它们并不互相依赖，而是可以单独生存。例如非洲稀树草原上，放牧动物群与野生植食动物群羚羊、长颈鹿、狒狒等常混牧，每一种动物都为该组合提供其独特的警报，防止敌害，每一种动物又都可脱离该组合而独立生活，这是动物种间互助现象。昆虫和鸟类采食植物花蜜又传播植物孢子或花粉则是动物和植物间的互助。

互利共生则是两个不同物种的有机体密切结合，双方在共同生活中均获得利益，但彼此不能分开单独生存。固氮的根瘤菌与豆科植物，白蚁与其肠内的鞭毛虫之间的关系都是典型的互利共生实例。

三、生物对环境的适应

生物的适应(adaptation)是指生物的形态构造、生理机能、个体发育和行为等特征与其长期生存的环境条件相互统一、彼此适合的现象。生物与环境间的这种协调在一定程度上保证了生物的生长、发育与繁殖。

生物对环境的适应有趋同适应和趋异适应两类。所谓趋同适应(convergent adaptation)是指亲缘关系相当疏远的不同种类的生物长期生活在相同或相似环境中，通过变异和选择形成相同或相似的适应特征和适应方式的现象。如哺乳类的鲸、海豚、海象、海狮、海豹，爬行类的鱼龙，鱼类的鲨鱼，亲缘上相距甚远但都长期生活在海洋中，整个身躯形成为适于游泳的纺锤形，前肢发育成适于划水的胸鳍、附肢及其他相似特征。趋异适应(divergent adaptation)或称辐射适应是指同一种生物的若干个体长期在不同环境条件下生活，形成了不同的适应特征和适应方式。例如芦苇(*Phragmites communis*)在浅水、沼泽中茎秆直立，高达 2 m 以上；而在盐碱地上分枝较多，匍匐生长，茎秆长约 20 ~ 30 cm。生态学上将这种具有不同生态特征的同种个体群称为生态型(ecotype)。

趋同适应和趋异适应都是通过改变生物的形态构造、生理生态机能或行为等特征而实现的。例如陆生高等植物深入土壤的根系、直立于地面上的茎枝系统和形状扁平、面积阔大并呈绿色的叶子都是植物分别适宜于吸收、固着、输导和光合作用等机能以保证进行正常的营养生活而形成的器官；而色彩艳丽的花冠、芬芳的气味和花蜜是虫媒花植物借以招引蜂蝶传播花粉，完成繁殖后代的适应特征。仙人掌叶子退化成针刺状以减少水分蒸腾，肥厚的肉质茎储存大量水分，这些旱生化的特征是它们对干热气候条件的适应特征。又如许多动物借助保护色、警戒色和拟态躲避捕食者而获得生存的机会。水中的鱼一般体扁如梭，具鳍无颈，眼睛位于两侧，体色上深下浅，体内有鳃和鳔等，这些特征使鱼适于水中生活。候鸟依季节变换而进行长途迁徙也是一种适应方式。

生态学家 MacArthur 和 Wilson(1976)按照生物栖息环境和生物在进化过程中对其栖息环境所采取的生态对策(bionomic strategy)即适应特征，将生物划分为 k 对策者和 r 对策者。k 对策者的栖息生境较稳定，很少发生难以预测的灾害。这类生物一般出生率低，发育慢，成熟晚，寿命长，个体大，能进行多次繁殖，具有较完善的保护后代机制；扩散能力较弱但竞争能力强；死亡率一般与种群密度有关；种群数量常常稳定地保持在环境负荷量 k 值附近。因此这样的适应选择称为 k 选择，这类生物便称为 k 对策者。相反，r 对策者栖息的生境多变而不稳定，灾害比较频繁。这类生物通常出生率高，个体小，发育快，早熟，寿命短，只繁殖一次，子代数量多但缺乏亲代的保护；死亡多由环境变化与灾害引起；竞争力弱但一般具有很强的扩散能力，一有机会就会入侵新的栖息地。因其种群数量变动较大，经常处于 k 值以下罗杰斯谛曲线的增长阶段，故称 r 选择和 r 对策者（r 取 reproduction 字头）。昆虫和一年生植物多属 r 对策者，它们的能量主要用来提高增殖能力和迁移扩散能力。自然环境是一个连续变化序列，因此在 r 对策者和 k 对策者两个极端生物群之间还有很多过渡类型，它们共同构成一个 r－k 连续体（r－k continuum）。

生物的适应现象不是固定不变的，有节奏的季节变化和昼夜变化使适应性具有动态特征。在温带地区，许多树木春夏展叶、开花，秋冬落叶、休眠，就是植物适应环境变化的现象。

不同的适应方式同样具有生态上的合理性。它们或帮助生物充分有效地利用环境空间和资源，或防御某些不利因素的危害保证其正常生活及有利于物种分化和新种的形成。所以适应在生命自然界是极为普遍的现象。

生物能够产生某些生态适应特征而与环境保持协调关系，是生物与生物间以及生物与无机环境间通过遗传变异和自然选择逐渐产生与形成的。正如达尔文在《物种起源》一书中所说“自然选择在世界上每日每时都在精密地检查着（生物）最微细的变异，排斥坏的，保存好的，并把它积累起来；无论什么时候，无论什么地方，只要有机会，它就静静地不知不觉地工作，改进各种生物与有机和无机生活条件的关系。”

生物对环境的适应虽然保证了生物的生存与发展，然而由于环境条件经常变化，使原来适应于某一特定环境的特征不适应新的环境，生物的基因发生突变也可改变其本身原来的某些适应特征。因此生物的适应性仅在特定的生活环境中有意义，一旦环境发生变化，以前的适应便失去作用。此外，当生物的适应性朝着一个固定不变的方向发展时，可能导致高度特化现象，使生物绝对依赖于某种已经适应的环境，生态适应范围变得很狭窄而易遭到毁灭。

第三节　生物种群和生物群落

前两节主要是以生物个体为对象研究其本身的特征及与环境的关系。实际上，自然界任何生物种总是以同种或不同种的许多个体形成群体而出现在一定空间中，这样的群体就是生命自然界层次序列中的种群和群落，它们是生态学研究的两个重要对象，前者多偏重于动物，后者主要应用于植物。

一、种群及其一般特征

任何一种动物或植物都是由许多个体组成的，这些个体总是占据着一个分布区域，在其分布区内既有适合生存的环境，也有不适合生存的环境。因此，在物种分布区里便形成为大小不等的个体群，生态学家把占据一定空间或地区的同一种生物的个体群叫做种群(population)。实际上，种群空间界限是为工作方便而划定的。

种群是由个体组成的，但当生命组织进入到种群水平时，生物个体已成为较大和较复杂的生物系统的一部分。此时作为整体的种群出现了许多不为个体所具有的新属性，如出生率、死亡率、年龄结构、性别比例、分布格局和某些动物种群独有的社群结构等。

在自然界，种群是物种存在、进化和表达种内关系的基本单位，是生物群落和生态系统的基本组成成分，同时也是生物资源开发利用和保护的具体对象。种群生态学是生态学中一个重要的分支学科。下面简要介绍种群的基本特征。

(一) 种群的数量和密度

在一定空间中某种生物个体的总数目称为种群的数量，在单位空间或面积内的个体数目则叫做种群密度。种群数量和密度的变动范围，因物种的繁殖特性、种群的年龄结构和性别比、种内和种间竞争及环境条件的不同而异。在统计和分析种群数量或密度时，应区别单体生物和构件生物。单体生物(unitary organism)多为动物，各个体基本保持一致的形体，彼此差别不大。构件生物(modular organism)多系植物，其个体虽然也是由一个受精卵发育而来，但其地上和地下部分在生长过程中要进行多次分枝，形成繁杂的茎枝系统和根系，这些不同级次的分枝称为构件。不同个体的构件数量和空间分布状况往往差别很大，个体的大小也因此而相差悬殊，在占有空间和利用资源上很不一致。因此，研究植物种群密度时必须重视个体水平以下的构件组成，这是不同于动物种群的重要之点。

通过定期测定种群的数量和密度可获知其动态变化状况、种群与其环境资源和生态条件的关系，用于估算生物量和生物生产力。

(二) 种群的年龄结构和性别比

除人工种植的作物种群和饲养的动物种群常由同龄个体组成外，自然界中大部分生物种群是异龄种群，即世代重叠种群。按龄级(如 0 ~ 5 龄,5 ~ 10 龄等）或繁殖状况（如繁殖前期，繁殖期，繁殖后期）分组计算各龄级的个体数目与种群总个体数目的比例即为年龄结构（age structure）或年龄分布。再按龄级从幼龄到老龄顺序作图，就得到年龄金字塔（图 7－11）。根据各龄级个体的多少可将年龄结构区分为增长型、稳定型和衰退型三个基本类型。增长型表示种群中有大量幼体和少数老年个体，其出生率大于死亡率，是一个数量增长的种群；反之则是个体数量下降的衰退种群；具有稳定型年龄结构的种群幼年个体与中、老年个体所占比例大致相等，出生率与死亡率基本平衡，种群数量稳定。构件生物种群的年龄结构有个体年龄和构件年龄两个层次，后者是单体生物所没有的。研究种群的年龄结构对于预测种群未来发展趋势和采取相应管理措施具有重要意义。

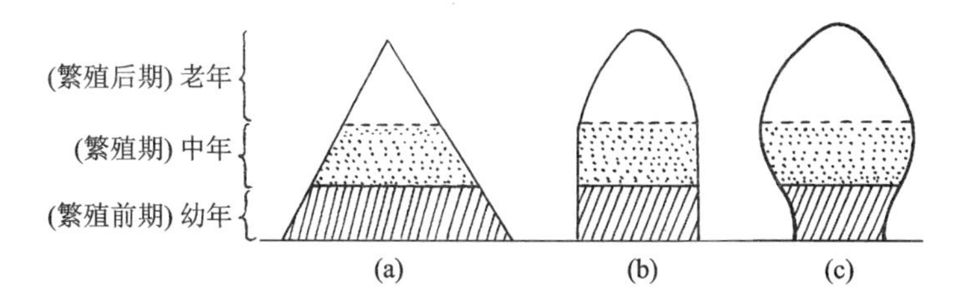

图 7－11　种群年龄结构类型

（据 Kormondy，1969）

（a）增长型；（b）稳定型；（c）衰退型

一个种群全部或某一龄级雌雄性个体的比例即性别比例，是与种群数量动态有关的重要结构特征之一。人口统计中也常用年龄结构与性别比说明人口状况，并常将年龄金字塔分成左右两半，分别表示男性、女性的年龄结构。

（三）种群中个体的水平分布格局

种群的密度只是表示一定空间内生物个体的数目而不能表示个体的分布状况，密度相同的种群，空间分布可能极不一致。一般把种群个体的水平分布归纳为三种基本类型：随机分布、成群分布和均匀分布（图 7－12）。随机分布是指每一个体在种群内的各个点上出现的机会相等，这种现象只有在环境资源分

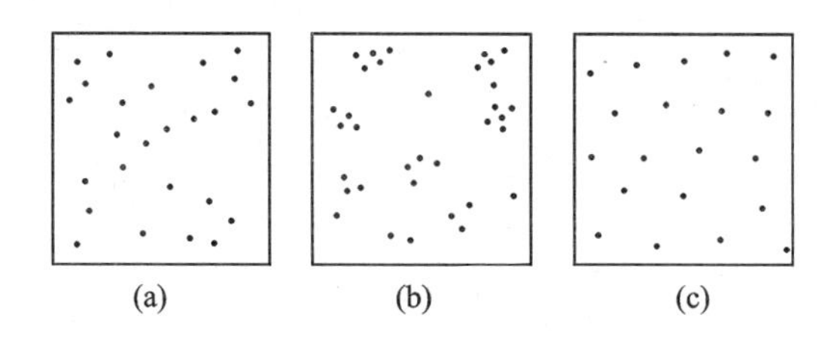

图 7－12　种群个体的水平分布

（a）随机分布；（b）成群分布；（c）均匀分布

布均匀的情况下出现，在自然界比较少见；个体均匀分布的现象，只出现在农田或人工林中；成群分布的形式较为普遍，种群中的个体常成丛、成簇或呈斑点状不均匀分布，各群的大小、群间距离及群内个体密度都不一致。其形成原因是：①环境资源分布不均匀；②植物的繁殖往往以母株为扩散中心；③动物的社会行为使其结合成群。

（四）出生率和死亡率

出生率(birth rate)泛指生物产生新个体的能力，无论这些新个体是通过生产、孵化，还是出芽、分裂的方式产生，都可用出生率这个术语。出生率是种群内个体数目增长的因素，以单位时间内产生的新个体数表示，即 $B=\Delta N/\Delta t$。出生率有最大出生率和实际出生率之分。最大出生率是指种群处于理想环境条件下的出生率，是理论上的最大值，对某个特定种群来说是一个常数。在自然环境条件下种群实际的繁殖能力称为实际出生率或生态出生率，它随具体情况而发生变化。

死亡率(death rate)是指种群中个体死亡的速率，分为最小死亡率和实际死亡率两类。前者是种群在最适生活条件下，个体达到生理寿命极限而自然衰老死亡的速率。实际死亡率或生态死亡率则是种群在某种环境条件下实际的死亡率。死亡率用单位时间内死亡的个体数目表示，即 $d=\Delta d/\Delta t$。

出生率和死亡率都是指种群的平均繁殖能力或死亡速率，种群中某些个体的超常繁殖能力或早衰不能作为代表。

（五）种群增长

种群增长是种群动态的主要表现形式之一，它是指一个种群个体数目随着时间变化而增减的情况。如果一个单独的种群生存在空间和食物资源非常充足，没有天敌、疾病和个体的迁入迁出等因素的环境中，按其与密度无关的恒定的瞬时增长率(r)连续增殖，即世代重叠时，由于该种群的潜在增长能力得到了最大发挥，种群数目便表现为指数式增长，用微分方程表示即 $dN/dt=rN$，其积分 $N_t=N_0e^{rt}$，就得到经过时间 t 后种群的总个体数 N_t。式中 N 为种群大小，t 为时间，N_0 为种群起始数量，e 为自然对数底(2.718 29)。用图表示，则得到一条个体数目随时间不断增加的 J 型曲线(图 7－13)。种群如按此方式增长，一个细菌经过 36 h，完成 108 个世代后，将繁殖 2^{107} 个细菌。这只是一种理论推算，实际上这种按生物内在增长能力的指数式增长

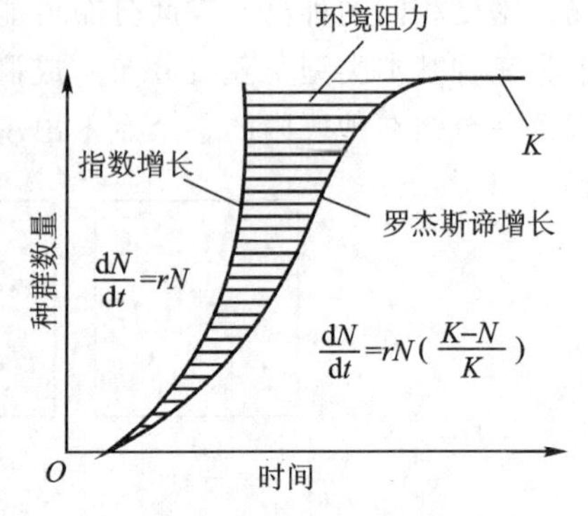

图 7－13 种群增长型

(据华东师大等,《动物生态学》,1981)

在自然界是不可能实现的。因为在自然界随着种群密度的增加，限制生物增长的生物和非生物因素如有限的空间和食物资源、种内和种间竞争、天敌的捕食、疾病和不良气候条件及生物的年龄变化等必然影响种群出生率和存活数目，从而降低种群增长率。实际情况通常是当种群入侵一个地区后，开始时增长较慢，接着加快，随后由于密度的制约又变缓，最后稳定在一定水平上。此时个体数目接近或达到环境最大容量或环境负荷量(K)。在这种有限制的环境条件下，种群世代连续变化的增长方式可用罗杰斯谛方程表示：$dN/dt = rN(K-N/K) = rN(1-N/K)$，$1-N/K$代表环境阻力。其积分式为$N_t = \frac{K}{1+e^{a-rt}}$，为积分常数，它等于$r/K$。增长曲线表现为S型(图7-13)。有学者认为罗杰斯谛增长为生物种群增长的普遍形式。

自然界的情况相当复杂，种群的增长有的接近J型，有的接近S型，其间还有许多过渡类型。即使同一物种在不同环境条件下也会有不同的种群增长过程。

在自然情况下种群数量一般稳定在一定范围内，正常种群很少出现长时间的数量过多或过少的情况。这是由于制约因素，特别是与种群密度有关的种内限制因素作用的结果。当种群密度增大时，空间和食物资源减少，种内竞争加强；或因密度大，疾病容易传染和某些生物性机能失调等原因，有时与非密度制约因素(气候、污染等)共同作用使个体数量下降。由此可见，种群也是一个控制系统，即通过环境阻力的负反馈(negative feedback)机制使促进种群潜在增长力发展的正反馈(positive feedback)受到限制而实现自我调节，使种群数量维持在某种平衡状态(图7-14)。种群数量的平衡还可因环境变化而受到干

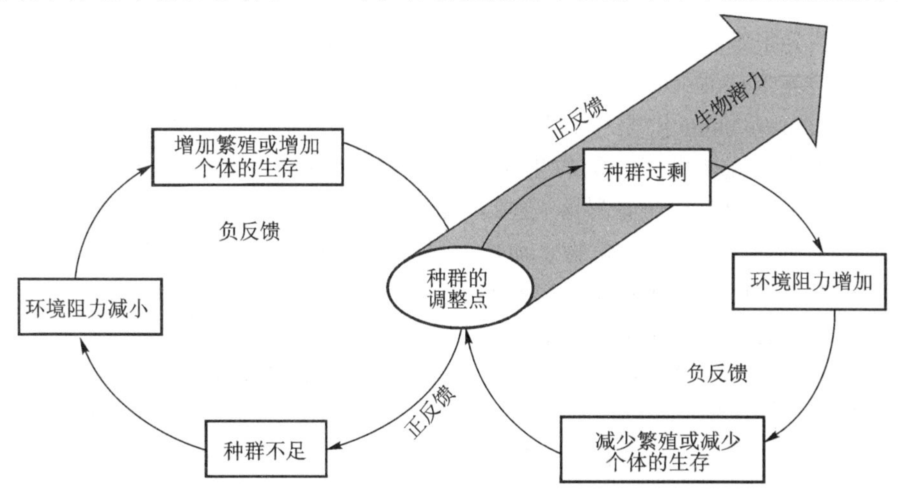

图7-14 种群稳定增长与自我调节示意图

(据D. B. Sutton等,1973)

扰。种群动态与调节机能的研究对于管理生物种群、利用和保护生物资源及了解自然界的生态平衡都具有重要意义。

(六) 种内关系

生物种群内个体间的相互关系很复杂，表现形式也多种多样，主要有竞争、领域性和婚配制度等。种内竞争是动植物种群中很普遍的现象。高密度种植的作物争夺有限的土壤养分和光照，动物雄性个体为争夺配偶而发生格斗等都是种内竞争的常见现象。种内竞争主要受密度制约，种群个体数量越多竞争越激烈。竞争的结果限制了某些生物个体潜在能力的发挥，而只有一部分个体得到较好地发育。因此种内竞争具有调节种群数量动态的作用。

动物的婚配制度有三种类型：一是一雄多雌制，这是高等动物中最常见的婚配制度；二是一雌多雄制，但这种类型很稀见，据统计鸟类中只占1%；三是单配偶制，这种现象也较少见，只有鸟类的一雄一雌制较普遍。据动物学家研究，食物资源和营巢地在空间和时间上的分布情况可能是决定动物婚配制度的主要因素。

动物中具有占据空间领域特性的种类在脊椎动物中比较普遍，尤以鸟兽为多。所谓领域是指由个体、家庭或其他社群单位所占据，且不让同种其他成员侵入的空间。领域面积随占有者的体重而变化，体重大者领域面积也大，以保证供应充足的食物资源；肉食性动物的领域面积比草食性动物的大，因为前者获取食物更困难。

二、生物群落

自然界很难见到某一个生物种群单独占据一定的空间或地段，而是若干个生物种群有规律地形成一个完整而有序的生物体系，即生物群落(biocoenosis)。群落(community)是生物经过对环境的适应和生物种群间相互适应而形成的比种群更复杂更高一级的生命组建层次。比利时生态学家 P. Duvigneaud 的定义是："群落(或生物群落)是在一定时间内居住于一定生境中的不同种群组成的生物系统；它虽由植物、动物、微生物等各种生物有机体组成，但仍是一个具有一定成分和外貌较一致的组合体；一个群落中的不同种群不是杂乱无章地散布，而是有序和协调地生活在一起"(1974)。

群落由于组成成分中生物类别不同而有不同的类型和名称，如植物群落、动物群落、微生物群落等，它是人们为研究方便而划分的。在一定地段上共同生活的植物种群彼此发生作用，形成一种有规律的组合，这种组合就是植物群落(plant community 或 phytocoenosium)。河漫滩上的一块草地，山坡上的一片松林，湖岸浅水处的一片芦苇丛，乃至一块人工管育的稻田，都是植物群落。

动物同植物一样，也常以群落的形式组合在一起共同生活，只是由于动物的移动性很大，群落组合更松散，变化更大，在科学研究上多以种群为对象。

生物群落虽是存在于自然界的整体，但其中以植物群落最突出且引人注目，在生物群落的结构和功能中所起作用也最大。一个地区全部植物群落的总体叫做该地区的植被(vegetation)。如北京的植被、秦岭山地的植被都是指该地区的全部植物群落。

生物群落具有许多特征，这里以研究得最多的植物群落为主作一简介。

(一) 种类组成

每一个群落都由一定的生物种类组成，不同类型的群落必然具有不同的生物种类，因此种类成分是区别不同群落类型的首要特征。陆地不同地区的群落包含的生物种数变动相当大，其种数的多少决定于许多因素。一般来说，环境条件愈优越、群落发育时间愈长和群落内部物理环境愈复杂即空间异质性程度愈高，生物种的数目愈多，群落结构也愈复杂。例如热带雨林和亚热带常绿阔叶林的物种数目比同样面积的温带森林或草原多得多。两个或多个群落间的过渡带，即群落交错区(ecotone)，如潮间带、河口湾、森林与草地或农田的交界带，生物种类和个体数目常比相邻群落中多，这种现象称作边缘效应(edge effect)。

一般把群落中的物种数目(丰富度)和各物种的个体数目(均匀度)两个参数的结合称为群落的物种多样性(species diversity)。组成群落的物种愈丰富、多样性愈大，各物种的个体在物种间分配越均匀、多样性越大。常用的测定多样性的公式是香农－威纳指数(Shannon-Weiner index)，它借用信息论方法来测量群落的异质性或物种和个体的不确定性

$$H = -\sum_{i=1}^{s} P_i \ln P_i$$

式中：H 为物种多样性指数；s 为群落中物种的数目；P_i 为属于第 i 种个体在全部个体中的比例。

H 值越高不确定性越大，物种多样性也越高。据研究：①从热带到两极随着纬度增加，群落中物种多样性渐趋减小；②低纬度高山区，随着海拔增加，物种多样性逐渐降低；③海洋或淡水中，水生生物的多样性随深度增加而逐渐降低。物种多样性的这几种表现可称为多样性梯度(diversity gradient)。

多数生态学家认为，物种多样性是影响群落稳定性的重要因素之一。物种多样性大，则群落中生物间的营养关系较复杂，每个种具有更自由和宽广的食物选择范围，生存的可能性也越大，即使一部分群落要素失衡也不致破坏其整体特性，从而保证了群落的稳定性和抵抗外界干扰的程度，这就是生态学中的种类多样性导致群落稳定性原理。

生物群落中每个物种都占据着独特的小生境，并且在建造群落、改造环境

条件和利用环境资源方面都具有一定的作用。群落中每一个生物种所占据的小生境（住所、空间）及其功能（作用）结合起来就叫做生态位（niche）。同一群落中不同生物种的生态位常常不同，据此可把它们划分为不同的群落成员型。在群落的每个层中个体数量多、生物量大、枝叶覆盖地面的程度大、生活能力强和对生境具有明显影响的生物种类叫做优势种（dominant species）。优势种中的最大优势者，即盖度最大，占有最大空间，因而在建造群落和改造环境方面作用最突出的生物种叫做建群种（constructive species），它们是群落中生存竞争的真正胜利者。群落中其他次要的种类称作伴生种（companion species）。调查群落时应对每个种的数量特征如多度、密度、高度、盖度、频度、质量和重要值等进行统计分析，确定其在群落中的地位和作用，特别应注意对建群种和优势种的深入了解，以便认识群落的基本特征。群落的名称也是以它们来命名的。

（二）群落的外貌与植物的生活型

植物群落的外貌是群落长期适应一定自然环境所表现出的一种外部总体相貌。环境不同，群落类型不同，其外貌特征也不同，它是群落与环境间相互关系的可见标志。因此外貌是认识和区分群落类型的重要特征之一。

植物群落的外貌主要决定于群落中优势植物的生活型。生活型（life form）是植物长期受一定环境综合影响所表现的生长形态。例如乔木、灌木、草本植物、藤本植物、附生植物、苔藓与地衣植物和藻菌植物等，它们还可进一步划分为次一级的生活型。如乔木被划分成常绿针叶乔木、落叶针叶乔木、常绿阔叶乔木和落叶阔叶乔木，草本植物可划分为多年生草本、一年生草本和水生草本植物等。在自然状态下，每一个植物群落都由若干个不同生活型的植物种组成，但决定群落外貌的主要是建群种的生活型，如松林的外貌决定于构成它的常绿针叶乔木，而草原的外貌决定于多年生草本植物及其季节变化。

（三）群落的结构

群落是一个复杂的生物体系，其中的若干生物种群在群落内部按一定规律组合排列的现象即是群落的结构，主要有垂直结构、水平结构和生态结构三种类型。

1. 群落的垂直结构

生物群落在形成过程中，由于不同生活型植物的定居和内部环境逐渐分化，生活型不同和环境需求也不同的植物分别出现于地面以上不同高度，其根系分布于地面以下不同深度，从而使整个群落在垂直空间发生不同层次的分化，即成层现象（stratification）。群落的垂直结构就是指成层现象。陆生群落成层结构包括地面以上的层次和地面以下的分层（图 7－15）。层的数目依群落类型不同而有很大变动。森林群落比草本植物群落层次多，表现也最清楚。大多数温带森林有 3～4 个层，最上层是由高大树种构成的乔木层，其下有灌木层、草本层和由苔藓地衣构成的地被层。地面以下由于各种植物根系的深度不同，形成了与地上层基本对应的地下层。热带雨林的种类成分十分复杂，群落层次也最多，仅乔木就有 3 ~4 层。多数农业植物群落则仅有一个层。

图 7 – 15 森林群落的垂直结构

（据徐凤翔，1982）

动物也因生态位不同而出现于不同层次中。例如鸟类经常只在一定高度的林层或地面做巢和取食。许多动物也可能同时出现于几个不同的层次，但总有一个最喜好的层。

群落的垂直分层结构不是群落内部生物种在空间上的简单排列，而是各种生物通过竞争、自然选择和彼此相互适应的结果，是群落由无序走向有序的一种表现。层的出现使群落在一定面积上容纳更多的生物种类和个体数量，最充分地利用环境空间和资源，产生更多的有机物质。农业生产中的间作、套种和混作就是人们模拟天然植物群落的成层性，将高、矮秆作物或深、浅根系作物合理搭配而创造的，充分利用土地资源和光能，提高农业生产量的多层人工植物群落。

2. 群落的水平结构

小地形变化，土壤湿度或盐渍化程度差异，光照状况不同及动物活动等原因，使群落内部环境在水平方向不均一而形成许多小环境；植物依靠根蘖或根茎繁殖也可在群落内部分化出由一种或若干种植物构成的小斑块，即小群落(microcommunity)。小群落作为群落的一个结构单元均匀或不均匀地分布于整个群落中，这就是群落在水平空间上的主要结构——镶嵌性(mosaic)。例如内蒙古的锦鸡儿、针茅灌丛化草原中，大片地面被以针茅和旱生双子叶杂类草形成的草被层覆盖，其中比较均匀地散布着一些锦鸡儿植丛，它们的基部因风沙受阻而堆积成直径约0.5 ~2 m、高出地面约0.5 m的沙土小丘，其上生长着一些草本植物与锦鸡儿共同形成小群落，这是群落镶嵌性的典型实例。

3. 群落的生态结构

成层现象和镶嵌性是群落在空间上的形态结构，层片则是群落的生态结构单元。植物群落学家B. H. 苏卡乔夫(СуКаЧев,1957)指出："层片(synusia)具有一定的种类组成，这些种具有一定的生态生物学一致性，而且特别重要的是它具有一定的小环境，这种小环境构成植物群落环境的一部分"。这就是说，同一层片的植物其生活型和生态学特性一致，在群落中占据一定的空间和具有一定的小环境，不同层片的小环境相互联系构成群落环境。层片和层有一致的情况又有质的区别。例如油松林的乔木层如果仅由油松一个树种构成，这是一个常绿针叶乔木层片，它与层一致；如果乔木层中除油松外，还混生个别辽东栎和山杨，后两个树种属于落叶阔叶乔木层片，故一个层中包含了两个层片。在有些森林群落中，藤本植物层片、附生植物层片穿越草本层、灌木层并上延至乔木层，这是一个层片同时出现在不同层中的现象。

(四) 群落环境

群落在形成过程中随着各种生物的逐渐定居，通过植物枝叶的遮阴和挡风，根系不断分泌有机化合物，枯枝落叶层覆盖地面和减弱地表径流，微生物对有机物质的分解及动物的活动等不断改造原来的物理环境，使群落内部形成了显著不同于其周围裸地的环境，这就是群落环境。群落环境具有一系列特点，以森林群落为例：投射到群落上的太阳辐射被层层植物吸收和反射，到达下层和地面的光照强度大大减弱，光质也有所改变，生理有效光减弱，剩余的多为绿光和黄光。群落内部的温度在白天和夏季比邻近空旷地低，夜间和冬季比空旷地高，温度的日变化和年变化都因此而比较缓和。由于植物枝叶的截留，只有一部分降水到达地面，枝叶的阻挡使群落内空气湿度经常较高。植物群落对空气运动的影响巨大，森林不仅是空气运动的障碍，而且可改变空气运动的方向和速度(图7-16)。此外，植物群落的枯枝落叶、死亡根系和动物的尸体经微生物分解后，其有机质加入到土壤中，影响土壤的物理性质和化学特性。

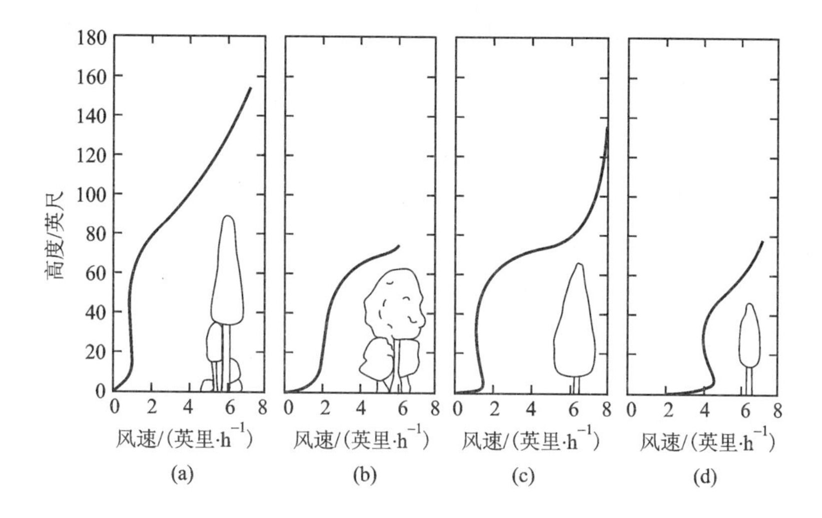

图 7－16　不同结构的森林对风速的影响

（据 S. H. 斯波尔等，1973）

1 英里 = 1.609 3 km；1 英尺 = 0.304 8 m

（a）下层有灌木的针叶密林；（b）下层有灌木的阔叶密林；

（c）下层无灌木的针叶密林；（d）无下木的针叶孤立林分

（五）生物群落的动态

生物群落是一个处于不断发展变化中的动态系统。生物群落作为由多种有机体构成的生命系统，其变化更活跃，既有季节性变化和年际变化，又有群落的演替和演化等。其中以季节性变化和演替比较重要。

1. 植物群落的季节性变化

在气候季节变化明显的地区，植物的生命活动也表现出季节性的周期变化。即植物在不同季节通过发芽、展叶、开花、结果、落叶、休眠等物候阶段，使整个群落表现出不同的外貌，这叫做群落的季相（aspection）。不同气候带群落的季相很不一致。热带雨林外貌变化不明显，反映了所在地区气候终年炎热多雨，环境比较稳定。温带四季分明，群落季相变化较突出，尤以草原的季相更替最为频繁。

群落的季节性变化除表现为季相更替外，群落生产力、生物量、植物体中的营养成分和群落环境也都发生周期性变化。但季节性变化并不导致群落发生根本性质的改变。由此可见，群落的季节性变化是地理环境变化的反映。通过对这种动态特征的观察，可以了解地理环境季节变化的梗概，并为确定植被资源的合理利用提供科学依据。

2. 生物群落的演替

由于气候变迁、洪水、火烧、山崩、动物活动、植物繁殖体的迁移散布及因群落本身的活动改变了内部环境等自然原因，或由于人类活动，使群落发生根本性质变化的现象是普遍存在的。这种在一定地段上一种群落被另一种群落替代的过程叫做演替(succession)。例如某一林区的一片土地上树木被砍伐后辟为农田种植作物，以后农田被废弃，在无外来因素干扰下，随着时间推移而发育一系列不同的植物群落，并依次取代。首先出现一、二年生田间杂草构成先锋植物群落(prodophytium)，接着是多年生杂类草与禾草组成的群落，再后是灌木群落和乔木树种，直到再度形成一片森林，替代过程基本结束。这里原来的森林群落被农业植物群落代替是一种人为演替。此后，撂荒地上一系列天然植物群落相继出现，主要是由于植物之间、植物与环境之间的相互作用及其不断变化而引起的自然演替过程。

群落演替有许多类型，现仅介绍其中的二类。① 按群落所在地的基质状况(物理环境)可分为两类，一类是在原生裸地上首先出现先锋植物群落，以后相继产生一系列群落的替代过程叫做原生演替(primary succession)。这种演替又可分为旱生演替系列和水生演替系列。如果发生在具有森林气候环境的地区，其演替系列可概括为：裸岩→地衣群落→苔藓植物群落→草本植物群落→灌木植物群落→乔木植物群落。如果发生在森林区的淡水湖泊里，演替系列为：开敞水体→浮游植物群落→沉水植物群落→浮叶根生植物群落→挺水植物群落→湿生植物群落→森林群落(图 7－17)。另一类是原来有过植被覆盖，以后由于某种原因植被消失了，这样的裸地叫做次生裸地，土壤中常保留着植物种子或其他繁殖体，环境条件较好。发生在这种裸地上的群落演替称做次生演替(secondary succession)。上述撂荒地的演替即属此类。栖居于植物群落中的动物群也与植物一起发生变化(图 7－18)，每一个演替阶段的动物群都与一定的植物群落类型相联系。② 群落演替按其发展方向不同分为进展演替和逆行演替。裸露地面的群落经过一系列发展变化，总趋势朝向符合当地主要生态环境条件(如气候、土壤等)的演替过程叫做进展演替(progressive succession)或顺行演替。演替的结果是群落特征一般表现为生物种类由少到多，结构由简单到复杂，由不稳定变得比较稳定，同时群落越来越能够充分利用环境资源。我国北方针叶林中的一个重要类型——云杉林被破坏后的复生过程就是一种进展演替(图 7－19)。群落由于受到干扰破坏而驱使演替过程倒退即发生逆行演替(Retrogressive succession)的现象也很常见。演替结果是生物种类减少，群落结构简化、生产力降低和环境资源得不到充分利用。如强度放牧的草原因适口性强的牧草逐渐减少或消失，代之以品质低劣、有毒或有刺的植物，草群总盖度下降，生产力降低，甚至出现裸露地面。

群落演替的速度随具体条件不同而有差异。一般演替早期群落稳定性差，演替较快；后期演替速度逐渐变慢；最后阶段群落保持相对稳定状态。但总体

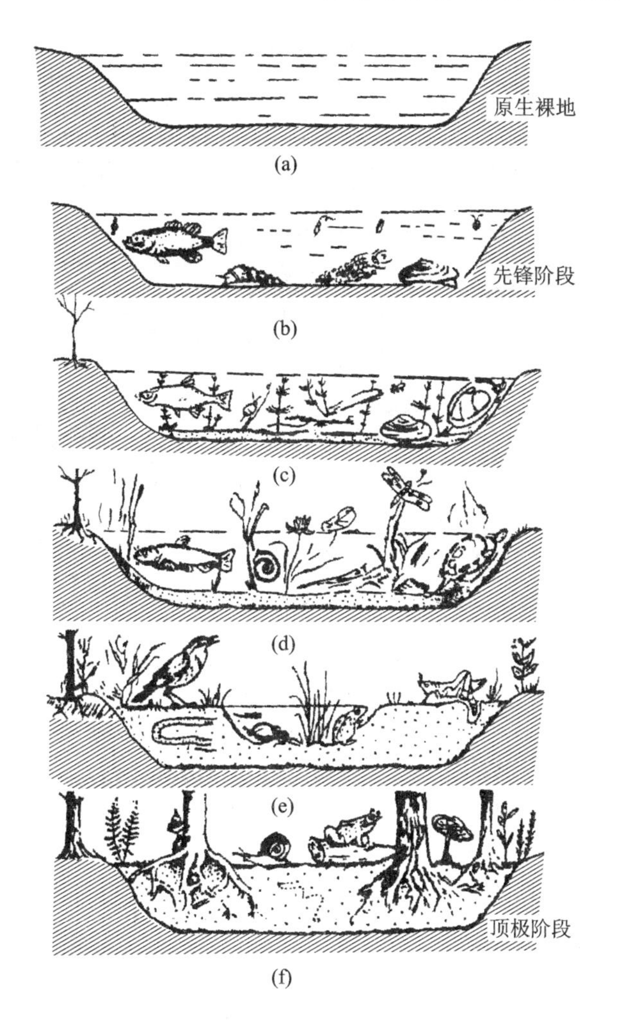

图 7－17　水生演替系列

((a)编者绘;(b)～(f)据 Buchsbaum,1937)

(a) 开敞水体;(b) 浮游植物;(c) 沉水植物出现;

(d) 浮叶与挺水植物;(e) 草地与灌木出现;(f) 枫－榉树林

上次生演替比原生演替快。例如美国密歇根湖沙丘原生裸地上，由先锋群落到成熟稳定群落——山毛榉、槭树林的形成大约需要 1 000 年，而在北卡罗来纳的弃耕农田上由一年生植物群落到栎－山核桃林的次生演替过程只经历了 100 年左右。

群落演替是一个漫长的过程，但不是一个无休止的过程。一个地区的植物群落若没有重大外界因素的干扰破坏，通过进展演替，最后会发展成为与当地环境条件保持协调、种类组成与结构相对稳定的群落，这种演替到所谓最终阶

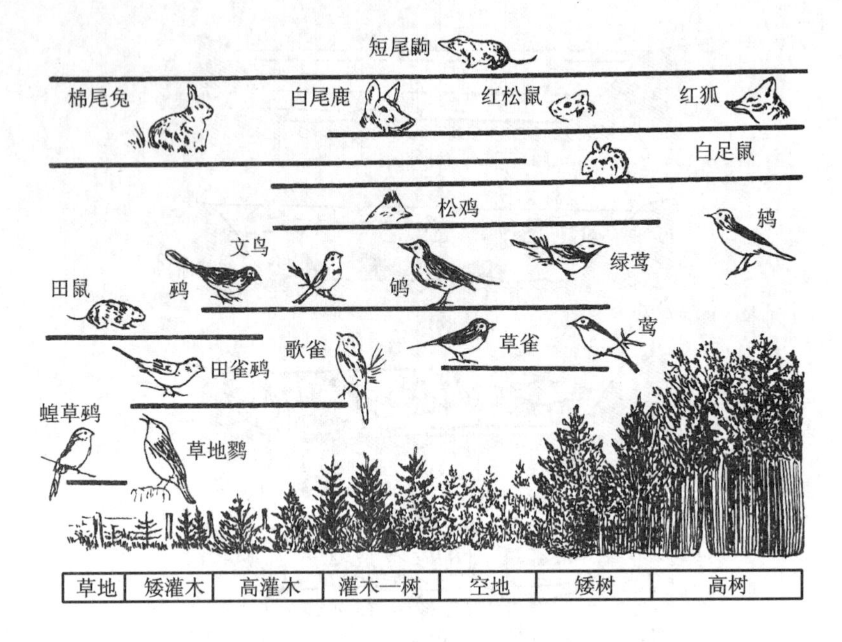

图 7-18　动物随着一片针叶林的出现而发生的变化

（据 R. L. Smith，1980）

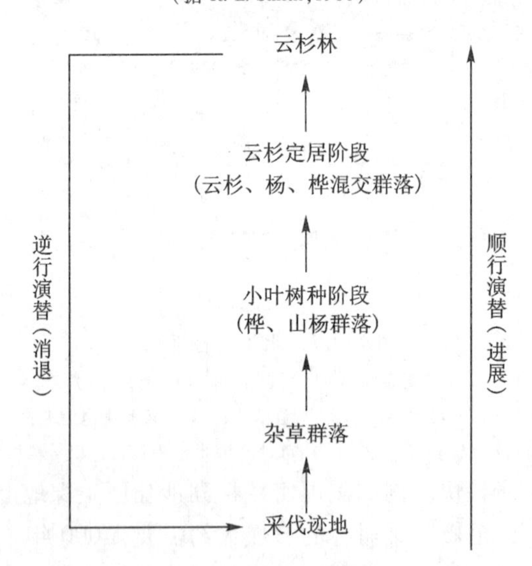

图 7-19　云杉林采伐演替过程

（据云南大学，《植物生态学》，1980）

段的群落，称做演替顶极（climax）。从先锋群落到顶极群落中间的那些带有过渡性质的群落都称做演替系列群落。在一定的自然地理区里，主要受气候、土壤、地形和动物等因素分别控制，可相应形成许多顶极群落，如气候顶极、土壤顶极等。其中发育在显域生境(排水良好、土壤非沙质和非盐渍化的平地和缓坡地)中,与当地气候水热条件最相适应的、稳定的植物群落,即是气候顶极(climatic climax),通常也叫做显域植被或地带性植被(zonal vegetation)。“顶极”并不意味着群落停止发展,只是表示群落发展与所在地区环境条件协调一致,种群和群落结构相对稳定,整个群落物质与能量的输入与输出保持相对平衡的状态。

研究群落的演替对于认识群落的性质(例如是先锋群落、演替群落还是顶极群落等)和特征,预测未来发展趋势及合理改造、利用和保护等都具有重要意义。

(六) 群落的分类

通常所谓的群落分类主要是指植物群落植被的分类,且都以陆地植被为其研究对象。地球陆地的自然环境十分复杂,植物种类相当繁多,所形成的植被具有多种类型,各国和各地区的植被表现出强烈的区域性和多样性,所以植被分类是一个非常复杂的问题。同时由于各植物群落学派对许多问题的理解尚不一致,故至今仍没有公认的、国际通用的植被分类原则、单位和系统。

世界上已经提出的植被分类原则彼此差别很大,《中国植被》一书采用植物群落学-生态学原则,即主要以植物群落本身的特征,如群落的种类组成、外貌、层片结构、建群种的生活型等为分类依据,同时又十分注意群落与其生态环境的关系和群落的地理分布。不同等级分类单位的具体指标彼此不同,高级分类单位的确定偏重于群落外貌和生态地理特征,中、低级单位则主要以群落种类组成和结构等为其划分指标。

世界各主要植物群落学派应用的植被分类单位与系统互有区别,我国普遍采用的植被分类单位主要有三个,即植被型、群系和群丛,并在各主要分类单位之上分别设置一个辅助单位,其下又设一个亚级单位,其完整的植被分类系统如下。

植被型组:针叶林
　植被型:温性针叶林
　　植被亚型:温性常绿针叶林
　　　群系组:温性松林
　　　　群系:油松林
　　　　　亚群系:油松、中生灌木林
　　　　　　群丛组:油松、胡枝子林
　　　　　　　群丛:油松、胡枝子、大披针苔林

三个主要分类单位的含义和划分标准要求准确而严密,而辅助单位和亚级的划分标准可适当放宽,并且不是所有植被类型都必须具有这些次要分类单位。

(1) 植被型(vegetation type)。为最重要的高级分类单位,系由植被型组内建群种生活型相同或近似，且对水热条件生态关系一致的植物群落联合而成。如温性针叶林、落叶阔叶林、草原、荒漠等。

（2）群系(formation)。为最重要的中级分类单位。由建群种或共建种相同的植物群落联合而成。如油松林、华山松林、大针茅草原、梭梭荒漠等。

（3）群丛(assosiation)。为植被分类的基本单位。由层片结构相同、各层片的优势种或共优种相同的植物群落联合而成。例如油松林中的油松—胡枝子—大披针苔林和油松—胡枝子—杂类草林等都是群丛。

关于群落的命名，中、低级单位多采用建群种或建群种与优势种植物的种名命名，高级单位则主要以建群种植物的生活型和植物群落的生态特征命名。

我国地域辽阔，地形复杂，气候土壤多样，植物种类繁多，植被类型异常丰富，除赤道雨林外，地球上绝大多数的植被类型均可在我国找到。《中国植被》一书较系统地总结了我国长期积累的植被资料，将全国植被划分为10个植被型组、29个植被型、560多个群系。

第四节 生态系统

第二次世界大战后，经济和科学技术的飞速发展在给人类社会带来文明与进步的同时，由于人口急剧增长和人类对自然资源与环境施加的压力日益加强，全世界面临着人口爆炸、资源短缺、能源危机、粮食不足、环境污染等重大问题的挑战。生态学和地理学在参与解决这些关系人类生存和社会经济持续发展问题的过程中，本身也得到了迅速发展。如果说20世纪前半期是以生物的种群和群落为主要研究对象，从60年代开始便已进入以生态系统为主要研究对象的阶段。人类生活在生物圈这样的生态系统中，上述那些重大问题也都发生于生态系统中并对它造成严重影响。生态学和生态系统生态学的基本原则为解决这些问题和促使社会经济持续发展提供了理论基础。

一、生态系统的概念

生态系统(ecosystem)一词是英国植物生态学家A. G. 坦斯黎于1935年首先提出的，1940年B. H. 苏卡乔夫又提出了生物地理群落(biogeocoenosis)的概念。1965年在丹麦哥本哈根国际植物学会议上这两个概念被视为同义语，此后生态系统一词得到了广泛应用。

生态系统是指在一定空间内生物成分(生物群落)和非生物成分(物理环境)通过物质循环和能量流动相互作用、互相依存而形成的一个生态学功能单位。自然界只要在一定空间内有生物和非生物成分存在，并通过物质和能量流动、信息传递将它们联结成为一个功能整体，这个整体就是一个生态系统。一片森林、一块草地、一个湖泊、一条河流、一块农田和大到一座城市、小到一个养鱼缸都是一个生态系统。分布有森林、灌丛、草地和溪流的一个山地地区或包含农田、果园、草地、河流和村庄的一片平原地区也是生态系统。整个生物圈就是由各种生态系统镶嵌而成的地球上最大的生态系统。

任何能维持其机能正常运转的生态系统必须依赖外界环境输入能量和物质，并输出热量、生物的代谢产物等，其行为经常受到外部环境的影响，所以生态系统是一个开放系统而不是封闭系统。但生态系统并不是被动接受外部环境的支配，而是在一定限度内具有自我调节和自组织能力，修复与调整因外界干扰所受到的损伤，维持正常结构和功能，保持其相对平衡状态，因此生态系统又是一个控制系统或反馈系统。生态系统还是一个动态系统，其早期阶段与晚期阶段具有许多不同的特征，这一发展规律为预测未来提供了重要的科学依据。

生态系统概念的提出使人们对生命自然界的认识达到了更全面和更高一级的水平。生态系统研究为观察分析复杂的自然界和解决人地关系矛盾提供了有力手段。人口增长、自然资源的合理利用与保护以及维护人类的生存环境等问题的解决都有赖于对生态系统的结构、功能、动态变化、反馈调节与稳定性等问题的深入研究。

二、生态系统的组分和结构

生态系统具有一定的组成成分和结构。各成分按照一定的方式组合起来形成结构，通过结构执行一定的功能。

（一）生态系统的组分

一个完全的生态系统由四类成分构成，即非生物成分、生物成分中的生产者、消费者和分解者三个类群。

1. 非生物成分

包括太阳辐射能、H_2O、CO_2、O_2、各种无机盐类和蛋白质、脂肪、糖类、腐殖质等有机物质。它们是生物赖以生存的物质和能量源泉，并共同组成大气、水和土壤环境，成为生物活动的场所，所以它们是维系生物生存的生命支持系统，是一个不可或缺的成分。

2. 生产者

生产者（producers）包括所有的绿色植物、蓝藻、为数不多的光合细菌与化学能合成细菌。它们是生态系统中的自养成分，主要通过绿色植物的光合作用（$6CO_2+12H_2O \xrightarrow[\text{叶绿素}]{\text{光能}} C_6H_{12}O_6+6H_2O+6O_2\uparrow$）把从环境中吸收的无机物合成为葡萄糖、淀粉、脂肪和蛋白质等有机物质，并将太阳能转化为化学能储存在有机物质中，为一切生物提供物质和能量，所以它们是生态系统中最基本、最关键的成分。

3. 消费者

消费者(consumers)包括各类动物，属于异养生物。它们不能利用太阳能制造食物，只能依靠植物为食物获取所需的能量，维持其生存。消费者根据其食性不同又分为：

(1) 植食动物(herbivores)。直接以植物为食物资源的动物，如牛、马、羊、食草昆虫和啮齿类等，属于第一级消费者。

(2) 肉食动物(carnivores)。以捕捉动物为主要食物的动物叫做肉食动物。其中直接捕食植食动物者是第一级肉食动物，第二级消费者，如蛙类、食昆虫的鸟类、捕食鼠类的黄鼬等。主要以第一级肉食动物为食的动物，如狐狸、狼、蛇等，为第二级肉食动物、三级消费者。狮、虎、鹰等主要以第二级肉食动物和植食动物为生，是第三级肉食动物、四级消费者，有时也被称为顶部肉食动物，在自然界的数量很少，但体躯强壮，凶猛有力。消费者生物还包括那些既食动物又吃植物的杂食性动物，如鲤鱼、某些鸟类和取食其他生物组织与营养成分的寄生物及以动物尸体为食的腐食性生物，如蚯蚓、秃鹫等。

4. 分解者

分解者(decomposers)主要指细菌、真菌和一些原生动物。它们把动植物的排泄物和死亡有机残体等复杂有机物逐渐分解为简单的无机物释放到环境中，被生产者重新吸收利用，所以分解者又称为还原者(reducers)，它们在有机物的降解过程中获得能量和营养物质。分解者广泛分布于生态系统中，不停地促使自然界的物质发生循环。没有分解者，生态系统中的各种营养物质很快就会发生短缺并导致整个生态系统的瓦解，所以它也是一个不可缺少的成分。

自然界每个生态系统一般都具有上述四种成分。从理论上讲，任何一个能够自我维持的生态系统，只要有非生物成分、生产者和分解者这些基本成分已足够，消费者动物不一定是必要成分，但其存在使生态系统变得更加丰富多彩。

(二) 生态系统的结构

任一生态系统都必须凭借一定的结构实现其功能，结构影响功能的效果，所以结构是生态系统的重要特征。生态系统的结构除形态结构、垂直结构和水平结构外，最重要的是由食物或营养关系形成的营养结构，即食物链和食物网。

1. 食物链

生态系统中以生产者植物为起点，一些生物有机体通过食物的关系彼此联结而形成的一个能量与物质流通的系列即为食物链(food chain)，如草→兔→狐狸；草→昆虫→小鸟→蛇→鹰。受能量传递效率的限制，从一个环节到另一个环节能量大约要损失90%，使食物链不可能太长，一般仅由3～5个环节构成。食物链是生态系统营养结构的具体表现形式之一，也是更复杂的营养结构的一个组成单元。它有两个主要类型：即捕食食物链(predator food chain)和碎屑食物链(detrital food chain)。前者又称做活食食物链或牧食食物链，是通过活的植物和动物以捕食和被捕食的关系建立的食物链类型，能量由绿色植物到各级消费者动物再到分解者的途径流动。后者又称腐食食物链，是以死亡的生物有机体或有机碎屑物为起点，它们作为食物或被细菌和真菌等微生物所分解，能量直接由死亡的有机残体流向分解者；或被其他食碎屑的动物所食、能量经过一些动物再流向分解者，如植物残体→蚯蚓→线虫→节肢动物等。

2. 食物网

自然界生物间的取食和被取食关系并不像食物链所表达的那样简单。实际上一个生态系统中常常生活着许多不同的植物和动物，它们使若干个食物链同时存在，这些食物链上的一些动物常常既吃植物又吃其他几种动物，而它本身又可能被不同的消费者所食。各个食物链彼此交织、错综联结形成复杂的能量与物质流通的网络，即食物网(foodweb)，生态系统的营养结构即主要指食物网(图7－20)。

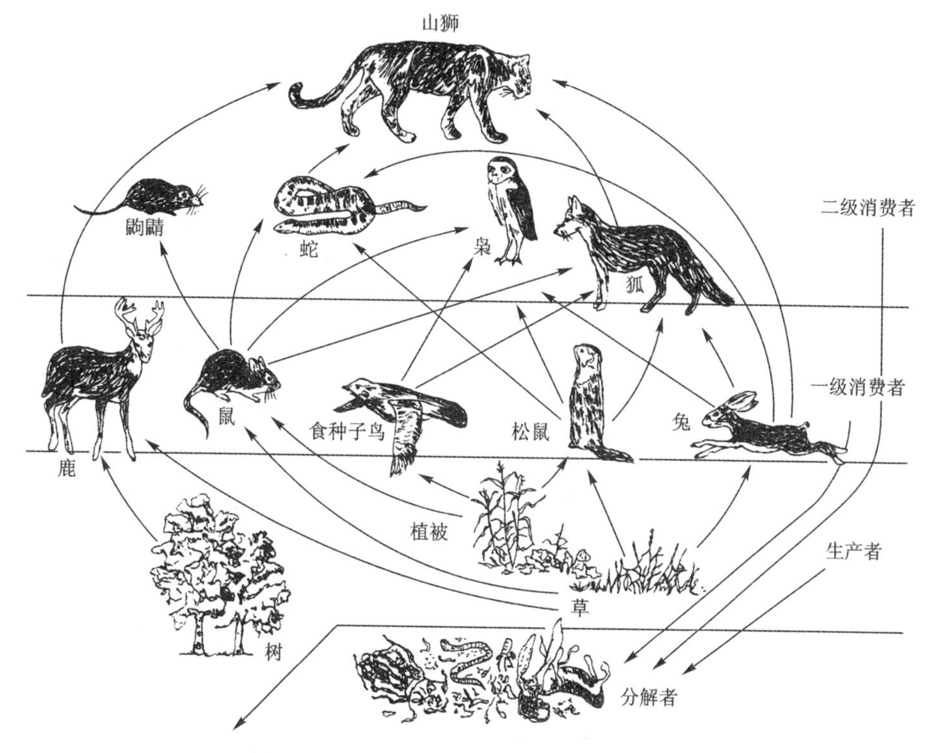

图7－20　一个简化的陆地生态系统食物网

食物链和食物网的复杂程度常常决定着生态系统的稳定性程度。一般来说，生态系统的食物链越长，食物网的结构越复杂，抵抗外力干扰的能力也越强，稳定性就越大。反之，生态系统容易发生波动或被毁灭。

3. 营养级

为使生物间复杂的营养关系变得更加简明和便于进行定量的能流分析与物质循环研究，生态学家在食物链和食物网概念的基础上又提出了营养级(trophic level)概念。在生态系统的食物网中，凡是以相同方式获取相同性质食物的植物类群和动物类群可称做一个营养级。换句话说，在食物网中从生产者植物起到顶部肉食动物止，在各食物链上凡属同一级环节上的所有生物种就是一个营养级。绿色植物是生产者，位于各食物链的第一个环节，属于第一营养级，一级消费者植食动物位于第二个环节，属第二营养级(图 7－21)。不同的生态系统常常具有不同数目的营养级。由于食物链的环节数目有限，所以营养级的数目也不会很多，一般限于 3～5 级。营养级的位置越高，属于这个营养级的生物种类和数量就越少，以致不可能再维持一个更高的营养级及其中生物的生存。相反，离基本能源(绿色植物)越近的营养级，其中的生物被捕食的可能性也越大，因而这些生物的种类和数量就越多，生殖能力也越强并以此补偿因

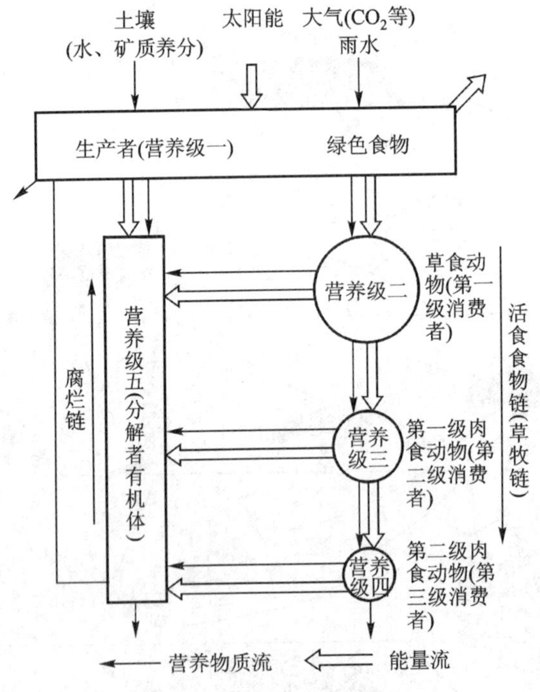

图 7－21 生态系统营养级示意图

(据哈钦松，1970)

遭强度捕食而受到的损失。

食物链、食物网及营养级是生态系统在长期发展过程中逐渐形成的，其中各种生物间、生物与环境间处于相互适应、彼此协调的状态，从而维持生态系统的稳定和平衡。如果人们不合理地去除或增添食物链、网中的某一环节，将可能导致生态系统失衡。从污染生态学来看，食物链的研究也具有重要意义。因为污染物通过食物链产生逐级富集的现象，营养级越高的生物体内所含污染物的数量或浓度越大，从而严重危害高营养级生物的生长发育或人体健康。美国科学家在长岛河口区做过测定：大气中 DDT 的浓度为 0.3×10^{12} mg/g 时，经过食物链放大进入人体的 DDT 浓度超过大气中浓度的 $1\ 000\times10^{4}$ 倍。

三、生态系统的功能

生态系统具有单向能量流动、循环式物质流动和信息传递等基本功能。三者相互联系、紧密结合使生态系统得以存在和发展，并赋予自然界一切生物以生存、作功、繁殖能力以及对外界环境的影响能力等。而能量流动和信息传递都必须以系统的有机物质的生产为基础。生态系统中信息传递的研究尚未有完整的理论体系，这里主要介绍能量流动和物质循环。

（一）生态系统有机物质的生产

生态系统有机物质的生产包括初级生产和次级生产两个主要过程。

1. 绿色植物的初级生产

生态系统中的物质生产首先开始于绿色植物，植物通过光合作用生产有机物质并固定太阳能为系统的其他成分和生产者本身所利用，以维持生态系统的正常运转。植物性物质的生产是一切生物赖以生存发展的最基本的生产。绿色植物是有机物质的最初制造者，也是能量的第一个固定者，所以被称为生态系统的初级生产者或第一性生产者。它所固定的太阳能或所制造的有机物质的数量称为初级生产量或第一性生产量（primary production）。植物在地表单位面积和单位时间内经光合作用生产的有机物质数量叫做总初级生产量或总第一性生产量（gross primary production，GP），通常用 g（干重）/($m^2\cdot a$)或 J/($m^2\cdot a$)表示。克干重和焦耳之间可互相换算，植物组织平均每克干重换算为 1.8×10^{4} J，动物组织平均每克干重换算为 2.0×10^{4} J 热量值。在自然条件下，植物通过光合作用利用光能的效率即总初级生产效率，在富饶肥沃地区可达到 1%~2%，贫瘠荒凉地区仅为 0.1%，人工精心管理的农田生态系统则可高达 6%~8%。但全球平均仅约为 0.2%~0.5%。总初级生产量产生之后，植物通过呼吸作用将消耗其中的一部分有机物质或能量（R），剩余部分才用于积累形成各种组织和器官。绿色植物呼吸消耗之后剩余的有机物质或能量称作净初级生产量或净第一性生产量（net primary production，NP），即 $NP=GP-R$。只有净初级生产量才有可能被人或其他动物所利用。

单位面积上净初级生产量积累形成的有机物质数量叫做生物量(biomass)，通常以 g(干重)/m^2 或 J/m^2 表示。实际上一部分净初级生产量在植物积累生物量的过程中已被动物所食，另一部分成为枯枝落叶或被微生物分解，剩余部分叫做现存量(standing crop)。换言之，现存量是在某一特定时刻生态系统单位面积内积存的活植物组织总量，即 $S_c = NP - L_1 - L_2$。S_c 现存量(g(干重)/m^2 或 J/m^2)，L_1 动物所食，L_2 枯枝落叶等损失部分。通常很难测得严格意义的生物量，因而视两者为同义语。生物量还随季节不同而变化，荒漠和草原生态系统中活有机体的地上部分大都当年死去，因此不同季节生物量差异很大。严格说来，生态系统的生物量除植物部分外还应包括动物和微生物的有机物质数量，只因后两者难以测得且数量很小，常略而不计。

各类生态系统的生产力不同，净生产量和生物量相差极大，空间分布也很不均匀。根据怀特克(Whittaker,1975)资料，世界各主要生态系统平均净初级生产量(g(干重)/(m^2·a))，热带雨林约为 2 000，亚热带常绿林 1 300，温带阔叶林 1 200，北方针叶林 800，温带草原 600，冻原约 140，荒漠与半荒漠 90，裸岩、沙漠、冰雪地仅为 3，农田约为 650；水域中珊瑚礁约为 2 500，河口为 1 500，大陆架 360，开阔远洋 125。全球陆地净初级生产量平均为 773 g(干重)/(m^2·a)，提供的干有机物质总计 115×10^9 t/a，积累的生物量约为 $1\ 852 \times 10^9$ t。全部海洋的净初级生产量平均为 152 g(干重)/(m^2·a)，提供的干有机物质为 55×10^9 t/a，积累的生物量为 3.3×10^9 t。全球现有生物量共计 $1\ 855 \times 10^9$ t。

生态系统的生产力还因本身发育阶段不同而有变化。早期生存空间和营养条件充足，光合作用旺盛，而植物的根、茎等器官较小，用于呼吸消耗的有机物质和能量少，从而提高了净初级生产量，生产力高。随着演替的进行，到顶级阶段用于呼吸的能量可占总初级生产量的 80%~100%，净生产量少，生产力变低。但此时森林生态系统等的生物量却比早期大得多。

2. *消费者动物的次级生产*

生态系统中除植物进行初级生产外，各级消费者动物直接或间接利用初级生产的物质进行同化作用，把植物性物质转化为动物性物质，使自身得到生长、繁殖和物质与能量的储存。这是动物性有机物质的生产，统称为次级生产或第二性生产(secondary production)。

动物在取食植物物质时，由于种种原因未能得到一部分初级生产物质，吃进体内的植物物质(C)也有一部分以粪便形式排出(FU)，另一部分被同化(A)；而被同化的物质中又有一部分用于动物呼吸作用(R)并最终以热的形式散失，剩下的一部分才用于动物各种组织和器官的生长发育和繁殖新个体。这部分动物物质就是次级生产量(P)，它包括动物的肉、蛋、奶、毛皮、骨骼、血液、蹄、角及各种内脏器官。若以简单公式和图解表示则为

$$C = A + FU,\ A = P + R,\ P = C - FU - R$$

- 植物物质
  - 动物得到的
    - 动物吃进的(C)
      - 被同化的(A)
        - 净次级生产量(P)
          - 被更高营养级取食
          - 未被取食
        - 呼吸代谢(R)
      - 未同化的(FU)
    - 动物未吃进的
  - 动物未得到的

这只是以一级消费者植食动物为例说明次级生产过程，其他各级消费者的生产过程与此基本相同，只是食物的性质有所变化。

一般说来，在生产有机物质的过程中动物利用能量的效率比植物利用光能的效率高，而肉食动物的同化率高于植食动物，但呼吸消耗所占比例也相应增加，导致肉食动物的净生产量随着营养级的增加而相应下降。

生态学家根据净初级生产量和动物的取食与消化能力推算出全球陆地净次级生产量约为 372×10^6 t(碳)/a，海洋约为 $1\,376 \times 10^6$ t(碳)/a。海洋生态系统中植食动物取食效率极高，海洋动物利用海洋植物的效率约相当于陆地动物利用陆地植物效率的5倍，所以海洋的初级生产量总和虽然只有陆地初级生产量的1/2～1/3，但海洋的次级生产量总和却比陆地次级生产量高得多(1 376∶372)。

(二) 生态系统的能量流动

能量是生态系统存在和发展的动力，所以能量流动是生态系统的重要功能之一。生态系统中的能量来自太阳能，它以日光能和现成有机物质(潜能)(图7－22)两种形式自外界输入系统内。如果日光能的输入量大于有机物质的输入量，则大体上属于自养生态系统，例如森林、草原等自然系统；反之，如果现成有机物质的输入构成该生态系统能量来源的主流，则是异养生态系统，例如城市等人工生态系统。绝大多数生态系统的能量主要通过绿色植物的光合作用输入并固定在生态系统里，保存在有机物质中，当植食动物取食植物物质时，能量转移到第二营养级动物体中；当肉食动物捕食植食动物时能量又转移到第三营养级的动物中。同时，各营养级生物通过呼吸作用都有部分能量损失。最终大部分能量以热的形式逐渐散失，还有一部分以有机物质输出。所以能量是单向流动的，即一次性穿过生态系统而不能再次被生产者植物所利用。能量的不断输入和流转维持了各类生物的生存和发展，促进了作为整体的生态系统的形成与存在。因此生态系统是一个能量开放系统，要维持系统各种机能的正常运行，必须不断向系统输入能量。

能量在生态系统中沿着捕食食物链或营养级流动时，每经过一个环节或营

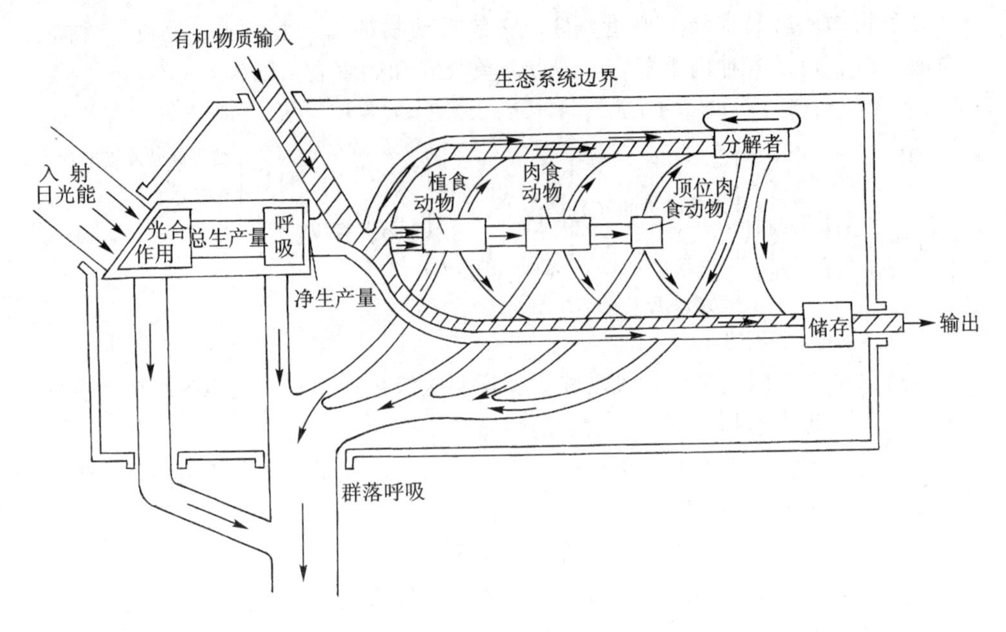

图 7－22 一个普通的生态系统能流模型
（据 E. P. Odum，1959）

养级数量都要大大减少，最后只有少部分能量留存下来用于生长，形成动物的组织。美国学者林德曼（Lindeman）在研究淡水湖泊生态系统的能量流动时发现，在次级生产过程中，后一营养级所获得的能量大约只有前一营养级的10%，这就是著名的“百分之十定律”或林德曼效率。近数十年的研究表明，能量从一个营养级到另一个营养级的转化效率大致在5%～30%间，平均说来，从植物到植食动物的转化效率大约是10%，从植食动物到肉食动物大约是15%。

受能量传递效率的限制，沿着营养级序列向上，能量或生产力梯级般递减，用图表示得到能量或生产力金字塔；生物个体数目和生物量也顺序向上递减，形成个体数目金字塔和生物量金字塔，三者合称生态金字塔（beological pyramids）（图 7－23）。在海洋和夏季温带森林生态系统中，可能分别出现生物量和个体数目的倒金字塔现象。

由于上述原因，自然界食物链的环节和营养级的数目不会很多，高营养级的动物取食空间范围比低营养级动物一般要大得多。一只鹰或一头狮子需要在数十平方千米或更大范围的地区才能获得足够的动物有机体维持其本身的生存，而植食动物在较小范围内即可得到充足的食物。故以保护珍稀的顶部肉食动物为目的的自然保护区，其面积比以保护同等数目的珍稀植食动物为目的的保护区大许多倍。从能量利用效率而言，食物链越短、营养级数目越少越经

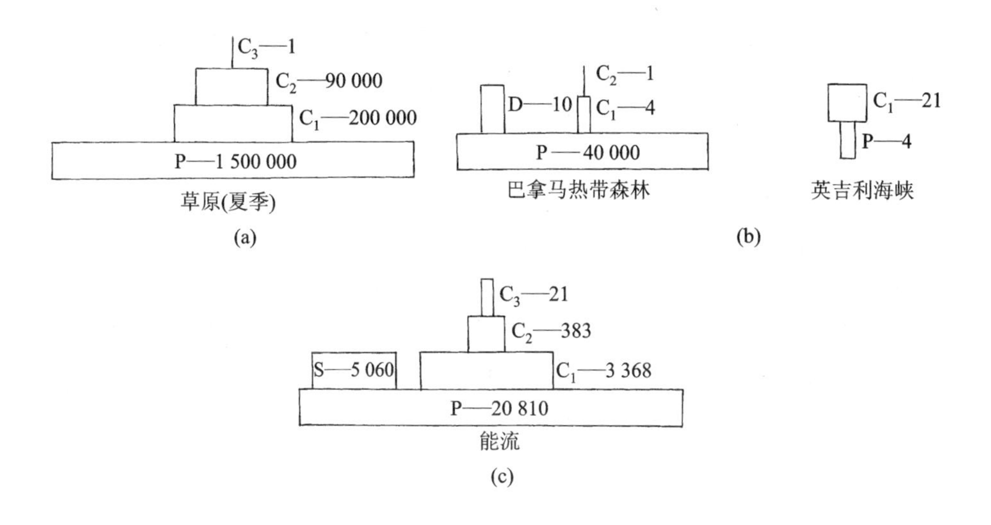

图 7-23　生态金字塔

（据 Odum,1983）

P. 生产者；C. 消费者；D. 分解者；S. 腐食者

（a）数量金字塔(0.1 个体/hm^2)；（b）生物量金字塔(g(干重)/m^2)；

（c）能量金字塔(kcal/(m^2·a))

济，即直接利用第一性产品可维持较多的消费者生存。

（三）生态系统的物质循环

维持生态系统除需要能量外，还需要有各种化学元素。这是由于生态系统所需能量必须固定和储存在由这些无机物构成的有机物质分子键内才能沿着食物链从一个营养级传递到另一个营养级，并通过呼吸作用释放出来作功，否则能量就会散失。其次，水和其他元素或化合物也是构成生物有机体的基本物质。因此，物质同能量一样重要。

生物有机体大约需要 30～40 种元素。这些无机元素及其化合物首先被植物从大气、水和土壤中吸收，制造成有机物质，然后有机物从一个营养级传递到下一个营养级。动植物有机体死亡后被微生物分解，它们又以无机形式的元素归还到环境中，再次被植物吸收利用。所以物质不同于能量的单向流动，而是在生态系统内发生循环。物质循环根据其范围、途径和周期不同，分为生态系统内的小循环和生态系统间或全球性的生物地球化学大循环两类。前者局限于一个具体的生态系统内，循环速度快、周期短，而后者则具有范围大、周期长、影响面广等特点。下面主要介绍生物圈水平上的生物地球化学循环(biogeochemical cycle)。

每一种元素都具有独特的性质，循环特点颇不一致，但其循环过程中都有一个或几个主要的储存“库”（pools）。在库中该元素的储存量大大超过结合在生命系统中的数量，并从这种储存库中缓慢释放。大气圈、水圈和土壤－岩石圈就是这样的储存库。与此相对是元素储量少、移动较快的交换库，生物即属于交换库。物质通过库与库之间的转移而将非生物成分与生物成分联系起来。

根据储存库和物质形态不同，生物地球化学循环可分为三大类型。

1. 水循环

水循环(hydrologic cycles)的主要储存库是水圈。水循环是水分子从水体和陆地表面通过蒸发及植物蒸腾进入大气圈，遇冷凝结后以雨、雪等形式回降到地球表面的运动。水循环的生态学意义在于为陆地生物、淡水生物和人类提供淡水资源；水是很好的溶剂，绝大多数物质都是先溶于水才能迁移并被生物利用；水还是地理环境变化的动因之一，它将一个地区的物质侵蚀搬运到另一地区沉积下来，改变原来的地表面貌，而且受侵蚀的高地一般较贫瘠，接受沉积的低地较肥沃，生产力明显不同；水的运动还把陆地生态系统和水域生态系统联结起来；最后，水还具有防止温度剧烈变化的作用，有利于生物的生存。由此可见，水循环是太阳能推动的各种循环中的一个中心循环，其他物质的循环都是与水循环结合在一起的。没有水循环生命就不能维持，生态系统也无法运转。

关于水循环的周期，有资料报道，估计大气中的水 8～11 d 可更换一次，土壤中的水更新一次需要 1 年，深层地下水为 1 400 年，海洋中的水全部更新约需 2 500 年，极地冰川为 9 700 年，而生物体中的水只需几个小时就可更换一次。

2. 气体型循环

在气体循环(gaseous cycles)中，物质的主要储存库是大气圈，其次为海洋。参与这类循环的元素具有扩散性强、流动性大和容易混合的特点，所以循环周期相对较短，很少出现元素过分聚集或短缺的现象。气体型循环具有全球循环性质和较完善的循环系统。属于气体型循环的物质主要有二氧化碳、氧、氮、氯等。

以氮为例作一说明(图 7－24)。氮是构成生物有机体最基本的元素之一，是蛋白质和核酸的主要组成成分。氮的生物地球化学循环过程非常复杂，循环性能相当完善。这不仅是因为含氮化合物很多，牵连的生物很多，而且循环的很多环节都有特定的微生物参加。

氮的主要储存库是大气圈，大气中氮占 79%，但游离的分子氮(N_2)不能被生产者植物直接利用，只能通过高能固氮(闪电、火山活动等)、生物固氮(某些细菌和蓝藻等)和工业固氮将分子氮转化为氨或硝酸盐被植物吸收并转化为氨基酸，再合成蛋白质等有机物质进入食物链。动植物排泄物和尸体则经

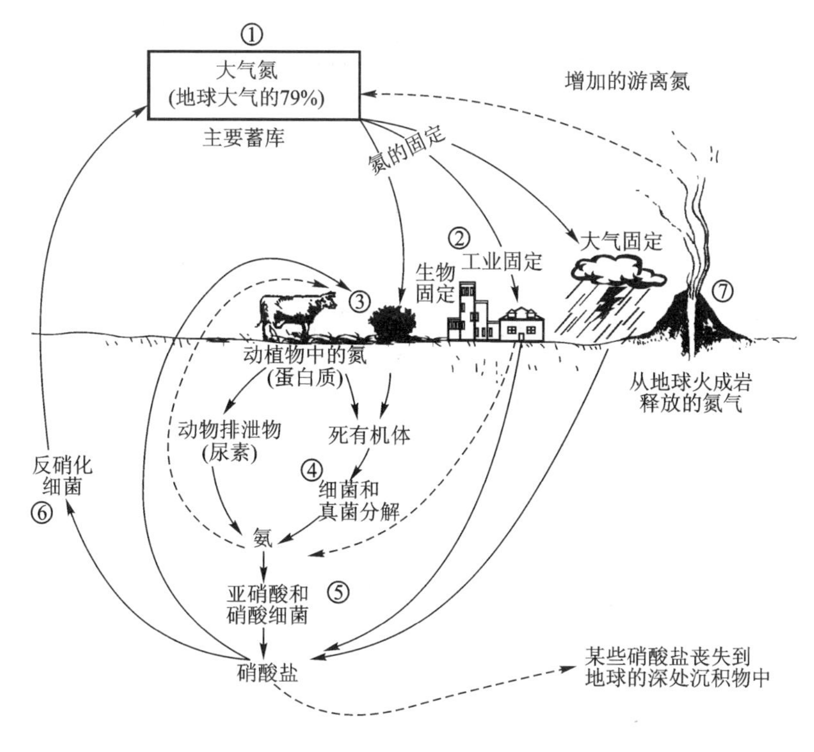

图 7－24　氮的循环

（据 D. B. Sutton 等，1973）

氨化细菌分解产生氨被植物重新利用，或氨再经过亚硝酸盐而形成硝酸盐被植物利用。另一部分硝酸盐被反硝化细菌转变为分子氮返回大气中。还有一部分硝酸盐随水流进入海洋被水生生态系统利用或以生物遗体形式保存在沉积岩中。

大气中氮的周转时间约为 300 年，海洋中硝酸态氨及有机化合物氨为 2 500年，土壤中的硝酸盐和亚硝酸盐只需 1 年即可循环一次。

3. 沉积型循环

属于沉积型循环（sedimentary cycles）的物质主要有磷、硫、碘、钾、铁、镁、钠、钙等，其主要储存库是岩石圈和土壤圈。保存在沉积岩中的这些元素只有当地壳抬升变为陆地后才有可能因岩石风化、侵蚀、淋溶和人工采矿等释放出来被植物吸收进入食物链。因此循环周期很长，循环系统也不很完善。但保存在土壤中的元素能较快地被植物利用。可以磷为代表叙述其循环过程（图 7－25）。

磷是生物不可缺少的重要物质成分之一，它参与了核酸、三磷酸腺苷（ATP）和细胞膜的形成，是植物三大营养元素（N、P、K）之一。磷的主要来源

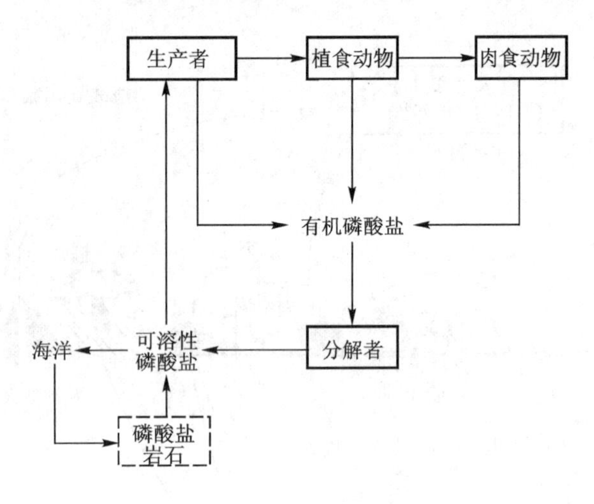

图 7－25 磷循环示意图

是磷酸盐类岩石和沉积物(如鸟粪等)。岩石和沉积物通过风化、侵蚀、淋溶作用和采矿释放出来进入水流和土壤中变成可溶性磷酸盐。其中一部分进入海洋参与水生生态系统的循环，另一部分被陆生植物吸收进入食物链。各类生物的排泄物和尸体被磷酸盐细菌分解并把其中的有机磷转化为无机的可溶性磷酸盐归还土壤，一部分再次被植物利用重新进入食物链；另一部分随水流进入海洋、湖泊、被水生生物利用或长期保存在沉积物中。土壤中的磷和沉积在海洋底部生物体中的磷常常易与钙结合形成难溶的钙盐而中断生物地球化学循环，所以其循环系统不很完善。

人类面临的许多环境问题大都与人类对生态系统物质循环的影响有关，例如河流、湖泊等水域的富营养化问题就与氮和磷的循环有关。人类生产活动排放的许多有毒污染物进入大气、土壤或水体中被生物吸收加入食物链，通过生物放大作用进而危害人体健康。某些农业土地的贫瘠化是与人们过分利用土壤养分而投入的肥料不够引起的。物质循环的规律告诉人们，生态系统是开放的，要想使它保持相对稳定和平衡的状态和较高的生产力，从系统拿走的物质理应大致如数归还于它。

总之，在生态系统中能量以物质作为载体，同时又推动着物质的运动，所以能量流与物质流是紧密结合在一起进行流转的(图 7－26)。地球上极其复杂的能量流和物质流网络把各种自然成分和自然地理单元联系起来形成更大、更复杂的整体——地理壳或生物圈。

从上述生态系统组分、结构和功能的特点可以看出，构成生态系统的成分多种多样，内部结构也十分复杂，它还借助生产者植物引入负熵流，在内部流通、转化、作功，并逐渐以热的形式散失从而降低了系统的总熵，使系统处于有序状态并保持其相对稳定。所以生态系统是一个多成分、多变量、具有耗散结构的开放系统。

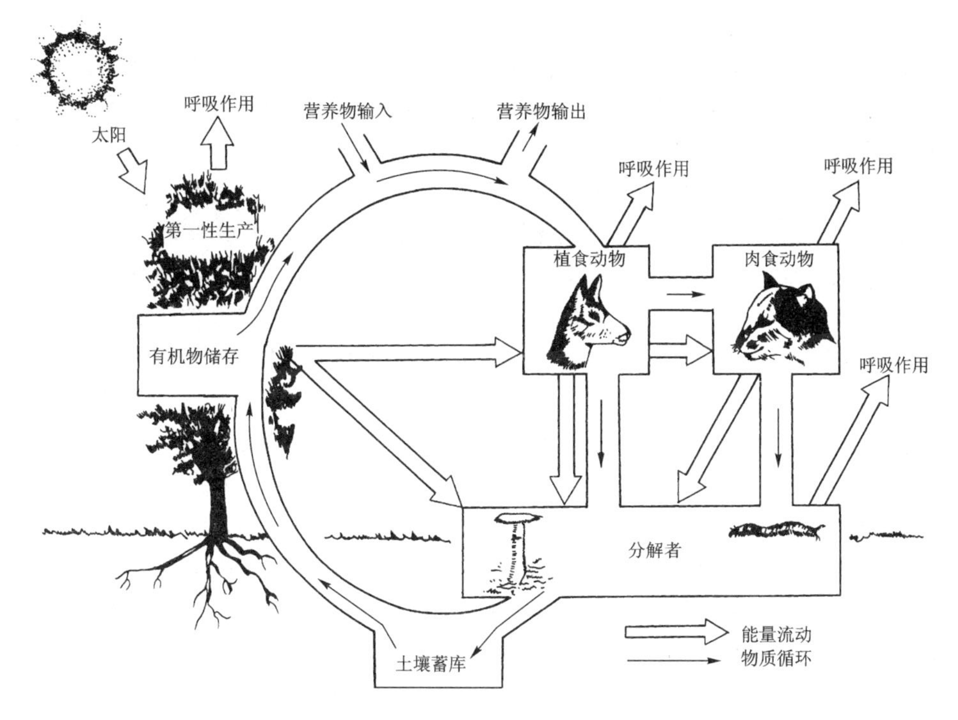

图 7－26 生态系统中能量流与物质流的关系
（据 R. L. Smith，1972）

四、生态系统的反馈调节与生态平衡

生态系统是一种处在不断变化发展之中的动态系统。只要给以足够长的时间和外界环境与能量供应保持相对稳定，生态系统总是按照一定规律向着物种组成多样化、结构复杂化和功能完善化的方向发展，直到达到成熟稳定状态。在发展的早期阶段，系统的生物种类少，食物链（网）结构简单，对外界干扰反应敏感，抵御能力小，所以比较脆弱而不稳定。生态系统经过演替逐渐进入成熟时期，一般表现为生物种类多，食物链较长，营养结构复杂，对外界干扰有较强的抵御能力因而稳定程度高。这是由于通过自然选择和生态适应，各种生物都占有一定的生态位，彼此间关系比较协调而紧密，并与非生物环境共同形成结构较完整、功能较完善的自然整体。此时外来生物种较难侵入，同时由于复杂的食物网结构使能量和物质通过多种途径流动，一个途径发生损伤或中断可由其他途径得到补偿，不致使整个系统受到伤害。所以生态系统的生物种类越多、营养结构越复杂，一般越稳定。

当生态系统处于相对稳定状态时，生物间和生物与环境间出现高度的相互适应与协调，种群结构与数量比例没有明显变化，能量和物质的输入与输出大致相等，结构与功能相互适应并获得最佳协调关系，这种状态就是生态平衡(ecological balance)。即生态平衡是生态系统在一定时间内结构和功能的相对稳定状态，其物质和能量的输入与输出接近相等，在外来干扰下，能通过自我调节或人为控制恢复到原初的稳定状态。生态平衡是动态的，维护生态平衡不只是保持其原初稳定状态。生态系统在人为有益影响下可以建立新的平衡，达到更合理的结构、更高效的功能和更好的生态效益(中国生态学会,1981)。

生态系统各种成分常发生某些变化，还有一些外来干扰。生态系统能够保持其相对稳定与平衡是由于它是一种控制系统，具有自我调节能力，特别是负反馈能够使生态系统在受到一定干扰后恢复和保持其稳定平衡状态。生态系统的物种越多，结构越复杂便越稳定，其根本原因就在于此时系统内的反馈机制更复杂，因而自我调节能力也更强。生态系统中的反馈现象既表现在生物组分与环境之间，也出现于生物各组分之间和结构与功能之间。生物组分间的反馈现象如图 7－27 所示：在一个生态系统中，当被捕食者动物种群(N_1)数量很多时，捕食者动物种群(N_2)因获得充足食物而大量发展；捕食者种群数量增多后，被捕食者种群数量减少，捕食者动物种群数量由于得不到足够食物自然减少。图 7－28 表示有三个营养级生物种群的反馈作用。所以当生态系统受外界干扰破坏不过分严重时，一般都可通过自我调节使系统得到修复，维持其稳态或平衡。

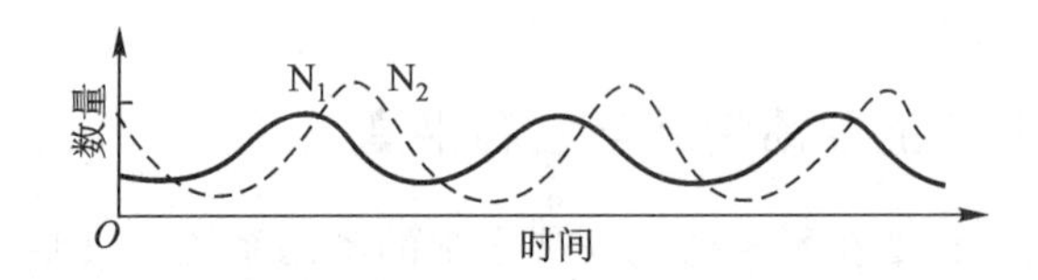

图 7－27　生态系统中两个生物种群数量变化关系

N_1. 被捕食者；N_2. 捕食者

正反馈的作用刚好与负反馈相反，即生态系统受内部或外界某因素的干扰而发生了一些变化(系统的输出)，这些变化不是抑制而是加强了因素干扰和引起的变化，导致生态系统远离平衡稳定状态。例如一个湖泊受到污染致使大量鱼类死亡，而死亡鱼体腐烂进一步加重污染并引起更多的鱼类死亡。因此正反馈往往具有很大的破坏性。

生态系统虽然具有反馈功能，但平衡和自我调节能力有一定限度，当外界干扰压力很大使系统的变化超过自我调节能力即“生态阈限”时，其自我调节功能将受限制甚至消失。此时系统结构被破坏，以致整个系统受到伤害甚至崩溃而不能恢复到原初稳定状态。人类由于不了解生态系统的调节机制和稳定

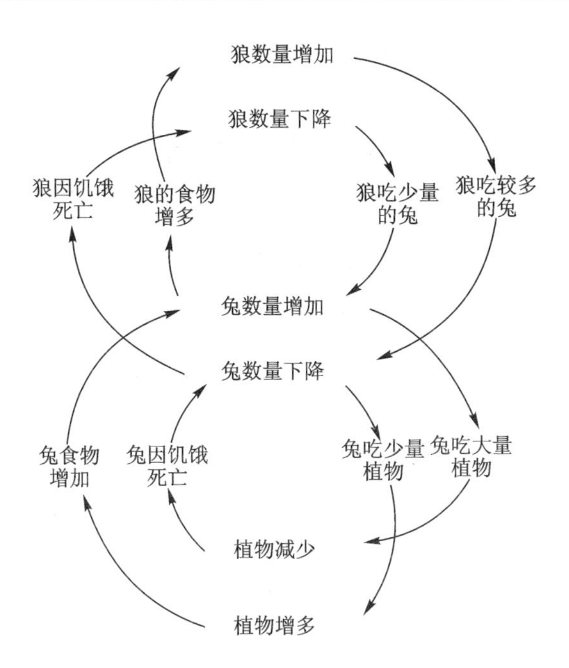

图 7－28　两个负反馈之间的相互关系

（据孙儒泳等,《普通生态学》,1993）

性极限，盲目行动导致生态平衡破坏，使人类本身蒙受损失的现象不乏其例。例如一些植棉地区，自然情况下棉红蜘蛛可能由于瓢虫等天敌的控制，不足以严重危害棉花生长。然而长期使用有机氯杀虫剂后部分棉红蜘蛛产生抗性，瓢虫遭到严重摧残，两者的平衡关系破坏，导致棉红蜘蛛再度猖獗，造成经济上更大损失。这是生物种群结构发生变化引起生态平衡失调的现象。我国黄土高原地区由于破坏植被和陡坡开荒等不合理利用自然资源，造成水土流失严重；反过来更加剧了植被的破坏和水土流失，正反馈过程反复进行。一个生态系统的稳定性受到破坏不仅使本系统受到伤害，而且通过输出（不正常的系统功能）还危及相邻生态系统的稳定与平衡。由此也可以看出，许多自然生态系统绿色植被的破坏是导致平衡破坏的主要因素。

因此，应当对各类生态系统的结构、功能、调节机制和稳定性极限进行深入研究，以便预测在采取某些措施后生态系统可能产生的反应格式，免受不必要的损失。

人既是生态系统的成员，又是支配生态系统最活跃、最积极的因素，人认识了生态系统的特性并运用科学方法实行管理就能够防止系统的逆行演替，维持其平衡；或创造出新系统，建立起新的生态平衡。我国云南热带的人工多层复合林，珠江三角洲的桑基鱼塘等都是结构比较合理、功能较为完善、生态经济效益明显的人工生态系统的良好典型。

第五节 陆地和水域生态系统

地球各个地区由于动植物区系和自然地理环境的差异，分别形成了许多不同类型的生态系统。按人类对系统影响程度可划分为自然生态系统和人工生态系统两大类。前者又可根据其环境特征和生物的生态特征不同划分为陆地生态系统与水域生态系统，后者则划分为农业生态系统和城市生态系统。本节仅对自然生态系统作一简介。

一、陆地生态系统的主要特征与分布规律

陆地生态系统的非生物环境复杂且多变化，水分、热量等主要生态因子分布不均和地形高低起伏为生物的生存提供了多种多样的生境，而土壤的发育和与大气的直接接触，又为生物特别是绿色植物提供了丰富的营养物质，从而使陆生生物的种类极其浩繁，生物群落类型也十分多样。

陆地生态系统在地球上占据的总面积虽然比较小，但根系发达、枝繁叶茂的绿色植物并养育了多种多样的动物，所以平均生物生产量较高，生物物质积累量巨大。环境的多变还使陆地生态系统的动态变化包括季节性变化和各种类型的演替比较明显。

除上述特征外陆地生态系统还具有明显的空间分布格局。首先，与热量气候带相适应，植被或生态系统也呈带状分布。以北半球为例，从南往北依次出现热带雨林、亚热带常绿阔叶林、温带落叶阔叶林、寒温带针叶林、寒带冻原和极地荒漠等自然带。这种大致沿纬线方向延伸成带而由南往北依次更替的分布规律，称做纬度地带性，它是陆地上规模最大、最重要的分布规律(图 7－29)。我国植被或生态系统分布的纬度地带性以东部森林区表现最明显(图 7－30)。

其次，由于海陆分布和大气环流等因素的作用，从沿海到内陆降水量逐渐减少，导致植被或生态系统由沿海到大陆内部依次更替，称为干湿度带性。这种分布格局以北美洲大陆表现最典型。从大西洋沿岸的森林带向西，经草原带、荒漠带，到太平洋沿岸又出现森林带(图 7－29)。在我国温带地区也表现得十分清楚，从东到西依次为针阔叶混交林带、草原带、荒漠带，其中还包括一些明显的亚带(图 7－31)。

植被或生态系统分布的纬度地带性与非纬度的干湿度带性常被合称为水平地带性。值得注意的是由于受到海陆位置、地形和洋流的干扰水平地带性表现

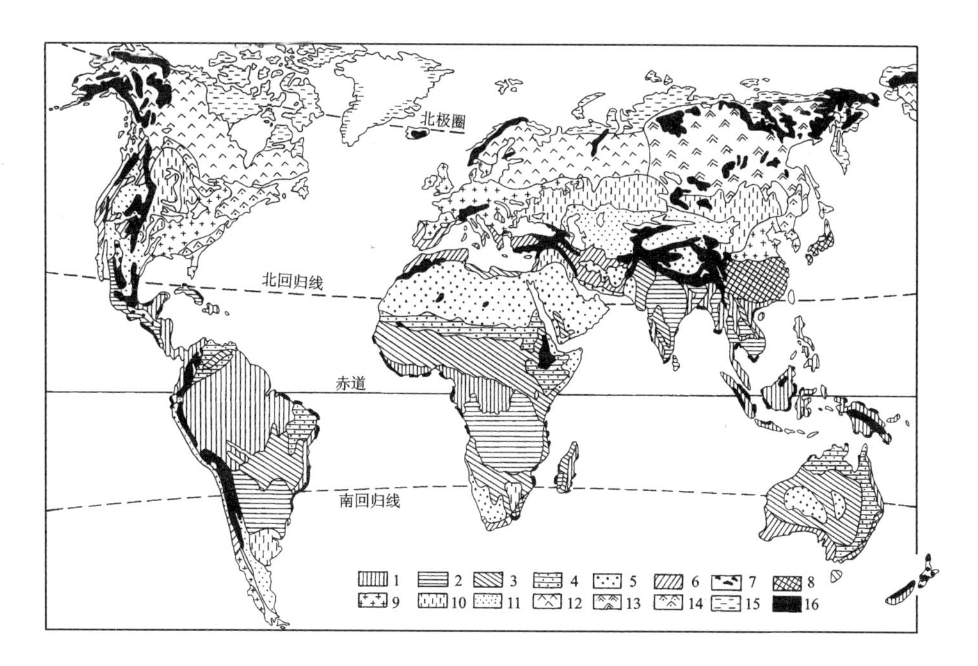

图 7－29 世界植被带图

（据 H. Walter, 1964）

1. 热带常绿雨林；2. 亚热带常绿及落叶林；3. 热带、亚热带荒漠及半荒漠；4. 冬雨硬叶林；5. 暖温带常绿阔叶林；6. 落叶阔叶林；7. 温带草原；8. 北方针叶林；9. 冻原；10. 山地植被；11. 温带荒漠、半荒漠；12. 常绿针叶林；13. 落叶针叶林；14. 针阔叶混交林；15. 苔原；16. 各带的山地植被

十分复杂。

生态系统的带状分布规律也出现于垂直空间。高耸的山体从山麓到顶部，随着海拔升高温度和气压逐渐降低，风速和太阳辐射逐渐加强，而降水量一般先是逐渐增加随后又趋减少。这些因素的综合作用使生物群落和土壤从下而上连续发生变化，出现了不同植被或生态系统随海拔升高而呈带状分布的规律，叫做垂直带性。

各个垂直带由下而上按一定顺序排列形成的垂直带系列叫做山地垂直带结构或垂直带谱。位于不同自然地带的山地具有不同的垂直带谱（图 7－32），山地海拔不同其垂直带谱也不相同。

二、陆地生态系统的主要类型

在生态系统中植被往往是最显著的，所以无论是地理学家还是生态学家都以植被为基础划分生态系统的类型。

（一）热带雨林

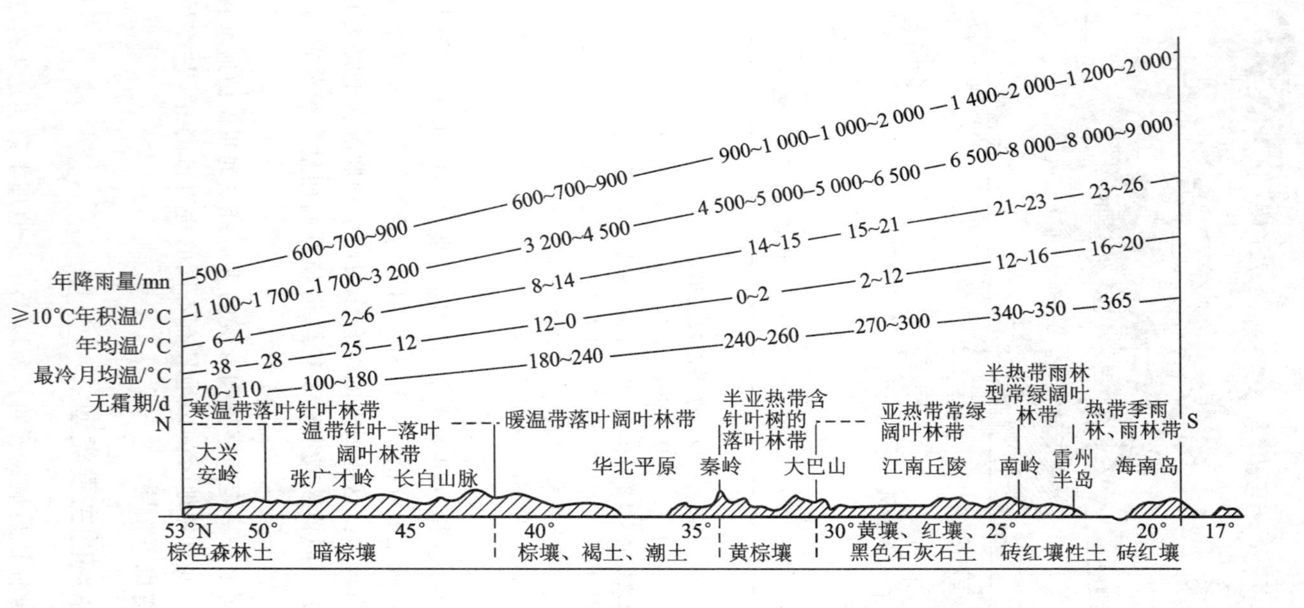

图 7-30 中国东部(约 110°~120°E)植被水平分布的纬向变化及其与气温、雨量、土壤的关系示意图

(据侯学煜,1981)

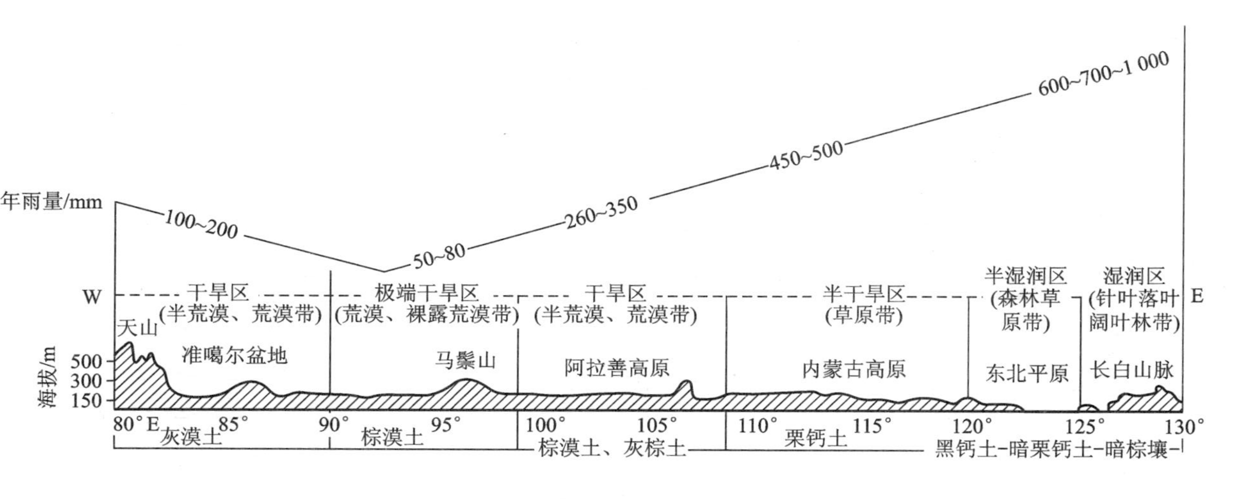

图 7－31　中国温带(约 42°N)植被水平分布的东西向变化及其与大气降水、土壤的关系示意图

(据侯学煜,1981)

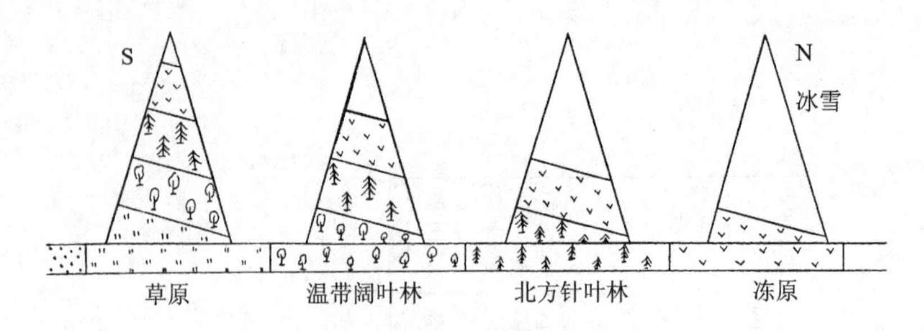

图 7-32 不同纬度地带山地垂直带谱示意图

（据 M. B. 马尔科夫）

热带雨林分布于赤道附近地区，以南美洲亚马孙河流域、非洲刚果河流域和东南亚热带地区面积最大，发育最典型。这些地区年均温在 26℃以上，年降水量一般超过 2 500 mm，土壤多为砖红壤。终年高温多雨为生物的生存提供了优越条件。

热带雨林植物种类极为丰富，巴西的热带雨林中一平方英里面积上仅乔木树种就有 300 余种。优势乔木一般高达 40 ~ 50 m，多具光滑柱状树干，叶片宽阔质地较硬，不少乔木树种还具有高大的板状根和茎花现象。群落结构十分复杂，仅乔木就有三四层之多，还有非常丰富的藤本植物和附生植物。群落外貌终年常绿。丰富的食物资源和适宜的环境条件养育着种类繁多的动物，尤以昆虫、爬行类和两栖类的种类与数量最多，此外营树栖生活的灵长类动物也常有出没。热带雨林是生物生产力和生物量最高的陆地生态系统，净第一性生产力为 20 t/(hm^2 · a)，地上生物量可达 300 t/hm^2。

我国雨林主要分布于海南岛和西双版纳等地，种类组成和结构比较简单，属雨林的北部边缘类型。

（二）热带稀树草原

热带稀树草原又称萨王纳，分布于干湿季对比明显的一些热带地区，主要见于东非、巴西高原和印度等地。这些地区终年温暖，年均温约 18 ~ 24 ℃，年降水量 500 ~ 1 500 mm，季节分配不均匀。

萨王纳群落以高达 1 m 以上的旱生禾草为主要成分构成的草被层占优势，在草被层的背景上散生一些旱生矮乔木，故称稀树草原。长颈鹿、斑马、野牛、羚羊等有蹄类与非洲狮等大型食肉动物是生活在该类生态系统中的常见动物群。它们与植物群落共同形成独特的热带自然景观。净第一性生产力平均为 7 t/(hm^2 · a)，生物量约为 24 t/hm^2。

（三）亚热带常绿阔叶林

分布于亚热带湿润气候地区，主要在我国长江流域、日本南部、美国东南部等地。气候受季风影响，四季较分明，夏季高温多雨，冬季少雨不甚寒冷。

年均温一般为16～18 ℃，年均降水量800～2 000 mm。土壤为红壤和黄壤等酸性土。

常绿阔叶林的植物种类和结构虽较复杂，但远不及雨林。乔木一般分两层，上层乔木多由樟科、壳斗科、山茶科、木兰科等常绿阔叶树种组成，一般高20余米，叶片多为椭圆形。林冠较整齐，林下灌木层和草本层明显，藤本植物和附生植物较少。动物种类丰富，昆虫和鸟类种类繁多，猿猴类常出没于森林之中，爬行类与两栖类动物也较多。

我国常绿阔叶林区域面积广大，南起北回归线附近，向北至秦岭—淮河一线，西界基本沿青藏高原东缘伸延。由南而北主要有季风常绿阔叶林、典型常绿阔叶林和含有落叶树种的常绿阔叶林，伴有马尾松林、杉木林和竹林等。该类森林分布地区尚有不少珍稀残遗树种，如银杏、水杉、银杉、金钱松、鹅掌楸等和大熊猫、金丝猴、穿山甲、华南虎等珍稀动物。我国四川常绿阔叶林的净第一性生产力为10 t/(hm^2 · a)左右，生物量约为150～176 t/hm^2。

亚热带森林除常绿阔叶林外，在具地中海型气候的地区如地中海周围、加利福尼亚、澳大利亚大陆西南沿海等地，发育着旱生特征明显的硬叶常绿阔叶林。我国金沙江中上游河谷两侧山地气候虽属夏雨冬干类型，也分布着较大面积的山地硬叶常绿阔叶林。

（四）温带落叶阔叶林

落叶阔叶林是温带中、南部湿润气候条件下典型的森林生态系统，主要分布在西欧、北美洲东部和东亚。在我国主要分布于华北地区和东北南部。环境条件以我国为例，气候四季分明，夏季炎热多雨，冬季寒冷干燥。年平均气温8～14 ℃，年均降水量500～1 000 mm。土壤以褐土和棕壤为主。

构成落叶阔叶林的主要树种是栎(*Quercus*)、山毛榉(*Fagus*,欧洲)、槭(*Acer*)、鹅耳枥(*Carpinus*)、梣(*Fraxinus*)、椴(*Tilia*)、杨(*Popultts*)、桦(*Betula*)等。它们高约15～20 m，叶片较宽薄，春夏展叶，秋冬落叶，故这类森林又称为夏绿阔叶林。群落的垂直结构分为乔木层、灌木层、草本层，有些潮湿的林内地面尚有苔藓层。层次清晰，林冠整齐，冬枯夏荣，季相变化十分明显。消费者动物主要有鹿、鼠、松鼠、兔、鸟类、狐、狼和熊等。净第一性生产力约为10～15 t/(hm^2 · a)，现存生物量约为200～400 t/hm^2。

这类森林目前在我国仅见于某些深山区，主要类型是各种落叶栎林、杨林、桦林和杂木林。大部分低山丘陵区的落叶阔叶林被落叶灌丛和草坡代替，另有片状油松林和侧柏林分布。

（五）北方针叶林

北方针叶林又称泰加林(*Taiga*)，我国称寒温性针叶林，主要分布于北纬45°～70°之间的寒温带气候区，横贯欧亚大陆和北美洲北部，形成一条完整的针叶林带。泰加林的南延部分在我国仅分布于大兴安岭北部和阿尔泰山。这些地区冬季寒冷而漫长，夏季温凉而较短。年均温约 0 ℃上下，年均降水量约 400～500 mm。

北方针叶林植物种类比较贫乏，乔木以松(*Pinus*)、云杉(*Picea*)、冷杉(*Abies*)、落叶松(*Larix*)等属的树种为主，少有阔叶树种。森林结构简单，层次清晰，乔木层常由一二个树种组成，多为单优种纯林，林相整齐。林下灌木和草本植物不甚发育，而由苔藓植物形成的地被层在云杉林和冷杉林下十分发达。动物以黑熊、鹿、马鹿、驯鹿、貂、猞猁、雪兔、松鼠、松鸡、榛鸡等为多。净第一性生产力平均约为 8 t/(hm^2·a)，生物量 100～330 t/hm^2。

(六) 温带草原

温带草原是主要陆地生态系统之一，分布于内陆干旱到半湿润区，主要有欧亚大陆草原(Steppe)、北美洲草原(Prairie)和南美洲草原(Pampas)等。草原区具大陆性气候，四季分明，夏季温暖，冬季严寒。年均降水量约 250～500 mm，多集中于夏季且年际变化较大。

草原生态系统的生产者主要是旱生多年生禾本科植物，以针茅(*Stipa*)、羊茅(*Festuca*)、须芒草(*Andropogon*)、早熟禾(*Poa*)、冰草(*Agropyron*)、落草(*Koeleria*)等为建群种，混生有旱生、多年生双子叶杂类草，有些地方还出现旱生小灌木。群落结构简单，一层或两层，季相变化频繁而明显。开阔的草原适宜善于奔跑的大型食草动物如野驴、野牛、黄羊等生活，以穴居为主的啮齿类动物也是常见的第一级消费者。净第一性生产力 0.5～15 t/(hm^2·a)，地下生物量常大于地上部分，尤以冬季为著。

我国草原是欧亚大陆温带草原的重要组成部分，北起松嫩平原，经内蒙古高原北部和中部、黄土高原北部和西部，呈带状延伸至青藏高原腹地，长达 4 500多千米。从东北向西南，随着降水量逐渐减少和地势升高，依次分布着草甸草原、典型草原、荒漠草原和高寒草原4 个亚类，其植物种类、草群高度和生产力也相应减少或降低。

(七) 荒漠

荒漠生态系统主要分布于亚热带和温带极端干旱少雨地区，在北半球形成一条明显的荒漠带，南美洲智利、澳大利亚和南非也有分布。在我国分布于内蒙古西部和西北干旱区。

荒漠地区为极端大陆性气候，年降水量大都在 250 mm 以下，蒸发量大于降水量许多倍。温度变化剧烈，并多风沙与尘暴，土壤贫瘠。严酷的自然环境限制了许多植物的生存，仅有一些超旱生半乔木、半灌木、小半灌木、灌木或肉质的仙人掌类植物稀疏地分布在贫瘠的土地上，植物种类贫乏，个体数量稀少。群落外貌灰绿，结构简单，覆盖度很低，有些地面完全裸露。食物资源贫乏导致动物种类不多，常见有蜥蜴、啮齿类和某些鸟类。许多动物具有高度适应干旱环境的特征，如夏眠、穴居、夜间活动、长期不饮水、不具汗腺和排放高浓度尿液等。荒漠的初级生产力很低，一般小于 0.5 g/m^2，生物量也很小。

我国荒漠位于亚非荒漠带的东部，与中亚荒漠相比，春雨型短生植物层片不发达，仅于准噶尔荒漠西部有发育；新疆东部是亚洲干旱中心，年降水量低于 50 mm，分布着极端干旱荒漠。我国荒漠的类型主要有：①半乔木荒漠，建群种为超旱生无叶小乔木梭梭(*Haloxylon ammodendron*, *H. persicum*)，主要分布于新疆；②灌木荒漠，为我国荒漠的典型类型，以膜果麻黄(*Ephedra przewalskii*)、木霸王(*Zygophyllum xanthoxylon*)、泡泡刺(*Nitraria sphaerocarpa*)、沙冬青(*Ammopiptanthus mongolicus*)、沙拐枣(*Calligonum* spp.)等荒漠为主；③半灌木、小半灌木荒漠，分布最广、类型多样，常见的建群植物有琵琶柴(*Reaumuria soongorica*)、几种猪毛菜(*Salsola* spp.)、驼绒藜(*Ceratoides latens*)、假木贼(*Anabasis* spp.)等。

(八) 冻原

冻原又叫苔原，是典型寒带生态系统，分布于欧亚大陆和北美洲大陆北部边缘地带。这里冬季严寒漫长，夏季凉爽短促，降水量约 200 ~ 300 mm，有多年冻土分布。

生物种类贫乏，共有 100 ~ 200 种植物，主要是苔藓、地衣和莎草科、禾本科、毛茛科、十字花科的多年生草本植物，杂生一些矮小灌木。植物多贴伏地面生长，群落结构简单，通常仅 1 ~ 2 层。动物种类也很贫乏，主要有驯鹿、麝牛、北极狐、北极熊、狼和旅鼠等，夏季多有候鸟迁来繁息。冻原生产力平均小于 1 g/(m^2·a)。

三、水域生态系统的主要特征与类型

海洋面和陆地上的河流、湖泊、沼泽和水库等水体中都生活着生物有机体，它们与其水环境共同形成各种不同的水域生态系统或称水生生态系统。与陆地生态系统相比，水域生态系统中因水有流动性和热容量较大，使广大水域环境的特征比较均一且变化较缓和，较少出现极端情况。因此许多水生生物分布范围广泛，系统类型也比陆地少。根据水化学性质不同，水域生态系统可分为海洋生态系统与淡水生态系统。

但各种水体及同一水体的不同部分，自然条件也不完全一致，不同的生境分别生活着不同的水生生物。一般将水体沿垂直方向分为深水层、中水层和表水层三部分，生物也相应划分为底栖生物、自游生物、浮游生物和漂浮生物等生态类群(图 7 - 33)。

水域生态系统的大多数初级生产者是各种浮游藻类，其体积很小而表面积

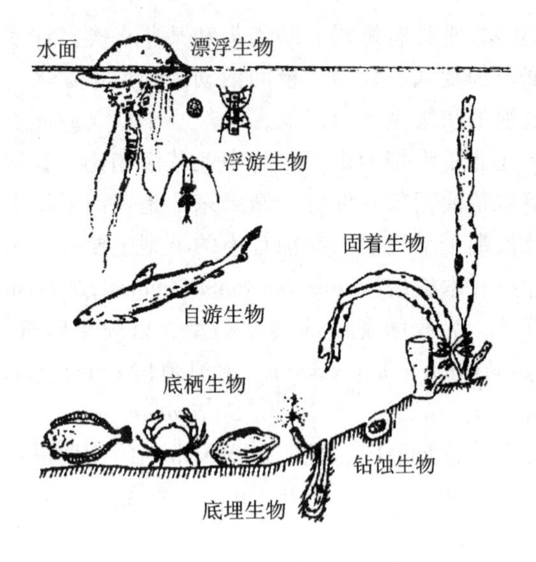

图 7-33 水生生物的主要类型

大，适于浮游。同时由于其寿命短，一部分个体被植食动物所滤食，另一部分个体也很快死亡并被微生物分解，因此积累的现存生物量很少，而较高营养级的生物寿命长，故在水生生态系统中出现颠倒的生物量金字塔，这是陆地生态系统所没有的特征。

（一）淡水生态系统

淡水生态系统包括河流、湖泊、溪流、池塘和水库等，大多数面积较小，边界明确，因而常常成为研究生态系统结构与功能的理想对象。淡水水体一般深度小，水中光照条件较好，所以生产者除浮游藻类外，还有较丰富的根生高等植物，某些水塘还有沉水和漂浮的高等植物。根据水的运动可分为流水与静水两个淡水生态系统。

1. 流水生态系统

江河与溪流是典型的流水生态系统，它通过复杂的水系网络和强烈的输入与输出不仅把各个陆地生态系统乃至与海洋生态系统联系起来，使自然界形成为一个整体，而且还给人类提供丰富的水源和舟楫渔业之利，并把自然生态系统与人工生态系统（农田、城市等）联为一体。

不同自然区域的河流或同一河流的不同河段，环境不同，生物种群特点也有明显差异。河流上游多急流险滩，河水曝气充分，水中溶氧量高，河床多为石砾，水温较低，水流清澈。生产者多系固着性藻类如刚毛藻、丝藻和硅藻等。消费者以蜻蜓、蜉蝣和小型鱼类为主，有些动物具有吸盘附着于岩石表面。上游一般污染少，接受的有机物质不多，水体多系贫养性。下游河段水量大，水流平缓，水温较高而含氧量低，河床宽展，多为泥质或沙质底。生产者除浮游性绿藻、蓝藻等外，河汊与岸滩平广浅水处常有高等植物分布。各级支流输入的有机碎屑物较多，所以河水中食物丰富，消费者中有甲壳类和底栖或穴居的水蚯蚓、蚊类幼虫等，有些地方还有螺蚌等软体动物。自游生物以鲤、鲶、鲫等鱼类为常见。食物链网较复杂。河水多出现富营养化现象。

2. 静水生态系统

湖泊、水库和池塘等均属于此类型。以湖泊为例，由边缘往中心，水深逐渐增加，形成生态特点不同的两个部分或亚系统(图 7－34)。

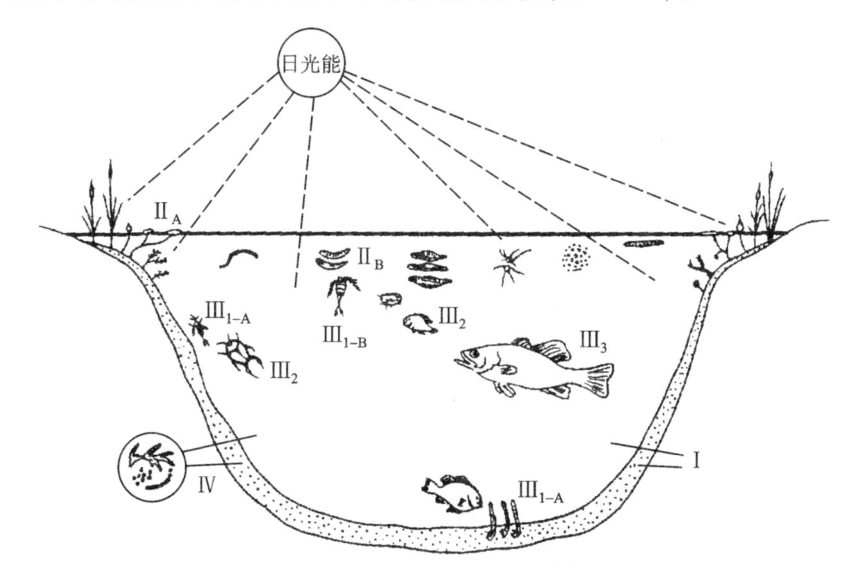

图 7－34 湖泊生态系统示意图

Ⅰ. 非生命物质；$Ⅱ_A$. 生产者(有根植物)；$Ⅱ_B$. 生产者(浮游植物)；

$Ⅲ_{1-A}$. 初级消费者(底栖型)；$Ⅲ_{1-B}$. 初级消费者(浮游型)；

$Ⅲ_2$. 次级消费者(肉食动物)；$Ⅲ_3$. 三级消费者(次级肉食动物)；

Ⅳ. 分解者(腐养者)

沿岸带水层较浅，光照充足，营养物质丰富，生物种类多。生产者以根生高等植物为主，次有浮游藻类和沉水植物。食物资源充足，消费者动物丰富，种类较多，除浮游甲壳类外，还有螺、蚌及大量脊椎动物，如蛇、蛙、鱼、水鸟等。该带又因水深与光照条件不同，常形成几个呈同心环状排列的生物群落带或更小的生态系统(图 7－35)。

由沿岸带向内，水面开阔，深度加大，水质较清澈。这里已没有根生高等植物生长，生产者为绿藻、蓝藻和硅藻等浮游藻类，生活于光照条件较好的湖水上层。消费者以桡足类、枝角类、鱼类为主，水底污泥中常有蚊类幼虫和水蚯蚓等。

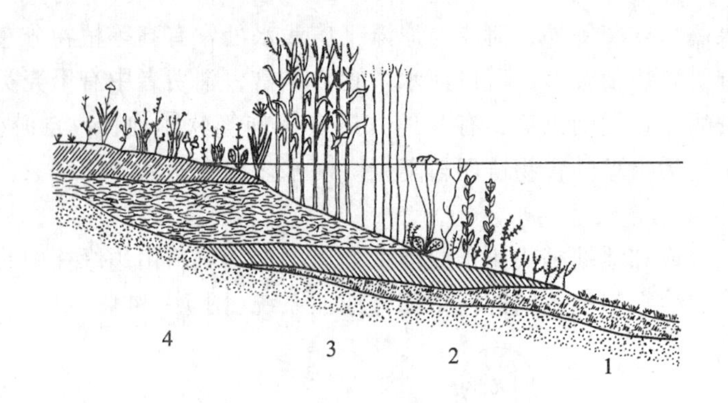

图 7－35 湖泊沿岸植物群落带

1. 沉水植物带；2. 浮叶植物带；3. 挺水植物带；4. 陆生植物带

(二) 海洋生态系统

海洋中生活着大量的生物，既有以各种浮游藻类为主的植物，也有从原生动物到脊椎动物几乎所有的动物门类，约达 25 万种之多。它们构成了错综复杂的食物网，形成独特的海洋生态系统。海洋由于各部分的深度、光照、盐分和生物种群组成不同，可进一步划分为海岸带、浅海带和远洋带等，其中又包括许多次级生态系统(图 7－36)。

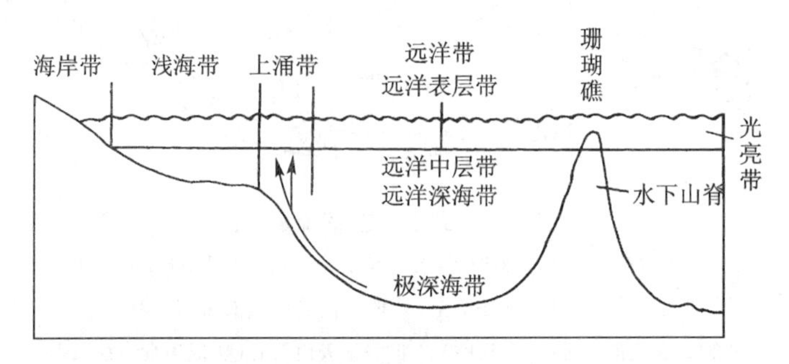

图 7－36 海洋生态系统分布图

(据 McNaughton, 1973)

海岸带又称潮间带，水深从数米到数十米。光照充足，含盐量、水温和底部地形等变化较大。由河流带来的有机物质比较丰富，生物成分复杂多样。生产者以浮游硅藻和大型固着生长的绿藻、褐藻为主，在热带还有红树类高等植物。消费者以近岸性浮游动物、鱼类和螺、蚌、牡蛎、蚶贝类沙蚕、蟹等底栖动物为多。海岸带还包括河口湾红树林等生产力很高的生态系统。

浅海带生态系统为水深不超过 200 m 的大陆架。水中光照仍较充足，来自陆地的有机物质也较丰富，有利于生物的生存。生产者主要是浮游硅藻、甲藻等。消费者除桡足类外，大都为滤食性鱼类如鳕、鲱等。该带为世界主要海产品捕捞区。

远洋带水面开阔，水深超过200 m，最深达10 000 m以上。水深100 m以内的表层光照充足，为浮游藻类集中生活区，但因营养物质贫乏，初级生产力较低。消费者动物有乌贼、箭鱼、金枪鱼、鲨鱼和哺乳动物鲸类。往下光照逐渐减弱，水温低而比较恒定，生产者几乎不存在，消费者植食动物和肉食动物为多，即以异养生物为主。远洋带食物链可达5～6级，但上涌带有一些很短的食物链，即浮游植物→沙丁鱼、鲸等。远洋带中也有一些生产力较高的次级生态系统，如上涌带、珊瑚礁等。

第六节 社会－经济－自然复合生态系统

上述主要的自然生态系统，除极地和远洋生态系统较少受到人类活动影响外，其他生态系统都程度不同地受到了干预，尤其陆地生态系统许多已被开发利用，分别改造为农业生态系统与城市生态系统。这些人工生态系统都是以人为核心，以自然环境为基础，进行着频繁的社会经济文化活动，并彼此紧密结合形成一个复杂的社会－经济－自然复合生态系统。这样的系统既服从自然规律的制约，更受社会性质和经济规律的羁绊。现代地理学与生态学不仅研究自然生态系统，同时也研究社会－经济－自然复合生态系统和人与自然的协调关系。

一、农业生态系统

原始的人类深受环境条件的限制，对各种自然生态系统的影响极其微小。社会的发展使人类逐步扩大了对自然界的认识能力和利用程度。从原始农业开始，刀耕火种，易地轮荒，人类对自然界的影响日益显著。但古代人口稀少，生产力水平极低，人们仍然生活在本质上没有改变的自然生态系统之中，农业生态系统也只是处在雏形阶段。随着铁器和畜力的使用，土地的固定耕垦及农家有机肥的施用，农作物产量明显提高，土地的养分循环也基本维持平衡，社会、经济与自然三个子系统相互渗透、紧密结合，从而进入到自给自足的传统农业阶段。这个阶段科技还不发达，人只能顺应自然，靠天时地利进行农业生产。从20世纪开始，西方发达国家开始使用拖拉机等农业机械代替畜力进行农业生产，化肥代替了自然有机肥，其他一些辅助能（电力、燃料油、农药等）也被投入到农田生态系统中，形成为高度集中、高度专业化、高效率的集约型石油农业或工业化农业。森林、草原和荒漠中的绿洲等原生自然生态系统已被改造成为人工管理控制下的包括各种农田、经济作物种植园、人工林地、人工草场及鱼塘等不同类型的农业生态系统。

(一) 农业生态系统的主要特征

农业生态系统(agroecosystem)是指在人类生产活动干预下，一定区域的农业生物群体与其周围自然和社会经济因素彼此联系、相互作用而共同建立的固定、转化太阳能，获取一系列农副产品的人工生态系统。其中以作物栽培为主体的农田生态系统最为重要。与自然生态系统相比，农田生态系统有以下主要特点。

1. 生物成分发生显著变化

农业生物群体如农作物、蔬菜、果树、家畜和家禽等在人工控制下取代原有野生生物群体，使生态系统的生物成分以人工种植和驯养的为主。

2. 系统结构明显简化

为保证农业生物群体的正常生活，农田生态系统中其他动植物成分明显减少，物种多样性大大降低；由于农田作物种群单一，个体年龄相同，生长期短，害虫与天敌常被同时消灭。所有这些使食物链变短，食物网简化，作物群体的垂直层次结构减少。其结果是系统的自我调节能力差，对自然灾害和病虫害的抵御能力变小，系统稳定性减弱。所以农田生态系统是一种脆弱而不稳定的系统，需要精心管理。

3. 农田生态系统是一个能量和物质大量流通的开放系统

生产者在自然生态系统中制造的有机物质几乎全部留存在该系统中，而农田生态系统为满足社会需要，绝大部分农畜产品运销外地，加上土壤养分淋失、水土流失、反硝化作用、蒸发等使能量和物质大量输出系统之外。为使系统保持平衡和具有一定的生产力水平，必须通过多种途径投入人力、畜力、肥料、水以及化石燃料等物质和能源，以补偿产品输出后所出现的亏损。所以农田生态系统是一个能量与物质交流量大和运转迅速的开放系统。

4. 农田生态系统的生物生产量一般较高

这里所说的生产量是指包括根、茎、叶、花、果实、种子等生产者作物的初级生产量和肉、毛皮、骨骼、血液等消费者家畜和家禽的次级生产量在内的全部有机物质的数量，即整个系统的生物生产量。与自然生态系统相比，农田生态系统的生物生产量一般较高。

5. 农田生态系统具有明显的地域性特点

不同自然区域有各具特点的农田生态系统类型，它们从农业生物的种类组成、环境特点、系统结构与功能到社会经济技术条件都有某些差异。我国南方与北方，东部与西部，山区与平原的农业生产均显示出地域分异特点。因此在建设合理的农田生态系统时不能采用一个模式，而应遵循因地制宜的原则。

6. 人是农田生态系统的核心，社会因素起重要的导向作用人类是农田生态系统的重要组成成分和主要调控者，系统的生物成分和非生物成分在时间和空间上的分布与组配、系统的物质循环与能量转换以及系统的稳定性与生产力高低等都受到人类活动和国家经济体制、农业方针政策的强烈影响。人类应处理好人、生物与环境三者之间关系，根据各地的自然与社会经济条件调整好农业生产的结构和布局，控制和提高能流与物流的途径与效率，建立合理、高效、稳定的农业生产体系，取得良好的经济、社会和生态效益。

（二）生态农业

随着传统农业生产力的限制和石油农业弊端的充分暴露，自 20 世纪 60 年代末开始世界各国纷纷寻找新的替代农业（alternative agriculture）模式。先后提出了有机农业、生物农业、自然农业、持续农业和生态农业等。所有这些模式都以生态学为指导思想，可以统称为生态农业（ecological agriculture）。中国有着悠久的有机农业发展历史，生态农业植根于我国传统农业（有机农业）的特点和农民精湛的农艺技术的沃土之中，因而与国外的替代农业不完全一致。

生态农业是按照生态学和生态经济学原理，应用系统工程等现代科学技术，结合传统农业技术和现代农业先进技术而建立的一种多层次、多结构、多功能，具有良好经济、生态和社会效益的集约经营管理的综合农业生产体系。具体地说，就是在一定区域有效地运用生态系统中生物的共生原理、相克趋利避害原理、多种成分间的相互协调与互补原理、物质循环再生与能量多层次多途径转化利用原理，建立能合理利用自然和社会资源、保持生态稳定和持续高效的优化农业生态系统。这是经济、生态和社会效益统一的农业生产体系。

生态农业从其提出到现在虽然历时不久，却创造出不少类型的成功例子，现举数例予以介绍。

1. 菲律宾的事例

菲律宾马雅农场位于首都马尼拉附近，这是一家农工联合企业，拥有 36 hm^2 稻田和经济林，饲养牛、猪、鸭，并有水塘养鱼。建有面粉厂、肉食加工厂、罐头厂和沼气池等。农田生产的粮食送到面粉厂加工，麸皮、作物秸秆及灌木叶作为饲料养猪、牛。成猪送至屠宰场，肉送到食品加工厂和罐头厂，骨、血、皮等送到饲料加工厂。猪、牛粪便和肉类加工厂排出的有机废水进入沼气池。部分沼气用于发电，部分直接作燃料。沼气池残渣泥经处理后分别作动物饲料、优质有机肥和提取维生素 B_{12} 的原料；沼气池的液体送入氧化塘养殖水藻和鸭，部分液体输送鱼塘养鱼，也可作液体肥料灌溉作物。水藻和浮渣饲喂鸭子。这样，把种植业、养殖业、加工业联成整体，形成了一个完整而协调的农、林、牧、副、渔和加工业的生态农业系统，不仅提高了资源利用率，解决了环境污染问题，也带来了巨大的经济效益，因此被国际社会认为是生态农业的一个成功典范。

2. 我国的事例

我国农业发展历史悠久，在长达数千年的传统农业生产过程中早已孕育和萌芽生态农业思想和实践活动。例如因地制宜，精耕细作，发展多种经营；实行间作、套种等多层次立体种植方式；种植绿肥植物，施用农家有机肥恢复地力等。并创造出许多初级生态农业模式如桑基鱼塘和庭院生态系统等。近年来我国对原有初级生态农业系统进行了调整和改造，同时还创造出许多新模式。若以系统的结构与功能进行划分，我国现在主要的生态农业系统可分为以下几类：

（1）生物立体共生型。这是一种根据生物的生物学、生态学特性和生物间互惠共生关系组合的生态农业系统。它使处于不同生态位的各种生物在系统中各得其所又协调共生，充分利用环境资源建立一个空间上多层次、时间上多序列的产业结构，从而获得较高的经济效益和生态效益。这种类型又有许多模式，例如粮－棉，粮－菜间作、套种模式；林－胶－茶林木立体种植模式；果树－旱粮林粮间作模式；鸡舍(上层)－猪舍(中层)－鱼池(底层)立体养殖模式：稻－萍－鱼，林－鸭－鱼立体种养模式等。

（2）物质能量多层分级利用型。这是按照生态系统内能量流动和物质循环规律设计的一种物质良性循环的生态农业系统。其中一个生产环节的废弃物是另一生产环节的投入，使各种废弃物得到和循环利用，资源利用效率高，又防止了废弃物对环境的污染。例如林木－食用菌种植业模式；猪(粪)－蛆(或蚯蚓)－鸭养殖业模式；禽－畜－鱼－作物(或林果,或食用菌)种养结合模式。

（3）基塘式水陆结合型。在平原水网地区经过人工改造建成陆地与水塘相间分布的基本格局，通过物质循环和能量流动把水、陆两个子系统联为一体，形成具有种、养、加功能的立体生态农业系统，充分利用各种资源，以获得良好的经济和生态效益，如桑基鱼塘、稻基鱼塘、菜基鱼塘等。珠江三角洲本是无法农耕的低洼沼泽地带，人们因地制宜，把一些低洼地深挖为水塘，挖出的泥土填高周围地面为“基”，逐渐把低洼水网地区改造成为基塘结合地区。基上种桑，桑是生产者；桑叶喂蚕，蚕是第一级消费者；蚕沙和蚕蛹入塘喂鱼，鱼是第二级消费者；塘里分层放养不同鱼种，充分利用空间和饵料；微生物是还原者，分解鱼粪和其他动物的残余物质加入塘泥；塘泥上基肥桑，进入新的循环(图7－37)。

（4）区域整体规划的综合型生态农业系统。在一定区域内运用生态规律对山、水、林、田、路进行全面规划，协调生产用地与其他用地的比例及空间布局，把工、农、商联为一体，取得良好的经济效益和生态效益。例如以林为主，农、林、牧结合，农工商一体化模式；以农田为中心，水、土、林、田综

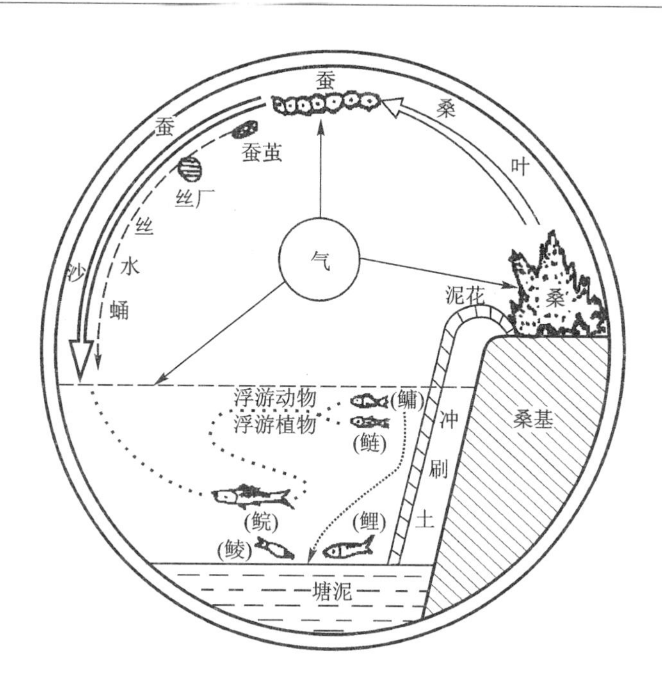

图 7－37　珠江三角洲的桑基鱼塘

（据钟功甫，1980）

合治理模式；农、林、牧、副、渔、工综合发展模式等。

二、城市生态系统

城市生态系统是人类通过社会经济活动在适应自然环境的基础上建立的一种典型的社会－经济－自然复合生态系统或人工生态系统。这里经济发达，人口密集，同时也是科技文化和交通贸易中心。所以城市生态系统是以人为主体，充分利用空间和集中政治、经济、科技文化的地域大系统。与自然生态系统相比，城市生态系统的组分、结构和功能等都发生了本质变化，因此具有一系列不同于自然生态系统和农业生态系统的特点。

1. 城市生态系统是以人为主体的生态系统

系统组分中既有生物成分和非生物成分，也包括人类和社会经济成分，其组成十分复杂（图 7－38）。人是这些成分的核心，不但数量巨大、密集度高，而且对系统的发展起着极为重要的支配作用。除大气候和大地貌形态外，城市的一切都是人工创造和调控并为人类生存服务的。与自然生态系统中以生物特别是绿色植物为中心显然不同，城市中的植物不但覆盖率低，同时也未给居民和其他动物提供有意义的生产量，动物种类也很少。因此城市生态系统中的生物量常具有倒金字塔形结构（图 7－39）。

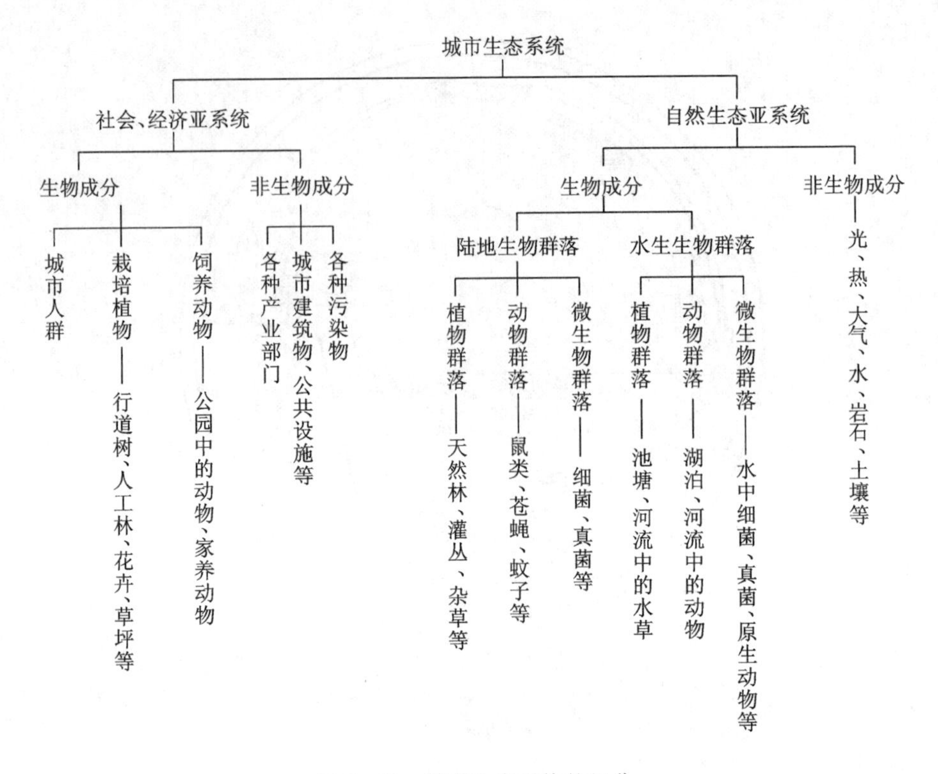

图 7－38 城市生态系统的组分

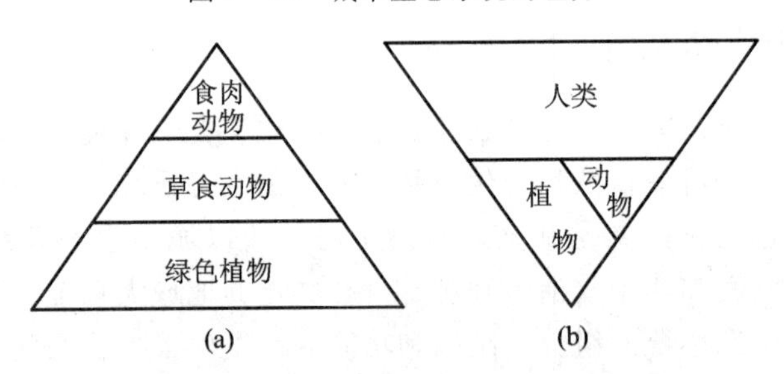

图 7－39 自然生态系统中生物量金字塔(a)
和城市生态系统中生物量的倒金字塔(b)

2. 食物链简化

城市生态系统的整体结构相当复杂，但由于生物种类少，以人为主体的食物链结构大为简化，且常常只有二级或三级，即植物(粮食、蔬菜等)→人，或植物(牧草等)→植食动物(肉、蛋、奶等)→人，而且作为食物的动植物产品全部来自系统之外。

3. 能量和物质流量巨大、转换迅速的开放系统

城市由于人口多，缺乏第一性生产者植物，为满足城市居民对能量和物质

的需要，使系统正常运转和保持供需平衡，必须从农田、水域、工矿区等其他生态系统输入大量食物资源、生产原料和能源；同时城市生产的大量产品和废弃物多数不是在城市内部消耗和分解而是输出系统之外。由此可见，城市生态系统是一个能量和物质的流通量很大和储存与转换时间较短、流动速度很快的开放系统(图7－40)。城市生态系统除能流与物流外，人口流、信息流和价值流在维持系统的结构和正常运转中也都起着十分重要的作用。

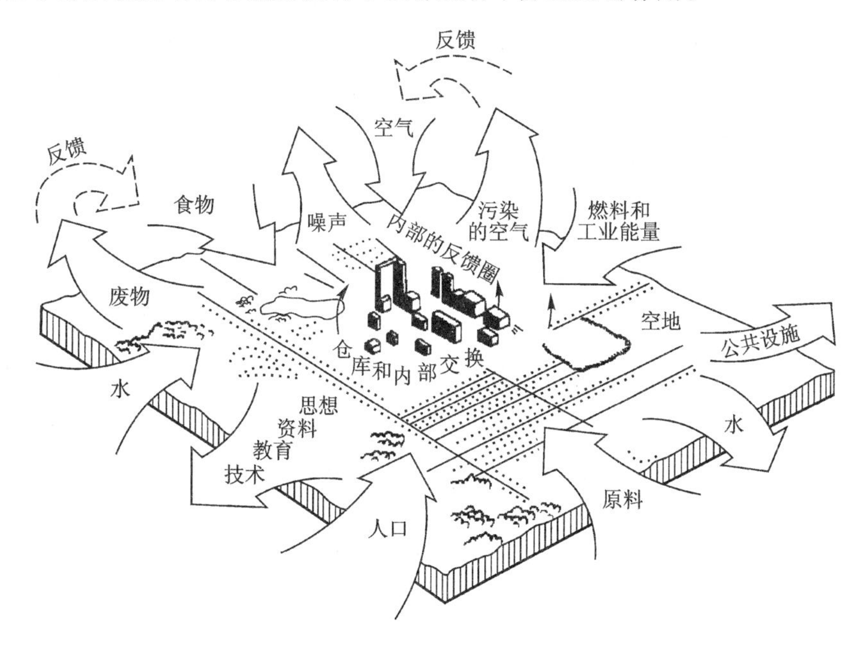

图7－40 典型城市生态系统的输入与输出图解

(据 Detwvler 等,1972)

4. 依赖性强，独立性弱，自我调节能力小

由于生产者的缺乏和初级生产量甚微，能量和物质需要其他系统提供，城市生态系统永远脱离不开农田生态系统和其他自然生态系统而独立存在。同时城市生态系统绝大部分能流与物流是通过经济技术系统进行转移的。后者是人工建造的，其中许多环节和子系统常因各种原因出现故障，并迅速影响城市正常功能的进行和居民的生活。因此城市生态系统是一个脆弱而欠稳定的生态系统，需要科学管理以维持其动态平衡。

5. 城市生态系统是人类对陆地自然生态系统影响最强烈、改造最彻底的地方

除气候特点和地貌形态可能受影响较小外，城市生态系统几乎没有遗留下自然生态系统的任何主要特征。地面上各式各样的建筑物鳞次栉比，高楼大厦林立，形成一道道人工悬崖峭壁，屹立于犹如深邃峡谷的街道两旁。坚硬的水

泥或柏油道路纵横交织，密如蛛网，各种机动车辆往来穿梭，络绎不绝。绿色植物少，原生的自然景象完全被人造景观代替。这样的下垫面性质加上空气污染和人为的热释放，使城市具有不同于郊外的气候，例如空气中悬浮物质较多，尘埃比郊外一般多10倍，云量比郊外多5%~10%，太阳总辐射比郊外约少15%~20%；风速和相对湿度都低于郊外；而人为的热释放引起城市局地升温，使年平均气温一般比郊外高1~2 ℃，出现热岛效应。

城市生态系统集中了大量的人口、物质财富、智力资源与信息，是一个国家或地区的精华所在。为给人类创造更加美好的生存环境，在改造老城市、规划建设新城市时，必须按照生态学原理建立社会、经济、自然协调发展，物质、能量、信息高效利用，生态良性循环的人类聚居地即生态城(ecopolis)。对城市进行生态调控的途径主要有三：一是要根据自然生态最优化原理来设计和改造城市生产和生活系统的工艺流程，提高系统的经济和生态效益；二是建立协调共生关系，调整城市的组织结构及功能，改善子系统间的冲突关系，增强和完善城市机体的协调共生能力；三是应在管理部门和城市居民中普及和提高生态意识，倡导生态哲学和生态美，克服决策、管理中的短期性、盲目性、片面性，提高城市的自组织、自调节能力。

为把城市建成空气清新、生态健全、环境优美、方便生活的生态城市或园林城市，发展城市的绿化乃是非常重要的措施。因为绿色植物能吸收 CO_2，放出氧气，维持城市的碳氧平衡、降低热岛效应、减少风沙危害，起到调节小气候的作用。城市或郊区植树可降低夏日市内的气温；林木吸收与反射太阳辐射又可提高冬天的气温。城市绿地与建筑区具有不同的热力状况，温差可以形成一种类似海陆风的空气对流，使建筑区混浊的空气被带至高空而降低污染程度和气温，同时新鲜空气不断从绿地流向建筑区(图7-41)，可起到改善城市小气候的作用。植物还具有吸收有害气体、滞尘除埃、减弱噪声、杀灭细菌，净化大气、防治空气污染的功能；绿化则有美化环境，调节心理状态，有益于人体健康的作用。

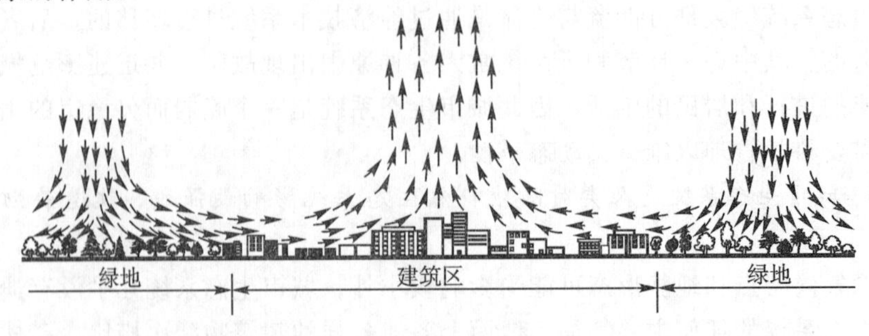

图7-41 绿地和建筑区的气流循环

据研究，城市绿化覆盖率至少应在30%以上才能满足人们正常心理状态的要求。世界上有些城市的绿化覆盖率已经达到很高水平，例如巴西利亚为60%、堪培拉58%、莫斯科40%。我国城市绿化覆盖率规划要求2010年达到35%。人均绿地面积也是衡量城市绿化水平的一个重要指标。联合国要求世界城市力求人均绿地面积达到60 m^2，波兰华沙已达到77.7 m^2，莫斯科44.0 m^2、巴黎24.7 m^2，大阪2.3 m^2。我国城市人均绿地面积规划要求2010年达到6~8 m^2，差距之大不言而喻。

第七节　生物多样性及其保护

生物多样性是地球上的生命与其环境相互作用并经过数十亿年的演变进化而形成的，它与其物理环境相结合共同构成生命支持系统和人类社会经济发展的物质基础；同时对维持自然界的生态平衡、美化和稳定人类生活环境具有十分重要的作用。丧失生物多样性必然引起人类生存与发展的危机。由于人类长期以来对生物多样性利用不当，地球可能正经历着自恐龙灭绝时代以来又一次生物物种大量绝灭的灾难。这场灾难不仅将严重危及地球生物圈，人类也将面临最大的挑战。1992年在巴西里约热内卢联合国环境与发展大会上，150多个国家的政府首脑通过了人类历史上第一个《生物多样性公约》。这一全球性保护生物多样性的战略宣言目的是为了当代和后代人的利益，尽最大可能保护与持续利用生物多样性的固有价值。

一、生物多样性概念

生物多样性(biological diversity)是指一定时间和一定地区所有生物(动物、植物、微生物)物种及其遗传变异和生态系统的复杂性。1995年联合国环境规划署(UNEP)发表的《全球生物多样性评估》定义生物多样性是生物及其组成的系统的总体多样性和变异性，包括遗传多样性、物种多样性和生态系统多样性三个层次。

(一) 遗传多样性

遗传多样性(hereditary diversity)是指存在于生物个体内、单个物种内及物种之间的遗传变异的总和。所有生物的遗传与变异或所携带的遗传信息都蕴藏在染色体上的遗传单位基因里，所以遗传多样性又称基因多样性。基因由于受外界或自身一些因素的影响可能发生突变，使生物个体间出现形态、生理、生态等多方面的变化。所以遗传变异既是生命进化和物种分化的基础，也是物种多样性产生的根本原因。这里所说的遗传多样性主要是指种内不同种群间或一个种群内不同个体的遗传变异的丰富程度。

每一个物种包括若干个种群，由于突变、自然选择或其他原因，各种群往往在遗传上出现某些差异，使一些种群具有另一些种群中所没有的特殊基因变体，因此同一个种的不同种群遗传特征有所不同，即种群之间存在遗传多样性。同一个种群内某些个体常常具有其他个体所不具有的特殊基因变体，使它们的生物性状彼此不一样，因而出现了种群内的遗传多样性。一个物种内遗传变异的出现及其多样化可导致种内产生大量的品种或变种。例如粟(setaria italica)，即小米，是中国栽培最早、最古老的作物之一，已收集的品种达25 000个，表现出高度的遗传多样性特点。一个物种的遗传变异愈丰富对环境变化的适应能力就愈大，其进化潜力也愈大。反之，遗传多样性贫乏的物种适应性通常较弱。所以遗传多样性的研究不但有助于探讨物种濒危的原因和预测生物种的未来“命运”，以便为制定合理保护对策提供科学依据；而且也是现代动植物遗传育种的基础，有助于选育适合要求的个体和种群，在农、林、牧、渔业生产上具有重要意义。

（二）物种多样性

物种是生物进化链上的基本环节，它不断变异与发展，但同时也相对稳定，是发展连续性与间断性相统一的基本存在形式。物种多样性(species diversity)是指某一区域内生物种类的丰富度或物种的总数目，需从分类学、系统学和生物地理学角度进行研究。生态系统中的物质循环、能量流动和信息传递与其组成的物种密切相关。生态系统的物种多样性降低可能导致系统功能失调，出现不稳定现象，甚至使整个系统瓦解。

（三）生态系统多样性

生态系统多样性(ecosystem diversity)是指生物圈内生境、生物群落和生态学过程的多样化以及生态系统内生境差异和生态学过程变化的多样性(McNeely 等,1990)。换句话说，由于地球生物圈内的生态环境和生物群落表现出高度多样化，因此生态系统的类型极其复杂多样，而且所有生态系统也都保持着各自的生态学过程，它们的形成和演替过程、生物间的相互关系、物质循环、能量流动和信息传递等功能，彼此都有差异，这是生态系统间的多样性。生态系统内由于生境和群落的生物种类不同、结构有异、生态学过程不一致，则是生态系统内的多样性。

由生物多样性的上述概念可以看出，基因多样性导致了物种多样性，物种和生态系统的多样性包含与显示了基因的多样性；物种多样性与生境多样性构成了生态系统的多样性，而生态系统的多样性对维持物种和基因多样性也必不可少。因此，生物多样性是由遗传多样性、物种多样性和生态系统多样性三个层次相互交织而成的生物－生态学复合体系。

二、生物多样性的价值

生物多样性的价值是指基因、物种和生态系统对人类生存的现实和潜在意义，包括较易衡量和能够转化为经济效益的直接使用价值、难以用货币形式表现的间接使用价值和潜在价值三个方面。

① 生物多样性的直接使用价值是多方面的。人类的食物几乎完全取自生物，历史上曾有约3 000种植物被用作食物，另有7 500种可食性植物，当前人类种植的约有150余种，其中仅小麦、水稻、玉米三种作物就提供了70%以上的粮食。被人类用作食物的动物也有数十种之多。生物除直接为人类提供食物外，许多野生生物的遗传资源（例如抗病性，抗旱性等）还被用来改良农作物、家畜和家禽的品种以提高农业生产水平。

生物多样性丰富地区由于生物物种间的相互克制，任何物种的数量都不可能无限增长，一般不易发生灾难性病虫害现象，所以利用天敌既能防治害虫，又可以减少或避免施用农药污染环境，这也是一种直接使用价值。生物多样性在医疗卫生方面价值巨大。发展中国家有80%的人口依靠传统药物治疗疾病，发达国家也有40%以上的药物源于野生植物。中国使用的药用植物达10 000多种，还有相当多的动物也是重要的药物或医药研究的实验动物。生物多样性还为人类提供多种工业原料，如木材、纤维、橡胶、造纸原料、天然淀粉、油脂等以及煤、石油、天然气、薪柴等能源原料。

② 生物多样性的间接使用价值通常又叫做生态功能，它虽然难以用经济指标来衡量，但其作用也很显著。生物多样性在改善人类生存环境，维持自然界的生态平衡等方面的作用十分明显。它具有保持水土、涵养水源调节气候的作用。能够减缓气温的剧烈变化、增加空气湿度和减少旱涝灾害的发生。生物和生态系统还能吸收和分解环境中的有机废物、农药和其他污染物，减少空气中尘埃和细菌的数量，净化大气、改善环境。

③ 潜在价值或选择价值，即为后代人在利用生物多样性方面提供选择机会的价值。如果这些物种遭到破坏，后代人就没有机会利用它们，因此必须注意保护。

三、全球生物多样性概况及受威胁现状

全球生物多样性极其丰富，以物种多样性为例。据生物学家估计，当今生活在地球上的生物大约有$5\times10^{6}\sim10\times10^{6}$种，还有人估计多达$5\times10^{7}\sim5\times10^{8}$种。但在科学上进行分类与命名的仅有$140\times10^{4}\sim160\times10^{4}$种。除对高等植物和脊椎动物了解比较清楚外，对其他类群如昆虫、无脊椎动物和一些微生

物等还知之甚少，表7－2大致反映了世界生物物种的面貌。

表7－2 世界生物物种概貌

类　群	已描述的物种数	类　群	已描述的物种数
细菌和蓝藻	4 760	其他节肢动物和小型无脊椎动物	132 461
藻类	26 900	昆虫	751 000
真菌	46 983	软体动物	50 000
苔藓植物	17 300	海星	6 100
裸子植物	750	鱼类（真骨鱼）	19 056
被子植物	250 000	两栖动物	4 184
原生动物	30 800	爬行动物	6 300
海绵动物	5 000	鸟类	9 198
珊瑚和水母	9 000	哺乳动物	4 170
线虫和环节动物	24 000		
甲壳动物	38 000		

注：J. A. AcNeely 等，1990。引自《中国的生物多样性》，1993。

水热条件的差异、地形的复杂性和地理隔离程度导致生物多样性在地球上的分布很不均匀。热带岛屿和其他一些陆地全年高温多雨、地理位置相对孤立，境内地形复杂，生存的生物种类最多。仅占全球陆地面积7%的热带森林生活着全世界半数以上的物种。全部或部分国土位于热带的墨西哥、哥伦比亚、厄瓜多尔、秘鲁、巴西、刚果（金）、马达加斯加、中国、印度、马来西亚、印度尼西亚和澳大利亚12个生物多样性特别丰富的国家，占全世界60%～70%甚至更多的生物物种。巴西、刚果（金）、马达加斯加、印度尼西亚4国拥有全世界2/3的灵长类。巴西、哥伦比亚、墨西哥、刚果（金）、中国、印度尼西亚和澳大利亚7国具有全世界50%以上的有花植物。表7－3列举了哺乳类、鸟类、凤蝶和种子植物种数最多的前10位国家。与上述情况相反，广大的荒漠区和两极地区生物多样性却十分贫乏。

表7－3 重要生物类群种数最多的国家

名次	国家	哺乳类	国家	鸟类	国家	凤蝶	国家	种子植物
1	印度尼西亚	515	哥伦比亚	1 721	印度尼西亚	121	巴西	55 000
2	墨西哥	449	秘鲁	1 701	中国	99～104	哥伦比亚	45 000
3	巴西	428	巴西	1 622	印度	77	中国	27 000
4	刚果（金）	409	印度尼西亚	1 519	巴西	74	墨西哥	25 000
5	中国	394	厄瓜多尔	1 447	缅甸	68	澳大利亚	23 000

续表

名次	国家	哺乳类	国家	鸟类	国家	凤蝶	国家	种子植物
6	秘鲁	361	委内瑞拉	1 275	厄瓜多尔	64	南非	21 000
7	哥伦比亚	359	玻利维亚	+1 250	哥伦比亚	59	印度尼西亚	20 000
8	印度	350	印度	1 200	秘鲁	58 ~ 59	委内瑞拉	20 000
9	乌干达	311	马来西亚	+1 200	马来西亚	54 ~ 56	秘鲁	20 000
10	坦桑尼亚	310	中国	1 195	墨西哥	52	苏联	20 000

注：McNeely 等，1990，引自陈灵芝主编《中国的生物多样性》，1993。

生物多样性局部分布的地区差异也很大。厄瓜多尔西部 17 km^2 的里奥帕伦克研究站有 1 025 种植物；澳大利亚西海岸长为 260 km 的宁加卢珊瑚带发现有 170 种珊瑚、90 种棘皮动物、60 种软体动物和 480 种鱼类。相反，冻原和荒漠地区，1.0 km^2 面积内仅有数十种生物或更少。

自地球上出现生命以来，由于各种自然原因已有难以计数的大量生物完全灭绝，现存的 $500 \times 10^4 \sim 1\ 000 \times 10^4$ 种生物只是曾经生存过的数十亿个物种中的少数幸存者。据研究，脊椎动物种的生存期一般为 500×10^4 年，在过去 2×10^8 年中，自然灭绝速率平均每世纪约为 90 余种；在过去 4×10^8 年中高等植物大约每 27 年灭绝 1 种。随着人口的逐渐增加、不合理的资源开发、环境污染和生态破坏等，物种灭绝速率也不断加快。例如 20 世纪前的 300 年里，平均每 4 年有 1 种鸟类或哺乳类动物绝灭，20 世纪前半期每天约有 1 ~ 3 个物种消失，而现在每小时有 1 ~ 3 个物种被灭绝，每年则有 2.7×10^4 种灭绝。估计今后 25 年内地球上将有 1/4 生物物种濒临灭绝。由此可见，人类活动加剧了地球上物种灭绝的速度，现在生物种消失的速度至少相当于自然灭绝速度的 1 000倍。

物种和生态系统的灭绝及因之造成的遗传多样性损失是不可逆，也不可弥补的。有人认为 1 种生物物种被消灭，将给相关的 10 ~ 30 种生物的生存带来威胁。生物栖息地的缩小和片断化导致野生生物种内遗传多样性严重丧失，使野生生物种对疾病、气候变化、栖息地改变等抵抗力降低；同时还可能导致生物种群数量萎缩，种群间遗传物质交流中断，造成种群遗传纯化，遗传多样性丧失。

（一）我国生态系统的多样性

我国陆地自然生态系统类型繁多，主要有森林、灌丛、草甸、沼泽、草原、荒漠和苔原等。群系级类型共有 599 类，例如森林有 212 个群系，灌丛有 113 个群系，温带草原 55 个群系，荒漠 52 个群系等。它们之中蕴藏着极其丰富的动植物种类。仅以森林和灌丛为例，其中包含乔木2 000多种，灌木6 000多种，其中有不少是特有种和古老残遗种。森林是动物的良好栖息地，我国森林中野生动物极其丰富，估计约有1 800种脊椎动物，其中也有很多珍稀种类。

我国的水域生态系统有河流、湖泊、溪流、水库和海洋等。

我国是个农业大国，耕作历史悠久，农业生物种类丰富，粮食作物有30多种，蔬菜200多种，果树约300种，还有大量油料、纤维、糖类、香料等植物。它们或单一种植或间作套种，形成丰富多彩的农田生态系统类型。此外还有经营多年生经济植物的种植园，如茶园、桑园、果园、橡胶林等。

（二）我国生物物种多样性

我国是世界上生物物种最丰富的国家之一。我国已记录的主要生物类群的物种总数约110 000种，表7－4列举了各类群的物种数，其中不包括仍然不甚了解的土壤生物和尚未充分认识的（我国应有的）15×10^4种以上的昆虫的大部分。

表7－4 我国主要生物类群物种数目及其与世界物种数目的比较

分类群	中国物种数 *SC*	世界物种数 *SW*	*SC/SW/%*
哺乳类	581	4 340	13.39
鸟类	1 244	8 730	14.25
爬行类	376	6 300	5.97
两栖类	284	4 010	7.08
鱼类	3 862	22 037	17.53
昆虫	51 000	920 000	5.5
苔藓	2 200	23 000	9.1
蕨类	2 200～2 600	10 000～12 000	22
裸子植物	约240	850～940	26.7
被子植物	>30 000	>260 000	>10
真菌	7 581	64 082	8.4
淡水藻类	8 979	20 130	45
地衣	<2 000	约20 000	约10

注：根据《中国生物多样性国情研究报告》整理，1996。

我国的植物种类非常丰富。裸子植物全世界有850种，79属，15科；我国就有240种，34属，10科，分别占世界的29.4%、41.5%和66.6%，其中含有不少古老残遗种及单型属种，如银杏、水杉、水松、银杉、金钱松、百山祖冷杉等，是世界上裸子植物最丰富的国家。被子植物全世界有260 000余种，10 000多属，470余科；我国约有30 000多种，3 100属，300余科。分别占世界被子植物的10%、30%和75%，物种数目仅次于巴西和哥伦比亚，位居世界第三。我国被子植物中也包含有大量古老成分和特有科、属、种，例如伯乐树、连香树、领春木、昆栏树、水青树、珙垌等。

动物方面，无脊椎动物以昆虫数目最多，全世界已记述的昆虫 92×10^4 种，我国仅记述51 000余种，占世界5.5%，近来每年约有500新种发表，但距查清家底相差甚大。我国共有脊椎动物6 347种，约占世界总数45 417种的14%，其中特有种数达667种，约占中国脊椎动物的10%。如兽类中举世闻名的大熊猫代表着中国特有的科，该科现仅存1属1种；再如白鳍豚、麋鹿、藏羚羊、沟牙鼯鼠等均为我国特有属，各属仅存1种；金丝猴1属4种，我国有3种；岩松鼠1属2种，均见于我国。鸟类中马鸡属3种，除藏马鸡外，3种均只见于我国；全世界鹤类有15种，我国有9种，占一半以上。爬行类的鳄蜥现仅存1科1属1种，为我国特有。扬子鳄只见于中国长江中、下游。两栖类的髭蟾属1属4种均为中国特有的稀有动物。鱼类中的白鲟为中国特有。

我国经过数千年的发展，培育和驯化了大量经济性状优良的农作物、果树、家禽、家畜等物种及数以万计的品种。栽培植物和家养动物的丰富度在世界上堪称独一无二。粗略统计，我国原产作物237种，现有栽培利用的农作物种和亚种600余个；我国是栽培和野生果树的主要起源与分布中心，约有300余种果树居世界第一；牧草约有4 215种；药用植物11 000种；原产中国的花卉约30属2 238种；原产畜禽约200种，现在养殖业利用的家畜、家禽种和亚种有590多个。

（三）我国生物的遗传多样性

生物物种或品种不同，其基因和所携带的遗传信息也不相同。我国具有极为丰富的生物物种，因此可以认为也是世界上遗传多样性最丰富的国家之一，仅以栽培植物和驯养动物而言我国也是世界上遗传资源最丰富的国家。农作物中水稻、粟、黍、稷、裸大麦、裸燕麦、腊质种玉米、荞麦、大豆、小豆等起源于中国，中国还是小麦、高粱的次生起源地。例如我国有4个稻种：1个栽培水稻（*Oryza sative*）、3个野生稻即普通野生稻（*O. rufipogon*）、药用野生稻（*O. officinalis*）和疣粒野生稻（*O. meyeriana*），其中仅水稻就有50 000个品种。小麦（*Triticum*）为中国第二大作物，分布广泛，约有30 000个品种。玉米（*Zea mays*）传入中国仅400多年，已成为第三大作物，约有13 000个品种。大豆（*Glycine max*）起源于我国，约有20 000个品种，同时野生大豆（*C. soja*）分布也很广。果树中苹果属有35种，近200个品种，原产我国的梨属有13种，品种多达3 500个以上。观赏植物中菊花有品种3 000多个，牡丹至少有7种，460个以上品种，梅花也有300余个品种。

我国也是世界上家养动物品种和类群最丰富的国家之一。据报道，包括特种经济动物和家养昆虫在内，现有品种和类群达 2 222 个。其中马 66 个，驴 22 个，黄牛 73 个，水牛 20 个，牦牛 5 个，骆驼 7 个，绵羊 79 个，山羊 48 个，猪 113 个，鸡 109 个，鸭 35 个，鹅 21 个，蚕 1 270 个，蜂 16 个，金鱼 280 多个等。其中不少品种还是我国特有种类。这些品种都是极宝贵的遗传资源。

总之，我国生物多样性的特点是：物种高度丰富；特有属、种繁多(表 7－5)、其中不少还是古老的孑遗物种；生物区系起源古老，区系成分复杂；栽培植物、家养动物及其野生亲缘的种质资源异常丰富；生态系统类型丰富多彩；生物多样性空间分布格局繁复多样。这些都说明了我国生物多样性在全球所处的独特地位。

表 7－5 我国特有属和特有种统计

分类群	已知的属或种类	特有属或特有种数	占总属、种/%
哺乳类	581 种	110 种	18.93
鸟类	1 244 种	98 种	7.88
爬行类	376 种	25 种	6.65
两栖类	284 种	30 种	10.56
鱼类	3 862 种	404 种	10.46
苔藓	494 属 2 200 种	8 属 13 种	2.0
蕨类	224 属 2 200 ~ 2 600 种	6 属 500 ~ 600 种	2.3
裸子植物	34 属 250 种	10 属	29.4
被子植物	3 123 属 30 000 种	246 属 17 000 种	7.5

注：摘自《中国生物多样性国情研究报告》，1996。

长期以来由于人类对生物生境的破坏，掠夺式的过度利用，环境污染和法制不健全等原因，使我国生物多样性遭受重大损失。例如我国的森林面积 $17\ 491 \times 10^4\ hm^2$，森林覆盖率仅 18.21%，在世界各国中居第 130 位。由于乱砍滥伐、毁林开荒及病虫害的破坏，致使我国森林面积减少，实施禁伐令后才逐渐增加。

物种同样受到严重威胁(表 7－6)。动物和植物已经灭绝或可能灭绝的情况，按已有资料统计，脊椎动物有犀牛、野生麋鹿、白臀叶猴、新疆虎、普氏野马等 10 余种，高鼻羚羊在我国境内已经消失；高等植物中苔藓植物有 5 种，蕨类植物 4 种，裸子植物有崖柏，被子植物有雁荡润楠、喜雨草、陕西羽叶报春等 7 种；它们均已消失数十年甚至几个世纪。面临灭绝境地的极危种和濒危物种，脊椎动物有400余种，种子植物则多达1 019种。如朱鹮、东北虎、华南虎、云豹、大熊猫、蒙古野驴、普氏原羚、儒艮、坡鹿、金丝猴、野骆驼、白暨豚等。有的动物数量已经很少，如海南长臂猿仅余15～20只，野生东北虎在我国境内仅存数十只。植物有绿毛红豆、绒毛皂荚、盐桦、普陀鹅耳枥、无喙兰、双蕊兰、海南苏铁、印度三尖杉、华盖木、姜状三七、人参、天麻、草苁蓉、肉苁蓉、罂粟牡丹等，其中有些植物种现存不超过10株，而且仅分布于一处。

表7-6 我国主要生物类群的濒危物种数目

类群	物种总数	濒危物种数	濒危物种比率/%	类群	物种总数	濒危物种数	濒危物种比率/%
哺乳类	581	134	23.06	苔藓植物	2 200	28	1.3
鸟类	1 244	482	14.63	蕨类植物	2 600	80	3.1
爬行类	376	17	4.52	裸子植物	200	75	37.5
两栖类	284	7	2.46	被子植物	2 500	826	3.3
鱼类	3 862	93	2.41	小计	30 000	1 009	3.4
小计	6 347	433	6.82	合计	36 347	1 442	3.9

注：植物资料引自《中国生物多样性保护行动计划》，1994；动物资料引自《中国生物多样性国情研究报告》，1996。

由于生态环境严重破坏和大为推广优良品种，栽培植物和驯养动物中，许多古老的名贵品种正在绝迹。如上海郊区1959年有蔬菜品种318个，1991年只剩下118个。我国的家畜品种如河北定县猪、深县猪，海南峰牛，上海荡脚牛，甘肃高台牛和临洮鸡，湖北枣北大尾羊等已经灭绝。濒危家畜品种更多，如八眉猪、荣昌猪、五指山猪、关中驴、晋江马、早胜牛、湖羊、同羊、阿拉善驼等。

四、生物多样性的保护

生物多样性是人类起源与进化的基础，生物等自然资源的永续利用是保障社会经济持续发展的重要条件。因此，保护生物多样性已成为十分紧迫的任务。生物多样性的保护是一项复杂的系统工程，除了要对公众进行宣传教育，制定有关法律法规、建立必要的机构和进行国内外合作与交流外，还必须在科学研究基础上编辑出版国家或地区濒危动植物红皮书、红色名录，划分物种受威胁的等级，确定优先保护的物种和生态系统名录，分别情况采取就地保护、迁地保护和离体保存等措施。

（一）就地保护

就地保护就是在原地将有价值的自然生态系统、野生生物物种及其生境划出一定面积，建立自然保护区和保护点，借此保护生态系统内生物的繁衍与进化，维持生态系统的结构、物质能量流动与其他生态学过程的正常进行。因此，建立自然保护区是保护生物多样性最有效的措施。选择和建立自然保护区并确定其级别时，要根据其典型性、多样性、稀有性、自然性、脆弱性、面积大小、潜在保护价值和科研的潜力等指标做出决定。自然保护范围太大不便于管理并可能影响周围群众的利益，面积太小犹如孤立小岛或只是生态系统的一个片断。根据生态学规律，含有原生境 10% 的一个保护区，只能支持原来存在物种的 50%，不利于保护目标生物。因此，保护区的面积必须适宜。

我国自 1956 年在广东鼎湖山建立第一个自然保护区起，截至目前已建立各类自然保护区 2 349 个，总面积 $150\times10^{4}\ hm^{2}$，已接近国土面积 15%。另外已有长白山、卧龙、鼎湖山、梵净山、神农架、武夷山、锡林郭勒等 26 个自然保护区加入世界人与生物圈（MAB）保护区网。还有黑龙江札龙、吉林向海、湖南洞庭湖、江西鄱阳湖、青海鸟岛、海南东寨港等 27 处自然保护区被列入国际重要湿地名录。

国家森林公园也是就地保护生物多样性的一种形式，它具有保护和旅游双重性质，对保护大面积森林生态系统和某些物种起到了积极作用。

（二）迁地保护

某些动植物物种受到威胁处于严重濒危状态，必须紧急拯救时可将保护对象的部分种群迁离原地，在动物园、植物园、水族馆、畜牧场、引种繁育中心等人工保护中心进行驯养和繁育，使其种群数量有所扩大。待物种恢复到一定数量后再选择适地区放归大自然，以利于其生存和繁衍。

（三）离体保存

离体保存就是利用现代技术特别是低温技术，将农作物、家畜、家禽及其野生亲缘种等生物体的一部分进行长期储存以保存物种的种质。常用方法是建立植物种子库、动物细胞库等。世界上小麦、玉米、燕麦、马铃薯、高粱及水稻等作物的 90% 以上品种资源已收集和保存起来。在动物离体保存方面，已经建成一批具有现代化管理水平的细胞库、精子库、配子库和胚胎库，用超低温技术保存了一批野生和驯化动物的精液、胚胎和组织培养物。

我国是世界上农作物品种资源最丰富的国家之一，已建立世界最大的作物品种资源库。中国科学院昆明动物所已建立颇具规模的野生动物细胞库，收集和保存了昆虫、鱼类、两栖类、爬行类、鸟类和哺乳动物的细胞。

思考题

1. 存在生物圈是地球地理环境的一大特征，生物在地理环境中起着什么作用？

2. 生物种群与生物群落两个概念有什么不同？

3. 试述生态系统的组成、结构和功能。

4. 陆地生态系统与水域生态系统根本区别在哪里？

5. 什么是社会－经济－自然复合生态系统？

6. 为什么必须保护生物多样性？

主要参考书

[1] 华东师范大学，等. 动物生态学[M]. 北京：人民教育出版社，1981.

[2] 中国植被编辑委员会. 中国植被[M]. 北京：科学出版社，1980.

[3] 孙儒泳，李博，等. 普通生态学[M]. 北京：高等教育出版社，1993.

[4] 蔡晓明，等. 普通生态学[M]. 北京：北京大学出版社，1995.

[5] 陈灵芝. 中国的生物多样性[M]. 北京：科学出版社，1993.

[6] 中国生物多样性保护行动计划总报告编写组. 中国生物多样性保护行动计划[M]. 北京：中国环境科学出版社，1994.

[7] 中国生物多样性国情研究报告编写组. 中国生物多样性国情研究报告[M]. 北京：中国环境科学出版社，1998.

[8] 宋永昌. 植被生态学[M]. 上海：华东师范大学出版社，2001.

[9] 姜汉侨，段昌群，等. 植物生态学[M]. 北京：高等教育出版社，2005.

[10] 尚玉昌. 普通生态学[M]. 2 版. 北京：北京大学出版社，2002.

[11] 孙儒泳，李庆芬，等. 基础生态学[M]. 北京：高等教育出版社，2004.

[12] 蔡晓明. 生态系统生态学[M]. 北京：科学出版社，2000.

[13] ROBERT E R. 生态学[M]. 5 版. 孙儒泳，尚玉昌，等，译. 北京：高等教育出版社，2004.

[14] CHAPIN Ⅲ F S，PAMELA A M. 陆地生态系统生态学原理[M]. 李博，赵斌，彭容豪，等，译. 北京：高等教育出版社，2005.

[15] MANUEL C M Jr. Ecology：concepts and applications[M]. 2nd ed. 影印版. 北京：高等教育出版社，2002.

第八章　自然地理综合研究

前面各章分别讨论了地壳、大气圈、海洋与陆地水、地貌、土壤、植物群落与生态系统的基本特征。本章将着重阐明自然地理环境的整体特征、地域分异规律、自然区划、土地类型、人地关系等综合问题。自然地理环境作为一个开放系统、具有整体特征、功能和发展规律。自然地理学的主要任务就是对自然地理环境进行综合研究。在诸如人口剧增、资源趋向枯竭、环境遭受污染与破坏、社会经济的可持续发展面临威胁等一系列全球性问题困扰着人们的今天，这种综合研究不仅重要，而且非常迫切。

第一节　自然地理环境的整体性

一、自然综合体、地理系统与地理耗散结构

部门自然地理学研究自然环境中的个别组成要素或个别运动形式，而自然地理学则以整体自然地理环境及其中的“一系列相互联系和相互转化的运动形式”作为研究对象。这个整体曾经有过许多名称，例如地理壳、景观层、活动层、道库恰耶夫覆盖层、自然地理面等，但应用最广的是自然地域综合体、自然地理系统或地理耗散结构。

自然综合体观念的萌芽，至少可以追溯到 17 世纪，后来随着 A. 洪堡明确地把“认识多种多样的统一”，研究地球表面“各种现象的一般规律和内部联系”当做自然地理学的任务，以及 B. B. 道库恰耶夫预言将要出现一门研究各自然要素相互联系的学科时，自然综合体观念就已变得十分清晰了。

20 世纪中叶，地理学家已经开始运用地理学方法处理其他学科的材料，阐明各自然现象之间的联系，揭示地理过程复杂总体的结构(卡列斯尼克，1947)。稍晚些时候，E. 索恰瓦提出了地理系统学说。所谓地理系统，是指各自然地理要素通过能量流、物质流和信息流的作用结合而成的、具有一定结构和功能的整体，即一个动态的多等级开放系统。按照伊萨钦科的表述方式，则是“在空间分布上相互联系，并作为整体的部分发展变化的各组成成分相互制约的动态系统(A. Г. 伊萨钦科,1979)。

索恰瓦为地理系统学说确定了许多逻辑原则。这些原则不仅是正确而且重要的，也非常有趣。例如：

(1) 地理系统各组成要素间的相互联系具有某种自由度。这个原则提醒我们，地理系统各要素间不存在硬性的限定，一些要素的严格规定性不应成为

另一些要素变化的障碍。通常情况下，正是要素间相互联系的自由度保证了整体地理系统的长期存在，又不致限制某些组成要素的韵律异常现象。我们或许可以做一个比喻，自然要素间的联系并不像几个机械零件被螺丝“紧固”在一起那样死板和僵硬。

（2）地理系统中各种过程或现象之间总是存在着程度不同的因果关系。某些过程或现象间因果关系密切且显而易见，另一些过程或现象间因果关系可能是间接和不十分密切的。例如，当我们被问到亚马孙平原与撒哈拉沙漠有什么联系，或阿拉斯加海域鱼产丰富与亚洲中部荒漠有何关联之类的问题时，最初的反应可能是两者似乎无关，而实际情况却是东北信风每年从撒哈拉吹送一定量的矿物营养物质沉积于亚马孙平原，西风环流也从亚洲中部干旱区携带营养物质降入阿拉斯加海域。

（3）分异(differentiation)与整化(integration)相互补偿原则。即自然地理环境在外部因素影响和自身发展过程推动下，同时不断发生分异与整化，两种过程互有消长又相互补偿。同质化(homoginization)作用加强时有利于形成具有均质结构的地理系统，分异作用强盛时则有利于形成具有异质结构的地理系统。

（4）地理系统尺度理论。地理系统范围大小不同，因而应按长度、面积、体积、时间等划分行星尺度、区域尺度、局地尺度等地理系统。不同尺度地理系统的物质能量交换规模、时间、周期不同，年龄也不一样。高级系统年龄大，低级系统年龄小。

（5）地理系统中存在关键要素。组成地理系统的各个要素变化速度有快慢之分，变化程度也深浅不一。最积极的和易变化的要素就是关键要素。例如太阳辐射、水和生物既非常活跃，又决定着地理系统基本的动态表现，因此应视为关键要素。

（6）地理系统的稳定动态。自然界中存在着一种在总的动态转化背景下抑制这种转化，并使地理系统在一定时间内趋于稳定的运动。这种动态形式称为稳定动态或稳态。实际上就是系统内部的一种自我调节能力，其作用在于抵抗对要素相互联系的破坏，并恢复这种联系，保持系统稳定。

继地理系统学说倡导用系统论观点和方法研究地理环境之后，耗散结构理论也被许多学者应用于自然地理环境的综合研究。耗散结构理论的核心内容是，任何远离平衡的开放系统，都能在一定条件下通过与外界的物质、能量交换而发生非平衡相变，实现从无序向有序的转化，形成新的有序结构，即耗散结构。自然地理环境的基本特征决定了它是远离平衡状态的开放系统，因此应是地理耗散结构。地理耗散结构具有一定的抵抗外界干扰的能力，可吸收外界环境的一般性涨落。其结构水平愈高，涨落回归能力即保持系统稳定性的能力愈强。

综上所述，地理环境整体性观念实际上经历了三个发展阶段，即自然综合体阶段、地理系统阶段和地理耗散结构阶段，并分别以从要素相互联系，环境结构与功能和非平衡开放系统角度认识自然地理环境的整体性为特征。

二、自然地理环境的组成与能量基础

（一）物质组成

自然地理环境的物质组成可以从几个不同层次讨论，化学元素组成是最基本的层次。我们已经知道大气中氮(78.09%)、氧(20.95%)、氩(0.93%)、二氧化碳(0.03%)和其他各元素的容积百分比，也已了解世界大洋水体的化学组成，即氢和氧共占96.5%，其他常量和微量元素共占3.5%。经过几代科学家不断修正的克拉克值，告诉我们岩石圈中氧的质量百分比为47.2%，硅为27.6%，铝、铁、钙、钠、钾、镁六种元素共占25%，其余所有元素不足1%。生物体的化学组成则以碳、氢、氧元素占优势。总之，水化学、地球化学等学科已经积累了这方面的丰富理论与知识。

但是，对于自然地理环境这种组织水平很高的复杂巨系统来说，仅仅停留在化学元素层次上是不够的。因为化学元素、化合物乃至各种盐类，都不是单独地参与地理环境组成，而是形成某种物质体系，例如以气体物质为主的大气圈，以液态物质为主的水圈，以固态物质为主的岩石圈，以有机物质为主的生物圈等参与地理环境组成的。

三个无机圈层和一个有机圈层作为整体的动态变化和相互作用，使地理环境形成多种成因、多种形态的地貌，复杂的气候、水文特征，丰富多彩的生物群落和类型众多的土壤。而地貌、气候、水文、植物、动物、土壤等，自然成为地理环境的组成要素。这些要素不同于某个单独的物质体系，而是若干物质体系在能量推动下相互作用的产物，例如地貌由内外两类动力推动大气圈-水圈-岩石圈相互作用形成，土壤由无机圈层与有机圈层相互作用派生，水文系水圈物质在其他圈层影响下的动态变化现象等。

在化学元素组成、物质体系即圈层组成、要素组成三个层次中，要素组成最适应自然地理环境复杂巨系统研究的需要。各要素都有自己的发展规律，但并非孤立存在于地理环境中，而是相互依存和相互制约，并力图相互适应的。正是自然地理要素间以物质能量交换为特征的相互作用，使自然地理环境获得了整体性特征，形成了自然综合体、地理系统或地理耗散结构。

（二）能量基础

地理环境的次要能源包括宇宙射线，月球-太阳重力场引起的潮汐能，构造作用转化而成的势能，太阳辐射通过蒸发作用转化而成的势能等。它们或者占份额极低，或者释放速度较慢。进入地理环境的地球内部核转变能在地球形

成初期曾经达到 1×10^{24} J/a 的数量级，几乎与进入地球的太阳辐射能相当，但经过长期衰减之后，目前只及地球形成初期的 0.1%，即大约在 1×10^{21} J/a 数量级，且其影响主要在火山活动区和地热分布区。

地理环境主要的和稳定的能量供给来自太阳辐射。自地球形成之时起，太阳辐射能在地理环境的发展中始终占据主导地位，而且随着地球内部核转变能的衰减，辐射能的主导地位愈来愈牢固。地球向阳半球面每秒接受太阳辐射相当于燃烧 $4\ 000\times10^{4}$ t 煤产生的热量，每年的辐射能则在 1×10^{24} J 数量级，在现代地理环境的能量收入中占 99.98%。太阳辐射能不仅数量极大，而且质量很高，是一种单位能量熵仅为 1～10 的低熵值能，而地面长波辐射的熵值高达 100。低熵值进入，高熵值输出，由此形成的负熵流保证了地理环境的有序发展。

太阳辐射能在地理环境中的分布因纬度而异，总辐射量自北半球回归高压带向两极递减，即以赤道略偏北为轴线在南北两半球呈对称分布。辐射量等值线基本上沿纬线延伸，同一纬度带总辐射量相对一致。例如，回归高压带为 3 501.1 kJ/(cm^2·a)，而 60°纬线上仅有 1 050～1 400 kJ/(cm^2·a)，可见差异之悬殊。陆地反射率(17%)高出大洋反射率 10 个百分点，且有地形因素等干扰，因而总辐射量等值线、辐射平衡等值线或多或少偏离纬线方向，同纬度辐射平衡值也比大洋低 350～520 kJ/(cm^2·a)。

(三) 自然地理环境中的能量转化

进入地理环境的太阳辐射能，包括直接辐射和散射两部分，合称总辐射。总辐射是绝大多数自然地理过程如大气环流过程、洋流、地表径流、成土过程、绿色植物生产过程及外力地貌过程的动力学基础。太阳辐射进入地理环境后被大气、水、地面和土壤吸收转化为热能，并最终返回宇宙空间，而地理环境则始终保持能量收支平衡。

太阳辐射到达大气圈后，除反射和散射部分外，其余均被吸收并大部分用于对流层增温，同时转化为大气长波辐射能源，再次被水蒸气、二氧化碳和尘埃吸收。地面长波辐射、水汽凝结热和乱流输送的热能均可进入大气，并与太阳辐射热一起，最终以大气长波辐射输出。水圈面积广阔而反射率低，吸收的太阳辐射量大大超过陆地，辐射平衡相当于陆地的 3.67 倍。辐射能影响的深度、热量交换强度均超过岩石圈，参与交换的热量约占辐射收入的 20%。因而水面温度高、变化速度缓慢且变幅较小。陆地表面暖季和白昼接受辐射较多，热流自地表指向地下；冷季和夜晚接受辐射少，热量自下而上传递。年变化深度在热带约 5～10 m，中纬区 15～20 m，高纬区 20～30 m，昼夜变化深度则仅有 0.7～1.0 m。陆地表面吸收的热量主要消耗于地面长波辐射、蒸发及冰雪冻土消融，但参与交换的热量只及接受辐射量的 1%。植物截留太阳辐射用于自身增温、水分蒸腾和通过光合作用制造有机物质，并将大约 1% 的热能固定在有机体内。

三、地理环境各要素的物质交换

物质交换是各自然地理要素间相互作用和相互联系的主要表现形式之一。物质是能量的载体，因此物质交换与能量传递总是同时进行的。

现代大气组成是大气圈与其他地圈长期进行物质交换的结果。例如，氮是由微生物破坏岩石中含氮化合物后进入大气并成为其主要成分的。氧是绿色植物光合作用的产物，二氧化碳和其他许多气体也具有生物成因。水分来自海洋和陆面蒸发及植物蒸腾，尘埃和悬浮物体则直接来自岩石圈。

作为水圈主体的世界大洋与外界物质交换的规模也很大。每年约有 $48\times10^4\sim52\times10^4\ km^3$ 水分自海洋蒸发进入大气，同时有 $42\times10^4\ km^3$ 降水自大气降入海洋。陆地不仅以地表径流弥补海洋水分消耗，每年还携带 $130\times10^8\sim500\times10^8$ t 固体悬移物质和 $25\times10^8\sim55\times10^8$ t 可溶性盐进入海洋。海洋每年接受大气尘埃更高达 $100\times10^8\sim1\,000\times10^8$ t。目前海水中含有溶解物质 5×10^{16} t，早已不是单纯意义上的水，而成了包容气体、岩石物质和有机物的溶液。

岩石圈表层既有来自大气的氮、氧、二氧化碳和水蒸气等气体，也有来自大气圈降水的 Ca^{2+}、Na^{+}、Mg^{2+}、CO_3^{2-}、Cl^{-}、NO_3^{-} 等离子。正是因为岩石圈物质与大气圈和水圈物质的相互交换和渗透，岩石圈表层才成为地理环境各要素相互作用的积极参与者，并通过风化、剥蚀、搬运、再堆积过程不断改变自身面貌，通过成土过程形成派生的自然地理要素——土壤圈。

有机界与其他要素的物质交换同样具有持续不断、规模巨大和影响深远的特点。有机体的组成以碳、氢、氧为主，同时包含许多来自大气、水圈和岩石圈的物质。在生物出现近 40×10^8 年来，生物已极大地改变了大气、水和沉积岩的组成。除了人们熟知的生物创造了全部游离氧和氮等事实外，我们要特别提到，自地球出现生命以来，创造生物物质累计已达 4×10^{19} t，相当于对流层质量的 1×10^4 倍，海水质量的 30 倍和沉积岩质量的 16 倍以上(伊萨钦科，1979)。地理环境中的所有物质体系，包括沉积岩都已反复被生物加工。可见有机体的全部活动都无例外的同全部自然地理要素相联系。

第二节 自然地理环境的地域分异

自然地理环境的地域分异过程与整化过程是同时并存的。如果没有地域分异过程，地表自然界将成为一种均质体，到处都呈现一种面貌，温度无高低之分，降水量无多寡之别，地势无高下起伏，地形无山地平原，植被或者一律是森林，或者处处是草原，或者只是无涯无际的荒漠……自然景观远离丰富多彩，将显得异常单调。

人类感知地理环境的地域分异现象，可谓由来已久。高纬地区的严寒与低纬地区的炎热，沿海的湿润与大陆腹地的干旱，低海拔平原的温暖与高山的“一山有四季”，都早已出现在古代旅行家、学者和文人的笔下。但是，从理性上认识到地域分异的规律性并给予科学的表述，仅仅始于19世纪与20世纪之交，距今只有100年左右。

所谓地域分异规律，也称空间地理规律，是指自然地理环境整体及其组成要素在某个确定方向上保持特征的相对一致性，而在另一确定方向上表现出差异性，因而发生更替的规律。一般公认地域分异规律包括纬度地带性和非纬度地带性两类，分别简称地带性规律和非地带性规律。后者又包括因距海远近不同而形成的气候干湿分异和因山地海拔增加而形成的垂直带性分异两个方面。

一、地带性分异规律

（一）地带性规律学说的形成背景

地理学对地域分异规律的研究是由地带性开始的，但不久以后即发现了非地带性规律的存在。地带性学说堪称近代地理学的经典学说之一。

地理带和地带的概念，追根溯源，应指纬度带或纬度地带而言。地带性学说产生的早期背景表明，古希腊罗马时期人们就已进行过划分热带、温带和寒带的尝试。而此前此后，一些幅员广大而历史悠久的国家如中国的典籍、方志和史诗中对不同纬度地区自然景观的描述，也明确反映了气候、植被和农作物的纬度差异。例如成书于公元前300年的《禹贡》（为《尚书》的一篇），划分当时的中国为九州。其中兖州相当于华北平原。《禹贡》描述兖州“厥土黑坟，厥草为繇，厥木为条”，即土壤为腐殖质含量丰富的灰棕壤，草盛树高。徐州相当于今之鲁南、苏北和皖北，《禹贡》称其“厥土赤殖坟，草木渐苞”，即土壤是发育在红色黏土母质上的棕壤，草木繁茂而错杂丛生。扬州相当于长江下游，《禹贡》称其“篠荡即敷，厥草为夭，厥木为乔，厥土唯涂泥”，即生长多种竹类，草极繁盛而树木极高大，土壤多为沼泽土。兖州最北部到扬州最南部约相差12个纬度，《禹贡》在距今2 300年前就已清晰地描绘了自华北平原暖温带到长江下游亚热带自然景观的地带性变化。

希帕库（公元前194—公元前120年）以宽约700斯台地亚（希腊里）间距有规律的纬度带在地图上表现出一系列的克利马特，即纬度气候带。后来斯特拉波（公元前64—公元前23年）进一步阐述了气候带系统，指出它们是由距赤道距离、最长白昼持续时间和天文位置决定的，斯氏的巨著《地理学》明确体现了气候与地理纬度相关的思想。

玄奘(600—664 年)的《大唐西域记》是一个不应忽视的例证。我们发现该书在记述南亚次大陆诸国的气候特征时，仅对其温度状况的定性描述，就使用了 20 余个词汇，如时唯暑热、暑湿、暑热、温暑、温和、和畅、和洽、调畅、调顺、调适、和、温、渐温、寒暑均、微寒、渐寒、寒、冷冻、寒劲、寒烈、极甚风寒等。并由此论及各国土宜和地利，从而最早揭示了这个次大陆不同纬度间自然气候与农业生产地带性差异的事实。还可以提到沈括(1031—1095 年)的《梦溪笔谈》。该书指出岭南的草类即使严冬也不凋萎，山西中部一带乔木未到秋季就落叶；两广桃李冬季结果，北方桃李则在夏季开花，并明确指出这是南北气候差异所致。德国学者 A. F. 布申(1724—1793 年)凭借其在俄罗斯的考察经历，第一个划分了俄国的自然地带。A. 洪堡(1769—1859 年)和 F. 李希霍芬(1833—1905 年)作为身历亚洲、非洲和美洲许多国家的地理学家，其著作不仅表现了地带性观点，并显然具有自然地带的综合观念。

综上所述可见，中国、俄罗斯和欧洲，很早就已出现地带性学说的思想萌芽。没有这一背景，20 世纪初将很难产生这一影响至深至远的学说。

（二）地带性规律学说的本质含义

B. B. 道库恰耶夫(1849—1903 年)是地带学说的创立者。道氏的早期著作已建立自然地带观念，但地带学说却是其晚年总结数十载的研究成果后才最终创立的。1899 年他用俄文发表的《关于自然地带的学说》和 1900 年用法文发表的《土壤的自然地带》包含了对这一学说最完整、最全面和最明确的论述，因而可视为代表性著作。

《关于自然地带的学说》指出：“由于地球离太阳所处的一定位置和地球自转并呈球形，使地球的气候、植物和动物分布均按一定的严格顺序由北向南有规律地排列，从而使地表分化为各个地理带，如寒带、温带、赤道带、亚热带等。但如果成土因子呈带状分布，那么其成果(土壤)在地球上的分布亦当具有一定的地带性。这些地带或多或少与纬圈平行。”文章还指出：“所有那些所谓自然力，如水、土地、火(热与光)和大气，与动物界、植物界一样……在固有的一般特征上，更形成了鲜明的、不可磨灭的、环球地带性规律的特征。”

在《土壤的自然地带》中，道库恰耶夫确立了土壤是一种独立自然体，并能完全充分反映自然界整体特征的观念。他进一步把北半球细分为极北带(苔原带)、北方森林带、森林草原带、草原带、干草原带、干旱带(荒漠带)和亚热带等 7 个带。显而易见，这种划分是以欧亚大陆内部为依据，没有考虑大陆东西近海岸带的情况。欧洲尤其是俄国缺乏低纬度土地，因此道氏也未划分热带。值得称道的是，道库恰耶夫并不认为地带性规律是绝对的或唯一的规律。他富有远见地指出，“自然带是一种图式，也可说是一种规律，但它只是在地球的高出大洋平面不超过 300 m 的那些部分才能表现为理想的形状。”道氏还特意提醒人们：“水平土壤带和自然带的完整性不免在这里那里发生重大的偏差。”几乎可以肯定，道库恰耶夫已经暗示这些偏差乃是另一种地域分异规律的表现。

道库恰耶夫自然地带学说，即纬度地带性规律学说的要点可以概括为：①太阳辐射能是自然带和自然地带形成的能量基础；②由宇宙－行星因素如日地距离、地球形状和黄赤交角等引起的太阳辐射能在地表不同纬度区域的不均匀分布，是形成自然带和地带的动力学原因。有必要特别指出，道库恰耶夫在100 年前能够注意到日地距离对地表自然界地域分异的作用，确实难能可贵。须知，如果地球处于水星的位置，年平均温度将比现在高数倍；如果处于海王星的位置，则温度可能只及现在的 1/900。无论处于上述哪一种情况，地带性规律都将表现得相当微弱，无助于改变全球高温或极端低温的状况；③带和地带只在理想状况下呈东西方向延伸，并具有环球分布特点，同时沿南北方向发生更替；④地带性规律并非唯一的空间地理规律，客观上应存在另一种规律。至此已不难看出，道库恰耶夫的地带和带，实质上是纬度地带和纬度带。

（三）地带性规律研究的近期发展

地带性学说问世后，一方面在 20 世纪前半叶长期受到怀疑，另一方面也在实践中不断得到充实、完善和发展。具体表现在：①查明了不仅各自然地理要素如地貌、气候、水文、土壤、植被和动物界具有地带性特征，而且由这些要素组成的自然地理环境整体也具有地带性，从而形成了一系列大致呈东西向延伸的地带性自然区域。②对地带性规律的研究由陆地扩展到海洋，并在海洋上发现了大量地理地带性证据。П. В. 波格丹诺夫并据此划分出了 11 个世界大洋自然带。③突破了单纯考虑热量的局限性，发现了水分尤其是水热组合关系在地带和亚地带地域分异中的重要作用。为了阐明自然地带分布与水热组合之间的关系，М. И. 布迪科以辐射干燥指数$\left(K=\dfrac{R}{Lr}\right.$，$R$ 为辐射平衡值，L 为蒸发潜热，r 为年降水量$\left.\right)$为指标划分苔原（$K<0.35$）、森林（0.35～1.1）、草原（1.1～2.5）、半荒漠（2.3～3.4）、荒漠（>3.4）等，并与 А. А. 格里高里耶夫一起建立了地理地带性周期规律（表 8－1）。④揭示了沿岸和内陆腹地纬度地带谱全然不同的事实，П. С. 马克耶夫并以欧亚大陆为样本，建立了理想大陆各自然地带相互关系的图式，修正了自然地带环球分布的观念。⑤确认了非地带性区域内仍有地带性分异

表 8－1　地理地带性表

（据 A. A. 格里哥里耶夫和 M. И. 布迪科）

热能基础——辐射平衡 $(kJ\cdot cm^{-2}\cdot a^{-1})$	湿润条件——辐射干燥指数								
	<0（极端过度湿润）	过度湿润					1～2（中度湿润不足）	2～3（湿润不足）	>3（极度湿润不足）
		0～0.2	0.2～0.4	0.4～0.6	0.6～0.8	0.8～1			
<0（高纬度）	Ⅰ 多年积雪	—							
0～209（南极、亚北极和中纬度）	—	Ⅱa 北极荒漠	Ⅱb 苔原（南部有岛状疏林）	Ⅱc 北泰加林和中泰加林	Ⅱd 南泰加林和混交林	Ⅱe 阔叶林和森林草原	Ⅲ 草原	Ⅳ 温带半荒漠	Ⅴ 温带荒漠
209～313.8（亚热带纬度）	—		Ⅵa 具有最大量沼泽的亚热带半希列亚群落区		Ⅵb 亚热带雨林		Ⅶb 亚热带 / Ⅶa 亚热带硬叶林与灌丛	Ⅷ 亚热带半荒漠	Ⅸ 亚热带荒漠
>313.8（热带纬度）	—		Ⅹa 赤道沼泽占显著优势的区	Ⅹb 强度湿润（强度沼泽化）赤道林	Ⅹc 中等过度湿润（中度沼泽化）赤道林	Ⅹd 过渡为明亮热带森林和多林萨王纳的赤道林	Ⅺ 干旱萨王纳	Ⅻ 荒漠化萨王纳（热带半荒漠）	ⅩⅢ 热带荒漠

注：编制本表所用的辐身平衡值是代表湿润下垫面条件的，干旱区实际的辐射平衡值要小得多。

存在。例如我国东亚季风区作为亚欧大陆东海岸最高级的非地带性区域，其境内因地带性分异而形成了自泰加林到热带雨林的非常完备的纬度地带谱。俄罗斯平原、西西伯利亚低地和中西伯利亚高地都是非地带性区域，其内部同样表现出地带性分异。我国干旱区内温带与暖温带的分异，甚至面积不大的四川盆地内部北亚热带、中亚热带和川南一隅河谷区南亚热带的分异，都是非地带性区域内发生地带性分异的典型事例。由于这类分异所形成的自然带或地带只是该纬度上相应的带或地带的一个分离的段落，因此被称为带段或地带段。非地带性区域内的地域分异也就被称为带段性分异。⑥许多学者致力于地带性规律的量化和模型化研究，如福比(Forbe)以

$$T=44.9\cos^2(\varphi-6.5)-17.8T=44.9\cos$$

的余弦平方函数模式表达北半球海平面气温 T 随纬度变化的规律。今西和 Kawakita 提出以温暖指数(warm index,即 W. I.)和寒冷指数(coldness index,即 C. I.)划分自然地带，特别是山地垂直带的方法

$$W.I.=\sum_{1}^{i}(t-s)$$

$$C.I.=\sum_{1}^{n-i}(t-s)$$

$W.I.$ 为 >5 ℃的月平均温度总和，$C.I.$ 为 <5 ℃的月平均温度总和。A. A. 格里高里耶夫和 M. И. 布迪科以辐射平衡值 R 为划分热量带的指标，规定 $R<84$ kJ/(cm^2 · a)为寒带，84 ~ 146 kJ/(cm^2 · a)为亚寒带，146 ~ 209 kJ/(cm^2 · a)为温带，209 ~ 314 kJ/(cm^2 · a)为亚热带，>314 kJ/(cm^2 · a)为热带。黄秉维则以≥10 ℃积温为指标划分中国的热量带，即≥10 ℃积温小于1 700 ℃为寒温带，1 700 ~ 3 200 ℃为温带，3 200 ~ 4 500 ℃为暖温带，4 500 ~ 8 000 ℃为亚热带，8 000 ~ 9 000 ℃为热带，约 9 500 ℃为赤道带。这一指标半个世纪以来在我国被广泛应用。

我国学者对地带性规律的模型化表述值得特别一提：

牛文元(1980)假设地球是一个均匀光滑连续的几何球体，既无海陆差别，也无地势起伏。在此情况下，太阳辐射能的纬度分布将显示出近乎完美的数学规律，即理想模式。现实地球表面虽然既有海陆之分，陆地地势高低又大不相同，但宏观上仍然是一个球体。牛氏认为，地表状况无论怎样复杂，自然地带性所表现的基本事实仍然可以归结为地表对太阳辐射能量的响应。他按传统习惯，选择植被和土壤作为自然地带性的“影子”，以雪线、高山寒漠土界线、树线与纬度的关系构建了下列数学模式

$$\lg H=b\varphi+a$$

$$H=e^{2.3(b\varphi+a)}$$

式中：H 为临界高度；φ 为纬度；a、b 为常数。这显然是一个指数模式。

牛文元认为，从低纬海平面某点沿水平方向至高纬和沿垂直方向至高空都可找到各自对应的相同能量带即空间域。将水平地带性与垂直带性和二维空间的组合联系理论化，建立综合表达式，就可推广到三维空间。

本书稍后将会提到，垂直带并不是纬度地带的拷贝或缩影，全球任何地区都不存在某个山地垂直带谱与纬度地带谱完全相同的样本。同时沿海和内陆纬度地带谱还存在重大差别，因此，这个模式有一定缺陷。

蒋忠信(1982)指出上述模型仅仅是经验的和区域性的，而不是理想的和理论的。他认为用指数模型描述地带性规律有困难，指出了牛氏的计算错误，并提出了一个正态频率分布函数曲线模型

$$H = a\mathrm{e}^{-b(\varphi - d)^2} - c$$

式中：H 为临界高度；φ 为纬度；a、b、c、d 均为正数。根据后一模型计算结果，不同纬度的雪线、高山寒漠土界线和树线高度都比较接近实际(图8－1)。

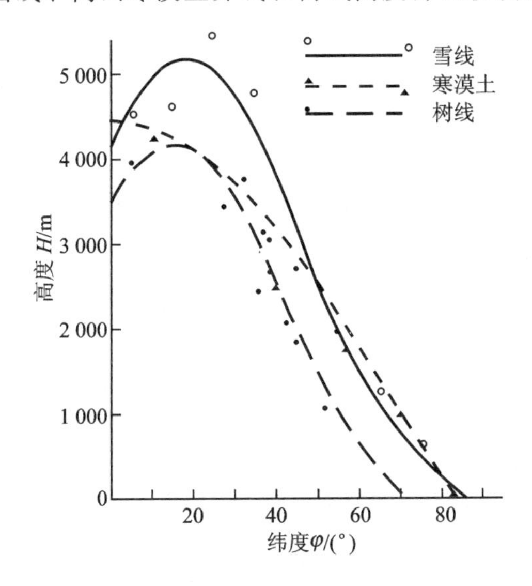

图 8－1　自然地带分布高度 H 随纬度 φ 的变化
(据蒋忠信,1982)

近年还有学者用可拓工程方法和主成分分析方法建立物元模型，划分自然带界线。实际上也属对地带性规律的理论探索(晏路明,1999)。

二、非地带性规律

地带性规律毕竟不是唯一的空间地理规律。越来越多偏离纬度现象的发现，使一些学者对地带性学说提出了猛烈的，火药味十足的批评。认为地带性学说是一种“有害的偏见”，“从逻辑上否定”者有之(B. B. 波雷诺夫,1932)；

反对把土壤地带看做固定不变的绝对概念者有之(A. И. 普拉诺索夫,1939);以斯堪的纳维亚西部按其地理位置应属泰加林地带，而事实上不然，以及加利福尼亚和阿巴拉契亚纬度相同，而自然景观迥异为例，否认地带性规律的普遍意义者有之(B. И. 莫纳霍娃,1940);认为地带学说既不适合中亚，也不适合当时苏联欧洲部分者也有之(M. Γ. 波波夫,1946)，甚至还有学者嘲笑地带性学说是一种陈旧的形而上学见解，同把黑钙土当做黄土一样陈旧(B. P. 威廉斯,1947)。

批评伴随着探索。地带性学说一度因批评而陷入危机，但最终依然获得公认。而20世纪第二个10年中，非地带性概念与“经度地带性”概念几乎同时应运而生。非地带性显然指非纬度地带性。

地球的内能是非地带性地域分异的能量基础。这种核转变能导致海底增生、板块移动、碰撞和大陆漂移，形成地球表面海洋与陆地的随机分布，致使地壳断裂、褶皱、隆升或沉降，形成巨大的山系、高原和沉陷-断陷盆地。因此，海陆分异，海底地貌分异，陆地上大至沿海-内陆间的分异，小至区域地质、地貌、岩性分异，以及山地、高原的垂直分异，均属非地带性分异范畴。

(一) 海陆分异

长期以来，人们较多地关注海陆分布而在相当程度上忽视了海陆分异命题。实际上，海陆分布乃是地球表面最大尺度的非地带性地域分异——海陆分异的外在表现形式。地壳大洋化既造成该部分地壳变薄，又使之下沉，而陆壳则既厚又大多处于隆升状态，其结果是形成了地球表面两个最大的自然地域系统：海洋地域系统与陆地地域系统。

海洋与陆地的分化过程，海陆平面形态，海陆面积比、大陆瓣组合形式，海洋平均深度与大陆平均高度等，均与太阳辐射的纬度差异无关。因此毫无疑问是纯粹的非地带性分异。

(二) 陆地干湿度分带性与所谓“经度地带性”

陆地自然界的干湿度分带性，主要是指在热量背景相同或近似的各纬度区域内部，以年降水量由沿海向大陆腹地方向递减为契机所引发的区域自然景观及其各组成要素的变化。中纬度沿海地区多为森林地带，随着向内陆的深入，自然景观依次转变为森林草原地带、草原地带、荒漠草原地带和荒漠地带。

全球陆地年降水量的89%来自海洋湿润气团，而海陆间的水分交换强度愈深入内陆愈弱，因此干湿度分带性与大陆广狭和海岸线走向有着极为密切的联系。当大陆足够广阔时，干湿度分带性应该表现为以海岸带为起点，以内陆荒漠为中心的多向辐合式变化。例如亚洲中部荒漠作为亚欧大陆中纬度区干湿度分异的辐合中心，应是北西—南东与南西—北东、北东—南西与南东—北西诸方向上，年降水量自沿海向内陆递减和干燥度递增的结果，与亚洲中部的经度位置完全无关。

干湿度分带性又叫省性或相性分异，是地域分异的一种表现形式。为便于学生理解，我们不采用“省性”和“相性”称谓。

有必要强调指出，大约在20世纪20年代初，几乎与非地带性概念出现的同时，地理文献中出现了“经度地带性”概念，并迅速被许多学科广泛采用。我国的许多地理类著述，包括一些经典著作、辞书以及大中学地理教科书中也频繁使用这一术语，并以之与纬度地带性概念相提并论。甚至把这个所谓的“经度地带性”当做地带性的一种，因而有所谓的“广义地带性”和“狭义地带性”的说法，这是不妥当的。普遍的误识加上广泛的误导，已经造成了地域分异理论研究的混乱，这里有必要予以澄清。

如前所述，地带性就是指纬度地带性，而非地带性则包括干湿度分带和垂直带性。纬度地带性概念的科学性在于，由辐射平衡值和物质能量交换强度决定的地带性景观特征，尽管在这里或那里不免受到非地带性因素的干扰，但总体上仍与特定纬度值保持着确定性关系。例如，当人们提及北纬5°或65°时，自然就会联想到赤道雨林或苔原带。然而，地表自然界的干湿度分带性与任何经度值都没有这种确定性关系。当提到东经90°线时，面对割据经线的极地冰雪带、苔原、森林苔原、泰加林、温带草原、荒漠以及青藏高原上的高寒荒漠、高寒草原、高寒草甸等众多纬度和非纬度自然地带，经度对自然界的地域分异究竟起着什么作用就大可质疑了。

实际观察到的干湿度分带界线绝不与经线平行，却与海岸线轮廓有着某种近似；地带更替方向绝不与经线垂直，却或多或少与海岸线垂直。经度地带性概念不能反映地域分异的客观实际，不具备科学性，我们主张予以摈弃。

（三）具有构造-地貌成因的区域性分异

通常情况下，大地构造总是有其地貌表现，一个大地构造单位总不免有其相应的地貌单元。例如，强烈隆升的地块表现为大高原，相对下沉的地块表现为盆地或平原，巨大的板块缝合带或地槽褶皱带表现为大山系，即一个大地构造单位首先形成一个地貌区。其发生统一性导致区域特征的相对一致性，于是进而形成一个自然区。天山山地、塔里木盆地、青藏高原、东欧平原、蒙古高原、科迪勒拉山地、密西西比平原、亚马孙平原、巴西高原等都是各自具有特殊构造-地貌分异背景的自然区。山地、高原和平原内部的次级构造-地貌分异，同样可以形成次级自然区。任何大高原或大平原都绝不可能具有几何平面性质，任何大山系也都不可能在其延伸的全部距离上保持相同的海拔、走向和其他山文结构特征，因此，发生次级分异并形成次级自然区乃是必然现象。

（四）具有地方气候背景的地域分异

近海岸区、湖区、森林区、灌区与城市都有其气候特点，这类地方气候造成的地域分异，涉及范围虽然较小，但其作用仍不可忽视。在有些地区，地方风也是一个重要的地域分异因素。除去东北信风作用下的非洲西海岸外，海岸带一般比较湿润，在海陆风影响下气温变幅也较小；湖区有湖陆风形成，除相对湿度较高外，热量特征更接近偏低纬度的地区；林区和灌区的地方气候与海岸带和湖区相似；城市气温比所在地区偏高，风速减小、温度较低而降水量偏多。近年的观测发现，干旱区的大绿洲晴天午后有吹向荒漠的绿洲风，高海拔山地的大冰川也有吹向冰川区外的冰川风。这些发现丰富了地方气候的内容，而所有地方气候都可导致特殊自然地理环境的形成。

地方风对地表自然界的地域分异有着特殊的影响。地方风塑造的地貌景观常常成为一个区域的标志性特征从而有别于另一区域。我国东北中部西风走廊坨子与甸子的排列，毛乌素沙地中沙带与洼地的分布，都是地方风作用的结果。一些著名风景区如我国西北的老风口、阿拉山口、达坂城、七角井、罗布泊、玉门镇、西柴达木等，均以多风为特色，其中的大部分地区还广泛发育风蚀地貌。撒哈拉沙漠的西蒙风、喀新风，中亚卡拉库姆沙漠的阿富汗风等，对当地的地域分异也有显著影响。

（五）垂直带性分异

这是山地特有的地域分异现象。当山地具有足够的海拔和相对高度时，随着地面高度的增加，气温递降，一定范围内降水量递增，不同高度层带水热组合特征各异，首先形成气候垂直带，进而导致其他自然地理要素发生相应变化，形成地貌、植被、土壤等垂直带和自然景观垂直带。

山麓所在的水平地带就是垂直带的基带。基带以上各垂直带按一定顺序排列，则构成垂直带谱。垂直带谱的性质可概括为以下几点：

① 基带为海洋性纬度地带，垂直带谱也将具有海洋性特征，即各类森林带在带谱中占显著优势；反之，如基带为荒漠或半荒漠带，则垂直带谱呈大陆性特征，即森林带或完全缺失，或带幅十分狭窄。

② 垂直带谱中不出现比基带纬度和海拔偏低的带。因此，在山地海拔相同和其他条件相近的情况下，低纬区山地垂直带数量较多，高纬区山地垂直带数量较少；山麓海拔低、相对高差大的山地垂直带谱结构较山麓海拔高、相对高差小的山地更完备而复杂。亚热带高山通常有 8 ~ 9 个垂直带，高纬区高山若以泰加林或苔原为基带，则至多只有两个垂直带。例如，大雪山有 8 个垂直带，与之海拔相近，但山麓过高的唐古拉山北坡，通常不超过 3 个垂直带。

③ 垂直带谱上部是否出现高山冰雪带，取决于山地海拔是否突破当地雪线高度。雪线一方面受太阳辐射影响，因而总体上呈自赤道向极地降低的趋

势；另一方面受固体降水量多寡的制约，因而事实上不是最热的山地而是最干旱的山地成为雪线位置最高的地方。所以，某些发育海洋性垂直带谱的山地，3 000 ~4 000 m 以上即为高山冰雪带，而另一些极旱山地，超过 5 000 m 仍只有高山寒漠。

④ 山地垂直带在数千米高度内完成了水平地带需要数千千米才能完成的地带更替。但垂直带遵循自身的发育规律，并不是纬度地带的缩影。珠穆朗玛峰南坡垂直带几乎完全不能与其以北直到极地的纬度地带相对应即是一例。全球分布最广的苔原和泰加林两个地带，在任何中低纬山地中都不以垂直带出现又是一例。

⑤ 同一山地的不同地段和坡向，带谱组成或同一垂直带的分布高度都有很大差别。进行垂直带谱的比较研究就成为山地景观研究的重要途径之一。

三、地域分异的尺度

上述两种地域分异规律同时对地表自然界发生作用，但其表现形式和影响范围却非常不同。有的地域分异不分海陆，涵盖全球；有的分别涉及整个海洋或整个大陆；有的影响到一个广大的区域。所有这些都可视为大尺度地域分异。有的地域分异只在一个自然带或地带内部、一个山地、盆地或平原内部发生作用，可称为中尺度地域分异。还有一些仅仅表现在一个谷地或丘陵内，一片绿洲或小沙漠内，一个洪积倾斜平原内，一块干三角洲内，甚至一面山坡、一组河谷阶地间，则是小尺度地域分异。

（一）全球性地域分异

热量带及在其基础上形成的气候带，贯穿海洋和陆地，这种地带性地域分异属于全球性分异。非地带性的海陆分异及海陆起伏，前者形成了地球表面两个最大的地域系统：由四大洋组成的海洋系统和由七个大陆组成的陆地系统；后者则导致海洋内部形成海沟、洋盆、洋中脊、大陆坡、大陆架，陆地表面形成平原、盆地、山地与高原。两者都是全球性地域分异的表现。

（二）全海洋和全大陆地域分异

纬度地带性分异使海洋和陆地各自分化为若干自然带和地带，但海洋自然带并不延伸到陆地，陆地自然带总是在大陆东西边缘被海洋切断。因此，纬度地带性既是全海洋的，也是全大陆的地域分异，干湿度分带性在陆地最广的北半球中纬度地区表现最明显，在其他纬度区也有不同程度的表现，应属全大陆地域分异范畴。陆地上巨大的南北向、东西向或其他走向大地构造单元或这类构造单元的集合体，在地貌上表现为巨大山系或高原，如科迪勒拉山系、伊朗高原—帕米尔—青藏高原，或纵贯南北美洲，或横贯亚洲大陆，也是全大陆地域分异。

（三）区域性地域分异

区域性大地构造－地貌分异、地带性区域内的非地带性分异、非地带性区域内的地带性分异，统属区域性地域分异。以区域性大地构造为背景，常常形成相应的地貌区，尽管两者的界线并不完全吻合，但通常不会相差太大，这个地貌区因其海拔、热量、水分特征等相对一致，最终形成一个自然区。如果其面积很广阔，就应归入区域性分异。青藏高原即是一个例证。地带性区域内的非地带性分异（省性分异）和非地带区域内的地带性分异一般也需要较大的空间才能充分表现，故都应视为区域性分异。

以上三种地域分异，都是大尺度分异。

（四）中尺度地域分异

包括由高原、山地、平原内部地貌差异引起的地域分异，地方气候（如林区气候、灌区气候、海岸气候、湖区气候、城市气候）和地方风引起的地域分异，以及山地垂直带性分异等。高原上一部分突起为山脉，一部分下陷为盆地，一些地区被河流切割为深峡谷，一些地区发育冲积平原，这类分异导致高原内部形成次级自然区，与造成整个高原的地域分异相比较，尺度自应略小。地方气候影响范围有限，地方风通常也不可能涉及广大地区，所以都属中尺度分异。

（五）小尺度地域分异

由局部地势起伏、小气候差异、岩性与土质差异、地表水与地下水的聚积和排水条件不同等引起，通常只在小范围内发生作用的地域分异，均属小尺度地域分异，可看做非地带性分异的微观表现形式。即使在一个很小的区域内，地貌部位的变化也可以导致水分与热量的重新分配从而形成不同的小气候和植物群落。不同地貌部位还具有不同的外动力作用特点，例如山坡稳定性较差，阶地易遭受侵蚀切割，河漫滩却以堆积作用占优势等。岩性变化引起地域分异的例子更多。一个软硬岩层交错分布的河谷，软岩层段常形成河谷盆地，硬岩层段则形成峡谷；软岩石组成的山坡通常比较和缓，坚硬岩石如砾岩、花岗岩则形成悬崖峭壁。土壤继承母质特征而使 pH 差别较大时，即使气候条件完全一致，也可以分别生长喜酸或喜碱植物，因而群落类型迥异。

不同尺度的地域分异间具有从属关系。大尺度分异构成较小尺度分异的背景，小尺度分异则是较大尺度分异的基础。

四、地域分异规律的相互关系

地带性与非地带性地域分异规律虽然互不从属，却总是共同对一个区域起作用，并总是相互制约和相互干扰。因此，实际表现的地域分异现象非常复杂。

П. С. 马克耶夫显然是以亚欧大陆作为理想大陆，划分出 27 个自然地带，

并对其相互关系进行了图解(图8－2)。他认为自然地带的更替有以下五个特

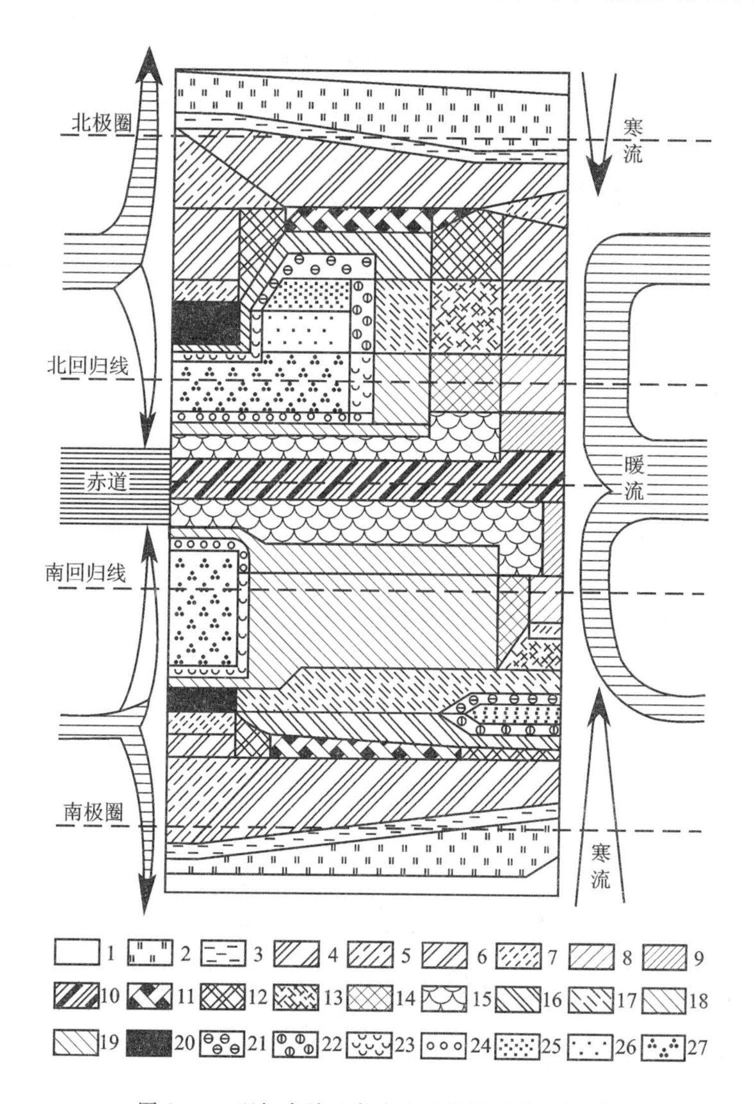

图8－2　理想大陆上各自然地带相互关系图解

(据П. С. 马克耶夫)

1. 长寒地带；2. 苔原地带；3. 森林苔原地带；4. 泰加林地带；5. 混交林地带；6. 阔叶林地带；7. 半亚热带林地带；8. 亚热带林地带；9. 热带林地带；10. 赤道雨林地带；11. 桦树森林草原地带；12. 栎树森林草原地带；13. 半亚热带森林草原地带；14. 亚热带森林草原地带；15. 热带森林草原地带；16. 温带草原地带；17. 半亚热带草原地带；18. 亚热带草原地带；19. 热带草原地带；20. 地中海地带；21. 温带半荒漠地带；22. 半亚热带半荒漠地带；23. 亚热带半荒漠地带；24. 热带半荒漠地带；25. 温带荒漠地带；26. 半亚热带荒漠地带；27. 亚热带荒漠地带

点：①南北两半球地带谱基本对称。②环球分布的自然地带只限于极地、高纬和赤道区域。其他纬度区则出现干湿度分带，即从沿海岸森林地带经草原地带到内陆荒漠的变化。③除寒洋流经过地外，大陆两岸基本上分布各种森林地带，并向极地过渡到苔原地带，从而形成海洋性地带谱。④大陆内部则为大陆性地带谱，即自荒漠地带开始，经草原、泰加和苔原最终过渡到极地冰雪长寒地带。泰加林是寒温带大陆性气候条件下的地带性森林，因此在西岸海洋性气候下发生尖灭，在东岸变窄。⑤在寒暖洋流发生分歧的沿岸区，出现一种特殊的海洋性地带——地中海地带，以具有冬湿夏干的地中海气候及与之相应的常绿－夏季落叶灌木混交林和发育典型褐土为特征。

布迪科与格里高里耶夫为了阐明自然地带分布与水热对比的关系，以辐射平衡值 *R* 为纵坐标，以辐射干燥指数 *K* 为横坐标，以两条曲线把某个辐射平衡幅度与干燥指数幅度勾画出来，清楚地显示了自然地带与水热条件的关系（图 8－3）。从图中可以发现，苔原地带 *R* 与 *K* 双双最小，因而最接近坐标原点。各类森林 *R* 值差别极大，*K* 值稳定于 0.35～1.1 之间，因此集中分布于此段横坐标内，并依 *R* 值大小顺序分为赤道雨林、热带雨林直到针叶林。草原 *K* 值为 1.1～2.3，但 *R* 值变幅仍较大，因此分别形成热带稀树草原和温带草原两类自然地带。半荒漠与荒漠 *R* 值中等而 *K* 值变化大。因此居于横坐标右端。

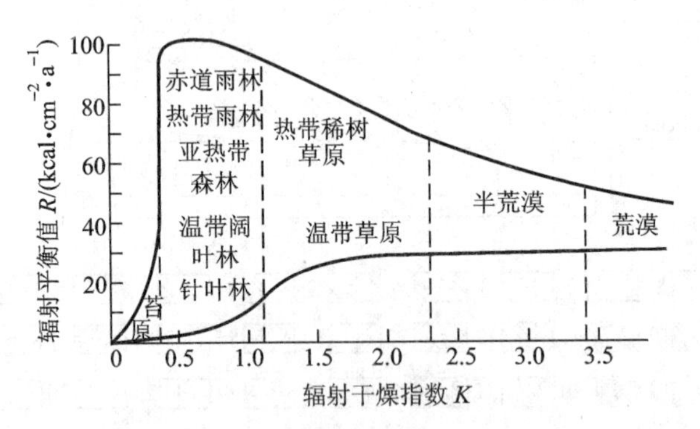

图 8－3 自然地带与水热条件的关系

（据布迪科等）

1kcal＝4 186J

由此看来，无论起因于地带性分异还是非地带分异，水热组合关系的变化都是促使自然地带在水平方向上发生更替的直接原因。当热量分异起主要作用时，水平地带强烈表现出纬度地带性质，例如亚欧大陆两岸的地带变化；当水分分异起主要作用时，水平地带实际上成为干湿度地带，如亚欧大陆东西两岸向亚洲中部的地带更替与美洲西部的地带更替。也有些呈过渡状态，热量分异与水分分异难分高下，自然地带偏离纬线而呈斜向分布。

水平地带与垂直带的关系非常复杂。表面上看来，从低纬向高纬的纬度地带性变化，或山地自下部向上部的垂直带性变化都以温度递减为主要原因，而一个水平地带既是由此向高纬更替的起始地带，又是山地垂直带的基带。似乎两类带谱就应该完全相同，只是一个在南北方向上延伸数千千米，另一个在垂直方向上延伸数千米，后者仅仅是前者的浓缩。但事实不然。第一，温度的纬度变化缘于太阳辐射的纬度变化，温度的垂直变化却并非由太阳高角度大小不同所引起，而是因海拔愈高接受地面长波辐射愈少所致。第二，降水量的纬度分布与垂直分布遵循完全不同的规律。因此，当某个纬度地带与比其偏低纬度的某个山地垂直带具有相同的热量特征时，两者的水分条件进而水热组合状况却可以有巨大差异。而水热组合既是决定水平地带，又是决定垂直带分布和更替的根本原因。第三，山地地貌的复杂性导致气候特征趋向复杂化，使得垂直带中出现一系列纬度地带不可能具有的特征。试以极地冰雪带与我国海洋性气候下的高山冰雪带做一番比较，就不难发现，极地冰雪带尽管气温季节变化显著，毕竟常年处于低温状态，且气温日变化很小，其分布范围绝不可能向低纬方向伸入其他地带。高山冰雪带气温日变化显著，辐射消融导致冰舌下部热喀斯特现象极为普遍，冰塔林可高达数十米，冰舌末端可一直下伸到森林带。我国青藏高原研究者早在20世纪70年代就已发现，珠穆朗玛峰地区作为热带北缘山地，其垂直带从热带季雨林带开始至高山冰雪带，引人注目地缺失温带落叶阔叶林带和苔原带(张经纬等,1975)，从而显示了垂直带与纬度地带的区别(图8－4和图8－5)。

П. С. 马克耶夫关于水平地带与垂直带关系的探讨，似乎不及对水平地带本身的研究深刻。尽管他正确地划分了海洋性和大陆性两类垂直带谱，并指出苔原带在山地垂直带中表现不明显，常被阿尔卑斯带(即高山草甸带)所代替，他所提出两类垂直带，尤其是海洋性水平地带系统下的垂直带图式，理想色彩仍过分浓厚(图8－6和图8－7)。

综上所述可知，地域分异表现形式多样，相互关系复杂，它们共同作用于地表，形成水平地域结构、垂直结构及水平地带与垂直带相结合的多维空间结构(图8－8)。在大陆水平地域结构中，纬度地带性与干湿度分带性是两种基本表现形式。但纬度地带性结构中有省性表现，非地带性结构中又有带段性表现。

景观水平结构中反映地带性特征为主的地域，称为显域性地域；反映非地带性特征为主的地域如沼泽、低地、冲积平原等，称为隐域性或内地带性地域。垂直带性也是一种隐域现象，即具有地带性烙印的非地带性现象。总之，凡是由地势起伏而导致水平地域结构发生异化的现象，都可称为隐域性。

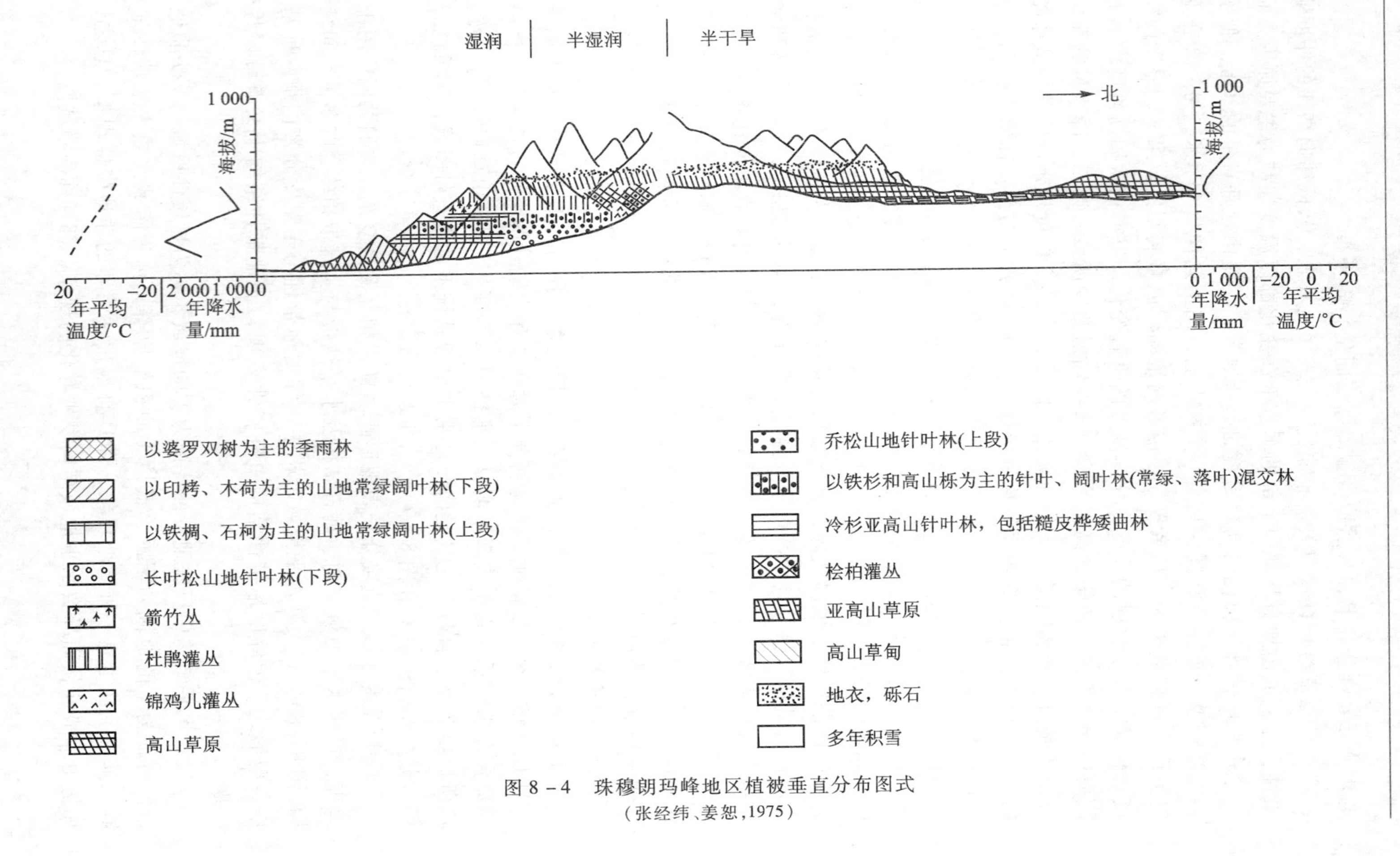

图 8-4 珠穆朗玛峰地区植被垂直分布图式

（张经纬、姜恕，1975）

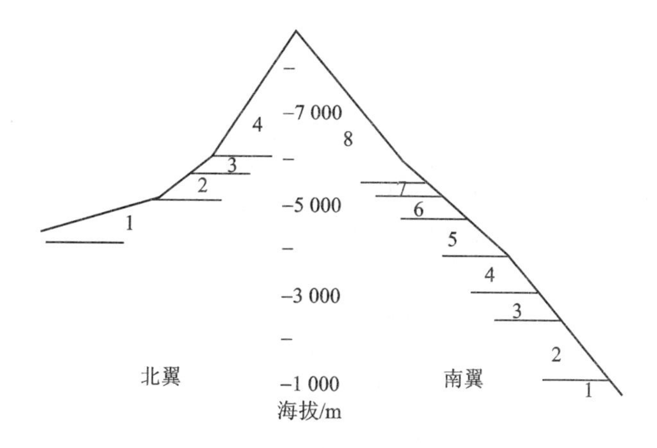

图 8-5 珠穆朗玛峰地区垂直带示意图

（据郑度等,1975）

南翼：1. 低山热带季雨林带，位于国境外；2. 山地亚热带常绿阔叶林带，1 600 ~ 2 500m；3. 山地暖温带针阔叶混交林带，2 500 ~ 3 100m；4. 山地寒温带针叶林带，3 100 ~ 3 900m；5. 亚高山寒带灌丛草甸带，3 900 ~ 4 700m；6. 高山寒冻草甸垫状植被带，4 700 ~ 5 200m；7. 高山寒冻冰碛地衣带，5 200 ~ 5 500m；8. 高山冰雪带，5 500m 以上

北翼：1. 高原寒冷半干旱草原带，4 000 ~ 5 000m；2. 高山寒冻草甸垫状植被带，5 000 ~ 5 600m；3. 高山寒冻冰碛地衣带，5 600 ~ 6 000m；4. 高山冰雪带，6 000m 以上

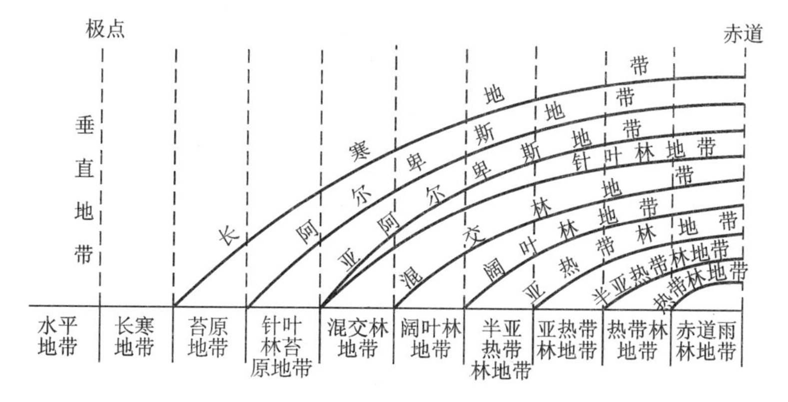

图 8-6 海洋性水平地带系统下的垂直带理想图式

（据 П. С. 马克耶夫）

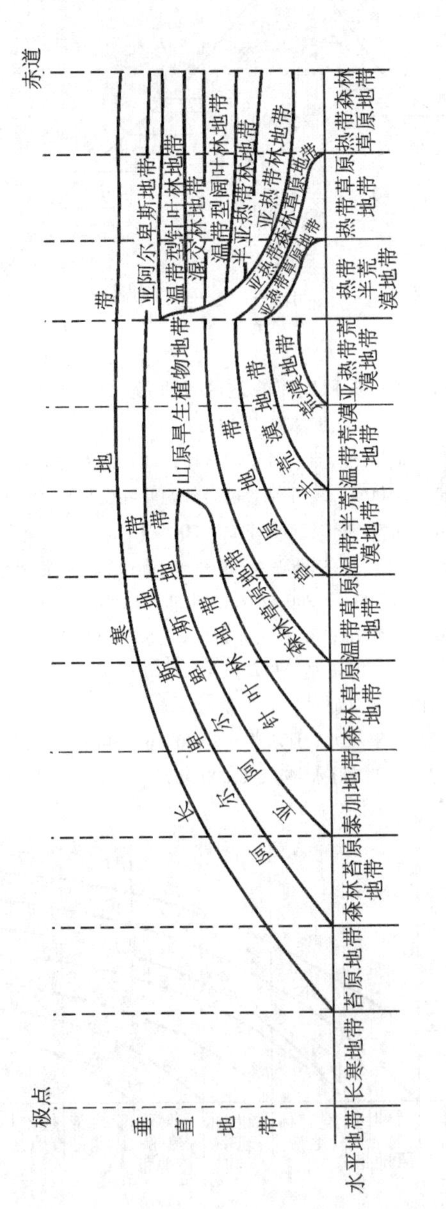

图 8-7 大陆性水平地带系统下的垂直带理想图式

（据 П. С. 马克耶夫）

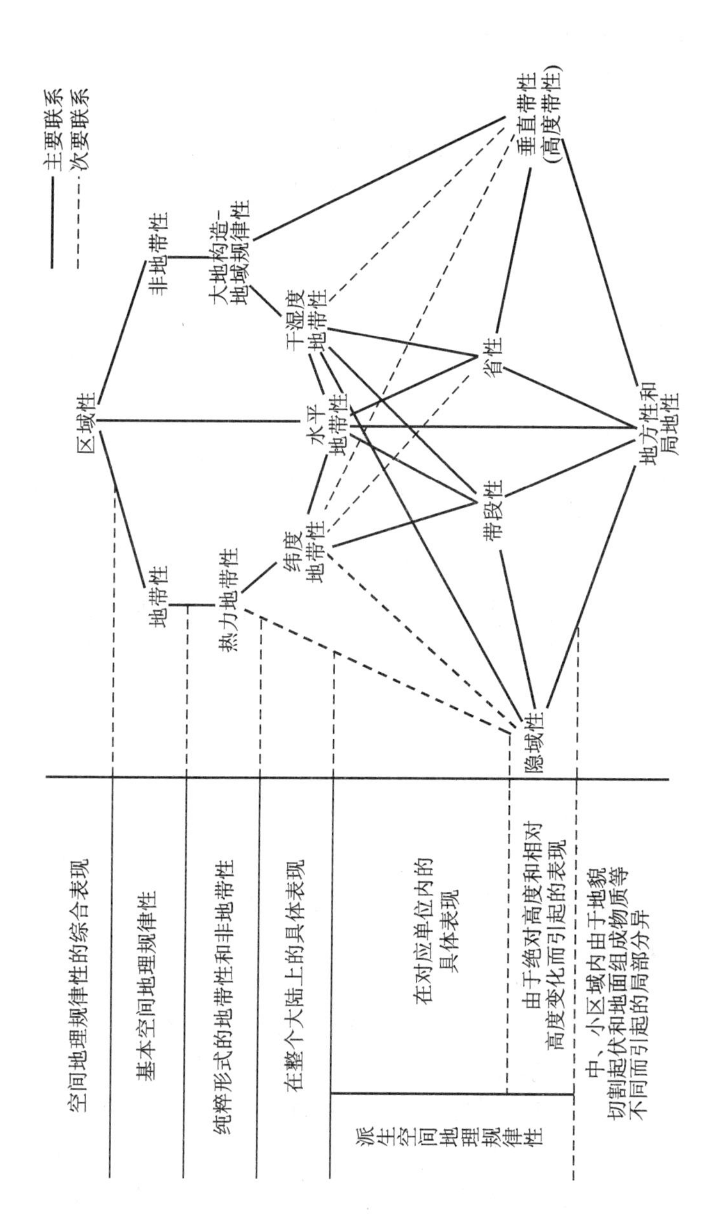

图 8-8 大陆空间地理规律性相互关系

第三节 自然区划

地表自然界受不同尺度的地带性与非地带性地域分异规律的作用，分化为不同等级的自然区。以地域分异规律学说为理论依据划分自然区，并力求反映客观实际的方法，就是自然区划。各级自然区之间都存在特征差异性，自然区内部则具有相对一致性。

区域概念应有最小限度。因此自然区并非无限可分，而应该有一个最低级的基本单位。我国曾把这个基本单位称为自然县，一些欧洲国家则称为景观——狭义理解的景观。基本单位内不再进行区划，而是划分土地类型。

自然区划因目的与对象不同而有部门区划与综合区划之别。以个别自然地理要素为对象的是部门自然区划，而综合自然区划则以整体自然地理环境为区划对象。自然区划必须为经济建设服务，因此不仅应具有认识意义，而且还应具有实践价值。自然资源区划、农业自然区划、生态功能区划、公路自然区划，甚至冰川区划、冻土区划、绿洲区划等，则显然兼有自然区划与经济区划的双重性质。近年我国学者并提出了制订全面反映自然特征及经济发展需要的综合区划的主张。

一、自然区划原则

为使自然区划尽可能真实地反映地域分异的客观实际，必须进行区划方法论研究，其中包括为正确解决分区与划界问题而确立区划原则。目前经常采用的原则有发生统一性原则、相对一致性原则、空间连续性（区域共轭性）原则、综合性原则与主导因素原则等。

（一）发生统一性原则

即必须保证每一个自然区具有发生上的统一性。任何自然区都是地域分异因素作用下历史发展的产物，发展道路相同，“年龄”相同，因此应以区域发展的共同性作为区划的基础。区域发展的共同性是指作为整体的自然区之最基本和最本质特点的形成与发展历史具有共同性，而不是仅仅指其地质基础、地貌特征或某一个别景观要素具有共同性。发生统一性明显具有相对性质，高级自然区发展历史较长，低级自然区发展历史较短，古地理分化过程即现代自然特征形成过程不能用同一尺度衡量。

（二）相对一致性原则

意指必须保证每个自然区的自然地理特征具有相对一致性。这里有三层含义：①强调区内特征的相对一致性，也就是强调区间特征的差别性，与依据地域分异进行区划并不矛盾；②区域特征一致性的相对性质，表明自然区本身存在着一个等级系统，高级区可以划分为若干中等区，而后者又可进一步划分一系列低级区；③不同等级自然区的一致性有不同标准。例如，辐射-热量基础一致形成同一自然带，在此背景下水分及水热组合状况一致，因而植被、土壤特征一致，则形成相同的自然地带。这一命题也可表述为，不同的辐射-热量基础使地球表面分化为不同自然带，同一自然带内又因水热组合状况与植被、土壤特征差异而分化为不同自然地带。

（三）空间连续性原则

亦称区域共轭性原则，要求所划分的自然区作为个体保持空间连续性，不可分离，也不可重复。这是区划同地域类型划分的本质区别之所在。例如，塔克拉玛干沙漠区只有一个，而作为景观类型的沙漠则可出现于任何干旱区。依据空间连续性原则，两个自然特征相对一致，但空间上彼此分离的自然区，不能划为一个区，即至少在陆地上，不容许自然区出现“飞地”。

（四）综合性原则与主导因素原则

任何自然区有别于其他同级自然区，都表现在地域分异因素及整体自然特征的差异上。进行区划时必须全面分析区域整体特征和各自然要素的区间差异性、区内相对一致性，以及作为其根源的地域分异因素，尤其是主导因素的差别。综合性原则与主导因素原则并不对立，而是相辅相成的。

二、自然区划方法

区划方法是贯彻区划原则的必要手段。因此，所有区划方法都与某一个或几个原则相联系。例如，要确定自然区的年龄、发展史和发生统一性，必须占有该自然区丰富的古地理资料，此时就须采用古地理方法获取这类资料。

自然区客观上具有一定的等级系统，因此，无论自上而下(top down)划分或自下而上(bottom up)合并，都必须顺序进行。顺序划分或合并法是贯彻相对一致性原则与空间连续性原则的重要方法之一。顺序划分法尤其被广泛采用，这一方法的实质是在拟进行区划的区域，如大陆、国家或地区内，依据大中尺度地域分异规律，按照区间差异性和区内相对一致性原则，从高级区开始逐级向下划分中低级自然区(图 8-8)。顺序合并法必须从确定基本土地类型开始，依据土地类型分布状况合并为低级自然区，而后再顺序合并为中级和高级自然区(图 8-9、图 8-10)。这种方法对于范围较小而要求精度很高的详细区划是不可或缺的，但因工作量极大，在大范围自然区划中很少采用。

部门区划图叠置法通过叠置同比例尺地貌区划、气候区划、水文区划、土壤区划和植被区划图，分析和比较其区界，确定自然区界线，常常能很好地体

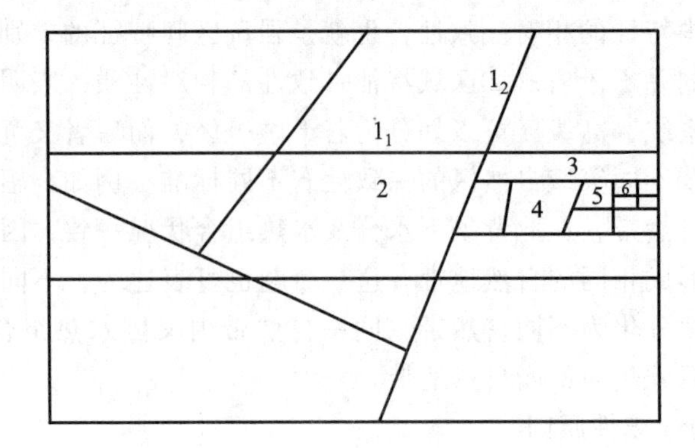

图 8-9 自然区划等级系统逐级划分图示

1. 根据最大尺度的地带性和非地带性分异划分热量带和大自然区（1_1. 热量带界线；1_2. 自然大区界线）；2. 热量带和大自然区互相叠置，得出地区级单位，地区也可视为热量带内的高级省性分异单位；3. 根据地区里的带段性差异划分地带、亚地带；4. 根据地带、亚地带内的省性差异划分自然省；5. 自然省划分为自然州；6. 自然州划分为自然地理区

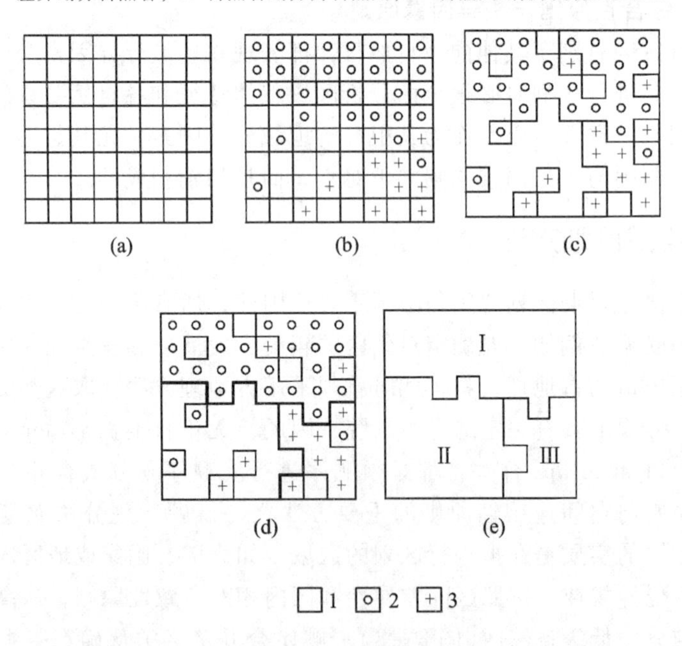

图 8-10 根据土地类型自下而上组合成自然区的方法图示

(a)划分出各个具体土地单位；

(b)对土地单位进行分类，区分出三种土地类型(1、2、3)；

(c)去掉土地单位的具体界线，即为表示土地类型分异的景观图；

(d)根据土地类型组合成各个自然区(粗线条为自然区界线)；

(e)去掉土地类型界线，即为自然区(Ⅰ、Ⅱ、Ⅲ)

现综合性原则，即使部门自然区划详略程度不一，区划方法不同，也具有较大参考价值。

地理相关分析法主要是利用资料、文献、统计数据和专门地图分析自然地理要素的相互关系，而后进行区划的较为传统的方法，在区划实践中运用很广。以划分热量带为例，第一步，比较和分析某种植被和土壤类型与各种气候等值线的关系，确定相关系数最大者（如≥10 ℃积温）为区划指标；第二步，确定指标临界值；第三步，以此临界值为主导标志初步划界；第四步，适当考虑其他自然地理要素的影响调整并最后确定区划界线。

主导标志法是以往自然区划中使用最广的方法，强调选取反映地域分异主导因素的指标作为确定区界的主要依据。各种气候指标、地貌形态、土壤、植被分布界线都可能成为主导标志。但是，采用主导标志法并不意味着可以忽视其他标志，如以某一气候等值线为标志确定自然区界线时，仍须参考地貌、水文、土壤、植被等指标对其进行必要的订正，从而避免违背综合性原则和使综合自然区划下降为部门自然区划的弊端。

三、自然区划的等级系统

自然区划的等级系统是地域分异规律的客观反映。因此，等级系统研究是区划方法论的重要内容之一和最重要的、不可或缺的工作步骤。地域分异的结果使地表自然界分化为一系列不同等级的自然区域。一些学者认为，尽管任何一级自然区都是同时在地带性和非地带性规律作用下形成的，但其中一部分主要取决于地带性规律，另一部分则主要取决于非地带性规律。因此，客观上应该存在两类区域单位和两种等级系统，这就是区划等级的“双列系统”观点。另一些学者认为，自然区划等级系统应同时反映地带性和非地带性两类地域分异因素和规律的作用，由“完全综合的”区域单位构成，即应是一种“单列系统”。区划实践证明，双列系统和单列系统对区划工作都有重要意义。

（一）地带性区划单位

地带性分异因素决定了地带性区域单位及其等级系统的客观存在。因此，这类单位应主要依据区域的地带性属性划分。地带性属性可以表现在气候、土壤、植被乃至区域的整体自然特征上，但很难表现在区域的地质基础和全部地貌特征上。因此，这类区域单位被认为是“不完全综合的”单位。地带性区域具有大致沿纬线方向延伸，呈带状分布且在南北两半球基本上对称分布的特点。主要的地带性区域单位包括带、地带、亚地带和次亚地带四级。

1. 带

带是最高级的地带性区划单位。在自然区划中，带是指作为自然综合体的地理带或景观带而并非单纯的热量带。每个带不仅具有一定的热量基础，还具有与热量特征相适应的大气环流特征、地貌过程、地球化学过程、生物过程与成土过程。带的划分应以建立在地理相关分析基础上的主导标志为依据。通常"按地表热量的分布及其对整个自然环境的影响划分"（中国综合自然区划，1959）。热量是植物生长的必要条件，依据热量划分带既有利于认识地表自然过程及其对土地生产力的作用，也有助于对热量的充分利用、提高农业生产水平。具体指标则有≥10 ℃积温、辐射平衡值，以及土壤、植被所反映的气候特点等。

地带性区划单位间具有逐渐过渡性质，很难截然分开。因此有必要适当划分过渡带，但须注意区划单位的等价性，避免不同等级单位相互混淆。全球最初曾划分 5 个带，即一个热带、两个温带和两个寒带。在增加若干过渡带后，目前共划 15 个带，即一个赤道带和两个热带、亚热带、暖温带、中温带、寒温带、亚寒带、寒带。中国境内则分为寒温带、温带、暖温带、亚热带、热带和赤道带 6 个带。

2. 地带

地带性分异规律是通过地带集中表现出来的，因此地带是最基本的地带性区划单位。按照《中国综合自然区划》（初稿）的界定，每个地带都应具有可以代表自然界水平分异的、正常发育于平地上的自型土类和生长于排水良好、土壤机械组成粗细适中的平地上的天然植被群系纲。而这就意味着同一地带必须具有同样的水热组合特点，从而隐域性土壤、植被、垂直带结构、地貌外营力组合、化学元素迁移、潜水与地表水文过程等自然过程和自然现象亦应相同。

通常以土类、植被型或景观型的分布界线作为确定地带界线的依据，但实际工作中还须参考某些气候指标，例如生长季积温、降水蒸发比等。

地带间也常存在过渡地带，区划中可依据具体情况，或将其平分归入两个地带，或将其上升为独立的地带，或降低为亚地带。地带内部存在南北差异时，可进一步划分为南、中、北三个亚地带。

3. 亚地带和次亚地带

地带内部各自然要素进一步发生地带性变化，而其中部分要素的变化属于质变时，将形成若干亚地带。亚地带内自然要素和整体特征的更次级的、局部地带性变化则形成次亚地带。例如，中国暖温带落叶阔叶林地带分化为棕色森林土落叶阔叶林亚地带和褐色土半旱生落叶阔叶林亚地带，后者又进一步分化为淋溶褐土落叶阔叶林和褐土森林草原－落叶阔叶林两个次亚地带。俄罗斯苔原地带分化为北极苔原、典型苔原和森林苔原三个亚地带，而典型苔原亚地带又分化为藓类地衣苔原和灌木苔原两个次亚地带。

亚地带与次亚地带的划分多以土壤、植被为依据。例如，以土类差异、植被亚型和群系纲为依据划分亚地带，以土壤亚类差异划分次亚地带。但总体上说，这方面的研究尚不深入，具体划分方案很少。

（二）非地带性区划单位

非地带性地域分异如海陆分异、陆地干湿度分异、具有大地构造背景的地貌分异、垂直带性分异、地方气候分异等，使地表自然界分化为一系列具有非地带性属性的区域单位，并构成另一个等级系统。目前常用的非地带性区划单位等级系统包括大区、地区、亚地区和州四级。

1. 大区

作为第一级非地带性区划单位的大区，是与基本地质构造单元相关的，具有独特大气环流特征和纬度地带性结构的"大陆的巨大部分"。每个大区都至少相当于一个巨大的古地块或造山带，并在全球大气环流系统中占有独特的位置。因此各大区之间气候干湿程度、内部纬度气候特点、自然带段和地带段数量都有明显差异。大区范围内既有广大的山地、高原，也有辽阔的平原、盆地，边缘山地常常成为大区的边界。

我国综合自然区划中的三个自然区，即东部季风区、西北干旱区和青藏高原区，实际上是东亚大区（或亚洲季风区）、亚洲中部大区（或欧亚草原荒漠区）和广义青藏高原大区（或高亚洲大区）的一部分。所谓广义青藏高原，即不仅包括我国境内的高原主体，还包括高原周边若干国家和地区。我国三个大区的主要特征见表 8－2。

表 8－2　中国三大自然区的主要特征

自然区名称	（1）东部季风区（亚洲季风区的一部分）	（2）西北干旱区（欧亚草原荒漠区的一部分）	（3）青藏高原区
1. 占全国面积百分数/%	46.0	27.3	26.7
2. 决定自然界地域分异的主导因素	随纬度变化的热量与温度的地域差异（秦岭—淮河以北，湿润情况的地域差异也相当重要）	随去海距离而变化的湿润状况的地域差异（干湿度分带性）	自然界随高度而变化的垂直带性
3. 新构造运动及地势	上升幅度一般不大，钦州—郑州—北京—鸥浦一线以东以沉降为主。大部分地面海拔在 1 000 m 以下，沉降区多在 500 m 以下	显著的差别上升运动，海拔 1 000 m 左右的平地和横亘其中的山脉	大幅度上升的世界最大高原，海拔在 4 500 m 以上，有许多高山超过雪线

续表

自然区名称	(1) 东部季风区(亚洲季风区的一部分)	(2) 西北干旱区(欧亚草原荒漠区的一部分)	(3) 青藏高原区
4. 气候	夏季季风影响显著，湿润程度较高	干旱和半干旱	空气稀薄，温度低，太阳辐射强，降水不多，风力强烈
5. 水文	地表水以雨水为主要补给来源，潜水相当多	绝大部分属内陆流域，多暂时性水流，有不少湖泊(主要为咸水湖)，山地径流为特别重要的资源，潜水不丰富	大部为内陆流域，有不少冰川和湖泊
6. 地貌外营力	常态的风化、物质移动、水力侵蚀与堆积、溶蚀，沿海有波浪和潮汐作用，高山有冻裂作用，部分地域有风沙	微弱的风化、物质移动、水力侵蚀和堆积，广泛的风蚀和堆积，山地冰川蚀积及冰缘风化、物质移动和侵蚀	物理风化与物质移动较强烈，冰川和流水的搬运与堆积
7. 土壤	土壤剖面发育较好，机械组成较细，腐殖质含量较高，可溶盐分较少，区内差异很大	机械组成较粗，有机质含量有限，可溶盐分较高	化学风化微弱，成土母质的机械组成很粗，土壤剖面发育很差
8. 植被	森林为主，部分为草原	荒漠为主，部分为荒漠草原和干草原，高山有森林和高山草原	荒漠、草原与草甸为主，山地及谷地中有森林
9. 植物区系	植物区系在第四纪冰期受冰川破坏作用不大，植物种类繁多，分布较混杂	中生代末期以来断续出现干旱半干旱气候，植物逐渐干生化，植物种属少	第四纪冰期后在上升过程中形成。与蒙新高原植物关系较少，植物种属很少

续表

自然区名称	（1）东部季风区（亚洲季风区的一部分）	（2）西北干旱区（欧亚草原荒漠区的一部分）	（3）青藏高原区
10. 遗存性因素	第四纪冰川作用范围甚小，生物种类繁富，有不少中生代末及第三纪植物，红色古风化壳分布广，长江以南尤为发达	外营力较弱，构造地貌保存较好，第四纪中曾有较湿润时期，有些地方古代水系发达，3 500 m 以上有第四纪冰川遗迹	第四纪冰川遗迹广泛分布
11. 人为因素	人类影响深刻而广泛，可开垦的地方已辟为农田，天然森林大部破坏，水文、小气候也因人类活动而变化	人类影响远较东部季风区小，只在内蒙古、宁夏及有高山流水可资灌溉的地方影响较大	人类影响非常微小
12. 土地利用方向及利用与改造自然的主要问题	我国最主要的农业地域。大半为山岭、丘陵，林业应大规模发展，畜牧业亦应显著扩大	绿洲发展农业，干草原与荒漠草原发展畜牧，山地部分宜林牧。主要问题是水源保证，固沙与防止盐渍化	以畜牧为主，少数地方可发展农林业。主要问题是热量不足，风大，土壤质粗层薄

注：据《中国综合自然区划》(初稿)简化。

大区既然是“大陆的巨大部分”，其占据的纬度必然较多，从而使纬度地带性分异得以在大区范围内充分发挥作用，形成若干自然带段和地带段。不仅东亚季风区，西北干旱区和青藏高原区内也都存在纬度地带性分异。

2. 地区

地区是“大陆的宽广部分”和大区的组成部分，其范围大致相当于二级地质构造单元，具有统一的地质基础和地质发展共同性，大地貌特征相对一致，边界明显；降水量、气候大陆度、植被群系组合及土壤变种组合特征近似，纬度地带性结构相对一致。

地区划分主要以地质基础与地貌特征为依据。但一些区划工作者主张平原与山地应分属不同地区却是不切实际的。即使在地区以下的非地带性区划单位，如亚地区和州中，截然分开山地与平原也很困难。许多典型的地区如东南亚岛群、印度半岛、中南半岛、华中—华南、东北—华北、青藏高原北部、青藏高原南部、俄罗斯平原、西西伯利亚低地、中西伯利亚台地等地区，都是兼容山地与平原的。

《中国综合自然区划》(初稿)中的地区直接在热量带内依据湿度差异划分，作为近半个世纪前的首次探索，或许存在某些不足，是完全可以理解的(表8-3)。

表8-3 《中国综合自然区划》中地区的划分(1959)

	东部季风大区			西北干旱大区		青藏高原大区		
寒温带	寒温带湿润地区							
温带	温带湿润地区	温带半湿润地区			温带半干旱地区	温带干旱地区(分东、西部亚地区)		
暖温带	暖温带湿润地区	暖温带半湿润地区	暖温带半干旱地区		暖温带干旱地区		青藏高原半干旱地区	青藏高原干旱地区
亚热带	亚热带湿润地区(分东、西两个亚地区)					青藏高原半湿润地区		
热带	热带湿润地区(分东、西两亚地区)							
赤道带	赤道带湿润地区							

汉语中的地区一词没有明确的等级意义，在诸如华南地区与珠江三角洲地区，华北地区与黄河三角洲地区等称谓中，地区的含义就相去甚远；加之行政区划中在省或自治区之下有地区级建置，更令人难以把握“地区”的范围。因此，适当区别社会用语与区划术语中“地区”的概念是必要的。

3. 亚地区

亚地区是地区在最近地质历史时期中因构造运动差异、气候省性差异等非地带性因素作用分化而成的。因此，亚地区内地质构造、地貌与气候特征均具有显著的相对一致性。当地质构造具有相应的地貌表现，且两者界线较吻合时，可将地质构造与地貌作为划分标志。当地质构造导致的地貌分异不甚清楚时，划分亚地区则须考虑山系与盆地、平原的组合状况及现代景观特征。祁连山地与陕甘宁黄土高原都是典型的亚地区，祁连山早古生代褶皱带东界直抵六盘山，从而囊括了陇中、宁南等地，但陇中、宁南一带构造相对稳定，海拔不高，第四纪并大面积覆盖黄土。因此，在自然区划中归属黄土高原而不归属祁连山地。阿拉善高原、山西高原及我国著名的四大盆地等，也都是典型的亚地区。

4. 州

州是低级非地带性单位，主要以亚地区内的地质地貌差异及由之引起的其他自然条件的变化为依据划分。山系组合状况、平原沉积物分布状况乃至气候省性差异也可作为参考依据。《中国综合自然区划》(初稿)认为，州在地貌上属于一个发生类型或几个发生上接近的类型，岩性或岩性组合形式相同，中小气候分布及其组合形式相似，水文、土种与植被群系分布规律及其组合形式也应相同。在省或自治区范围内进行自然区划时，州无论以何种名称出现，其划分都特别重要，因而必不可少。

（三）综合性区划单位

地带性和非地带性两类区划单位都是客观存在的，但运用双列系统进行自然区划殊非易事。例如，同一张区划图很难表示一个区的双重归属，还有命名和界线不一致等困难。任选其中一个单位系统，又将不可避免失之片面。于是，通过双列系统中等级相当的地带性区域与非地带性区域单位的叠置，建立完全综合的等级系统就成为必然趋势。具体做法是，带与大区叠置得到带段，带段与地区叠置得到所谓“自然国”，“国”与地带叠置得到地带段，地带段与亚地区叠置得到“自然省”，省内划分亚地带段，亚地带段内划分州，州与次亚地带叠置得到次亚地带段，最后直到划分出自然地理区，即狭义理解的景观(图 8－11)。

景观是自然区划的下限单位，其地带性与非地带性属性已趋于一致。景观内部的地带性分异与非地带性分异都不显著，而是只存在地方性分异。景观界

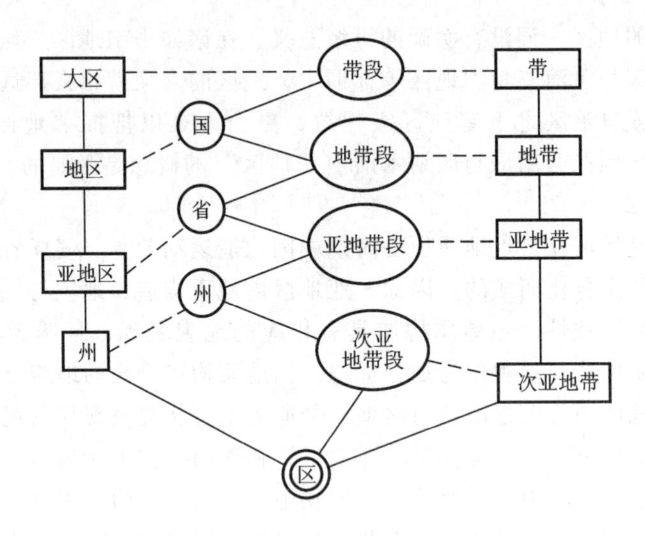

图8-11 由双列系统获得单列系统的顺序示意图

线与最小的地貌区、气候区、植被区、土壤区等界线大致吻合。作为区域而不是类型的景观是个体的和不可重复的，具有发生同一性、组成要素特征的相对一致性和结构的同一性。

由于景观具有自然区划下限单位的特殊地位，因此景观研究有着重要的理论和实践意义，它是“自下而上”进行区域合并的基础，也可为确定区域农业结构、合理利用和保护自然资源提供科学依据。

进行自然区划要大量资料，包括地形图、地质图、航空照片、卫星图像、专题地图，以及有关自然条件、自然资源、社会经济甚至环境保护等方面的文献、数据等。收集和分析这些资料，掌握地域分异规律是进行区划的首要步骤。而后应拟定计划，进行实地考察，最后总结阶段则应编制适当比例尺的区划图，编写区划报告。详细内容将留待后续课程或专题讲座介绍，这里不再赘述。

第四节 土地类型研究

一、土地的含义与土地分级

（一）土地的含义

土地与土壤是两个不同的概念。依据联合国粮农组织土地评价专门委员会的定义，“土地包含地球特定地域表面及其以上和以下的大气、土壤与基础地质、水文与植物，还包含这一地域范围内过去和现在人类活动的种种结果，以及动物就人类目前和未来利用土地所施加的重要影响。”我国地理学家普遍赞成土地是一个综合的自然地理概念。认为土地“是地表某一地段包括地质、地貌、气候、水文、土壤、植被等多种自然要素在内的自然综合体”，土地的性质“取决于全部组成要素的综合特点，而不从属于其中任何一个单独要素”，“大致从植被冠层向下到土壤母质层，就是土地的核心部分(赵松乔、陈传康等,1979)。还认为土地是地球最表层历史发展的产物(林超等,1980)；作为农业自然资源，土地也是人类过去和现在生产劳动的产物(石玉林,1980)。

概括国内外学者和研究机构关于土地的种种定义，不难发现以下共同点：①土地是由各自然要素组成的自然地理综合体或自然地域综合体；②土地具有一定的范围和厚度，且两者均因土地级别高低而异；③作为自然客体，土地必然受自然规律制约；④作为人类活动场所和重要的自然资源，土地也必然受人类影响。而分歧则集中表现在多数学者总是针对某个特定地段使用土地概念，另一些学者却认为土地单位可以占据极广大的空间，以致其土地分类系统中出现了土地大区、土地区、土地带、土地省、土地亚省之类的名称，甚至还有学者明确主张，全球陆地就是最大的土地单位。弥合分歧尚需时日。本书仅仅把土地看作景观内部地域分异的产物。景观及其以上，则是另一类自然地理综合体——自然区。

（二）土地的分级

土地分级是进行土地研究的基础和首要任务，目的在于通过地域系统方法自上而下逐级划分或自下而上逐级合并具体的土地单位。生产实践涉及的土地地段大小不同，客观上要求把这些地段划分为一定的等级，划分的单位就是土地分级单位，简称土地单位。显然，土地单位实际上是小区域内的地域个体单位。因为土地分级是土地的个体研究，所以有人比喻为“小区划”，甚至直称“景观内区划”。

土地是自然地理系统的低级单位，其本身也是一个多级系统，包括立地、土地单元与土地系统三级基本土地单位和若干过渡单位。

1. 立地(site)

俄罗斯和独联体国家称为相(Фация)、表成相、表成形态、单元景观、小景观、地方群落、生物地理群落、地理形态；澳大利亚学者称为“立地”或“土地成分”(land component)；英国学者称为“土地素”(land element)；德国学者称为“景观部分”(land schaftsteile)或“生态环境综合体”(ecotop complex)；美国学者叫“地形素”(topographic element)；日本学者叫“土地型”(land type)；波兰学者叫自然群落。尽管名目繁多，实际上都是指最简单的自然地域单位即最低土地分级单位。

按照澳、英学者的解释，立地内的地貌、土壤、植被性质相同，为人类和生物提供了一个一致的环境，具有相似的土地利用可能性并存在相似的问题。换言之，立地是“景观的最简单部分，其岩性、地形、土壤和植被都一致”。独联体国家的学者更直截了当认为，相(立地)“在其整个空间范围内应当具有相同的岩性、一致的地形、并获得数量相同的热量和水分”，并且“必然以同一种小气候占优势，仅仅形成一个土种和分布一个生物群落(H. A. 宋采夫)。

立地的众多定义虽然表述方式不尽相同，但并不存在本质差别。学者们一致认同立地是最低级地域个体单位和自然地域划分的下限。在其内部，各自然地理要素具有最大的一致性，土地利用适宜性与限制性相同，存在历史最短，抵御外来影响的能力最弱因而稳定性最差，空间范围则与各要素的最小单位相当。

划分立地必须首先确定各自然地理要素的最小单位。陈传康等(1993)认为，地貌最小单位为地貌面。陆地任一地段只有坡度和坡向相同才能构成一个地貌面，如河床面、河漫滩面、阶坡面、阶地面、山麓面、谷坡面、山坡面、山脊面等。一个立地只能占据一个地貌面，划分立地必须以划分地貌面为前提。岩性与土质的最小单位，当基岩接近地表时，可按基岩对上覆风化物机械组成和 pH 的影响划分，当地表为厚层疏松沉积物时，则应依据其沉积年代和固结程度的差别划分，即要求岩性、土质或风化壳厚度与分层相同。土壤、植被的最小单位是土壤变种和植物群丛。水文最小单位依据排水条件划分，气候最小单位为近地面层小气候。

立地由点、线、面三种形态要素组成。植株、植丛、陷穴、巨砾等属于点要素；纹沟、细沟、灌渠、地埂等属于线要素；小群丛、成片基岩、田块等属于面要素。它们呈均匀状态、镶嵌状态或斑状分布，而立地的边界可以是平直的，也可呈锯齿状、镶嵌状、断片状。

2. 土地单元(land unit)

土地单元是中级土地单位，亦称为限区(урочище)、土地片(land facet)、土地类型(land type)、中区(nauturaumlicher haupteuheil)、土地系列(land series)，由与某种特定地形有关、组合形式相同，因而相互联系的一组立地构成。例如，阶地由阶面和阶坡构成，冲沟由沟坡和沟底构成，沙丘由迎风坡与背风坡构成。

一个土地单元内，水的运动、固体物质的搬运和化学元素的迁移方向均应相同，应具有一个初级地貌形态、一个小气候组合、土壤变种组合和植被群丛组合，潜水条件也应相同，因而整体自然特征保持非常明显的相对一致性。土地单元分布范围与初级地貌形态相当。小丘、沙丘、蛇形丘、垅岗、冲沟、浅平洼地、阶地等由地貌面组成、并具有一定成因的简单地貌形态，都是初级地貌形态。划分土地单元应以此为依据，还应考虑土质的水物理性质，松散沉积物下伏基岩深度和蓄水性，碳酸盐含量，与距河谷远近相关联的潜水埋深与排水条件，湿润状况，土壤与植被变化等因素。

某些初级地貌形态，如冲沟和黄土碟，发育伊始仅具有雏形，比立地复杂而又暂时不构成土地单元。有人称之为环节或雏形限区，也就是雏形土地单元。土地单元还有简单与复杂之分，由一两个立地组成的是简单土地单元，由多个立地组成，或如澳大利亚学者所主张，由简单土地单元组成的则是复杂土地单元。陈传康认为，应把雏形土地单元和复杂土地单元看做土地单元向下和向上的过渡单位，只有简单土地单元才是基本土地单位。

3. 土地系统(land system)

又称地方(местлтость)、亚区(subsection)、土地类型群(land type group)、中区群(gruppen nauturaumlicheir haupteuheil)和土地组合(land association)等，是由地貌上有关联且重复出现的土地单元集合而成的高级土地分级单位。不仅地貌，同一土壤和植被也重复出现。换言之，土地系统是在地貌剖面上具有明显独特性的土地单元综合体，是相关土地单元的有规律的结合。但从本质上说，则是景观内部地质地貌分异的产物。在自下而上研究土地分级单位时，土地系统由土地单元结合而成，以及土地单元复域分布的观点得到普遍认同。一些学者还指出，范围较大的土地单元(限区)因遭受切割而复杂化，或岩性－地貌组合特点发生变化，也可形成土地系统即地方(林超，1983)。

大的土地系统面积可以千平方千米计，小的则仅有数十平方千米，因此土地系统也可分为简单的、复杂的和复合的三类。简单土地系统所含土地单元数较少，边界清楚，但仍具有复域分布格局。复杂土地系统由两个或更多在地貌成因上相关联的简单土地系统构成，面积较广且发育历史较长。复合土地系统由两个及两个以上没有地貌成因联系的简单土地系统构成。

土地系统自然条件的复杂程度远甚于土地单元，物质运动不具有共同方向，其空间范围相当于一个中等地貌形态综合体和一个地方气候区、水文复区、土壤复区和植被复区，土地单元则在土地系统内呈复域分布。

上列基本土地分级单位，很难充分完善地反映土地分级的连续性和多级别特点，因此确定了许多过渡单位作为补充。前苏联学者认为，相与限区之间至少存在两级过渡单位，即环节和相组。如前所述，环节是相由简单到复杂的发展过程中虽已发生分异，却不足以形成限区时的产物。相组则是同一地貌面中各个占有同一地貌部位、起源方式与现代特征相同的相的组合。英国的介于土地片与土地素之间的土地块(land clump)与土地亚片(land subfacet)，德国的介于中区与生态环境综合体之间的小区(fliesen gefiugeon)，也都是低于土地单元、高于立地的过渡单位。此外，前苏联的亚地方，英国的土地链(land catella)也多少具有过渡单位性质(图8-12)。

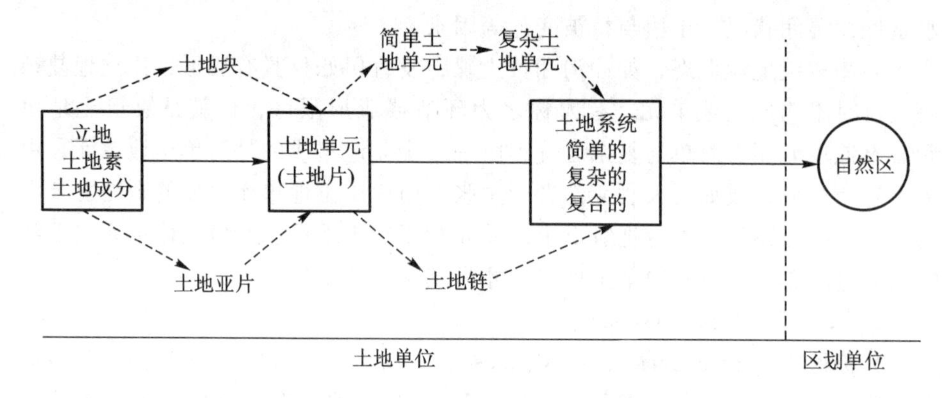

图8-12 土地单位相互关系示意图

二、土地的分类

土地分类的首要步骤是，针对任务要求确定分类和制图对象。在以立地为分类对象时，成图比例尺不应小于1:1万，土地单元类型图为1:1万到1:20万，土地系统类型图则在1:20万到1:100万之间。土地分类是对同级土地单位的类型划分。每级土地各有一个分类系列，多级土地单位必然形成多个系列，如立地的种、属、科，土地单元的种、属、科，以及土地系统的种、属、科、目、纲等。

确定分类对象后，应划分其个体单位，再选择一定的标志，按其特征的共同性分别归入某一类型。类型命名一般采用当地习惯称谓，避免繁琐的二名法或三名法。

土地类型的地域性极强。干旱区的土地类型如沙丘、丛草沙堆、戈壁、风蚀残丘、干沟、剥蚀低山、洪积倾斜平原等，一般不出现于湿润区；黄土高原常见的土地类型如塬、梁、峁、陷穴、黄土沟壑等，也不可能在多碳酸盐岩的云贵高原找到同类；青藏高原的冰碛堤、冻融泥流、热融湖塘、多级古夷平面、冻胀丘、河冰锥等土地类型更不可能出现在亚马孙平原。因此，土地分类通常应在一个自然地带或亚地带内进行。

(一) 立地(相)的分类

从人类影响程度看，立地可分为三类，即天然立地(原生相)、衍生立地

(衍生相)和人源立地(文化相)。天然立地受人类影响最小，衍生立地除地质基础与地貌无显著变化外，水文、气候、生物特征都已发生变化，但停止干扰仍可恢复原貌；人源立地全部自然要素都已发生变化并深深打下了人类活动的烙印。但无论人类影响多深，立地仍然是一种自然地域综合体，并将永远受自然规律制约。

立地种(相种)要求地貌面、岩性或土质、土壤变种、植物群丛全面一致。立地属由同类地貌面上的立地种合并而成。立地科(相科)则由在地形剖面上相互联系，水文与外动力条件具有共同性的立地属组合而成。

(二) 土地单元(限区)的分类

土地单元的分类须首先考虑地表切割及正负地貌分布状况，其次考虑地貌发展过程并以水分状况、沉积物分布状况、土壤、植被标志作为补充。某些典型土地单元如黄土沟谷和喀斯特峰林，数量极多，分布密集，但每一个体发育程度差别很大，整体上可归并为一个高级分类单位，其微观差别则可作为低级分类的依据。

土地单元种(限区种)要求具有相同的基质和植被，土地单元属(限区属)由初级地貌形态相同的单元种组成，土地单元科(限区科)则由水文条件和初级地貌形态特征相同的属组成。

(三) 土地系统(地方)的分类

土地系统分类应从研究土地单元的复域分布入手，并以此为依据。中等地貌形态组合、岩性、土质、土壤、植被组合特征相同的土地系统归属同一个种，地貌类型及土壤植被相同的土地系统种(地方种)归入同一属，地貌、岩性、土质相同的属可合并为一个土地系统科(地方科)，地貌类型相同的科可归并为一个土地系统目(地方目)，所有山地目和平地目可分别归属山地土地系统纲和平地土地系统纲(地方纲)，地带性特征相同的纲则归入同一土地系统门(地方门)。

三、土地评价

在土地类型研究基础上，根据特定生产目的对土地质量、适用性和生产潜力进行的评估，称为土地评价或土地分等。联合国粮农组织和包括中国在内的许多国家都积极开展了此项工作。

1. 土地评价对象

土地类型及其质量是土地评价的对象。土地单位的多级性与土地类型的多系列特点，决定了土地评价应针对适当级别的土地类型进行，且评价单位应与制图单位保持一致，即评价单位为土地系统或土地单元时，土地类型图亦应以土地系统或土地单元为制图单位。土地评价既可为农业生产服务，也可为城市规划、水土保持、环境保护、交通建设与旅游开发服务。

2. 土地评价的原则

具有普遍意义的原则有：①土地的适宜性和限制性原则。适宜性是指在土地属性不致退化甚至恶化的前提下，土地对一般或特殊利用方式的适宜程度；限制性原则指土地在某些不利因素影响下，不适宜某种利用方式的程度。全面分析土地的上述两种性质，有助于保证评价的客观性。②效益与投入比较原则。效益好而投入少为好地，效益差而投入高为坏地。③多用途比较及综合评价原则。要求比较多宜性土地的各种用途，确定最佳利用途径并综合评定土地质量。④永续利用原则。要求从长远利益考虑土地利用方式和强度，重视保护生态与环境。⑤因地制宜原则。指既要考虑制约土地质量的自然因素，也须顾及当地劳动力、市场、资金等社会经济因素。

3. 土地评价方法

定性方法、定量方法、平行法和两段法、土壤诊断－土地潜力分等法是目前应用较广的方法。定性方法指以土地的自然条件和生产潜力为依据，同时考虑其社会经济背景、凭借知识与经验进行土地评价，一般只在研究范围较广时应用。定量方法须把自然条件和社会经济指标数量化，计算不同土地利用方式下的投入产出比、纯收入及其他经济效益，以便用最小投入换取最大收益。常用定量方法有层次分析法、回归分析法、聚类分析法、多元分析法、模糊数学法等。平行法与两段法实质上是操作程序问题。同时应用定性与定量方法进行土地的自然条件与社会经济分析为平行法，先定性而后进行定量评价为两段法。

土壤诊断－土地潜力分等法，近 20 年逐渐流行。这种方法以土地组成要素之一的土壤生长作物的潜力为衡量标准。依据：①可耕地持续生产一般作物的潜力与限制性因素；②不宜耕土地生长天然植物的潜力与限制性因素；③不合理利用导致土壤破坏的可能性等，划分土壤潜力级、亚级和单元。潜力级共 8 个，均以罗马数字表示：Ⅰ级土地质量好，适宜性广，农林牧皆宜，Ⅷ级土地完全不宜农林牧，多指戈壁、沙漠、苔原等(图 8－13)。

土地评价的最终结果都是进行土地分等。农用土地分等以土地类型适宜性广窄程度、水土保持能力及其对农业生产的影响、地貌特点及其对耕作方式的影响、利用方式及采取措施后提高质量的可能性、利用水利设施的可能性等为依据。城市土地评价则以土地类型的小尺度地域分异与区位差异为基础。地质地貌、水文与水文地质、土质土壤与小气候差异使得不同地段具有不同的坡度、地貌破碎程度、地基承载力、工程病害、采光条件、通风条件等，据此可划分良好建筑用地、需做工程处理的适宜建筑用地、不宜建筑用地等。商用土地则尤须考虑区位特点、公共交通状况等一系列因素。

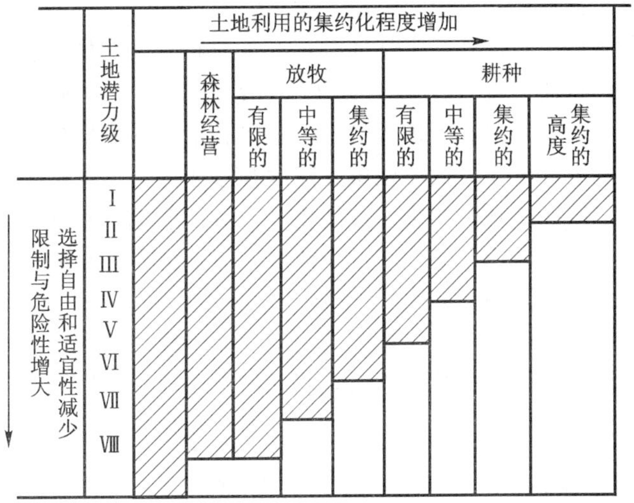

土地利用的集约化程度增加

土地潜力级

森林经营

放牧：有限的、中等的、集约的

耕种：有限的、中等的、集约的、高度集约的

Ⅰ Ⅱ Ⅲ Ⅳ Ⅴ Ⅵ Ⅶ Ⅷ

选择自由和适宜性减少

限制与危险性增大

图 8－13 土地利用可能性分级

第五节 人地关系研究

一、人类对地理环境的影响

人类通过生产劳动对地理环境产生影响。从早期的被动适应到后来的主动抗争，人类与地理环境的冲突日趋尖锐。尽管一些思想先驱者很早就提出了人类不合理利用自然条件和自然资源必将招致大自然报复的警告，直到 20 世纪后期，人与自然的协调发展才真正成为大多数人的共识。

从总体上看，人类对地理环境的影响是积极的。这表现在：

① 通过垦殖和养殖活动把大量天然生态系统改变为农业生态系统，把可食用野生植物培育成农作物，把可役使、食用和观赏的野生动物驯化为饲养动物，满足了迅速增加的人口日益增长的需要，而天然生态系统绝无此种可能。

② 在长期的耕作中培育了性状和肥力都优于天然土壤的各种农业土壤。这些土壤生长的粮食、蔬菜、瓜果、花卉等保证了对人类需求的供给。

③ 人类对地表和近地表物质的机械搬运使地貌发生了变化，但这种改变为农业生产、采矿、水利和交通建设所必须。

④ 水利建设改变了地表水的时空分布，保证了航运和灌溉，同样功不可没。中国京杭大运河、巴拿马运河和苏伊士运河，是便利航运的典范。遍布世

界各国的水利工程则多有发电、灌溉与防洪之利。

但是，上述每一项成就几乎都同时具有负面影响。例如，农业开发必然破坏森林和草原；猎捕、毒杀、采集动物与人为改变其生活环境加速了物种灭绝，破坏原有地貌通常将导致地表稳定性减弱和侵蚀强度增加；不合理灌溉与耕作造成土壤次生盐渍化、改变土壤孔隙度和渗透能力、加剧土壤侵蚀和土地荒漠化；破坏水源涵养林引起突发性洪流、盲目抽取地下水导致区域性地下水位下降，河流上游超量用水导致下游断流等。特别值得关注的是人类对大气圈与气候的影响。燃烧化石燃料使大气中 CO_2 浓度急剧增加，造成氧平衡失调并可能波及地理环境中的生命过程；人为增加大气固体微粒含量改变了到达地表的太阳辐射量导致气温变化；排放氟利昂严重破坏臭氧层。至于从陆地到水体，从大气到土壤和生物的污染，就更是人类对地理环境的最消极的影响了。

二、地理环境对人类不合理行为的反馈

部分物种灭绝、水土流失，土壤盐渍化、土地荒漠化、气候变迁都是自然过程。不合理的人类活动往往不是抑制，而是促进不利于人类本身的过程加速发展，反过来损害甚至毁灭人类文明。

例如，20 世纪物种的加速灭绝已使生物多样性的丧失达到空前的程度，灭绝物种竟有 100×10^4 种以上。据估计，21 世纪现有物种的 1/3 也将灭绝，几乎相当于过去数百万年正常灭绝物种的总和。而大多数物种的灭绝将对科学和人类本身造成严重危害。驯养动物和栽培植物种数有限，没有也不可能改变物种灭绝的总趋势。又如近 200 年来，全球森林面积至少减少了 40%，寒温性针叶林，热带、亚热带森林被大面积砍伐，开辟为永久性农田。草原也未能幸免而被破坏，20 世纪全球草原面积已减少近半。绿色植物的急剧减少破坏了大气氧平衡，已经和必将继续造成全球性生态灾难。

滥垦、滥牧、过度樵采等掠夺性土地利用方式导致了水土流失加剧和部分地区的荒漠化。仅以后者而论，20 世纪 70 年代后期，全球每年即有 5×10^6 ~ 7×10^6 hm^2 土地成为荒漠化土地，7 亿人口、100 个国家和占全球陆地面积1/4 的 35.92×10^8 hm^2 土地受荒漠化影响。1984—1991 年的 7 年中，荒漠化土地的年增长幅度猛增至 16×10^6 hm^2，到 20 世纪末，全球已损失可耕地 1/3。

三、人地关系的协调发展

19 世纪初，全世界人口总数不过 10 亿，20 世纪初达到 16 亿，而 20 世纪末已猛增到 60 亿。

人口的爆炸性增长已经成为人地关系中首要的和最严峻的问题。20 世纪 50 年代初，全世界人均占有耕地 0.57 hm^2，70 年代中期降为 0.39 hm^2，90 年

代初进一步减至 0.28 hm^2，2000 年更降至 0.251 hm^2。耕地缺乏必然导致粮食不足。目前全世界共有 100 余个国家需要粮食援助就是证据。

人口迅速增长还导致人均占有淡水量逐渐减少。作为富水行星的地球虽然拥有 13.7×10^8 km^3 水量，而淡水仅占其中的 3%。淡水的可利用性是与全球水循环相联系的。陆地除降水（10.6×10^4 km^3）外，可利用淡水只是入海地表径流（3.7×10^4 km^3）中的一小部分和本来就很少的内陆地表径流，总共不过 0.9×10^4 km^3。20 世纪全球淡水消耗量增长了数十倍。过量用水已导致河流水量减少、断流，湖泊缩小，海水入侵河口段等一系列恶果。

能源与矿产趋于枯竭是又一全球性问题。以目前的生产水平衡量，石油和天然气将在 21 世纪中期开采殆尽。2000 年全世界一半人口缺乏薪柴。21 世纪初叶，除铁和铝外，其余所有主要金属矿产的保有储量都将下降到微不足道的地步。

环境污染空前严重，新污染源和污染物不断增加，污染范围日益扩大。环境污染造成的后果已明显威胁到人类自身的生存与发展。

严峻的现实赋予自然地理学以全新的使命，即为了人与自然的协调发展与人类社会的可持续发展，重新审视人地关系，建立科学的、综合的区域开发理论。自然地理学从来不是“无人类的”地理学，在探索人地关系过程中经历了地理环境决定论的悲观与无奈，或然论的彷徨无定及人定胜天论的浮躁之后，终于找到了人类与自然协调发展的真理。这一学科以地理环境整体特征与要素间相互联系为研究对象的固有优势，在人地关系研究中也得到充分发挥。

自然地理学已经认识到，人类活动包括生产活动、消费活动和人类本身的发展，必须适应自然地理环境的承受力和容量；人类所谓“改造”和“征服”自然的行动，必须以自然地理环境整体，而不是以其个别组成要素为出发点；人类活动必须遵循，而不能违背自然地理环境的发展规律。总之，必须根除人与自然对抗，树立两者协调发展的观念，也就是可持续发展观念。

可持续发展要求人们开发利用自然条件和自然资源时，兼顾当代人和后代人的权利，即兼顾眼前和长远利益。按照我们的理解，还应兼顾局部人群和区域的利益与全人类和整体地理环境的利益。简言之，就是兼顾人与自然的利益。自然界的利益或许是一个比较新的命题，但是值得加倍重视。地球在百万之一概率下成为拥有独特地理环境、发育生命与人类的幸运的行星，可谓来之不易。珍惜地理环境应该是人类的天职。

自然地理综合研究，如自然条件与自然资源综合评价、应用性自然区划、自然保护、景观生态设计、区域开发、国土整治，以及本书中涉及的地域分异规律研究、土地类型研究等，归根结底都是为实现人地关系协调发展及可持续发展这一总目标服务的。

思考题

1. 为什么说自然地理环境既是一个整体，又存在地域分异？
2. 什么是地带性分异和非地带性分异？
3. 自然区划必须遵循哪些原则和采用什么方法？
4. 什么是土地、土地分级、土地分类与土地评价？
5. 如何实现人与自然关系的和谐？

主要参考书

[1] 布迪科 M И. 地表面热量平衡[M]. 北京：科学出版社，1960.
[2] 马克耶夫 M C. 自然地带与景观[M]. 北京：科学出版社，1963.
[3] 卡列斯尼克 C B. 普通地理学原理[M]. 北京：地质出版社，1963.
[4] 黄秉维，等. 现代自然地理[M]. 北京：科学出版社，1999.
[5] 赵松乔，等. 现代自然地理[M]. 北京：科学出版社，1988.
[6] 倪绍祥. 土地类型与土地评价[M]. 北京：高等教育出版社，1992.
[7] 陈百明. 土地资源学概论[M]. 北京：中国环境科学出版社，1996.
[8] 斯特拉勒 A N. 现代自然地理学[M]. 北京：科学出版社，1983.
[9] 伍光和，蔡运龙. 综合自然地理学[M]. 2版. 北京：高等教育出版社，2003.
[10] 格雷戈里 K J. 变化中的自然地理性质[M]. 蔡运龙，等，译. 北京：商务印书馆，2006.
[11] 美国国家研究院地学，环境与资源委员会地球与资源局重新发现地理学委员会. 重新发现地理学与科学和社会的新关联[M]. 北京：学苑出版社，2002.

读者意见反馈

为收集对教材的意见建议，进一步完善教材编写并做好服务工作，读者可将对本教材的意见建议通过如下渠道反馈至我社。

咨询电话　400-810-0598

反馈邮箱　hepsci@pub.hep.cn

通信地址　北京市朝阳区惠新东街4号富盛大厦1座

　　　　　高等教育出版社理科事业部

邮政编码　100029